모아

전기기능사

필기 핵심이론 + 과년도 6개년

모아합격전략연구소

전기기능사 자격시험 알아보기

01 전기기능사는 어떤 업무를 담당하는가?

A. 전기기능사는 전기기계 및 기구를 설치, 보수, 검사, 시험하며, 전선, 케이블, 제어장치 등의 전기설비를 관리합니다. 이들은 전기설비의 안전성과 효율성을 점검하고, 고장이 발생하면 수리하거나 교체합니다. 또한, 전기설비의 안전 기준을 준수하고 사고를 예방하는 중요한 역할을 합니다. 지속적인 산업 발전과 에너지 분야 확장, 스마트홈 및 재생에너지 기술의 발전으로 전기설비 관리의 중요성이 커지면서 전기기능사의 수요도 증가할 전망입니다.

02 전기기능사 자격시험은 어떻게 시행되는가?

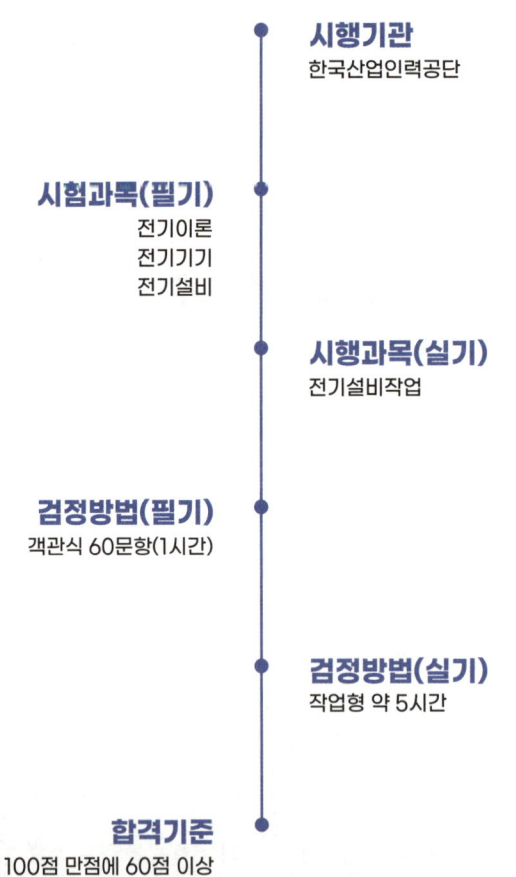

시행기관
한국산업인력공단

시험과목(필기)
전기이론
전기기기
전기설비

시행과목(실기)
전기설비작업

검정방법(필기)
객관식 60문항(1시간)

검정방법(실기)
작업형 약 5시간

합격기준
필기 : 100점 만점에 60점 이상
실기 : 100점 만점에 60점 이상

03 전기기능사 자격시험은 언제 시행되는가?

구분	필기원서접수	필기시험	필기 합격자 발표 (예정자)	실기 원서접수	실기 시험	최종 합격자 발표일
2025년 제1회	01.06 ~ 01.09	01.21 ~ 01.25	02.06(목)	02.10 ~ 02.13	03.15 ~ 04.02	04.11(금)
2025년 제2회	03.17 ~ 03.21	04.05 ~ 04.10	04.16(수)	04.21 ~ 04.24	05.31 ~ 06.15	06.27(금)
2025년 제3회	06.09 ~ 06.12	06.28 ~ 07.03	07.16(수)	07.28 ~ 07.31	08.30 ~ 09.17	09.26(금)
2025년 제4회	08.25 ~ 08.28	09.20 ~ 09.25	10.15(수)	10.20 ~ 10.23	11.22 ~ 12.10	12.19(금)

2025년 시험일정과 자세한 정보는 큐넷(https://www.q-net.or.kr)을 참고 바랍니다.

04 전기기능사 최근 합격률은 어떠한가?

연도	필기			실기		
	응시	합격	합격률	응시	합격	합격률
2024	61,127명	22,133명	36.2%	32,762명	23,769명	72.6%
2023	60,239명	21,017명	34.9%	30,545명	22,655명	74.2%
2022	48,440명	16,212명	33.5%	27,498명	20,053명	72.9%
2021	57,148명	19,587명	34.3%	32,755명	23,473명	71.7%
2020	49,176명	18,313명	37.2%	31,921명	21,432명	67.1%
2019	53,873명	16,802명	31.2%	29,957명	19,832명	66.2%
2018	48,832명	15,176명	31.1%	28,488명	18,138명	63.7%

05 전기기능사 자격시험 응시 사이트는 어디인가?

A. 큐넷(https://www.q-net.or.kr) 원서 접수는 온라인(인터넷, 모바일앱)에서만 가능합니다. 스마트폰, 태블릿PC 사용자는 모바일앱 프로그램을 설치한 후 접수 및 취소, 환불서비스를 이용하시기 바랍니다.

참 잘 만들어서 참 공부하기 쉬운
모아 전기기능사 필기

이 책의 특징 살짝 엿보기

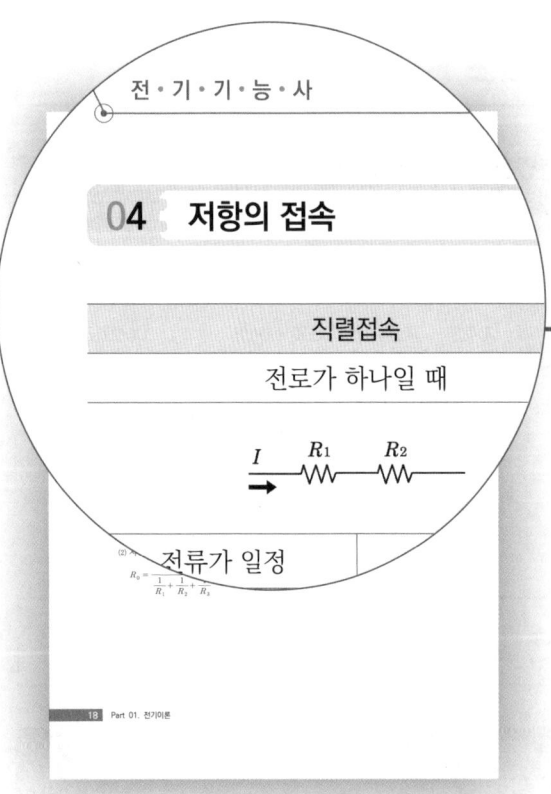

핵심내용으로 끝내기

수험생이 알아야 할 내용을
요약 · 정리했으며
유사한 개념은 표로 비교하며
구분할 수 있게 구성했습니다.

이론과 연계된 핵심문제로
확실히 정리하기

**출제빈도나 중요성, 이론과의 연계 등을
고려**하여 반드시 풀어야 할 문제를
선별했습니다.

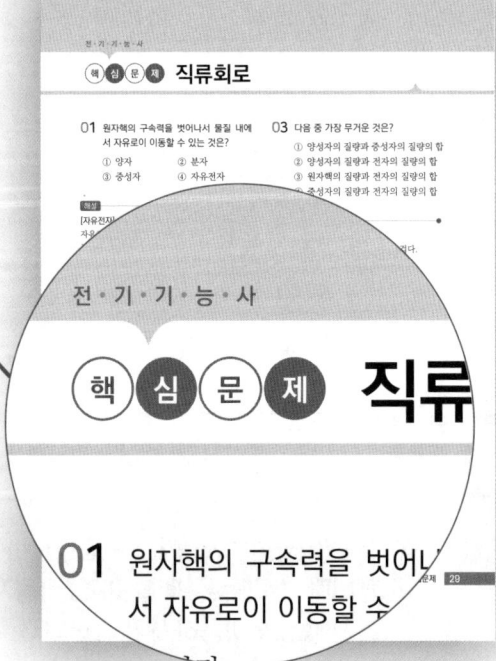

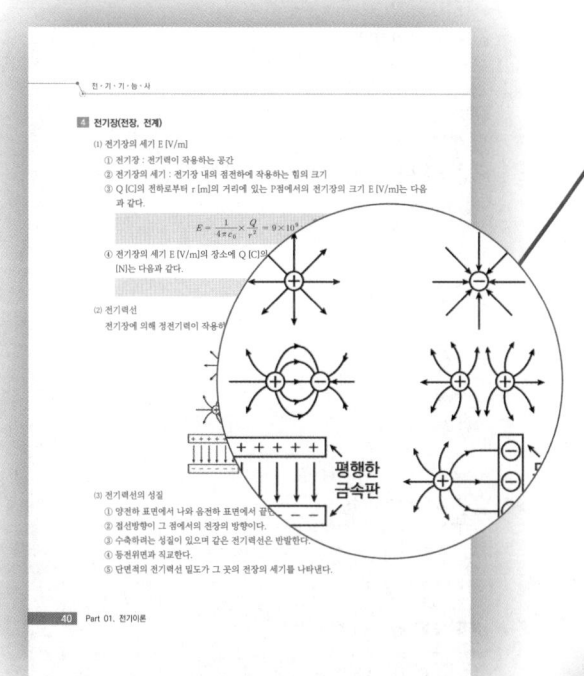

그림으로 이해하기

이론과 관련된 다양한 시각적 자료를
제공하여 수험생이 이해하고
암기하기 쉽게 구성했습니다.

6개년 기출로 시험 정복하기

기출 정복이 곧 합격 정복입니다.
2024년 최신 기출 복원문제부터
2019년 기출문제까지 모두 수록하여
충분한 연습이 가능하도록 하였습니다.
또한 **풍부한 해설을 포함**하여
어려움 없이 문제를 해결할 수 있습니다.

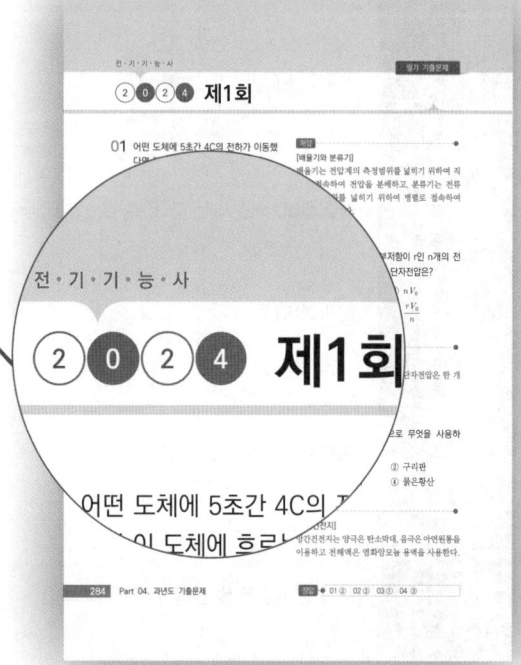

전기기능사 필기
15일 만에 완성하기

하루 소요 공부예정시간
대략 평균 4시간

📝 모아 전기기능사 **필기**

		학습 Comment
DAY 1	전기이론) 직류회로, 정전기와 콘덴서	전기의 기초 이론과 본질에 대한 기본을 다지는 과정입니다. 수포자라면 더욱 생소할 기호, 단위, 공식들이 많이 나오니 초반을 잘 이해하고 다음 과정을 준비해야 합니다.
DAY 2	전기이론) 자기와 코일, 전자력과 전자유도	전기를 이해하면 자기와도 연관성이 많아 암기하기가 더욱 수월해집니다. 전기와 자기의 비슷한 관계성을 이용하면 수월하게 공부할 수 있습니다.
DAY 3	전기이론) 교류회로	전기기능사에서 가장 난이도가 높은 파트로 모두 이해하는 게 어렵다면 핵심 문제만 암기하도록 합니다. 짧은 공식문제와 가벼운 암기들도 많으니 교류파트 전체를 내려놓지 말고 포인트라도 가져가는 게 좋습니다. 또한 교류회로를 잘 이해해두면 다음 과정인 전기산업기사나 전기기사에서도 기본을 쌓고 들어갈 수 있어 많은 도움이 됩니다.
DAY 4	전기기기) 직류기	발전기와 전동기를 구분하여 공부하도록 해야 합니다.
DAY 5	전기기기) 동기기, 유도전동기	직류기와 다르게 회전자와 고정자가 바뀌므로 주의하여 공부하도록 합니다.
DAY 6	전기기기) 변압기, 전력변환기기	앞서 나온 기기들은 회전기이며 변압기는 정지기이므로 헷갈리지 않도록 해야 합니다. 전력변환기기는 단순 암기가 많으니 꼭 암기할 수 있도록 합니다.
DAY 7	전기설비) 배선재료 및 공구, 배선설비공사	각 재료와 배관배선마다 비슷한 부분들이 많으니 구분하여 암기하도록 합니다.
DAY 8	전기설비) 전선 및 기계기구의 보안공사, 가공인입선 및 배전선 공사, 특수장소 및 전기응용시설공사	전기공사·시공에 대한 법령 위주로 나와 공식 문제보다는 암기가 대부분입니다. 앞서 배운 전기이론과 전기기기에서 공식 이해가 어렵다면 이 파트에서 암기를 꼭 할 수 있도록 해야 합니다.
DAY 9~14	과년도 하루에 4회씩 풀기 (2024~2019년도)	반복 출제되는 유형과 자주 틀리는 유형을 체크해가며 문제를 풀어나갑니다.
DAY 15	최종 암기노트 및 반복 출제 문제 복습	지금까지 학습한 내용 중 부족했던 부분을 다시 한번 정리하고 최종 암기노트로 마무리합니다.

전기기능사 필기
30일 만에 완성하기

> 하루 소요 공부예정시간
> 대략 평균 2~3시간

📝 모아 전기기능사 **필기**

DAY 1	전기이론) 직류회로	
DAY 2	전기이론) 정전기와 콘덴서	✏️ **학습 Comment**
DAY 3	전기이론) 자기와 코일	전기의 기초부터 개념을 잡고 자기와 교류회로에 대해 정리합니다. 전기이론은 전기기기와 전기설비에 비해 단순 암기보다 수학·공학적 이해와 공식 문제가 많이 나오므로 자신에게 맞는 파트를 위주로 집중적으로 공부하도록 합니다.
DAY 4	전기이론) 전자력과 전자유도	
DAY 5	전기이론) 교류회로	
DAY 6	전기이론 파트 복습	✏️ **학습 Comment** 전기이론에서 나온 공식과 법칙들에 대해 정리하며 복습하도록 합니다.
DAY 7	전기기기) 직류기	✏️ **학습 Comment**
DAY 8	전기기기) 동기기	회전기, 정지기, 전력변환기기 등 다양한 기기에 대해 이해하는 과목입니다. 전기기기는 계산문제와 암기문제가 비슷한 비율로 출제되니 두 가지의 문제 유형 모두 암기할 수 있도록 합니다.
DAY 9	전기기기) 유도전동기	
DAY 10	전기기기) 변압기, 전력변환기기	
DAY 11	전기기기 파트 복습	✏️ **학습 Comment** 기기들의 동작 원리와 구조, 효율, 손실 등 중요한 공식들을 정리하며 복습하도록 합니다.
DAY 12	전기설비) 배선재료 및 공구	✏️ **학습 Comment**
DAY 13	전기설비) 배선설비공사, 전선 및 기계기구의 보안공사	전기설비는 법규·법령과도 같으므로 각 공사마다 비슷하고 헷갈리는 부분이 많으니 주의하여 공부해야 합니다. 계산 문제는 출제 빈도가 낮으며 거의 암기문제가 많이 나와 공식이나 계산문제가 어렵게 느껴진다면 전기설비의 암기문제들을 자신의 것으로 만들어야 합니다.
DAY 14	전기설비) 가공인입선 및 배전선 공사, 특수장소 및 전기응용시설공사	
DAY 15	전기설비 파트 복습	✏️ **학습 Comment** 반복적인 부분과 비슷한 부분을 확실히 구분하여 복습하도록 합니다.
DAY 16~28	과년도 하루에 2회씩 풀기	✏️ **학습 Comment** 반복 출제되는 유형과 자주 틀리는 유형을 체크해가며 문제를 풀어나갑니다. 출제 빈도가 낮고 어려운 문제는 오래 붙잡고 있지 않고 다양한 문제를 더 많이 풀어나가며 효율적인 학습을 하도록 합니다.
DAY 29	반복 출제 문제 복습	✏️ **학습 Comment** 체크해둔 문제를 위주로 한 번 더 훑어보고 최근 과년도 문제도 다시 복습하도록 합니다.
DAY 30	최종 암기노트 및 암기법 정리	✏️ **학습 Comment** 지금까지 학습한 내용을 총정리하며 자신만의 암기노트 및 암기법을 최종 복습합니다.

"수학은 인간의 사고를 훈련시키는 도구다.
그것은 우리를 세상의 본질을 이해하도록 돕는다."
- 칼 프리드리히 가우스

공부를 하다보면 수학처럼 끊임없이 도전하고
풀어가야 할 문제들이 있을 것입니다.
하지만 그 문제들을 하나씩 해결해나가는 과정에서
점점 더 강해지고, 목표에 한 걸음 더 다가가게 됩니다.
'성공은 작은 단위에서부터 시작된다'는 가우스의 말처럼
매일의 노력이 결국 큰 성과로 이루어질 것입니다,

여러분의 합격이라는 새로운 시작을 위해 언제나 응원하겠습니다.

박너랑 드림

모아 전기기능사

필기 핵심이론 + 과년도 6개년

모아합격전략연구소

목차

PART 01 전기이론

- CHAPTER 01 직류회로 ·· 14
  - 핵심문제 ·· 29
- CHAPTER 02 정전기와 콘덴서 ·· 38
  - 핵심문제 ·· 47
- CHAPTER 03 자기와 코일 ·· 54
  - 핵심문제 ·· 62
- CHAPTER 04 전자력과 전자유도 ·· 68
  - 핵심문제 ·· 75
- CHAPTER 05 교류회로 ·· 81
  - 핵심문제 ·· 100

PART 02 전기기기

- CHAPTER 01 직류기 ·· 112
  - 핵심문제 ·· 127
- CHAPTER 02 동기기 ·· 134
  - 핵심문제 ·· 144
- CHAPTER 03 유도 전동기 ·· 150
  - 핵심문제 ·· 159
- CHAPTER 04 변압기 ·· 165
  - 핵심문제 ·· 180
- CHAPTER 05 전력변환기기 ·· 186
  - 핵심문제 ·· 193

PART 03
전기설비

CHAPTER 01	배선재료 및 공구	200
	핵심문제	214
CHAPTER 02	배선설비공사	222
	핵심문제	231
CHAPTER 03	전선 및 기계기구의 보안공사	239
	핵심문제	246
CHAPTER 04	가공인입선 및 배전선공사	252
	핵심문제	265
CHAPTER 05	특수장소 및 전기응용시설공사	272
	핵심문제	279

PART 04
과년도 기출문제

2024년 제1회 · · · · · · 284
2024년 제2회 · · · · · · 298
2024년 제3회 · · · · · · 312
2024년 제4회 · · · · · · 326

2023년 제1회 · · · · · · 340
2023년 제2회 · · · · · · 354
2023년 제3회 · · · · · · 369
2023년 제4회 · · · · · · 386

2022년 제1회	402
2022년 제2회	418
2022년 제3회	431
2022년 제4회	445
2021년 제1회	459
2021년 제2회	474
2021년 제3회	490
2021년 제4회	504
2020년 제1회	519
2020년 제2회	534
2020년 제3회	548
2020년 제4회	563
2019년 제1회	578
2019년 제2회	593
2019년 제3회	608
2019년 제4회	623

※ 브러시(브러쉬), 부흐홀츠(부흐홀쯔), 자기동법(자기기동법), 휘스톤(휘트스톤) 등의 단어들은 실제 시험에서 모두 사용되고 있으므로, 본 교재에서는 통일하지 않고 그대로 표기하였습니다.

Part 01 전기이론

Chapter 01 직류회로

01 전기의 본질

1 전하

전기의 최소단위로, 물체에 생성된 전기를 의미한다.

2 전하량 : Q [C]

⑴ 전하가 가지고 있는 전기적인 양을 의미한다.

⑵ 전하의 덩어리 양으로서, 전하량 = 전기량 = Q [A·sec = C]

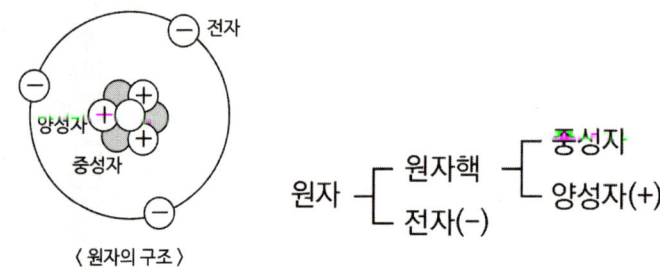

〈 원자의 구조 〉

3 전하량과 질량

⑴ 전자 하나당 전하량 : $e = 1.602 \times 10^{-19}$ [C]

⑵ 전자 하나당 질량 : $m = 9.109 \times 10^{-31}$ [kg]

⑶ 음전하라고 할 때 "⊖" 부호가 붙는다.

4 전기의 발생

(1) 자유전자 : 외부 에너지로 인해 원자핵의 구속력을 이탈하는 전자

(2) 양전하(+) : 외부 에너지로 인해 전자를 잃게 되는 경우

(3) 음전하(-) : 외부 에너지로 인해 전자를 얻게 되는 경우

(4) 중성상태 : 양성자의 수와 전자의 수가 같은 경우

02 전류와 전압 및 저항

1 전류 : I [A]

(1) 전하의 흐름으로 단위시간 동안 이동한 전하량의 크기

(2) 전류의 단위 : I [C/sec] = [A]

(3) 전류의 크기 계산

$$I = \frac{Q}{t} = \frac{n \cdot e}{t} \ [C/sec = A]$$

Q : 전하량 [C]
t : 시간 [sec]

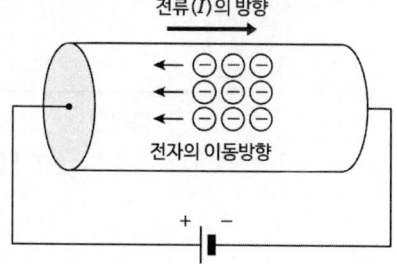

2 전압 : V [V]

(1) 두 지점 간 전기적 위치에너지(전위)의 차

(2) 단위전하가 도선 두 점을 이동하는 일의 에너지

(3) 전압의 단위 : V [J / C] = [V]

(4) 전압의 크기 계산

$$V = \frac{W}{Q} [J/C = V], \quad W = VQ [J]$$

W : 일, 에너지 [J],
Q : 전하량(전기량) [C]

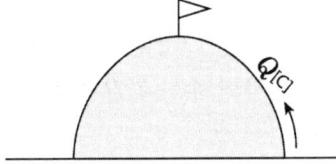

3 저항 : R [Ω]

(1) 전류의 흐름을 방해하는 요소

(2) 저항의 단위 : R [Ω]

$$R = \rho \frac{\ell}{A} [\Omega]$$

R : 저항 [Ω]
ρ : 고유저항 [Ω·m]
ℓ : 도체 길이 [m]
A : 단면적 [m²]

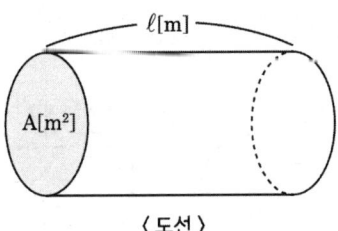

〈도선〉

$1 [\Omega \cdot m] = 10^2 [\Omega \cdot cm] = 10^6 [\Omega \cdot mm^2/m]$

4 고유저항 : ρ [Ω·m]

(1) 모든 물질이 가지는 고유한 저항값으로, 저항률과 같은 말이다.

(2) 고유저항의 단위 : ρ [Ω·m]

5 컨덕턴스 : G [℧]

(1) 저항의 역수로 전류를 잘 흐르게 하는 요소

(2) 컨덕턴스의 단위 : $G[1/\Omega] = [\Omega^{-1}] = [℧] = [S]$

$$G = \frac{1}{R} [℧], \ R = \frac{1}{G} [\Omega]$$

6 도전율 : σ [℧/m]

(1) 고유저항의 역수로서 전류가 잘 흐르는 정도를 나타내는 값이다.

(2) 전도율과 같은 말이다.

(3) 도전율과 고유저항의 관계

$$\sigma = \frac{1}{\rho} [℧/m]$$

03 옴의 법칙

1 옴의 법칙(Ohm's Law)

(1) 전압, 전류, 저항의 관계를 나타낸 법칙으로 전기이론에서 중요한 법칙 중 하나이다.

$$I = \frac{V}{R} [A], \ V = IR [V], \ R = \frac{V}{I} [\Omega]$$

(2) 전류, 전압, 컨덕턴스의 관계

$$I = GV [A], \ V = \frac{I}{G} [V], \ G = \frac{I}{V} [℧]$$

04 저항의 접속

직렬접속		병렬접속	
전로가 하나일 때		전로가 2개 이상일 때	
전류가 일정	$I = I_1 = I_2$	전압이 일정	$V = V_1 = V_2$
전압의 합	$V = V_1 + V_2$	전류의 합	$I = I_1 + I_2$
합성저항	$R = R_1 + R_2$	합성저항	$R = \dfrac{R_1 \times R_2}{R_1 + R_2}$
전압분배 법칙	$V_1 = \dfrac{R_1}{R_1 + R_2} V$ $V_2 = \dfrac{R_2}{R_1 + R_2} V$	전류분배 법칙	$I_1 = \dfrac{R_2}{R_1 + R_2} I$ $I_2 = \dfrac{R_1}{R_1 + R_2} I$

※ 저항(R)의 병렬연결 시 합성저항

(1) 저항이 2개일 때

$$R_0 = \dfrac{1}{\dfrac{1}{R_1} + \dfrac{1}{R_2}} = \dfrac{R_1 \times R_2}{R_1 + R_2} \, [\Omega]$$

(2) 저항이 3개일 때

$$R_0 = \dfrac{1}{\dfrac{1}{R_1} + \dfrac{1}{R_2} + \dfrac{1}{R_3}} = \dfrac{R_1 R_2 R_3}{R_1 R_2 + R_2 R_3 + R_1 R_3} \, [\Omega]$$

05 키르히호프의 법칙

1 제1법칙(전류법칙 : KCL)

회로 내의 어느 점에서 흘러 들어오거나(+) 흘러 나가는(-) 전류를 +, -의 부호를 붙여 구별하면 들어오고 나가는 전류의 합은 0이다.

$$\Sigma I = I_1 + I_2 + I_3 + \cdots + I_n = 0$$

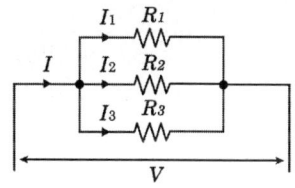

2 제2법칙(전압법칙 : KVL)

(1) 폐회로에서 기전력의 합은 전압강하의 합과 같다.

(2) 기전력(전원전압)의 합 = 전압강하(저항에 의한 전압강하)의 합

$$V_1 + V_2 + V_3 + \cdots + V_n = IR_1 + IR_2 + IR_3 + \cdots + IR_n$$

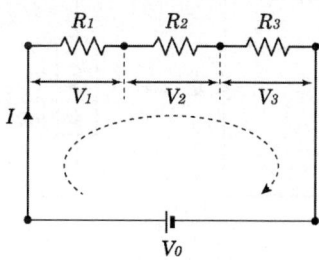

06 전지(건전지)

1 건전지의 접속

1.5 [V] 건전지 직렬연결	1.5 [V] 건전지 병렬연결
![직렬]	![병렬]
• 전압은 2배인 3 [V]가 된다. • 전류(용량)는 동일하다.	• 전압은 동일한 1.5 [V]가 된다. • 전류(용량)는 2배 증가한다.

2 전지의 내부저항과 외부저항

(1) 전지의 내부에는 내부저항(r)을 포함하고 있다.

(2) 건전지에 전등을 접속하면 전등의 저항이 외부저항(R)이 된다.

3 전지 n개의 직렬연결

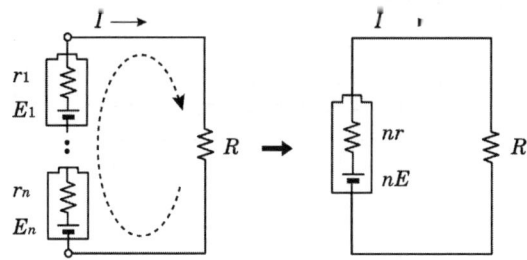

(1) 직렬연결이 되어 있으므로
 • 내부저항(r)이 n개 → $n \cdot r$
 • 기전력(E)이 n개 → $n \cdot E$

(2) 직렬연결 시 합성저항
  $R' = n \cdot r + R$ (R' : 합성저항, R : 외부저항, r : 내부저항)

(3) 외부저항 R에 흐르는 전류 $I = \dfrac{nE}{R'}$, $I = \dfrac{nE}{nr+R}$ [A]

4 전지 m개의 병렬연결

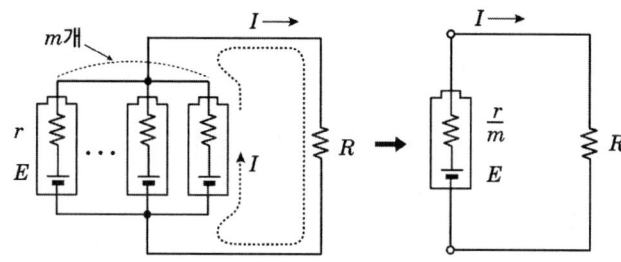

(1) 병렬연결이 되어 있으므로
- 내부저항(r) m개 → $\dfrac{r}{m}$
- 기전력(E) m개 → E

(2) 병렬연결 시 합성저항 $R' = \dfrac{r}{m} + R$

(3) 외부저항 R에 흐르는 전류 $I = \dfrac{E}{R'}$, $I = \dfrac{E}{\dfrac{r}{m} + R}$ [A]

※ 전지의 연결 정리

구분	직렬접속(n개 직렬접속)	병렬접속(m개 병렬접속)
기전력(E)	n배	불변
내부저항(r)	n배	$\dfrac{1}{m}$배
용량(전류량)	불변	m배
전류계산	$I = \dfrac{nE}{nr + R}$ [A]	$I = \dfrac{E}{\dfrac{r}{m} + R}$ [A]

07 전력, 전력량, 열량

1 전력(Power)

(1) 전기가 단위시간(1초) 동안 한 일의 양(에너지의 크기)

(2) 기호는 P, 단위 [W] = [J/sec]

2 전력량

(1) 몇 시간 동안 사용한 전기적 에너지의 양

(2) 기호는 W, 단위 [W·sec] = [J]

3 전력, 전력량, 열량 계산

(1) 전력 [W] = [J/s]

$$P = VI = I^2 R = \frac{V^2}{R} = \frac{W}{t}$$

(2) 전력량 [W·s] = [J] → (전력 × 시간)

$$W = VIt = I^2 Rt = \frac{V^2}{R}t = Pt$$

(3) 열량 [cal] → (전력량 × 0.24)

$$H = 0.24VIt = 0.24I^2 Rt = 0.24\frac{V^2}{R}t = 0.24Pt$$

4 주요 단위 환산

- 1 [J] = 0.24 [cal]
- 1 [cal] = $\frac{1}{0.24}$ = 4.2 [J]
- 1 [HP] = 746 [W] = 0.74 [kW]
- 1 [kg] = 9.8 [N]

08 전류와 전압 및 저항의 측정

1 분류기

(1) 전류계의 측정범위 확대를 위해 병렬로 연결한 저항이다.

(2) 대전류용 계측기들의 절연 증대로 인한 크기 증대를 방지한다.

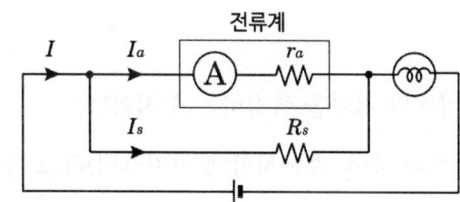

$$I_a = \frac{R_s}{r_a + R_s} I, \quad \frac{I}{I_a} = \frac{r_a + R_s}{R_s} = 1 + \frac{r_a}{R_s}$$

$$\therefore m = \frac{I}{I_a} = 1 + \frac{r_a}{R_s}$$

m : 배율
I_a : 전류계 측정한도값 [A]
R_s : 분류기 저항 [Ω]
I : 확대된 측정값 [A]
r_a : 전류계 내부저항 [Ω]

2 배율기

(1) 전압계를 측정범위 확대를 위해 직렬로 연결한 저항이다.

(2) 고전압용 계측기들의 절연 증대로 인한 크기 증대를 방지한다.

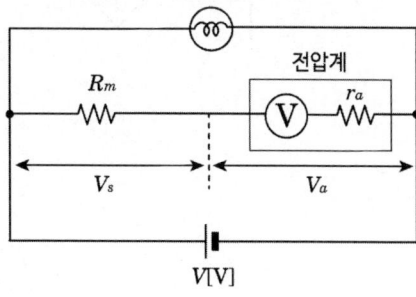

$$V_a = \frac{r_a}{R_m + r_a} V$$

$$\frac{V}{V_a} = \frac{R_m + r_a}{r_a} = 1 + \frac{R_m}{r_a}$$

$$\therefore m = \frac{V}{V_a} = 1 + \frac{R_m}{r_a}$$

m : 배율
V : 확대된 측정 값 [V]
V_a : 전압계 측정한도값 [V]
r_a : 전압계 내부저항 [Ω]
R_m : 배율기 저항 [Ω]

3 휘스톤 브리지

(1) 평형조건을 이용하여 미지의 저항을 측정하는 장치이다.

(2) 미지에 저항은 온도 측정을 하며, 측온저항체(서미스터)라고 한다.

(3) 평형조건

① 검류계 G에 흐르는 전류 I_G가 0일 것

② 대각선 저항의 곱이 같을 것

$$P \times R = X \times Q$$

$$\therefore X = \frac{P}{Q} R$$

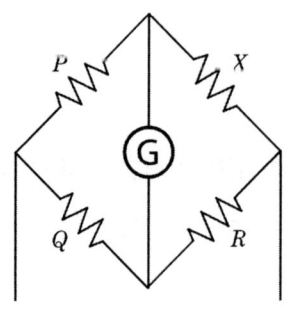

09 전기의 열작용

1 줄의 법칙(전류의 발열작용)

(1) 도체에 전류가 흐를 때 저항성분의 방해로 인하여 열 발생

(2) 저항체에서 단위시간당 발생하는 열량과의 관계를 나타낸 법칙

2 제벡 효과

서로 다른 금속을 접합하여 두 접합점의 온도를 다르게 하였을 때 기전력이 발생하여 전류가 흐르는 현상

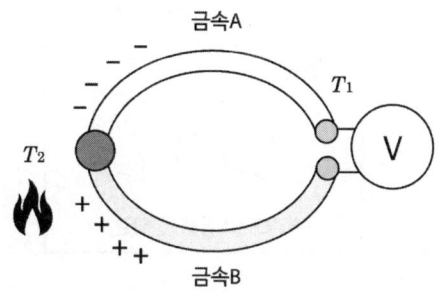

3 펠티에 효과

서로 다른 금속을 접합하여 금속A에서 금속B로 전류를 흘리면 열이 발생하거나 흡수하는 현상

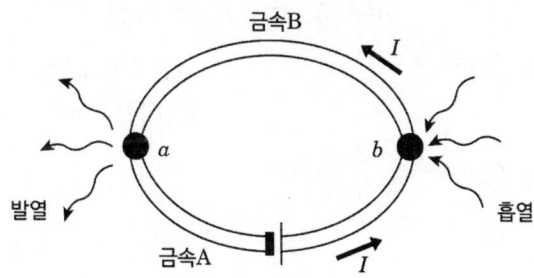

4 톰슨 효과

서로 같은 금속을 접합하여 두 점 간에 온도차를 주고 고온에서 저온 쪽으로 전류를 흘리면 열이 발생하거나 흡수하는 현상

10 전기의 화학작용

1 전해액

염기, 염류 물질 등을 물에 녹이게 되면 이온을 형성하여 양이온과 음이온으로 나뉘게 된다. 이와 같은 물질을 전해질이라고 하며, 전해질의 수용액을 전해액이라 한다.

2 전기분해

전해액에 두 전극을 넣어 양극, 음극에서 성분을 석출하는 현상

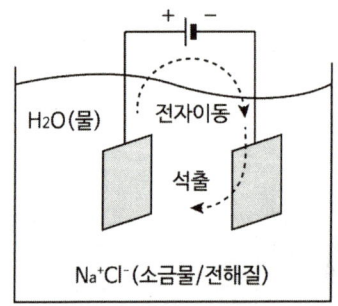

3 패러데이의 법칙

전극에서 석출되는 물질의 양은 전류량에 비례한다.

$$W = K \cdot Q = K \cdot I \cdot t \ [g]$$

W : 석출되는 물질의 양 [g]
I : 전류 [A]
K : 전기화학당량 $[g/C] = \dfrac{원자량}{원자가} [g/C]$
Q : 전하량(전기량) [C]
t : 시간 [sec]

11　전지

1 정의
화학 변화에 의해서 생기는 에너지 또는 빛, 열 등의 물리적인 에너지를 전기에너지로 변화시키는 장치를 말한다.

2 분류
(1) 1차 전지 : 재충전이 불가능한 전지(망간전지, 볼타전지)

(2) 2차 전지 : 재충전이 가능한 전지(리튬이온전지, 납(연)축전지, 니켈카드뮴전지)

3 원리(볼타전지)

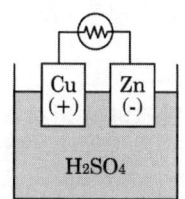

(1) 묽은황산(H_2SO_4) 용액에 구리(Cu)판과 아연(Zn)판을 넣는다.

(2) 반응성이 강한 아연(Zn)판이 전자를 잃어 음극이 되고, 반대로 구리판은 양극이 된다.

(3) 양극 구리(Cu)판에서는 수소(H_2)기체가 발생한다.

(4) 감극제를 사용해 양극에 발생한 수소기체를 제거하여 분극(성극)작용을 완화할 수 있다.

4 납축전지

(1) 전해액 : 묽은황산(H_2SO_4)

(2) 양극 : 이산화납(PbO_2)

(3) 음극 : 납(Pb)

(4) 축전지 기전력 : 2 [V]

(5) 축전지 용량 : Q [Ah] = $I \times t$

5 전압강하의 원인

(1) 국부작용 : 전지 내부에 있는 불순물에 의해 내부에서 순환전류가 생겨 기전력이 감소하는 현상이다.

(2) 분극작용 : 전지에 전류가 흐르면 수소가스에 의해 이온의 이동을 방해하여 기전력이 감소하는 현상이다. 이를 방지하기 위해 기체를 감소시켜 전극의 작용을 활발하게 유지시키는 감극제를 사용한다.

(3) 자가방전 : 전지 내부에서 스스로 방전하여 기전력이 감소한다.

핵심문제 직류회로

01 원자핵의 구속력을 벗어나서 물질 내에서 자유로이 이동할 수 있는 것은?

① 양자
② 분자
③ 중성자
④ 자유전자

해설
[자유전자]
자유로이 이동할 수 있는 전자로 자유전자가 이동함으로써 전기가 흐른다.

02 1개의 전자 질량은 약 몇 [kg]인가?

① 1.679×10^{-31}
② 9.109×10^{-31}
③ 9.109×10^{-27}
④ 1.679×10^{-27}

해설
[전자의 질량과 전하량]
전자의 질량 : 9.1×10^{-31} [kg]
전자의 전하량 : -1.602×10^{-19} [C]

03 다음 중 가장 무거운 것은?

① 양성자의 질량과 중성자의 질량의 합
② 양성자의 질량과 전자의 질량의 합
③ 원자핵의 질량과 전자의 질량의 합
④ 중성자의 질량과 전자의 질량의 합

해설
[원자핵 = 양성자 + 중성자]
원자핵+전자의 질량의 합이 가장 무겁다.

04 "물질 중의 자유전자가 과잉된 상태"란?

① (-)대전 상태
② (+)대전 상태
③ 발열 상태
④ 중성 상태

해설
[대전상태]
자유전자는 (-)의 극성을 띠므로 (-)대전 상태이다.

05 용량 30 [Ah]의 전지는 2 [A]의 전류로 몇 시간 사용할 수 있겠는가?

① 3
② 7
③ 15
④ 30

정답 ● 01 ④ 02 ② 03 ③ 04 ① 05 ③

해설
[축전지 용량]

용량 $Q = I \cdot t$, $t = \dfrac{Q}{I} = \dfrac{30}{2} = 15$ [h]

해설
[전류]

전류 $I = \dfrac{Q}{t}$ [A] : 1초 동안에 1 [C]의 전기량

06 용량이 45 [Ah]인 납축전지에 3 [A]의 전류를 연속하여 얻는다면 몇 시간 동안 이 축전지를 이용할 수 있겠는가?

① 10시간 ② 15시간
③ 30시간 ④ 45시간

해설
[축전지 용량]

용량 $Q = I \cdot t$, $t = \dfrac{Q}{I} = \dfrac{45}{3} = 15$ [h]

07 전류의 단위 암페어의 설명으로 틀린 것은?

① 크기는 1초 동안에 이동한 전기량의 크기
② 도체에 t [sec] 동안에 Q [C]의 전하가 이동하면 흐른 전류는 $I = \dfrac{Q}{t}$ [A]이다.
③ 1초 동안에 1 [V]의 전기량이 이동한 것
④ 1초 동안에 1 [C]의 전기량이 이동하면 1 [A]의 전류가 흐르는 것이 된다.

08 어떤 도체를 t 초 동안에 Q [C]의 전기량이 이동하면 이때 흐르는 전류 I는?

① $I = Q \cdot t$ ② $I = \dfrac{1}{Q \cdot t}$
③ $I = \dfrac{t}{Q}$ ④ $I = \dfrac{Q}{t}$

해설
[전류]

전류 $I = \dfrac{Q}{t}$ [A]

09 어떤 도체에 5초간 4 [C]의 전하가 이동했다면 이 도체에 흐르는 전류는?

① 0.12×10^3 [mA]
② 0.8×10^3 [mA]
③ 1.25×10^3 [mA]
④ 8×10^3 [mA]

해설
[전류]

전류 $I = \dfrac{Q}{t}$, $I = \dfrac{4}{5} = 0.8$ [A]

0.8 [A] = 0.8×10^3 [mA]

정답 06 ② 07 ③ 08 ④ 09 ②

10 Q [C]의 전기량이 도체를 이용하면서 한 일을 W [J]이라 했을 때 전위차 V [V]를 나타내는 관계식으로 옳은 것은?

① $V = \dfrac{W}{Q}$ ② $V = QW$

③ $V = \dfrac{Q}{W}$ ④ $V = \dfrac{1}{QW}$

해설

[전위차]

$W = V \cdot Q$, 전위차 $V = \dfrac{W}{Q}$

11 2 [C]의 전기량이 두 점 사이를 이동하여 48 [J]의 일을 하였다면 이 두 점 사이의 전위차는 몇 [V]인가?

① 12   ② 24
③ 48   ④ 64

해설

[전위차]

전위차 $V = \dfrac{W}{Q} = \dfrac{48}{2} = 24$ [V]

12 24 [C]의 전기량이 이동하여 144 [J]의 일을 했을 때 기전력은?

① 2 [V]   ② 4 [V]
③ 6 [V]   ④ 8 [V]

해설

[기전력]

전위차 $V = \dfrac{W}{Q} = \dfrac{144}{24} = 6$ [V]

13 다음 중 1 [V]와 같은 값을 갖는 것은?

① 1 [J/C]   ② 1 [Wb/m]
③ 1 [Ω/m]   ④ 1 [A·sec]

해설

[전압]

전위 V [V] $= \dfrac{W \text{ [J]}}{Q \text{ [C]}}$, 단위 : [V], [J/C]

14 1.5 [V]의 전위차로 3 [A]의 전류가 3분 동안 흘렀을 때 한 일은?

① 1.5 [J]   ② 13.5 [J]
③ 810 [J]   ④ 2,430 [J]

해설

[일, 에너지]

$W = VQ = VIt$
$= 1.5 \times 3 \times 3 \times 60 = 810$ [J]

정답   10 ①   11 ②   12 ③   13 ①   14 ③

15 1 [eV]는 몇 [J]인가?

① 1
② 1×10^{-10}
③ 1.16×10^4
④ 1.602×10^{-19}

해설

[일, 에너지]
전력량 W [W·sec] = [J], $W = QV$
1 [eV] = 1.602×10^{-19} [J]

16 전류를 계속 흐르게 하려면 전압을 연속적으로 만들어주는 어떤 힘이 필요하게 되는데, 이 힘을 무엇이라 하는가?

① 기전력
② 전자력
③ 자기력
④ 전기장

해설

[기전력]
지속해서 전류를 흘리기 위해 전위차를 유지하는 힘

17 도체의 전기저항에 대한 설명으로 옳은 것은?

① 길이와 단면적에 비례한다.
② 길이와 단면적에 반비례한다.
③ 길이에 반비례하고 단면적에 비례한다.
④ 길이에 비례하고 단면적에 반비례한다.

해설

[저항]

전기저항 $R = \rho \dfrac{l}{A}$

길이에 비례하고 면적에 반비례한다.

18 길이 1 [m]인 도선의 저항값이 20 [Ω]이었다. 이 도선을 고르게 2 [m]로 늘렸을 때 저항값은?

① 10 [Ω]
② 40 [Ω]
③ 80 [Ω]
④ 140 [Ω]

해설

[저항 $R = \rho \dfrac{l}{A}$]

- 길이가 2배 늘어나면,
- 면적은 $\dfrac{1}{2}$로 줄어들고,
- 저항은 4배로 증가한다.

19 어떤 도체의 길이를 2배로 하고 단면적을 $\dfrac{1}{3}$로 했을 때의 저항은 원래 저항의 몇 배가 되는가?

① 3배
② 4배
③ 6배
④ 9배

정답 15 ④   16 ①   17 ④   18 ③   19 ③

> **해설**

[저항]

- 저항 $R = \rho \dfrac{l}{A}$
- $R' = \rho \dfrac{l}{A} = 6R$, 6배가 된다.

20 동선의 길이를 2배로 늘리면 저항은 처음의 몇 배가 되는가? (단, 동선의 체적은 일정함)

① 2배
② 4배
③ 8배
④ 16배

> **해설**

[체적 일정 시 저항]

길이 n배 늘리면 단면적 $\dfrac{1}{n}$배로 감소한다.

$R = \rho \dfrac{l}{A}$, $R' = \rho \dfrac{2l}{\dfrac{A}{2}} = 4R$

∴ $R' = 4R$, 4배가 된다.

21 $1\,[\Omega \cdot m]$와 같은 것은?

① $1\,[\mu\Omega \cdot cm]$
② $10^6\,[\Omega \cdot mm^2/m]$
③ $10^2\,[\Omega \cdot mm]$
④ $10^4\,[\Omega \cdot cm]$

> **해설**

[고유저항]

$10^6\,[\Omega \cdot mm^2/m]$
$= 10^6 \times (10^{-3})^2\,[\Omega \cdot m^2/m]$
$= 1\,[\Omega \cdot m]$

22 전도율의 단위는?

① $[\mho/m]$
② $[\mho \cdot m]$
③ $[\Omega/m]$
④ $[\Omega \cdot m]$

> **해설**

[전도율]

$\sigma = \dfrac{1}{\rho}\,[1/\Omega \cdot m] = [\mho/m]$

23 두 개의 서로 다른 금속의 접속점에 온도차를 주면 열기전력이 생기는 현상은?

① 홀 효과
② 줄 효과
③ 압전기 효과
④ 제벡 효과

> **해설**

[제벡 효과(Seebeck Effect)]
서로 다른 금속에 온도차를 주었을 때 전류가 흐르는 현상이다.

정답 20 ② 21 ② 22 ① 23 ④

24 전력량 1 [Wh]와 그 의미가 같은 것은?
① 1 [C] ② 1 [J]
③ 3,600 [C] ④ 3,600 [J]

해설
[전력량 1 [W·s]]
- 1 [J]의 일에 해당하는 전력량
- 1 [Wh] = 1 × 60 × 60 [W·s] = 3,600 [J]

25 3 [kW]의 전열기를 정격 상태에서 20분간 사용하였을 때의 열량은 몇 [kcal]인가?
① 430 ② 520
③ 610 ④ 860

해설
[줄의 법칙에 의한 열량]
$H = 0.24I^2Rt = 0.24Pt$
$= 0.24 × 3 × 10^3 × 20 × 60$
$= 864,000$ [cal] $= 860$ [kcal]

26 전류의 발열작용과 관계가 있는 것은?
① 줄의 법칙
② 키르히호프의 법칙
③ 옴의 법칙
④ 플레밍의 법칙

해설
[줄의 법칙(Joule's Law)]
전류의 발열작용 $H = 0.24I^2Rt$ [cal]

27 두 금속을 접속하여 여기에 전류를 흘리면 줄열 외에 그 접점에서 열의 발생 또는 흡수가 일어나는 현상은?
① 줄 효과 ② 홀 효과
③ 제벡 효과 ④ 펠티에 효과

해설
[펠티에 효과]
서로 다른 금속에 전류를 흘리면 열의 발생 또는 흡수가 일어나는 현상이다.

28 기전력 1.5 [V], 내부저항 0.2 [Ω]인 전지 5개를 직렬로 연결하고, 단락하였을 때 단락전류 [A]는?
① 1.5 ② 4.5
③ 7.5 ④ 15

해설
[전류]
- 전체전압 : 1.5 × 5 = 7.5 [V]
- 합성저항 : 0.2 × 5 = 1 [Ω]
- 단락전류 : $\frac{V}{R} = \frac{7.5}{1} = 7.5$ [A]

정답 24 ④ 25 ④ 26 ① 27 ④ 28 ③

29 1차 전지로 가장 많이 사용되는 것은?

① 니켈 - 카드뮴전지
② 연료전지
③ 망간건전지
④ 납축전지

해설

[1차 전지]
- 1차 전지는 재생할 수 없는 전지를 말한다.
- 망간건전지가 1차 전지에 대표적이다.

30 "회로의 접속점에서 볼 때 접속점에 흘러들어오는 전류의 합은 흘러나가는 전류의 합과 같다"라고 정의되는 법칙은?

① 키르히호프의 제1법칙
② 키르히호프의 제2법칙
③ 플레밍의 오른손법칙
④ 앙페르의 오른나사법칙

해설

[키르히호프의 법칙]
- 제1법칙(KCL) : 임의의 한 점에서 흘러들어오는 전류의 합과 나가는 전류의 합은 같다.
- 제2법칙(KVL) : 폐회로에서 발생하는 전압 강하의 합은 전체전압과 같다.

31 임의의 폐회로에서 키르히호프의 제2법칙을 가장 잘 나타낸 것은?

① 기전력의 합 = 합성저항의 합
② 기전력의 합 = 전압강하의 합
③ 전압강하의 합 = 합성저항의 합
④ 합성저항의 합 = 회로전류의 합

해설

[키르히호프의 제2법칙(전압법칙)]
폐회로에서 발생하는 전압 강하의 합은 전체 기전력의 합과 같다.

32 키르히호프의 법칙을 이용하여 방정식을 세우는 방법으로 잘못된 것은?

① 키르히호프의 제1법칙을 회로망의 임의의 한 점에 적용한다.
② 각 폐회로에서 키르히호프의 제2법칙을 적용한다.
③ 각 회로의 전류를 문자로 나타내고 방향을 가정한다.
④ 계산결과 전류가 (+)로 표시한 것은 처음에 정한 방향과 반대방향임을 나타낸다.

해설

[키르히호프의 법칙]
계산 결과 처음에 정한 방향과 반대이면 (-)로 표시한다.

정답 29 ③ 30 ① 31 ② 32 ④

33 패러데이의 법칙과 관계없는 것은?

① 전극에서 석출되는 물질의 양은 통과한 전기량에 비례한다.
② 전해질이나 전극이 어떤 것이라도 같은 전기량이면 항상 같은 화학당량의 물질을 석출한다.
③ 화학당량이란 $\frac{원자량}{원자가}$을 말한다.
④ 석출되는 물질의 양은 전류의 세기와 전기량의 곱으로 나타낸다.

해설

[패러데이의 법칙(Faraday's Law)]
$w = kQ = kIt\,[g]$
k(전기화학 당량) = $\frac{원자량}{원자가}$

34 다음 브리지회로에서 $R_A = 100$, $R_B = 50$, $R_S = 50\,[\Omega]$일 때 검류계의 지시가 0을 가리켰다면 미지의 저항 $R_X\,[\Omega]$은?

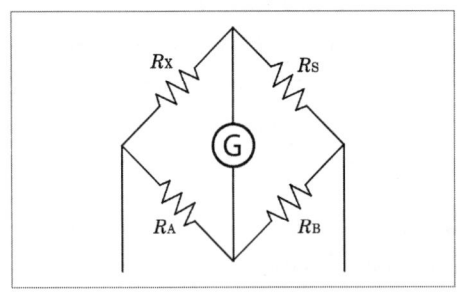

① 50　　② 100
③ 150　　④ 200

해설

[휘스톤 브리지]
검류계의 지시값이 0일 때 브리지의 평형조건이 성립된다.
$R_A \times R_S = R_B \times R_X$
$100 \times 50 = 50 \times R_X$
$R_X = 100\,[\Omega]$

35 다음 그림 a-b 간의 합성저항은 c-d 간의 합성저항보다 몇 배인가?

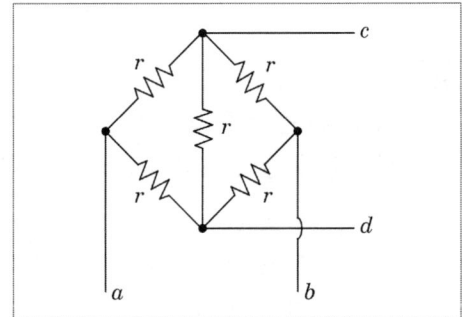

① r
② 2
③ 4
④ 4r

해설

[휘스톤 브리지]
1) a-b 간의 합성저항은 휘스톤 브리지가 성립하므로 중앙에 있는 r에 전류가 흐르지 않는다.
$$R_0 = \frac{2r \times 2r}{2r + 2r} = r$$
2) c-d 간의 합성저항은 휘스톤 브리지가 성립하지 않는다.
$$R_0 = \frac{1}{\frac{1}{2r} + \frac{1}{r} + \frac{1}{2r}} = \frac{r}{2}$$
$$\frac{V_{ab}}{V_{cd}} = \frac{r}{\frac{r}{2}} = 2$$

36 전압계의 측정 범위를 넓히기 위한 목적으로 전압계에 직렬로 접속하는 저항기를 무엇이라 하는가?

① 전위차계(Potentiometer)
② 분압기(Voltage Divider)
③ 분류기(Shunt)
④ 배율기(Multplier)

해설

[분류기(Shunt)]
전류계의 측정 범위를 전류계의 측정 범위의 확대를 위해 전류계의 병렬로 접속하는 저항기

[배율기(Multiplier)]
전압계의 측정 범위의 확대를 위해 전압계와 직렬로 접속하는 저항기

정답 36 ④

Chapter 02 정전기와 콘덴서

01 정전기의 성질

1 정전기의 발생

(1) 대전 : 중성의 물질이 외부에 힘에 의하여 전기적 성질을 띠게 되는 현상

(2) 마찰전기 : 마찰에 의해 전자가 이동하여 생기는 전기

(3) 정전기 : 정지되어 있는 전기

2 정전유도와 정전차폐

(1) 정전유도
  ① 도체에 대전체(+, -) 접근 시 극성 발생 현상
  ② 가까운 쪽 다른 극성, 먼 쪽 같은 극성 발생

(2) 정전차폐
  ① 철망에 의해서 정전유도 현상이 생기지 않는 현상
  ② 금속 철망이 대전체(+, -) 접근 시 극성을 없앤다.

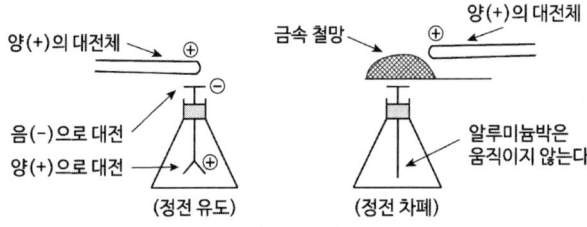

3 정전기력

(1) 정전기력

전하가 대전되어 생기는 현상으로 정전기에 의하여 작용하는 힘
① 흡인력 : 다른 극성의 전하 사이에 작용하는 힘
② 반발력 : 같은 극성의 전하 사이에 작용하는 힘

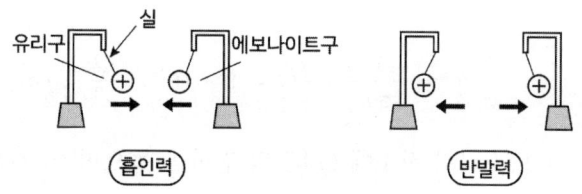

(2) 쿨롱의 법칙

① 두 전하 사이에 작용하는 정전기력(힘)의 크기
② 두 전하 Q_1, Q_2가 일정거리(r) 떨어졌을 때의 정전기력의 크기[N]

$$F = \frac{1}{4\pi\varepsilon_0} \times \frac{Q_1 Q_2}{r^2} [\text{N}] = 9 \times 10^9 \times \frac{Q_1 Q_2}{r^2} [\text{N}]$$

(3) 유전율

① 유전율(ε) : 매질이 저장할 수 있는 전하량
$\varepsilon = \varepsilon_0 \varepsilon_s [\text{F/m}]$

② 진공 중의 유전율(ε_0)
$\varepsilon_0 = 8.855 \times 10^{-12} [\text{F/m}]$

③ 비유전율(ε_s)
- 진공 중의 유전율과 비교한 매질의 유전율의 상대적인 비율
- $\varepsilon_s = \dfrac{\varepsilon}{\varepsilon_0}$ (진공 중의 $\varepsilon_s = 1$, 공기 중의 $\varepsilon_s \fallingdotseq 1$)

4 전기장(전장, 전계)

(1) 전기장의 세기 E [V/m]

　① 전기장 : 전기력이 작용하는 공간
　② 전기장의 세기 : 전기장 내의 점전하에 작용하는 힘의 크기
　③ Q [C]의 전하로부터 r [m]의 거리에 있는 P점에서의 전기장의 크기 E [V/m]는 다음과 같다.

$$E = \frac{1}{4\pi\varepsilon_0} \times \frac{Q}{r^2} = 9 \times 10^9 \times \frac{Q}{r^2} \, [\text{V/m}]$$

　④ 전기장의 세기 E [V/m]의 장소에 Q [C]의 전하를 놓으면 이 전하가 받는 정전기력 F [N]는 다음과 같다.

$$F = QE \, [\text{N}]$$

(2) 전기력선

전기장에 의해 정전기력이 작용하는 것을 설명하기 위한 가상의 선

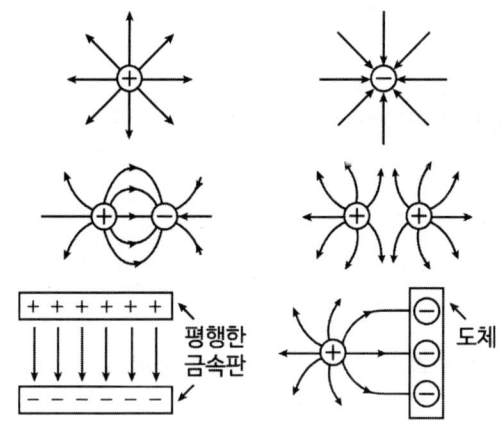

(3) 전기력선의 성질

　① 양전하 표면에서 나와 음전하 표면에서 끝난다.
　② 접선방향이 그 점에서의 전장의 방향이다.
　③ 수축하려는 성질이 있으며 같은 전기력선은 반발한다.
　④ 등전위면과 직교한다.
　⑤ 단면적의 전기력선 밀도가 그 곳의 전장의 세기를 나타낸다.

⑥ 도체 표면에 수직으로 출입하며 도체 내부에는 전기력선이 없다.
⑦ 서로 교차하지 않는다.

(4) 가우스의 정리

폐곡면 내에 전체 전하량 Q [C]이 있을 때 이 폐곡면을 통해서 나오는 전기력선의 총수는 $\frac{Q}{\varepsilon}$개다.

$$\text{전기력선 수} = \frac{Q}{\varepsilon} \quad \text{공기중의 자력선의 수} = \frac{Q}{\varepsilon_0}$$

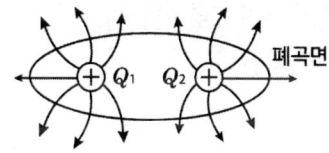

5 전속과 전속밀도

(1) 전속 ψ [C]
   ① 전기력선의 묶음
   ② 전속의 단위 : [C]
   ③ 전속의 성질
   • 전속은 양전하에서 나와 음전하에서 끝난다.
   • 전속은 도체에 출입하는 경우 그 표면에 수직이 된다.

(2) 전속밀도 D [C/m^2]
   ① 단위 면을 지나는 전속의 양 [C/m^2]
   ② 구 표면 1 [m^2], 반지름 r [m]을 지나는 전속의 양

$$D = \frac{Q}{A} = \frac{Q}{4\pi r^2} \, [\text{C/m}^2]$$

(3) 전속 밀도와 전기장과의 관계

$$D = \varepsilon E = \varepsilon_0 \varepsilon_s E \, [\text{C/m}^2]$$

6 전위

(1) 정의 : Q [C]의 전하에서 r [m] 떨어진 점의 전위 V

$$V = \frac{1}{4\pi\varepsilon_0} \times \frac{Q}{r} = 9 \times 10^9 \times \frac{Q}{r} \text{ [V]}$$

(2) 전위차 : 높은 전위와 낮은 전위의 차이

(3) 등전위면

① 전장 내에서 전위가 같은 점들의 면을 말한다.
② 등전위면과 전기력선은 수직으로 만난다.
③ 등전위면끼리는 만나지 않는다.

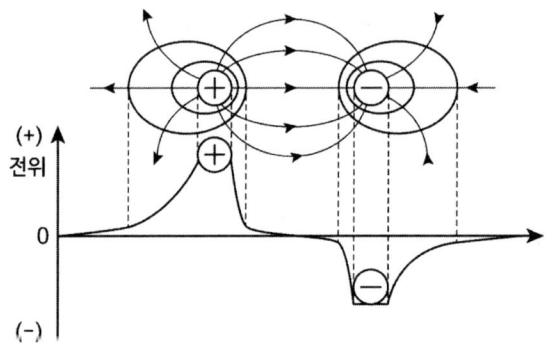

02 콘덴서

1 콘덴서의 구조

(1) 콘덴서의 정의

두 도체 사이에 유전체를 넣고 절연해 전하를 축적할 수 있게 한 장치

(2) 콘덴서의 성질

① 절연 파괴 : 전압 증가 시 유전체의 절연이 파괴되어 통전
② 콘덴서의 내압 : 콘덴서가 파괴되지 않고 견딜 수 있는 전압

2 콘덴서의 종류

(1) 가변 콘덴서(바리콘)

정전 용량을 변화할 수 있는 콘덴서이며. 바리콘이 대표적이다.

(2) 고정 콘덴서

① 마일러 콘덴서 : 필름을 유전체로 사용, 저주파 특성 우수
② 마이카 콘덴서 : 절연저항이 높음, 표준 콘덴서
③ 세라믹 콘덴서 : 가성비 우수, 고주파 특성 우수
④ 전해 콘덴서 : 극성을 가지고 있음, 교류회로에는 사용불가

3 콘덴서의 접속 : 저항과 반대개념

(1) 직렬접속

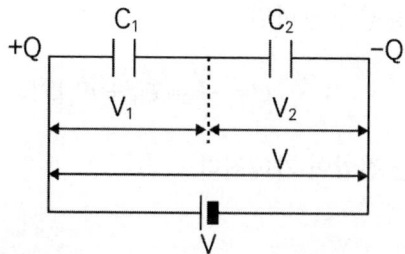

① 각 콘덴서에 가해지는 전압

$$V_1 = \frac{Q}{C_1},\ V_2 = \frac{Q}{C_2}\ [V]$$

② 각 콘덴서에 가해진 전압의 합은 전원전압과 같다.

$$V = V_1 + V_2 = \frac{Q}{C_1} + \frac{Q}{C_2}\ [V] = Q\left(\frac{1}{C_1} + \frac{1}{C_2}\right)[V]$$

③ 위 식에서 합성 정전용량을 구하면

$$C_0 = \frac{Q}{V} = \frac{1}{\frac{1}{C_1} + \frac{1}{C_2}} = \frac{C_1 C_2}{C_1 + C_2}[F]$$

④ 콘덴서에 가해진 전압비는 콘덴서의 정전용량에 반비례한다.

(2) 병렬접속

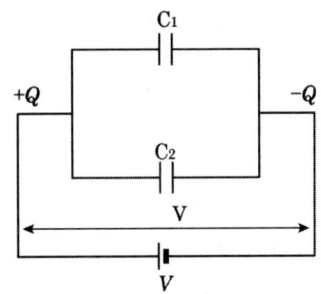

① 각 콘덴서에 축적되는 전하
$$Q_1 = C_1 V \text{[C]}, \ Q_2 = C_2 V \text{[C]}$$

② 전체 전하 Q [C]는 각 콘덴서 전하의 합과 같다.
$$Q = Q_1 + Q_2 = C_1 V + C_2 V \text{[C]} = V(C_1 + C_2) \text{[C]}$$

③ 위 식에서 합성 정전용량을 구하면
$$C = \frac{Q}{V} = C_1 + C_2 \text{[F]}$$

④ 각 콘덴서에는 동일한 전압이 가해진다.

03 정전용량과 정전에너지

1 정전용량 C[F]

(1) 커패시턴스

① 콘덴서가 전하를 축적할 수 있는 능력을 표시하는 양[F]
$$C = \frac{Q}{V} \text{[F]}$$

② 1 [F] : 1 [V]로 1 [C]을 축적할 수 있는 능력

③ 실용화 단위
  1 [μF] = 10^{-6} [F]
  1 [nF] = 10^{-9} [F]
  1 [pF] = 10^{-12} [F]

2 정전용량의 계산

(1) 구도체의 정전용량

① 구도체 전위 V

반지름 r의 구도체에 전하 Q를 줄 때의 전위

$$V = \frac{Q}{4\pi\varepsilon r} \text{[V]}$$

② 구도체 정전용량 C

구도체(반지름 r)에 전하가 있을 때 전위

$$C = \frac{Q}{V} = 4\pi\varepsilon r \text{[F]}$$

(2) 평행판도체의 정전용량

① 절연물 내의 전기장의 세기

$$E = \frac{V}{\ell} \text{[V/m]}$$

② 절연물 내의 전속밀도

$$D = \frac{Q}{A} \text{[C/m}^2\text{]}$$

③ 평행판도체의 정전용량

$$C = \varepsilon \frac{A}{\ell}$$

(ε : 유전체의 유전율, ℓ : 극판 사이 간격, A : 극판의 면적)

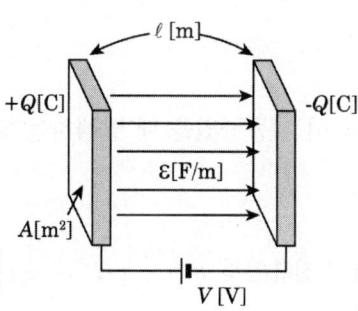

3 유전체 내의 정전에너지

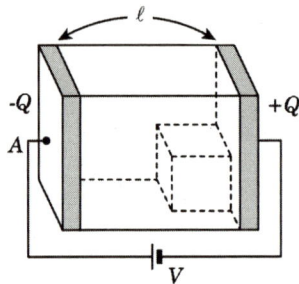

(1) 콘덴서에 전압 V [V]가 가해져서 Q [C]의 전하가 축적되는 에너지

$$W = \frac{1}{2}CV^2 = \frac{1}{2}QV = \frac{1}{2}\frac{Q^2}{C} \text{ [J]}$$

(2) 유전체의 체적에 저장되는 에너지

정전 용량 $C = \varepsilon \frac{A}{\ell}$ [F]

전기장의 세기 $E = \frac{V}{\ell}$ [V/m]

$$W = \frac{1}{2}\varepsilon\frac{A}{\ell}(E\ell)^2 = \frac{1}{2}\varepsilon E^2 A\ell \text{ [J]}$$

(3) 위 식에서 $A\ell$은 유전체의 체적이므로 유전체 1 [m³] 안에 저장되는 정전에너지

$$w = \frac{1}{2}\varepsilon E^2 = \frac{1}{2}ED = \frac{1}{2}\frac{D^2}{\varepsilon} \text{ [J/m}^3\text{]}$$

4 정전흡인력

힘 F가 작용하여 $\Delta\ell$만큼 전극이 이동하였을 때 발생하는 일(에너지)라 하며, 정전흡인력은 전압의 제곱에 비례한다.

$$\text{단위면적당 정전흡인력 } F = \frac{1}{2}\varepsilon E^2 = \frac{1}{2}\varepsilon\left(\frac{V}{\ell}\right)^2 [N/m^2]$$

핵심문제 정전기와 콘덴서

01 어떤 물질이 정상 상태보다 전자 수가 많아져 전기를 띠는 현상을 무엇이라 하는가?

① 충전　　② 방전
③ 대전　　④ 분극

해설

[대전]
중성 상태인 물질이 전자의 이동으로 인하여 양전기나 음전기를 띠게 되는 현상

02 일반적으로 절연체를 서로 마찰시키면 이들 물체는 전기를 띠게 된다. 이와 같은 현상은?

① 분극　　② 정전
③ 대전　　④ 코로나

해설

[대전]
중성 상태인 물질이 전자의 이동으로 인하여 양전기나 음전기를 띠게 되는 현상

03 충전된 대전체를 대지에 연결하면 대전체는 어떻게 되는가?

① 방전한다.
② 반발한다.
③ 충전이 계속된다.
④ 반발과 흡인을 반복한다.

해설

[방전]
지구는 거대한 콘덴서라고 볼 수 있기 때문에 충전된 대전체는 대지로 방전하게 된다.

04 진공 중에서 10^{-4} [C]과 10^{-8} [C]의 두 전하가 10 [m]의 거리에 놓여 있을 때 두 전하 사이에 작용하는 힘 [N]은?

① 9×10^2　　② 1×10^4
③ 9×10^{-5}　　④ 1×10^{-8}

해설

[작용하는 힘(쿨롱의 법칙)]
$$F = \frac{1}{4\pi\varepsilon_0} \times \frac{Q_1 Q_2}{r^2} = 9 \times 10^9 \times \frac{Q_1 Q_2}{r^2}$$
$$= 9 \times 10^9 \times \frac{10^{-4} \times 10^{-8}}{10^2} = 9 \times 10^{-5} [N]$$

정답　01 ③　02 ③　03 ①　04 ③

05 4×10^{-5}, 6×10^{-5} [C]의 두 전하가 자유공간에 2 [m]의 거리에 있을 때 그 사이에 작용하는 힘은?

① 5.4 [N], 흡인력이 작용한다.
② 5.4 [N], 반발력이 작용한다.
③ $\frac{7}{9}$ [N], 흡인력이 작용한다.
④ $\frac{7}{9}$ [N], 반발력이 작용한다.

해설

[두 전하 사이에 작용하는 힘(쿨롱의 법칙)]

$$F = \frac{1}{4\pi\varepsilon_0} \times \frac{Q_1 Q_2}{r^2} = 9 \times 10^9 \times \frac{Q_1 Q_2}{r^2}$$

$$= 9 \times 10^9 \times \frac{(4 \times 10^{-5}) \times (6 \times 10^{-5})}{2^2}$$

$$= 5.4 [N]$$

같은 극성이므로, 반발력이 작용한다.

06 진공 중에 10 [μC]와 20 [μC]의 점전하를 1 [m]의 거리로 놓았을 때 작용하는 힘 [N]은?

① 18×10^{-1}
② 2×10^{-1}
③ 9.8×10^{-9}
④ 98×10^{-9}

해설

[두 전하 사이에 작용하는 힘(쿨롱의 법칙)]

$$\bullet\ F = \frac{1}{4\pi\varepsilon_0} \times \frac{Q_1 Q_2}{r^2} = 9 \times 10^9 \times \frac{Q_1 Q_2}{r^2}$$

$$= 9 \times 10^9 \times \frac{10 \times 10^{-6} \times 20 \times 10^{-6}}{1^2}$$

$$= 18 \times 10^{-1} [N]$$

07 다음 설명 중 틀린 것은?

① 같은 부호의 전하끼리는 반발력이 생긴다.
② 정전유도에 의하여 작용하는 힘은 반발력이다.
③ 정전용량이란 콘덴서가 전하를 축적하는 능력을 말한다.
④ 콘덴서에 전압을 가하는 순간은 콘덴서는 단락상태가 된다.

해설

[정전유도]
대전체를 가까이 하면 도체에 가까운 쪽에서 다른 종류의 전하가 나타나는 현상으로 흡인력이 발생한다.

08 다음 중 비유전율이 가장 큰 것은?

① 종이
② 염화비닐
③ 운모
④ 산화티탄 자기

해설

[물질의 비유전율]
종이(2 ~ 2.5), 염화비닐(5 ~ 9), 산화티탄자기(88 ~ 183)

09 전기장 중에 단위 전하를 놓았을 때 그것에 작용하는 힘은 어느 값과 같은가?

① 전장의 세기
② 전하
③ 전위
④ 전위차

정답 ● 05 ② 06 ① 07 ② 08 ④ 09 ①

> 해설

[전계의 세기]
전장의 세기 $E[V/m]$
↔ 자기장 세기 $H[AT/m]$
전기장 내에 점전하를 놓았을 때 이 전하에 작용하는 힘

> 해설

[전기력선과 전기장]
- 도체 내부에는 전하 및 전기장은 존재하지 않는다.
- 전기장은 전기력선에 접선방향이다.
- 전기력선은 도체 표면에 수직이다.

10 전기장의 세기 단위로 옳은 것은?
① [H / m]   ② [F / m]
③ [AT / m] ④ [V / m]

> 해설

[전계의 세기]
① 투자율의 단위
② 유전율의 단위
③ 자기장의 세기 단위

11 전기장에 대한 설명으로 옳지 않은 것은?
① 대전된 무한장 원통의 내부 전기장은 0이다.
② 대전된 구(球)의 내부 전기장은 0이다.
③ 대전된 도체 내부의 전하 및 전기장은 모두 0이다.
④ 도체 표면의 전기장은 그 표면에 평행이다.

12 전기력선에 대한 설명으로 틀린 것은?
① 같은 전기력선은 흡인한다.
② 전기력선은 서로 교차하지 않는다.
③ 전기력선은 도체의 표면에 수직으로 출입한다.
④ 전기력선은 양전하의 표면에서 나와서 음전하의 표면에서 끝난다.

> 해설

[전기력선]
같은 전기력선은 서로 반발한다.

13 전기력선의 성질 중 옳지 않는 것은?
① 전기력선은 양(+)전하에서 나와 음(-)전하에서 끝난다.
② 전기력선의 접선방향이 전장의 방향이다.
③ 전기력선은 도중에 만나거나 끊어지지 않는다.
④ 전기력선은 등전위면과 교차하지 않는다.

정답 ● 10 ④ 11 ④ 12 ① 13 ④

해설

[전기력선]
전기력선은 등전위면과 수직으로 교차한다.

14 $+Q_1$ [C]과 $-Q_2$ [C]의 전하가 진공 중에서 r [m] 거리에 있을 때 이들 사이에 작용하는 정전기력 F [N]는?

① $F = 9 \times 10^{-7} \times \dfrac{Q_1 Q_2}{r^2}$

② $F = 9 \times 10^{-9} \times \dfrac{Q_1 Q_2}{r^2}$

③ $F = 9 \times 10^9 \times \dfrac{Q_1 Q_2}{r^2}$

④ $F = 9 \times 10^{10} \times \dfrac{Q_1 Q_2}{r^2}$

해설

[두 전하 사이에 작용하는 힘(쿨롱의 법칙)]
$F = \dfrac{1}{4\pi\varepsilon_0} \times \dfrac{Q_1 Q_2}{r^2} = 9 \times 10^9 \times \dfrac{Q_1 Q_2}{r^2}$ [N]

15 비유전율 2.5의 유전체 내부의 전속밀도가 2×10^{-6} [C/m²]되는 점의 전기장의 세기는 약 몇 [V/m]인가?

① 18×10^4 [V/m]
② 9×10^4 [V/m]
③ 6×10^4 [V/m]
④ 3.6×10^4 [V/m]

해설

[전기장의 세기]
전기장의 세기 $D = \varepsilon E = \varepsilon_0 \varepsilon_s E$

$E = \dfrac{D}{\varepsilon} = \dfrac{D}{\varepsilon_0 \varepsilon_s} = \dfrac{2 \times 10^{-6}}{8.855 \times 10^{-12} \times 2.5}$

$= 9 \times 10^4$ [V/m]

16 그림과 같이 공기 중에 놓인 2×10^{-8} [C]인 전하에서 2 [m] 떨어진 점 P와 1 [m] 떨어진 점 Q의 전위차는?

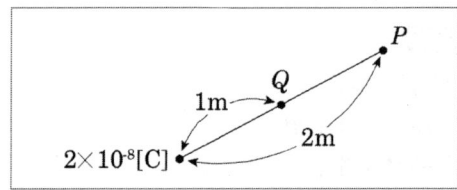

① 80 [V]   ② 90 [V]
③ 100 [V] ④ 110 [V]

해설

[전위차]

- 점 Q의 전위 : $9 \times 10^9 \times \dfrac{2 \times 10^{-8}}{1} = 180$ [V]

- 점 P의 전위 : $9 \times 10^9 \times \dfrac{2 \times 10^{-8}}{2} = 90$ [V]

- Q의 전위차 $= 180 - 90 = 90$ [V]

17 2 [F], 4 [F], 6 [F]의 콘덴서 3개를 병렬로 접속했을 때의 합성 정전용량은 몇 [F]인가?

① 1.5 ② 4
③ 8   ④ 12

해설

[합성 정전용량]
콘덴서 병렬 시 합성 정전용량
= 2 + 4 + 6 = 12 [F]

18 정전용량이 같은 콘덴서 10개가 있다. 이것을 직렬접속할 때의 값은 병렬접속할 때의 값보다 어떻게 되는가?

① $\frac{1}{10}$로 감소한다.

② $\frac{1}{100}$로 감소한다.

③ 10배로 증가한다.
④ 100배로 증가한다.

해설

[합성 정전용량]

• 직렬로 접속 : 합성 정전용량 $C_S = \frac{C}{10}$

• 병렬로 접속 : 합성 정전용량 $C_P = 10C$

• 직렬과 병렬 비율 $\frac{C_S}{C_P} = \frac{\frac{C}{10}}{10C} = \frac{1}{100}$

19 그림에서 $C_1 = 1$, $C_2 = 2$, $C_3 = 2$ [μF]일 때 합성 정전용량은 몇 [μF]인가?

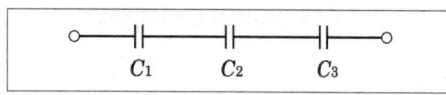

① $\frac{1}{2}$ ② $\frac{1}{5}$
③ 2   ④ 5

해설

[합성 정전용량]

$$C_0 = \frac{1}{\frac{1}{C_1} + \frac{1}{C_2} + \frac{1}{C_3}} = \frac{1}{\frac{1}{1} + \frac{1}{2} + \frac{1}{2}}$$

$= \frac{1}{2} [\mu F]$

20 다음 회로의 합성 정전용량 [μF]은?

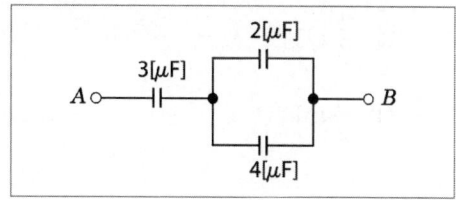

① 5 ② 4
③ 3 ④ 2

해설

[합성 정전용량]
• 2 [μF]과 4 [μF]의 병렬합성 값 = 6 [μF]
• 3 [μF]과 6 [μF]의 직렬합성 값
$= \frac{3 \times 6}{3 + 6} = 2 [\mu F]$

21 콘덴서의 정전용량의 설명으로 틀린 것은?

① 전압에 반비례한다.
② 이동 전하량에 비례한다.
③ 극판의 넓이에 비례한다.
④ 극판의 간격에 비례한다.

해설

[정전용량]

$$C = \frac{Q}{V} = \varepsilon \frac{A}{\ell} \ [F]$$

정전용량(C)는 극판간격(A)에 반비례

22 어떤 콘덴서에 V [V]의 전압을 가해서 Q [C]의 전하를 충전할 때 저장되는 에너지 [J]는?

① $2QV$
② $2QV^2$
③ $\frac{1}{2}QV$
④ $\frac{1}{2}QV^2$

해설

[정전에너지]

$$W = \frac{1}{2}CV^2 = \frac{1}{2}QV = \frac{1}{2}\frac{Q^2}{C} \ (\because Q = CV)$$

23 어떤 콘덴서에 전압 20 [V]를 가할 때 전하 800 [μC]이 축적되었다면 이때 축적되는 에너지는?

① 0.008 [J]   ② 0.16 [J]
③ 0.8 [J]   ④ 160 [J]

해설

[정전에너지]

$$W = \frac{1}{2}QV = \frac{1}{2} \times 800 \times 10^{-6} \times 20$$
$$= 0.008 \, [J]$$

24 전계의 세기 50 [V/m], 전속밀도 100 [C/m²]인 유전체의 단위 체적에 축적되는 에너지는?

① 2 [J/m³]
② 250 [J/m³]
③ 2,500 [J/m³]
④ 5,000 [J/m³]

해설

[유전체 내의 정전에너지]

$$w = \frac{1}{2}DE = \frac{1}{2}\varepsilon E^2 = \frac{1}{2}\frac{D^2}{\varepsilon} \ [J/m^3]$$
$$= \frac{1}{2} \times 100 \times 50 = 2,500 \, [J/m^3]$$

정답 ● 21 ④   22 ③   23 ①   24 ③

25 비유전율이 큰 산화티탄 등을 유전체로 사용한 것으로 극성이 없으며 가격에 비해 성능이 우수하여 널리 사용되고 있는 콘덴서의 종류는?

① 전해 콘덴서
② 세라믹 콘덴서
③ 마일러 콘덴서
④ 마이카 콘덴서

해설

[세라믹 콘덴서]
비유전율이 큰 티탄산바륨 등이 유전체, 가격대비 성능이 우수하며, 가장 많이 사용한다.

26 용량을 변화시킬 수 있는 콘덴서는?

① 바리콘
② 전해 콘덴서
③ 마일러 콘덴서
④ 세라믹 콘덴서

해설

[바리콘]
공기를 유전체로 하고, 정전용량을 가감할 수 있도록 되어 있다.

정답 ● 25 ② 26 ①

Chapter 03 자기와 코일

01 자석의 자기작용

1 자기현상과 자기유도

(1) 자기현상
  ① 자기 : 자석이 쇠를 끌어당기는 성질
  ② 자하 : 자석이 가지는 자기량, m [Wb]

(2) 자기유도
  ① 자화 : 물질(쇠, 전자석 등)이 자석이 되는 현상

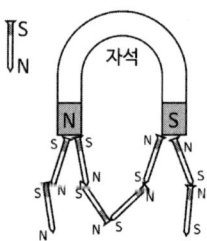

  ② 자성체의 종류

강자성체	니켈(Ni), 코발트(Co), 철(Fe), 망간(Mn)
	자기 유도에 의해 강하게 자화되어 쉽게 자석이 되는 물질
상자성체	알루미늄(Al), 산소(O), 백금(Pt), 텅스텐(W)
	강자성체와 같은 방향으로 약하게 자화되는 물질
반자성체	비스무트(Bi), 구리(Cu), 아연(Zn), 납(Pb), 안티몬(Sb)
	강자성체와는 반대로 자화되는 물질

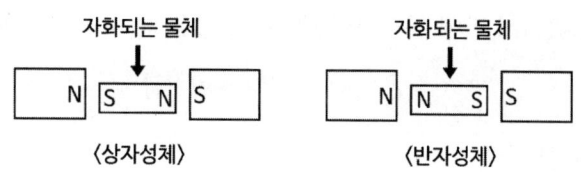

2 전자기력

(1) 쿨롱의 법칙

① 두 자하 사이에 작용하는 힘의 크기

② 두 자하 m_1, m_2[Wb]가 r [m] 거리에 있을 때 작용하는 힘

$$F = \frac{1}{4\pi\mu_o} \times \frac{m_1 m_2}{r^2} = 6.33 \times 10^4 \times \frac{m_1 m_2}{r^2} \text{ [N]}$$

(2) 투자율

① 투자율(μ) : 자속이 통하기 쉬운 정도

$\mu = \mu_0 \mu_s$ [H/m]

② 진공 중의 투자율(μ_0)

$\mu_0 = 4\pi \times 10^{-7}$ [H/m]

③ 비투자율(μ_s) : 진공 중의 투자율에 대한 투자율의 비율

$\mu_s = \dfrac{\mu}{\mu_0}$ (진공 중 $\mu_s = 1$, 공기 중 $\mu_s \fallingdotseq 1$)

강자성체 : $\mu_s \gg 1$, 상자성체 : $\mu_s > 1$, 반자성체 : $\mu_s < 1$

3 자기장(자장, 자계)

(1) 자기장의 세기 H [AT/m] [N/Wb]

① 자기장 : 자력이 작용하는 공간

② 자기장의 세기 : 자기장 내에 점 자하에 작용하는 힘

③ m [Wb]의 자극에서 r [m] 거리의 자기장의 세기 H [AT/m]

$$H = \frac{1}{4\pi\mu_0} \times \frac{m}{r^2} = 6.33 \times 10^4 \times \frac{m}{r^2} \text{ [AT/m]}$$

④ 자기장 H [AT/m] 안에 자극 m [Wb]을 두었을 때 자극에 작용하는 힘 F [N]

$$F = mH \text{ [N]}$$

(2) 자기력선(자력선)

자기장의 세기와 방향을 선으로 나타낸 것

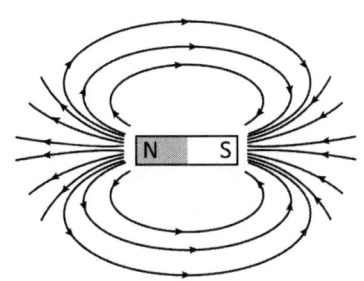

(3) 자기력선의 성질

① N극에서 나와 S극에서 끝난다.
② 접선방향이 그 점에서의 자장의 방향이다.
③ 수축하려는 성질이 있으며 같은 자기력선은 반발한다.
④ 단면적의 자기력선 밀도가 그 곳의 자장의 세기를 나타낸다.
⑤ 도체 내부에 자기력선이 존재한다.
⑥ 서로 교차하지 않는다.

(4) 가우스의 정리

폐곡면 내에 m [Wb]의 자하가 있을 때 이 폐곡면을 통해서 나오는 자기력선의 총수는 $\dfrac{m}{\mu}$ 개다.

4 자속과 자속밀도

(1) 자속 ϕ [Wb]

① 자기력선의 묶음
② 자속의 성질
 • 자속은 N극에서 나와 S극에서 끝난다.
 • 자속은 서로 만나거나 교차하지 않는다.

(2) 자속 밀도 $B[\text{Wb/m}^2]$

　① 단위면을 통과하는 자속

　② 반지름 $r\,[\text{m}]$의 구 표면을 통과하는 자속

$$B = \frac{\phi}{A} = \frac{\phi}{4\pi r^2}\,[\text{Wb/m}^2]$$

(3) 3자속밀도와 자기장의 세기와의 관계

$$B = \mu H = \mu_0 \mu_s H\,[\text{Wb/m}^2]$$

5 자기 모멘트와 토크

(1) 자기 모멘트 M

　자기장에서 자극의 세기 $m\,[\text{Wb}]$와 N, S 양극 간 길이 $\ell\,[\text{m}]$의 곱

$$M = m\ell\,[\text{Wb}\cdot\text{m}]$$

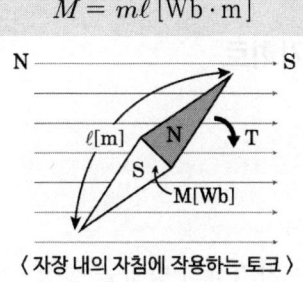

〈 자장 내의 자침에 작용하는 토크 〉

(2) 토크(회전력) $T[\text{N}\cdot\text{m}]$

　자장의 세기 $H\,[\text{AT/m}]$인 평등 자장 내에 자극의 세기 $m\,[\text{Wb}]$의 자침을 자기장의 방향과 θ의 각도로 놓았을 때 토크

$$T = m\ell H \sin\theta = MH\sin\theta\,[\text{N}\cdot\text{m}]$$

	전기(전선)		자기(자석)	
쿨롱의 법칙	$F = \dfrac{1}{4\pi\varepsilon} \times \dfrac{Q_1 Q_2}{r^2}[\text{N}]$		쿨롱의 법칙	$F = \dfrac{1}{4\pi\mu} \times \dfrac{m_1 m_2}{r^2}[\text{N}]$
진공 중의 ε_0(유전율)	$8.855 \times 10^{-12}\,[\text{F/m}]$		진공 중의 μ_0(투자율)	$4\pi \times 10^{-7}\,[\text{H/m}]$

Chapter 03. 자기와 코일

	전기(전선)		자기(자석)	
E (전장의 세기)	$E = \dfrac{1}{4\pi\varepsilon} \times \dfrac{Q}{r^2}\,[\text{V/m}]$		H (자장의 세기)	$H = \dfrac{1}{4\pi\mu} \times \dfrac{m}{r^2}\,[\text{AT/m}]$
가우스정리	(전기력선의 총수) $\dfrac{Q}{\varepsilon}$		가우스정리	(자기력선의 총수) $\dfrac{m}{\mu}$
전속밀도	$D = \dfrac{Q}{A} = \dfrac{Q}{4\pi r^2}\,[\text{C/m}^2]$		자속밀도	$B = \dfrac{\phi}{A} = \dfrac{\phi}{4\pi r^2}\,[\text{Wb/m}^2]$
상호관계	(D와 E의 관계) $D = \varepsilon E = \varepsilon_0 \varepsilon_s E\,[\text{C/m}^2]$		상호관계	(B와 H의 관계) $B = \mu H = \mu_0 \mu_s H\,[\text{Wb/m}^2]$
W (축적에너지)	(정전에너지) $W = \dfrac{1}{2} CV^2\,[\text{J}]$		W (축적에너지)	(전자에너지) $W = \dfrac{1}{2} LI^2\,[\text{J}]$

02 전류의 자기현상, 자기회로

1 전류의 자기현상

(1) 앙페르의 오른나사의 법칙
　① 전류가 흐를 때 생기는 자기장의 방향을 결정
　② 직선도체에 의한 자기장의 방향
　　• 엄지 : 전류의 방향
　　• 나머지 손가락 : 자기장의 방향

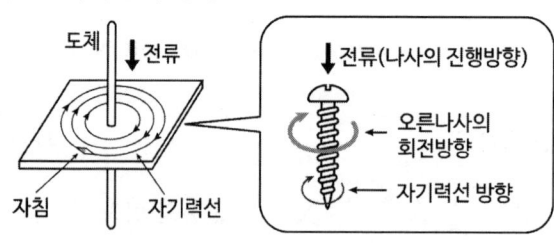

〈 직선 전류에 의한 자력선의 방향 〉

③ 코일의 자기장의 방향
  • 엄지 : 자기장의 방향
  • 나머지 손가락 : 전류의 방향

〈 환상전류에 의한 자력선의 방향 〉

(2) 비오 - 사바르의 법칙
  ① 전류가 흐를 때 생기는 자기장의 세기
  ② 도선 $\Delta \ell$에서 각도가 θ로 거리 r만큼 떨어진 점 P에서 자장의 세기 ΔH [AT/m]

$$\Delta H = \frac{I \Delta \ell}{4 \pi r^2} \sin\theta \, [\text{AT/m}]$$

(3) 무한장 직선 전류의 자기장의 세기 H [AT/m]
무한 직선도체에서 r [m] 떨어진 점 P의 자기장의 세기

$$H = \frac{I}{2 \pi r} \, [\text{AT/m}]$$

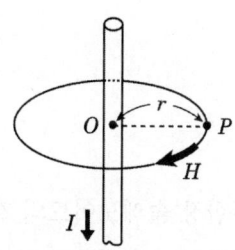

〈 무한장 직선 도체의 자기장의 세기 〉

Chapter 03. 자기와 코일

(4) 원형 코일 중심의 자기장의 세기

감은 횟수 N, 반지름이 r[m], I[A]의 전류가 흐를 때 코일 중심의 자기장의 세기 H[AT/m]

$$H = \frac{NI}{2r} [\text{AT/m}]$$

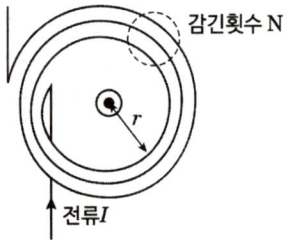

〈 원형 코일 중심의 자기장의 세기 〉

(5) 환상 솔레노이드의 자기장의 세기

감은 권수가 N, 반지름이 r[m]인 환상 솔레노이드에 I[A]의 전류가 흐를 때 생기는 자기장의 세기는

- 내부 : $H = \dfrac{NI}{2\pi r}$ [AT/m]
- 외부 : 0(외부에는 자장이 존재하지 않는다)

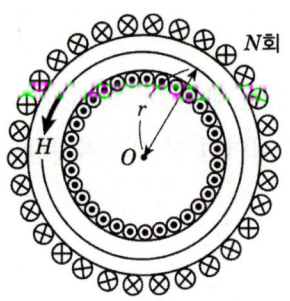

〈 환상 솔레노이드의 자기장의 세기 〉

(6) 무한장 솔레노이드의 자기장의 세기

단위길이당 권수 N인 무한장 솔레노이드에 I [A]의 전류가 흐를 때 생기는 자기장의 세기
- 내부 : H = NI [AT/m]
- 외부 : 0(외부에는 자장이 존재하지 않는다)

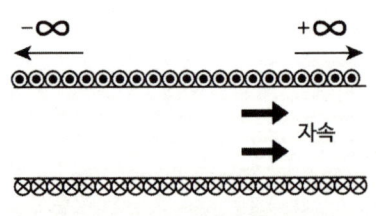

〈 무한장 솔레노이드의 자기장의 세기 〉

2 자기회로

(1) 자기회로(변압기의 기본원리) : 자속이 통과하는 폐회로

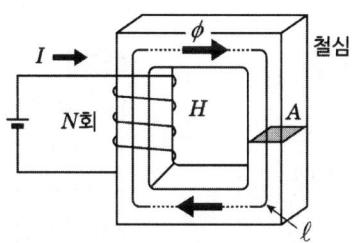

(2) 기자력 : 자속을 만드는 원동력

$$F = NI = \phi R_m \, [\text{AT}]$$

(3) 자기저항 : 자속의 발생을 방해하는 성질

$$R_m = \frac{l}{\mu A} = \frac{F}{\phi} = \frac{NI}{\phi} \, [\text{AT/Wb}]$$

전기회로	자기회로
기전력 V [V]	기자력 $F = NI$ [AT]
전류 I [A]	자속 ϕ [Wb]
전기저항 R [Ω]	자기저항 R_m [AT/Wb]
옴의 법칙 $R = \dfrac{V}{I}$ [Ω]	옴의 법칙 $R_m = \dfrac{NI}{\phi}$ [AT/Wb]

Chapter 03. 자기와 코일

자기와 코일

01 다음 중 상자성체는 어느 것인가?
① 철 ② 코발트
③ 니켈 ④ 텅스텐

해설
[자성체의 종류]
①, ②, ③은 모두 강자성체이다.

02 다음 물질 중 강자성체로만 짝지어진 것은?
① 철, 니켈, 아연, 망간
② 구리, 비스무트, 코발트, 망간
③ 철, 구리, 니켈, 아연
④ 철, 니켈, 코발트

해설
[자성체의 종류]
• 강자성체 : 철, 니켈, 코발트, 망간
• 상자성체 : 알루미늄, 산소, 백금, 텅스텐
• 반자성체 : 은, 구리, 아연, 비스무트, 납

03 물질에 따라 자석에 반발하는 물체를 무엇이라 하는가?
① 비자성체 ② 상자성체
③ 반자성체 ④ 가역성체

해설
[자성체의 종류]
• 강자성체 : 자석에 강하게 자화가 되는 물체
• 반자성체 : 자석에 반대로 자화가 되는 물체
• 상자성체 : 자석에 약하게 자화가 되는 물체

04 자기회로에 강자성체를 사용하는 이유는?
① 자기저항을 감소시키기 위하여
② 자기저항을 증가시키기 위하여
③ 공극을 크게 하기 위하여
④ 주자속을 감소시키기 위하여

해설
[강자성체]
자기저항 $R_m = \dfrac{\ell}{\mu A}$ [AT/Wb]
강자성체 : $\mu_s \gg 1$이므로, 자기저항이 매우 작다.

05 자극 가까이에 물체를 두었을 때 자화되는 물체와 자석이 그림과 같은 방향으로 자화되는 자성체는?

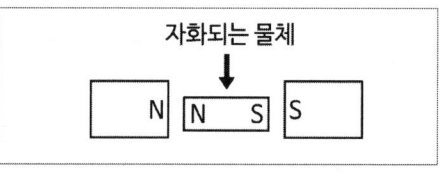

① 상자성체 ② 반자성체
③ 강자성체 ④ 비자성체

정답 01 ④ 02 ④ 03 ③ 04 ① 05 ②

해설

[반자성체]
- 강자성체 : 자석에 강하게 자화가 되는 물체
- 반자성체 : 자석에 반대로 자화가 되는 물체
- 상자성체 : 자석에 약하게 자화가 되는 물체

06 반자성체 물질의 특색을 나타낸 것은? (단, μ_s는 비투자율이다)

① $\mu_s > 1$ ② $\mu_s \gg 1$
③ $\mu_s = 1$ ④ $\mu_s < 1$

해설

[반자성체]
$\mu_s \gg 1$: 강자성체
$\mu_s > 1$: 상자성체
$\mu_s = 1$: 진공 또는 공기
$\mu_s < 1$: 반자성체

07 진공 중에서 같은 크기의 두 자극을 1 [m] 거리에 놓았을 때, 작용하는 힘이 6.33×10^4 [N]이 되는 자극 세기의 단위는?

① 1 [Wb] ② 1 [C]
③ 1 [A]   ④ 1 [W]

해설

[쿨롱의 법칙]

$$F = \frac{1}{4\pi\mu_0} \times \frac{m_1 m_2}{r^2} [\text{N}]$$

$$= 6.33 \times 10^4 \times \frac{m^2}{1^2}$$

$$\therefore m = 1 \text{ [Wb]}$$

08 다음 수식과 같은 조건이면 두 자극 m_1, m_2 사이에 작용하는 힘은 약 몇 [N]인가?

- $m_1 = 4 \times 10^{-5}$
- $m_2 = 6 \times 10^{-3}$ [Wb]
- $r = 10$ [cm]

① 1.52 ② 2.4
③ 24   ④ 152

해설

[쿨롱의 법칙]

$$F = \frac{1}{4\pi\mu_0} \times \frac{m_1 m_2}{r^2} [\text{N}]$$

$$= 6.33 \times 10^4 \times \frac{4 \times 10^{-5} \times 6 \times 10^{-3}}{0.1^2}$$

$$= 1.52 \text{ [N]}$$

정답 ● 06 ④ 07 ① 08 ①

09 진공 중에서 같은 크기의 두 자극을 1 [m] 거리에 놓았을 때 그 작용하는 힘은? (단, 자극의 세기는 1 [Wb]이다)

① 6.33×10^4 [N]
② 8.33×10^4 [N]
③ 9.33×10^5 [N]
④ 9.09×10^9 [N]

해설

[쿨롱의 법칙]

$$F = \frac{1}{4\pi\mu_0} \times \frac{m_1 m_2}{r^2} [\text{N}]$$

$$= 6.33 \times 10^4 \times \frac{1^2}{1^2}$$

$$= 6.33 \times 10^4 [\text{N}]$$

10 자석의 성질로 옳은 것은?

① 자석은 고온이 되면 자력선이 증가한다.
② 자기력선에는 고무줄과 같은 장력이 존재한다.
③ 자력선은 자석 내부에서도 N극에서 S극으로 이동한다.
④ 자력선은 자성체는 투과하고, 비자성체는 투과하지 못한다.

해설

[자석의 성질]
자기력선은 고무줄과 같이 그 자신이 수축하려고 하는 성질이 있다.

11 자기력선에 대한 설명으로 옳지 않은 것은?

① 자기장의 모양을 나타낸 선이다.
② 자기력선이 조밀할수록 자기력이 세다.
③ 자석의 N극에서 나와 S극으로 들어간다.
④ 자기력선이 교차된 곳에서 자기력이 세다.

해설

[자기력선]
자기력선은 서로 교차하지 않는다.

12 공기 중에서 m [Wb]의 자극으로부터 나오는 자력선의 총 수는 얼마인가?

① m ② $\mu_0 m$
③ $\frac{m}{\mu_0}$ ④ $\frac{\mu_0}{m}$

해설

[가우스의 정리]

공기 중 자기력선의 총수 = $\frac{m}{\mu_0}$ [개]

정답 09 ① 10 ② 11 ④ 12 ③

13 다음 중 자장의 세기에 대한 설명으로 옳지 않은 것은?

① 자속밀도에 투자율을 곱한 것과 같다.
② 단위자극에 작용하는 힘과 같다.
③ 단위길이당 기자력과 같다.
④ 수직 단면의 자력선 밀도와 같다.

해설
[자기장의 세기]
$B = \mu H,\ H = \dfrac{B}{\mu}$
자속밀도에 투자율을 나누어준 것과 같다.

14 자극의 세기 4 [Wb], 자축의 길이 10 [cm]의 막대자석이 100 [AT/m]의 평등자장 내에서 20 [N·m]의 회전력을 받았다면 이때 막대자석과 자장이 이루는 각도는?

① 0°   ② 30°
③ 60°   ④ 90°

해설
[자기모멘트와 토크]
$T = m\ell H \sin\theta\ [\text{N}\cdot\text{m}]$
$\theta = \sin^{-1}\dfrac{T}{m\ell H}$
$= \sin^{-1}\dfrac{20}{4 \times 0.1 \times 100} = 30°$

15 전류에 의해 만들어지는 자기장의 자기력선 방향을 간단하게 알아내는 방법은?

① 플레밍의 왼손법칙
② 렌츠의 자기유도법칙
③ 앙페르의 오른나사법칙
④ 패러데이의 전자유도법칙

해설
[앙페르의 오른나사의 법칙]
전류에 의하여 생기는 자기장의 방향을 결정

16 "전류의 방향과 자장의 방향은 각각 나사의 진행방향과 회전방향에 일치한다"와 관계있는 법칙은?

① 플레밍의 왼손법칙
② 앙페르의 오른나사법칙
③ 플레밍의 오른손법칙
④ 키르히호프의 법칙

해설
[앙페르의 오른나사의 법칙]
전류에 의하여 생기는 자기장의 방향을 결정

정답 13 ①   14 ②   15 ③   16 ②

17 전류에 의한 자기장의 세기를 구하는 비오-사바르의 법칙을 옳게 나타낸 것은?

① $\triangle H = \dfrac{I \triangle \ell \sin\theta}{4\pi r^2}$ [AT/m]

② $\triangle H = \dfrac{I \triangle \ell \sin\theta}{4\pi r}$ [AT/m]

③ $\triangle H = \dfrac{I \triangle \ell \cos\theta}{4\pi r}$ [AT/m]

④ $\triangle H = \dfrac{I \triangle \ell \cos\theta}{4\pi r^2}$ [AT/m]

해설

[비오-사바르의 법칙]

$\triangle H = \dfrac{I \triangle \ell \sin\theta}{4\pi r^2}$ [AT/m]

18 비오-사바르(Biot-Savart)의 법칙과 가장 관계가 깊은 것은?

① 전류가 만드는 자장의 세기
② 전류와 전압의 관계
③ 기전력과 자계의 세기
④ 기전력과 자속의 변화

해설

[비오-사바르의 법칙]
전류가 흐를 때의 자장의 세기

19 반지름 0.2 [m], 권수 50회의 원형 코일이 있다. 코일 중심의 자기장의 세기가 850 [AT/m]이었다면 코일에 흐르는 전류의 크기는?

① 0.68 [A] ② 6.8 [A]
③ 10 [A]   ④ 20 [A]

해설

[원형 코일 중심의 자장의 세기]
1) 원형코일 자장의 세기

$H = \dfrac{NI}{2r}$ [AT/m]

2) 코일에 흐르는 전류

$I = \dfrac{H \times 2r}{N} = \dfrac{850 \times 2 \times 0.2}{50} = 6.8$ [A]

20 반지름 r [m], 권수 N회의 환상 솔레노이드에 I[A]의 전류가 흐를 때 그 내부 자장의 세기 H[AT/m]는 얼마인가?

① $\dfrac{NI}{r^2}$ ② $\dfrac{NI}{2\pi}$

③ $\dfrac{NI}{4\pi r^2}$ ④ $\dfrac{NI}{2\pi r}$

해설

[환상 솔레노이드에 의한 자기장의 세기]

내부 자장의 세기 $\dfrac{NI}{2\pi r}$ [AT/m]

21 1 [cm]당 권선수가 10인 무한 길이 솔레노이드에 1 [A]의 전류가 흐르고 있을 때 솔레노이드 외부자계의 세기 [AT/m]는?

① 0 ② 10
③ 100 ④ 1,000

해설
[무한장 솔레노이드의 외부 자장의 세기]
무한 길이 솔레노이드의 외부자계의 세기 : 0

22 단위길이당 권수 100회인 무한장 솔레노이드에 10 [A]의 전류가 흐를 때 솔레노이드 내부의 자장[AT/m]은?

① 10 ② 100
③ 1,000 ④ 10,000

해설
[무한장 솔레노이드의 내부 자장의 세기]
$H = nI \, [\text{AT/m}]$
$= 10 \times 100 = 1,000 \, [\text{AT/m}]$

23 단면적 5 [cm^2], 길이 1 [m], 비투자율 10^{3}인 환상 철심에 600회의 권선을 감고 이것에 0.5 [A]의 전류를 흐르게 한 경우 기자력은?

① 100 [AT] ② 200 [AT]
③ 300 [AT] ④ 400 [AT]

해설
[기자력]
기자력 $F = NI = 600 \times 0.5 = 300 \, [\text{AT}]$

24 다음 중 자기작용에 관한 설명으로 틀린 것은?

① 기자력의 단위는 [AT]를 사용한다.
② 자기회로의 자기저항이 작은 경우는 누설자속이 거의 발생되지 않는다.
③ 자기장 내에 있는 도체에 전류를 흘리면 힘이 작용하는데, 이 힘을 기전력이라 한다.
④ 평행한 두 도체 사이에 전류가 동일한 방향으로 흐르면 흡인력이 작용한다.

해설
[전자력의 정의]
자기장 내의 도체에 전류 흘리면 힘이 작용하는 힘

정답 21 ① 22 ③ 23 ③ 24 ③

Chapter 04 전자력과 전자유도

01 전자력

1 전자력의 방향과 크기

(1) 전자력의 방향 : 플레밍의 왼손법칙

① 전동기의 회전방향을 결정
② 엄지손가락 : 힘의 방향(F)
③ 검지손가락 : 자기장의 방향(B)
④ 중지손가락 : 전류의 방향(I)

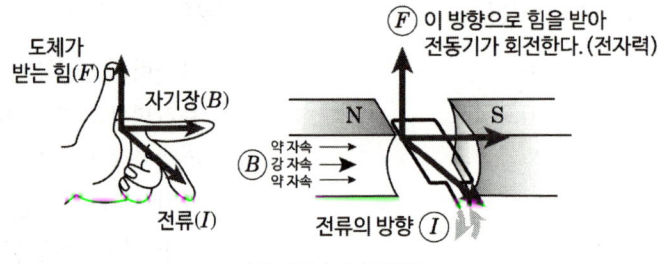

〈 플레밍의 왼손법칙 〉

(2) 전자력의 크기

자속밀도 $B\,[\text{Wb}/\text{m}^2]$의 평등 자장 내에 자장과 직각방향으로 $\ell\,[m]$의 도체를 놓고 $I\,[\text{A}]$의 전류를 흘리면 도체가 받는 힘 $F\,[\text{N}]$

$$F = BI\ell\sin\theta\,[\text{N}]$$

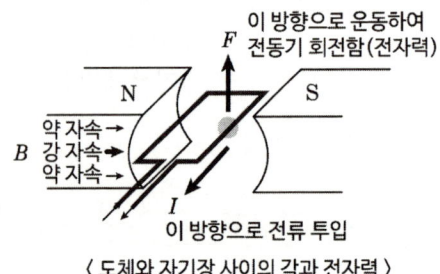

〈 도체와 자기장 사이의 각과 전자력 〉

2 평행도체 사이에 작용하는 힘

(1) 힘의 방향

① 각각의 도체에는 전류의 방향에 의하여 왼손법칙에 따른 힘이 작용한다.
② 전류의 방향이 반대방향일 때 : 반발력
③ 전류의 방향이 동일방향일 때 : 흡인력

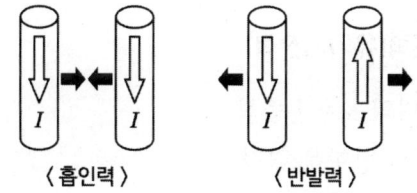

〈흡인력〉　　　〈반발력〉

(2) 힘의 크기

평행한 두 도체가 r [m]만큼 떨어져 있고 각 도체에 흐르는 전류가 I_1 [A], I_2 [A]라 할 때 두 도체 사이에 작용하는 힘 F

$$F = \frac{2I_1 I_2}{r} \times 10^{-7} \, [\text{N/m}]$$

02 전자유도

1 자속 변화에 의한 유도기전력

(1) 유도기전력의 방향 : 렌츠의 법칙

전자유도에 의하여 발생한 기전력의 방향은 그 유도전류가 만든 자속을 방해하려는 방향으로 나타난다.

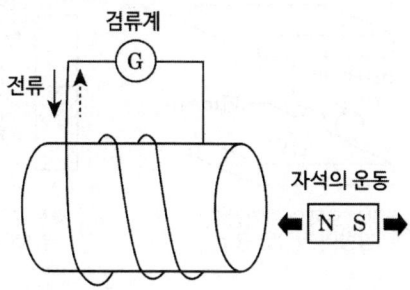

(2) 유도기전력의 크기 : 패러데이의 법칙

유도기전력의 크기는 단위시간 1 [sec] 동안에 코일을 쇄교하는 자속의 변화량과 코일의 권수에 곱에 비례한다.

$$e = -N\frac{\Delta\phi}{\Delta t} \text{ [V]} \quad (-)\text{의 부호 : 유도기전력의 방향}$$

2 도체운동에 의한 유도기전력(유기기전력)

(1) 유도기전력 방향 : 플레밍의 오른손법칙
   ① 발전기의 유도기전력의 방향을 결정
   ② 엄지손가락 : 도체의 운동 방향(F)
   ③ 검지손가락 : 자속의 방향(B)
   ④ 중지손가락 : 유도기전력의 방향(e)

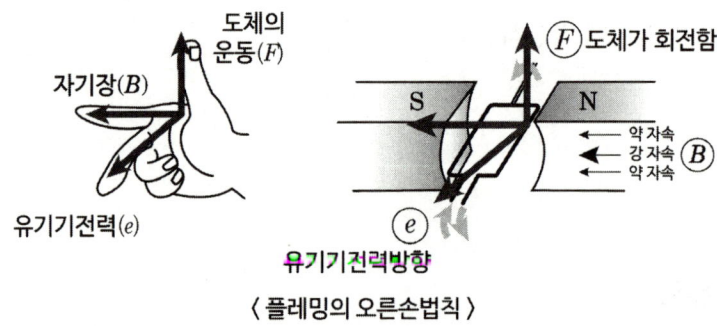

〈 플레밍의 오른손법칙 〉

(2) 직선도체에 발생하는 기전력

아래 그림 (b)와 같이 자속 밀도 B [Wb/m²]의 평등 자장 내에서 길이 ℓ [m]인 도체가 자장과 직각 방향으로 v [m/sec]의 일정한 속도로 운동하는 경우 도체에 유기되는 기전력 e [V]는 $e = B\ell v \sin\theta$ [V]

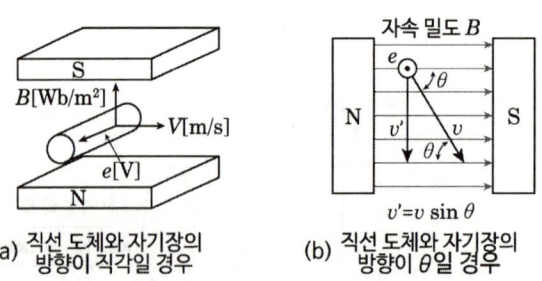

3 히스테리시스 곡선과 손실

(1) 히스테리시스 곡선

철심 코일에서 전류를 증가시키면 자장의 세기는 전류에 비례하여 증가한다. 그러나 자속밀도는 자장에 비례하지 않고 그림의 $B-H$ 곡선과 같이 포화현상과 자기이력현상 등이 일어나는데, 이와 같은 특성을 히스테리시스 곡선이라 한다.

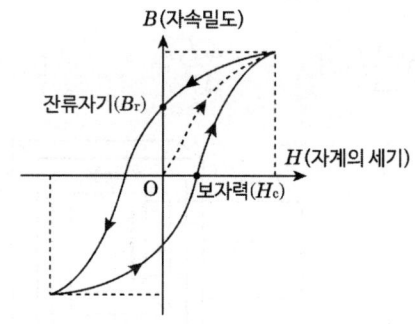

① 잔류자기 : 자기장의 세가가 0일 때 남아 있는 자속밀도
② 보자력 : 남아 있는 잔류자기를 없애기 위한 반대방향의 자계의 세기

(2) 히스테리시스 손실

① 히스테리시스 곡선 내의 넓이만큼의 에너지가 철심 내에서 열에너지로 잃어버리는 손실
② 히스테리시스 손실 $P_h = \eta_h f B_m^{1.6 \sim 2}\ [\text{W}/\text{m}^3]$

η_h : 히스테리시스 상수

f : 주파수 [Hz]

B_m : 최대 자속밀도 [Wb/m²]

03 인덕턴스와 전자에너지

1 인덕턴스

(1) 자체 인덕턴스 L [H]

① 코일의 자체 유도능력 정도

$$e = -N\frac{\Delta\phi}{\Delta t}[V] = -L\frac{\Delta I}{\Delta t}[V]$$

L : 비례상수로 자체 인덕턴스

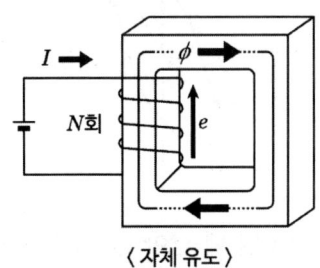

〈 자체 유도 〉

② 위 식에서 $N\phi = LI$이므로 자체 인덕턴스

$$L = \frac{N\phi}{I}[H]$$

③ 환상 솔레노이드의 자체 인덕턴스

$B = \mu H$, $\phi = BS$, $H = \dfrac{NI}{l}$에서

$$L = \frac{N\phi}{I} = \frac{\mu AN^2}{\ell} = \frac{\mu_0 \mu_s AN^2}{\ell}[H] \quad \phi = \frac{\mu ANI}{\ell}[Wb]$$

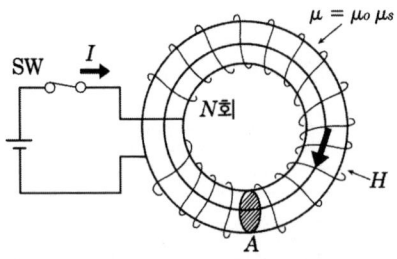

〈 환상 솔레노이드의 자체 인덕턴스 〉

(2) 상호 인덕턴스 M [H]

① 코일 두 개를 상호 연결 시 유도되는 인덕턴스

② 상호 유도 : 1차 코일에 흐르는 전류로 인해 2차 코일에 기전력이 유도

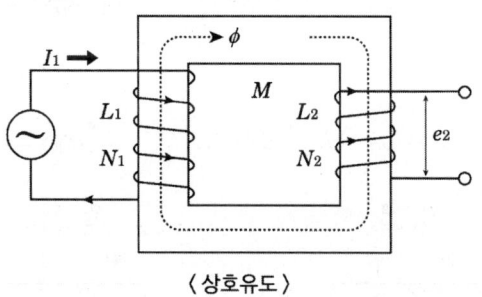

〈상호유도〉

③ 2차 코일의 기전력

$$e_2 = -M\frac{\Delta I_1}{\Delta t}[\text{V}] = -N_2\frac{\Delta \phi}{\Delta t}[\text{V}]$$

④ 위 식에서 $MI_1 = N_2\phi$ 이므로 상호 인덕턴스는

$$M = \frac{N_2\phi}{I_1}[\text{H}]$$

(3) 자체 인덕턴스와 상호 인덕턴스와의 관계

$M = k\sqrt{L_1 L_2}\,[\text{H}]$ k(결합계수) : 1차 코일과 2차 코일의 자속에 의한 결합의 정도

2 인덕턴스 접속

(1) 가동접속

$$L_{가동} = L_1 + L_2 + 2M \text{ [H]}$$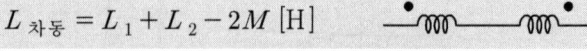

(2) 차동접속

$$L_{차동} = L_1 + L_2 - 2M \text{ [H]}$$

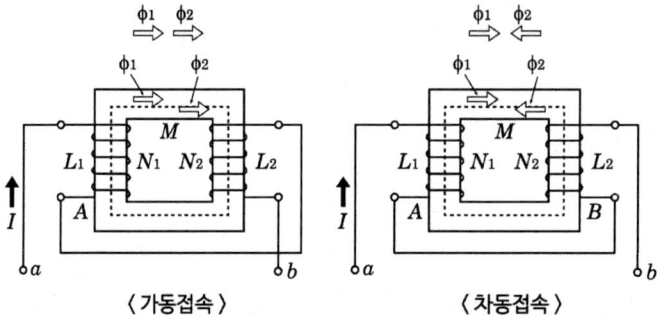

〈가동접속〉　　〈차동접속〉

(3) 가동접속과 차동접속의 차

$$L_{가동-차동} = L_1 + L_2 + 2M - (L_1 + L_2 - 2M) = 4M \text{[H]}$$

3 전자에너지

(1) 코일에 축적되는 전자에너지

$$W = \frac{1}{2}LI^2 \text{ [J]}$$

(2) 단위부피에 축적되는 에너지

$$w = \frac{1}{2}\mu H^2 = \frac{1}{2}BH = \frac{1}{2}\frac{B^2}{\mu} \text{ [J/m}^3\text{]}$$

핵심문제 전자력과 전자유도

01 도체가 운동하여 자속을 끊었을 때 기전력의 방향을 알아내는 데 편리한 법칙은?

① 렌츠의 법칙
② 패러데이의 법칙
③ 플레밍의 왼손법칙
④ 플레밍의 오른손법칙

[해설]
[플레밍의 오른손법칙]

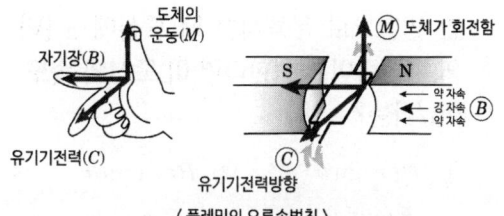
〈 플레밍의 오른손법칙 〉

발전기의 유도기전력의 방향을 결정한다.

02 그림과 같이 자극 사이에 있는 도체에 전류(I)가 흐를 때 힘은 어느 방향으로 작용하는가?

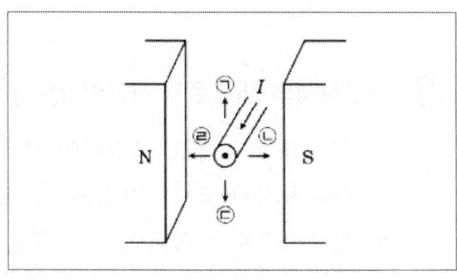

① ㉠
② ㉡
③ ㉢
④ ㉣

[해설]
[플레밍의 왼손법칙]
전동기의 회전방향을 결정 엄지(힘), 검지(자장), 중지(전류)

03 다음 중 전동기의 원리에 적용되는 법칙은?

① 렌츠의 법칙
② 플레밍의 오른손법칙
③ 플레밍의 왼손법칙
④ 옴의 법칙

[해설]
[플레밍의 왼손법칙]

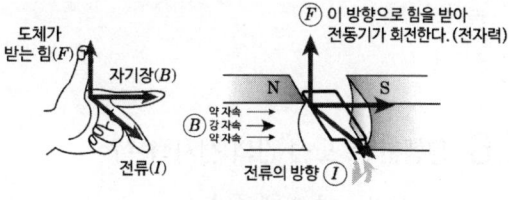
〈 플레밍의 왼손법칙 〉

전동기의 회전방향을 결정한다.

04 자속밀도가 2 [Wb/m²]인 평등 자기장 중에 자기장과 30°의 방향으로 길이 0.5 [m]인 도체에 8 [A]의 전류가 흐를 때 전자력 [N]은?

① 8
② 4
③ 2
④ 1

정답 01 ④ 02 ① 03 ③ 04 ②

해설

[전자력의 크기]
$F = BI\ell\sin\theta$
$= 2 \times 8 \times 0.5 \times \sin 30° = 4$ [N]

05 공기 중에서 자속밀도 3 [Wb/m²]의 평등 자장 속에 길이 10 [cm]의 직선 도선을 자장의 방향과 직각으로 놓고 여기에 4 [A]의 전류가 흐르면 도선이 받는 힘은 몇 [N]인가?

① 0.5 ② 1.2
③ 2.8 ④ 4.2

해설

[전자력의 크기]
$F = BI\ell\sin\theta$
$= 3 \times 4 \times 10 \times 10^{-2} \times \sin 90°$
$= 1.2$ [N]

06 평행한 두 도선 간의 전자력은?

① 거리 r에 비례한다.
② 거리 r에 반비례한다.
③ 거리 r^2에 비례한다.
④ 거리 r^2에 반비례한다.

해설

[평행도체 사이에 작용하는 힘]
전자력 $F = \dfrac{2I_1 I_2}{r} \times 10^{-7}$ [N/m]

07 평행한 왕복도체에 흐르는 전류에 대한 작용력은?

① 흡인력   ② 반발력
③ 회전력   ④ 작용력이 없다.

해설

[평행도체 사이에 작용하는 힘]
평행한 왕복도체에서는 전류의 방향이 반대이므로 반발력이 작용한다.

08 자속밀도 B [Wb/m²]되는 균등한 자계 내에 길이 ℓ [m]의 도선을 자계에 수직인 방향으로 운동시킬 때 도선에 e [V]의 기전력이 발생한다면 이 도선의 속도 [m/s]는?

① $B\ell e\sin\theta$ ② $B\ell e\cos\theta$
③ $\dfrac{B\ell\sin\theta}{e}$ ④ $\dfrac{e}{B\ell\sin\theta}$

해설

[도체에 발생한 기전력]
$e = B\ell v\sin\theta$ [V], 속도 $v = \dfrac{e}{B\ell\sin\theta}$ [m/s]

09 영구자석의 재료로서 적당한 것은?

① 전류자기가 적고, 보자력이 큰 것
② 잔류자기와 보자력이 모두 큰 것
③ 잔류자기와 보자력이 모두 작은 것
④ 잔류자기가 크고, 보자력이 작은 것

정답 05 ② 06 ② 07 ② 08 ④ 09 ②

해설
[영구자석]
히스테리시스 곡선의 내부 면적이 영구자석 에너지에 비례하므로 둘 다 커야 한다.

10 히스테리시스 곡선에서 가로축과 만나는 점과 관계있는 것은?
① 보자력 ② 잔류자기
③ 자속밀도 ④ 기자력

해설
[히스테리시스 곡선]
가로축 보자력, 세로축 잔류자기

11 다음 설명에서 나타내는 법칙은?

> 유도기전력은 자신이 발생 원인이 되는 자속의 변화를 방해하려는 방향으로 발생한다.

① 줄의 법칙
② 렌츠의 법칙
③ 플레밍의 법칙
④ 패러데이의 법칙

해설
[렌츠의 법칙]
전자유도에 의하여 발생한 기전력의 방향은 그 유도전류가 만든 자속이 주자속의 증가 또는 감소를 방해하려는 방향이다.

12 다음은 어떤 법칙을 설명한 것인가?

> 전류가 흐르려고 하면 코일은 전류의 흐름을 방해한다. 또 전류가 감소하면 이를 계속 유지하려고 하는 성질이 있다.

① 쿨롱의 법칙
② 렌츠의 법칙
③ 패러데이의 법칙
④ 플레밍의 왼손법칙

해설
[렌츠의 법칙]
전자유도에 의하여 발생한 기전력의 방향은 그 유도전류가 만든 자속이 주자속의 증가 또는 감소를 방해하려는 방향이다.

13 L = 0.05 [H]의 코일에 흐르는 전류가 0.05 [sec] 동안에 2 [A]가 변했다. 코일에 유도되는 기전력[V]은?
① 0.5 [V] ② 2 [V]
③ 10 [V] ④ 25 [V]

해설
[유도기전력]
$e = -L\dfrac{\Delta I}{\Delta t} = -0.05 \times \dfrac{2}{0.05} = -2\,[V]$

정답 10 ① 11 ② 12 ② 13 ②

14 권수가 150인 코일에서 2초간에 1 [Wb]의 자속이 변화한다면 코일에 발생되는 유도기전력의 크기는 몇 [V]인가?

① 50   ② 75
③ 10   ④ 150

해설

[유도기전력]

$e = -N\dfrac{\Delta\phi}{\Delta t} = -150 \times \dfrac{1}{2} = -75\ [\text{V}]$

15 50회 감은 코일과 쇄교하는 자속이 0.5 [sec] 동안 0.1 [Wb]에서 0.2 [Wb]로 변화하였다면 기전력의 크기는?

① 5 [V]   ② 10 [V]
③ 20 [V]   ④ 15 [V]

해설

[유도기전력]

$e = -N\dfrac{\Delta\phi}{\Delta t} = -50 \times \dfrac{0.1}{0.5} = -10\ [\text{V}]$

16 자체 인덕턴스 2 [H] 코일에 25 [J]의 에너지가 저장되어 있다면 코일에 흐르는 전류는?

① 2[A]   ② 3[A]
③ 4[A]   ④ 5[A]

해설

[코일에 축적되는 전자에너지]

전자에너지 $W = \dfrac{1}{2}LI^2\ [\text{J}]$

$I = \sqrt{\dfrac{2W}{L}} = \sqrt{\dfrac{2 \times 25}{2}} = 5\ [\text{A}]$

17 자체 인덕턴스 40 [mH]의 코일에 10 [A]의 전류가 흐를 때 저장되는 에너지는 몇 [J]인가?

① 2   ② 3
③ 4   ④ 8

해설

[코일에 축적되는 전자에너지]

$W = \dfrac{1}{2}LI^2 = \dfrac{1}{2} \times 40 \times 10^{-3} \times 10^2 = 2\ [\text{J}]$

18 권선수 100회 감은 코일에 2 [A]의 전류가 흘렀을 때 50×10^{-3} [Wb]의 자속이 코일에 쇄교되었다면 자기 인덕턴스는 몇 [H]인가?

① 1.0   ② 1.5
③ 2.0   ④ 2.5

해설

[자체 인덕턴스]

$N\phi = LI$ 에서

인덕턴스

$L = \dfrac{N\phi}{I} = \dfrac{100 \times 50 \times 10^{-3}}{2} = 2.5\ [\text{H}]$

정답 14 ②   15 ②   16 ④   17 ①   18 ④

19 다음 ( ) 안에 들어갈 알맞은 내용은?

> 자기 인덕턴스 1 [H]는 전류의 변화율 1 [A/s]일 때 ( )가(이) 발생할 때의 값이다.

① 1 [N]의 힘
② 1 [J]의 에너지
③ 1 [V]의 기전력
④ 1 [Hz]의 주파수

해설
[자체 인덕턴스]
- 유도기전력 $e = -L\dfrac{\Delta I}{\Delta t}$
- 주어진 조건에서 전류의 변화율 $\dfrac{\Delta I}{\Delta t} = 1\,[A/s]$
- 자기 인덕턴스 $L = 1\,[H]$ 이므로 $e = 1\,[V]$

20 코일의 자체 인덕턴스(L)와 권수(N)의 관계로 옳은 것은?

① $L \propto N$ ② $L \propto N^2$
③ $L \propto N^3$ ④ $L \propto \dfrac{1}{N}$

해설
[환상 솔레노이드의 자체 인덕턴스]
$L = \dfrac{\mu A N^2}{l}$, 즉 $L \propto N^2$

21 단면적 $A\,[m^2]$, 자로의 길이 $\ell\,[m]$, 투자율 $[\mu]$, 권수 N회인 환상 철심의 자체 인덕턴스[H]는?

① $\dfrac{\mu A N^2}{\ell}$ ② $\dfrac{A \ell N^2}{4\pi\mu}$
③ $\dfrac{4\pi A N^2}{\ell}$ ④ $\dfrac{\mu \ell N^2}{A}$

해설
[환상 솔레노이드의 자체 인덕턴스]
자체 인덕턴스 $L = \dfrac{\mu A N^2}{\ell}\,[H]$

22 L_1, L_2 두 코일이 접속되어 있을 때 누설 자속이 없는 이상적인 코일 간의 상호 인덕턴스는?

① $M = \sqrt{L_1 + L_2}$
② $M = \sqrt{L_1 - L_2}$
③ $M = \sqrt{L_1 L_2}$
④ $M = \sqrt{\dfrac{L_1}{L_2}}$

해설
[상호 인덕턴스]
누설자속이 없으므로 결합계수 $k = 1$
$M = k\sqrt{L_1 L_2} = \sqrt{L_1 L_2}$

정답 19 ③ 20 ② 21 ① 22 ③

23 자기 인덕턴스 200 [mH], 450 [mH]인 두 코일의 상호 인덕턴스는 60 [mH]이다. 두 코일의 결합계수는?

① 0.1　　② 0.2
③ 0.3　　④ 0.4

해설

[상호 인덕턴스와 결합계수]
상호 인덕턴스 $M = k\sqrt{L_1 L_2}$ (k : 결합계수)
결합계수 $k = \dfrac{M}{\sqrt{L_1 L_2}} = \dfrac{60}{\sqrt{200 \times 450}} = 0.2$

24 자체 인덕턴스가 각각 L_1, L_2 [H]의 두 원통 코일이 서로 직교하고 있다. 두 코일 사이의 상호 인덕턴스[H]는?

① $L_1 + L_2$　　② $L_1 L_2$
③ 0　　④ $\sqrt{L_1 L_2}$

해설

[상호 인덕턴스와 결합계수]
코일이 서로 직교하면 쇄교자속이 없으므로 $k = 0$
상호 인덕턴스 $M = k\sqrt{L_1 L_2}$, $M = 0$이다.

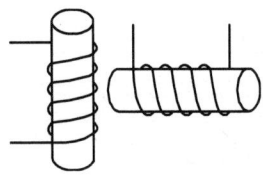

25 자체 인덕턴스 L_1, L_2 상호 인덕턴스 M인 두 코일을 같은 방향으로 직렬연결한 경우 합성 인덕턴스는?

① $L_1 + L_2 + M$
② $L_1 + L_2 - M$
③ $L_1 + L_2 + 2M$
④ $L_1 + L_2 - 2M$

해설

[합성 인덕턴스]
• 가동 접속 시(같은 방향연결) 합성 인덕턴스
　$L_1 + L_2 + 2M$
• 차동 접속 시(반대 방향연결) 합성 인덕턴스
　$L_1 + L_2 - 2M$

정답 23 ②　24 ③　25 ③

Chapter 05 교류회로

01 교류회로의 기초

1 정현파 교류

(1) 정현파 교류의 발생

자기장 내에서 도체가 회전운동을 하면 플레밍의 오른손법칙에 의해 유도기전력이 도체의 위치에 따라서 아래의 그림과 같은 파형으로 발생한다.

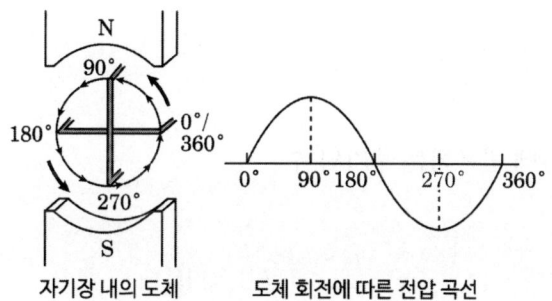

〈자기장 내의 도체〉 〈도체 회전에 따른 전압 곡선〉

(2) 각도의 표시

① 전기회로를 다룰 때는 1회전한 각도를 2π [rad]로 하는 호도법을 사용한다.
② 호도법은 호의 길이로 각도를 나타내는 방법으로 그림과 같이 호의 길이를 l, 반지름을 r이라고 할 때 각도 θ를 다음 식으로 나타낸다.

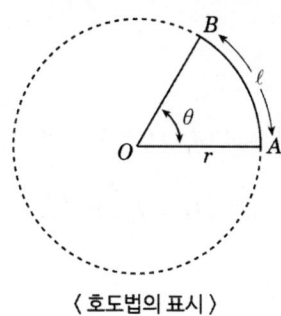

〈호도법의 표시〉

(3) 각도와 라디안 표시

도수법	0°	1°	30°	45°	60°	90°	180°	270°	360°
호도법 [rad]	0	$\frac{\pi}{180}$	$\frac{\pi}{6}$	$\frac{\pi}{4}$	$\frac{\pi}{3}$	$\frac{\pi}{2}$	π	$\frac{3\pi}{2}$	2π

(4) 각속도(각주파수)

① 각속도의 기호 : ω

② 각속도의 단위 : [rad/sec]

③ 회전체가 1초 동안에 회전한 각도

$$\omega = \frac{\theta}{t} = 2\pi f \ [\text{rad/sec}]$$

2 주파수와 위상

(1) 주파수와 주기

① 주파수 : f

　㉠ 1 [sec] 동안에 반복되는 주기의 수

　㉡ 단위 : [Hz]

$$f = \frac{1}{T} \ [\text{Hz}]$$

② 주기(Period) : T

　㉠ 교류의 파형이 1사이클의 변화에 필요한 시간

　㉡ 단위 : [sec]

$$T = \frac{1}{f} \ [\text{sec}]$$

(2) 정현파 교류전압 및 전류

$$v = V_m \sin\theta = V_m \sin\omega t = V_m \sin 2\pi f t = V_m \sin\frac{2\pi}{T} t \ [\text{V}]$$

$$i = I_m \sin\theta = I_m \sin\omega t = I_m \sin 2\pi f t = I_m \sin\frac{2\pi}{T} t \ [\text{A}]$$

(3) 위상차

주파수가 동일한 2개 이상의 교류 사이의 시간적인 차이

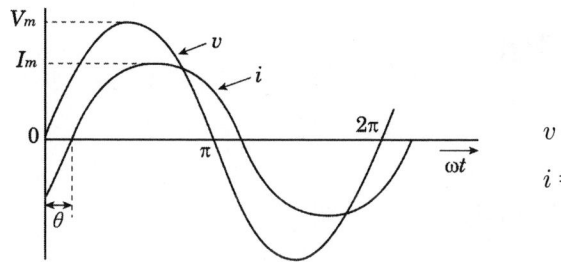

$v = V_m \sin \omega t\,[\text{V}]$
$i = I_m \sin(\omega t - \theta)\,[\text{A}]$

〈 교류전압의 위상차 〉

① v는 i보다 θ만큼 앞선다(빠르다).
② i는 v보다 θ만큼 뒤진다(느리다).

3 정현파 교류의 표시

(1) 순싯값, 최댓값, 실횻값, 평균값
 ① 순싯값 : 임의의 순간에 전압 또는 전류의 크기
  $v = V_m \sin \omega t = \sqrt{2}\,V \sin \omega t\,[\text{V}]$
  $i = I_m \sin \omega t = \sqrt{2}\,I \sin \omega t\,[\text{A}]$
  여기서, v, i = 순싯값, V_m, I_m = 최댓값
    V_{av}, I_{av} = 평균값, V, I = 실횻값
 ② 최댓값 : 교류의 순싯값 중 가장 큰 값
 ③ 실횻값 : 교류를 직류와 동일한 일을 하는 크기로 환산한 값
 ④ 평균값 : 교류의 반주기를 평균한 값

(2) 최댓값(V_m)과 실횻값(V)의 관계

$$V_m = \sqrt{2}\,V$$

(3) 최댓값(V_m)과 평균값(V_{av})의 관계

$$V_{av} = \frac{2}{\pi} V_m$$

(4) 실횻값(V)과 평균값(V_{av})의 관계

$$\frac{2\sqrt{2}}{\pi} V = V_{av}$$

02 교류전류에 대한 RLC의 작용

1 저항(R)만의 회로(공진회로)

(1) 전압과 전류의 위상이 같다(동상이다).

(2) $X_L = X_c$이다.

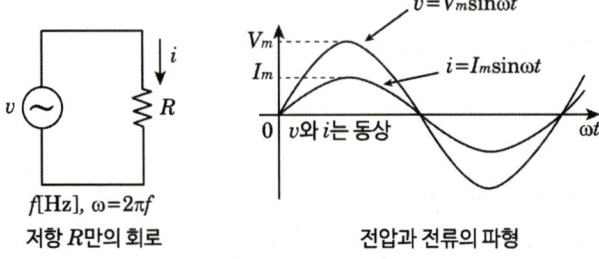

저항 R만의 회로 / 전압과 전류의 파형

2 인덕턴스(L)만의 회로

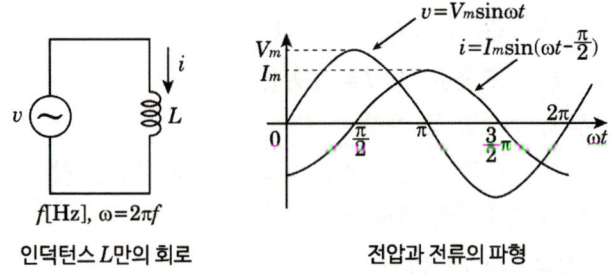

인덕턴스 L만의 회로 / 전압과 전류의 파형

(1) 유도성 리액턴스 : X_L

$$X_L = \omega L = 2\pi f L \ [\Omega]$$

(2) 전류의 위상이 전압보다 90° 뒤진다(느리다).

3 콘덴서(C)만의 회로

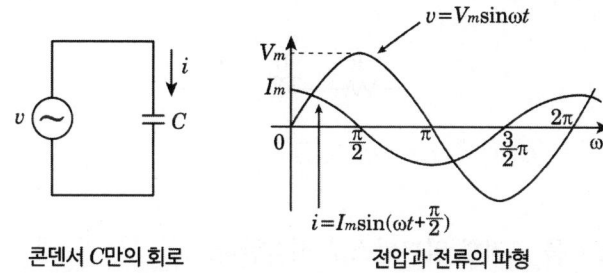

| 콘덴서 C만의 회로 | 전압과 전류의 파형 |

(1) 용량성 리액턴스 : X_c

$$X_c = \frac{1}{\omega C} = \frac{1}{2\pi f C} \ [\Omega]$$

(2) 전류의 위상이 전압보다 90° 앞선다(빠르다).

구분	기본회로			
	임피던스	위상차	역률	위상
R	R	0	1	전압과 전류는 동상이다.
L	$X_L = \omega L = 2\pi f L$	90°	0	전류는 전압보다 위상이 $\frac{\pi}{2}(=90°)$ 뒤진다.
C	$X_c = \frac{1}{\omega C} = \frac{1}{2\pi f C}$	90°	0	전류는 전압보다 위상이 $\frac{\pi}{2}(=90°)$ 앞선다.

[기본회로 요약정리]

03 RLC 직렬회로

$$\mathrm{R} \quad \mathrm{L} \quad \mathrm{C}$$

1 임피던스(Z)

교류에서는 R, L, C를 고려한 임피던스로 해석한다.

$$Z = R + jX = R + j(X_L - X_C), \ |Z| = \sqrt{R^2 + (X_L - X_C)^2} \ [\Omega]$$

2 전류(I)

$$I = \frac{V}{|Z|} = \frac{V}{\sqrt{R^2 + X^2}} \ [A]$$

3 위상차(θ)

$$\theta = \tan^{-1} \frac{X}{R}$$

4 역률(cosθ)

$$\cos\theta = \frac{R}{|Z|} = \frac{R}{\sqrt{R^2 + X^2}}$$

04 RL직렬회로

1 임피던스(Z)

$$Z = R + jX_L = R + j\omega L, \ |Z| = \sqrt{R^2 + X_L^2} \ [\Omega]$$

2 전류(I)

$$I = \frac{V}{|Z|} = \frac{V}{\sqrt{R^2 + X_L^2}} \ [A]$$

3 위상차(θ)

$$\theta = \tan^{-1} \frac{X_L}{R}$$

4 역률($\cos\theta$)

$$\cos\theta = \frac{R}{|Z|} = \frac{R}{\sqrt{R^2 + X_L^2}}$$

05 RC직렬회로

1 임피던스

$$Z = R - jX_C = R - j\frac{1}{\omega C}, \ |Z| = \sqrt{R^2 + X_C^2} \ [\Omega]$$

2 전류(I)

$$I = \frac{V}{|Z|} = \frac{V}{\sqrt{R^2 + X_C^2}} \text{ [A]}$$

3 위상차(θ)

$$\theta = \tan^{-1}\frac{X_C}{R}$$

4 역률($\cos\theta$)

$$\cos\theta = \frac{R}{|Z|} = \frac{R}{\sqrt{R^2 + X_C^2}}$$

06　RLC 병렬회로

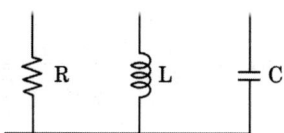

1 어드미턴스(Y) : 임피던스의 역수

$$Y = \frac{1}{Z} = \frac{1}{R} + j\left(\frac{1}{X_C} - \frac{1}{X_L}\right) = \frac{1}{R} + j\left(\omega C - \frac{1}{\omega L}\right) = G + jB\,[\mho]$$

(1) 실수부(컨덕턴스) : 어드미턴스의 실수부 $G = \dfrac{1}{R}$

(2) 허수부(서셉턴스) : 어드미턴스의 허수부 $B = \dfrac{1}{X_C} - \dfrac{1}{X_L}$

2 전류(I)

$$I = YV = \sqrt{G^2 + B^2}\, V = \sqrt{\left(\frac{1}{R}\right)^2 + \left(\frac{1}{X_C} - \frac{1}{X_L}\right)^2}\, V\ [A]$$

3 위상차(θ)

$$\theta = \tan^{-1}\frac{B}{G}$$

4 역률($\cos\theta$)

$$\cos\theta = \frac{G}{|Y|} = \frac{\dfrac{1}{R}}{\sqrt{\left(\dfrac{1}{R}\right)^2 + \left(\dfrac{1}{X_C} - \dfrac{1}{X_L}\right)^2}}$$

07 RL병렬회로

1 어드미턴스(Y)

$$Y = \frac{1}{R} - j\frac{1}{X_L} = \frac{1}{R} - j\frac{1}{\omega L},\ |Y| = \sqrt{\left(\frac{1}{R}\right)^2 + \left(\frac{1}{\omega L}\right)^2}\ [\mho]$$

2 전류(I)

$$I = V \cdot \sqrt{\left(\frac{1}{R}\right)^2 + \left(\frac{1}{X_L}\right)^2} = V \cdot \sqrt{\left(\frac{1}{R}\right)^2 + \left(\frac{1}{\omega L}\right)^2}\ [A]$$

3 위상차(θ)

$$\theta = \tan^{-1}\frac{R}{\omega L}$$

4 역률($\cos\theta$)

$$\cos\theta = \frac{\frac{1}{R}}{\sqrt{\left(\frac{1}{R}\right)^2 + \left(\frac{1}{X_L}\right)^2}} = \frac{\frac{1}{R}}{\sqrt{\left(\frac{1}{R}\right)^2 + \left(\frac{1}{\omega L}\right)^2}}$$

08 RC병렬회로

1 어드미턴스(Y)

$$Y = \frac{1}{R} + j\frac{1}{X_C} = \frac{1}{R} + j\omega C, \ |Y| = \sqrt{\left(\frac{1}{R}\right)^2 + (\omega C)^2} \ [\mho]$$

2 전류(I)

$$I = V \cdot \sqrt{\left(\frac{1}{R}\right)^2 + \left(\frac{1}{X_C}\right)^2} = V \cdot \sqrt{\left(\frac{1}{R}\right)^2 + (\omega C)^2} \ [A]$$

3 위상차(θ)

$$\theta = \tan^{-1}\omega CR$$

4 역률($\cos\theta$)

$$\cos\theta = \frac{\frac{1}{R}}{\sqrt{\left(\frac{1}{R}\right)^2 + \left(\frac{1}{X_C}\right)^2}} = \frac{\frac{1}{R}}{\sqrt{\left(\frac{1}{R}\right)^2 + (\omega C)^2}}$$

09 공진회로

1 직렬공진

(1) 직렬공진의 조건
  ① R만인 회로
  ② $\omega L = \dfrac{1}{\omega C}$

(2) 공진 주파수(f_0)

$$f_o = \frac{1}{2\pi\sqrt{LC}}[\text{Hz}]$$

(3) 공진 시 전류와 임피던스
  ① 전류 : 최대
  ② 임피던스 : 최소

2 병렬공진

(1) 병렬공진의 조건
  ① R만인 회로
  ② $\omega C = \dfrac{1}{\omega L}$

(2) 공진 주파수(f_0)

$$\omega^2 = \frac{1}{LC} \qquad 4\pi^2 f^2 = \frac{1}{LC} \qquad f^2 = \frac{1}{4\pi^2 LC}$$

$$f_o = \frac{1}{2\pi\sqrt{LC}}\,[\text{Hz}]$$

(3) 공진 시 전류와 임피던스
 ① 전류 : 최소
 ② 임피던스 : 최대

구분	직렬공진	병렬공진
조건	$\omega L = \dfrac{1}{\omega C}$	
공진주파수	$f_o = \dfrac{1}{2\pi\sqrt{LC}}$	
공진의 의미	• 허수부가 0이다. • 전압과 전류가 동상이다. • 역률이 1이다. • 임피던스가 최소이다. • 전류가 최대이다.	• 허수부가 0이다. • 전압과 전류가 동상이다. • 역률이 1이다. • 임피던스가 최대이다. • 전류가 최소이다.

[공진회로 요약정리]

10 교류전력

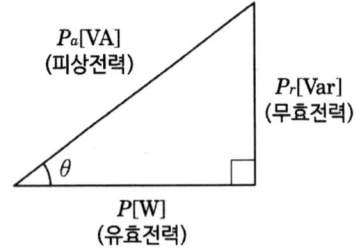

1 교류전력

(1) 유효전력 P [W]

실제 전기로 사용되는 전력 $P = VI\cos\theta$

(2) 무효전력 P_r [Var]

실제 전기로 사용되지 못하는 전력 $P_r = VI\sin\theta$

(3) 피상전력 P_a [VA]

겉보기 전력이라고도 한다. $P_a = VI$

2 역률

(1) 역률($\cos\theta$) : 피상전력과 유효전력과의 비

$$\cos\theta = \frac{유효전력}{피상전력} = \frac{P}{P_a} = \frac{VI\cos\theta}{VI} = \sqrt{1-\sin^2\theta}$$

(2) 무효율($\sin\theta$) : 피상전력과 무효전력과의 비

$$\sin\theta = \frac{무효전력}{피상전력} = \frac{P_r}{P_a} = \frac{VI\sin\theta}{VI} = \sqrt{1-\cos^2\theta}$$

11 3상 교류

1 3상 교류의 발생

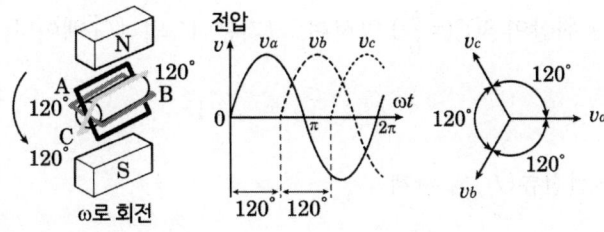

(1) 3상 교류는 크기와 주파수가 같고 위상만 120°씩 서로 다른 3개의 단상교류로 구성된다.

(2) 대칭 3상 교류의 조건

① 크기가 같을 것

② 위상차가 각각 120°일 것
③ 파형이 같을 것
④ 주파수가 같을 것

12 3상 회로의 결선

1 Y결선(성형 결선)

(1) 상전압, 선간전압, 상전류, 선전류
① 상전압(Phase Voltage) : 단상에 걸리는 전압(V_p)
② 선간전압(Line Voltage) : 선과 선 사이에 걸리는 전압(V_ℓ)
③ 상전류(Phase Current) : 상에 흐르는 전류(I_p)
④ 선전류(Line Current) : 선에 흐르는 전류(I_ℓ)

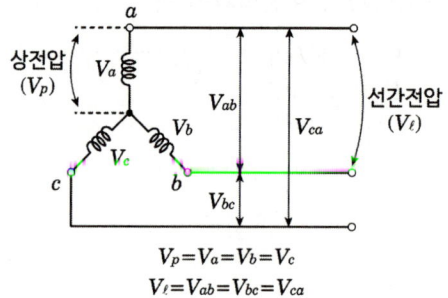

$V_p = V_a = V_b = V_c$
$V_\ell = V_{ab} = V_{bc} = V_{ca}$

(2) 상전압(V_p)과 선간전압(V_ℓ)의 관계

V_ℓ은 V_p보다 위상이 30°(=$\frac{\pi}{6}$) 앞서며, 크기는 V_p의 $\sqrt{3}$배이다.

$$V_\ell = \sqrt{3}\, V_p$$

(3) 상전류(I_p)와 선전류(I_ℓ)의 관계

$$I_\ell = I_p$$

2 △결선(3각 결선)

(1) 상전압, 선간전압, 상전류, 선전류

① 상전압(Phase Voltage) : 단상에 걸리는 전압(V_p)

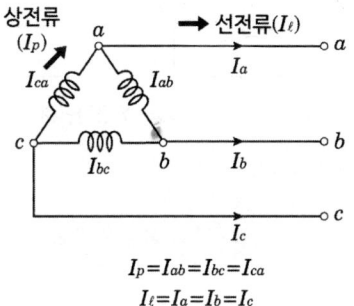

$I_p = I_{ab} = I_{bc} = I_{ca}$
$I_\ell = I_a = I_b = I_c$

② 선간전압(Line Voltage) : 선과 선 사이에 걸리는 전압(V_ℓ)
③ 상전류(Phase Current) : 상에 흐르는 전류(I_p)
④ 선전류(Line Current) : 선에 흐르는 전류(I_ℓ)

(2) 상전압(V_p)과 선간전압(V_ℓ)의 관계

$$V_\ell = V_p$$

(3) 상전류(I_p)와 선전류(I_ℓ)의 관계

I_ℓ은 I_p보다 위상이 30°($=\frac{\pi}{6}$) 뒤지며, 크기는 I_p의 $\sqrt{3}$ 배이다.

$$I_\ell = \sqrt{3}\, I_p$$

3 부하 Y ↔ △ 변환(평형부하인 경우)

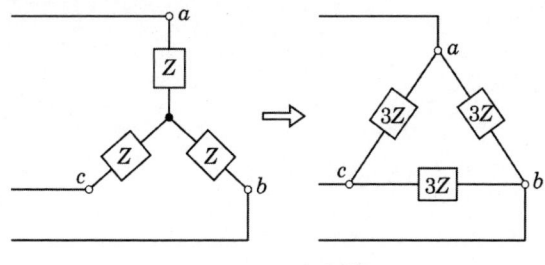

Y → △ 등가변환

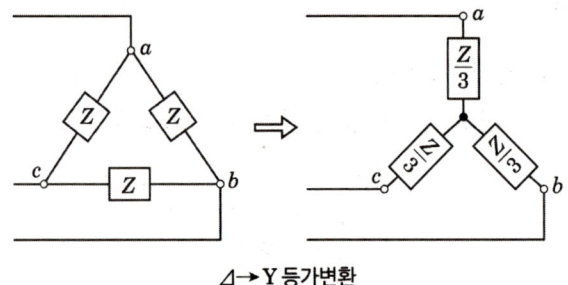

△→Y 등가변환

(1) Y → △ 변환

$$Z_\Delta = 3 Z_Y$$

(2) △ → Y 변환

$$Z_Y = \frac{1}{3} Z_\Delta$$

4 V결선

(1) 출력

$$P_V = \sqrt{3}\, P_1 \,[\text{kVA}]$$

P_1 : 단상의 출력
P_V : V결선 시의 출력

(2) 이용률 $= \dfrac{P_V(V\text{결선 시 출력})}{P_2(\text{변압기 2대의 출력})} = \dfrac{\sqrt{3}\,VI}{2VI} \times 100 ≒ \underline{86.6\,[\%]}$

(3) 출력비 $= \dfrac{P_V(V\text{결선 시 출력})}{P_\Delta(\Delta\text{결선 시 출력})} = \dfrac{\sqrt{3}\,VI}{3VI} \times 100 ≒ \underline{57.7\,[\%]}$

13 3상 교류전력

1 3상 전력

(1) 유효전력

$$P = 3V_p I_p \cos\theta = \sqrt{3}\, V_\ell I_\ell \cos\theta\ [\text{W}]$$

(2) 무효전력

$$P_r = 3V_p I_p \sin\theta = \sqrt{3}\, V_\ell I_\ell \sin\theta\ [\text{Var}]$$

(3) 피상전력

$$P_a = 3V_p I_p = \sqrt{3}\, V_\ell I_\ell\ [\text{VA}]$$

2 3상 전력의 측정

(1) 2전력계법

단상전력계 2대를 접속하여 3상 전력을 측정하는 방법

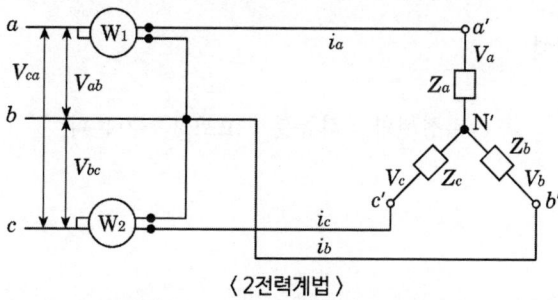

〈 2전력계법 〉

두 전력계 W_1, W_2를 결선하고 각각의 지시값을 P_1, P_2라 하면

① 유효전력

$$P = W_1 + W_2\ [\text{W}]$$

② 무효전력

$$P_r = \sqrt{3}(W_1 - W_2) \text{ [Var]}$$

③ 피상전력

$$P_a = 2\sqrt{W_1^2 + W_2^2 - W_1 W_2} \text{ [VA]}$$

④ 역률

$$\cos\theta = \frac{P_1 + P_2}{2\sqrt{P_1^2 + P_2^2 - P_1 P_2}}$$

14 비정현파 교류

1 비정현파

정현파 외에 다른 모양의 주기를 가지는 모든 주기파를 비정현파라 한다. 예를 들면 제어회로에서 많이 사용되는 펄스파나 삼각파, 사각파 등의 일정 주기를 가지는 파형을 비정현파라 한다.

2 비정현파 교류의 해석

$$\text{비정현파 = 직류분 + 고조파 + 기본파}$$

3 비정현파의 실횻값

$$V_s = \sqrt{\text{각 파의 실효값의 제곱의 합}}$$
$$= \sqrt{V_0^2 + V_1^2 + V_2^2 + \cdots + V_n^2}$$

4 정현파의 파고율 및 파형률

(1) 파고율

$$파고율 = \frac{최댓값}{실횻값} = \sqrt{2} = 1.414$$

(2) 파형률

$$파형률 = \frac{실횻값}{평균값} = \frac{\pi}{2\sqrt{2}} = 1.111$$

전·기·기·능·사

핵심문제 교류회로

01 $\frac{\pi}{6}$ [rad]는 몇 도인가?

① 30°　　② 45°
③ 60°　　④ 90°

해설
[호도법과 도수법]
호도법에서 π 는 180°, $\frac{\pi}{6} = 30°$

02 $e = 100\sqrt{2} \sin(100\pi t - \frac{\pi}{3})$ [V]인 정현파 교류전압의 주파수는 얼마인가?

① 50 [Hz]　　② 60 [Hz]
③ 100 [Hz]　　④ 314 [Hz]

해설
[주파수]
순싯값 $e = V_m \sin \omega t$ [V], $\omega = 2\pi f$
$100\pi = 2\pi f$, $f = 50$ [Hz]

03 다음 전압 파형의 주파수는 약 몇 [Hz]인가?

$$e = 100\sin(377t - \frac{\pi}{5}) \text{ [V]}$$

① 50　　② 60
③ 80　　④ 100

해설
[주파수]
- 전압의 순싯값 $e = V_m \sin \omega t$ [V], $\omega = 2\pi f$ [rad/s]
- 주파수 $f = \frac{\omega}{2\pi} = \frac{377}{2\pi} = 60$ [Hz]

04 다음 전압과 전류의 위상차는 어떻게 되는가?

$$v = \sqrt{2}\,V\sin(\omega t - \frac{\pi}{3}) \text{ [V]}$$
$$i = \sqrt{2}\,I\sin(\omega t - \frac{\pi}{6}) \text{ [A]}$$

① 전류가 $\frac{\pi}{3}$ 만큼 앞선다.

② 전압이 $\frac{\pi}{3}$ 만큼 앞선다.

③ 전압이 $\frac{\pi}{6}$ 만큼 앞선다.

④ 전류가 $\frac{\pi}{6}$ 만큼 앞선다.

Part 01. 전기이론

정답　01 ①　02 ①　03 ②　04 ④

해설

[위상차]

전압의 위상은 기준점에서 $\frac{\pi}{3}$(60°) 느리고

전류의 위상은 기준점에서 $\frac{\pi}{6}$(30°) 느리므로

전류는 전압보다 $\frac{\pi}{6}$(30°)만큼 앞선다.

05 어떤 사인파 교류전압의 평균값이 191 [V]이면 최댓값은?

① 150 [V] ② 250 [V]
③ 300 [V] ④ 400 [V]

해설

[평균값과 최댓값]

$V_{av} = \frac{2}{\pi} V_m$ 에서

$V_m = \frac{\pi}{2} V_{av} = \frac{\pi}{2} \times 191 = 300$ [V]

06 가정용 전등 전압이 실횻값 200 [V]이다. 이 교류의 최댓값은 몇 [V]인가?

① 70.7 ② 86.7
③ 141.4 ④ 282.8

해설

[실횻값과 최댓값]

전압의 실횻값 $V = 200$ [V]
전압의 최댓값 $V_m = \sqrt{2}\, V = \sqrt{2} \times 200$
$= 282.8$ [V]

07 어떤 정현파 교류의 최댓값이 $V_m = 220$ [V]이면 평균값 V_a는?

① 약 120.4 [V] ② 약 125.4 [V]
③ 약 127.3 [V] ④ 약 140.1 [V]

해설

[평균값과 최댓값]

평균값 $V_a = \frac{2}{\pi} V_m$,

$V_a = \frac{2}{\pi} \times 220 ≒ 140.1$ [V]

08 최댓값이 110 [V]인 사인파 교류전압이 있다. 평균값은 약 몇 [V]인가?

① 30 [V] ② 70 [V]
③ 100 [V] ④ 110 [V]

해설

[평균값과 최댓값]

평균값 $V_{av} = \frac{2}{\pi} V_m$,

$V_{av} = \frac{2}{\pi} \times 110 = 70$ [V]

09 $i = I_m \sin\omega t$ [A]인 사인파 교류에서 ωt가 몇 도일 때 순싯값과 실횻값이 같게 되는가?

① 30° ② 45°
③ 60° ④ 90°

정답 05 ③ 06 ④ 07 ④ 08 ② 09 ②

> 해설

[실횻값]

순싯값 = 실횻값

$I_m \sin \omega t = \dfrac{I_m}{\sqrt{2}}$, $\omega t = 45°$

10 어떤 교류회로의 순싯값이 $v = \sqrt{2}\,V\sin\omega t$ [V]인 전압에서 $\omega t = \dfrac{\pi}{6}$ [rad]일 때 $100\sqrt{2}$ [V]이면 이 전압의 실횻값 [V]은?

① 100
② $100\sqrt{2}$
③ 200
④ $200\sqrt{2}$ [V]

> 해설

[실횻값]

$\omega t = \dfrac{\pi}{6}$ [rad]일 때 순시전압 $v = \sqrt{2}\,V\sin 30°$

$v = \dfrac{\sqrt{2}\,V}{2} = 100\sqrt{2}$ [V], $V = 200$ [V]

11 RLC 직렬회로에서 최대 전류가 흐르기 위한 조건은?

① $L = C$
② $\omega LC = 1$
③ $\omega^2 LC = 1$
④ $(\omega LC)^2 = 1$

> 해설

[공진회로]

직렬공진 시 전류는 최대 임피던스는 최소

공진조건 : $\omega L = \dfrac{1}{\omega C}$, $\omega^2 LC = 1$

12 RLC 직렬 회로에서 전압과 전류가 동상이 되기 위한 조건은?

① $L = C$
② $\omega LC = 1$
③ $\omega^2 LC = 1$
④ $(\omega LC)^2 = 1$

> 해설

[공진회로]

공진회로에서 전압과 전류가 동상이 된다.

공진조건은 $\omega L = \dfrac{1}{\omega C}$이므로, $\omega^2 LC = 1$이다.

13 RLC 병렬공진회로에서 공진주파수는?

① $\dfrac{1}{\pi\sqrt{LC}}$
② $\dfrac{1}{\sqrt{LC}}$
③ $\dfrac{2\pi}{\sqrt{LC}}$
④ $\dfrac{1}{2\pi\sqrt{LC}}$

> 해설

[공진주파수]

공진조건 $\dfrac{1}{X_C} = \dfrac{1}{X_L}$, $\omega C = \dfrac{1}{\omega L}$

공진주파수 $f_o = \dfrac{1}{2\pi\sqrt{LC}}$

정답 ● 10 ③ 11 ③ 12 ③ 13 ④

14 $\omega L = 5\,[\Omega]$, $\dfrac{1}{\omega C} = 25\,[\Omega]$의 LC 직렬회로에 100 [V]의 교류를 가할 때 전류 [A]는?

① 3.3 [A], 유도성
② 5 [A], 유도성
③ 3.3 [A], 용량성
④ 5 [A], 용량성

해설

[LC 직렬회로]
$Z = \sqrt{R^2 + j(X_L - X_C)^2} = \sqrt{(5-25)^2} = 20$
$I = \dfrac{V}{Z} = \dfrac{100}{20} = 5\,[A]$
$\omega L < \dfrac{1}{\omega C}$ 이므로 용량성

15 저항 8 [Ω]과 코일이 직렬로 접속된 회로에 200 [V]의 교류전압을 가하면 20 [A]의 전류가 흐른다. 코일 리액턴스는 몇 [Ω]인가?

① 2   ② 4
③ 6   ④ 8

해설

[유도성 리액턴스]
$Z = \dfrac{V}{I} = \dfrac{200}{20} = 10\,[\Omega]$
$Z = \sqrt{R^2 + X_L^2} = 10 = \sqrt{8^2 + X_L^2}$
$X_L = \sqrt{10^2 - 8^2} = 6\,[\Omega]$

16 R = 15 [Ω]인 RC직렬회로에 60 [Hz], 100 [V]의 전압을 가하니 4 [A]의 전류가 흘렀다면 용량 리액턴스[Ω]는?

① 10   ② 15
③ 20   ④ 25

해설

[용량성 리액턴스]
$Z = \dfrac{V}{I} = \dfrac{100}{4} = 25\,[\Omega]$
$= \sqrt{R^2 + X_C^2} = \sqrt{15^2 + X_C^2} = 25$
$X_C = \sqrt{25^2 - 15^2} = 20\,[\Omega]$

17 저항과 코일이 직렬연결된 회로에서 직류 220 [V]를 인가하면 20 [A]의 전류가 흐르고, 교류 220 [V]를 인가하면 10 [A]의 전류가 흐른다. 이 코일의 리액턴스 [Ω]는?

① 약 19.05 [Ω]   ② 약 16.06 [Ω]
③ 약 13.06 [Ω]   ④ 약 11.04 [Ω]

해설

[유도성 리액턴스]
- 직류회로에서 리액턴스 $X_L = 0\,[\Omega]$
  $I = \dfrac{V}{R}$ 에서 $R = \dfrac{V}{I} = \dfrac{220}{20} = 11\,[\Omega]$
- 교류회로에서 전류 $I = \dfrac{V}{Z} = \dfrac{V}{\sqrt{R^2 + X_L^2}}$
  $10 = \dfrac{220}{\sqrt{11^2 + X_L^2}}$, $\sqrt{11^2 + X_L^2} = 22$
- $X_L = \sqrt{22^2 - 11^2} = 19.05\,[\Omega]$

정답 14 ④   15 ③   16 ③   17 ①

18 리액턴스가 10 [Ω]인 코일에 직류전압 100 [V]를 가하였더니 전력 500 [W]를 소비하였다. 이 코일의 저항은 얼마인가?

① 5 [Ω]　　② 10 [Ω]
③ 20 [Ω]　　④ 25 [Ω]

해설
[직류에서의 저항]
직류회로에서 유도성 리액턴스는 0 [Ω]
전력 $P = \dfrac{V^2}{R}$ [W]
$R = \dfrac{V^2}{P} = \dfrac{100^2}{500} = 20$ [Ω]

19 저항이 9 [Ω]이고, 용량 리액턴스가 12 [Ω]인 직렬회로의 임피던스[Ω]는?

① 3 [Ω]　　② 15 [Ω]
③ 21 [Ω]　　④ 108 [Ω]

해설
[임피던스]
$Z = \sqrt{9^2 + 12^2} = 15$ [Ω]

20 200 [V]의 교류전원에 선풍기를 접속하고 전력과 전류를 측정하였더니 600 [W], 5 [A]이었다. 이 선풍기의 역률은?

① 0.5　　② 0.6
③ 0.7　　④ 0.8

해설
[역률]
$P = VI\cos\theta$ [W], $\cos\theta = \dfrac{P}{VI}$
$\cos\theta = \dfrac{600}{200 \times 5} = 0.6$

21 어떤 3상 회로에서 선간전압이 200 [V], 선전류 25 [A], 3상 전력이 7 [kW]이었다. 이때의 역률은 약 얼마인가?

① 0.65　　② 0.73
③ 0.81　　④ 0.97

해설
[역률]
3상 전력 $P = \sqrt{3}\, VI\cos\theta$
역률 $\cos\theta = \dfrac{P}{\sqrt{3}\, VI} = \dfrac{7 \times 10^3}{\sqrt{3} \times 200 \times 25}$
$= 0.81$

22 RL 직렬회로에서 서셉턴스는?

① $\dfrac{R}{R^2 + X_L^2}$　　② $\dfrac{X_L}{R^2 + X_L^2}$
③ $\dfrac{-R}{R^2 + X_L^2}$　　④ $\dfrac{-X_L}{R^2 + X_L^2}$

정답 ● 18 ③　19 ②　20 ②　21 ③　22 ④

해설

[서셉턴스]

$\dot{Y} = \dfrac{1}{Z} = G + jB$ 의 관계

$\dot{Y} = \dfrac{1}{\dot{Z}} = \dfrac{1}{R + jX_L} = \dfrac{R - jX_L}{(R + jX_L)(R - jX_L)}$

$= \dfrac{R}{(R^2 + X_L^2)} + j\dfrac{-X_L}{(R^2 + X_L^2)}$

- 서셉턴스 $B = \dfrac{-X_L}{(R^2 + X_L^2)}$

23 임피던스 $Z = 6 + j8\,[\Omega]$에서 서셉턴스 [℧]는?

① -0.06
② -0.08
③ -0.6
④ -0.8

해설

[서셉턴스]

$\dot{Y} = \dfrac{1}{Z} = G + jB$ 의 관계이므로,

$\dot{Y} = \dfrac{1}{\dot{Z}} = \dfrac{1}{6 + j8} = \dfrac{6 - j8}{(6 + j8)(6 - j8)}$

$= \dfrac{6}{(6^2 + 8^2)} + j\dfrac{-8}{(6^2 + 8^2)} = 0.06 - j0.08$

- 서셉턴스 $B = -0.08\,[\text{℧}]$

24 △결선인 3상 유도 전동기의 상전압(V_p)과 상전류(I_p)를 측정하였더니 각각 200 [V], 30 [A]이었다. 이 3상 유도 전동기의 선간전압(V_ℓ)과 선전류(I_ℓ)의 크기는 각각 얼마인가?

① $V_\ell = 200$ [V], $I_\ell = 30$ [A]
② $V_\ell = 200\sqrt{3}$ [V], $I_\ell = 30$ [A]
③ $V_\ell = 200\sqrt{3}$ [V], $I_\ell = \sqrt{3}$ [A]
④ $V_\ell = 200$ [V], $I_\ell = 30\sqrt{3}$ [A]

해설

[평형 3상 △ 결선]

$V_\ell = V_p = 200$ [V],

$I_\ell = \sqrt{3}\,I_p = 30\sqrt{3}$ [A]

25 3상 교류를 Y결선하였을 때 선간전압과 상전압, 선전류와 상전류의 관계를 바르게 나타낸 것은?

① 상전압 = $\sqrt{3}$ 선간전압
② 선간전압 = $\sqrt{3}$ 상전압
③ 선전류 = $\sqrt{3}$ 상전류
④ 상전류 = $\sqrt{3}$ 선전류

해설

[Y결선과 △결선]

- Y결선 : $V_\ell = \sqrt{3}\,V_p$, $I_\ell = I_p$
- △결선 : $V_\ell = V_p$, $I_\ell = \sqrt{3}\,I_p$

정답 ● 23 ② 24 ④ 25 ②

26 평형 3상 △결선에서 선간전압 V_ℓ과 상전압 V_p와의 관계가 옳은 것은?

① $V_\ell = \dfrac{1}{\sqrt{3}} V_p$ ② $V_\ell = \dfrac{1}{3} V_p$
③ $V_\ell = V_p$ ④ $V_\ell = \sqrt{3} V_p$

해설
[Y결선과 △결선]
- Y 결선 $V_\ell = \sqrt{3} V_p$, $I_\ell = I_p$
- △ 결선 $V_\ell = V_p$, $I_\ell = \sqrt{3} I_p$

27 △결선 시 V_ℓ(선간전압), V_p(상전압), I_ℓ(선전류), I_p(상전류)의 관계식으로 옳은 것은?

① $V_\ell = \sqrt{3} V_p$, $I_\ell = I_p$
② $V_\ell = V_p$, $I_\ell = \sqrt{3} I_p$
③ $V_\ell = \dfrac{1}{\sqrt{3}} V_p$, $I_\ell = I_p$
④ $V_\ell = V_p$, $I_\ell = \dfrac{1}{\sqrt{3}} I_p$

해설
[Y결선과 △결선]
- Y결선 : $V_\ell = \sqrt{3} V_p$, $I_\ell = I_p$
- △결선 : $V_\ell = V_p$, $I_\ell = \sqrt{3} I_p$

28 R [Ω]인 저항 3개가 △결선으로 되어 있는 것을 Y결선으로 환산하면 1상의 저항[Ω]은?

① $\dfrac{1}{3} R$ ② $\dfrac{1}{3R}$
③ $3R$ ④ R

해설
[Y결선과 △결선의 변환]
△결선과 Y결선 부하관계 $R_Y = \dfrac{1}{3} R_\triangle$

29 100 [kVA] 단상 변압기 2대를 V결선하여 3상 전력을 공급할 때의 출력은?

① 17.3 [kVA] ② 86.6 [kVA]
③ 173.2 [kVA] ④ 346.8 [kVA]

해설
[V결선]
$P_V = \sqrt{3} P_1 = \sqrt{3} \times 100 = 173.2$ [kVA]

30 변압기 V결선의 특징으로 틀린 것은?

① 고장 시 응급처치방법으로 쓰인다.
② 단상 변압기 2대로 3상 전력을 공급한다.
③ 부하증가가 예상되는 지역에 시설한다.
④ V결선 시 출력은 △결선 시 출력과 그 크기가 같다.

정답 26 ③ 27 ② 28 ① 29 ③ 30 ④

해설

[변압기 출력비]

$$\frac{P_V}{P_\triangle} = \frac{\sqrt{3}P}{3P} = 0.577 = 57.7\,[\%]$$

31 변압기 2대를 V결선했을 때의 이용률은 몇 [%]인가?

① 57.7 [%] ② 70.7 [%]
③ 86.6 [%] ④ 100 [%]

해설

[V결선 이용률]

V결선 이용률 $\frac{\sqrt{3}P}{2P} = 0.866 = 86.6\,[\%]$

32 출력 P [kVA]의 단상 변압기 2대를 V결선한 때의 3상 출력 [kVA]은?

① P ② $\sqrt{3}P$
③ $2P$ ④ $3P$

해설

[V결선 3상 출력]

V결선의 3상 출력 $P_V = \sqrt{3}P_1$

33 [VA]는 무엇의 단위인가?

① 피상전력 ② 무효전력
③ 유효전력 ④ 역률

해설

[교류전력]
- 유효전력 : [W]
- 무효전력 : [Var]
- 피상전력 : [VA]

34 교류회로에서 무효전력의 단위는?

① [W] ② [VA]
③ [Var] ④ [V/m]

해설

[교류전력]
- 유효전력 : [W]
- 무효전력 : [Var]
- 피상전력 : [VA]
- 전계의 세기 : [V/m]

35 유효전력의 식으로 옳은 것은? (단, E는 전압, I는 전류, θ는 위상각이다)

① $EI\cos\theta$ ② $EI\sin\theta$
③ $EI\tan\theta$ ④ EI

해설

[교류전력]
- 유효전력 : $VI\cos\theta$ [W]
- 무효전력 : $VI\sin\theta$ [Var]
- 피상전력 : VI [VA]

정답 ● 31 ③ 32 ② 33 ① 34 ③ 35 ①

36 3상 교류회로의 선간전압이 13,200 [V], 선 전류 800 [A], 역률 80 [%] 부하의 소비전력은 약 몇 [MW]인가?

① 4.88
② 8.45
③ 14.63
④ 25.34

해설

[3상 교류전력]
$P = \sqrt{3}\, VI\cos\theta$
$= \sqrt{3} \times 13,200 \times 800 \times 0.8$
$= 14,632,365\ [W] = 14.63\ [MW]$

37 2전력계법에 의해 평형 3상 전력을 측정하였더니 전력계가 각각 800 [W], 400 [W]를 지시하였다면 이 부하의 전력은 약 몇 [W]인가?

① 600 [W]
② 800 [W]
③ 1,200 [W]
④ 1,600 [W]

해설

[유효전력]
$P = P_1 + P_2 = 800 + 400 = 1,200\ [W]$

38 단상전력계 2대를 사용하여 2전력계법으로 3상 전력을 측정하고자 한다. 두 전력계의 지시값이 각각 P_1, P_2 [W]이었다. 3상 전력 P [W]를 구하는 식으로 옳은 식은?

① $P = \sqrt{3}(P_1 \times P_2)$
② $P = P_1 - P_2$
③ $P = P_1 \times P_2$
④ $P = P_1 + P_2$

해설

[2전력계법]
유효전력 $P = P_1 + P_2$ [W]

39 2전력계법으로 3상 전력을 측정할 때 지시값이 P_1 = 200 [W], P_2 = 200 [W]일 때 부하전력 [W]은?

① 200
② 400
③ 600
④ 800

해설

[2전력계법]
$P = P_1 + P_2 = 200 + 200 = 400\ [W]$

40 비사인파의 일반적인 구성이 아닌 것은?

① 순시파 ② 고조파
③ 기본파 ④ 직류분

해설
[비정현파]
비사인파 = 직류분 + 고조파 + 기본파

41 비정현파의 실횻값을 나타낸 것은?

① 최대파의 실횻값
② 각 고조파의 실횻값의 합
③ 각 고조파의 실횻값의 합의 제곱근
④ 각 고조파의 실횻값의 제곱의 합의 제곱근

해설
[비정현파 교류 실횻값]
각 파의 실횻값 제곱의 합의 제곱근
$V = \sqrt{V_0^2 + V_0^2 + V_2^2 + \cdots + V_n^2}$ [V]

42 어느 회로의 전류가 다음과 같을 때 이 회로에 대한 전류의 실횻값은?

$$i = 3 + 10\sqrt{2}\sin(\omega t - \frac{\pi}{6}) - 5\sqrt{2}\sin(3\omega t - \frac{\pi}{3}) \text{ [A]}$$

① 11.6 [A] ② 23.2 [A]
③ 32.2 [A] ④ 48.3 [A]

해설
[비정현파 교류 실횻값]
각 파의 실횻값 제곱의 합의 제곱근
- $I = \sqrt{I_0^2 + I_1^2 + I_3^2} = \sqrt{3^2 + 10^2 + 5^2}$
  $= 11.6$ [A]

43 $i = 3\sin\omega t + 4\sin(3\omega t - \theta)$ [A]로 표시되는 전류의 등가 사인파 최댓값은?

① 2 [A] ② 3 [A]
③ 4 [A] ④ 5 [A]

해설
[비정현파 교류 실횻값]
각 파의 실횻값 제곱의 합의 제곱근
$V = \sqrt{V_0^2 + V_0^2 + V_2^2 + \cdots + V_n^2}$ [V]

44 다음 중 파고율을 나타낸 것은?

① $\dfrac{실횻값}{평균값}$ ② $\dfrac{최댓값}{실횻값}$
③ $\dfrac{평균값}{실횻값}$ ④ $\dfrac{실횻값}{최댓값}$

해설
[정현파의 파고율과 파형률]
파고율 $= \dfrac{최댓값}{실횻값}$, 파형률 $= \dfrac{실횻값}{평균값}$

정답 40 ① 41 ④ 42 ① 43 ④ 44 ②

45 교류에서 파형률은?

① 파형률 = $\dfrac{최댓값}{실횻값}$

② 파형률 = $\dfrac{실횻값}{평균값}$

③ 파형률 = $\dfrac{평균값}{실횻값}$

④ 파형률 = $\dfrac{최댓값}{평균값}$

해설

[정현파의 파고율과 파형률]

파고율 = $\dfrac{최댓값}{실횻값}$, 파형률 = $\dfrac{실횻값}{평균값}$

정답 45 ②

Part 02

전기기기

Chapter 01 직류기

01 직류기의 발전기 원리

1 직류기(DC machine)

(1) 직류 발전기와 직류 전동기를 모두 직류기라 한다.

(2) 직류 발전기
  ① 기계 Energy → 전기 Energy
  ② 용도 : 화학 공업용, 통신용, 전기 공급

(3) 직류 전동기
  ① 전기 Energy → 기계 Energy
  ② 용도 : 전기 철도용, 엘리베이터

2 직류 발전기 원리

(1) 원리 : 플레밍의 오른손법칙

(2) 플레밍의 오른손법칙

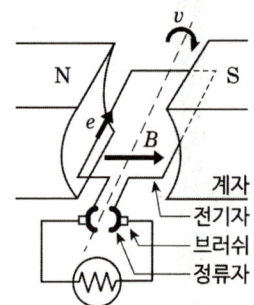

  ① N극과 S극 사이의 자기장 내에서 도체가 자속을 끊으면 기전력(교류전압)이 유도된다.
  ② 엄지 : 도체의 운동방향(v)
     검지 : 자속방향(B)
     중지 : 기전력(e)
  ③ 정류과정을 거쳐 교류를 직류로 바꾸면 직류 발전기가 된다.
  ④ 실제 직류 발전기는 맥동이 없는 일정한 직류전압이 되도록 하여 전력 품질을 향상시킨다.

02 직류 발전기의 구조

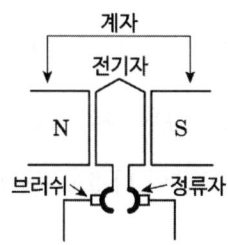

1 계자(Field Magnet)

(1) 자속을 만들어주는 부분

(2) 구성 : 계자권선, 계자철심, 자극 및 계철

(3) 계자철심 : 규소강판을 성층해서 만듦(철손저감)

2 전기자(Armature)

(1) 계자에서 만든 자속을 끊어 기전력을 유도($e = Bℓv$)

(2) 구성 : 전기자 철심, 전기자 권선

(3) 전기자 철심 : 규소강판을 성층하여 만듦
   ① 규소강판 : 히스테리시스손을 감소
   ② 성층 : 와류손을 감소

3 정류자(Commutator)

전기자 권선에서 유도된 교류를 직류로 변환해주는 부분

4 브러시(Brush)

(1) 정류자 면에 접촉하여 전기자 권선(내부회로)과 외부회로를 연결

(2) 종류
   ① 탄소질 브러시 : 소형기, 저속기
   ② 흑연질 브러시 : 대전류, 고속기

③ 전기 흑연질 브러시 : 가장 우수함
④ 금속 흑연질 브러시 : 저전압, 대전류

5 공극(Air)

(1) 계자 철심의 자극편과 전기자 철심 표면 사이 부분

(2) 공극이 크면 자기저항이 커져서 효율이 나쁘고, 공극이 작으면 기계적 안정성이 떨어짐

6 전기자 권선법

```
┌ 환상권
└ 고상권 ┬ 개로권
        └ 폐로권 ┬ 단층권
                └ 이층권 ┬ 중권
                        └ 파권
```

구분	용도	a, b와 p의 관계	균압환
중권(병렬권)	저전압 대전류	$a = b = p$	필요
파권(직렬권)	고전압 소전류	$a = b = 2$	불필요

a : 병렬회로 수, p : 극수, b : 브러시 수

03 직류 발전기이론

1 유도기전력(유기기전력)

직류 발전기가 회전할 때 생기는 힘(전압)

(1) 수식

$$E = \frac{PZ\phi N}{60a} = K\phi N \,[\text{V}] \left(K = \frac{PZ}{60a}\right)$$

p : 극수 ϕ : 자속
N [rpm] : 회전수 Z : 전기자도체 수

2 전기자 반작용

(1) 정의 : 전기자 전류에 의해 발생한 자속이 주자 속에 영향을 미치는 현상

(2) 전기자 반작용의 영향
- ① 전기적 중성축 이동 (편자 작용)
    - 발전기 : 회전 방향
    - 전동기 : 회전 반대방향
- ② 주자속 감소
    - 자극의 어느 한쪽이 포화되어 극당 자속이 감소한다.
    - 발전기 : 유기기전력 감소 ($E \propto \phi$)
    - 전동기 : 토크감소 ($T \propto \phi$), 회전속도 증가 ($N \propto \dfrac{1}{\phi}$)
- ③ 브러시에 불꽃 발생(정류불량)

(3) 방지대책
- ① 브러시 위치를 전기적 중성점인 회전방향으로 이동(중성축 이동)
- ② 보극 설치 : 별도의 자극을 설치하여 전기자 반작용 감소
- ③ 보상권선
    - 전기자에 흐르는 전류와 반대 방향으로 전류를 흘린다.
    - 전기자 반작용을 방지할 수 있는 가장 좋은 방법이다.
- ④ 발전기와 전동기

구분	발전기	전동기
방지대책	• 중성축 이동(회전 방향과 동일) • 보극 설치 • 보상권선	• 중성축 이동(회전 방향과 반대방향) • 보극 설치 • 보상권선

04 정류

1 정의

교류를 직류로 변환하는 작용(AC → DC)

2 리액턴스전압(e_L)

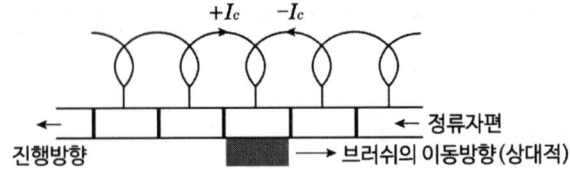

정류 시 전기자 코일에 걸리는 전압이며, 섬락의 원인이 된다.

$$e_L = L\frac{di}{dt} = L\frac{2i_c}{T_c} \text{ [V]}$$

3 정류곡선

세로축으로 기울수록 정류가 불량해진다.

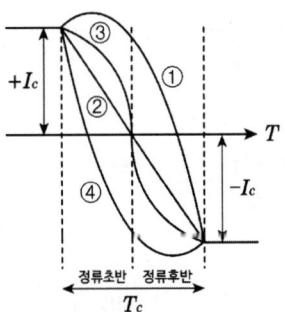

① 부족정류 : 정류말기에 불꽃발생

② 직선정류 : 가장 양호한 정류(이상적인 정류)

③ 정현파정류 : 불꽃발생 × (일반적인 정류)

④ 과정류 : 정류초기에 불꽃발생

4 양호한 정류를 얻는 방법

(1) 리액턴스전압이 적을 것

(2) 인덕턴스 값이 적을 것

(3) 정류주기를 길게 할 것

(4) 접촉 저항이 큰 브러시 사용(저항정류)

(5) 보극 설치(전압정류)

05 직류 발전기 종류

1 타여자 발전기

외부에서 계자전류(자화전류, 여자전류)를 공급받는다.

(1) 유기기전력 $E = V + I_a r_a$

(2) 정전압 특성

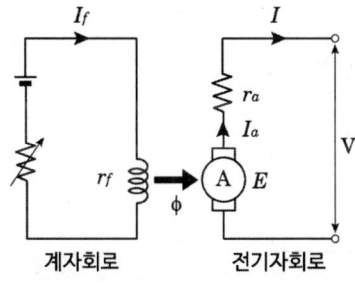

2 자여자 발전기

계자에서 발생한 기전력으로 계자전류를 공급하며, 전기자권선과 계자권선의 연결방법에 따라 직권, 분권, 복권으로 분류한다.

(1) 직권 발전기
① 계자와 전기자를 직렬접속
② 전기자 전류 $I_a = I_f = I$
③ 유기기전력 $E = V + I_a(r_a + r_f)$
④ 무부하 상태에선 발전 불가

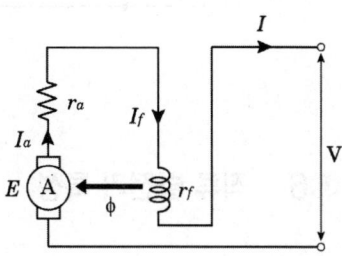

(2) 분권 발전기

　① 계자와 전기자를 병렬접속

　② 전기자 전류 $I_a = I + I_f$

　③ 유기기전력 $E = V + I_a r_a$

　④ 단자전압 $V = E - I_a r_a = I_f r_f$

　⑤ 정전압특성

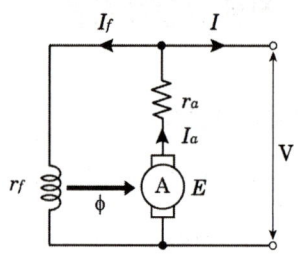

(3) 복권 발전기

　① 내분권 복권 발전기

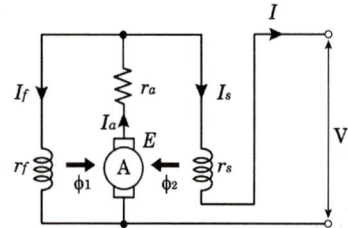

　② 외분권 복권 발전기

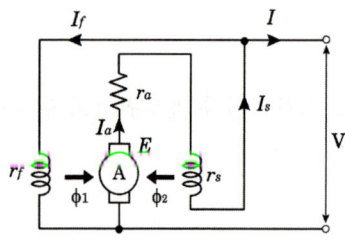

06 직류 발전기 특성

1 특성곡선(발전기 특성을 보기 쉽게 나타낸 곡선)

(1) 무부하 특성곡선

　무부하 운전 시 유기기전력(E)과 계자전류(I_f)와의 관계 곡선이다.

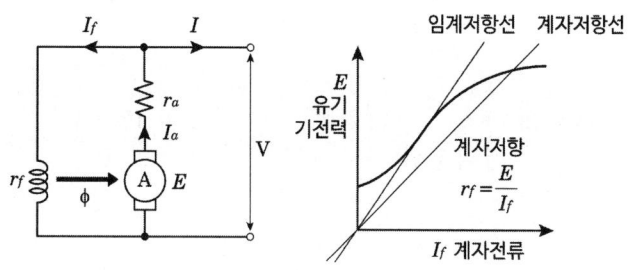

(2) 부하 특성곡선

정격부하 시 단자전압(E)과 계자전류(I_f)와의 관계곡선이다.

(3) 외부 특성곡선

정격부하 시 부하전류(I)와 단자전압(E)과의 관계곡선이다.

(4) 내부 특성곡선

정격부하 시 유기기전력(E)과 부하전류(I)와의 관계곡선이다.

(5) 발전기별 특성

① 과복권 : 급전선 전압강하 보상용

② 직권 : 선로전압강하 보상용, 직류승압기용

③ 평복권 : 전압변동률이 작음(정전압 특성)

④ 타여자 : 전압변동률이 작음(정전압 특성), 별도의 여자기 필요

⑤ 분권 : 전압변동률이 작음(정전압 특성), 축전지 충전용

⑥ 차동복권 : 수하특성을 가지고 있고 아크용접기 전원용에 적합

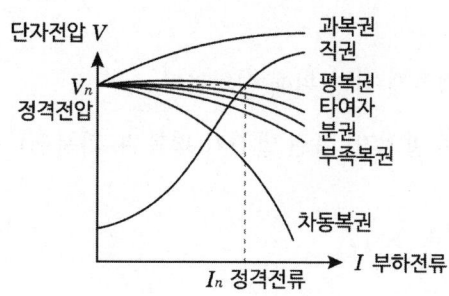

2 전압 변동률

$$\varepsilon = \frac{무부하\ 전압 - 정격전압}{정격전압} \times 100\ [\%] = \frac{V_0 - V}{V} \times 100\ [\%]$$

07 직류 발전기 병렬운전

1 목적

1대의 발전기로 용량이 부족하거나 경부하에 대한 효율을 개선하기 위해서 2대 이상의 발전기를 병렬로 연결해서 사용한다.

2 병렬운전 시 조건

(1) 극성이 같을 것

(2) 단자전압이 같을 것

(3) 외부 특성 곡선이 어느 정도 수하특성일 것

(4) 외부 특성 곡선이 일치할 것

3 균압선

(1) 목적 : 병렬운전을 안정하게 하기 위해 설치한다.

(2) 적용되는 발전기 : 직권 발전기, 복권 발전기(평복권, 과복권)

08 직류 전동기 원리

1 개념

(1) 직류 전력을 이용하여 기계적 동력을 발생하는 회전기계이다.

(2) 자기장 중에 있는 코일에 정류자를 접속시키고, 직류전압을 가하면 플레밍의 왼손법칙에 따라 코일이 엄지 방향으로 회전한다.

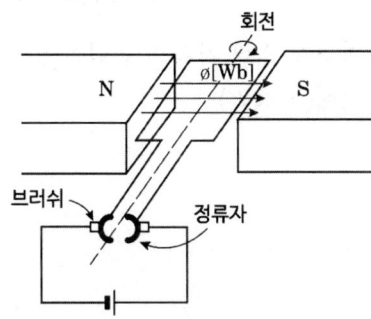

09 직류 전동기 종류 및 특성

1 타여자 전동기

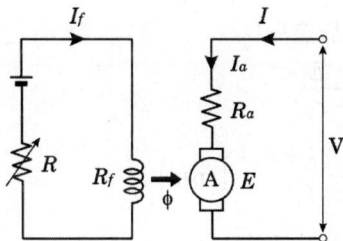

(1) $I_a = I$

(2) 역기전력

$$E = V - I_a r_a = \frac{PZ\phi N}{60a} = K\phi N$$

(3) 속도

$$N = k \frac{V - I_a r_a}{\phi} \text{ [rpm]}$$

(4) 토크 특성

$$T = K\phi I_a [N \cdot m]$$

① 타여자이므로 부하 변동에 의한 자속의 변화가 없다.
② 토크는 부하전류에 비례($T \propto I_a$)

2 직권 전동기

(1) 이론

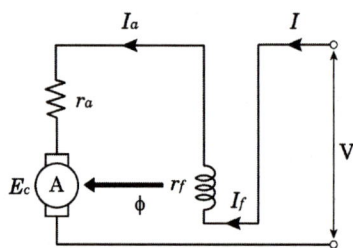

① 전기자 전류(부하전류) : $I_a = I = I_f$
② 역기전력 : $E = V - I_a(r_a + r_f)$
③ 전기자 전류 : $I_a = \dfrac{V-E}{r_a + r_s}$
④ 회전 수 : $N = k \dfrac{V - I_a(r_a + r_f)}{\phi(\propto I_a)}$ [rpm]
⑤ 토크 : $T = K\phi I_a \propto K I_a^2$ (직권에서는 $\phi \propto I_a$)
   $\therefore T \propto I_a^2$

(2) 속도 특성

$$N = k \dfrac{V - I_a(r_a + r_f)}{\phi}$$

① 부하에 따라 자속이 비례(부하 변화에 따라 속도가 반비례)
② 극성
  • 극성을 바꾸어도 회전방향의 변화는 없다.
  • 역회전 조건 : 전기자 전류나 계자 전류의 극성이 반대

③ 무부하 $I_a = 0$(위험상태 : 정격전압에 무부하 상태)
- 회전속도가 급격히 상승하여 위험
- 벨트 등이 벗겨짐으로써 속도 가속 → 위험상태
- 방지책 : 기어나 체인으로 운전

3 분권 전동기

(1) 이론

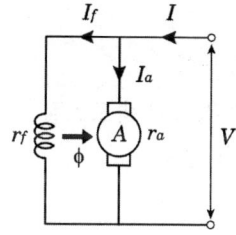

① 전기자 전류 : $I_a = I - I_f$
② 역기전력 : $E = V - I_a r_a$
③ 전기자 전류 : $I_a = \dfrac{V - E}{r_a}$
④ 회전수 : $N = k \dfrac{V - I_a r_a}{\phi}$
⑤ 토크 : $T = K\phi I_a [\text{N} \cdot \text{m}]$
  ∴ $T \propto I_a$

10 속도 변동률

1 수식

$$속도변동률 = \dfrac{무부하\ 속도 - 정격\ 속도}{정격\ 속도} \times 100$$
$$= \dfrac{N_0 - N_n}{N_n} \times 100 [\%]$$

11 직류 전동기 운전

1 직류 전동기 속도제어

$$회전수\ N = k\frac{V - I_a R_a}{\phi}$$

※ ϕ, R_a, V 중 하나를 변화시킨다.

구분	제어 특성	특징
계자제어 (ϕ)	• 계자로 자속을 가감하여 속도조절 • 정출력 제어, 효율 양호 • 정류 불량	직권에서 자속(ϕ)이 작으면 과속이 되므로 주의할 것
전압제어 (V)	• 단자전압을 가감하는 방법 • 정토크 제어 • 고가, 광범위한 속도제어	워드 레오나드, 일그너방식
저항제어 (R_a)	• 전기자권선에 직렬로 저항을 삽입하여 속도 조절 • 효율이 나쁘다. • 제어 범위가 좁다.	분권 및 타여자는 정속도 특성을 잃는다.

2 제동

(1) 발전제동
 ① 제동 시 전원을 개방하여 발전기로 이동한다.
 ② 발전된 전력을 제동용 저항에서 열로 소비한다.

(2) 회생제동
 ① 제동 시 전원을 개방하지 않음
 ② 전동기를 발전기로 이용, 발전된 전력을 전원으로 회생하는 방식이다.

(3) 역상제동(플러깅제동)
 ① 급제동 시 사용하는 방법이다.
 ② 계자 또는 전기자 전류의 방향을 역전시켜 반대 방향의 토크를 발생시켜 제동한다.

12 직류기의 손실과 효율

1 직류기의 손실

(1) 손실
　① 부하 손실 = 동손 + 표유 부하손
　② 무부하 손 = 철손(히스테리시스손 + 와류손)

(2) 동손(P_c)
　① 저항손이라 하며, 전기자 동손, 계자 동손, 브러시 전기손 등
　② 저항에 전류가 흘러 줄열로 발생하는 손실이다.

(3) 철손(P_i)
　① 철심에서 발생하는 히스테리시스손과 와류손을 의미한다.
　② 히스테리시스손(P_h)
　　• 정의 : 철심이 자화되는 과정에서 발생하는 열로 인한 손실로, 철손의 80 [%]를 차지한다.
　　• 대응책 : 규소강판 사용
　　• 식 : $P_h \propto \eta f B_m^{1.6 \sim 2}$ [W/m³]
　③ 와류손(P_e)
　　• 정의 : 자속이 철심을 통과하면 철심에 맴돌이전류(와류)가 생기며 발생하는 열 손실로, 철손의 20 [%]를 차지한다.
　　• 대응책 : 강판 성층
　　• 식 : $P_e \propto (tfB_m)^2$ [W/m³]

(4) 기계손(P_m)
　① 회전 시에 생기는 손실이다.
　② 종류
　　• 마찰손 : 브러시손, 베어링
　　• 풍손

(5) 표유 부하손(P_s)
　철손, 기계손, 동손을 제외한 측정하기 어려운 손실이다.

2 시험 및 측정

(1) 온도 상승시험

① 실부하법
- 부하를 연결하여 실운전 후 저항 측정
- 전기 동력계, 프로니 브레이크, 직류 발전기

② 반환 부하법
- 브론델법, 홉킨스법, 카푸법
- 동일정격 발전기, 전동기를 전기적·기계적으로 접속해 그 손실에 상당하는 전력을 공급하는 방법

3 효율

(1) 효율이란 기계의 입력과 출력의 백분율 비이다.

$$\eta = \frac{출력}{입력} \times 100\ [\%]$$

(2) 규약효율

① 규정된 방법에 의하여 손실을 측정 및 산출하여 입출력을 구해 효율을 계산하는 방법
② 발전기, 변압기 효율

$$\eta_G = \frac{출력}{출력 + 손실} \times 100\ [\%]$$

③ 전동기 효율

$$\eta_M = \frac{입력 - 손실}{입력} \times 100\ [\%]$$

4 최대 효율 조건

(1) 고정손(무부하손 ≒ 철손) = 부하손(동손)

(2) 철손(P_i) = 동손(P_c)

핵심문제 직류기

01 직류기에서 계자자속을 전기자 표면에 널리 분포시켜 주는 역할을 하는 것은?

① 전기자   ② 공극
③ 자극편   ④ 정류자

해설
[자극편]
자속을 널리 분포시켜주는 역할을 한다.

02 그림은 4극 직류 발전기의 자기회로를 보인 것이다. 자기저항이 가장 큰 부분은?

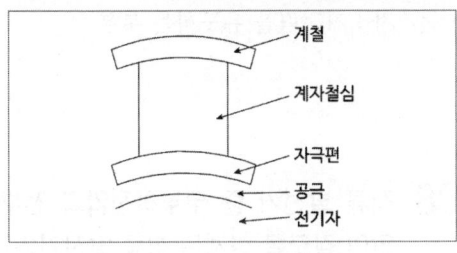

① 계철   ② 자극편
③ 계자 철심   ④ 공극

해설
[공극]
자기저항 $R_m = \dfrac{\ell}{\mu A}$ (공기 중 $\mu_s = 1$)
공극에서 가장 크다.

03 직류 발전기 전기자의 구성으로 옳은 것은?

① 전기자 철심, 정류자
② 전기자 권선, 전기자 철심
③ 전기자 권선, 계자
④ 전기자 철심, 브러시

해설
[전기자 구성]
전기자 권선, 전기자 철심

04 직류 발전기에서 브러시와 접촉하여 전기자 권선에 유도되는 교류기전력을 정류해서 직류로 만드는 부분은?

① 계자   ② 정류자
③ 슬립링   ④ 전기자

해설
[직류 발전기 3대 요소]
• 계자 : 주자속을 만들어주는 부분
• 정류자 : 교류를 직류로 변환하는 부분
• 전기자 : 기전력을 유도하는 부분

정답 01 ③   02 ④   03 ②   04 ②

05 직류 발전기의 무부하 특성곡선은?

① 부하전류와 무부하 단자전압과의 관계이다.
② 계자전류와 부하전류와의 관계이다.
③ 계자전류와 무부하 단자전압과의 관계이다.
④ 계자전류와 회전력과의 관계이다.

해설

[직류 발전기의 특성곡선]
- 무부하 특성곡선
  무부하 시 계자전류와 단자전압(또는 유도기전력)과의 관계곡선
- 부하 포화곡선
  정격 부하 시 계자전류와 단자전압의 관계곡선
- 외부 특성곡선
  정격 부하 시 부하전류와 단자전압의 관계곡선

06 직류 발전기의 전기자 반작용에 의하여 나타나는 현상은?

① 브러시에 불꽃을 발생한다.
② 주자속 분포를 찌그러뜨려 중성축을 고정한다.
③ 주자속을 감소시켜 유도전압을 증가시킨다.
④ 직류전압이 증가한다.

해설

[전기자 반작용 영향]
- 브러시에 불꽃(섬락) 발생
- 중성축 이동(편자작용)
- 감자작용으로 유도기전력 감소

07 직류 발전기 전기자의 주된 역할은?

① 기전력을 유도한다.
② 자속을 만든다.
③ 정류작용을 한다.
④ 회전자와 외부회로를 접속한다.

해설

[직류 발전기 3대 요소]
- 계자 : 주자속을 만들어주는 부분
- 정류자 : 교류를 직류로 변환하는 부분
- 전기자 : 기전력을 유도하는 부분

08 직류 발전기 중 무부하전압과 전부하전압이 같도록 설계된 직류 발전기는?

① 분권 발전기
② 직권 발전기
③ 평복권 발전기
④ 차동복권 발전기

해설

[평복권 발전기]
전부하전압과 무부하전압이 일정한 값을 가지는 특성을 가지는 발전기이다.

정답 ● 05 ③ 06 ① 07 ① 08 ③

09 직류 발전기에서 계자의 주된 역할은?

① 기전력을 유도한다.
② 자속을 만든다.
③ 정류작용을 한다.
④ 정류자면에 접촉한다.

해설

[직류 발전기 3대 요소]
- 계자 : 주자속을 만들어주는 부분
- 정류자 : 교류를 직류로 변환하는 부분
- 전기자 : 기전력을 유도하는 부분

10 전압변동률이 적고 자여자이므로 다른 전원이 필요 없으며, 계자저항기를 사용한 전압조정이 가능하므로 전기 화학용, 전지의 충전용 발전기로 가장 적합한 것은?

① 타여자 발전기
② 직류 복권발전기
③ 직류 분권발전기
④ 직류 직권발전기

해설

[자여자 발전기 중 분권발전기]
타여자 발전기와 같이 부하 변화에 전압변동률 적다.

11 직류 분권 발전기의 병렬운전의 조건에 해당되지 않는 것은?

① 극성이 같을 것
② 단자전압이 같을 것
③ 외부 특성곡선이 수하특성일 것
④ 균압모선을 접속할 것

해설

[직류 분권 발전기의 병렬운전의 조건]
- 극성이 같을 것
- 정격전압이 일치할 것(= 단자전압이 같을 것)
- 외부 특성곡선이 수하특성일 것

12 직권 발전기에 대한 설명 중 틀린 것은?

① 계자권선과 전기자권선이 직렬로 접속되어 있다.
② 승압기로 사용되며 수전전압을 일정하게 유지하고자 할 때 사용한다.
③ 단자전압을 V, 유기기전력을 E, 부하전류를 I, 전기자저항 및 직권 계자저항을 각각 r_a, r_s라 할 때 $V = E + I(r_a + r_s)[\text{V}]$이다.
④ 부하전류에 의해 여자되므로 무부하 시 자기여자에 의한 전압 확립은 일어나지 않는다.

해설

[직권발전기의 단자전압]
$V = E - I(r_a + r_s)\,[\text{V}]$

13 직류 전동기의 규약효율을 표시하는 식은?

① $\dfrac{출력}{출력+손실} \times 100\,[\%]$

② $\dfrac{출력}{입력} \times 100\,[\%]$

③ $\dfrac{입력-손실}{입력} \times 100\,[\%]$

④ $\dfrac{출력}{출력+손실} \times 100\,[\%]$

해설

[규약효율]

• 발전기 규약효율 $\eta = \dfrac{출력}{출력+손실} \times 100\,[\%]$

• 전동기 규약효율 $\eta = \dfrac{입력-손실}{입력} \times 100\,[\%]$

14 다음 그림의 직류 전동기는 어떤 전동기인가?

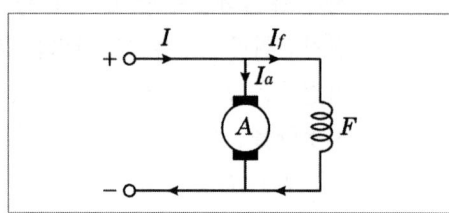

① 직권 전동기 ② 타여자 전동기
③ 분권 전동기 ④ 복권 전동기

해설

[분권 전동기]
전기자와 계자가 병렬로 접속되어 있으므로 분권 전동기이다.

15 압연기나 엘리베이터 등에 사용되는 직류 전동기는?

① 직권 전동기
② 분권 전동기
③ 타여자 전동기
④ 가동 복권 전동기

해설

[타여자 전동기]
타여자 전동기는 압연기나 엘리베이터 등에 사용된다.

16 직류 전동기의 속도제어방법이 아닌 것은?

① 위상제어법 ② 저항제어법
③ 전압제어법 ④ 계자제어법

해설

[직류 전동기의 속도제어법]
• 전압제어 : 정토크제어
• 계자제어 : 정출력제어
• 저항제어 : 전력손실 크고 속도제어 범위가 좁음

17 정속도로 운전할 수 있는 직류 전동기는?

① 직권 전동기
② 가동 복권 전동기
③ 분권 전동기
④ 차동 복권 전동기

정답 13 ③ 14 ③ 15 ③ 16 ① 17 ③

해설

[정속도 특징을 가진 전동기]
직류 전동기에서 타여자 전동기와 분권 전동기는 정속도 특징을 가지고 있다.

18 기중기, 전기 자동차, 전기 철도와 같은 곳에 가장 많이 사용되는 전동기는?

① 가동 복권 전동기
② 차동 복권 전동기
③ 분권 전동기
④ 직권 전동기

해설

[직권 전동기]
부하 변동이 심하고, 큰 기동 토크가 요구되는 전동차, 크레인, 전기 철도에 적합하다.

19 직류분권 전동기의 계자 전류를 약하게 하면 회전수는?

① 감소한다.   ② 정지한다.
③ 증가한다.   ④ 변화 없다.

해설

[직류 전동기의 속도($N = k\dfrac{V - I_a R_a}{\phi}$ [rpm])]

- 계자전류가 감소하면 자속이 감소하므로
- 회전수는 증가한다.

20 직류 직권 전동기의 회전수(N)와 토크(τ)의 관계는?

① $\tau \propto \dfrac{1}{N}$ ② $\tau \propto \dfrac{1}{N^2}$

③ $\tau \propto N$ ④ $\tau \propto N^{\frac{3}{2}}$

해설

[직류 직권 전동기의 회전수와 토크]

$N \propto \dfrac{1}{I_a}$, $\tau \propto I_a^2$ 이므로 $\tau \propto \dfrac{1}{N^2}$

21 직류 발전기의 정격전압이 100 [V], 무부하전압이 109 [V]이다. 이 발전기의 전압 변동률 ε [%]은?

① 1   ② 3
③ 6   ④ 9

해설

[전압 변동률]

$\varepsilon = \dfrac{V_o - V_n}{V_n} \times 100$ [%]

$= \dfrac{109 - 100}{100} \times 100$ [%] = 9 [%]

정답 18 ④ 19 ③ 20 ② 21 ④

22 전압 변동률 ε의 식은? (단, 정격전압 V_n, 무부하전압 V_0이다)

① $\varepsilon = \dfrac{V_0 - V_n}{V_n} \times 100\ [\%]$

② $\varepsilon = \dfrac{V_n - V_0}{V_n} \times 100\ [\%]$

③ $\varepsilon = \dfrac{V_n - V_0}{V_0} \times 100\ [\%]$

④ $\varepsilon = \dfrac{V_0 - V_n}{V_0} \times 100\ [\%]$

해설
[전압 변동률]
전압 변동률 $\varepsilon = \dfrac{V_0 - V_n}{V_n} \times 100\ [\%]$

23 직류 전동기에 있어 무부하일 때의 회전수 n_0은 1200 [rpm], 정격부하일 때의 회전수는 n_1은 1150 [rpm]이라고 한다. 속도 변동률은 약 몇 [%]인가?

① 4.55 ② 4.10
③ 4.35 ④ 4.15

해설
[속도 변동률]
$\varepsilon = \dfrac{N_0 - N_n}{N_n} \times 100\ [\%]$
$= \dfrac{1200 - 1150}{1150} \times 100 = 4.35\ [\%]$

24 직류 전동기에서 전부하 속도가 1,500 [rpm], 속도 변동률이 3 [%]일 때 무부하회전 속도는 몇 [rpm]인가?

① 1,455 ② 1,410
③ 1,545 ④ 1,590

해설
[속도 변동률]
- $\varepsilon = \dfrac{N_0 - N_n}{N_n} \times 100\ [\%]$
  $= \dfrac{N_0 - 1,500}{1,500} \times 100 = 3\ [\%]$
- $N_0 = 1,545\ [\text{rpm}]$

25 전기자 저항 0.1 [Ω], 전기자 전류 104 [A], 유도기전력 110.4 [V]인 직류 분권 발전기의 단자전압[V]은?

① 102 ② 106
③ 98   ④ 100

해설
[직류 분권 발전기의 단자전압]
$V = E - I_a R_a$
$= 110.4 - (104 \times 0.1) = 100\ [\text{V}]$

정답 22 ① 23 ③ 24 ③ 25 ④

26 정격속도로 운전하는 무부하 분권발전기의 계자저항이 60 [Ω], 계자전류가 1 [A], 전기자저항이 0.5 [Ω]라 하면 유도기전력은 약 몇 [V]인가?

① 30.5 ② 50.5
③ 60.5 ④ 80.5

해설

[분권 발전기의 유도기전력]
직류분권발전기는 무부하 시 부하전류 $I=0$이므로
$I_a = I_f$, $V = I_f \times r_f$
$E = V + I_a r_a = I_f \times r_f + I_f \times r_a$
$\quad = I_f(r_f + r_a) = 1(60 + 0.5)$
$\quad = 60.5 \,[V]$

정답 26 ③

Chapter 02 동기기

01 동기 발전기

기계 동력을 전기 변환하는 발전기로서 동기속도로 운전하여 일정 주파수의 교류전력을 발생시킨다.

1 동기 발전기의 원리

(1) 플레밍의 오른손법칙

(2) 도체가 자속을 끊어 기전력을 발생하며 정류를 하지 않고 교류 기전력을 그대로 출력한다.

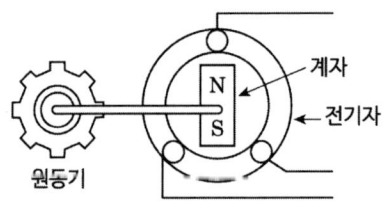

2 회전 계자형

전기자를 고정하고, 계자가 회전하는 형태

(1) 동기 발전기는 회전 계자형을 사용한다.

(2) 회전 계자형을 사용하는 이유
- 기계적으로 유리
- 고전압에 유리(Y결선)
- 절연이 용이

(3) 적용 : 중·대형기기

02 전기자 권선법

1 전절권

(1) 코일 간격과 극 간격이 같다.

(2) 고조파로 인해 파형이 고르지 못해서 쓰지 않는다.

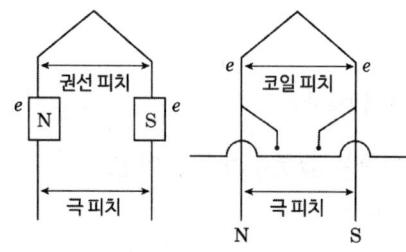

2 단절권

(1) 코일 간격이 자극의 간격보다 작다.

(2) 고조파를 제거하여 기전력의 파형 개선(3, 5, 7, …)

(3) 코일 끝 부분이 단축되어 기계적으로 축소된다.

(4) 구리량(동량)이 적게 든다.

(5) 단절권 사용 시 전절권에 비해 기전력이 감소한다.

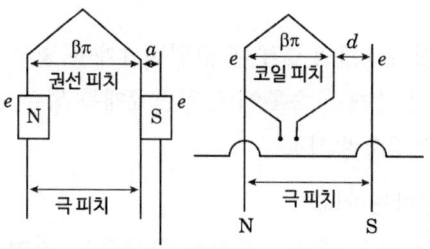

3 집중권

(1) 매극 매상의 슬롯 수 1개

(2) 1극 1상당 코일이 차지하는 슬롯수가 1개인 권선법

(3) 고조파로 인해 파형이 고르지 못해서 쓰지 않는다.

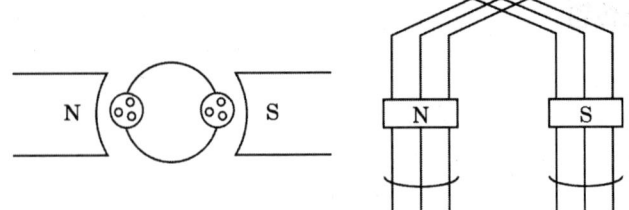

4 분포권

(1) 매극 매상의 슬롯 수 2개 이상

(2) 1극 1상당 코일이 차지하는 슬롯수가 2개 이상
   ① 고조파를 감소시켜 파형 개선
   ② 권선의 과열 방지
   ③ 권선의 누설 리액턴스 감소

(3) 분포권 사용 시 집중권에 비해 기전력이 감소

5 그 외 권선법

(1) 중권, 파권, 쇄권
   ① 전기자 철심을 감는 방법에 따라 분류 : 중권, 파권, 쇄권
   ② 동기기는 주로 **중권**이 사용된다.

(2) 단층권과 2층권
   ① 단층권 : 전기자 철심 1개의 슬롯에 코일변 1개를 넣은 것
   ② 2층권 : 전기자 철심 1개의 슬롯에 코일변 2개를 넣은 것
   ③ 동기기에서는 주로 **2층권** 사용

(3) 전기자 권선을 Y결선하는 이유
   ① 중성점을 접지하면 보호 계전기 동작이 확실하고, 간편해진다.
   ② 이상전압의 방지대책이 용이하다.
   ③ 권선의 불평형 및 제3고조파에 의한 순환전류가 흐르지 않는다.
   ④ Δ결선에 비해 상전압이 $\frac{1}{\sqrt{3}}$배이므로 권선의 절연이 용이하다.
   ⑤ 코로나 발생을 억제한다.

03 동기 발전기이론

1 유도기전력(유기기전력)

$$E = 4.44 f \phi N K_w$$

N : 권수 f : 주파수
ϕ : 매극자속 K_w(권선계수)$= K_p \times K_d$
K_p : 단절권계수 K_d : 분포권계수

2 전기자 반작용

전기자 전류에 의한 자속이 주자속에 영향을 미치는 현상

(1) 발전기에서의 전기자 반작용

① 횡축 반작용(교차자화 작용, $I\cos\theta$)
 • 저항 R만의 부하($\cos\theta = 1$)
 • 전압과 전류가 동상인 전류
 • 전기자 전류에 의한 기자력과 주자속이 직각이 되는 현상

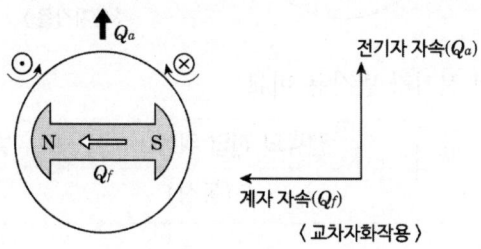

〈 교차자화작용 〉

② 직축 반작용(감자 작용, $I\sin\theta$)
 • 코일(L)만의 부하($\cos\theta = 0$, 지상)
 • 동기 발전기에 리액터 부하를 연결하면 지상전류가 된다(전류가 기전력보다 90° 뒤진 위상).
 • 전기자 전류에 의한 자속이 주자속을 감소시키는 방향으로 유도기전력이 작아지는 현상

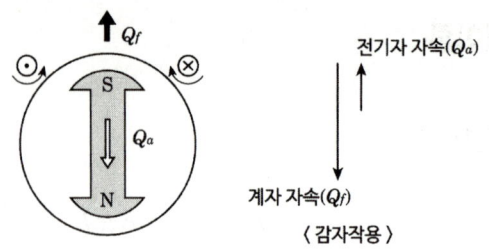

〈 감자작용 〉

③ 직축 반작용(증자 작용, $I\sin\theta$)
- 콘덴서(C)만의 부하($\cos\theta = 0$ 진상)
- 동기 발전기에 콘덴서 부하를 연결하면 진상전류가 된다(전류가 기전력보다 90° 앞선 위상).
- 전기자 전류에 의한 자속이 주자속을 증가시키는 방향으로 작용하여 유도기전력이 증가하게 된다.
- 동기 발전기의 자기여자 작용이라 한다.

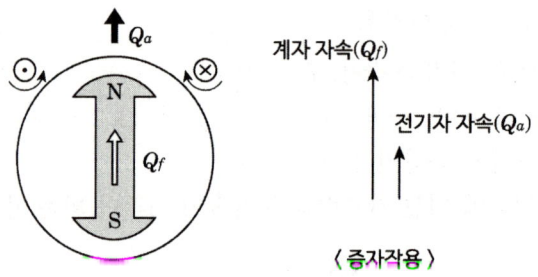

〈 증자작용 〉

(2) 발전기와 전동기에서 전기자 반작용 비교

구분	전류와 전압 위상	발전기	전동기
R(저항, $\cos\theta = 1$)	$I_a = E$ (동상)	교차자화작용	
L(유도성, 지상전류)	전류가 전압보다 $\frac{\pi}{2}$ 뒤진다.	감자 작용	증자 작용
C(용량성, 진상전류)	전류가 전압보다 $\frac{\pi}{2}$ 앞선다.	증자 작용	감자 작용

(3) 최종정리

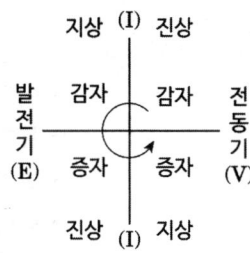

04 동기 발전기 병렬운전

1 병렬운전

(1) 기전력의 크기가 같을 것 - 다를 때 무효순환전류(무효횡류) 발생

(2) 기전력의 위상이 같을 것 - 다를 때 유효순환전류(유효횡류) 발생

(3) 기전력의 주파수가 같을 것 - 다를 때 난조 발생

(4) 기전력의 파형이 같을 것 - 다를 때 고조파 순환전류 발생

05 단락비

1 단락비의 크기는 기계의 특성을 나타내는 표준이다.

2 단락비(K_s)

$$K_s = \frac{\text{무부하 시 정격전압이 되는 } I_f}{\text{단락 시 정격전류가 흐를때 } I_f} = \frac{I_s}{I_n} = \frac{100}{\%Z}$$

I_f : 계자전류 I_n : 정격전류
I_s : 단락전류 $\%Z$: 퍼센트 임피던스

3 단락비에 따른 발전기 특징

철기계(돌극형)	동기계(원통형, 비돌극형)
• 단락비가 크다(안정도가 높다).	• 단락비가 작다.
• 동기임피던스가 작다.	• 동기임피던스가 크다.
• 전기자 반작용이 작다.	• 전기자 반작용이 크다.
• 전압 변동률이 낮다.	• 중량이 가볍다.
• 중량이 크다.	• 저가
• 과부하 내량이 증가(=가격 상승)	• 공극이 작다.
• 공극이 크다.	

4 난조

(1) 정의

① 기기 또는 장치의 동작이 불안정할 때 발생하는 진동상태이다.
② 난조가 심할 시 동기이탈(또는 탈조)을 일으킬 수 있다.

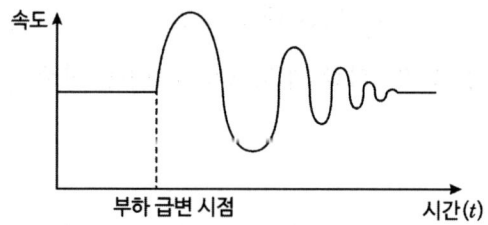

(2) 발생원인

① 조속기의 감도가 예민한 경우
② 원동기에 고조파 토크가 포함된 경우
③ 전기자 회로의 저항이 큰 경우

(3) 대책

① 제동권선 설치(가장 좋은 방법)
② 조속기 감도를 무디게 한다.
③ 회전자에 Fly - wheel(플라이휠) 효과를 준다.
④ 부하의 급변을 방지한다.

06 동기 전동기 원리

1 회전원리

전기자의 권선에 3상 교류전압을 인가하면 회전 자기장이 만들어지고, 계자가 동기속도로 회전한다.

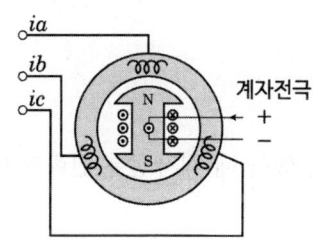

2 동기 전동기 장·단점

장점	단점
• 역률 1로 운전이 가능하다.	• 기동 토크가 발생하지 않는다.
• 필요시 지상, 진상으로 변환이 가능하다.	• 기동장치, 여자전원이 필요하다.
• 정속도 전동기(속도 불변)	• 속도 조정이 곤란하다.
• 유도기에 비해 효율이 좋다.	• 난조 발생이 쉽다(제동권선 설치).
• 공극이 넓어 기계적으로 견고하다.	

3 동기속도(N_s)

(1) 정의 : 교류 전원을 사용하는 동기 전동기나 유도 전동기에서 만들어지는 회전 자기장(= 회전자계)의 회전속도이다.

(2)
$$N_s = \frac{120f}{P} \text{[rpm]} (P : 극수, f : 주파수)$$

07 동기 전동기 특성

1 동기 전동기 출력

$$P = \frac{E \cdot V}{x_s} \sin \delta \, [\text{W}]$$

E : 유기기전력 V : 단자전압
x_s : 전기자 리액턴스 δ : 부하각

2 위상 특성곡선(V곡선)

단자전압과 부하를 일정하게 했을 때 계자전류 변화에 대한 전기자 전류의 크기와 위상 변화를 나타낸 곡선이다.

(1) $I - I_f$ 그래프

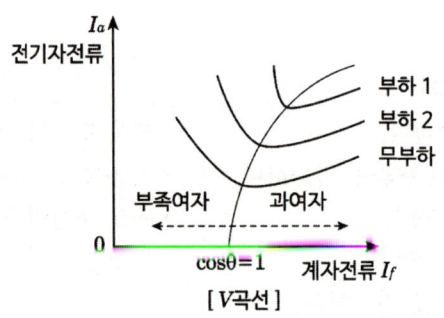

[V곡선]

(2) 여자가 약할 때(부족여자)
　① 리액터 작용, 지상역률
　② 전기자 전류 증가, 자기여자에 의한 전압상승 방지

(3) 여자가 강할 때(과여자)
　① 콘덴서 작용, 진상역률
　② 전기자 전류 증가, 역률 개선

(4) $\cos \theta = 1$일 때
　① I와 V가 동상이 된다.
　② 전기자 전류 최소
　③ 여자전류(계자전류) 변화하면 전기자 전류와 역률이 변화한다.

08 동기 전동기 운전

1 기동 특성

(1) 고정자 권선과 회전자
   ① 기동 시 고정자 권선의 회전 자기장은 동기속도(N_s)로 빠르게 회전하려고 한다.
   ② 정지되어 있는 회전자는 관성이 커서 바로 반응하지 못한다.

(2) 기동 토크
   ① 동기 전동기의 기동 토크는 0(Zero)이다.
   ② 제동 권선을 기동 권선으로 사용하여 기동 토크를 얻는다.

2 기동법

종류	내용
유도 전동기법	기동전동기로써 유도 전동기를 사용하여 기동시키는 방식
자기 기동법	제동 권선을 이용하여 기동하는 방법

핵심문제 동기기

01 동기속도 1,800 [rpm], 주파수 60 [Hz]의 동기 발전기의 극수는?

① 2극　　② 4극
③ 6극　　④ 8극

해설

[동기속도]

동기속도 $N_s = \dfrac{120f}{P}$ [rpm],

$P = \dfrac{120 \times 60}{1,800} = 4$극

02 동기 발전기의 전기자 권선을 단절권으로 하면?

① 고조파를 제거한다.
② 역률이 좋아진다.
③ 기전력을 높인다.
④ 절연이 잘 된다.

해설

[단절권의 권선 특징]
- 고조파를 제거하여 기전력의 파형이 좋아진다.
- 코일 단부가 단축되어 동량(구리량)이 적게 든다.
- 단절계수만큼 합성 유도기전력이 감소한다.

03 동기 발전기의 병렬운전 중 기전력의 위상차가 생기면 어떤 현상이 나타나는가?

① 동기화 전류가 흐른다.
② 무효 순환전류가 흐른다.
③ 고조파 무효 순환전류가 흐른다.
④ 난조가 발생한다.

해설

[동기 발전기의 병렬운전 조건]
- 기전력의 크기가 다른 경우 → 무효순환전류
- 기전력의 위상이 다른 경우 → 순환전류(동기화전류)
- 기전력의 파형이 다른 경우 → 고조파순환전류

04 동기 발전기의 난조를 방지하기 위하여 자극면에 유도 전동기의 농형권선과 같은 권선을 설치하는데 이 권선의 명칭은?

① 제동권선　　② 계자권선
③ 보상권선　　④ 전기자권선

해설

[제동권선 목적]
- 발전기 : 난조방지
- 전동기 : 기동작용

정답　01 ②　02 ①　03 ①　04 ①

05 동기 발전기의 병렬운전 조건이 아닌 것은?

① 기전력의 크기가 같을 것
② 기전력의 위상이 같을 것
③ 기전력의 주파수가 같을 것
④ 기전력의 용량이 같을 것

해설

[병렬운전 조건]
- 기전력의 크기가 같을 것
- 기전력의 위상이 같을 것
- 기전력의 주파수가 같을 것
- 기전력의 파형이 같을 것

06 회전계자형인 동기 전동기에 고정자인 전기자 부분도 회전자의 주위를 회전할 수 있도록 2중 베어링 구조로 되어 있는 전동기로 부하를 건 상태에서 운전하는 전동기는?

① 초동기 전동기
② 반작용 전동기
③ 동기형 교류서보전동기
④ 교류 동기 전동기

해설

[초동기 전동기]
전부하를 걸어 둔 상태에서 기동할 수 있으며, 베어링도 이중으로 되어 있어 고정자도 회전자 주위에 회전 가능한 구조의 전동기이다.

07 동기기의 전기자 권선법이 아닌 것은?

① 전절권   ② 분포권
③ 2층권   ④ 중권

해설

[전기자 권선법]
동기기는 주로 분포권, 단절권, 2층권, 중권이 쓰이고 결선은 Y결선으로 한다.

08 동기 발전기의 전기자 권선을 단절권으로 하면?

① 고조파를 제거한다.
② 절연이 잘된다.
③ 역률이 좋아진다.
④ 기전력을 높인다.

해설

[단절권의 권선 특징]
- 고조파를 제거하여 기전력의 파형이 좋아진다.
- 코일 단부가 단축되어 동량이 적게 든다.
- 단절계수만큼 합성 유도기전력이 감소한다.

09 6극 36슬롯 동기 발전기의 매극 매상당 슬롯 수는?

① 2   ② 3
③ 4   ④ 5

정답 05 ④ 06 ① 07 ① 08 ① 09 ①

해설

[매극 매상당의 홈 수]
매극 매상당의 홈 수
$= \dfrac{홈수}{극수 \times 상수} = \dfrac{36}{6 \times 3} = 2$

10 동기 발전기에서 전기자 전류가 기전력보다 90°만큼 위상이 앞설 때의 전기자 반작용은?

① 교차자화작용
② 감자작용
③ 편자작용
④ 증자작용

해설

[전기자 반작용]
• 앞선 전기자 전류 : 증자작용
• 뒤진 전기자 전류 : 감자작용

11 동기 발전기의 전기자 반작용 현상이 아닌 것은?

① 포화작용 ② 증자작용
③ 감자작용 ④ 교차자화작용

해설

[동기 발전기의 전기자 반작용]
• 앞선 전기자 전류 : 증자작용
• 뒤진 전기자 전류 : 감자작용
• 전압, 전류가 동상 : 교차자화작용

12 동기 발전기의 돌발 단락전류를 주로 제한하는 것은?

① 누설 리액턴스
② 동기 임피던스
③ 권선 저항
④ 동기 리액턴스

해설

[돌발 단락전류]
누설 리액턴스 x_l로 제한되며, 잠시 후에 전기자 반작용이 나타나면 지속 단락전류가 된다.

13 동기 전동기의 자기 기동법에서 계자권선을 단락하는 이유는?

① 기동이 용이
② 기동권선으로 이용
③ 고전압 유도에 의한 절연파괴 위험 방지
④ 전기자 반작용을 방지한다.

해설

[계자권선 단락 이유]
고전압 유도로 계자권선의 절연파괴 위험 감소

14 동기 전동기를 송전선의 전압 조정 및 역률 개선에 사용한 것을 무엇이라 하는가?

① 동기 이탈   ② 동기 조상기
③ 댐퍼   ④ 제동권선

정답 10 ④ 11 ① 12 ① 13 ③ 14 ②

해설

[동기 조상기]
전력계통의 커패시턴스(C), 인덕턴스(L)를 보상하여 역률 개선을 하기 위해 사용하는 동기 전동기를 말한다.

15 동기 발전기에서 비돌극기의 출력이 최대가 되는 부하각(Power Angle)은?

① 0°   ② 45°
③ 90° ④ 180°

해설

[돌극형 동기 발전기의 출력]
$$P = \frac{VE}{x_s} \sin \delta \, [W]$$
부하각 $\delta = 90°$일 때 $\sin \delta = 1$이 되므로 최대

16 병렬운전 중인 동기 임피던스 5 [Ω]인 2대의 3상 동기 발전기의 유도기전력에 200 [V]의 전압 차이가 있다면 무효순환전류 [A]는?

① 5   ② 10
③ 20   ④ 40

해설

[무효순환전류]
병렬운전 조건 중 기전력의 크기가 다르면, 무효순환전류(무효 횡류)가 흐른다.

무효순환전류 $I_r = \dfrac{E}{2Z_s} = \dfrac{200}{2 \times 5} = 20$ [A]

17 동기 발전기의 공극이 넓을 때의 설명으로 잘못된 것은?

① 안정도 증대
② 단락비가 크다.
③ 여자전류가 크다.
④ 전압변동이 크다.

해설

[단락비(K_s)가 큰 동기 발전기의 특징]
- 공극이 넓으므로 기계적으로 견고하다.
- 안정도가 크다.
- 철기계라고 불린다.
- 철손이 크다.
- 전압변동이 작다.
- 비싸다.

18 전력계통에 접속되어 있는 변압기나 장거리 송전 시 정전 용량으로 인한 충전 특성 등을 보상하기 위한 기기는?

① 유도 전동기   ② 동기 발전기
③ 유도 발전기   ④ 동기 조상기

해설

[동기 조상기]
전력계통의 커패시턴스(C), 인덕턴스(L)를 보상하여 역률 개선을 하기 위해 사용하는 동기 전동기

정답 15 ③ 16 ③ 17 ④ 18 ④

19 3상 동기 전동기의 단자전압과 부하를 일정하게 유지하고, 회전자 여자전류의 크기를 변화시킬 때 옳은 것은?

① 전기자 전류의 크기와 위상이 바뀐다.
② 전기자 권선의 역기전력은 변하지 않는다.
③ 동기 전동기의 기계적 출력은 일정하다.
④ 회전속도가 바뀐다.

해설

[위상특성 곡선]

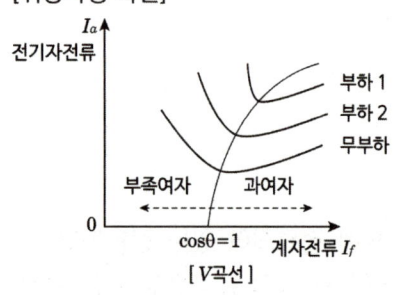

[V곡선]

20 3상 동기기의 제동권선의 역할은?

① 난조 방지 ② 효율 증가
③ 출력 증가 ④ 역률 개선

해설

[제동권선 목적]
- 발전기 : 난조방지
- 전동기 : 기동작용

21 동기 전동기 중 안정도 증진법으로 틀린 것은?

① 전기자 저항 감소
② 관성효과 증대
③ 동기 임피던스 증대
④ 속응 여자 채용

해설

[안정도 증진법]
- 정상 과도 리액턴스를 작게, 단락비를 크게 한다.
- 영상 임피던스와 역상 임피던스를 크게 한다.
- 회전자의 관성을 크게 한다.
- 속응여자방식을 채용한다.

22 동기 전동기에 대한 설명으로 옳지 않은 것은?

① 정속도 전동기로 비교적 회전수가 낮고 큰 출력이 요구되는 부하에 이동된다.
② 난조가 발생하기 쉽고 속도제어가 간단하다.
③ 전력계통의 전류세기, 역률 등을 조정할 수 있는 동기조상기로 사용된다.
④ 가변 주파수에 의해 정밀속도제어 전동기로 사용된다.

정답 19 ① 20 ① 21 ③ 22 ②

해설
[동기 전동기의 특징]
- 속도가 불변이다.
- 역률을 조정할 수 있다(동기조상기).
- 공극이 넓기 때문에 기계적으로 견고하다.
- 공급전압의 변화에 대한 토크 변화가 작다.
- 전 부하 시에 효율이 양호하다.
- 직류 전원 장치가 필요하고, 가격이 비싸다.
- 난조가 발생하기 쉽다(제동권선 설치).

23 다음 중 제동권선에 의한 기동토크를 이용하여 동기 전동기를 기동시키는 방법은?

① 저주파 기동법　② 고주파 기동법
③ 기동 전동기법　④ 자기 기동법

해설
[동기 전동기의 자기(자체) 기동법]
회전자 자극 표면에 제동(기동)권선을 설치하여 기동 시에 농형 유도 전동기로 동작시켜 기동시키는 방법

24 3상 동기 전동기의 출력(P)을 부하각으로 나타낸 것은? (단, V는 1상의 단자전압, E는 역기전력, X_s는 동기 리액턴스, δ는 부하각이다)

① $P = 3VE\sin\delta$ [W]
② $P = \dfrac{3VE\sin\delta}{x_s}$ [W]
③ $P = \dfrac{3VE\cos\delta}{x_s}$ [W]
④ $P = 3VE\cos\delta$ [W]

해설
[동기 전동기 출력(3상)]
$$P_{1\phi} = \dfrac{VE\sin\delta}{x_s} \text{ [W]}$$
$$P_{3\phi} = 3 \times P_{1\phi} = \dfrac{3VE\sin\delta}{x_s} \text{ [W]}$$

25 동기 전동기의 여자전류를 변화시켜도 변하지 않는 것은? (단, 공급전압과 부하는 일정하다)

① 동기속도　② 역기전력
③ 역률　　　④ 전기자전류

해설
[동기 전동기]
동기 전동기는 동기속도로 회전하는 정속도 전동기이다.

26 동기 전동기의 전기자 전류가 최소일 때 역률은?

① 0.5　　　② 0.707
③ 0.866　④ 1.0

해설
[위상특성 곡선]
동기 전동기는 위상특성 곡선에 따라 전기자 전류가 최소일 때는 역률이 1.0이 된다.

정답　23 ④　24 ②　25 ①　26 ④

Chapter 03 유도 전동기

01 유도 전동기의 원리와 구조

1 유도 전동기 원리

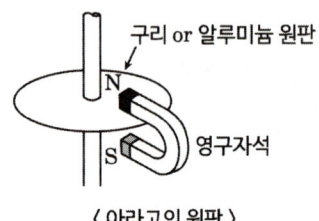

〈아라고의 원판〉

(1) 기본원리 : 아라고의 원판 실험

알루미늄 원판의 주위로 영구자석을 회전시키면 원판은 전자유도작용에 의해 같은 방향으로 회전한다.

(2) 회전자계

고정자 철심에 감겨져 있는 권선에 3상 교류전압을 인가하여 전기적으로 회전하는 자계를 만들 수 있다.

(3) 동기속도(N_s)

3상 교류가 만드는 회전자계의 속도이다.

$$N_s = \frac{120f}{P} \text{ [rpm]}$$

2 유도 전동기 구조

(1) 고정자

① 유도 전동기의 회전하지 않는 부분이다.
② 규소 강판을 성층하여 3상 코일을 감은 것이며, 회전자가 고정자 내부에 위치한다.

(2) 회전자
  ① 유도 전동기의 회전하는 부분이다.
  ② 규소 강판을 성층하여 둘레에 홈을 파고 코일을 넣어 만든다.
  ③ 코일의 종류에 따라 농형 회전자와 권선형 회전자로 구분된다.
  ④ 농형 회전자
    - 회전자 구조 간단하고 튼튼하며 운전 성능이 좋다.
    - 기동 시 큰 기동전류가 흐른다.
    - 회전자 둘레의 홈이 비뚤어져 있는 이유 : 소음 발생 억제
  ⑤ 권선형 회전자
    - 회전자의 구조 복잡하고 농형에 비해 운전이 어렵다.
    - 기동 저항기를 이용하여 기동전류를 감소시킬 수 있으며, 속도 조정이 자유롭다.

(3) 공극
  ① 공극 넓이 : 0.3 ~ 2.5 [mm] 정도
  ② 공극이 넓을 경우
    자기저항과 여자전류가 커져서 전동기의 역률이 저하된다.
  ③ 공극이 좁을 경우
    - 진동과 소음 발생
    - 누설 리액턴스가 증가
    - 철손 증가
    - 출력 감소

02 유도 전동기의 이론

1 슬립(Slip)

(1) 정의
  ① 회전자계에 의한 회전속도(N_s)와 회전자의 속도(N)차이로 회전자의 기전력이 발생하여 회전한다.
  ② N_s와 N 사이에 회전속도의 차가 발생하며, 그 차이와 동기속도(N_s)의 비를 슬립이라 한다.

(2) 수식

① $$s = \frac{N_s - N}{N_s} = 1 - \frac{N}{N_s}$$

② $$N = N_s(1-s) = \frac{120f}{p}(1-s)$$

(3) 슬립의 영역

구분	유도 전동기	유도 발전기	유도 제동기
	$0 < s < 1$	$s < 0$	$1 < s < 2$
Slip 영역	• 회전자 정지 상태 $N=0, s=1$ • 동기속도로회전(무부하 시) $N=N_s, s=0$	$N > N_s$	회전자의 회전방향이 회전자계 회전방향과 반대가 되어 제동기로 작용한다.

(4) 슬립 측정법

스트로보스코프법, 수화기법, 직류밀리볼트계법

2 전력의 변환

(1) 유도 전동기 입력(P_1)

$P_1 = P_i + P_{c1} + P_2$

P_i : 철손, P_{c1} : 1차 저항손, P_2 : 2차 입력(= 1차 출력)

(2) 1차 동손과 2차 입력

① 1차 동손 $P_{c1} = I_1^2 \cdot r_1 [\text{W}]$

② 2차 입력(= 1차 출력) $P_2 = I_2'^2 \cdot \dfrac{r_2'}{s}$

(3) 유도 전동기 비례식

$$P_2 : P_{c2} : P_0 = 1 : s : 1-s$$

(4) 2차 동손과 출력

① 2차 동손 $P_{c2} = sP_2$

② 출력과 2차 동손과의 관계

$P_{c2} : P_0 = s : 1-s$

$sP_0 = (1-s)P_{c2} \rightarrow \underline{P_0 = \dfrac{1-s}{s}P_{c2}}$

③ 기계적 출력(P_0) = 2차 입력(P_2) − 2차 동손(P_{c2})

$P_0 = P_2 - P_{c2} = P_2 - sP_2 = P_2(1-s)$

(5) 2차 효율 (η_2)

$$\eta_2 = \frac{\text{기계적 출력}}{\text{2차입력}} = \frac{P_0}{P_2} = \frac{P_2(1-s)}{P_2} = (1-s)$$

03 유도 전동기의 특성

1 슬립과 토크

(1) 슬립과 2차 측 전류와의 관계

$$I_2 = \frac{sE_2}{\sqrt{r_2^2 + (sx_2)^2}}$$

s : 슬립
r_2 : 2차 저항
x_2 : 2차 리액턴스

(2) 토크

① $T = \dfrac{P_0}{\omega} = \dfrac{60(1-s)P_2}{2\pi(1-s)N_s} = 9.55 \times \dfrac{P_2}{N_s}$ [N·m]

② 단위변환

$1\,[\text{kg}\cdot\text{m}] = 9.8\,[\text{N}\cdot\text{m}]$

$T = 9.55 \times \dfrac{1}{9.8} \times \dfrac{P_2}{N_s} = 0.975 \times \dfrac{P_2}{N_s}$ [kg·m]

2 동기와트

(1) 동기속도로 회전할 때 2차 입력을 토크로 표시한 것을 의미한다.

(2) $T = 9.55 \dfrac{P_2}{N_s} [\text{N} \cdot \text{m}] = 0.975 \dfrac{P_2}{N_s} [\text{kg} \cdot \text{m}]$

(3) 동기와트 $P_2 = 2\pi \cdot \dfrac{N_s}{60} \cdot T = \dfrac{1}{9.55} \cdot N_s \cdot T$

3 비례추이(권선형 유도 전동기)

(1) 개념
　① 2차 저항의 크기를 조정해서 토크의 크기를 제어하는 방법이다.
　② $T_{\max} = \dfrac{r_2'}{s}$ 의 함수로 표시한다.

(2) 최대 토크를 갖는 슬립 $s_m = \dfrac{r_2'}{\sqrt{r_1^2 + (x_1 + x_2')^2}}$

(3) 비례추이곡선

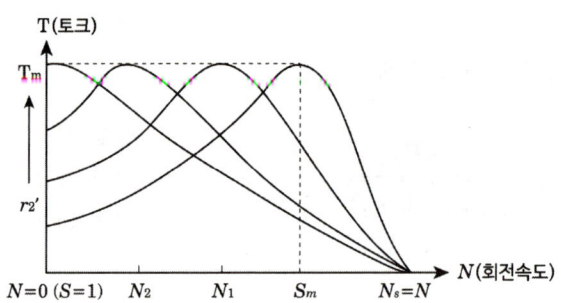

　① 2차저항(r_2') 증가 시 최대 토크(T_m)에 더 빨리 도달한다.
　② 최대 토크(T_m)는 일정하다.
　③ 2차 저항 크기에 따라 최대 토크가 슬립 0 → 1 방향으로 이동한다.
　④ r_2'(2차저항)값이 클수록 기동 토크가 커지고 기동 전류는 작아진다.

(4) 비례추이 적용 유무
　① 비례추이가 가능한 것 : 1차, 2차 전류, 역률, 토크, 1차 입력(P_1)
　② 비례추이가 불가능한 것 : 출력(P_0), 효율, 2차 동손(P_{C2})

4 원선도

(1) 유도 전동기의 동작 특성을 부여하는 원형의 궤적

(2) 원선도 작성에 필요한 시험
① 무부하시험 : 철손(P_i), 여자전류(무부하전류)를 구함
② 구속시험 : 동손(P_c)을 구함
③ 권선저항 측정시험(1, 2차 저항 측정)

5 유도 전동기 운전

(1) 기동법

① 농형 유도 전동기 기동법

기동 방법	기동 특성
직입 기동 (전전압기동)	• 5 [kW] 이하의 소용량에 사용, 기동전류는 4 ~ 6배 • 별도의 기동장치를 사용하지 않음 • 직접 정격전압을 인가하여 기동하는 방식
Y-Δ기동	• 적용 : 5 ~ 15 [kW] 중형 • 기동 시 : 기동전류 $\frac{1}{3}$, 기동 토크 $\frac{1}{3}$로 감소 • 운전 시 : 고정자 권선을 Δ로 운전
리액터기동	• 전동기 1차 측에 직렬로 리액터 삽입 • 전동 시에 인가되는 전압을 제어함으로써 기동전류 및 기동 토크를 제어하는 방식
기동보상기법	• 15 [kW] 이상의 농형 유도 전동기에 적용 • 단권 변압기를 사용하여 전동기에 인가되는 기동전압을 감소시킴으로써 기동전류를 감소시키는 방식
콘도로퍼법	• 기동 보상기법과 리액터 기동 방식을 혼합한 방식

② 권선형 유도 전동기 기동법(= 2차 저항법)
2차 회로에 가변 저항기를 접속하고, 큰 기동 토크를 얻고, 기동전류도 억제한다.

6 유도 전동기 제동법

(1) 전기적 제동

① 회생제동
   유도 전동기를 유도 발전기로 동작시켜, 그 발생 전력을 전원에 회생시켜서 제동하는 방법

② 발전제동
   전동기 제동 시에 전원을 개방하여 공급하여 발전기로 동작시킨 후 발전된 전력을 저항에서 열로 소비시키는 방법

③ 역전제동(플러깅제동)
   전동기의 1차 권선 3단자 중 임의의 2단자의 접속을 바꾸면 역방향의 토크가 발생되어 제동하는 방법

④ 단상제동
   - 권선형 유도 전동기의 고정자에 단상전압을 걸어주고 회전자 회로에 큰 저항을 연결할 때 일어나는 전기적 제동
   - 대형기중기에서 짐을 아래로 안전하게 내릴 때 쓴다.

(2) 기계적 제동
   회전 부분과 접지 부분 사이의 마찰을 이용하여 제동하는 방법

7 유도 전동기 속도제어

(1) 농형 유도 전동기의 속도제어
   ① 주파수제어
   ② 극수변환법

(2) 권선형 유도 전동기의 속도제어
   ① 2차 저항 제어 : 비례추이 원리 이용
   ② 2차 여자 제어 : 회전자 유기기전력과 동일 전압을 여자기에 공급

04 단상 유도 전동기와 유도전압 조정기

1 단상 유도 전동기

(1) 정의 : 단상교류 전원으로 운전되는 유도 전동기

(2) 특징
  ① 고정자 권선에 단상교류를 인가하면, 교번자계만 생기므로 기동 토크가 발생하지 않아 자기 기동이 불가능하다.
  ② 별도의 기동장치가 필요하며, 역률과 효율이 나쁘다.
  ③ 무거워서 1 [HP] 이하의 가정용과 소동력용으로 사용한다.

(3) 분류 : 기동방법에 따라 분류
  ① 반발 기동형
    • 기동 시에 반발 전동기로 기동한다.
    • 기동 후 원심력 개폐기로 정류자를 자동적으로 단락하여 농형 회전자로 하는 방법이다.
  ② 반발 유도형
    • 농형 권선과 반발형 전동기 권선을 가져서 운전 중 그대로 사용한다.
    • 기동토크는 반발 유도형이 작지만, 최대 토크는 크고, 부하에 의한 속도의 변화는 반발 기동형보다 크다.
  ③ 콘덴서 기동형

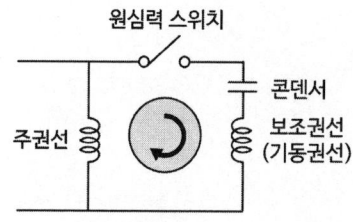

   • 보조권선에 직렬로 콘덴서를 삽입한다.
   • 보조권선과 주권선에 흐르는 전류 사이에 위상차 발생하여 운전한다.
   • 기동전류가 작고, 기동토크가 크다.

④ 분상 기동형

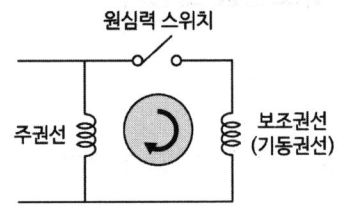

- 단상 전동기에 보조권선(기동권선)을 설치한다.
- 주권선과 보조권선에 위상이 다른 전류를 흘려서 기동한다.

⑤ 셰이딩 코일형
- 구조 간단, 기동 토크가 작고, 효율과 역률이 떨어진다.
- 자극에 슬롯을 만들어서 단락된 셰이딩 코일을 끼워 넣은 것이다.
- 구성 : 돌극형 자극의 고정자+농형 회전자

⑥ 모노 사이클릭 기동형
- 3상 농형 전동기의 3상 권선에 저항과 리액턴스를 접속
- 불평형 3상 교류를 각 권선에 흘려서 기동하는 방법

(4) 기동 토크가 큰 순서

반발 기동형 > 반발 유도형 > 콘덴서 기동형 > 분상 기동형 > 셰이딩코일형

핵심문제 유도 전동기

01 3상 유도 전동기의 원리와 관계가 되는 것은?

① 옴의 법칙
② 키르히호프법칙
③ 회전자계
④ 플레밍의 오른손법칙

해설
[회전자계]
유도 전동기는 회전자계에 의해 기동하는 원리로 작용한다.

02 유도 전동기가 동기속도로 회전 시 슬립은?

① 0 ② 1
③ 4 ④ 3

해설
[유도 전동기의 슬립]
$s = \dfrac{N_s - N}{N_s}$

- 동기속도 시 $(N = N_s) : s = 0$
- 기동 시 $(N = 0) : s = 1$
- 부하 운전 시 $(0 < N < N_s) : 0 < s < 1$

03 다음 중 3상 유도 전동기는?

① 분상 기동형 ② 셰이딩 코일형
③ 권선형   ④ 콘덴서 기동형

해설
[3상 유도 전동기의 종류]
농형 유도 전동기, 권선형 유도 전동기

04 회전자 입력 10 [kW], 슬립 3 [%]인 3상 유도 전동기의 2차 동손은 몇 [W]인가?

① 700 ② 300
③ 400 ④ 500

해설
[유도 전동기 비례식]
$P_{c2} : P_0 = s : (1-s)$

$P_{c2} = \dfrac{s \times P_2}{(1-s)} = \dfrac{0.03 \times 10 \times 10^3}{(1-0.03)} \fallingdotseq 300 [\mathrm{W}]$

05 200 [V], 50 [Hz], 8극, 15 [kW] 3상 유도 전동기에서 전부하 회전수가 720 [rpm] 이라면 이 전동기의 2차 효율 [%]은?

① 96 ② 100
③ 98 ④ 86

정답 01 ③ 02 ① 03 ③ 04 ② 05 ①

해설

[2차 효율]

$N_s = \dfrac{120f}{p} = \dfrac{120 \times 50}{8} = 750\,[\text{rpm}]$

$P_2 : P_0 = 1 : (1-s)$에서 2차 효율

$\eta_2 = \dfrac{P_0}{P_2} = 1 - s = \dfrac{N}{N_s}$

$= \dfrac{720}{750} \times 100 = 96\,[\%]$

06 200 [V], 10 [kW], 3상 유도 전동기의 전부하전류는 약 몇 [A]인가? (단, 효율과 역률은 각각 85 [%]이다)

① 40 ② 30
③ 60 ④ 50

해설

[유도 전동기의 전부하전류]

$I = \dfrac{P}{\sqrt{3}\,V\cos\theta\,\eta}$

$= \dfrac{10 \times 10^3}{\sqrt{3} \times 200 \times 0.85 \times 0.85} = 40\,[\text{A}]$

07 비례추이와 관계있는 전동기는?

① 3상 권선형 유도 전동기
② 동기 전동기
③ 단상 유도 전동기
④ 정류자 전동기

해설

[권선형 유도 전동기 2차 저항법]
비례추이 원리로 큰 기동토크를 얻고 기동전류도 억제하여 기동시키는 방법이다.

08 유도 전동기의 원선도를 구하는 데 필요하지 않은 것은?

① 슬립측정   ② 저항측정
③ 무부하시험 ④ 구속시험

해설

[원선도 작성에 필요한 시험]
저항 측정, 무부하시험, 구속시험

09 다음 그림의 3상 유도 전동기 고정자 권선의 결선도에 대한 내용으로 옳은 것은?

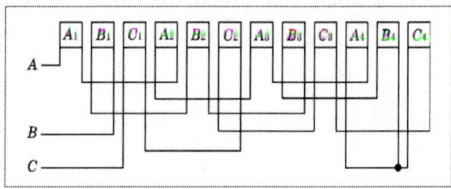

① 3상 4극, △ 결선
② 3상 4극, Y 결선
③ 3상 2극, △ 결선
④ 3상 2극, Y 결선

해설

[3상 유도 전동기]
권선이 A, B, C로 분류되기 때문에 3상이고, 권선의 전류방향이 변화하므로 4극, 각 권선의 끝이 한 점으로 접속되어 있으므로 Y결선이다.

정답 06 ① 07 ① 08 ① 09 ②

10 동기 발전기의 난조를 방지하기 위하여 자극면에 유도 전동기의 농형권선과 같은 권선을 설치하는데 이 권선의 명칭은?

① 제동권선 ② 계자권선
③ 보상권선 ④ 전기자권선

해설
[제동권선 목적]
- 발전기 : 난조방지
- 전동기 : 기동작용

11 3상 유도 전동기에서 2차 측 저항을 2배로 하면 최대 토크는 어떻게 되는가?

① $\sqrt{2}$ 배로 된다.
② 2배로 된다.
③ 변하지 않는다.
④ $\dfrac{1}{\sqrt{2}}$ 배로 된다.

해설
[비례추이]
유도 전동기는 2차 저항에 대하여 비례추이를 가지고 토크를 조정하며 최대 토크는 일정하다.

12 농형 유도 전동기의 기동법이 아닌 것은?

① 전전압기동법
② 저저항 2차권선기동법
③ 기동보상기법
④ Y-△기동법

해설
[권선형 기동법]
2차 저항 기동법은 권선형 유도 전동기 기동법이다

13 유도 전동기의 회전자에 슬립 주파수의 전압을 공급하여 속도제어를 하는 것은?

① 2차 저항법
② 2차 여자법
③ 자극수변환법
④ 인버터 주파수변환법

해설
[권선형 유도 전동기 2차 여자법]
2차 회로에 적당한 크기의 전압을 외부에서 가하여 속도를 제어하는 방법이다.

14 5.5 [kW], 200 [V] 유도 전동기의 전전압 기동 시의 기동전류가 150 [A]이었다. 여기에 Y-△ 기동 시 기동전류는 몇 [A]가 되는가?

① 50   ② 70
③ 87   ④ 95

해설
[유도 전동기 Y-△ 기동법]
기동전류 1/3 낮춤

기동전류 = $150 \times \dfrac{1}{3}$ = 50 [A]

정답 10 ① 11 ③ 12 ② 13 ② 14 ①

15 분상기동형 단상 유도 전동기 원심 개폐기의 작동 시기는 회전자 속도가 동기 속도의 몇 [%] 정도인가?

① 10 ~ 30 [%]　② 40 ~ 50 [%]
③ 60 ~ 80 [%]　④ 90 ~ 100 [%]

해설
[원심 개폐기 작동시기]
동기속도의 60 ~ 80 [%]

16 3상 유도 전동기 슬립의 범위는?

① 0 < s < 1　② -1 < s < 0
③ 1 < s < 2　④ 0 < s < 2

해설
[3상 유도 전동기 슬립]
유도 전동기 슬립 0 < s < 1

17 권선형 유도 전동기의 회전자에 저항을 삽입하였을 경우 틀린 사항은?

① 기동전류가 감소된다.
② 기동전압은 증가한다.
③ 역률이 개선된다.
④ 기동 토크는 증가한다.

해설
[권선형 유도 전동기의 2차 저항 기동법]
• 비례추이 원리 이용　• 기동토크 증대 가능
• 기동전류 억제 가능　• 역률 개선

18 유도 전동기의 슬립을 측정하는 방법으로 옳은 것은?

① 전압계법
② 전류계법
③ 평형 브리지법
④ 스트로보법

해설
[슬립 측정방법]
• 회전계법
• 직류 밀리볼트계법
• 수화기법
• 스토로보법

19 병렬운전 중인 동기 발전기의 난조를 방지하기 위하여 자극 면에 유도 전동기의 농형권선과 같은 권선을 설치하는데 이 권선의 명칭은?

① 계자권선
② 제동권선
③ 전기자권선
④ 보상권선

해설
[제동권선 목적]
• 발전기 : 난조방지
• 전동기 : 기동작용

정답　15 ③　16 ①　17 ②　18 ④　19 ②

20 3상 유도 전동기의 1차 입력 60 [kW], 1차 손실 1 [kW], 슬립 3 [%]일 때 기계적 출력 [kW]은?

① 62　　② 60
③ 59　　④ 57

해설

[유도 전동기 비례식]
$P_2 : P_{c2} : P_0 = 1 : s : (1-s)$
$P_2 =$ 1차 입력 - 1차 손실 $= 60 - 1 = 59$ [kW]
$P_0 = (1-s)P_2 = (1-0.03) \times 59 ≒ 57$ [kW]

21 슬립 4 [%]인 3상 유도 전동기의 2차 동손이 0.4 [kW]일 때 회전자 입력[kW]은?

① 6　　② 8
③ 10　　④ 12

해설

[유도 전동기 비례식]
- $P_2 : P_{c2} = 1 : s$
- $P_2 = \dfrac{P_{c2}}{s} = \dfrac{0.4}{0.04} = 10$ [kW]

22 셰이딩 코일형 유도 전동기의 특징을 나타낸 것으로 틀린 것은?

① 역률과 효율이 좋고 구조가 간단하여 세탁기 등 가정용 기기에 많이 쓰인다.
② 회전자는 농형이고 고정자의 성층철심은 몇 개의 돌극으로 되어 있다.
③ 기동 토크가 작고 출력이 수 10 [W] 이하의 소형 전동기에 주로 사용된다.
④ 운전 중에도 셰이딩 코일에 전류가 흐르고 속도변동률이 크다.

해설

[셰이딩 코일형]
슬립이나 속도 변동이 크고 효율이 낮아 극히 소형 전동기에 한해 사용되고 있다.

23 유도 전동기의 동기속도가 N_s, 회전속도가 N일 때 슬립은?

① $s = \dfrac{N_s - N}{N}$　　② $s = \dfrac{N - N_s}{N}$
③ $s = \dfrac{N_s - N}{N_s}$　　④ $s = \dfrac{N_s + N}{N_s}$

해설

[슬립]
$s = \dfrac{\text{동기속도} - \text{회전속도}}{\text{동기속도}} = \dfrac{N_s - N}{N_s}$

정답　20 ②　21 ③　22 ①　23 ③

24 3상 유도 전동기의 회전원리를 설명한 것 중 틀린 것은?

① 회전자의 회전속도가 증가하면 도체를 관통하는 자속수는 감소한다.
② 회전자의 회전속도가 증가하면 슬립도 증가한다.
③ 부하를 회전시키기 위해서는 회전자의 속도는 동기속도 이하로 운전되어야 한다.
④ 3상 교류전압을 고정자에 공급하면 고정자 내부에서 회전 자기장이 발생된다.

해설

[유도 전동기 슬립]

슬립 $s = \dfrac{N_s - N}{N_s}$

(N_s : 동기속도, N : 회전속도)

25 다음 중 유도 전동기에서 슬립이 가장 큰 경우는?

① 무부하 운전 시
② 경부하 운전 시
③ 정격부하 운전 시
④ 기동 시

해설

[유도 전동기 슬립]

$s = \dfrac{N_s - N}{N_s}$

- 무부하 시 $(N = N_s) : s = 0$
- 기동 시 $(N = 0) : s = 1$
- 부하 운전 시 $(0 < N < N_s) : 0 < s < 1$

정답 24 ② 25 ④

Chapter 04 변압기

01 변압기의 기초

1 변압기 원리

(1) 변압기 정의

① 발전소에서 발전된 전력을 공장이나 가정에서 필요로 하는 전압으로 변환하는 전기기기이다.

② 전기 Energy → 자기 Energy → 전기적 Energy

(2) 전자유도작용(Electro Magnetic)

① 철심 양쪽에 코일을 감고 1차 측에 교류전압 V_1을 가하면 전류 I_1가 흐르면서 자속이 발생한다.

② 자속이 2차 코일과 쇄교하면서 2차 측에 전압 E_2가 유기한다.

③ 이러한 현상을 전자기유도(= 전자유도)라 한다.

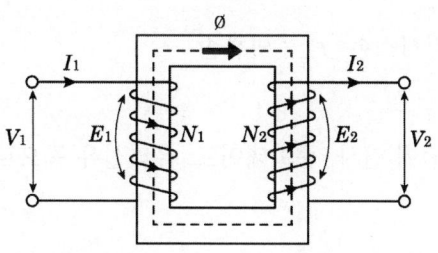

2 변압기 종류

용도에 따른 분류	전력용	송배전선로에 사용
	전자용	300 [VA] 이하에서 사용
	계기용	• PT(계기용 변압기) : 전압 측정 • CT(계기용 변류기) : 전류 측정
구조에 따른 분류	내철형	철심이 안쪽에 있고 권선이 양쪽의 철심에 감겨져 있는 구조
	외철형	권선이 안쪽에 있고, 철심이 권선을 둘러싸고 있는 구조
	권심철형	• 철손이 작고, 여자 전류가 작게 흐르므로 철심의 단면적이 작고 가볍다. • 주상 변압기에 사용한다.

3 변압기 재료

(1) 철심

① 철손을 적게 하기 위해 규소강판(규소함량 3 ~ 4 [%], 0.35 ~ 0.5 [mm])을 성층하여 사용한다.

② 저항손 : 1 [%]

③ 고정손
- 철손 P_i이 대표적이다
- $P_i = P_h + P_e$
- P_h : 히스테리시스손, P_e : 와류손

(2) 도체

권선의 도체는 동선에 면사, 종이테이프, 유리섬유 등으로 복한 것을 사용한다.

(3) 절연

① 변압기 절연
- 철심과 권선 사이 절연
- 권선 상호 간의 절연
- 권선의 층간 절연

② 절연체는 절연물의 최고허용 온도로 구분

종류	Y종	A종	E종	B종	F종	H종	C종
최고 허용온도(℃)	90	105	120	130	155	180	180 이상
		+15	+15	+10	+25	+25	

4 변압기유

(1) 목적 : 변압기 권선의 절연과 냉각작용

(2) 구비조건

① 절연 내력이 클 것
② 점도가 작고 유동성이 풍부할 것
③ 비열이 커서 냉각효과가 클 것
④ 인화점이 높고 응고점이 낮을 것
⑤ 고온에서도 석출물이 생기거나 산화하지 않을 것
⑥ 절연재료와 화학작용을 일으키지 않을 것

(3) 변압기의 열화 방지

① 열화 발생원인
   변압기의 호흡작용에 의해 고온의 절연유가 외부 공기와의 접촉에 의해 열화가 발생한다.

② 문제점
   - 절연내력 저하
   - 냉각효과 감소
   - 침식작용 발생

③ 대책
   - 콘서베이터 : 공기의 침입을 방지하여 기름의 열화 방지
   - 브리더 : 브리더를 통해 공기 중의 습기 흡수
   - 부흐홀츠계전기(기계적 고장)
     - 변압기 내부 고장으로 인한 절연유의 온도 상승 시 발생하는 유증기 검출하여 경보 및 차단하는 계전기
     - 설치위치 : 변압기 탱크와 콘서베이터 사이에 설치

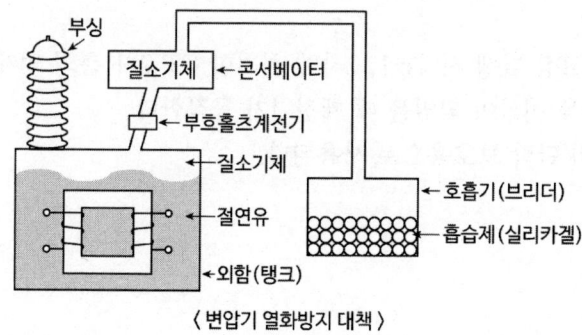

〈 변압기 열화방지 대책 〉

(4) 변압기 냉각방식

종류	내용
건식자냉식(AN)	공기의 대류작용으로 냉각시키는 방식
건식풍냉식(AF)	송풍기를 통해 강제통풍을 시켜 냉각시키는 방식
유입자냉식(OW)	변압기 본체를 절연유로 채워진 외함 내에 넣어 대류 작용에 의해 발생된 열을 외기 중으로 방산시키는 방식
유입풍냉식(ONAF)	유입자냉식의 변압기에 방열기를 설치하여 냉각효과 증대
송유풍냉식(OFAF)	외함 내의 기름을 순환펌프에 의해 외부의 수냉식 냉각기 및 풍냉식 냉각기에 의해 냉각시켜 리턴하는 방식

5 변압기 보호 계전기 및 측정

(1) 차동 계전기

변압기 내부고장 발생 시 변압기 1, 2차 측에 설치한 CT 2차 전류의 차에 의하여 계전기를 동작시키는 방식

(2) 비율 차동 계전기

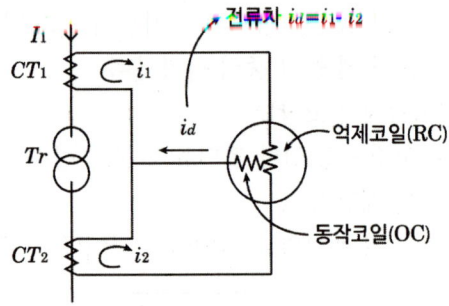

① 변압기 내부 고장 발생 시 Tr 1, 2차에 설치한 CT 2차 측의 억제 코일에 흐르는 전류차가 일정 비율 이상이 되었을 때 계전기가 동작한다.

② 주로 변압기의 단락 보호용으로 사용된다.

(3) 변압기 온도시험

① 실부하법 : 소용량에만 적용, 전력손실이 크다.

② 반환 부하법
- 변압기가 2대 이상 있을 경우에 사용한다.
- 현재 가장 많이 사용한다.

02 변압기 이론

1 이상적인 변압기와 실제 변압기

(1) 이상적인 변압기

① 입력 전력 = 출력 전력

② $P_{in} = P_{out}$

$P_{in} = V_p I_p \cos\theta_p$

$P_{out} = V_s I_s \cos\theta_s$

(2) 실제 변압기

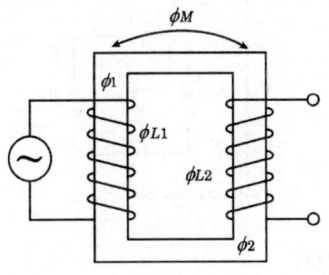

ϕ_1 : 1차 측에 흐르는 자속

ϕ_2 : 2차 측에 흐르는 자속

ϕ_{L1} : 1차 측의 누설자속

ϕ_{L2} : 2차 측의 누설자속

ϕ_M : 공통자속(상호자속)

① $e = -L\dfrac{di}{dt} = -N\dfrac{d\phi}{dt}$

② 역기전력은 전류의 흐름과 반대되는 방향, 즉 자속의 반대방향

(3) 이상적인 변압기와 실제 변압기의 차이

누설자속, 철손, 자화전류, 권선저항

2 변압기 기초

(1) 유기기전력
- 1차 전압 $E_1 = 4.44 f N \phi_m ≒ V_1$
- 2차 전압 $E_2 = 4.44 f N \phi_m ≒ V_2$

(2) 권수비
- $a = \dfrac{E_1}{E_2} = \dfrac{4.44 f_1 N_1 \phi_m}{4.44 f_2 N_2 \phi_m} = \dfrac{N_1}{N_2} = \dfrac{V_1}{V_2}$
- $a = \dfrac{E_1}{E_2} = \dfrac{N_1}{N_2} = \dfrac{V_1}{V_2} = \dfrac{I_2}{I_1} = \sqrt{\dfrac{R_1}{R_2}} = \sqrt{\dfrac{X_1}{X_2}} = \sqrt{\dfrac{Z_1}{Z_2}}$

3 변압기 여자전류

(1) 여자전류(I_0)
  ① 변압기 2차 측에 부하가 없어도 1차 측에 흐르는 전류이다.
  ② 여자전류 = 자화전류 + 철손전류

(2) 철손전류와 자화전류

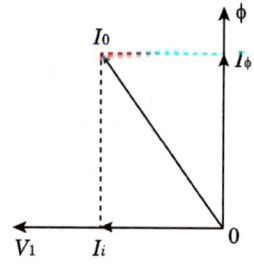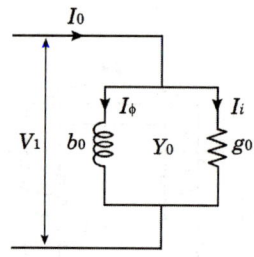

  ① 철손전류 $(I_i) = I_0 \cos\theta$, 철손을 만드는 전류
  ② 자화전류 $(I_\phi) = I_0 \sin\theta$, 자속을 만드는 전류

(3) 여자 어드미턴스

Y_0(여자 어드미턴스)$= \sqrt{g_0^2 + b_0^2} = \dfrac{I_0}{V_1}$ [℧]

03 변압기 특성

1 백분율 전압 강하

(1) 임피던스전압(V_s)

① 2차 측을 단락하고, 1차 측에 정격전류가 흐르게 하기 위한 1차 측에 가한 전압
② 변압기 내에 정격전류가 흐를 때의 내부전압 강하

(2) 임피던스 와트(P_s)

2차 측을 단락하고, 1차 측에 정격전류가 흐르게 하기 위한 1차 측 입력(유효전력)

(3) % 저항 강하(p)

정격전류가 흐를 때 권선저항에 의한 전압강하의 비율

(4) % 리액턴스 강하(q)

정격전류가 흐를 때 리액턴스에 의한 전압강하의 비율

(5) % 임피던스 강하($\%Z$)

$$\%Z = \sqrt{p^2 + q^2} = \varepsilon_{\max}$$

(6) 단락전류

$$I_s = \frac{100}{\%Z} I_n$$

2 전압 변동률

(1) 전압 변동률

변압기의 전압 변동률은 2차 측의 전압 변화를 기준으로 한다.

$$\varepsilon_2 = \frac{V_{20} - V_{n2}}{V_{n2}} \times 100 \ [\%]$$

V_{20} : 무부하 2차 전압, V_{n2} : 2차 정격전압

(2) 강하율을 통한 전압 변동률

$$\varepsilon = p\cos\theta \pm q\sin\theta \text{ (지상 시 + 진상 시 적용)}$$

(3) 전압 변동률이 최대일 때

$$\varepsilon_{max} = \sqrt{p^2 + q^2} = \%Z$$

3 변압기의 손실

(1) 무부하손
  ① 대부분 철손(P_i)이다.
  ② 무부하시험으로 측정한다.
  ③ $P_i = P_h + P_e$
  ④ P_h : 히스테리시스손(철손의 약 80 [%])
  ⑤ P_e : 와류손

(2) 부하손
  ① 대부분 동손(P_c)이다.
  ② 단락시험으로 측정한다.

4 변압기의 효율

(1) 규약효율

$$\eta = \frac{출력}{출력 + 손실} \times 100\,[\%] = \frac{출력}{출력 + (철손 + 동손)} \times 100\,[\%]$$

(2) 최대 효율 조건
  ① 전부하 시
    • 고정손 = 부하손
    • 철손(P_i) = 동손(P_c)
  ② $\frac{1}{m}$ 부하 시 : $\frac{1}{m} = \sqrt{\frac{P_i}{P_c}}$

5 변압기 시험 및 측정

(1) 무부하시험(개방시험)
    ① 2차 측 개방
    ② 측정 항목
       • 무부하전류, 여자 어드미턴스
       • 철손(히스테리시스손 + 와류손)

(2) 단락시험
    ① 2차 측 단락
    ② 측정항목
       • 동손(임피던스와트)
       • 임피던스전압

(3) 등가회로 작성시험
    단락시험, 무부하시험, 저항측정시험

(4) 변압기 시험 및 보수
    ① 절연내력시험 : 유도시험, 가압시험, 충격전압시험
    ② 정수측정시험 : 권선저항시험, 무부하시험, 단락시험
    ③ 온도상승시험 : 실부하법, 반환 부하법

04 변압기 결선

1 극성시험

(1) 변압기의 극성
    ① 1, 2차 양단자 간에 나타나는 유기기전력의 방향
    ② 감극성과 가극성이 있으며 우리나라는 감극성이 표준이다.

(2) 감극성(우리나라 표준)

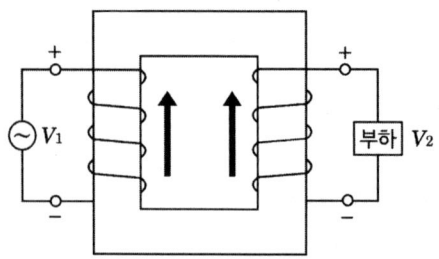

① 1, 2차 코일을 같은 방향으로 감아 1, 2차 코일의 극성이 동일
② 1, 2차 코일 간 총전압 V

$$V = V_1 - V_2$$

(3) 가극성

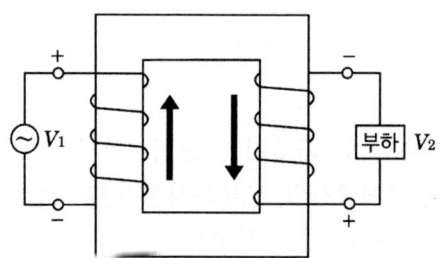

① 1, 2차 코일을 다른 방향으로 감아 1, 2차 코일의 극성이 반대
② 1, 2차 코일 간 총전압 V

$$V = V_1 + V_2$$

2 단상 변압기의 3상 결선방식

(1) $\Delta - \Delta$ 결선

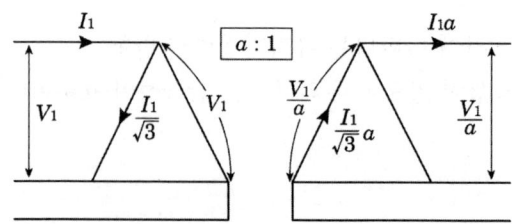

① 선간전압(V_ℓ), 상전압(V_p)
- $V_\ell = V_p \angle 0°$
- 선간전압과 상전압은 크기가 같고 동상이다.

② 선전류(I_ℓ), 상전류(I_p)
- $I_\ell = \sqrt{3} I_p \angle -\dfrac{\pi}{6}$
- 선전류는 상전류 크기의 $\sqrt{3}$ 배이며, 위상은 30° 뒤진다.

③ 장점
- 제3고조파가 Δ결선 내를 순환하므로 변압기 외부로 제3고조파가 발생하지 않아 통신장애가 없다.
- 1상이 고장 나면 나머지 그대로 V결선 운전이 가능하다.

④ 단점
- 중성점을 접지할 수 없으므로 지락 사고의 검출이 곤란하다.
- 권수비가 다른 변압기를 결선하면 순환전류가 흐른다.
- 각 상의 임피던스가 다른 경우 3상 부하가 평형이 되어도 변압기 부하전류는 불평형이 된다.

(2) Y - Y결선

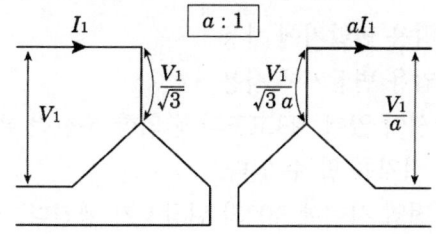

① 선간전압(V_ℓ) 상전압(V_p)
- $V_\ell = \sqrt{3} V_p \angle \dfrac{\pi}{6}$
- 선간전압은 상전압에 비해 크기가 $\sqrt{3}$ 배이고, 위상은 30° 앞선다.

② 선전류(I_ℓ), 상전류(I_p)
- $I_\ell = I_p \angle 0°$
- 선전류는 상전류와 크기가 같고, 위상이 동상이다.

③ 장점
- 중성점을 접지할 수 있어서 보호 계전기 동작이 확실하다.
- V_p가 V_ℓ의 $\frac{1}{\sqrt{3}}$배이므로 절연이 용이하고, 고전압에 유리하다.

④ 단점
- 선로에 제3고조파가 흘러서 통신선에 유도장애가 발생한다.
- 송·배전 계통에 거의 사용하지 않는다.

⑤ Y - Y - Δ의 3권선 변압기에서 3권선의 용도
- 제3고조파 제거
- 조상 설비 설치
- 구내 전력 공급용

(3) Y - Δ, Δ - Y 결선

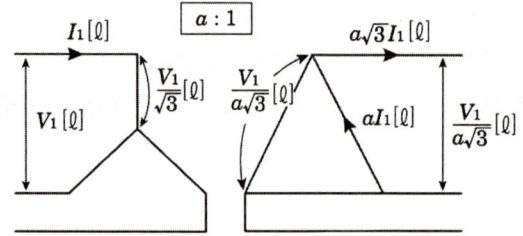

① Y - Δ 결선 : 강압용 변압기에 사용
② Δ - Y 결선 : 승압용 변압기에 사용
③ 1차, 2차에 Δ결선이 있어 제3고조파에 의한 통신선 유도장애가 적다.
④ Y결선의 중성점 접지를 할 수 있다.
⑤ 1차 전압과 2차 전압 사이에 30°의 위상차가 생긴다.

(4) V결선

① 정의
Δ - Δ결선으로 운전 중 한 대의 변압기가 고장 시 남은 2대의 변압기로 3상 공급을 계속하는 방식

② V결선의 3상 출력
$P_v = \sqrt{3}\,P$

③ Δ결선과 V결선의 출력비

$$\text{출력비} = \frac{P_v}{P_\Delta} = \frac{\sqrt{3}\,P}{3P} = 0.577 = 57.7\,[\%]$$

④ V결선한 변압기의 이용률

$$이용률 = \frac{P_v}{2P} = \frac{\sqrt{3}P}{2P} = 0.866 = 86.6\,[\%]$$

05 변압기 병렬운전

1 병렬운전 조건

(1) 극성이 같을 것

(2) 권수비, 1차와 2차의 정격전압이 같을 것

(3) %임피던스(%Z) 강하가 같을 것

(4) 내부저항과 누설 리액턴스 비가 같을 것

(5) 각 변압기의 상회전 및 위상차가 같을 것

2 3상 변압기의 병렬운전 결선

운전 가능			운전 불가능		
$Y-Y$	:	$Y-Y$	$Y-Y$	:	$Y-\Delta$
$\Delta-\Delta$	:	$\Delta-\Delta$	$\Delta-\Delta$	:	$\Delta-Y$
$Y-Y$	:	$\Delta-\Delta$	$Y-\Delta$	:	$\Delta-\Delta$
$\Delta-\Delta$	:	$Y-Y$	$\Delta-Y$	:	$Y-Y$
⋮		⋮	⋮		⋮
Y, Δ의 개수가 짝수			Y, Δ의 개수가 홀수		

Chapter 04. 변압기

06 특수 변압기

1 3권선 변압기($Y-Y-\Delta$)

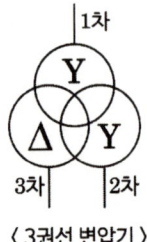

〈3권선 변압기〉

(1) 정의

　　1대의 변압기 철심에 3개의 권선이 감겨진 변압기

(2) 용도

　　① 1차 측 역률을 개선하는 선로조상기로 사용
　　② 구내 전력 공급, 통신 유도 장해 경감
　　③ 서로 다른 계통의 전력을 두 권선으로 받아 남은 한 권선을 2차로 하여 전력공급 가능

2 단권 변압기

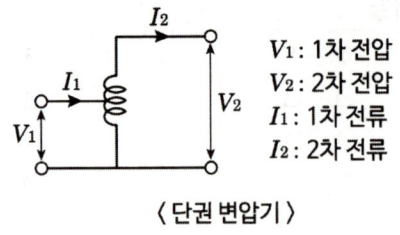

〈단권 변압기〉

(1) 정의

　　1, 2차 양 회로에 공통된 권선 부분을 가진 변압기

(2) 장점

　　① 여자전류가 적다.
　　② 싸고, 소형이다.
　　③ 효율이 좋고 전압 변동률이 적다.

(3) 단점
　① 1, 2차 회로가 전기적으로 완전히 절연되지 않는다.
　② 1, 2차가 직접 계통이어야 한다.
　③ 단락전류가 크므로 열적, 기계적 강도가 커야 한다.

3 전력 수급용 계기용 변성기(MOF = PT + CT)

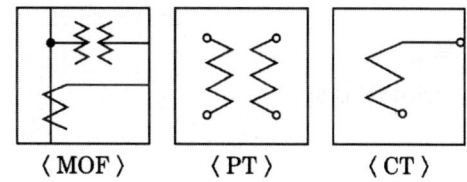

〈 MOF 〉　〈 PT 〉　〈 CT 〉

(1) 정의
　① 고전압, 대전류에서 전기량을 측정하기 위한 장치
　② PT와 CT로 구성

(2) PT(계기용 변압기)
　① 전압을 측정하기 위한 변압기
　② 2차 정격전압 : 110 [V]
　③ 2차 부담 : 2차회로의 부하를 의미
　④ 2차 측은 반드시 접지한다.

(3) CT(계기용 변류기)
　① 전류를 측정하기 위한 변압기
　② 2차 전류 : 5 [A]
　③ 2차 측 개방 금지

4 누설 변압기

(1) 정의 : 누설자속을 크게 한 변압기로 정전류 변압기라고도 한다.

(2) 용도 : 네온관 점등용 변압기, 아크 용접용 변압기

변압기

01 부흐홀츠 계전기의 설치 위치는?

① 변압기 주 탱크 내부
② 콘서베이터 내부
③ 변압기의 고압 측 부싱
④ 변압기 본체와 콘서베이터 사이

해설

[부흐홀츠 계전기]
변압기의 주탱크와 콘서베이터의 사이에 설치한다.

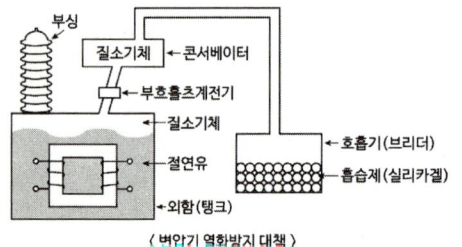
〈 변압기 열화방지 대책 〉

02 변압기의 규약 효율은?

① $\dfrac{출력}{입력} \times 100\,[\%]$

② $\dfrac{출력}{출력 + 손실} \times 100\,[\%]$

③ $\dfrac{출력}{입력 - 손실} \times 100\,[\%]$

④ $\dfrac{입력 + 손실}{입력} \times 100\,[\%]$

해설

[변압기 규약효율]
$\dfrac{출력}{출력 + 손실} \times 100\,[\%]$

03 변압기 철심에는 철손을 적게 하기 위하여 철이 몇 [%]인 강판을 사용하는가?

① 약 50 ~ 55 [%]   ② 약 60 ~ 70 [%]
③ 약 76 ~ 86 [%]   ④ 약 96 ~ 97 [%]

해설

[규소강판]
히스테리시스손을 감소하기 위한 규소 함유량 3 ~ 4 [%]

04 변압기 V결선의 특징으로 틀린 것은?

① 고장 시 응급처치방법으로 쓰인다.
② 단상 변압기 2대로 3상 전력을 공급한다.
③ 부하증가가 예상되는 지역에 시설한다.
④ V결선 시 출력은 △결선 시 출력과 그 크기가 같다.

정답 01 ④ 02 ② 03 ④ 04 ④

해설

[V결선]
△결선 시 출력 $P_\Delta = 3P_1$
V결선 시 출력 $P_V = \sqrt{3}P_1$

05 변압기의 2차 저항이 0.1 [Ω]일 때 1차로 환산하면 360 [Ω]이 된다. 이 변압기의 권수비는?

① 30　　② 40
③ 50　　④ 60

해설

[권수비]
권수비 $a = \dfrac{N_1}{N_2} = \dfrac{V_1}{V_2} = \dfrac{I_2}{I_1} = \sqrt{\dfrac{R_1}{R_2}}$ 이므로,

$a = \sqrt{\dfrac{R_1}{R_2}} = \sqrt{\dfrac{360}{0.1}} = \sqrt{3600} = 60$

06 변압기 기름의 구비조건이 아닌 것은?

① 절연내력이 클 것
② 인화점과 응고점이 높을 것
③ 냉각효과가 클 것
④ 산화현상이 없을 것

해설

[변압기유 구비조건]
- 절연내력이 클 것
- 비열이 커서 냉각효과가 클 것
- 인화점이 높을 것
- 응고점이 낮을 것
- 절연 재료 및 금속에 접촉하여도 화학작용을 일으키지 않을 것
- 고온에서 석출물이 생기거나, 산화하지 않을 것

07 부흐홀츠 계전기로 보호되는 기기는?

① 발전기　　② 변압기
③ 전동기　　④ 회전 변류기

해설

[부흐홀츠 계전기]
변압기 내부의 기계적 고장에 대하여 보호한다.

08 수·변전 설비의 고압회로에 걸리는 전압을 표시하기 위해 전압계를 시설할 때 고압회로와 전압계 사이에 시설하는 것은?

① 관통형 변압기　　② 계기용 변류기
③ 계기용 변압기　　④ 권선형 변류기

해설

[계기용 변성기]
- 계기용 변압기(PT)
  계측을 하기 위해 고압을 저압으로 변성한다.
- 계기용 변류기(CT)
  계측을 하기 위해 대전류를 소전류로 변성한다.

09 변압기 2대를 V결선했을 때의 이용률은 몇 [%]인가?

① 57.7 [%]　　② 70.7 [%]
③ 86.6 [%]　　④ 100 [%]

정답　05 ④　06 ②　07 ②　08 ③　09 ③

해설

[V결선 이용률]

V결선의 이용률 $\dfrac{\sqrt{3}\,P}{2P} = 0.866 = 86.6\,[\%]$

10 변압기 내부고장 보호용으로 가장 많이 사용되는 것은?

① 과전류 계전기
② 차동 임피던스
③ 비율 차동 계전기
④ 임피던스 계전기

해설

[변압기 내부고장 보호용 계전기]
부흐홀츠 계전기, 차동 계전기, 비율 차동 계전기

11 변압기의 자속에 관한 설명으로 옳은 것은?

① 전압과 주파수에 반비례한다.
② 전압과 주파수에 비례한다.
③ 전압과 반비례하고 주파수에 비례한다.
④ 전압에 비례하고 주파수에 반비례한다.

해설

[유도기전력]

$E = 4.44 \cdot f \cdot \phi \cdot N\,[\text{V}],\ \phi \propto E,\ \phi \propto \dfrac{1}{f}$

12 수전단 발전소용 변압기 결선에 주로 사용하고 있으며 한쪽은 중성점을 접지할 수 있고 다른 한쪽은 제3고조파에 의한 영향을 없애 주는 장점을 가지고 있는 3상 결선방식은?

① Y – Y
② △ – △
③ Y – △
④ V

해설

[Y결선 특징]
• 중성점 접지가 가능하여 절연이 용이하다.
• 제3고조파에 의해 통신유도장해를 일으킨다.
• 단상과 3상의 전원을 얻을 수 있다.

[△결선 특징]
• 제3고조파 제거
• 한 상 고장 시에도 3상 전력 공급이 가능하다

13 변압기에서 철손은 부하전류와 어떤 관계인가?

① 부하전류에 비례한다.
② 부하전류의 자승에 비례한다.
③ 부하전류에 반비례한다.
④ 부하전류와 관계없다.

해설

[철손]
철손 = 히스테리시스손 + 와류손
부하전류와는 관계가 없다.

정답 10 ③ 11 ④ 12 ③ 13 ③

14 6,600/220 [V]인 변압기의 1차에 2,850 [V]를 가할 경우 2차 전압 [V]은?

① 90
② 95
③ 120
④ 105

해설

[권수비]

권수비 $a = \dfrac{N_1}{N_2} = \dfrac{V_1}{V_2} = \dfrac{I_2}{I_1} = \sqrt{\dfrac{R_1}{R_2}}$

$a = \dfrac{V_1}{V_2} = \dfrac{6600}{220} = \dfrac{2850}{V_2}$

$V_2 = 2850 \times \dfrac{220}{6600} = 95 \text{ [V]}$

15 3상 변압기의 병렬운전이 불가능한 결선방식으로 짝지은 것은?

① △-△와 Y-Y
② △-Y와 △-Y
③ Y-Y와 Y-Y
④ △-△와 △-Y

해설

[3상 변압기의 병렬운전 조합]
Y, △가 짝수로 있을 때 병렬운전이 가능하다.

16 변압기의 백분율 저항 강하가 2 [%], 백분율 리액턴스 강하가 3 [%]일 때 부하 역률이 80 [%]인 변압기의 전압 변동률 [%]은?

① 1.2
② 2.4
③ 3.4
④ 3.6

해설

[무효율]
$\sin\theta = \sqrt{1-\cos^2\theta} = \sqrt{1-0.8^2} = 0.6$
전압변동률 $\varepsilon = p\cos\theta + q\sin\theta$
$= 2 \times 0.8 + 3 \times 0.6 = 3.4 \text{ [%]}$

17 보호구간에 유입하는 전류와 유출하는 전류의 차에 의해 동작하는 계전기는?

① 비율 차동 계전기
② 거리 계전기
③ 방향 계전기
④ 부족전압 계전기

해설

[전류 차 동작 계전기]
차동 계전기, 비율 차동 계전기

정답 14 ② 15 ④ 16 ③ 17 ①

18 출력 P [kVA]의 단상 변압기 2대를 V 결선한 때의 3상 출력 [kVA]은?

① P
② $\sqrt{3}\,P$
③ $2P$
④ $3P$

> 해설

[3상 V결선]
V결선의 3상 출력 $P_v = \sqrt{3}\,P$

19 권수비 30인 변압기의 저압측전압이 8 [V]인 경우 극성시험에서 가극성과 감극성의 전압 차이는 몇 [V]인가?

① 24
② 16
③ 8
④ 4

> 해설

[변압기의 극성]
가극성일 경우 전압 : $V_a = V_1 + V_2$
감극성일 경우 전압 : $V_s = V_1 - V_2$
• 가극성과 감극성의 전압 차이는
$V_a - V_s = (V_1 + V_2) - (V_1 - V_2)$
$= 2V_2$
$= 2 \times 8 = 16$ [V]

20 변압기의 퍼센트 저항강하가 3 [%], 퍼센트 리액턴스 강하가 4 [%]이고, 역률이 80 [%] 지상이다. 이 변압기의 변동률 [%]은?

① 3.2
② 4.8
③ 5.0
④ 5.6

> 해설

[전압변동률]
무효율 $\sin\theta = \sqrt{1-\cos^2\theta} = \sqrt{1-0.8^2}$
$= 0.6$
전압변동률 $\varepsilon = p\cos\theta + q\sin\theta$
$= 3 \times 0.8 + 4 \times 0.6 = 4.8$ [%]

21 송배전 계통에 거의 사용되지 않는 변압기 3상 결선방식은?

① Y - △
② Y - Y
③ △ - Y
④ △ - △

> 해설

[Y - Y결선]
Y - Y결선은 선로에 제3고조파를 포함한 전류가 흘러 통신장애를 일으켜 거의 사용하지 않는다.

22 다음 설명 중 틀린 것은?

① 3상 유도전압조정기의 회전자 권선은 분로권선이고, Y결선으로 되어 있다.
② 디프 슬롯형 전동기는 냉각효과가 좋아 기동 정지가 빈번한 중·대형 저속기에 적당하다.
③ 누설 변압기가 네온사인이나 용접기의 전원으로 알맞은 이유는 수하특성 때문이다.
④ 계기용 변압기의 2차 표준은 110/220 [V]로 되어 있다.

해설

[계기용 변성기]
- 계기용 변압기의 2차 표준은 110 [V]
- 변류기의 2차 표준은 5 [A]

23 변압기 명판에 표시된 정격에 대한 설명으로 틀린 것은?

① 변압기의 정격출력 단위는 [kW]이다.
② 변압기 정격은 2차 측을 기준으로 한다.
③ 변압기의 정격은 용량, 전류, 전압, 주파수 등으로 결정된다.
④ 정격이란 정해진 규정에 적합한 범위 내에서 사용할 수 있는 한도이다.

해설

[변압기의 정격]
변압기의 정격출력 단위는 [kVA]이다.

정답 22 ④ 23 ①

Chapter 05 전력변환기기

01 전력용 반도체 소자

1 반도체

(1) 정의
  ① 고유 저항이 $10^{-4} \sim 10^6 \ [\Omega \cdot m]$을 가지는 물질
  ② 종류 : 실리콘(Si), 게르마늄(Ge), 셀렌(Se), 산화동(Cu_2O) 등이 있다.

(2) 진성 반도체
  ① 4가(최외각 전자의 수가 4개)의 원자를 의미한다.
  ② Si, Ge 등과 같이 불순물이 섞이지 않은 순수한 반도체이다.

(3) 불순물 반도체

구분	첨가불순물	명칭	반송자
P형 반도체	3가 원자	인듐(In), 붕소(B), 알루미늄(Al)	억셉터	정공
N형 반도체	5가 원자	인(P), 비소(As), 안티몬(Sb)	도너	과잉전자

2 다이오드(Diode, 2극)

(1) AC → DC로 변환하는 소자

(2) Diode 극성과 기호(PN접합 Diode)

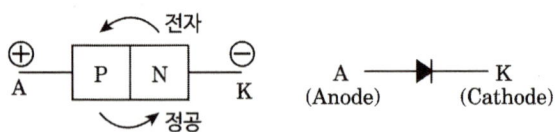

  ① Anode에 (+), Cathode에 (-)을 가할 때 도통된다.
  ② 도통 상태를 OFF하려면 Anode에 (-), Cathode에 (+)을 가하면 역방향 바이어스가 되어 OFF된다.

3 사이리스터(SCR, 3단자)

(1) 개념

① PNPN접합의 4층 구조 반도체 소자의 총칭이다.
② 3개의 단자로 구성 : A(Anode), K(Cathode), G(Gate)
③ Gate에 흐르는 작은 전류로 큰 전력을 제어할 수 있다.

(2) 구조 및 기호

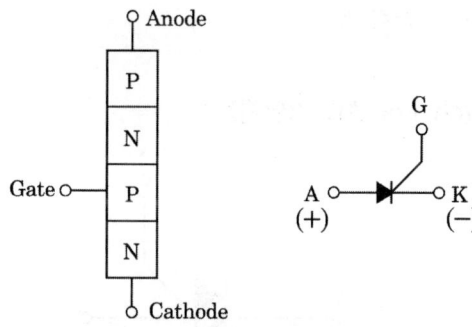

(3) 동작원리

① 순방향 전압 인가 후 Gate에 전류를 흘리면 도통이 된다.
② 도통된 후 Gate 전류를 차단해도 도통 상태가 유지된다.
③ SCR의 소호(Off)
  • 역전압이 걸리면 소호된다.
  • 소호 후 순방향 전압을 인가해도 Gate를 점호하기 전까지는 도통되지 않는다.
④ 래칭전류 : 도통(Turn on)시키기 위해 게이트로 흘려야 할 최소전류
⑤ 유지전류 : ON된 후에 ON상태를 유지하기 위한 최소전류

(4) SCR의 특징

① 열의 발생이 작다.
② 과전압에 약하다.
③ 열용량이 적어서 고온에 약하다.
④ 전류가 흐르고 있을 때 양극의 전압강하가 작다.
⑤ 전류기능을 갖는 단방향성 3소자이다.
⑥ 역률각 이하에서는 제어가 되지 않는다.
⑦ Gate를 이용한 소호가 불가하다.

4 GTO(Gate Turn-Off Thyristor, 3단자)

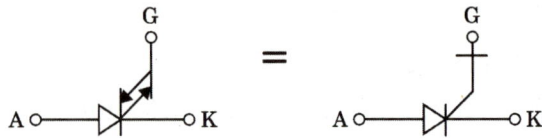

(1) Gate에 흐르는 전류의 방향을 반대로 함으로써 GTO를 소호시킨다.

(2) 도통과 소호를 제어 가능하다.

5 TRIAC(Triode Switch For AC, 3단자)

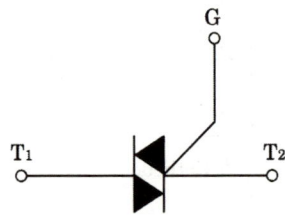

(1) 양방향 도통소자

(2) 2개의 SCR을 역병렬접속한 것과 같다.

(3) Gate에 전류를 흘리면 어느 방향이건 전압이 높은 쪽에서 낮은 쪽으로 도통된다.

(4) 전류방향이 바뀌면 소호되고, 소호된 후 다시 점호할 때까지 차단 상태를 유지한다.

6 DIAC(Diode AC Switch, 2단자)

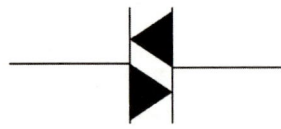

(1) Diode 2개를 역병렬접속한 것과 같다.

(2) 용도 : 트리거 펄스 발생

7 전력용 트랜지스터(3단자)

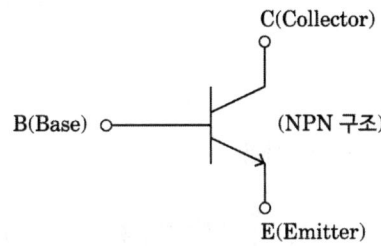

(1) Base에 전류를 인가하면 C → E 방향으로 전류가 흐른다.

(2) 도통 상태 유지하려면 Base에 전류를 계속 흘려보낸다.

8 특수 반도체

(1) 서미스터
  ① 열 민감성 이용
  ② 적용 : RC발전기, 화재탐지기, 온도 검출

(2) 바리스터
  ① 전압의 민감성 이용
  ② 적용 : 소자의 과전압 보호, 전자기기 충격전압 흡수

9 표로 보는 변환소자

구분	단방향	양방향
2단자	Diode	SSS, DIAC
3단자	SCR, GTO	TRIAC
4단자	SCS	

02 정류회로

1 단상 정류회로

(1) 단상 반파 정류회로 : Diode 1개 사용

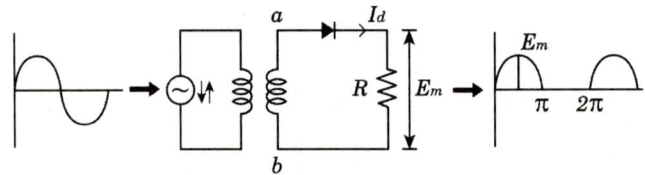

① DC전압

$$E_d = \frac{\sqrt{2}}{\pi} V = 0.45\, V\,[\text{V}]$$

② DC전류

$$I_d = 0.45 \cdot \frac{V}{R}\,[\text{A}]$$

③ 최대 첨두전압(PIV) : $PIV = \pi E_d$

(2) 단상 전파 정류회로 : Diode 2개 사용

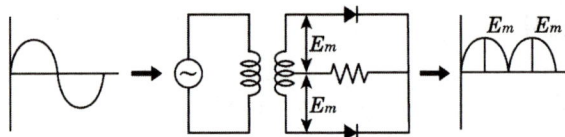

① DC전압

$$E_d = \frac{2\sqrt{2}}{\pi} V = 0.9\, V\,[\text{V}]$$

② DC전류

$$I_d = \frac{2\sqrt{2}}{\pi}\frac{V}{R} = 0.9\frac{V}{R}\,[\text{A}]$$

③ 최대 첨두전압 : $PIV = \pi E_d$

2 3상 정류회로

(1) 3상 반파 정류회로 : Diode 3개

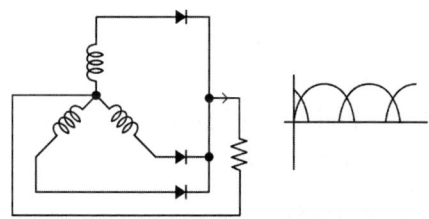

① 직류전압
$$E_d = 1.17\,V\,[\text{V}]$$

② 직류전류
$$I_d = \frac{E_d}{R} = 1.17\frac{V}{R}\,[\text{A}]$$

(2) 3상 전파 정류회로 : Diode 6개

① 직류전압
$$E_d = 1.35\,V\,[\text{V}]$$

② 직류전류
$$I_d = \frac{E_d}{R} = 1.35\frac{V}{R}\,[\text{A}]$$

3 전력 변환

(1) 컨버터회로(AC → DC로 변환)

　교류를 직류로 변환하는 장치

(2) 인버터회로(DC → AC로 변환)

　① 직류를 교류로 변환하는 장치(역변환 장치)
　② 종류 : 단상 인버터, 3상 인버터

(3) 사이클로 컨버터(AC → AC로 변환)

　① AC 전력을 변환
　② 주파수 및 전압의 크기까지 바꾸는 AC - AC 전력제어 장치
　③ 주파수를 변환해 정밀속도제어 가능

(4) 초퍼회로(DC → DC : 직류 변환)

　① DC를 다른 크기의 DC로 변환하는 장치
　② 종류 : 강압용 초퍼, 승압용 초퍼

4 표로 보는 정류회로 특징

※ 맥동률 : 파형이 출렁이는 정도

구분	V_d	맥동률[%]	맥동주파수
단상 반파	$0.45\,V$	121	$f_0 = f_i$
단상 전파	$0.9\,V$	48.2	$f_0 = 2f_i$
3상 반파	$1.17\,V$	18.3	$f_0 = 3f_i$
3상 전파	$1.35\,V$	4.2	$f_0 = 6f_i$

V_d : 전류된 전압 평균값, V : 실횻값 전압,
f_0 : 맥동주파수, f_i : 인가(입력)주파수

핵심문제 전력변환기기

01 일반적으로 사용되는 SCR의 게이트는 어떤 반도체인가?

① PN형 반도체 ② NP형 반도체
③ P형 반도체 ④ N형 반도체

해설
[SCR]
Gate는 P형 반도체이다.

02 P형 반도체는 진성 반도체인 4가의 실리콘에 다음 중 어떤 불순물을 첨가하는가?

① 인듐 ② 인
③ 비소 ④ 안티몬

해설
[P형 반도체 불순물]
붕소, 인듐, 알루미늄

03 반도체 내에서 정공은 어떻게 생성되는가?

① 접합불량
② 자유전자의 이동
③ 결합전자의 이탈
④ 확산용량

해설
[정공]
공유결합하던 결합 전자가, 전자가 부족한 자리로 이동하면서 생기는 빈 공간

04 반도체로 만든 PN접합은 무슨 작용을 하는가?

① 정류작용 ② 발진작용
③ 증폭작용 ④ 변조작용

해설
[PN접합]
PN접합 반도체는 한쪽 방향만 전류가 흐르게 하는 정류작용을 한다.

05 N형 반도체의 주반송자는 어느 것인가?

① 억셉터 ② 전자
③ 도너 ④ 정공

해설
[불순물 반도체]
• P형 반도체 반송자 : 정공
• N형 반도체 반송자 : 전자

정답 01 ③ 02 ① 03 ③ 04 ① 05 ②

06 다음 중 전력 제어용 반도체 소자가 아닌 것은?

① LED ② TRIAC
③ GTO ④ IGBT

해설

[LED(발광다이오드)]
반도체, 다이오드의 특성을 가지고 있으며, 전류를 흐르게 하면 붉은색, 녹색, 노란색으로 빛을 발한다.

07 PN 접합 정류소자의 설명 중 틀린 것은? (단, 실리콘 정류소자인 경우이다)

① 온도가 높아지면 순방향 및 역방향 전류가 모두 감소한다.
② 순방향전압은 P형에 (+), N형에 (-) 전압을 가함을 말한다.
③ 정류비가 클수록 정류특성이 좋다.
④ 역방향전압에서는 극히 작은 전류만이 흐른다.

해설

[PN 접합 소자]
정(+)의 온도계수를 가지는 물질 : 도체
부(-)의 온도계수를 가지는 물질 : 반도체
반도체 소자이므로 전류가 증가한다.

08 반도체 사이리스터에 의한 전동기의 속도제어 중 주파수제어는?

① 초퍼제어
② 인버터제어
③ 컨버터제어
④ 브리지 정류제어

해설

[인버터]
인버터는 주파수제어가 가능하다.

09 역병렬 결합의 SCR의 특성과 같은 반도체 소자는?

① PUT ② UJT
③ DIAC ④ TRIAC

해설

[3단자 소자]
SCR(사이리스터) 2개를 역병렬로 접속한 것으로 양방향 전류가 흐르기 때문에 교류 스위치로 사용한다.

정답 06 ① 07 ① 08 ② 09 ④

10 3단자 소자가 아닌 것은?

① SCR ② SSS
③ GTO ④ TRIAC

해설

[반도체 소자]
- 3단자 소자 : SCR, GTO, TRIAC
- 2단자 소자 : DIAC, SSS, Diode

11 트라이악(TRIAC)의 기호는?

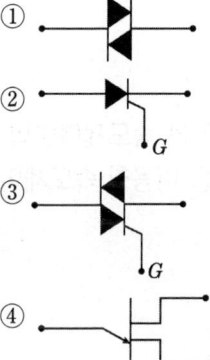

해설

[반도체 소자]
① DIAC, ② SCR, ③ TRIAC, ④ UJT

12 일반적으로 사용되는 SCR의 게이트는 어떤 반도체 인가?

① PN형 반도체
② NP형 반도체
③ P형 반도체
④ N형 반도체

해설

[SCR]
PN접합 반도체이며, 게이트는 P형 반도체에 있다.

13 실리콘 제어 정류기(SCR)에 대한 설명으로 적합하지 않은 것은?

① 정류 작용을 할 수 있다.
② P - N - P - N 구조로 되어 있다.
③ 정방향 및 역방향의 제어 특성이 있다.
④ 인버터회로에 이용될 수 있다.

해설

[SCR]
순방향으로 전류가 흐를 때 게이트 신호에 의해 스위칭하며, 역방향은 흐르지 못하도록 하는 역저지 3단자 소자이다.

14 다음 중 SCR의 기호는?

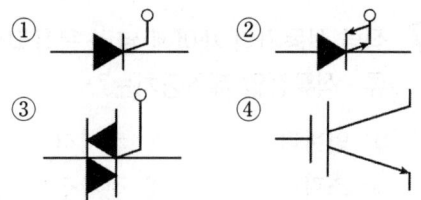

해설

[반도체 소자]
② GTO, ③ TRIAC, ④ IGBT

정답 10 ② 11 ③ 12 ③ 13 ③ 14 ①

15 다음 중 2단자 사이리스터가 아닌 것은?

① SCR ② DIAC
③ SSS ④ DIODE

해설

[3단자 소자]
SCR, TRIAC, GTO

16 다음 중 턴오프(소호)가 가능한 소자는?

① GTO ② TRIAC
③ SCR ④ LASCR

해설

[GTO]
게이트 신호가 양(+)이면 도통되고, 음(-)이면 자기소호하는 사이리스터

17 직류 전동기의 제어에 널리 응용되는 직류 – 직류전압 제어장치는?

① 인버터 ② 컨버터
③ 초퍼   ④ 전파정류

해설

[전력변환 장치]
• 인버터 : DC → AC
• 컨버터 : AC → DC
• 초퍼 : DC → DC

18 인버터(Inverter)란?

① 교류를 직류로 변환
② 직류를 교류로 변환
③ 교류를 교류로 변환
④ 직류를 직류로 변환

해설

[전력변환 장치]
• 인버터 : DC → AC
• 컨버터 : AC → DC
• 초퍼 : DC → DC

19 3상 유도 전동기의 속도제어방법 중 인버터(Inverter)를 이용한 속도제어법은?

① 극수변환법
② 전압제어법
③ 초퍼제어법
④ 주파수제어법

해설

[인버터]
직류를 교류로 바꿔주는 인버터는 주파수제어가 가능하다.

정답 15 ① 16 ① 17 ③ 18 ② 19 ④

20 단상 전파 정류회로에서 직류전압의 평균값으로 가장 적당한 것은? (단, E는 교류전압의 실횻값)

① 1.35E [V] ② 1.17E [V]
③ 0.9E [V]   ④ 0.45E [V]

해설
[정류회로]
- 단상 반파 : 0.45E
- 단상 전파 : 0.9E
- 3상 반파 : 1.17E
- 3상 전파 : 1.35E

21 단상 전파정류회로에서 교류 입력이 100 [V]이면 직류 출력은 약 몇 [V]인가?

① 45   ② 67.5
③ 90   ④ 135

해설
[정류회로]
- 단상 반파 : 0.45E
- 단상 전파 : 0.9E
- 3상 반파 : 1.17E
- 3상 전파 : 1.35E

22 단상 반파 정류회로의 전원전압 200 [V], 부하저항이 20 [Ω]이면 부하전류는 약 몇 [A]인가?

① 4   ② 4.5
③ 6   ④ 6.5

해설
[단상 반파 정류회로의 출력 평균전압]
$V_{av} = 0.45V = 0.45 \times 200 = 90$ [V]
$I = \dfrac{V_a}{R} = \dfrac{90}{20} = 4.5$ [A]

23 상전압 300 [V]의 3상 반파 정류회로의 직류전압은 약 몇 [V]인가?

① 520 [V]   ② 350 [V]
③ 260 [V]   ④ 50 [V]

해설
[정류회로]
- 단상 반파 : 0.45E
- 단상 전파 : 0.9E
- 3상 반파 : 1.17E
- 3상 전파 : 1.35E

24 $e = \sqrt{2}\,E\sin\omega t$ [V]의 정현파전압을 가했을 때 직류 평균값 $E_{ab} = 0.45E$ [V]인 회로는?

① 단상 반파 정류회로
② 단상 전파 정류회로
③ 3상 반파 정류회로
④ 3상 전파 정류회로

해설
[정류회로]
- 단상 반파 : 0.45E
- 단상 전파 : 0.9E
- 3상 반파 : 1.17E
- 3상 전파 : 1.35E

정답 20 ③ 21 ③ 22 ② 23 ② 24 ①

전·기·기·능·사

Part 03

전기설비

Chapter 01 배선재료 및 공구

01 전선 및 케이블

1 전선

(1) 정의

전력, 전기 신호를 보내기 위해 사용되는 모든 선

(2) 전선의 구비조건

① 경량일 것
② 기계적 강도가 클 것
③ 도전율이 클 것
④ 비중(밀도)이 작을 것
⑤ 가요성이 풍부할 것
⑥ 부식성이 적을 것
⑦ 내구성이 클 것

(3) 단선과 연선

① 단선 : 한 가닥으로 이루어진 전선
② 연선 : 여러 가닥을 꼬아서 합쳐서 된 전선
- 총 소선수 : $N = 3n(n+1)+1$
- 연선의 바깥지름 : $D = (2n+1)d$

n : 중심 소선을 뺀 층수
d : 소선의 지름

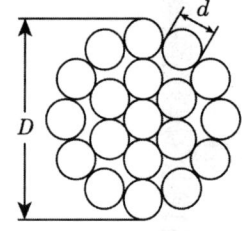

〈 연선의 단면 〉

층수(n)	1	2	3	4	5
총 소선수(N)	7	19	37	61	91

(4) 나전선
   ① 피복이 없는 전선
   ② 종류
   • 경동선(12 [mm] 이하)
   • 동합금선(단면적 25 [mm^2] 이하)
   • 경알루미늄선(단면적 35 [mm^2] 이하)
   • 연동선, 아연도금 강선

2 전선의 종류 절연

(1) 전선의 분류
   ① 전선 종류 : 절연전선, 코드, 케이블
   ② 사용 되는 도체 : 구리, 알루미늄, 철 등
   ③ 절연체 종류 : 합성수지, 고무, 섬유 등

(2) 절연전선 종류와 약호

약호	명칭
NR	일반용 단심 비닐절연전선
NF	450/750 [V] 일반용 유연성 비닐절연전선
NRI	300/500 [V] 기기배선용 단심 비닐절연전선
OW	옥외용 비닐절연전선
DV	인입용 비닐절연전선
H	경동선

(3) 케이블
   ① 정의 : 절연물로 절연한 후 외장한 전선
   ② 케이블의 종류와 통상 약호
   • '~절연 ~시스 케이블'로 지칭한다.
   • R : 고무, V : 비닐, E : 폴리에틸렌, C : 가교폴리에틸렌

약호	명칭
RV	고무절연 비닐시스 케이블
VV	비닐절연 비닐시스 케이블
EV	폴리에틸렌 절연 비닐시스 케이블
CV	가교 폴리에틸렌 절연 비닐시스 케이블
MI	미네랄 인슐레이션 케이블
CN-CV	동심 중성선 차수형 전력 케이블
CN-CV-W	동심 중성선 수밀형 전력 케이블

③ 캡 타이어 케이블
- 정의 : 도체를 고무 또는 비닐로 절연하고, 천연고무 혼합물(캡 타이어)로 외장한 케이블
- 용도 : 이동용 전기기계기구에 사용
- 종류

약호	명칭
VCT	비닐절연 비닐 캡타이어 케이블
PNCT	EP 고무절연 클로로프렌 캡타이어 케이블

3 전선의 굵기 선정 조건

(1) 허용전류

(2) 전압강하

(3) 기계적 강도

02 배선 재료

1 개폐기

(1) 정의

① 전기회로의 개폐에 사용되는 기구(S)

(2) 설치장소

① 부하전류를 개폐할 필요가 있는 장소
② 인입구
③ 퓨즈 전원 측

(3) 종류

종류	실제모습	특징	용도
나이프 스위치		대리석이나 크라이트판 위에 고정된 칼과 칼받이의 접촉에 의해 전류의 흐름을 제어	• 일반용으로는 사용불가 • 취급자만 출입하는 장소의 배전반이나 분전반에 사용
커버 나이프 스위치		나이프 스위치에 절연체 커버를 설치한 것	• 옥내배선의 인입 또는 분기 개폐기로 사용 • 과전류 발생 시 퓨즈용단
안전 스위치		나이프 스위치를 금속제 함 내부에 장치하고, 외부에서 핸들을 조작하여 개폐	전등과 전열기구 및 저압 전동기의 개폐에 사용
전자 개폐기		전자석의 힘으로 개폐조작을 하는 전자 접촉기와 과전류를 감지하기 위한 열동 계전기를 조합한 것	모터 및 펌프 등의 주 개폐장치

2 점멸 스위치

(1) 정의

전등이나 소형 전기 기구 등의 전류 흐름을 개폐하는 옥내기구

(2) 종류

종류	실제모습	특징
텀블러 스위치		• 노브를 상하나 좌우로 움직여 점멸 • 종류 : 노출형, 매입형, 3로, 4로 등
버튼 스위치		• 버튼을 눌러 점멸한다. • 종류 : 매입형, 노출형
코드 스위치		• 중간 스위치라고 한다. • 전기방석, 전기담요 등의 코드 중간에 사용
펜던트 스위치		형광등 또는 소형 전기기구의 끝에 매달아 사용하는 스위치
일광 스위치		• 주위 밝기에 의해 자동적으로 점멸 • 용도 : 가로등, 정원등, 방범등
타임 스위치		• 시계를 내장한 스위치 • 용도 : 현관조명[일반가정(3분), 호텔(1분)]

(3) 3로 스위치

전등 한 개를 두 개의 스위치로 점멸할 때 사용

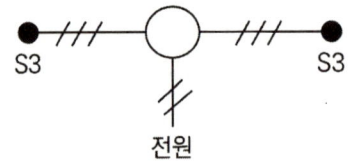

3 콘센트와 플러그

(1) 콘센트
    ① 플러그를 꽂아 사용하는 배선기구
    ② 종류 : 노출형과 매입형
    ③ 용도에 따른 구분 : 방수형, 방폭형

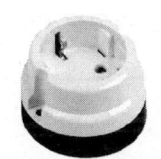
원형 노출 콘센트

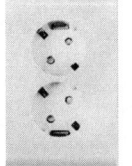
매입형 콘센트

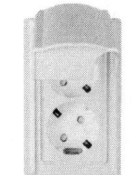
방수용 콘센트

(2) 콘센트 도면 기호

벽에 부착 콘센트

비상 콘센트

◐S	1구용	◐H	의료용
◐	2구용	◐EX	방폭형
◐WP	방수형	◐T	걸림형
◐20 [A]	2P 20 [A]	◐EL	누전차단기 붙이
◐30 [A]	2P 30 [A]	◐E	접지극 붙이
◐3P	3극	⊙	천정 부착형

(3) 플러그
    ① 정의 : 전기기구 코드 끝에 달려 콘센트에 꽂는 배선기구
    ② 종류 : 접지극이 있는 접지 플러그와 접지극이 없는 플러그

명칭	실제 모습	특징
코드 접속기		코드를 서로 접속할 때 사용한다.

명칭	실제 모습	특징
멀티 탭		하나의 콘센트에 둘 또는 세 가지의 기구를 사용할 때 사용
테이블 탭		• 코드의 길이가 짧을 때 연장하여 사용한다. • 익스텐션 코드라고도 한다.

(4) 소켓

① 정의 : 전선 끝에 접속해 등기구를 끼워 사용하는 기구
② 종류 : 키소켓, 방수소켓, 분기소켓, 리셉터클

4 과전류 차단기

(1) 과전류 차단기

① 정의 : 과전류로부터 기구를 보호해주는 장치
② 종류 : 퓨즈, 배선용 차단기(MCCB) 등

(2) 퓨즈

① 구성 : 납 + 주석 또는 아연 + 주석
② 저압 퓨즈

정격 전류의 구분	시간	정격전류의 배수	
		불용단 전류	용단 전류
4 [A] 이하	60분	1.5배	2.1배
4 [A] 초과 16 [A] 미만			1.9배
16 [A] 이상 63 [A] 이하		1.25배	1.6배
63 [A] 초과 160 [A] 미만	120분		
160 [A] 초과 400 [A] 미만	180분		
400 [A] 초과	240분		

[퓨즈의 용단 특성]

③ 고압 퓨즈
  ㉠ 비포장 퓨즈 : 1.25배에 견디고, 2배의 전류에 2분 안에 용단

명칭	그림	용도
실 퓨즈		납과 주석의 합금으로 만든 것으로 정격전류 5 [A] 이하의 것이 많으며, 안전기, 단극 스위치 등에 사용
훅 퓨즈 (판퓨즈)		실퓨즈와 같은 재료의 판 모양 퓨즈 양단에 단자 고리가 있어 나사 조임을 쉽게 할 수 있는 것으로, 정격전류 10 ~ 600 [A]까지 있으며 나이프 스위치에 사용

  ㉡ 포장 퓨즈 : 1.3배에 견디고, 2배의 전류에 120분 안에 용단

명칭	그림	용도
통형퓨즈 (칼날단자)		통형퓨즈와 같은 재료로 원통 내부에 판퓨즈를 넣고 칼날형의 단자를 양단에 접속한 것으로, 정격전류 75 ~ 600 [A]의 것에 사용
플러그 퓨즈		자기 또는 특수유리제의 나사식 통 안에 아연재료로 된 퓨즈를 넣어 나사식으로 돌리어 고정하는 것으로, 충전 중에도 바꿀 수 있다.
텅스텐 퓨즈	유리관 / 텅스텐 선	유리관 안에 텅스텐 선을 넣고 연동선이 리드를 뺀 구조로, 정격전류는 0.2 [A]의 미소전류로 계기의 내부배선 보호용으로 사용
유리관 퓨즈		유리관 안에 실퓨즈를 넣어 양단에 캡을 씌운 것으로 정격전류는 0.1~10 [A]까지 있으며 TV 등 가정용 전기기구의 전원 보호용으로 사용
온도퓨즈 (서모퓨즈)		주위온도에 의하여 용단되는 퓨즈로 100, 110, 120 [℃]에서 동작하며 주로 난방기구(담요, 장판)의 보호용으로 사용

(3) 배선용 차단기(MCCB, B)

① 역할
- 사고전류 및 과전류가 흐를 때, 회로를 차단해 기구 보호
- 개폐기 및 자동차단기 역할을 한다.

② 과전류 차단기 시설 금지 장소
- 접지공사의 접지선
- 다선식 선로의 중성선
- 전로의 일부에 접지공사를 한 저압 가공전선로의 접지 측 전선

정격전류	시간	산업용		주택용	
		부동작전류	동작전류	부동작전류	동작전류
63A 이하	60분	1.05배	1.3배	1.13배	1.45배
63A 초과	120분				

5 누전 차단기(ELB, E)

(1) 역할
① 누전방지
② 감전방지
③ 화재방지

(2) 설치조건
① 저압기계기구류(50 [V] 초과)
금속제 외함을 가지며 사람의 접촉이 쉬운 장소
② 주택 옥내
대지전압 150 초과 ~ 300 [V] 이하인 저압전로 인입구
③ 접지공사를 생략 가능 시(물기가 없는 저압전로)
정격감도전류 30 [mA] 이하, 동작시간 0.03초 이하인 전류동작형 누전 차단기를 시설하는 경우(물기가 있는 경우 정격감도전류 정격감도전류 15 [mA] 이하)

03 전기공사용 공구

1 게이지

공구명	그림	용도
마이크로미터 (Micro Meter)		전선의 굵기, 철판, 구리판 등의 두께 측정
와이어 게이지 (Wire Guage)		전선의 굵기를 측정
버니어캘리퍼스 (Vernier Calipers)		어미자와 아들자의 눈금을 이용하여 두께, 깊이, 안지름 및 바깥지름 측정

2 공구

공구명	그림	용도
펜치 (Cutting Plier)		• 전선의 절단 및 접속 • 150 [mm](소기구용), 175 [mm](옥내용), 200 [mm](옥외용)
와이어스트리퍼 (Wire Striper)		절연전선 피복의 절연물을 벗기는 공구
토치램프 (Torch Lamp)		• 전선의 납땜 접속 • 합성수지관(PVC)의 가공 시 사용
프레셔 툴 (Pressure Tool)		커넥터 또는 터미널 접속 시 사용

공구명	그림	용도
파이프바이스 (Pipe Vise)		금속관 절단 시 파이프 고정시킴
오스터 (Oster)		금속관에 나사를 낼 때 사용
파이프 커터 (Pipe Cutter)		금속관 절단에 사용
파이프 렌치 (Pipe Wrench)		금속관과 커플링을 물고 죄어 서로 접속할 때 사용
녹아웃 펀치 (Knockout Punch)		배전반, 분전반 등의 배관을 변경하거나 이미 설치된 캐비닛에 구멍을 뚫을 때 필요한 공구
리머 (Reamer)		금속관을 쇠톱이나 커터로 절단 후 관구의 가공
클리퍼 (Cliper)		굵은 전선을 절단할 때 사용
홀소 (Hole Saw)		캐비닛 등과 같은 강철판에 구멍을 원형으로 뚫을 때 사용
피시테이프 (Fish Tape)		전선관에 전선을 넣을 때 사용하는 평각 강철선
철망 그립 (Pulling Grip)		여러 가닥의 전선을 전선관에 넣을 때 사용하는 공구

3 측정계기

명칭	실제모습	용도
멀티 테스터 (회로 시험기)		직류 / 교류전압, 전류 및 저항 측정
메거		절연저항 측정
후크온메터		전류 측정(교류/직류)
네온 검전기		충전유무 조사
어스 테스터		접지저항 측정

04 전선접속

1 전선의 피복 벗기기

(1) 사용 공구 : 칼 또는 와이어 스트리퍼

(2) 고무 절연전선 및 비닐 절연전선은 연필 모양으로 벗김

2 전선의 접속방법

(1) 전선의 기계적 강도를 20 [%] 이상 감소시키지 말 것(= 기계적 강도를 80 [%] 이상을 유지)

(2) 전기적 저항을 증가 시키지 않을 것

(3) 접속 부분의 절연은 전선 자체의 절연레벨 이상을 유지할 것

(4) 접속 부분은 접속기구를 사용하거나 납땜할 것

(5) 전기적 부식이 발생하지 않을 것

3 전선의 접속

(1) 단선과 연선

구분	직선 접속	분기 접속
단선	트위스트 접속 : 단면적 6 [mm^2] 이하 가는 전선(직경 2.6 [mm] 이하)	
	브리타니아 접속 : 단면적 10 [mm^2] 이상 굵은 전선(직경 3.2 [mm] 이상)	
연선	• 권선 직선접속 : 접속선 사용 • 단권 직선접속 : 소선을 하나씩 감아서 접속 • 복권 직선접속 : 소선을 한꺼번에 돌려서 접속	• 권선 분기 접속 : 첨선과 접속선 사용 • 단권 분기 접속 : 소선을 차례로 감아서 접속 • 분할 권선 분기 접속 : 첨선과 접속선을 써서 분할 접속 • 분할 단권 분기 접속 : 소선을 분할하여 접속 • 분할 복권 분기 접속 : 소선을 분할하여 여러 소선을 감아서 접속

(2) 쥐꼬리 접속

① 조인트 박스 내에서 가는 전선을 접속할 때 사용
② 전선 꼬임 횟수 : 2 ~ 3회

③ 배선과 기구심선 접속 시 : 5회 이상
(3) 슬리브 접속 및 커넥터 접속
① 슬리브 접속 : S형과 관형이 있다.
② 와이어 커넥터 접속(박스 안에서 쥐꼬리 접속 후 사용)
③ 알루미늄 전선의 접속
  • 직선/분기 접속 : C형, E형, H형의 전선 접속기 사용

[슬리브]

[커넥터]

4 납땜과 테이프

(1) 납땜
① 슬리브나 커넥터를 사용하지 않고 전선 접속 시 납땜을 한다.
② 구성 : 납 + 주석

(2) 테이프

종류	실제모습	특징
면 테이프		가제 테이프에 검은색 점착성의 고무 혼합물을 양면에 함침시킨 것이다.
고무 테이프		테이프를 2.5배 늘려 반 정도가 겹치도록 감는다.
비닐 테이프		염화비닐 콤파운드로 만든다.
		색종류 : 9종류, 너비 : 19 [mm]
리노 테이프		점착성이 없다.
		절연성, 내온성, 내유성이 우수하여 연피 케이블 접속에 사용한다.
자기융착 테이프		내오존성, 내수성, 내약품성, 내온성이 우수하다.
		비닐외장 케이블, 클로로프렌 외장 케이블 접속에 사용한다.

핵심문제 배선재료 및 공구

01 전선의 재료로서 구비해야 할 조건이 아닌 것은?

① 기계적 강도가 클 것
② 가요성이 풍부할 것
③ 고유저항이 클 것
④ 가격이 저렴하고, 구입이 쉬울 것

해설

[전선의 구비조건]
- 경량일 것
- 기계적 강도가 클 것
- 도전율이 클 것
- 비중이 작을 것
- 가요성이 풍부할 것
- 부식성이 작을 것
- 내구성이 클 것

02 연선결정에 있어서 중심 소선을 뺀 층수가 3층이다. 전체 소선 수는?

① 91   ② 61
③ 37   ④ 19

해설

[총 소선수]
$N = 3n(n+1) + 1 = 3 \times 3 \times (3+1) + 1 = 37$

03 연선 결정에 있어서 중심 소선을 뺀 층수가 2층이다. 소선의 총수 N은 얼마인가?

① 45   ② 39
③ 19   ④ 9

해설

[총 소선수]
$N = 3n(n+1) + 1 = 3 \times 2 \times (2+1) + 1 = 19$

04 다음 중 개폐기의 설치장소로 옳지 않은 것은?

① 부하전류를 개폐할 필요가 있는 장소
② 인입구
③ 접지공사의 접지선
④ 퓨즈 전원 측

해설

[개폐기 설치장소]
해안지방의 염성분은 알루미늄을 부식시키므로 동선을 사용한다.

정답 01 ③ 02 ③ 03 ③ 04 ③

05 나전선 등의 금속선에 속하지 않는 것은?

① 경동선(지름 12 [mm] 이하의 것)
② 연동선
③ 동합금선(단면적 35 [mm²] 이하의 것)
④ 경알루미늄선(단면적 35 [mm²] 이하의 것)

해설

[나전선의 종류]
- 경동선(지름 12 [mm] 이하의 것)
- 연동선
- 동합금선(단면적 25 [mm²] 이하)
- 경알루미늄선(단면적 35 [mm²] 이하)
- 알루미늄합금선(단면적 35 [mm²] 이하)
- 아연도강선
- 아연도철선(방청도금한 철선 포함)

06 인입용 비닐 절연전선을 나타내는 약호는?

① OW   ② EV
③ DV   ④ NV

해설

[절연전선 약호]
- OW : 옥외용 비닐절연전선
- DV : 인입용 비닐절연전선

07 옥외용 비닐절연전선의 약호는?

① VV   ② DV
③ OW   ④ NR

해설

[절연전선 약호]
- OW : 옥외용 비닐절연전선
- DV : 인입용 비닐절연전선

08 450/750 [V] 일반용 단심 비닐절연전선의 약호는?

① NRI   ② NF
③ NFI   ④ NR

해설

[절연전선 약호]
- NRI : 300/500 [V] 기기배선용 단심비닐절연전선
- NF : 450/750 [V] 일반용 유연성 단심 비닐절연전선
- NFI : 300/500 [V] 기기배선용 유연성 단심 비닐절연전선
- NR : 450/750 [V] 일반용 단심 비닐절연전선

09 폴리에틸렌 절연 비닐 시스 케이블의 약호는?

① DV   ② EE
③ EV   ④ OW

정답 05 ③ 06 ③ 07 ③ 08 ④ 09 ③

해설

[전선의 약호]
- N : 네온, R : 고무, E : 폴리에틸렌, V : 비닐
- EV : 폴리에틸렌 절연 비닐시스 케이블

10 전선 약호가 VV인 케이블의 종류로 옳은 것은?

① 0.6/1 [kV] 비닐절연 비닐시스 케이블
② 0.6/1 [kV] EP 고무절연 클로로프렌시스 케이블
③ 0.6/1 [kV] EP 고무절연 비닐시스 케이블
④ 0.6/1 [kV] 비닐절연 비닐캡타이어 케이블

해설

[VV]
0.6/1 [kV] 비닐절연 비닐시스 케이블

11 전선 굵기의 결정에서 다음과 같은 요소를 만족하는 굵기를 사용해야 한다. 가장 잘 표현된 것은?

① 기계적 강도, 수용률, 전압강하
② 기계적 강도, 전선의 허용전류, 전압강하
③ 인장강도, 수용률, 최대사용 전압
④ 기계적 강도, 전선의 허용전류

해설

[전선의 굵기 선정 시 고려사항]
기계적 강도, 허용전류, 전압강하

12 전선에 일정량 이상의 전류가 흘러서 온도가 높아지면 절연물이 열화하여 절연성을 극도로 악화시킨다. 그러므로 도체에는 안전하게 흘릴 수 있는 최대 전류가 있다. 이 전류를 무엇이라 하는가?

① 줄전류   ② 불평형 전류
③ 평형전류   ④ 허용전류

해설

[허용전류]
도체에 흘릴 수 있는 최대 전류

13 다음 중 배선기구가 아닌 것은?

① 배전반   ② 개폐기
③ 접속기   ④ 배선용 차단기

해설

[배선기구]
- 배선기구 : 전선을 연결하는 전기기구
- 배선기기의 종류 : 스위치, 콘센트, 플러그, 소켓, 과전류 차단기
- 배전반 : 차단기, 개폐기, 계전기, 계기 등을 한 곳에 집중하여 시설하는 전기 배전설비

정답 10 ① 11 ② 12 ④ 13 ①

14 조명용 백열전등을 호텔 또는 여관 객실의 입구에 설치할 때나 일반 주택 및 아파트 각호실의 현관에 설치할 때 반드시 설치해야 할 스위치는?

① 버튼 스위치 ② 타임 스위치
③ 로터리 스위치 ④ 텀블러 스위치

해설
[타임 스위치]
일반 주택 및 호텔 각 호실의 현관에는 타임 스위치를 설치한다(주택 3분, 호텔 1분 이내 소등).

15 접지단자가 있는 방수형 콘센트를 욕실 내에 시설하려면 바닥면상 최소 몇 [cm] 이상의 높이에 시설하여야 하는가?

① 50 ② 30
③ 100 ④ 80

해설
[방수형 콘센트]
방수형 콘센트는 바닥에서 80 [cm] 이상 높이에 시설한다.

16 다음 중 방수형 콘센트의 심벌은?

①  ②
③  ④

해설
[방수형 콘센트]
· $\bullet_E$: 접지극 붙이
· $\bullet_{WP}$: 방수형 콘센트

17 전기배선용 도면을 작성할 때 사용하는 콘센트 도면기호는?

① ● ② ●
③ ○ ④ ▢

해설
[콘센트 도면기호]
● : 비상조명등
○ : 접지형 보안등
▢ : 점검구

18 아래 그림기호가 나타내는 것은?

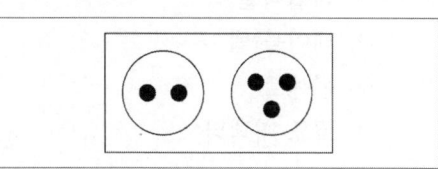

① 비상 콘센트
② 형광등
③ 점멸기
④ 접지저항 측정용 단자

정답 14 ② 15 ④ 16 ③ 17 ① 18 ①

[해설]
[비상 콘센트]
- (2구, 3구)로 구성
- 2구는 220 [V], 3구는 380 [V]

19 하나의 콘센트에 두 개 이상의 플러그를 꽂아 사용할 수 있는 기구는?

① 코드 접속기
② 멀티 탭
③ 테이블 탭
④ 아이어 플러그

[해설]
[멀티 탭]
하나의 콘센트에 2 ~ 3가지의 기구를 사용할 때 쓴다.

20 220 [V] 옥내배선에서 백열전구를 노출로 설치할 때 사용하는 기구는?

① 리셉터클
② 테이블 탭
③ 콘센트
④ 코드 커넥터

[해설]
[리셉터클]
백열전구를 노출로 설치 시 사용한다.

21 코드 상호 간 또는 캡타이어 케이블 상호 간을 접속하는 경우 가장 많이 사용되는 기구는?

① T형 접속기
② 코드 접속기
③ 와이어 커넥터
④ 박스용 커넥터

[해설]
[코드 접속기]
코드 상호, 캡타이어 케이블 상호, 케이블 상호 접속 시 사용

22 주택용 배선용 차단기에서 정격전류 65 [A]인 과전류차단기를 저압 전로에 사용할 때 120분 안에 몇 배의 전류에 동작하면 안 되는가?

① 1.13 ② 1.45
③ 1.6   ④ 2

[해설]
[과전류트립 동작시간(주택용 배선용 차단기)]

정격 전류	시간	정격전류의 배수	
		부동작 전류	동작 전류
63 [A] 이하	60분	1.13배	1.45배
63 [A] 초과	120분	1.13배	1.45배

정답 ● 19 ② 20 ① 21 ② 22 ①

23 전기난방기구인 전기담요나 전기장판의 보호용으로 사용되는 퓨즈는?

① 플러그 퓨즈
② 온도 퓨즈
③ 절연 퓨즈
④ 유리관 퓨즈

해설

[온도 퓨즈]
- 온도가 높아지면 용단하는 퓨즈
- 전기난방기구, 방화문의 폐쇄, 전열기구의 안전장치 등에 사용

24 저압전로에서 20 [A]의 산업용 배선용 차단기를 사용할 때 60분 안에 몇 배의 전류에 동작해야 하는가?

① 1.05배 ② 1.1배
③ 1.3배   ④ 1.5배

해설

[과전류트립 동작시간(산업용배선용 차단기)]

정격 전류	시간	정격전류의 배수	
		부동작 전류	동작 전류
63 [A] 이하	60분	1.05배	1.3배
63 [A] 초과	120분	1.05배	1.3배

25 주택용 배선용 차단기에서 정격전류 65 [A]인 과전류차단기를 저압 전로에 사용할 때 120분 안에 몇 배의 전류에 동작하여야 하는가?

① 1.0배   ② 1.05배
③ 1.1배   ④ 1.45배

해설

[과전류트립 동작시간(주택용 배선용 차단기)]

정격 전류	시간	정격전류의 배수	
		부동작 전류	동작 전류
63 [A] 이하	60분	1.13배	1.45배
63 [A] 초과	120분	1.13배	1.45배

26 과전류차단기로서 저압전로에 사용되는 퓨즈에 있어서 정격전류가 10 [A]인 회로에 19 [A]의 전류가 흘렀을 때 몇 분 이내에 자동적으로 동작하여야 하는가?

① 2분   ② 60분
③ 120분 ④ 240분

해설

[퓨즈의 용단특성]

정격 전류	시간	정격전류의 배수	
		불용단 전류	용단 전류
4 [A] 이하	60분	1.5배	2.1배
4 [A] 초과 16 [A] 미만			1.9배
16 [A] 초과 63 [A] 미만		1.25배	1.6배

정답 23 ② 24 ③ 25 ④ 26 ②

27 변압기 2차 회로의 과부하를 보호하기 위하여 과전류를 차단하는 기능을 갖는 배선용 차단기의 약호는?

① DS ② MCCB
③ EOCR ④ ELB

[해설]
[차단기]
- DS : 단로기
- MCCB : 배선용 차단기
- EOCR : 전자식 과전류차단기
- ELB : 누전차단기

29 배선용 차단기 심벌은?

① E ② B
③ S ④ BE

[해설]
[차단기 심벌]
- E 누전차단기
- B 배선용 차단기
- S 개폐기
- BE 누전차단기(과전류겸용)

28 과전류차단기로서 저압전로에 사용되는 퓨즈에 있어서 정격전류가 50 [A]인 회로에 80 [A]의 전류가 흘렀을 때 몇 분 이내에 자동적으로 동작하여야 하는가?

① 2분 ② 60분
③ 120분 ④ 240분

[해설]
[퓨즈의 용단특성]

정격 전류	시간	정격전류의 배수	
		불용단 전류	용단 전류
4 [A] 이하	60분	1.5배	2.1배
4 [A] 초과 16 [A] 미만	60분	1.5배	1.9배
16 [A] 초과 63 [A] 미만	60분	1.25배	1.6배

30 분기회로에 사용하는 것으로 개폐기 및 자동차단기의 두 가지 역할을 하는 것은?

① 동형 퓨즈
② 유입차단기
③ 배선용 차단기
④ 컷아웃 스위치

[해설]
[배선용 차단기]
분기회로에 사용되며 개폐기 및 차단기 두 가지 역할을 한다.

정답 27 ② 28 ② 29 ② 30 ③

31 저압기계기구로서 사람이 쉽게 접촉하는 장소에 누전차단기 설치 시 금속제 외함의 사용전압의 기준은 몇 [V] 초과인가?

① 50　　② 110
③ 220　　④ 380

해설
[누전차단기 설치조건]
금속제 외함의 사용전압이 50 [V]를 초과하는 저압기계기구로서 사람이 쉽게 접촉할 우려 장소에는 보호대책으로 누전차단기를 설치해야 한다.

32 누전차단기의 설치목적은 무엇인가?

① 단락　　② 단선
③ 지락　　④ 과부하

해설
[누전차단기]
전로의 지락사고가 발생하였을 때 이를 감지하여 회로를 차단함으로써 감전 및 화재를 예방한다.

정답　31 ①　32 ③

Chapter 02 배선설비공사

01 애자사용배선

1 애자 구비조건
절연성, 난연성, 내수성

2 시공

(1) 전선
　① 절연전선 사용(DV전선 제외)
　② 나전선을 사용하는 경우
　　• 열에 의한 영향을 받는 장소
　　• 전선 피복이 부식되는 장소
　　• 취급자 이외의 사람이 출입할 수 없는 장소

(2) 애자 지지점 간 거리 : 2 [m] 이하

(3) 시공전선 간 이격거리

구분	400 [V] 미만	400 [V] 이상
전선 상호 간 거리	6 [cm] 이상	6 [cm] 이상
전선과 조영재의 거리	2.5 [cm] 이상	4.5 [cm] 이상(건조한 곳은 2.5 [cm] 이상)

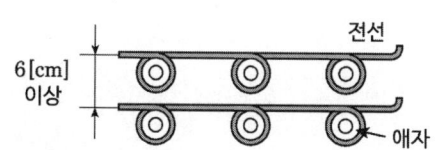

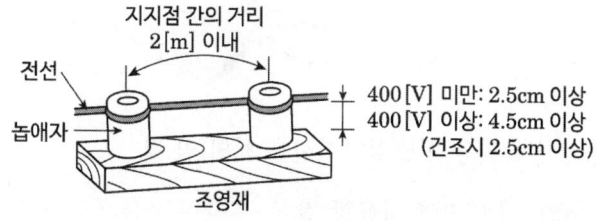

02 몰드배선공사

1 합성수지 몰드

(1) 사용전압은 400 [V] 미만에 사용할 것

(2) 40 ~ 50 [cm] 간격마다 접착테이프와 나사못으로 고정한 후 절연전선을 넣어 배선할 것

(3) 몰드 안에는 전선에 접속점이 없도록 할 것

(4) 홈의 폭과 깊이가 3.5 [cm] 이하, 두께 2 [mm] 이상(사람접촉이 없는 경우 폭 5 [cm] 이하, 두께 1 [mm] 이상)

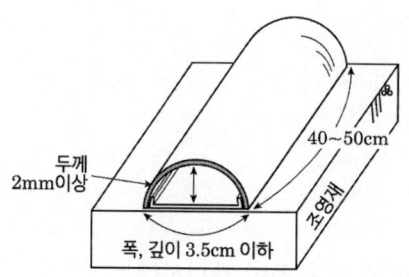

2 금속 몰드

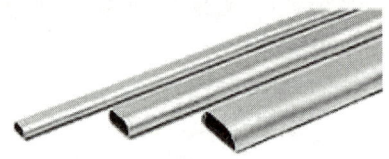

(1) 전선은 절연전선(옥외용 비닐절연전선을 제외)일 것

(2) 사용전압은 400 [V] 미만에 사용할 것

(3) 접속점을 쉽게 점검할 수 있도록 시설할 것

(4) 1종 금속 몰드에 넣는 전선 수 : 10본 이하

(5) 지지점 간 거리 : 1.5 [m]

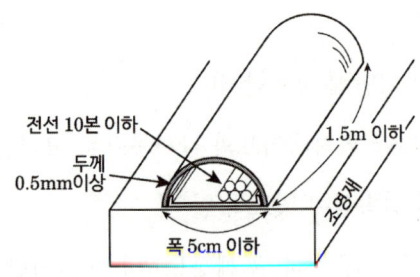

03 관공사

1 합성수지관

(1) 특징

① 절연성과 내부식성이 우수, 시공이 간편하다.

② 비자성체이므로 접지가 필요 없다(피뢰기, 피뢰침의 접지선 보호에 적합).

③ 열에 약하고, 충격강도가 떨어진다(기계적 강도 저하).

(2) 종류

종류	실제모습	특징
경질비닐 전선관(PVC)		관의 굵기 : 안지름의 크기에 가까운 짝수 (14, 16, 22, 28, 36, 42, 54, 70, 82, 100)
		한 본의 길이 : 4 [m]
폴리에틸렌 전선관(PE)		배관 작업 시 토치램프로 가열할 필요가 없다.
합성수지제 가요전선관 (CD)		가요성이 뛰어나 굴곡된 배관작업이 용이하다.
		관의 내면이 파부형이므로 마찰계수가 적다.
		굴곡이 많은 배관에도 전선 인입이 용이하다.

(3) 시공

① 절연전선 사용
- 단선일 때 구리선 10 [mm^2] 알루미늄선 16 [mm^2] 이하 사용
- 그 이상은 연선 사용

② 관 내 접속점생성 금지

③ 관의 지지점 간 거리 : 1.5 [m] 이하

④ 직각으로 구부릴 때(L형)곡률 반지름 : 관 안지름의 6배

⑤ 관 접속 시 삽입하는 관의 길이(커플링 접속)
- 삽입하는 관 바깥지름의 1.2배(접착제는 0.8배) 이상

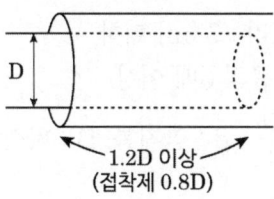

1.2D 이상
(접착제 0.8D)

2 금속전선관

(1) 특징
- ① 전선이 기계적으로 완전히 보호
- ② 단락사고, 접지사고 등에 있어서 화재 우려가 적음
- ③ 접지공사를 완전히 하면 감전의 우려가 없음
- ④ 방습 장치가 가능해, 전선을 내수적으로 시설할 수 있음
- ⑤ 전선의 노후화나 배선방법 변경 시 전선 교환이 쉬움

(2) 종류

구분	후강전선관	박강전선관
관의 호칭	안지름에 가까운 짝수	바깥지름에 가까운 홀수
종류	16, 22, 28, 36, 42, 54, 70, 82, 92, 104	15, 19, 25, 31, 39, 51, 63, 75
한본의 길이	3.6 [m]	

> **TIP**
> 후강 16   22   28   36   42   54   70   82   92   104
>   +1\ +3\ +3\ +5\ +3\ +3\ +7\ +7\ +10→ +12→
>   /+3 /+3 /+3 /+3 /+9 /+9 /+5
> 박강 15   19   25   31   39   51   63   75

(3) 시공
- ① 관의 **두께**와 **공사**
  - 콘크리트에 매설하는 경우 : 1.2 [mm] 이상
  - 기타 : 1 [mm] 이상
- ② 노출 배관 시 지지점 간 거리 : 2 [m] 이하
- ③ L형 곡률 반지름 : 관 안지름의 6배 이상
- ④ 직각 구부리기 $r = 6d + \dfrac{D}{2}$ d : 안지름, D : 바깥지름

(4) 금속관 시공 시 사용되는 부품

부품 종류	실제 모습	용도
로크너트		전선관과 BOX와 연결 시 사용
절연부싱		전선의 피복보호, 금속관 끝에 사용

부품 종류	실제 모습	용도
엔터런스 캡		저압 가공인입선의 인입구
유니온 커플링		관 상호 접속용
노멀 밴드		매입 배관의 직각 굴곡 부분에 사용
유니버셜 엘보우		노출배관공사 시 관을 직각으로 굽히는 곳에 사용
링 리듀셔		BOX의 녹아웃 지름이 관 지름보다 클 때 사용
새들		노출공사 시 배관을 고정할 때 사용

(5) 금속전선관의 굵기 선정

① 전선은 절연전선 사용
- 단선일 때 구리선 10 [mm^2] 알루미늄선 16 [mm^2] 이하 사용
- 그 이상은 연선 사용

② 교류 회로에서는 1회로의 모든 전선을 동일한 관에 넣을 것

③ 전선관 굵기 산정
- 동일 굵기 전선 : 전선관 내 단면적의 48 [%] 이하
- 다른 굵기 전선 : 전선관 내 단면적의 32 [%] 이하

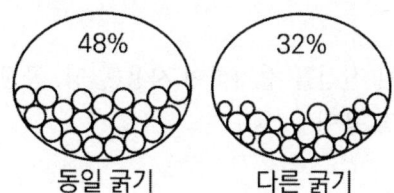

3 가요전선관

(1) 정의 : 가요성이 풍부하며 자유롭게 배선이 가능한 전선관이다.

(2) 금속제 가요전선관의 종류
   ① 제1종 금속제 가요전선관 : 플렉시블 콘딧이라고도 한다.
   ② 제2종 금속제 가요전선관 : 플리커 튜브라고도 한다.
   ③ 호칭 : 안지름에 가까운 짝수(10, 12, 16, 22, 28, 36, 42 …)

(3) 시공
   ① 건조하고 전개된 장소와 점검할 수 있는 은폐장소(단, 기계적 충격을 받을 우려가 있는 장소는 피할 것)
   ② 지지점 간 거리 : 1 [m] 이하
   ③ L형 곡률 반지름 : 관 안지름의 6배 이상(관을 시설하거나 제거가 자유로운 경우는 3배)

(4) 부품
   ① 가요전선관 상호 접속 : 스플릿 커플링
   ② 가요전선관과 금속관과의 접속 : 콤비네이션 커플링
   ③ 가요전선관과 BOX와의 접속 : 스트레이트 BOX커넥터, 앵글 BOX커넥터

04 덕트와 케이블배선

1 금속 덕트

(1) 특징
   ① 강판 덕트 내에 다수의 전선을 정리하여 사용(빌딩, 공장)
   ② 경제적이며 증설·변경 용이

(2) 시공
   ① 폭 5 [cm]를 넘고, 두께 1.2 [mm] 이상인 철판으로 제작
   ② 지지점 간 거리 : 3 [m] 이하(취급자가 출입할 수 없도록 설비한 곳에서 수직으로 붙이는 경우 : 6 [m])
   ③ 덕트 끝부분은 막음
   ④ 금속 덕트 안에는 전선에 접속점이 없도록 할 것

(3) 전선과 덕트 단면적과의 관계

① 전선의 단면적은 덕트 내 단면적의 20 [%] 이하
② 전광사인장치, 출퇴근 표시등, 및 제어회로 등의 배선에 사용되는 전선만을 사용하는 경우 : 50 [%] 이하

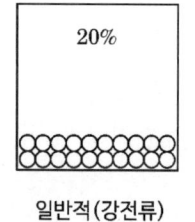 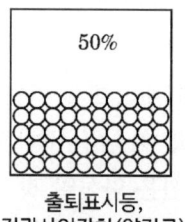

일반적(강전류)   출퇴표시등, 전광사인장치(약전류)

2 버스 덕트

(1) 특징

① 절연 모선을 넣는 덕트이다.
② 빌딩, 공장 등의 저압 배전설비 또는 이동 부하에 전원을 공급하는 수단이다.
③ 나도체를 절연물로 지지하고, 강판 또는 알루미늄으로 만든 덕트 내에 수용한다.

(2) 시공

① 덕트 상호 간 및 전선 상호 간은 견고하고 또한 전기적으로 완전하게 접속할 것
② 덕트를 조영재에 붙이는 경우에는 덕트의 지지점 간 거리 : 3 [m]
   (취급자가 출입할 수 없도록 설비한 곳에서 수직으로 붙이는 경우 : 6 [m])
③ 덕트(환기형의 것을 제외)의 끝부분은 막을 것

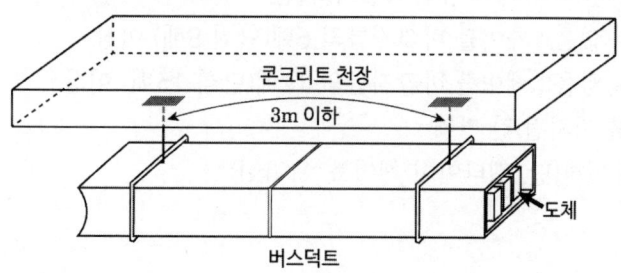

3 플로어 덕트

(1) 특징

① 사무실, 은행, 백화점 등의 배선이 분산된 장소에 사용한다.
② 옥내의 건조한 콘크리트 바닥에 매입할 경우에 시설한다.

(2) 시공

① 전선은 절연전선(옥외용 비닐 절연전선을 제외함)일 것
② 단선은 단면적 10 $[mm^2]$(알루미늄선은 단면적 16 $[mm^2]$) 이하
③ 그 이상의 전선은 연선일 것
④ 플로어 덕트 안에는 전선에 접속점이 없도록 할 것

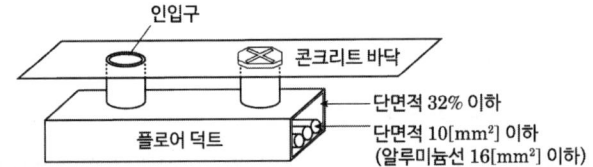

4 케이블배선

(1) 특징

① 절연전선보다는 안정성 우수
② 다른 배선 방식에 비해 시공이 우수하다.

(2) 시공

① 케이블을 구부리는 경우 곡률 반지름
  • 연피 없음 : 케이블 바깥지름의 6배(단심 8배) 이상
  • 연피 있음 : 케이블 바깥지름의 12배(단심 15배) 이상
② 케이블 지지점 간 거리
  2 [m] 이하(단, 캡타이어 케이블 : 1 [m])

핵심문제 배선설비공사

01 부식성 가스 등이 있는 장소에 전기설비를 시설하는 방법으로 적합하지 않은 것은?

① 애자사용배선 시 부식성 가스의 종류에 따라 절연전선인 DV전선을 사용한다.
② 애자사용배선에 의한 경우에는 사람이 쉽게 접촉될 우려가 없는 노출장소에 한한다.
③ 애자사용배선 시 부득이 나전선을 사용하는 경우에는 전선과 조영재의 거리를 4.5 [cm]이상으로 한다.
④ 애자사용배선 시 전선의 절연물이 상해를 받는 장소는 나전선을 사용할 수 있으며, 이 경우는 바닥 위 2.5 [cm] 이상 높이에 시설한다.

해설

[부식성 가스가 있는 곳의 공사]
부식성 가스 등이 있는 장소에 DV(인입용전선)는 사용할 수 없다.

02 저압 옥내배선에서 애자사용공사를 할 때의 내용으로 올바른 것은?

① 전선 상호 간의 간격은 6 [cm] 이상
② 400 [V]를 초과하는 경우 전선과 조영재 사이의 이격거리는 2.5 [cm] 미만
③ 전선의 지지점 간의 거리는 조영재의 윗면 또는 옆면에 따라 붙일 경우에는 3 [m] 이상
④ 애자사용공사에 사용되는 애자는 절연성·난연성 및 내수성과 무관

해설

[애자사용 시공전선 간 이격거리]

구분	400 [V] 미만	400 [V] 이상
전선 상호 간	6 [cm] 이상	6 [cm] 이상
전선 조영재 간	2.5 [cm] 이상	4.5 [cm] 이상 (건조한 곳은 2.5 [cm] 이상)

정답 ● 01 ① 02 ①

03 부식성 가스 등이 있는 장소에 시설할 수 없는 배선은?

① 애자사용배선
② 제1종 금속제 가요전선관배선
③ 케이블배선
④ 캡타이어 케이블배선

해설

[특수장소배선]
부식성 가스 등이 있는 장소이므로 제1종 금속제 가요전선관은 시설할 수 없다(제2종 금속제 가요전선관은 가능).

04 애자사용공사의 저압옥내배선에서 전선 상호 간의 간격은 얼마 이상으로 하여야 하는가?

① 2 [cm]
② 4 [cm]
③ 6 [cm]
④ 8 [cm]

해설

[시공전선 간 이격거리]

구분	400 [V] 미만	400 [V] 이상
전선 상호 간	6 [cm] 이상	6 [cm] 이상
전선 조영재 간	2.5 [cm] 이상	4.5 [cm] 이상 (건조한 곳은 2.5 [cm] 이상)

05 합성수지 몰드공사의 시공에서 잘못된 것은?

① 전선은 절연전선일 것
② 점검할 수 있고 전개된 장소에 사용
③ 베이스를 조영재에 부착하는 경우 1 [m] 간격마다 나사 등으로 견고하게 부착한다.
④ 베이스와 캡이 완전하게 결합하여 충격으로 이탈되지 않을 것

해설

[합성수지 몰드 지지점 간 거리]
40 ~ 50 [cm] 간격마다 접착테이프와 나사못으로 고정한 후 절연전선을 넣어 배선한다.

06 사용전압 400 [V] 이상, 건조한 장소로 점검할 수 있는 은폐된 곳에 저압 옥내배선 시 공사할 수 있는 방법은?

① 합성수지 몰드공사
② 금속 몰드공사
③ 버스 덕트공사
④ 라이팅 덕트공사

해설

[사용전압에 따른 공사방법]
합성수지 몰드공사, 금속 몰드공사 및 라이팅 덕트공사는 사용전압 400 [V] 미만

07 금속 몰드배선 시공 시 사용전압은 몇 [V] 미만이어야 하는가?

① 100　　② 200
③ 300　　④ 400

해설
[금속 몰드공사]
금속 몰드공사는 사용전압 400 [V] 미만

08 옥내의 건조하고 전개된 장소에서 사용전압이 400 [V] 이상인 경우에는 시설할 수 없는 배선공사는?

① 애자사용공사　② 금속 덕트공사
③ 버스 덕트공사　④ 금속 몰드공사

해설
[금속 몰드공사]
금속 몰드공사는 사용전압 400 [V] 미만

09 금속 몰드의 지지점 간의 거리는 몇 [m] 이하로 하는 것이 가장 바람직한가?

① 1　　② 1.5
③ 2　　④ 3

해설
[금속 몰드의 지지점 간의 거리]
1.5 [m] 이하

10 합성수지관 상호 및 관과 박스는 접속 시에 삽입하는 깊이를 관 바깥지름의 몇 배 이상으로 하여야 하는가? (단, 접착제를 사용하지 않은 경우이다)

① 0.2　　② 0.5
③ 1　　　④ 1.2

해설
[합성수지관의 관 상호 접속방법]
• 접착제 미사용 시 : 1.2배 이상
• 접착제 사용 시 : 0.8배 이상

11 금속전선관과 비교한 합성수지전선관공사의 특징으로 거리가 먼 것은?

① 내식성이 우수하다.
② 배관작업이 용이하다.
③ 열에 강하다.
④ 절연성이 우수하다.

해설
[합성수지관의 특징]
• 절연성과 내부식성이 우수하고, 재료가 가볍기 때문에 시공이 편리하다.
• 관 자체가 비자성체이므로 접지할 필요가 없고, 피뢰기·피뢰침의 접지선 보호에 적당하다.
• 열, 충격에 약하다는 결점이 있다.

정답　07 ④　08 ④　09 ②　10 ④　11 ③

12 합성수지관공사의 특징 중 옳은 것은?

① 내열성　② 내한성
③ 내부식성　④ 내충격성

> **해설**
>
> [합성수지관의 특징]
> - 절연성과 내부식성이 우수하고, 재료가 가볍기 때문에 시공이 편리하다.
> - 관 자체가 비자성체이므로 접지할 필요가 없고, 피뢰기·피뢰침의 접지선 보호에 적당하다.
> - 열, 충격에 약하다는 결점이 있다.

13 석유류를 저장하는 장소의 공사방법 중 틀린 것은?

① 케이블공사
② 애자사용공사
③ 금속관공사
④ 합성수지관공사

> **해설**
>
> [위험물이 있는 곳의 공사]
> 금속관공사, 케이블공사 및 합성수지관공사는 모든 장소에서 시설이 가능하다. 단, 합성수지관공사는 열에 약한 특성으로 폭발성 먼지, 가연성 가스, 화약류 보관장소의 배선을 할 수 없다.

14 서로 다른 굵기의 절연전선을 동일 관내에 넣는 경우 금속관의 굵기는 전선의 피복절연물을 포함한 단면적의 총 합계가 관내 단면적의 몇 [%] 이하가 되도록 선정하여야 하는가?

① 32　② 38
③ 45　④ 48

> **해설**
>
> [전선과 금속전선관의 단면적 관계]
> - 동일 굵기 동일 관내 넣는 경우 : 48 [%]
> - 다른 굵기 동일 관내 넣는 경우 : 32 [%]
>
>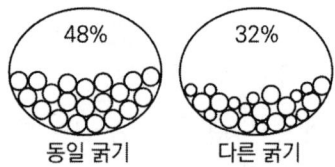

15 금속관 배선에 대한 설명으로 잘못된 것은?

① 금속관 두께는 콘크리트에 매입하는 경우 1.2 [mm] 이상일 것
② 교류회로에서 전선을 병렬로 사용하는 경우 관내에 전자적 불평형이 생기지 않도록 시설할 것
③ 굵기가 다른 절연전선을 동일 관 내에 넣은 경우 피복 절연물을 포함한 단면적이 관 내 단면적의 48 [%] 이하일 것
④ 관의 호칭에서 후강전선관은 짝수, 박강전선관은 홀수로 표시할 것

해설

[전선과 금속전선관의 단면적 관계]
- 동일 굵기 동일 관내 넣는 경우 : 48 [%]
- 다른 굵기 동일 관내 넣는 경우 : 32 [%]

16 금속관 내의 같은 굵기의 전선을 넣을 때는 절연전선의 피복을 포함한 총 단면적이 금속관 내부 단면적의 몇 [%] 이하이어야 하는가?

① 16   ② 24
③ 32   ④ 48

해설

[전선과 금속전선관의 단면적 관계]
- 동일 굵기 동일 관 내 넣는 경우 : 48 [%]
- 다른 굵기 동일 관 내 넣는 경우 : 32 [%]

17 금속관공사에서 노크아웃의 지름이 금속관의 지름보다 큰 경우에 사용되는 재료는?

① 로크너트   ② 부싱
③ 콘넥터   ④ 링 리듀서

해설

[링리듀서]
박스의 노크아웃 지름이 관 지름보다 클 때 관을 박스에 고정시키기 위하여 사용한다.

18 금속관공사를 할 경우 케이블 손상 방지용으로 사용하는 부품은?

① 부싱   ② 엘보
③ 커플링   ④ 로크너트

해설

[부싱]
전선의 절연피복을 보호하기 위하여 금속관 끝에 부착하여 사용한다.

19 금속전선관공사에서 금속관과 접속함을 접속하는 경우 녹아웃 구멍이 금속관보다 클 때 사용하는 부품은?

① 록너트(로크너트)
② 부싱
③ 새들
④ 링 리듀서

해설

[링리듀서]
박스의 노크아웃 지름이 관 지름보다 클 때 관을 박스에 고정시키기 위하여 사용한다.

정답 16 ④ 17 ④ 18 ① 19 ④

20 저압옥내배선에서 합성수지관공사에 대한 설명 중 틀린 것은?

① 합성수지관을 새들 등으로 지지하는 경우는 그 지지점 간의 거리를 3 [m] 이상으로 한다.
② 관 상호의 접속은 박스 또는 커플링 등을 사용하고 직접 접속하지 않는다.
③ 합성수지관 안에는 전선에 접속점이 없도록 한다.
④ 합성수지관 상호 및 관과 박스는 접속 시에 삽입하는 길이를 관 바깥지름의 1.2배 이상으로 한다.

해설
[지지점 간의 거리]
- 합성수지관 : 1.5 [m] 이하
- 관과 박스, 관 상호 간 : 0.3 [m] 이하

21 금속관공사에 사용되는 부품이 아닌 것은?

① 새들　　② 덕트
③ 로크 너트　　④ 링 리듀서

해설
[덕트]
사각 틀을 만들어 절연전선, 케이블 등을 넣어서 배선하는 것

22 합성수지관을 새들 등으로 지지하는 경우 지지점 간의 거리는 몇 [m] 이하인가?

① 1.5　　② 2.0
③ 2.5　　④ 3.0

해설
[지지점 간의 거리]
- 합성수지관 : 1.5 [m] 이하
- 관과 박스, 관 상호 간 : 0.3 [m] 이하

23 금속전선관공사에 필요한 공구가 아닌 것은?

① 스트리퍼　　② 오스터
③ 리머　　④ 파이프 바이스

해설
[스트리퍼]
전선의 피복을 벗겨낼 때 사용한다.

24 금속관공사에서 콘크리트에 매설하는 경우 관의 두께는 몇 [mm] 이상이어야 하는가?

① 0.8　　② 1.2
③ 1.5　　④ 2

해설
[금속전선관의 시공]
- 콘크리트에 매설하는 경우 : 1.2 [mm] 이상
- 기타 : 1 [mm] 이상

정답　20 ①　21 ②　22 ①　23 ①　24 ②

25 플로어 덕트공사에 의한 저압 옥내배선에서 절연전선으로 연선을 사용하지 않아도 되는 것은 굵기가 몇 [mm²] 이하의 경우인가?

① 10   ② 16
③ 3.2   ④ 4.0

해설
[플로어 덕트시공]
단면적 10 [mm²](알루미늄선은 단면적 16 [mm²]) 이하를 사용할 경우에는 단선을 사용하고, 그 외에는 연선을 사용할 것

26 절연전선을 동일 금속 덕트 내에 넣을 경우 금속 덕트의 크기는 전선의 피복절연을 포함한 단면적의 총합계가 금속 덕트 내 단면적의 몇 [%] 이하가 되도록 선정하여야 하는가? (단, 제어회로 등의 배선에 사용하는 전선만 넣는 경우이다)

① 30 [%]   ② 40 [%]
③ 50 [%]   ④ 60 [%]

해설
[금속 덕트 수용전선]
- 덕트 단면적(절연을 포함) 20 [%] 이하
- 전광사인장치, 출퇴표시등, 제어회로 등에 전선만 넣을 시 50 [%] 이하

27 플로어 덕트공사의 설명 중 옳지 않은 것은?

① 덕트 상호 간 접속은 견고하고 전기적으로 완전하게 접속하여야 한다.
② 덕트의 끝 부분은 막는다.
③ 덕트 및 박스 기타 부속품은 물이 고이는 부분이 없도록 시설하여야 한다.
④ 플로어 덕트는 옥외용 비닐전선을 사용할 것

해설
[플로어 덕트시공]
플로어 덕트는 옥외용 비닐 절연전선을 제외한 절연전선을 사용할 것

28 다음 중 버스 덕트가 아닌 것은?

① 플로어 버스 덕트
② 피더 버스 덕트
③ 트롤리 버스 덕트
④ 플러그인 버스 덕트

해설
[버스 덕트의 종류]

명칭	비고
피더 버스 덕트	도중에 부하를 접속하지 않는 것
플러그인 버스 덕트	도중에서 부하를 접속할 수 있도록 꽂음 구멍이 있는 것
트롤리 버스 덕트	도중에서 이동부하를 접속할 수 있도록 트롤리 접속식 구조로 한 것

정답 25 ① 26 ③ 27 ④ 28 ①

29 플로어 덕트공사에 의한 저압 옥내배선에서 절연전선으로 연선을 사용하지 않아도 되는 것은 알루미늄선인 경우 굵기가 몇 [mm^2] 이하의 경우인가?

① 6 ② 10
③ 16 ④ 22

해설

[플로어 덕트시공]
단면적 10 [mm^2](알루미늄선은 단면적 16 [mm^2]) 이하를 사용할 경우에는 단선을 사용하고, 그 외에는 연선을 사용할 것

30 플로어 덕트공사에 대한 설명 중 틀린 것은?

① 플로어 덕트는 옥외용 비닐 절연전선을 제외한 절연전선을 사용한다.
② 인출구는 밀봉하지 않는다.
③ 덕트 상호 간 접속은 견고하고 전기적으로 완전하게 접속하여야 한다.
④ 덕트 및 박스, 기타 부속품은 물이 고이는 부분이 없도록 시설하여야 한다.

해설

[플로어 덕트시공]
플로어 덕트의 인출구는 물이 스며들지 않도록 밀봉하여야 한다.

31 플로어 덕트공사에 의한 저압 옥내배선에서 절연전선으로 연선을 사용하지 않아도 되는 것은 굵기가 몇 [mm^2] 이하의 경우인가?

① 10 ② 16
③ 3.2 ④ 4.0

해설

[플로어 덕트시공]
단면적 10 [mm^2](알루미늄선은 단면적 16 [mm^2]) 이하를 사용할 경우에는 단선을 사용하고, 그 외에는 연선을 사용할 것

정답 ● 29 ③ 30 ② 31 ①

Chapter 03 전선 및 기계기구의 보안공사

01 전압

1 전압의 종류

(1) 종류

구분	교류전압 범위	직류전압 범위
저압	1 [kV] 이하	1.5 [kV] 이하
고압	1 [kV] 초과 ~ 7 [kV] 이하	1.5 [kV] 초과 ~ 7 [kV] 이하
특별 고압	7 [kV] 초과	

(2) 용어
 ① 공칭전압 : 선로를 대표하는 선간전압
 ② 정격전압 : 사용상 기준이 되는 전압
 ③ 대지전압 : 측정점과 대지 사이의 전압

2 옥내배전선로의 대지전압 제한

구분	시공
주택의 옥내전로	• 옥내 전로의 대지전압 : 300 [V] 이하 • 사용전압 : 400 [V] 미만 • 사람이 쉽게 접촉할 우려가 없을 것 • 전로 인입구에는 누전 차단기를 설치할 것 • 백열전등 및 형광등 안정기는 옥내배선과 직접 접속한다. • 전구 소켓은 키나 점멸기구가 없는 기구일 것 • 2 [kW] 이상 부하는 옥내배선과 직접 시설하고, 전용의 개폐기 및 과전류 차단기를 시설한다.
주택 이외의 옥내 전로	대지전압 300 [V] 이하

02 간선 및 분기회로

1 간선

(1) 간선이란
　① 근간으로 되어 있는 송배전 또는 인입 개폐기 또는 변전실의 저압 배전반에서 분기 보안장치에 이르는 전로
　② 배전선 또는 송전선으로 주변전소와 각 변전소를 연결하는 선

(2) 간선의 굵기 결정요소
　간선의 허용전류, 기계적 강도, 전압강하

(3) 간선의 허용전류

전동기 정격전류	허용전류 계산
50 [A] 이하	정격전류의 합 × 1.25배
50 [A] 초과	정격전류의 합 × 1.1배

(4) 간선의 수용률

대상	10 [kVA] 이하	10 [kVA] 초과
주택, 아파트, 기숙사, 여관, 호텔, 병원	100 [%]	50 [%]
사무실, 은행, 학교	100 [%]	70 [%]

(5) 간선의 보호장치(과부하 보호장치)
　① 설치위치
　　전로 중 도체의 단면적, 특선, 설치방법, 구성의 변경으로 도체의 허용전류 값이 줄어드는 곳(분기점)에 설치해야 한다.
　② 설치방법
　　분기회로(S_2)의 보호장치(P_2)는 분기점으로부터 3 [m]까지 이동하여 설치할 수 있다.
　　(단, P_2의 전원 측에서 분기점(O) 사이에 다른 분기회로 또는 콘센트의 접속이 없고 인체에 대한 위험성이 최소화되도록 시설된 경우)

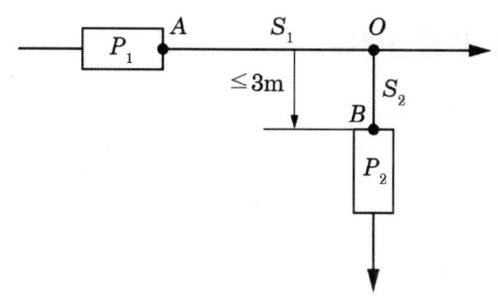

2 분기회로

(1) 분기회로 : 간선으로부터 분기하여 과전류 차단기를 거쳐 각 부하에 전력을 공급하는 배선

(2) 종류 : 15 [A], 20 [A], 30 [A], 50 [A]

(3) 부하의 산정

구분	대상	표준부하 밀도 [VA/m²]
표준부하	공장, 공회장, 극장, 교회, 영화관	10
	기숙사, 여관, 호텔, 병원, 음식점, 학교	20
	사무실, 은행, 백화점	30
	주택, 아파트	40
부분부하	계단, 복도, 세면장, 창고	5
	강당, 관람석	10

(4) 분기회로 시공

① 전선의 굵기 결정
② 개폐기 및 과전류 차단기
③ 전등과 콘센트는 전용의 분기회로 사용할 것
④ 분기회로 길이는 30 [m] 이하
⑤ 복도, 계단, 습기가 있는 장소는 별도의 분기회로를 사용
⑥ 정확한 부하 산정이 어려운 경우

03 전로의 절연저항 및 절연내력

1 전로의 절연

(1) 절연의 필요성

① 누설전류로 인한 화재 및 감전사고 방지
② 전력 손실 방지
③ 지락전류에 의한 통신선에 유도장해 방지

(2) 저압전로의 절연저항

전로의 사용전압 [V]	DC 시험전압	절연저항 [MΩ]
SELV 및 PELV	250	0.5
FELV, 500 [V] 이하	500	1.0
500 [V] 초과	1,000	1.0

ELV(Extra Low Voltage, 특별저압)
SELV, PELV : 1, 2차가 전기적으로 절연된 회로
FELV : 1, 2차가 전기적으로 절연되지 않은 회로

(3) 옥외배선의 누설전류와 절연저항

- 누설전류 $\leq \dfrac{최대 공급 전류}{2000}$

- 옥외배선의 절연저항 $\geq \dfrac{사용전압}{누설전류}$ [Ω]

(4) 고압, 특고압 전로 및 기기의 절연

① 절연내력 시험을 통해서 절연상태를 점검한다.
② 절연내력 시험전압
- 시험전압을 전로와 대지 사이 10분간 연속적으로 시행
- 케이블 시험 시험전압 × 2배의 직류전압 사용

• 전로의 시험전압

구분		시험전압 배율	시험 최저전압 [V]
중성점 비접지식	7 [kV] 이하	1.5	500
	7 [kV] 초과 25 [kV] 이하	1.25	10,500
	25 [kV] 초과	1.25	-
중성점 접지식	7 [kV] 이하	1.5	500
	7 [kV] 초과 25 [kV] 이하	0.92	-
	25 [kV] 초과 60 [kV] 이하	1.25	-
	60 [kV] 초과 170 [kV] 이하	0.72	

③ 시험전압 인가 장소
  • 회전기 : 권선과 대지 사이
  • 변압기 : 권선과 권선, 권선과 철심, 권선과 외함 사이
  • 전기기구 : 충전부와 대지 사이

04 접지와 피뢰기

1 접지

(1) 접지의 목적
  ① 누설전류로 인한 감전 방지
  ② 고·저압 혼촉 시 대전류를 대지로 방전
  ③ 뇌해로 인한 전기설비 보호
  ④ 전로에 지락사고 발생 시 보호 계전기 동작 확실
  ⑤ 이상전압 상승 방지
  ⑥ 절연강도 낮추기 위해 실시

(2) 접지시스템의 구분

　① 계통접지 : 전력계통의 이상현상에 대비하여 대지와 계통을 접속
　　• TN 계통 : 전원 측의 한 점을 직접접지하고 설비의 노출도전부를 보호도체로 접속시키는 방식
　　• TT 계통 : 전원의 한 점을 직접 접지하고 설비의 노출도전부는 전원의 접지전극과 전기적으로 독립적인 접지극에 접속하는 방식
　　• IT 계통 : 충전부 전체를 대지로부터 절연시키거나 한 점을 임피던스를 통해 대지에 접속시키는 방식
　② 보호접지 : 감전보호를 목적으로 기기의 한 점 이상을 접지
　③ 피뢰시스템접지 : 뇌격전류를 안전하게 대지로 방류하기 위한 접지

(3) 접지시스템의 시설종류

　• 독립접지 : 각 접지극을 개별적으로 접지
　• 공용접지 : 접지 전극을 서로 연결한 접지
　• 통합접지 : 각 설비의 접지를 한 곳에 통합하여 접지

(4) 전주에 시설하는 접지선의 시설기준

　① 접지극 : 지하 0.75 [m] 이상의 깊이로 매설
　② 접지극을 철주 밑면으로부터 0.3 [m] 이상의 깊이로 매설하는 경우 이외에는 접지극과 금속체와의 이격거리 : 1 [m] 이상
　③ 접지선은 지표상 0.6 [m]까지는 절연전선, 캡타이어 케이블 또는 케이블로 시공할 것 (OW 제외)
　④ 지하 0.75 [m]에서 지표상 2 [m]까지는 두께 2 [mm] 이상의 합성수지관 또는 이와 동등 이상의 강도를 가진 것으로 덮을 것

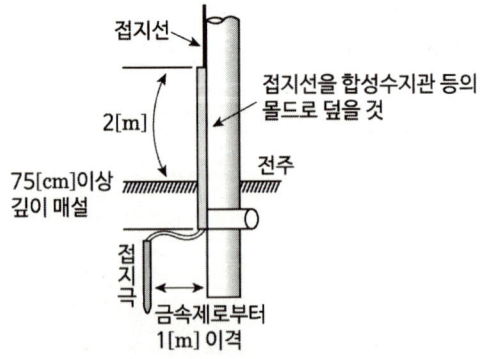

(5) 접지 전극의 시설
   ① 금속제 수도관을 접지극으로 사용 시 : 3 [Ω] 이하
   ② 건물의 철골 또는 금속체를 접지극으로 사용 시 : 2 [Ω] 이하
(6) 접지도체의 최소 단면적
   ① 구리 : 6 [mm^2] 이상
   ② 철제 : 50 [mm^2] 이상

2 피뢰기(LA)

(1) 피뢰기

낙뢰에 의한 충격이나 기타의 이상전압을 대지에 방전시켜 기기의 절연파괴를 방지하기 위해 사용하는 장치

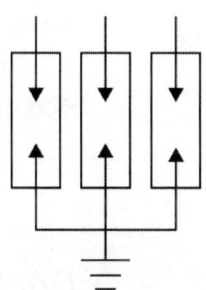

(2) 피뢰기 설치장소
   ① 발전소, 변전소 또는 이에 준하는 장소의 가공전선 인입구 및 인출구
   ② 가공전선로 접속하는 특고압 배전용 변압기의 고압 측 및 특별고압 측
   ③ 고압 또는 특별고압 가공전선로로부터 공급을 받는 수용장소의 인입구
   ④ 가공전선로와 지중전선로가 접속되는 곳

(3) 피뢰설비 재료의 최소 단면적

수뢰부, 인하도선, 접지극 : 50 [mm^2] 이상

핵심문제 전선 및 기계기구의 보안공사

01 전압의 구분에서 저압 직류전압은 몇 [V] 이하인가?

① 400　　② 600
③ 1,000　　④ 1,500

해설

[전압의 종류]

구분	교류전압 [V]	직류전압 [V]
저압	1,000 이하	1,500 이하
고압	1,000 ~ 7,000	1,500 ~ 7,000
특별 고압	7,000 초과	

02 저압 옥내 간선에 사용되는 전선에 관한 사항이다. 간선에 접속하는 전동기 등의 정격전류 합계가 50 [A]를 초과하는 경우 그 정격전류 합계의 몇 배의 허용전류가 있는 전선이어야 하는가?

① 0.8　　② 1.1
③ 1.25　　④ 3.0

해설

[전동기 부하의 간선의 굵기 산정]

전동기 정격전류	허용전류 계산
50 [A] 이하	정격전류 합계의 1.25배
50 [A] 초과	정격전류 합계의 1.1배

03 옥내등 분기회로에서 옥외등배선을 인출할 경우에 인출점 부근에 시설해야 하는 것은?

① 지락 차단기　　② 과전류 차단기
③ 누전 차단기　　④ 과전압 차단기

해설

[과전류 차단기 설치장소]
옥내등 분기회로에서 옥외등배선을 인출할 경우는 인출점 부근에 개폐기 및 과전류차단기를 시설할 것

04 저압옥내 분기회로에 개폐기 및 과전류 차단기를 시설하는 경우 원칙적으로 분기점에서 몇 [m] 이하에 시설하여야 하는가?

① 3　　② 5
③ 8　　④ 12

해설

[간선의 보호장치 설치방법]
분기회로의 과전류차단기는 원칙적으로 3 [m] 이하의 곳에 설치한다.

정답 01 ④　02 ②　03 ②　04 ①

05 저압 옥내전로에서 전동기의 정격전류가 60 [A]인 경우 전선의 허용전류 [A]는 얼마 이상이 되어야 하는가?

① 66　　② 75
③ 78　　④ 90

해설
[전동기 부하의 간선의 굵기 산정]

전동기 정격전류	허용전류 계산
50 [A] 이하	정격전류 합계의 1.25배
50 [A] 초과	정격전류 합계의 1.1배

06 간선에 접속하는 전동기의 정격전류의 합계가 100 [A]인 경우에 간선의 허용전류가 몇 [A]인 전선의 굵기를 선정하여야 하는가?

① 100　　② 110
③ 125　　④ 200

해설
[전동기 부하의 간선의 굵기 산정]
전동기의 정격전류가 50 [A] 초과일 경우 허용전류는 정격전류 합계의 1.1배이다.

07 저압 옥내간선 시설 시 전동기의 정격전류가 20 [A]이다. 전동기 전용 분기회로에 있어서 허용전류는 몇 [A] 이상으로 하여야 하는가?

① 20　　② 25
③ 30　　④ 60

해설
[전동기 부하의 간선의 굵기 산정]
전동기의 정격전류가 50 [A] 이하일 경우 허용전류는 정격전류 합계의 1.25배이다.

08 분기회로에 사용하는 것으로 개폐기 및 자동차단기의 두 가지 역할을 하는 것은?

① 동형 퓨즈
② 유입차단기
③ 배선용 차단기
④ 컷아웃 스위치

해설
[배선용 차단기]
분기회로에 사용되며 개폐기 및 차단기 두 가지 역할을 한다.

정답 05 ① 06 ② 07 ② 08 ③

09 간선에서 분기하여 분기 과전류차단기를 거쳐서 부하에 이르는 사이의 배선을 무엇이라 하는가?

① 간선　　　② 인입선
③ 중성선　　④ 분기회로

해설

[분기회로]
급전선 → 간선 → 분기회로 → 부하

10 배선설계를 위한 전동 및 소형 전기기계기구의 부하용량 산정 시 건축물의 종류에 대응한 표준부하에서 원칙적으로 표준부하를 20 [VA/m²]으로 적용하여야 하는 건축물은?

① 교회, 극장　　② 학교, 음식점
③ 은행, 상점　　④ 아파트, 미용원

해설

[부하의 산정]
표준부하는 아래와 같다.

건축물	표준부하 [VA/m²]
공장, 교회, 극장, 영화관, 연회장	10
기숙사, 여관, 호텔, 병원 학교, 음식점	20
사무실, 은행, 상점, 이발소, 미장원	30
주택, 아파트	40

11 다음 중 ( ) 안에 들어갈 내용은?

> 유입 변압기에 많이 사용되는 목면, 명주, 종이 등의 절연재료는 내열등급 ( )으로 분류되고, 장시간 지속하여 최고 허용온도 ( ) [℃]를 넘어서는 안 된다.

① Y종, 90　　　② A종, 105
③ E종, 120　　④ B종, 130

해설

[변압기 절연물 최고 허용온도]

종류	최고 허용온도(℃)	절연재료
A종	105	목면, 견, 종이 등 바니스류에 함침된 것

12 전로의 사용전압이 저압인 전로의 대지 사이의 절연저항은 SELV 및 PEV인 경우 DC250 [V] 사용전압에서 몇 옴 이상의 값이어야 하는가?

① 0.1　　② 0.5
③ 1.0　　④ 2

해설

[저압전로의 절연저항]

전로 사용전압 [V]	DC 시험전압 [V]	절연저항 [MΩ]
SELV 및 PELV	250	0.5
FELV, 500 [V] 이하	500	1.0
500 [V]이하	1,000	1.0

13 다음 중 저항이 큰 값일수록 좋은 것은?

① 접지저항　② 절연저항
③ 도체저항　④ 접촉저항

해설

[절연저항]
감전의 위험이 있으므로 절연저항은 큰 것이 좋다.

14 계통접지의 구성이 아닌 것은?

① TT　② TN
③ IN　④ IT

해설

[계통접지]
계통접지의 종류 : TT, TN, IT

15 네온 방전등에 공급하는 전로의 대지전압은 몇 [V] 이하인가?

① 100　② 110
③ 150　④ 300

해설

[네온방전등 대지전압]
네온방전등에 공급하는 전로의 대지전압은 300 [V] 이하로 하여야 한다.

16 전원의 한 점을 직접 접지하고 설비의 노출도전부는 전원의 접지전극과 전기적으로 독립적인 접지극에 접속시킬 수 있으며 배전계통에서 PE도체를 추가로 접지할 수 있는 접지계통은?

① TT　② IT
③ TN　④ IN

해설

[계통접지]
TT계통에 관한 설명이다.

17 변압기 중성점에 접지공사를 하는 이유는?

① 전류 변동의 방지
② 전압 변동의 방지
③ 전력 변동의 방지
④ 고저압 혼촉 방지

정답　13 ②　14 ③　15 ④　16 ①　17 ④

해설

[변압기 중성점 접지공사]
변압기 중성점 접지공사의 목적은 고저압 혼촉 시 2차 측 전위 상승 방지하는 것이다.

18 지중에 매설되어 있는 금속제 수도관로는 접지공사의 접지극으로 사용할 수 있다. 이때 수도관로는 대지와의 전기저항치가 얼마 이하이어야 하는가?

① 1 [Ω] ② 2 [Ω]
③ 3 [Ω] ④ 4 [Ω]

해설

[접지 전극의 시설]
금속제 수도관을 접지극으로 사용할 경우 3 [Ω] 이하여야 한다.

19 사람이 접촉될 우려가 있는 곳에 시설하는 경우 접지극은 지하 몇 [cm] 이상의 깊이에 매설하여야 하는가?

① 30 ② 45
③ 50 ④ 75

해설

[접지선의 시설기준]
접지공사의 접지극은 지하 75 [cm] 이상 되는 깊이로 매설하여야 한다.

20 접지공사에서 접지선을 철주, 기타 금속체를 따라 시설하는 경우 접지극은 지중에서 그 금속체로부터 몇 [cm] 이상 띄어 매설하는가?

① 30 ② 60
③ 75 ④ 100

해설

[접지선의 시설기준]
- 접지극은 지하 75 [cm] 이상으로 매설한다.
- 접지선을 철주 기타의 금속체를 따라서 시설하는 경우에는 접지극을 철주의 밑면부터 30 [cm] 이상의 깊이에 매설하거나 접지극을 지중에서 금속체로부터 1 [m] 이상 띄어 매설한다.

21 피뢰기의 약호는?

① LA ② PF
③ SA ④ COS

해설

[설비 약호]
① LA : 피뢰기
② PF : 전력용 퓨즈
③ SA : 서지 흡수기
④ COS : 컷아웃 스위치

정답 18 ③ 19 ④ 20 ④ 21 ①

22 다음의 심벌의 명칭은 무엇인가?

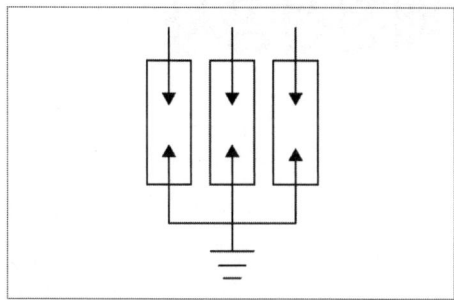

① 단로기
② 파워퓨즈
③ 피뢰기
④ 고압 컷아웃 스위치

해설

[피뢰기]
피뢰기의 심벌이다.

정답 22 ③

Chapter 04 가공인입선 및 배전선공사

01 가공인입선공사

1 가공인입선

(1) 정의

가공전선로의 지지물에서 분기하여, 다른 지지물을 거치지 않고 수용장소에 바로 들어오는 전선이다.

(2) 가공인입선 설치

① 지름 2.6 [mm](경간 15 [m] 이하는 2 [mm])의 경동선을 사용한다.
② 전선 종류 : OW, DV, 케이블

(3) 저·고압 가공전선의 높이

구분	저압인입선	고압 및 특고압인입선
철도 궤도 횡단	6.5 [m]	6.5 [m]
도로 횡단	5 [m]	6 [m]
기타(인도)	4 [m]	5 [m]
횡단보도	3 [m]	3.5 [m]

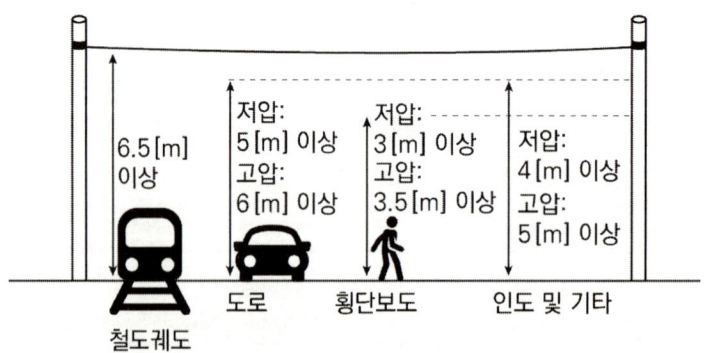

(4) 고압 가공전선로 경간의 제한 범위

① 목주, A종 철주, A종 철근 콘크리트주 : 150 [m]

② B종 철주, B종 철근 콘크리트주 : 250 [m]

③ 철탑 : 600 [m]

2 연접인입선

(1) 정의

한 수용 장소의 인입선에서 분기하여 다른 지지물을 거치지 아니하고 다른 수용가의 인입구에 이르는 부분의 전선이다.

(2) 제한 규정

① 폭 5 [m] 넘는 도로 횡단금지

② 옥내 관통 금지

③ 고압 연접인입선 시설금지

④ 분기하는 점에서 100 [m]를 넘지 않을 것

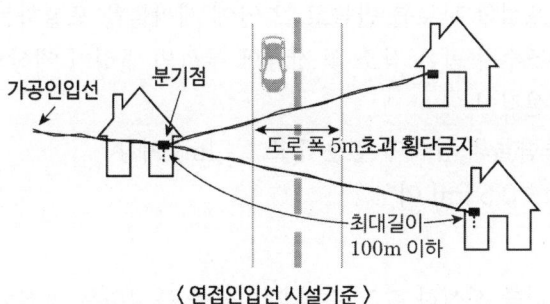

〈 연접인입선 시설기준 〉

02 지중전선로

1 지중전선로의 정의

케이블을 이용하여 땅속에 시설하는 전선로를 의미한다.

2 특징

(1) 전력 사용의 안정도가 향상된다.

(2) 도시 미관을 저해하지 않는다.

(3) 시설비가 많이 들고, 선로 사고 시 복구 시간이 많이 걸린다.

3 시설방식

(1) 직접 매설식
   ① 땅을 파서 트로프에 케이블을 직접 포설하는 방식
   ② 지중 케이블의 상부에는 견고한 판 또는 경질 비닐판으로 덮어서 매설한다.
   ③ 케이블의 매설 깊이
      차량 등 중량물의 압력이 있는 장소 : 1 [m] 이상
   ④ 그 외 장소 : 0.6 [m] 이상

(2) 관로식
   ① 케이블을 포설할 관로를 만들고 그 안에 케이블을 포설하는 방식이다.
   ② 케이블의 조수가 많은 장소 및 장래에 부하의 변경이 예상되는 장소에 사용한다.
   ③ 관로의 매설깊이
      차량 등 중량물의 압력이 있는 장소 : 1 [m] 이상
   ④ 그 외 장소 : 0.6 [m] 이상

(3) 암거식
   ① 지중에 암거를 시설하고 그 속에 케이블을 포설하는 방식이다.
   ② 케이블은 암거의 측벽에 받침대나 선반에 의해 지지하며, 작업자의 보행을 위한 통로를 확보하여 시설한다.

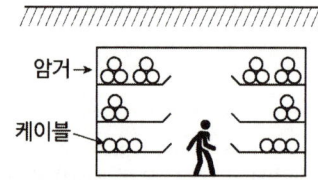

03 건주, 장주 및 가선

1 건주

(1) 정의 : 전주를 땅에 세우는 공정

(2) 전주가 땅에 묻히는 깊이

전주 길이 및 하중	근입 깊이
15 [m] 이하	전주길이 × $\frac{1}{6}$ [m] 이상
15 [m] 초과	2.5 [m] 이상
14 ~ 20 [m](하중 6.8 ~ 9.8 [kN])	0.3 [m] 가산

(3) 도로의 경사면 또는 논과 같이 지반이 약한 곳은 0.3 [m]를 가산하거나, 근가를 사용하여 보강한다.

2 지선

(1) 정의 : 전주가 기우는 것을 방지하기 위해 설치하는 선

(2) 지선의 목적
   ① 선로의 신뢰도를 높이기 위해서 설치
   ② 폭풍에 견딜 수 있도록 5기마다 1기의 비율로 선로 방향으로 전주 양측에 설치

(3) 지선시공
   ① 지선 애자
      • 위치 : 지표상 2.5 [m]
      • 종류 : 구형애자(지선애자, 옥애자)
   ② 지선의 부착 각도 : 30° ~ 40°로 하되 60° 이하로 설치
   ③ 안전율 : 2.5 이상
   ④ 허용 인장 하중 : 440 [kg] 이상(4.31 [kN] 이상)
   ⑤ 지선에 연선을 사용하는 경우
      • 소선 3가닥 이상
      • 소선 지름 2.6 [mm] 이상의 금속선(단, 소선의 지름이 2 [mm] 이상인 아연도금 강연선으로 소선의 인장강도가 0.68 [kN/mm^2] 이상인 것)

⑥ 도로 횡단 시 지선 높이 : 5 [m] 이상
⑦ 지선로드
  • 지표상 30 [cm]까지 나오게 할 것
  • 내식성을 가질 것
  • 아연도금한 철봉일 것

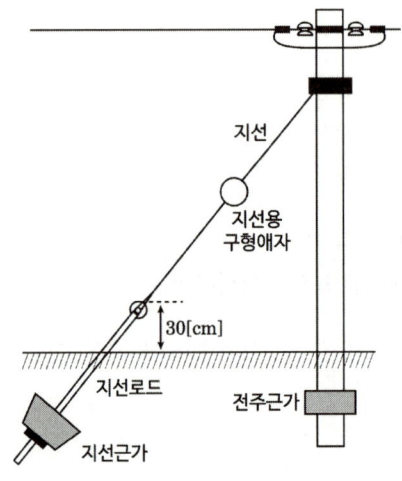

〈 지선의 구성요소 〉

(4) 지선의 종류

구분	특징
보통 지선	전주 길이의 1/2 거리에 지선용 근가를 매설하여 설치
수평 지선	보통지선을 설치할 수 없는 경우에 전주와 전주 간, 전주와 지선주 간에 설치
공동 지선	두 개의 지지물에 공동으로 시설하는 지선
Y 지선	다단 완금을 경우, 장력이 클 경우, H주일 경우에 보통지선을 2단으로 설치
궁지선	장력이 적고, 타 종류의 지선을 사용할 수 없는 경우에 설치

3 장주

(1) 정의

지지물에 전선 그 밖의 기구를 고정시키기 위하여 완금, 완목, 애자 등을 장치하는 공정

(2) 완금의 설치

① 완금의 종류 : 경(ㅁ형)완금, ㄱ형 완금
② 완금의 길이

[단위 : mm]

전선의 조수	특고압	고압	저압
2	1,800	1,400	900
3	2,400	1,800	1,400

③ 완금 고정
- 전주의 말구에서 25 [cm] 되는 곳에 1볼트, U볼트, 밴드를 사용하여 고정
- 암타이 : 완금이 상하로 움직이는 것을 방지
- 암타이 밴드 : 암타이를 고정

(3) 래크(Rack)배선

저압선의 경우에 완금을 설치하지 않고 전주에 수직방향으로 애자를 설치하는 배선으로 중성선을 최상단에 설치한다.

4 전주 설치조건

(1) 전주 외등

① 기구 부착 높이는 지표상 4.5 [m] 이상 (단, 교통에 지장이 없는 경우 3 [m] 이상)
② 백열전등 및 형광등의 기구를 전주에 부착한 점으로부터 돌출되는 수평거리 1 [m] 이내
③ 기구와 기타시설물(가공전선 제외) 또는 식물 사이의 이격거리는 0.6 [m] 이상

(2) 전주 발판볼트

가공전선의 지지물에 승탑 또는 승강용으로 사용하는 발판볼트는 지표상 1.8 [m] 미만에 시설 금지

5 주상 변압기

(1) 주상 변압기 설치
   ① 행거 밴드를 사용하여 고정
   ② 변압기 1차 측 전선 : 고압 절연 전선 또는 클로로프렌 외장 케이블을 사용
   ③ 변압기 2차 측 전선 : OW 또는 비닐 외장 케이블

(2) 변압기 보호
   ① 변압기 1차 측 : 컷아웃 스위치(COS) → 변압기의 단락을 보호
   ② 변압기 2차 측 : 캐치홀더

(3) 변압기 높이
   ① 시가지(도심지) : 4.5 [m] 이상
   ② 시가지 외 : 4 [m] 이상

(4) 구분 개폐기
전력계통의 수리, 화재 등의 사고 발생 시에 구분개폐를 2 [km] 이하마다 설치하여 파급효과를 제한한다.

6 가선공사

(1) ACSR
   ① 강심 알루미늄연선
   ② 두 종류 이상의 금속선을 꼬아서 만든 전선

(2) 중공전선
200 [kV] 이상의 초고압 송전선로에서는 코로나 발생을 방지하기 위해 단면적은 증가시키지 않고, 전선의 바깥지름만 필요한 만큼 크게 만든 전선

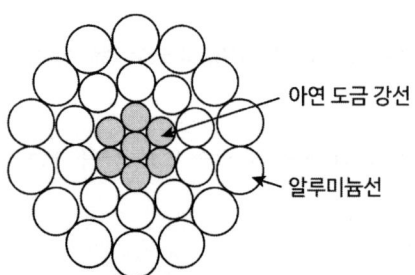

ACSR(강심 알루미늄 연선)

7 배전반의 종류

(1) 라이브 프런트식 배전반
    ① 종류 : 수직형
    ② 대리석, 철판 등으로 만들고 개폐기가 표면에 나타나 있다.

(2) 데드 프런트식 배전반(Dead Front Board)
    ① 종류 : 수직형, 벤치형, 포스트형, 조합형
    ② 반표면은 각종 기계와 개폐기의 조작 핸들만이 나타나고, 모든 충전 부분은 배전반 이면에 장치한다.

(3) 폐쇄식 배전반
    ① 종류 : 조립형, 장갑형
    ② 데드 프런트식 배전반의 옆면 및 뒷면을 폐쇄하여 만든다.
    ③ 큐비클형(Cubicle Type)이라고도 한다.
    ④ 점유 면적이 좁고 운전·보수에 안전하므로 공장, 빌딩 등의 전기실에 많이 사용된다.

8 배전반 설치기기

(1) 차단기(CB)
    ① 차단기 종류

구분	구조 및 특징
유입차단기(OCB)	전로를 차단할 때 발생한 아크를 절연유를 이용하여 소멸시키는 차단기이다.
자기차단기(MBB)	아크와 직각으로 자계를 줘 아크를 소호실로 흡입해 아크전압을 증대시킨 후 냉각해 소호하는 구조다.
공기차단기(ABB)	개방할 때 접촉자가 떨어지면서 발생하는 아크를 압축공기를 이용하여 소호하는 차단기이다.
진공차단기(VCB)	진공도가 높은 상태에서는 절연내력이 높아지고 아크가 분산되는 원리를 이용하여 소호하고 있는 차단기이다.
가스차단기(GCB)	절연내력이 높고, 불활성인 6불화황(SF_6) 가스를 고압으로 압축하여 소호매질로 사용한다.

구분	구조 및 특징
기중차단기(ACB)	자연공기 내에서 회로를 차단할 때 접촉자가 떨어지면서 자연 소호에 의한 소호방식을 가지는 차단기, 교류 600 [V] 이하 또는 직류차단기로 사용된다.

② 6불화황(SF_6)가스의 특징
- 절연내력과 소호특성이 좋다.
- 물리적 화학적으로 안정하며 불활성 기체이다.
- 절연특성의 회복이 빠르다.
- 무색, 무취, 무해가스이다.
- 동일 압력에서 공기보다 2.5 ~ 3배 정도 절연내력이 높다.

(2) 개폐기

장치	기능
고장구분 자동 개폐기(ASS)	한 개 수용가의 사고가 다른 수용가에 피해를 최소화하기 위한 방안으로 대용량 수용가에 한하여 설치한다.
자동부하 전환 개폐기(ALTS)	이중 전원을 확보하여 주전원 정전 시 예비전원으로 자동 전환하여 수용가에 항상 일정한 전원 공급한다.
선로 개폐기(LS)	책임 분계점에서 보수 점검 시 전로를 구분하기 위한 개폐기로 시설하고 반드시 무부하 상태로 개방하여야 하며, 이는 단로기와 같은 용도로 사용한다.
단로기(DS)	공칭전압 3.3 [kV] 이상 전로에 사용되며 기기의 보수 점검 시 또는 회로 접속변경을 하기 위해 사용하지만 부하전류 개폐는 할 수 없는 기기이다.
컷아웃 스위치(COS)	변압기 1차 측 각 상마다 취부하여 변압기를 보호한다.
부하 개폐기(LBS)	수·변전설비의 인입구 개폐기로 많이 사용되고 있으며 전력퓨즈 용단 시 결상을 방지하는 목적으로 사용한다.
기중부하 개폐기(IS)	수전용량 300 [kVA] 이하에서 인입 개폐기로 사용한다.

(3) 전력수급용 계기용 변성기(MOF, PCT)
  ① 정의
    PT와 CT를 한 함에 넣은 기기
  ② 계기용 변류기(CT)
    • 전류를 측정하는 변류기로 2차 전류는 5 [A]가 표준이다.
    • 2차 측 권수가 더 커서 권수비가 작다.
    • 2차 측 개방 시 고전압 유기되므로 2차 측 개방을 금지한다.
  ③ 계기용 변압기(PT)
    • 전압을 측정하기 위한 변압기로 2차 측 정격전압은 110 [V]가 표준이다.
    • 변성기 용량은 2차 회로 부하를 말하며 2차 부담이라 한다.

(4) 진상용 콘덴서(SC)
  ① 역률개선의 효과
    • 전압강하의 저감 : 역률 개선 시 부하전류가 감소해 전압강하가 저감돼 전압변동률이 작아진다.
    • 선로손실의 저감 : 선로전류를 줄여 선로손실을 줄일 수 있다.
    • 동손 감소 : 동손은 부하전류의 제곱에 비례해 부하전류를 줄일 시 동손을 줄일 수 있다.
  ② 콘덴서 용량의 계산
    $Q = P(\tan\theta_1 - \tan\theta_2)\,[\text{kVA}]$

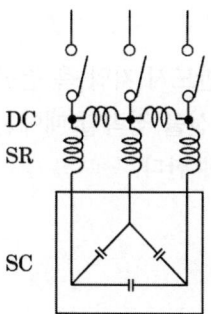

(5) 영상 변류기(ZCT)
  고압 모선이나 부하기기에 지락사고가 생겼을 때 흐르는 영상전류(지락전류)를 검출하여 지락계전기에 공급해 차단기를 동작하여 사고범위를 작게 한다.

04 분전반공사

1 분전반

(1) 정의

배전반에서 분배된 전선에서 각 부하로 배선하는 전선을 분기하는 설비로서 차단기, 개폐기 등을 설치한다.

(2) 종류

종류	특징
나이프식 분전반	철제 캐비닛에 나이프 스위치와 모선(Bus)을 장치
텀블러식 분전반	철제 캐비닛에 개폐기와 차단기를 각각 텀블러 스위치와 훅 퓨즈, 통형퓨즈 또는 플러그 퓨즈를 사용하여 장치
브레이크식 분전반	• 철제 캐비닛에 배선용 차단기를 이용한 분전반 • 열동 계전기나 전자코일로 만든 차단기 유닛을 장치

(3) 배전반 및 분전반 함

① 난연성 합성수지로 된 것은 두께 1.5 [mm] 이상으로 내아크성인 것이어야 한다.
② 강판제인 것은 두께 1.2 [mm] 이상이어야 한다. 다만 가로 또는 세로의 길이가 30 [cm] 이하인 것은 두께 1.0 [mm] 이상으로 할 수 있다.

(4) 배선기구 시설

① 전등 점멸용 스위치는 반드시 저압 측 전선에 시설한다.
② 소켓, 리셉터클 등에 전선을 접속할 때에는 저압 측 전선을 중심 접촉면에, 접지 측 전선을 베이스에 연결해야 한다.

(5) 상태전선 색 표시

상 종류	상별 색 표시
L_1 상	갈색
L_2 상	흑색
L_3 상	회색
N 상(중성선)	청색
PE 상(접지/보호도체)	녹색 - 노란색

(6) 배전반공사 이격거리

부위별(m) 기기별	특고압	고압	저압
특별 고압반	1.7	0.8	1.4
고압 배전반	1.5	0.6	1.2
저압 배전반	1.5	0.6	1.2

05 보호계전기

1 보호 계전기의 종류 및 기능

명칭	기능
과전류 계전기(OCR)	과도한 전류가 흘렀을 때 동작하는 과부하 계전기
과전압 계전기(OVR)	과도한 전압이 걸렸을 때 동작하는 계전기
부족전압 계전기(UVR)	전압이 과도하게 강하 할 경우에 동작하는 계전기
비율 차동 계전기 (DCR, RDFR)	고장 시 불평형 차전류가 어떤 비율 이상 됐을 때 동작하는 계전기로 변압기 내부고장 검출용으로 사용
차동 계전기	고장에 의한 불평형 전류, 변압기 내부고장을 검출
선택 계전기	병행 2회선 중 한쪽의 회선에 고장이 생겼을 때, 어느 회선에 고장이 발생하는가를 선택하는 계전기이다.
방향 계전기	고장점의 방향을 아는 데 사용하는 계전기이다.
거리 계전기(DR)	계전기가 설치된 위치로부터 고장점까지의 전기적 거리에 비례하여 한시로 동작하는 계전기이다.
지락 과전류 계전기 (OCGR)	지락보호용으로 사용하도록 과전류 계전기의 동작전류를 작게 한 계전기이다.
지락 방향 계전기	지락 과전류 계전기에 방향성을 준 계전기이다.
선택 지락 계전기	지락보호용으로 사용하도록 선택 계전기의 동작전류를 작게 한 계전기이다.

06 전기울타리 및 교통신호등

1 전기울타리

(1) 정의

목장의 가축, 논밭의 농작물을 야생짐승으로부터 보호하기 위해 시설한 울타리

(2) 전기울타리 설치

① 사람의 출입이 어렵고 위험한 곳을 표시할 것
② 전선은 인장강도 1.38 [kN] 이상 또는 지름 2 [mm] 이상의 경동선일 것
③ 지지물과의 이격거리는 2.5 [m] 이상일 것
④ 시설물 또는 수목과의 이격거리는 30 [cm] 이상일 것
⑤ 전로에는 전용 개폐기를 설치할 것
⑥ 전로의 사용전압은 250 [V] 이하일 것

2 교통신호등

(1) 교통신호등 설치

① 교통신호등의 전구에 접속하는 인하선의 지표상 높이는 2.5 [m] 이상일 것
② 교통신호등 제어장치의 2차 측 배선의 최대사용전압은 300 [V] 이하일 것
③ 교통신호등 회로의 사용전압이 150 [V]를 넘는 경우는 전로에 지락이 생겼을 경우 자동적으로 전로를 차단하는 누전차단기를 설치할 것

가공인입선 및 배전선공사

01 고압 가공인입선이 일반적인 도로 횡단 시 설치 높이는?

① 3 [m] 이상 ② 3.5 [m] 이상
③ 5 [m] 이상 ④ 6 [m] 이상

해설

[가공인입선 도로횡단]
저압 5 [m], 고압 6 [m]

02 저압인입선의 접속점 선정으로 잘못된 것은?

① 인입선이 옥상을 가급적 통과하지 않도록 시설할 것
② 인입선은 약전류 전선로와 가까이 시설할 것
③ 인입선은 장력에 충분히 견딜 것
④ 가공배전선로에서 최단거리로 인입선이 시설될 수 있을 것

해설

[저압인인섭 접속점]
저압인입선과 약전류전선은 60 [cm] 이상 이격

03 저압 연접인입선의 시설방법으로 틀린 것은?

① 인입선에서 분기되는 점에서 150 [m]를 넘지 않도록 할 것
② 일반적으로 인입선 접속점에서 인입구 장치까지의 배선은 중도에 접속점을 두지 않도록 할 것
③ 폭 5 [m]를 넘는 도로를 횡단하지 않도록 할 것
④ 옥내를 통과하지 않도록 할 것

해설

[연접인입선 시설 제한 규정]
• 분기하는 점에서 100 [m]를 넘지 않아야 한다.
• 폭 5 [m]를 넘는 도로를 횡단하지 않아야 한다.
• 연접인입선은 옥내를 통과하면 안 된다.

04 저압 가공인입선이 횡단보도교 위에 시설되는 경우 노면상 몇 [m] 이상의 높이에 설치되어야 하는가?

① 3 ② 4
③ 5 ④ 6

정답 01 ④ 02 ② 03 ① 04 ①

해설

[가공인입선전선의 높이]
저압 가공인입선의 높이는 다음에 의할 것

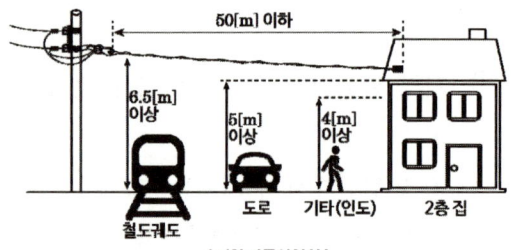

〈저압 가공인입선〉

횡단보도교 - 저압 : 3 [m] 이상
         - 고압 : 3.5 [m] 이상

05 OW전선을 사용하는 저압 구내 가공인입전선으로 전선의 길이가 15 [m]를 초과하는 경우 그 전선의 지름은 몇 [mm] 이상을 사용하여야 하는가?

① 1.6 ② 2.0
③ 2.6 ④ 3.2

해설

[가공인입선 설치]
가공인입선은 지름 2.6 [mm]
(경간 15 [m] 이하는 2 [mm])

06 가공전선로의 지지물에서 다른 지지물을 거치지 아니하고 수용장소의 인입선 접속점에 이르는 가공전선을 무엇이라 하는가?

① 옥외전선 ② 연접인입선
③ 가공인입선 ④ 관등회로

해설

[가공인입선]
가공전선로의 지지물에서 다른 지지물을 거치지 아니하고 수용장소의 인입선 접속점에 이르는 가공전선

07 지중전선로 시설방식이 아닌 것은?

① 직접 매설식 ② 관로식
③ 트리이식 ④ 암거식

해설

[지중전선로의 시설방식]
직접 매설식, 관로식, 암거식

08 지중전선로에 사용되는 케이블 중 고압용 케이블은?

① 콤바인덕트(CD) 케이블
② 폴리에틸렌 외장 케이블
③ 클로로프렌 외장 케이블
④ 비닐 외장 케이블

정답 ● 05 ③ 06 ③ 07 ③ 08 ①

해설
[직접 매설식 지중전선로]
- 저압이나 고압전선에 콤바인덕트 케이블, 강대·황동대·강관 개장 케이블 사용
- 이 경우 방호물에 넣지 않고 시설 가능

09 차량, 기타 중량물의 압력을 받을 우려가 있는 장소에 지중전선로를 직접 매설식으로 매설하는 경우 매설 깊이는?

① 60 [cm] 미만
② 60 [cm] 이상
③ 100 [cm] 미만
④ 100 [cm] 이상

해설
[직접 매설식]
- 차량 등 중량물의 압력을 받는 장소 : 1.0 [m] 이상
- 기타장소 : 0.6 [m] 이상

10 전주를 건주할 경우 A종 철근콘크리트주의 길이가 10 [m]이면 땅에 묻는 표준 깊이는 최저 약 몇 [m]인가? (단, 설계하중이 6.8 [kN] 이하이다)

① 2.5
② 3.0
③ 1.7
④ 2.4

해설
[전주가 땅에 묻히는 깊이]
- 전주 길이 15 [m] 이하 : 1/6 이상
- 전주 길이 15 [m] 초과 : 2.5 [m] 이상

11 설계하중 6.8 [kN] 이하의 철근콘크리트 전주의 길이가 12 [m]인 지지물을 건주하는 경우 땅에 묻히는 깊이로 가장 옳은 것은?

① 2 [m]
② 1.0 [m]
③ 0.8 [m]
④ 0.6 [m]

해설
[전주가 땅에 묻히는 깊이]
- 전주 길이 15 [m] 이하 : 1/6 이상
- 전주 길이 15 [m] 초과 : 2.5 [m] 이상

12 설계하중에 따른 전주의 길이가 7 [m]인 철근 콘크리트주를 건주하는 경우 땅에 묻히는 깊이는 약 몇 [m]인가? (단, 설계하중은 6.8 [kN] 이하이다)

① 0.8
② 0.6
③ 1.2
④ 2

해설
[전주가 땅에 묻히는 깊이]
- 전주 길이 15 [m] 이하 : 1/6 이상
- 전주 길이 15 [m] 초과 : 2.5 [m] 이상

정답 09 ④ 10 ③ 11 ① 12 ③

13 전주의 길이가 16 [m]인 지지물을 건주하는 경우 땅에 묻히는 최소 깊이는 몇 [m]인가? (단, 설계하중이 6.8 [kN] 이하이다)

① 1.5　　② 2.0
③ 2.5　　④ 3.5

해설

[전주가 땅에 묻히는 깊이]
- 전주 길이 15 [m] 이하 : 1/6 이상
- 전주 길이 15 [m] 초과 : 2.5 [m] 이상

14 고압 가공전선로의 지지물 중 지선을 사용하면 안 되는 것은?

① 목주
② 철탑
③ A종 철주
④ A종 철근콘크리트주

해설

[고압 가공전선로 지선의 종류]
가공전선로의 지지물로 사용하는 철탑은 지선을 사용하여 그 강도를 분담시켜서는 안 된다.

15 지지물의 지선에 연선을 사용하는 경우 소선 몇 가닥 이상의 연선을 사용하는가?

① 1　　② 2
③ 3　　④ 4

해설

[지선시공]
지선에 연선을 사용할 경우 소선(素線) 3가닥 이상의 연선을 사용하여야 한다.

16 도로를 횡단하여 시설하는 지선의 높이는 지표상 몇 [m] 이상이어야 하는가?

① 5 [m]　　② 6 [m]
③ 8 [m]　　④ 10 [m]

해설

[지선시공]
지선은 도로 횡단 시 높이는 5 [m] 이상이다.

17 논이나 기타 지반이 약한 곳에 건주공사 시 전주의 넘어짐을 방지하기 위해 시설하는 것은?

① 완금　　② 근가
③ 완목　　④ 행거 밴드

해설

[근가]
전주의 넘어짐을 방지하기 위해 시설한다.

정답　13 ③　14 ②　15 ③　16 ①　17 ②

18 저압 2조의 전선을 설치 시 크로스 완금의 표준길이 [mm]는?

① 900　　② 1,400
③ 1,800　　④ 2,400

해설
[완금의 표준 길이]

전선 조수	특고압 (7 [kV] 초과)	고압 (600 초과 7 [kV] 이하)	저압 (600 [V] 이하)
2	1,800	1,400	900
3	2,400	1,800	1,400

19 특고압(22.9 kV - Y) 가공전선로의 완금 접지 시 접지선은 어느 곳에 연결하여야 하는가?

① 변압기　　② 전주
③ 지선　　　④ 중성선

해설
[완금 접지]
중성선은 직접접지가 되어 있으므로 중성선에 연결한다.

20 주상 변압기의 1차 측 보호장치로 사용하는 것은?

① 컷아웃 스위치　② 자동구분 개폐기
③ 캐치홀더　　　④ 리클로저

해설
[컷아웃 스위치(COS)]
변압기 1차 측에 시설하여 변압기 단락을 보호

21 주상 변압기의 보호를 위해 2차 측에 시설하는 것은?

① 컷아웃 스위치　② 리클로저
③ 캐치홀더　　　④ 자동구분 개폐기

해설
[캐치홀더]
변압기 2차 측에 시설하여 변압기 단락을 보호한다.

22 ACSR 약호의 품명은?

① 경동연선
② 중공연선
③ 알루미늄선
④ 강심알루미늄연선

해설
[ACSR]
강심알루미늄연선

정답　18 ②　19 ④　20 ①　21 ③　22 ④

23 저고압 가공전선이 철도 또는 궤도를 횡단하는 경우 높이는 궤조면상 몇 [m] 이상이어야 하는가?

① 10 ② 8.5
③ 7.5 ④ 6.5

해설
[저고압 가공전선의 높이]
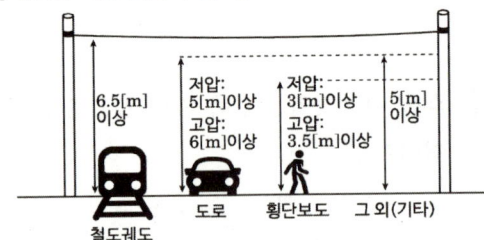

24 고압 가공전선로의 지지물로 철탑을 사용하는 경우 경간은 몇 [m] 이하로 제한하는가?

① 150 ② 300
③ 500 ④ 600

해설
[고압 가공전선로 경간의 제한 범위]
- 목주, A종 철주, A종 철근 콘크리트주 : 150 [m]
- B종 철주 또는 B종 철근 콘크리트주 : 250 [m]
- 철탑 : 600 [m]

25 배전반을 나타내는 그림 기호는?

①  ② ⊠
③  ④ S

해설
[설비 기호]
▱ 분전반
▶◀ 제어반
S 개폐기

26 다음 중 배전반 및 분전반의 설치장소로 적합하지 않은 곳은?

① 전기 회로를 쉽게 조작할 수 있는 장소
② 개폐기를 쉽게 개폐할 수 있는 장소
③ 노출된 장소
④ 사람이 쉽게 조작할 수 없는 장소

해설
[배전반 설치장소]
전기부하의 중심 부근에 위치하면서 스위치 조작을 안정적으로 할 수 있는 곳에 설치하여야 한다.

정답 23 ④ 24 ④ 25 ② 26 ④

27 교류차단기에 포함되지 않는 것은?

① GCB ② HSCB
③ VCB ④ ABB

> **해설**
>
> [차단기의 종류·약호]
>
> | 명칭 | 약호 | 명칭 | 약호 |
> |---|---|---|---|
> | 유입차단기 | OCB | 가스차단기 | GCB |
> | 자기차단기 | MBB | 공기차단기 | ABB |
> | 기중차단기 | ACB | 진공차단기 | VCB |
>
> • HSCB : 직류 고속도 차단기(High - Speed Circuit Breaker)

28 다음 중 인입 개폐기가 아닌 것은?

① ASS ② LBS
③ LS   ④ UPS

> **해설**
>
> [개폐기]
> ① ASS : 고장구간 자동 개폐기
> ② LBS : 부하 개폐기
> ③ LS : 라인 스위치(선로 개폐기)
> ④ UPS : 무정전 전원장치

29 고압 이상에서 기기의 점검, 수리 시 무전압, 무전류 상태로 전로에서 단독으로 전로를 접속 또는 분리하는 것을 주목적으로 사용되는 수·변전기기는?

① 기중부하 개폐기
② 단로기
③ 전력퓨즈
④ 컷아웃 스위치

> **해설**
>
> [단로기(DS)]
> 기기의 점검, 측정, 시험 및 수리를 할 때 회로를 열어 놓거나 회로 변경 시에 사용한다.

정답 27 ② 28 ④ 29 ②

Chapter 05 특수장소 및 전기응용시설공사

01 특수장소의 배선

1 먼지가 많은 장소의 공사

(1) 폭연성 분진 또는 화약류 분말이 존재하는 곳
  ① 저압 옥내배선공사 시 가능한 공사 : 금속관공사, 케이블공사
  ② 관 상호 및 관과 박스 기타의 부속품이나 풀박스 또는 전기기계 기구는 5턱 이상의 나사 조임으로 접속할 것

(2) 가연성 분진이 존재하는 곳
  ① 가연성 분진의 위험성
    • 소맥분, 전분, 유황 등의 가연성 먼지
    • 공중에 떠다니는 상태에서 착화 시, 폭발의 우려가 있다.
  ② 저압 옥내배선공사 시 가능한 공사
    합성수지관공사, 금속전선관공사, 케이블공사

(3) 그 외의 위험장소
  ① 저압 옥내배선공사방법
    애자사용공사, 합성수지관공사, 금속관공사, 가요전선관공사, 금속 덕트공사, 버스 덕트공사

2 가연성 가스가 존재하는 곳의 공사

(1) 가연성 가스의 위험성
  전기설비가 발화원이 되어 폭발할 우려가 있다.

(2) 저압 옥내배선공사 시 가능한 공사
  금속전선관공사 또는 케이블공사

(3) 전기기계기구는 설치한 장소에 존재할 수 있는 폭발성 가스에 대해 충분한 방폭 성능을 가진 것을 사용하여야 한다.

(4) 전선과 전기기계 기구의 접속은 진동에 풀리지 않도록 더블너트와 스프링 와셔 등을 사용하여 완전하게 접속하여야 한다.

3 위험물이 있는 곳의 공사

(1) 위험물이 있는 장소

셀룰로이드, 성냥, 석유 등 타기 쉬운 위험한 물질을 제조하거나 저장하는 곳

(2) 옥내배선공사 시 가능한 공사

합성수지관공사(두께 2 [mm] 이상), 금속전선관공사 또는 케이블공사에 의하여 시설한다.

(3) 불꽃 또는 아크가 발생될 우려가 있는 개폐기, 과전류 차단기, 콘센트, 코드접속기, 전동기 및 가열장치, 저항기 등의 전기기계기구는 전폐구조로 한다.

4 화약류 저장소의 위험장소

(1) 원칙

화약류 저장소 안에는 전기설비를 시설하지 않는다.

(2) 백열전등, 형광등 또는 이들에 전기를 공급하기 위한 전기설비

① 전기배관공사 : 금속전선관공사 또는 케이블공사

② 전로의 대지전압 : 300 [V] 이하

③ 전기기계기구 : 전폐형일 것

④ 화약류 저장소 이외의 곳
- 전용 개폐기 및 과전류 차단기를 설치
- 관계자 외 조작 금지
- 지락 차단 장치 또는 지락 경보 장치를 시설할 것

⑤ 전용 개폐기 또는 과전류 차단기에서 화약류 저장소의 인입구까지는 케이블을 사용하여 지중선로로 한다.

5 전시회, 쇼 및 공연장의 전기설비

(1) 무대, 무대마루 밑, 오케스트라 박스, 영사실 기타의 사람이나 무대 도구가 접촉할 우려가 있는 장소

(2) 사용전압이 400 [V] 미만

(3) 배선용 케이블은 구리도체로 최소 단면적이 1.5 [mm^2]이다.

6 광산, 터널 및 갱도

(1) 사람이 상시 통행하는 터널 내의 배선은 저압에 한하여 애자사용, 금속전선관, 합성수지관, 금속제 가요전선관, 케이블배선으로 시공해야 한다.

(2) 터널의 인입구 가까운 곳에 전용의 개폐기를 시설해야 한다.

(3) 광산, 갱도 내의 배선은 저압 또는 고압에 한하고, 케이블배선으로 시공해야 한다.

7 수중 조명등

수영장 기타 유사한 장소에 사용하는 조명등에는 전기를 공급하는 절연 변압기를 사용한다.

8 교통 신호등

교통 신호등 제어장치 2차 측 배선의 최대사용전압은 300 [V] 이하이어야 한다.

02 조명배선

1 조명의 용어

용어	기호	단위	정의
광속	F	루멘 [lm]	광원으로 나오는 복사속을 눈으로 보아 빛으로 느끼는 크기를 나타낸 것
광도	I	칸델라 [cd]	광원이 가지고 있는 빛의 세기
조도	E	럭스 [lx]	어떤 물체에 광속이 입사하여 그 면은 밝게 빛나는 정도로 밝음을 의미함
휘도	B	스틸브 [sb]	광원이 빛나는 정도
광속 발산도	R	레드럭스 [rlx]	물체의 어느 면에서 반사되어 발산하는 광속

2 법선조도, 수평면 조도, 수직면 조도

(1) 법선 조도 $E_n = \dfrac{I}{r^2}$

(2) 수평면 조도 $E_h = E_n \cos\theta = \dfrac{I}{r^2}\cos\theta$

(3) 수직면 조도 $E_v = E_n \sin\theta = \dfrac{I}{r^2}\sin\theta$

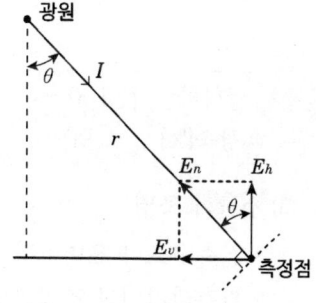

3 조명방식

(1) 기구의 배치에 의한 분류

조명방식	특징
전반조명	• 작업면 전반에 균등한 조도를 가지게 하는 방식 • 광원을 일정한 높이와 간격으로 배치함 • 일반적으로 사무실, 학교, 공장 등에 사용됨

조명방식	특징
국부조명	• 작업면의 필요한 장소만 고조도로 하기 위한 방식 • 그 장소에 조명기구를 밀집하여 설치 • 밝고 어둠의 차이가 커 눈부심과 눈의 피로가 발생
전반국부 병용조명	• 전반조명과 국부조명의 장점만 채용한 방식 • 병원 수술실, 공부방, 기계공작실 등에 사용

(2) 조명기구의 배광에 의한 분류

조명 방식	직접 조명	반직접 조명	전반확산 조명	반간접 조명	간접 조명
상향 광속[%]	0 ~ 10	10 ~ 40	40 ~ 60	60 ~ 90	90 ~ 100
조명 기구					
하향 광속[%]	100 ~ 90	90 ~ 60	60 ~ 40	40 ~ 10	10 ~ 0

(3) 건축화 조명
- 건축구조나 표면마감이 조명기구의 일부가 되는 것
- 건축디자인과 조명과의 조화를 도모하는 조명방식

조명방식	특징
광량 조명	연속열 등기구를 천장에 반 매입하는 방식으로 일반화된 방식
광천장 조명	천장 내부에 광원을 배치하는 방식으로 고조도가 필요한 장소에 적용
코니스 조명	천장과 벽면의 경제구역에 건축적으로 턱을 만들어 그 내부에 조명기구를 설치하는 방식
코퍼 조명	천장 면에 환형, 사각형 등의 형상으로 기구를 부착한 방식

조명방식	특징
루버 조명	천장 면에 루버 판을, 천장 내부에 광원을 배치한 방식으로 높은 조도로 인하여 낮과 같은 조명환경을 얻을 수 있다.
밸런스 조명	벽면조명으로 벽면에 나누어 금속판을 시설하여 그 내부에 램프를 설치하는 방식
다운라이트 조명	천장에 작은 구멍을 뚫어 그 속에 등기구를 매입시키는 방식
코브 조명	벽이나 천장면에 플라스틱, 목재 등을 이용하여 광원을 감추는 방식

천정 매입	천정면을 광원으로 사용	벽면을 광원으로 사용
광량 조명 (반매입 라인라이트)	광천장 조명	코니스 조명(벽면 조명)
코퍼(Coffer) 조명	루버(Louver) 조명	밸런스(Balance) 조명
다운라이트 (Down - Light) 조명	코브(Cove) 조명	광벽 조명

Chapter 05. 특수장소 및 전기응용시설공사

4 조명의 계산

(1) 광속의 결정

$$FUN = EAD$$

총 광속 $F = \dfrac{EAD}{UN} = \dfrac{EA}{UNM}[\text{lm}]$

- E : 평균 조도
- U : 조명률
- N : 소요 등수
- A : 실내의 면적
- D : 감광 보상률
- F : 1등당 광속
- M : 보수율(감광 보상률의 역수)

① 조명률(U)
- 광원의 통 광속 중 작업 면에 도달하는 광속의 비율을 의미
- 실지수, 조명기구의 종류, 실내면의 반사율, 감광보상률에 따라 결정

② 감광 보상률(D)
- 소요 광속에 여유를 두는 정도
- 경년변화, 환경변화에 따른 광속의 감소 정도 고려

③ 보수율(M)
- 감광 보상률의 역수
- 평균 조도를 유지하기 위한 조도 저하에 따른 보상계수

(2) 실지수의 결정

① 실지수는 실의 크기 및 형태를 나타내는 척도

② 실지수 $= \dfrac{X \cdot Y}{H(X+Y)}$

- X : 방의 가로 길이
- Y : 방의 세로 길이
- H : 작업 면으로부터 광원의 높이

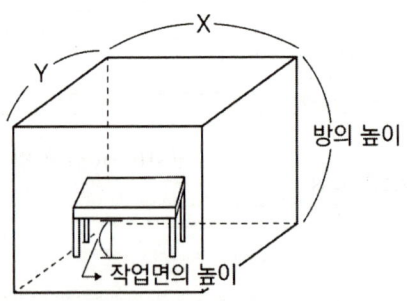

특수장소 및 전기응용시설공사

01 폭연성 분진이 존재하는 곳의 저압 옥내배선공사 시 공사방법으로 짝지어진 것은?

① 금속관공사, MI 케이블공사, 개장된 케이블공사
② CD 케이블공사, MI 케이블공사, 금속관공사
③ CD 케이블공사, MI 케이블공사, 제1종 캡타이어 케이블공사
④ 개장된 케이블공사, CD 케이블공사, 제1종 캡타이어 케이블공사

[해설]
[폭연성 분진, 화약류 분말장소배선]
• 금속전선관공사
• 케이블공사 : 개장된 케이블, MI 케이블 사용

02 폭발성 분진이 있는 위험장소의 금속관공사에 있어서 관 상호 및 관과 박스 기타의 부속품이나 풀박스 또는 전기기계기구는 몇 턱 이상의 나사 조임으로 시공하여야 하는가?

① 2턱 ② 3턱
③ 4턱 ④ 5턱

[해설]
[폭연성 분진, 화약류 분말장소]
관 상호 및 관과 박스 기타의 부속품이나 풀박스 또는 전기기계기구는 5턱 이상의 나사 조임으로 접속한다.

03 티탄을 제조하는 공장으로 먼지가 쌓인 상태에서 착화된 때에 폭발할 우려가 있는 곳에 저압 옥내배선을 설치하고자 한다. 적합한 공사방법은?

① 합성수지 몰드공사
② 라이팅 덕트공사
③ 금속 몰드공사
④ 금속관공사

[해설]
[폭연성 분진, 화약류 분말장소배선]
• 금속전선관공사
• 케이블공사 : 개장된 케이블, MI 케이블 사용

정답 01 ① 02 ④ 03 ④

04 화약류의 분말이 전기설비가 발화원이 되어 폭발할 우려가 있는 곳에 시설하는 저압 옥내배선의 공사방법으로 가장 알맞은 것은?

① 금속관공사
② 애자사용공사
③ 버스 덕트공사
④ 합선수지 몰드공사

해설

[폭연성 분진, 화약류 분말장소배선]
• 금속전선관공사
• 케이블공사 : 개장된 케이블, MI 케이블 사용

05 불연성 먼지가 많은 장소에 시설할 수 없는 옥내배선공사방법은?

① 금속관공사
② 금속제 가요전선관공사
③ 두께가 1.2 [mm]인 합성수지관공사
④ 애자사용공사

해설

[불연성 먼지가 많은 장소]
• 모든 공사 가능
• 단 합성수지관은 두께 2 [mm] 이상일 것

06 가연성 분진에 전기설비가 발화원이 되어 폭발의 우려가 있는 곳에 시설하는 저압 옥내배선공사방법이 아닌 것은?

① 금속관공사
② 케이블공사
③ 애자사용공사
④ 합성수지관공사

해설

[가연성 분진장소]
• 합성수지관배선
• 금속전선관배선
• 케이블배선

07 소맥분, 전분 기타 가연성 분진이 존재하는 곳의 저압 옥내배선공사방법에 해당되는 것으로 짝지어진 것은?

① 케이블공사, 애자사용공사
② 금속관공사, 콤바인 덕트관, 애자사용공사
③ 케이블공사, 금속관공사, 애자사용공사
④ 케이블공사, 금속관공사, 합성수지관공사

해설

[가연성 분진장소]
• 합성수지관배선
• 금속전선관배선
• 케이블배선

정답 04 ① 05 ③ 06 ③ 07 ④

08 셀룰로이드, 성냥, 석유류 등 기타 가연성 위험물질을 제조 또는 저장하는 장소의 배선으로 틀린 것은?

① 금속관배선
② 케이블배선
③ 플로어 덕트배선
④ 합성수지관(CD관 제외)배선

해설

[위험물이 있는 곳의 공사]
- 금속관공사
- 케이블공사
- 합성수지관공사

09 부식성 가스 등이 있는 장소에 시설할 수 없는 배선은?

① 애자사용배선
② 제1종 금속제 가요전선관배선
③ 케이블배선
④ 캡타이어 케이블배선

해설

[부식성 가스가 있는 곳의 공사]
부식성 가스 등이 있는 장소이므로 금속제 가요전선관은 시설할 수 없다.

10 다음 [보기] 중 금속관, 애자, 합성수지 및 케이블공사가 모두 가능한 특수 장소를 옳게 나열한 것은?

ㄱ. 화약고 등의 위험 장소
ㄴ. 부식성 가스가 있는 장소
ㄷ. 위험물 등이 존재하는 장소
ㄹ. 불연성 먼지가 많은 장소
ㅁ. 습기가 많은 장소

① ㄱ, ㄴ, ㄷ
② ㄴ, ㄷ, ㄹ
③ ㄴ, ㄹ, ㅁ
④ ㄱ, ㄹ, ㅁ

해설

[특수 장소의 공사]
- 화약고 등의 위험 장소 금속관, 케이블공사 가능
- 부식성 가스가 있는 장소 금속관, 케이블, 합성수지, 애자사용공사 가능
- 위험물 등이 존재하는 장소 금속관, 케이블, 합성수지관공사 가능
- 불연성 먼지가 많은 장소 금속관, 케이블, 합성수지, 애자사용공사 가능
- 습기가 많은 장소 금속관, 케이블, 합성수지관, 애자사용공사(은폐장소 제외) 가능

정답 08 ③ 09 ② 10 ③

11 부식성 가스 등이 있는 장소에 전기설비를 시설하는 방법으로 적합하지 않은 것은?

① 애자사용배선 시 부식성 가스의 종류에 따라 절연전선인 DV전선을 사용한다.
② 애자사용배선에 의한 경우에는 사람이 쉽게 접촉될 우려가 없는 노출장소에 한한다.
③ 애자사용배선 시 부득이 나전선을 사용하는 경우에는 전선과 조영재의 거리를 4.5 [cm] 이상으로 한다.
④ 애자사용배선 시 전선의 절연물이 상해를 받는 장소는 나전선을 사용할 수 있으며, 이 경우는 바닥 위 2.5 [cm] 이상 높이에 시설한다.

해설
[부식성 가스가 있는 곳의 공사]
DV전선을 제외한 절연전선을 사용하여야 한다.

12 무대, 오케스트라박스 등 흥행장의 저압 옥내배선공사의 사용전압은 몇 [V] 미만인가?

① 200   ② 300
③ 400   ④ 600

해설
[전시회, 쇼 및 공연장의 설비]
흥행장소의 경우 사용전압은 400 [V] 미만이어야 한다.

13 터널·갱도 기타 이와 유사한 장소에서 사람이 상시 통행하는 터널 내의 배선방법으로 적절하지 않은 것은? (단, 사용전압은 저압이다)

① 라이팅 덕트배선
② 금속제 가요전선관배선
③ 합성수지관배선
④ 애자사용배선

해설
[광산, 터널 및 갱도]
사람이 상시 통행하는 터널의 배선은 저압에 한하여 애자사용, 금속전선관, 합성수지관, 금속제 가요전선관, 케이블배선으로 시공하여야 한다.

14 네온 방전등에 공급하는 전로의 대지전압은 얼마 [V] 이하로 하여야 하는가?

① 60   ② 100
③ 350   ④ 300

해설
[네온 방전등 대지전압]
네온 방전등에 공급하는 전로의 대지전압은 300 [V] 이하로 하여야 한다.

Part 04

과년도 기출문제

2024 제1회

01 어떤 도체에 5초간 4C의 전하가 이동했다면 이 도체에 흐르는 전류는?

① 0.12×10^3 [mA]
② 0.8×10^3 [mA]
③ 1.25×10^3 [mA]
④ 8×10^3 [mA]

> **해설**
> [전류]
> $I = \dfrac{Q}{t} = \dfrac{4}{5} = 0.8$ [A] $= 0.8 \times 10^3$ [mA]

02 전압계 및 전류계의 측정 범위를 넓히기 위하여 사용하는 율기와 분류기의 접속 방법은?

① 배율기는 전압계와 병렬접속, 분류기는 전류계와 직렬접속
② 배율기는 전압계와 직렬접속, 분류기는 전류계와 병렬접속
③ 배율기 및 분류기 모두 전압계와 전류계에 직렬접속
④ 배율기 및 분류기 모두 전압계와 전류계에 병렬접속

> **해설**
> [배율기와 분류기]
> 배율기는 전압계의 측정범위를 넓히기 위하여 직렬로 접속하여 전압을 분배하고, 분류기는 전류의 측정범위를 넓히기 위하여 병렬로 접속하여 전류를 분배한다.

03 기전력이 V_0, 내부저항이 r인 n개의 전지를 병렬접속할 때 단자전압은?

① V_0
② nV_0
③ nrV_0
④ $\dfrac{rV_0}{n}$

> **해설**
> [전지의 단자전압]
> 전지를 n개 병렬접속했을 때의 단자전압은 한 개의 전지의 기전력과 같다.

04 망간건전지의 양극으로 무엇을 사용하는가?

① 아연판
② 구리판
③ 탄소막대
④ 묽은황산

> **해설**
> [망간건전지]
> 망간건전지는 양극은 탄소막대, 음극은 아연원통을 이용하고 전해액은 염화암모늄 용액을 사용한다.

정답 01 ② 02 ② 03 ① 04 ③

05 두 금속을 접속하여 여기에 전류를 흘리면, 줄열 외에 그 접점에서 열의 발생 또는 흡수가 일어나는 현상은?

① 줄 효과 ② 홀 효과
③ 제백 효과 ④ 펠티에 효과

해설

[펠티에 효과]
열의 발생 또는 흡수가 일어나는 현상으로서 기전력이 온도변화로 나타나는 현상이다

06 기전력 1.5 [V], 용량 20 [Ah]인 축전지 5개를 직렬로 연결하여 사용할 때의 기전력은 7.5 [V]가 된다. 이때 용량 [Ah]은?

① 15 ② 20
③ 75 ④ 100

해설

[축전지 용량]
축전지를 직렬로 연결할 때 용량은 변하지 않는다. 병렬로 연결하면 그 수만큼 증가한다.

07 공기 중에 4 [μC]과 8 [μC]의 두 전하 사이에 작용하는 정전력이 7.2 [N]일 때 두 전하 간의 거리는 몇 [m]인가?

① 1 ② 2
③ 0.1 ④ 0.2

해설

[쿨롱의 법칙]

쿨롱의 법칙 $F = 9 \times 10^9 \times \dfrac{Q_1 Q_2}{r^2}$ 에서

거리 $r = \sqrt{9 \times 10^9 \times \dfrac{Q_1 Q_2}{F}}$

$r = \sqrt{9 \times 10^9 \times \dfrac{4 \times 10^{-6} \times 8 \times 10^{-6}}{7.2}} = 0.2$

08 콘덴서의 정전용량에 대한 설명으로 틀린 것은?

① 극판의 간격에 반비례한다.
② 이동 전하량에 비례한다.
③ 극판의 넓이에 비례한다.
④ 유전율에 반비례한다.

해설

[정전용량 관계식]
$C = \epsilon \dfrac{A}{l} [F]$, $Q = CV [C]$, $C = \dfrac{Q}{V} [F]$

09 다음 중 비유전율이 가장 작은 것은?

① 공기 ② 염화비닐
③ 운모 ④ 산화티탄자기

해설

[비유전율의 크기]
- 공기 : 1
- 운모 : 5 ~ 8
- 염화비닐 : 5 ~ 9
- 산화티탄 : 60 ~ 100

정답 05 ④ 06 ② 07 ④ 08 ④ 09 ①

10 1 [Wb/m²]는 몇 Gauss인가?

① 10 [G]   ② 100 [G]
③ 1,000 [G]   ④ 10,000 [G]

해설

[단위변환]
1 [T](테슬라)는 자속밀도에 대한 유도단위이다.
$1\,[T] = 1\,[W/m^2]$, $1\,[G] = 10^{-4}\,[T]$

11 자기회로의 자기저항이 5,000 [AT/Wb]이고 기자력이 50,000 [AT]이라면 자속은?

① 5   ② 10
③ 15   ④ 20

해설

[자기회로]
자속 $\phi = \dfrac{F}{R_m} = \dfrac{50000}{5000} = 10\,[Wb]$

12 자기회로의 길이 ℓ [m], 단면적 A [m²], 투자율 μ [H/m]일 때 자기저항 R [AT/Wb]을 나타낸 것은?

① $R = \dfrac{\mu \ell}{A}[AT/Wb]$

② $R = \dfrac{A}{\mu \ell}[AT/Wb]$

③ $R = \dfrac{\mu A}{\ell}[AT/Wb]$

④ $R = \dfrac{\ell}{\mu A}[AT/Wb]$

해설

[자기저항]
자기저항 $R = \dfrac{\ell}{\mu A}$ [AT/Wb]

13 물질에 따라 자석과 전혀 반응하지 않는 물질을 무엇이라고 하는가?

① 강자성체   ② 비자성체
③ 상자성체   ④ 반자성체

해설

[자성체의 종류]
- 강자성체(Ferromagnetic Materials) : 강자성을 띠는 물질
- 상자성체(Faramagnetic Materials) : 자기장 안에 넣으면 자기장방향으로 약하게 자화되고, 자기장을 제거하면 자화되지 않는 물질
- 반자성체(Diamagnetic Materials) : 자기장에 대한 물질에 한 반발력을 가지는 물질
- 비자성체(Nonmagnetic Materials) : 외부 자기장에 반응하지 않고, 자기장에 대한 자기 스핀 상호작용이 없는 물질

14 공심 솔레노이드의 내부 자장의 세기가 500 [AT/m]일 때 자속밀도 B [Wb/m²]는?

① $4\pi \times 10^{-3}$ ② $2\pi \times 10^{-5}$
③ $4\pi \times 10^{-4}$ ④ $2\pi \times 10^{-4}$

정답 ● 10 ④ 11 ② 12 ④ 13 ② 14 ④

해설

[자속밀도]
- 자속밀도 $B = \mu H = \mu_0 \mu_s H$
- 공심 $\mu_s = 1$, $B = \mu_0 H$
- $B = \mu_0 H = 4\pi \times 10^{-7} \times 500$
  $= 2\pi \times 10^{-4}$ [Wb/m²]

해설

[RL 직렬회로의 임피던스]
$Z = \sqrt{R^2 + X_L^2} = \sqrt{8^2 + 6^2} = 10$ 이므로

역률은 $\cos\theta = \dfrac{R}{Z} = \dfrac{8}{10} = 0.8$이 된다.

이때 전류 $I = \dfrac{V}{Z} = \dfrac{100}{10} = 10$ [A]

15 자체 인덕턴스 L_1, L_2 상호 인덕턴스 M인 두 코일이 서로 직교할 때 상호 인덕턴스는 얼마인가?

① 0
② $L_1 + L_2$
③ $\sqrt{L_1 + L_2}$
④ $\sqrt{L_1 \times L_2}$

해설

[상호 인덕턴스]
코일이 직교(직각으로 교차)할 때는 결합계수가 0이므로 상호 인덕턴스 M은 0이다.

17 어드미턴스 Y_1과 Y_2를 병렬로 연결하면 합성 어드미턴스는?

① $Y_1 + Y_2$
② $\dfrac{1}{Y_1} + \dfrac{1}{Y_2}$
③ $\dfrac{1}{Y_1 + Y_2}$
④ $\dfrac{Y_1 Y_2}{Y_1 + Y_2}$

해설

[어드미턴스]
병렬회로의 합성 어드미턴스 : $Y = Y_1 + Y_2$

16 전압 100 [V], 저항 8 [Ω], 유도 리액턴스 6 [Ω]이 직렬로 연결된 회로에 흐르는 전류와 역률은 얼마인가?

① 4 [A], 0.9
② 6 [A], 0.85
③ 8 [A], 0.7
④ 10 [A], 0.8

18 1 [kWh]는 몇 [J]인가?

① 3.6×10^6
② 860
③ 10^3
④ 10^6

해설

[전력량]
1 [kWh] = 1×10^3 × 1시간 × 60분 × 60초
= 3,600,000 = 3.6×10^6 [J]

정답 15 ① 16 ④ 17 ① 18 ①

19 다음 중 무효전력의 단위는 어느 것인가?

① [W] ② [Var]
③ [kW] ④ [VA]

해설

[무효전력]
무효전력 Q는 회로의 X_L, X_C 성분에 의한 에너지 축적효과로 생기는 전력으로서 단지 전원 측과 에너지를 주고받을 뿐 일에는 실제로 관여하지 않으므로 에너지를 소비하지 않는다. 단위는 바(Volt - Ampere Reactive : Var)가 사용된다.

20 비정현파가 발생하는 원인과 거리가 먼 것은?

① 자기포화 ② 옴의 법칙
③ 히스테리시스 ④ 전기자 반작용

해설

[비정현파]
비정현파는 전기회로의 불안정한 원인으로 발생한다.

21 직류 발전기의 정격전압 100 [V], 무부하전압 104 [V]이다. 이 발전기의 전압변동률 [%]은?

① 1 ② 2
③ 4 ④ 6

해설

[전압변동률]

전압변동률 $\varepsilon = \dfrac{V_o - V_n}{V_n} \times 100$ [%]

$\varepsilon = \dfrac{104 - 100}{100} \times 100 = 4$ [%]

22 다음 중 직류기의 고정손으로 가장 많이 차지하는 것은?

① 마찰손 ② 풍손
③ 동손 ④ 철손

해설

[고정손]
부하에 변화에 따라 변하지 않는 손실이다. 고정손은 철손이 가장 크다.

23 직류 전동기를 기동할 때 전기자전류를 제한하는 가감 저항기를 무엇이라 하는가?

① 단속 저항기 ② 제어 저항기
③ 가속 저항기 ④ 가동 저항기

해설

[기동 저항기]
기동 시 전기자전류를 제한하여 큰 기동전류를 억제하고, 원활한 기동을 할 수 있도록 도와준다.

정답 ▶ 19 ② 20 ② 21 ③ 22 ④ 23 ④

24 직류 직권 전동기의 회전수를 1/3로 줄이면 토크는 어떻게 되는가?

① 변화가 없다.
② 1/3배 작아진다.
③ 3배 커진다.
④ 9배 커진다.

해설
[직류 전동기의 회전수와 토크]
직류 전동기 토크는 회전수의 제곱에 반비례하므로, 9배 커진다. $T \propto \dfrac{1}{N^2}$

25 다음은 직권 전동기의 특징이다. 틀린 것은?

① 부하전류가 증가할 때 속도가 크게 감소된다.
② 전동기 기동 시 기동토크가 작다.
③ 무부하 운전이나 벨트를 연결한 운전은 위험하다.
④ 계자권선과 전기자 권선이 직렬로 접속되어 있다.

해설
[직권 전동기]
직류 직권 전동기는 기동토크가 크다.

26 다음 중 분권 전동기의 토크와 회전수 관계를 올바르게 표시한 것은?

① $T \propto \dfrac{1}{N}$ ② $T \propto \dfrac{1}{N^2}$
③ $T \propto N$ ④ $T \propto N^2$

해설
[분권 전동기의 회전수와 토크]
분권 전동기의 토크는 속도에 반비례, 직권 전동기의 토크는 속도의 제곱에 반비례한다.

27 변압기에 대한 설명으로 옳지 않은 것은?

① 전압을 변성한다.
② 정격 출력은 1차 측 단자전압을 기준으로 한다.
③ 전력을 발생하지 않는다.
④ 변압기의 정격용량은 피상전력으로 표시한다.

해설
[변압기]
변압기 정격출력 = 정격 2차 전압 × 정격 2차 전류이다. 따라서, 변압기의 정격출력은 변압기 2차 측 단자전압을 기준으로 한다.

28 변압기의 권수비가 60일 때 2차 측 저항이 0.1 [Ω]이다. 이것을 1차로 환산하면 몇 [Ω]인가?

① 310   ② 360
③ 390   ④ 410

정답 24 ④ 25 ② 26 ① 27 ② 28 ②

해설

[권수비]

권수비 $a = \sqrt{\dfrac{R_1}{R_2}}$ 에서

$a^2 = \dfrac{R_1}{R_2}$, $R_1 = a^2 R_2 = 60^2 \times 0.1 = 360$

29 변압기의 성층철심 강판 재료의 철 함유량은 대략 몇 [%]인가?

① 60 ~ 70 ② 70 ~ 75
③ 88 ~ 92 ④ 96 ~ 97

해설

[규소강판]
규소강판은 철에 규소를 4 ~ 4.5 [%] 함유한 강판으로서, 탄소 기타의 불순물이 매우 적고, 전자기 특성이 양호하며 철손도 적다. 회전기, 변압기 등의 철심을 구성하기 위하여 적층하여 사용한다.

30 3상 100 [kVA], 13,200/200 [V] 변압기의 저압 측 선전류의 유효분은 약 몇 [A]인가? (단, 역률은 80 [%]이다)

① 100 ② 173
③ 230 ④ 260

해설

[유효분전류]
유효전류 = 피상전류 × $\cos\theta$
$= \dfrac{P_a}{\sqrt{3}\,V} \times \cos\theta = \dfrac{100 \times 10^3}{200\sqrt{3}} \times 0.8$
$= 230$ [A]

31 변압기의 부하전류 및 전압이 일정하고 주파수만 낮아지면 어떻게 되는가?

① 철손 감소 ② 철손 증가
③ 동손 감소 ④ 동손 증가

해설

[변압기의 손실]
변압기의 부하전류 및 전압이 일정하고 주파수가 낮아지면 철손이 증가한다.

32 부흐홀츠 계전기로 보호되는 기기는?

① 변압기 ② 발전기
③ 전동기 ④ 회전 변류기

해설

[변압기]
변압기의 유증기 이상은 부흐홀츠 계전기로 보호하며, 전기적 이상은 비율 차동 계전기와 차동 계전기로 보호할 수 있다.

33 1대의 출력이 100 [kVA]인 단상 변압기 2대로 V결선하여 3상 전력을 공급할 수 있는 최대전력은 몇 [kVA]인가?

① 100 ② $100\sqrt{2}$
③ $100\sqrt{3}$ ④ 200

해설

[V결선]
3상공급전력 = $\sqrt{3}$ × 1대공급전력

정답 ● 29 ④ 30 ③ 31 ② 32 ① 33 ③

34 유도 전동기의 동기속도 N_s, 회전자 속도가 N일 때 슬립은?

① $s = \dfrac{N_s - N}{N}$

② $s = \dfrac{N - N_s}{N}$

③ $s = \dfrac{N_s - N}{N_s}$

④ $s = \dfrac{N_s + N}{N_s}$

해설

[슬립]

$s = \dfrac{\text{동기속도} - \text{회전자속도}}{\text{동기속도}}$

$s = \dfrac{N_s - N}{N_s}$

35 동기와트 P_2, 출력 P_0, 슬립 s, 동기속도 N_s, 회전속도 N, 2차동손 P_{c2}일 때 2차 효율 표기로 틀린 것은?

① $1 - s$ ② P_{c2}/P_2

③ P_0/P_2 ④ N/N_s

해설

[2차 효율]

2차효율 $\eta = \dfrac{P_0}{P_2} = (1 - s) = \dfrac{N}{N_s}$

36 3상 유도 전동기의 Y-△ 기동 시 기동 전류와 기동토크는 전전압 기동 시의 몇 배인가?

① $\sqrt{3}$ 배 ② 3배

③ $\dfrac{1}{\sqrt{3}}$ 배 ④ $\dfrac{1}{3}$ 배

해설

[Y-△ 기동법]

기동 시 고정자 권선을 Y로 접속한 후 기동하여 기동전류를 감소시키고, 운전속도에 도달하면 권선을 △결선으로 변경하여 운전하는 방식. 기동토크 $\dfrac{1}{3}$ 배, 정격전압 $\dfrac{1}{\sqrt{3}}$ 배, 기동전류 $\dfrac{1}{3}$ 배

37 동기 발전기를 계통에 병렬로 접속시킬 때 관계없는 것은?

① 주파수 ② 위상
③ 전압 ④ 전류

해설

[동기 발전기의 병렬운전 조건]

용량은 같지 않아도 된다. 전압은 같아야 하므로 이 말은 곧 전류는 관계가 없다는 것과 같다.

38 다음 중 제동권선에 의한 기동토크를 이용하여 동기 전동기를 기동시키는 방법은?

① 저주파 기동법 ② 고주파 기동법
③ 기동 전동기법 ④ 자기 기동법

정답 34 ③ 35 ② 36 ④ 37 ④ 38 ④

해설

[자기 기동법]
난조 방지용 제동 권선을 기동 권선으로 하여 기동 토크를 얻는다.

39 양 방향으로 전류를 흘릴 수 있는 양방향 소자는?

① SCR   ② GTO
③ TRIAC   ④ MOSFET

해설

[TRIAC]
TRIAC은 양방향으로 전류를 흘릴 수 있다.

40 단상 전파 정류회로에서 직류 전압의 평균값으로 가장 적당한 것은? (단, E는 교류 전압의 실횻값)

① 1.35E   ② 1.17E
③ 0.9E   ④ 0.45E

해설

[정류회로]
단상 전파 정류 $E_d = 0.9E$

41 전선 약호 중 H가 나타내는 것은?

① 비닐절연 네온전선
② 미네랄인슐레이션 케이블
③ 옥외용 가교폴레에틸렌 절연전선
④ 경동선

해설

[절연전선 약호]
- NR : 비닐절연 네온전선
- MI : 미네랄인슐레이션 케이블
- OC : 옥외용 가교 폴리에틸렌 절연전선

42 다음 중 옥외용 가교 폴리에틸렌 절연전선을 나타내는 약호는?

① OC   ② OE
③ CV   ④ VV

해설

[절연전선 약호]
- OC - 옥외용 가교폴리에틸렌 절연전선
- OE - 옥외용 폴리에틸렌 절연전선
- CV - 600V 가교 폴리에틸렌 절연 비닐시스 케이블
- VV - 비닐절연 비닐시스 케이블

43 전선의 굵기를 측정하는 공구는?

① 권척
② 메거
③ 와이어 게이지
④ 와이어 스트리퍼

해설

[공구]
전선 = 와이어, 측정 = 게이지

정답   39 ③   40 ③   41 ④   42 ①   43 ③

44 다음 중 금속전선관의 호칭을 맞게 기술한 것은?

① 박강, 후강 모두 내경이며 [mm]로 나타낸다.
② 박강은 내경, 후강은 외경이며 [mm]로 나타낸다.
③ 박강은 외경, 후강은 내경이며 [mm]로 나타낸다.
④ 박강, 후강 모두 외경이며 [mm]로 나타낸다.

해설

[박강전선관]
박강전선관은 바깥지름에 가까운 홀수, 후강전선관은 안지름에 가까운 짝수로 나타낸다.

45 한국전기설비 규정에 따라 버스 덕트공사에 의한 배선이거나 옥외배선에 사용하는 전압이 저압인 경우 시설기준에 대한 설명으로 잘못된 것은?

① 덕트의 끝 부분은 막을 것
② 덕트의 내부에 먼지가 침입하지 않도록 할 것
③ 습기가 많은 장소에는 옥외용 버스 덕트를 사용하지 말 것
④ 덕트 상호 간 및 전선 상호 간은 견고하고 전기적으로 완전하게 접속할 것

해설

[버스 덕트공사]
습기가 많은 장소 또는 물기가 있는 장소에 시설하는 경우에는 옥외용 버스 덕트를 사용하고 버스 덕트 내부에 물이 침입하여 고이지 아니하도록 할 것

46 일반적으로 큐비클형(Cubicle Type)이라 하며, 점유 면적이 좁고 운전, 보수에 안전하므로 공장, 빌딩 등의 전기실에 많이 사용되며 조립형, 장갑형이 있는 배전반은?

① 데드 프런트식
② 수직형
③ 폐쇄식
④ 라이브 프런트식

해설

[폐쇄식 배전반]
캐비넷처럼 생긴 배전반을 큐비클형 또는 폐쇄식 배전반이라고 한다.

47 다음 ( ) 안에 들어갈 내용으로 알맞은 것은?

"사람의 접촉 우려가 있는 합성수지제 몰드는 홈의 폭 및 깊이가 (㉠) [mm] 이하로 두께는 (㉡) [mm] 이상의 것이어야 한다."

① ㉠ 35, ㉡ 1
② ㉠ 50, ㉡ 1
③ ㉠ 35, ㉡ 2
④ ㉠ 50, ㉡ 2

> **해설**
>
> [합성수지 몰드공사]
> 합성수지 몰드는 홈의 폭 및 깊이가 35[mm] 이하, 두께는 2 [mm] 이상이어야 하며, 사람의 접촉 우려가 없다면 50 [mm] 이하, 두께는 1 [mm] 이상이어야 한다.

48 가연성 분진에 전기설비가 발화원이 되어 폭발의 우려가 있는 곳에 시설하는 저압 옥내배선공사방법이 아닌 것은?

① 금속관공사
② 케이블공사
③ 애자사용공사
④ 합성수지관공사

> **해설**
>
> [KEC 242.2.2 가연성 분진 위험장소]
> 가연성 분진(소맥분·전분·유황 기타 가연성의 먼지로 공중에 떠다니는 상태에서 착화하였을 때에 폭발할 우려가 있는 것을 말하며 폭연성 분진을 제외한다)에 전기설비가 발화원이 되어 폭발할 우려가 있는 곳에 시설하는 저압 옥내 전기설비는 다음에 따르고 또한 위험의 우려가 없도록 시설하여야 한다.
> 가. 합성수지관공사(두께 2 [mm] 미만의 합성수지전선관 및 난연성이 없는 콤바인 덕트관을 사용하는 것을 제외)
> 나. 금속관공사
> 다. 케이블공사

49 셀룰로이드, 성냥, 석유류 등 기타 가연성 위험물질을 제조 또는 저장하는 장소의 공사방법으로 잘못된 것은?

① 금속관공사
② 합성수지관공사
③ 애자사용공사
④ 케이블공사

> **해설**
>
> [위험물이 있는 곳의 공사]
> 셀룰로이드, 성냥, 석유류 등 기타 가연성 위험물질을 제조 또는 저장하는 장소의 공사 - 금속관공사, 합성수지관공사, 케이블공사

50 접지선의 절연전선 색상은 특별한 경우를 제외하고는 어느 색으로 표시를 하여야 하는가?

① 흑색　　　　② 녹색
③ 녹색 - 노란색　④ 녹색 - 적색

> **해설**
>
> [전선의 색 표시]
> 접지선의 절연전선은 특별한 경우를 제외하고 녹색 - 노란색으로 표시하여야 한다.

51 전기울타리에 사용하는 경동선의 지름은 최소 몇 [mm] 이상이어야 하는가?

① 1.5　　　　② 2
③ 2.6　　　　④ 6

정답　48 ③　49 ③　50 ③　51 ②

해설
[전기 울타리]
전기울타리에 사용하는 전선은 인장강도 1.38 [kN] 이상의 것 또는 지름 2 [mm] 이상의 경동선이어야 한다. 지름 2 [mm]를 면적 [mm²]로 나타내면 4 [mm²]를 사용하여야 한다.

52 저압전로에 정격전류가 60 [A] 흐르는 회로를 주택용 배선차단기를 이용해서 트립하는 경우 차단기는 몇 분 이내에 동작되어야 하는가?

① 15분 ② 30분
③ 60분 ④ 120분

해설
[한국전기설비규정]
과전류 트립 동작 시간(주택용 배선용 차단기)

정격전류의 구분	시간
63 [A] 이하	60분
63 [A] 초과	120분

53 가공전선로의 지지물에 지지선을 사용해서는 안 되는 곳은?

① 목주
② A종 철근콘크리트주
③ A종 철주
④ 철탑

해설
[고압 가공전선로 지선의 종류]
가공전선로의 지지물로 사용하는 철탑은 지지선을 사용하여 그 강도를 부담시켜서는 안 된다.

54 지지물에 전선 그 밖의 기구를 고정하기 위하여 완금, 완목, 애자 등을 장치하는 것을 무엇이라 하는가?

① 건주 ② 가선
③ 장주 ④ 경간

해설
[공정의 종류]
- 전주 등의 지지물을 세우는 것 - 건주공사
- 세운 전주에 전선을 시설하는 것 - 가선
- 지지물에 완금이나 애자 등을 장치하는 것 - 장주공사
- 지지물 사이의 직선거리 - 지지물 간 거리(경간)

55 OW전선을 사용하는 저압 구내 가공인입전선으로 전선의 길이가 15 [m]를 초과하는 경우 그 전선의 지름은 몇 [mm] 이상을 사용하여야 하는가?

① 1.6 ② 2.0
③ 2.6 ④ 3.2

정답 • 52 ③ 53 ④ 54 ③ 55 ③

해설

[가공인입선 설치 기준]
- 15 [m] 이하 : 2.0 [mm] 이상
- 15 [m] 초과 : 2.6 [mm] 초과

따라서 전선의 지름은 2.6 [mm]를 초과하여야 한다.

56 지중전선로를 직접 매설식에 의하여 시설하는 경우에 차량 및 기타 중량물의 압력을 받을 우려가 있는 장소의 매설 깊이는 몇 [m] 이상인가?

① 1.0 ② 1.2
③ 1.5 ④ 1.8

해설

[직접 매설식]
지중전선로를 직접 매설식으로 시공할 경우 매설 깊이는 중량물의 압력이 있는 곳은 1.0 [m] 이상, 없는 곳은 0.6 [m] 이상으로 한다.

57 고압배전선로의 주상 변압기의 2차 측에 실시하는 변압기 중 성점 접지공사의 접지저항값을 계산하는 식으로 옳은 것은? (단, I_g는 지락전류이며, 고압 배전선로에는 고저압 전로의 혼촉 시 2초 이내 1초를 초과하여 자동적으로 전로를 차단하는 장치가 포함되어 있다)

① $\dfrac{150}{I_g}$ ② $\dfrac{300}{I_g}$
③ $\dfrac{600}{I_g}$ ④ $\dfrac{900}{I_g}$

해설

[전기설비기술기준]
1초 초과 2초 이내 전로를 자동적으로 차단하는 장치가 있을 경우, 접지저항값은 $\dfrac{300}{I_g}$으로 구한다. 1초 이내 전로를 자동적으로 차단하는 장치가 있을 경우, 접지저항값은 $\dfrac{600}{I_g}$으로 구한다.

58 고압전로에 지락사고가 생겼을 때 지락전류를 검출하는 데 사용하는 것은?

① CT ② ZCT
③ MOF ④ PT

해설

[ZCT(영상 변류기)]
지락사고 시 영상전류를 검출한다.

59 전력회사가 수용가의 인입구에 설치하여, 미리 정한 값 이상의 전류가 흘렀을 때 일정시간 내의 동작으로 정전시키기 위한 장치는?

① 과전압 차단기
② 과전류 차단기
③ 전류 제한기
④ 배선용 차단기

해설

[전류 제한기]
전력공급회사가 수용가의 인입구에 부착할 수 있다.

정답 56 ① 57 ② 58 ② 59 ③

60 보호를 요하는 회로의 전류가 어떤 일정 값(정정값) 이상으로 흘렀을 때 동작하는 계전기는?

① 과전류 계전기
② 과전압 계전기
③ 차동 계전기
④ 비율 차동 계전기

해설

[과전류 계전기]
OCR(Over Current Relay)

정답 60 ①

2024 제2회

01 전기장의 세기는 전기장 내의 점전하에 작용하는 힘의 크기이다. 이때 전장의 세기 E [V/m]는?

① $E = \dfrac{1}{4\pi\epsilon_0} \times \dfrac{Q_1 O_2}{r^2}$ [V]

② $E = \dfrac{1}{4\pi\epsilon_0} \times \dfrac{Q}{r^2}$ [V]

③ $E = \dfrac{1}{4\pi\epsilon_0} \times \dfrac{Q}{r}$ [V]

④ $E = \dfrac{1}{4\pi\epsilon_0} \times \dfrac{Q_1 Q_2}{r}$ [V]

해설

[전계의 세기]

전계의 세기 $E = \dfrac{1}{4\pi\epsilon_0} \times \dfrac{Q}{r}$ [V]

02 자장 중에서 코일에 발생하는 유기기전력의 방향은 어떤 법칙에 의하여 설명되는가?

① 패러데이의 법칙
② 앙페르의 오른나사법칙
③ 렌츠의 법칙
④ 가우스의 법칙

해설

[유기기전력에 의한 법칙]
유기기전력의 방향 - 렌츠의 법칙
유기기전력의 크기 - 패러데이의 법칙

03 저항 3 [Ω], 유도리액턴스 4 [Ω]의 직렬회로에 교류 100 [V]를 가할 때, 흐르는 전류와 위상각은 얼마인가?

① 14.3 [A], 37°
② 14.3 [A], 53°
③ 20 [A], 37°
④ 20 [A], 53°

해설

[교류의 전류와 위상각]

전류 $I = \dfrac{V}{Z} = \dfrac{100}{\sqrt{3^2 + 4^2}} = 20$ [A]

위상각 $\theta = \tan^{-1} \dfrac{X_L}{R} = \tan^{-1} \dfrac{4}{3} = 53°$

정답 01 ② 02 ③ 03 ④

04 그림과 같이 공기 중에 놓인 2×10^{-8} [C]의 전하에서 1 [m]떨어진 점 P와 2 [m] 떨어진 점 Q와의 전위차는 몇 [V]인가?

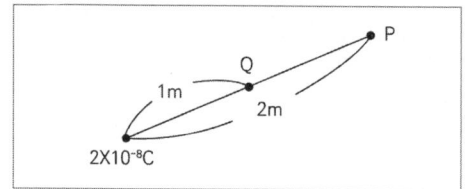

① $45[V]$ ② $90[V]$
③ $125[V]$ ④ $150[V]$

해설

[전위차]

$V_1 = 9 \times 10^9 \dfrac{2 \times 10^{-8}}{1} = 180[V]$

$V_2 = 9 \times 10^9 \dfrac{2 \times 10^{-8}}{2} = 90[V]$

전위차 $V_1 - V_2 = 180 - 90 = 90[V]$

05 3개의 저항 R_1, R_2, R_3를 병렬접속하면 합성저항은?

① $\dfrac{1}{R_1 + R_2 + R_2}$

② $R_1 + R_2 + R_3$

③ $\dfrac{1}{R_1} + \dfrac{1}{R_2} + \dfrac{1}{R_3}$

④ $\dfrac{1}{\dfrac{1}{R_1} + \dfrac{1}{R_2} + \dfrac{1}{R_3}}$

해설

[합성저항]

합성저항 직렬 : $R_1 + R_2 + R_3$

합성저항 병렬 : $\dfrac{1}{\dfrac{1}{R_1} + \dfrac{1}{R_2} + \dfrac{1}{R_3}}$

06 비투자율이 1인 환상철심 중의 자장의 세기가 H [AT/m]이다. 이때 철심의 비투자율이 10인 물질로 변경할 시 철심의 자속밀도 [Wb/m²]는?

① 1/10로 줄어든다.
② 10배 커진다.
③ 50배 커진다.
④ 100배 커진다.

해설

[자속밀도]

자속밀도 $B = \mu H = \mu_0 \mu_S H [Wb/m^2]$ 에서 비투자율 μ_S가 10인 물질이 되면 자속밀도와 비례하며 자속밀도도 10배가 된다.

07 전기장의 세기가 있는 장소에 전하를 놓으면 이 전하가 받는 정전기력 [N]은?

① $F = QE$ ② $F = \dfrac{Q}{E}$
③ $F = \dfrac{E}{Q}$ ④ $F = Q^2 E$

정답 04 ② 05 ④ 06 ② 07 ①

해설

[정전기력]
정전기력 $F = QE$

08 다음 중 가장 무거운 것은?

① 양성자의 질량과 중성자의 질량의 합
② 양성자의 질량과 전자의 질량의 합
③ 원자핵의 질량과 전자의 질량의 합
④ 중성자의 질량과 전자의 질량의 합

해설

[원자의 구조]
원자핵은 양성자와 중성자의 합이므로 보기에서 원자핵의 질량과 전자의 질량의 합이 가장 무겁다.

09 비오 – 사바르의 법칙을 나타내는 식은?

① $\Delta H = \dfrac{I\Delta \ell}{4\pi r} \sin\theta \, [\text{AT/m}]$

② $\Delta H = \dfrac{I\Delta \ell}{4\pi r^2} \sin\theta \, [\text{AT/m}]$

③ $\Delta H = \dfrac{I\Delta \ell}{4\pi r} \cos\theta \, [\text{AT/m}]$

④ $\Delta H = \dfrac{I\Delta \ell}{4\pi r^2} \cos\theta \, [\text{AT/m}]$

해설

[비오 – 사바르의 법칙]
$\Delta H = \dfrac{I\Delta \ell}{4\pi r^2} \sin\theta \, [\text{AT/m}]$

10 코일에 I [A]전류를 공급했을 때 축적되는 에너지를 W라고 한다면, 코일의 자체 인덕턴스는 얼마가 되어야 하는가?

① $\sqrt{\dfrac{2W}{I}}$ ② $\dfrac{2W}{I}$

③ $\dfrac{2W}{I^2}$ ④ $\sqrt{\dfrac{I}{2W}}$

해설

[코일의 자체 인덕턴스]

코일에 축적되는 에너지 $W = \dfrac{1}{2}LI^2 \, [J]$에서

코일의 자체 인덕턴스 $L = \dfrac{2W}{I^2} \, [H]$

11 전기분해를 통하여 석출된 물질의 양은 통과한 전기량 및 화학당량과 어떤 관계인가?

① 전기량과 화학당량에 비례한다.
② 전기량과 화학당량에 반비례한다.
③ 전기량에 비례하고 화학당량에 반비례한다.
④ 전기량에 반비례하고 화학당량에 비례한다.

해설

[패러데이의 법칙]
$W = KQ = KIt \, [g]$
전기분해를 통하여 석출된 물질의 양은 전기량과 화학당량에 비례한다.

정답 08 ③ 09 ② 10 ③ 11 ①

12 RLC회로에서 R = 3 [Ω], X_L = 8 [Ω], X_C = 4 [Ω]일 때, 임피던스 Z의 값은?

① 3 ② 5
③ 7 ④ 10

해설

[RLC 직렬회로에서 합성 임피던스]
$Z = \sqrt{R^2 + (X_L - X_C)^2} = \sqrt{3^2 + (8-4)^2}$
$= 5 \, [\Omega]$

13 다음 중 콘덴서의 정전용량을 크게 만들기 위한 방법 중 틀린 것은?

① 극판간의 간격을 작게 한다.
② 극판의 면적을 크게 한다.
③ 극판의 면적을 작게 한다.
④ 극판 사이에 비유전율이 큰 유전체를 삽입한다.

해설

[콘덴서의 정전용량 $C = \epsilon \dfrac{A}{l}$]
면적을 작게 하면 정전용량도 작아진다.

14 반지름 10 [cm], 권수 100회인 원형코일에 15 [A]의 전류가 흐르면 코일중심의 자장의 세기는 몇 [AT/m]인가?

① 75 ② 750
③ 7500 ④ 75000

해설

[원형코일의 자기장의 세기]
$H = \dfrac{NI}{2r} [AT/m]$
$H = \dfrac{100 \times 15}{2 \times 10 \times 10^{-2}} = 7500 \, [AT/m]$

15 전원과 부하가 다같이 △결선된 3상 평형회로가 있다. 상전압이 200 [V] 부하 임피던스가 10 [Ω]인 경우 선전류는 몇 [A]인가?

① 20 ② $\dfrac{20}{\sqrt{3}}$
③ $20\sqrt{3}$ ④ $10\sqrt{3}$

해설

[△결선의 선전류]
상전류 $I_P = \dfrac{V_P}{Z} = \dfrac{200}{10} = 20 \, [A]$
△결선은 $I_l = \sqrt{3} I_P$ 이므로 $I_l = 20\sqrt{3} \, [A]$이 된다.

16 다음 중 저항이 커야 좋은 것은?

① 절연저항 ② 권선저항
③ 고유저항 ④ 접지저항

해설

[저항]
저항이 클수록 좋은 것 - 절연저항
저항이 작을수록 좋은 것 - 접지저항, 도체저항, 접촉저항

정답 12 ② 13 ③ 14 ③ 15 ③ 16 ①

17 평행한 두 도체에 같은 방향의 전류를 흘렸을 때, 두 도체 사이에 작용하는 힘은 어떻게 되는가?

① 서로 반발한다.
② 힘이 0이 된다.
③ 서로 흡인한다.
④ 아무런 반응도 하지 않는다.

해설

[평행한 두 도체에 작용하는 힘]
같은 방향으로 전류가 흐를 때 - 흡인력
다른 방향으로 전류가 흐를 때 - 반발력

18 비유전율이 가장 작은 것은?

① 물　　② 종이
③ 운모　④ 공기

해설

[비유전율의 크기]
공기는 비유전율이 1이므로 가장 작다.

19 다음 중 용량성 리액턴스와 반비례하는 것은?

① 전압　② 전류
③ 주파수　④ 저항

해설

[용량성 리액턴스]
용량성 리액턴스 $X_C = \dfrac{1}{\omega C} = \dfrac{1}{2\pi f C}$ [Ω]이므로 주파수와 반비례한다.

20 기전력 1.5 [V], 내부저항 0.5 [Ω]인 전지 5개를 직렬로 접속하고 부하에 저항 2.5 [Ω]의 부하저항을 접속하면 부하에 흐르는 전류는 몇 [A]가 되는가?

① 1.2　② 1.5
③ 2.3　④ 4.2

해설

[전지의 전류]
전류 $I = \dfrac{nE}{nr+R} = \dfrac{1.5 \times 5}{0.5 \times 5 + 2.5} = 1.5\ [A]$

21 극수 6, 주파수 60 [Hz]로 회전하는 유도 전동기가 있다. 이때 회전자와의 슬립이 4 [%]라면 회전자의 속도는?

① 1152　② 1160
③ 1200　④ 1250

해설

[회전자속도]
$N = (1-s)N_S = (1-s)\dfrac{120f}{P}$ [rpm]
$N = (1-0.04)\dfrac{120 \times 60}{6} = 1152$ [rpm]

정답 ● 17 ③　18 ④　19 ③　20 ②　21 ①

22 권선형 유도 전동기에서 2차 저항을 증가시키면 슬립은 어떻게 변화하는가?

① 감소한다.
② 증가한다.
③ 변화하지 않는다.
④ 0이 된다.

해설

[비례추이]
비례추이 원리에 의해 2차저항을 증가시키면 슬립도 증가한다.

23 직류 전동기의 최대 효율이 되기 위해선 어떻게 되어야 하는가?

① 철손 - 동손
② 철손 = 동손
③ $\frac{철손}{동손}$
④ $\frac{동손}{철손}$

해설

[최대 효율 조건]
직류기 최대 효율 조건
철손 = 동손 ($P_i = P_C$)

24 동기 발전기의 난조를 방지하기 위하여 자극면에 유도 전동기의 농형권선과 같은 건선을 설치하는데 이 권선의 명칭은?

① 제동권선
② 계자권선
③ 보상권선
④ 전기자권선

해설

[제동권선 목적]
난조현상은 제동권선을 설치하여 방지할 수 있다.

25 전력변환기기에서 컨버터란?

① 교류를 직류로 변환
② 직류를 교류로 변환
③ 교류를 교류로 변환
④ 직류를 직류로 변환

해설

[전력변환기기]
컨버터 : 교류 → 직류 변환
인버터 : 직류 → 교류 변환

26 정격전압 100 [V], 정격전류 50 [A], 전기자 저항 0.2 [Ω], 계자저항 0.1 [Ω]인 직권 발전기의 유기기전력 [V]은?

① 99
② 110
③ 115
④ 120

해설

[직권 발전기의 유기기전력]
$E = V + I_a(r_a + r_f)$
　 $= 100 + 50(0.2 + 0.1) = 115$ [A]

정답 ● 22 ② 23 ② 24 ① 25 ① 26 ③

27 돌발 단락전류를 주로 제한하는 것은?

① 동기임피던스
② 어드미턴스
③ 누설리액턴스
④ 인덕턴스

해설

[돌발 단락전류]
돌발 단락전류를 주로 제한하는 것은 누설리액턴스이다.

28 속도를 광범위하게 조절할 수 있어 압연기나 엘리베이터 등에 사용되고 일그너 방식 또는 워드 레오나드방식의 속도제어장치를 사용하는 경우에 주 전동기로 사용하는 전동기는?

① 타여자 전동기
② 분권 전동기
③ 직권 전동기
④ 가동 복권 전동기

해설

[타여자 전동기]
- 광범위한 속도제어 가능
- 압연기나 엘리베이터에 사용됨

29 직권 전동기의 회전수가 1/3이 되었다면 토크는 몇 배가 되는가?

① 1/3배　　② 3배
③ 6배　　　④ 9배

해설

[직권 전동기의 회전수와 토크]
직류 직권 전동기의 토크는 $T \propto \dfrac{1}{N^2}$ 이므로 회전수를 $\dfrac{1}{3^2}$ 으로 줄이면 토크는 9배 증가한다.

30 변압기의 철심의 철 함량은 몇 [%]인가?

① 80 ~ 85　　② 90 ~ 92
③ 92 ~ 95　　④ 96 ~ 97

해설

[규소강판]
규소함량 3 ~ 4 [%], 철심의 철 함량 96 ~ 97[%]

31 다음 그림은 직류 발전기의 분류 중 어느 것에 해당되는가?

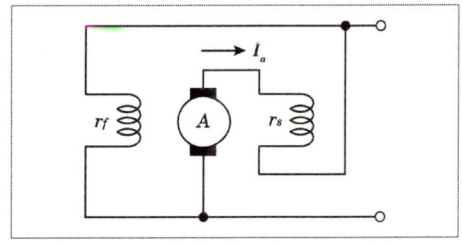

① 분권 발전기　　② 직권 발전기
③ 자석 발전기　　④ 복권 발전기

해설

[복권 발전기]
계자와 전기자가 병렬로 혼합 접속되어 있는 구조는 복권 발전기이다.

정답　27 ③　28 ①　29 ④　30 ④　31 ④

32 변압기의 백분율 저항 강하가 2 [%], 백분율 리액턴스 강하가 3 [%]일 때 부하역률이 80 [%]인 변압기의 전압 변동률 [%]은?

① 1.2 ② 2.4
③ 3.4 ④ 4.8

해설

[전압변동률]

전압변동률 $\epsilon = p\cos\theta^2 + q\sin\theta^2$
역률이 80 [%]이므로 무효율은 60 [%]가 된다.
$\epsilon = 2 + 0.8 \times 4 \times 0.6 = 3.4$

33 농형 유도 전동기의 기동법이 아닌 것은?

① 전전압기동
② 2차 저항기동법
③ 기동보상기에 의한 기동
④ 리액터 기동

해설

[농형 유도 전동기의 기동법]
농형 유도 전동기 기동법 - 전전압기동, 보상기에 의한 기동, 리액터 기동, $Y-\Delta$기동, 2차 저항기동법은 권선형 유도 전동기의 기동법이다.

34 다음 중 구리손은 무엇인가?

① 표유부하손
② 와류손
③ 저항손
④ 히스테리시스손

해설

[손실]
구리손 = 동손 = 저항손 = 옴손

35 디지털 시계 등을 표시하는 다이오드는?

① 제너다이오드
② 발광다이오드
③ 쇼크레이다이오드
④ 대칭형 3층다이오드

해설

[LED(발광다이오드)]
반도체, 다이오드의 특성을 가지고 있으며, 전류를 흐르게 하면 붉은색, 녹색, 노란색으로 빛을 발한다.

정답 32 ③ 33 ② 34 ③ 35 ②

36 다음 중 트라이악(TRIAC)의 기호는?

①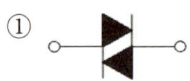

②

③

④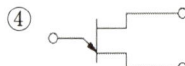

해설
[트라이악(TRIAC)]
트라이악은 3단자 양방향성 소자이다.

37 동기 발전기의 병렬운전 조건이 아닌 것은?
① 기전력의 주파수가 같을 것
② 기전력의 위상차가 같을 것
③ 기전력의 크기가 같을 것
④ 기전력의 용량이 같을 것

해설
[동기 발전기의 병렬운전 조건 – 크위주파]
크기, 위상차, 주파수, 파형이 같아야 하며 용량은 같지 않아도 된다.

38 100 [kVA] 단상 변압기 2대를 V결선하여 3상 전력을 공급할 때의 출력은?
① 17.3 [kVA]   ② 86.6 [kVA]
③ 173.2 [kVA] ④ 346.8 [kVA]

해설
[V결선]
$P_V = \sqrt{3}\,P_1 = \sqrt{3} \times 100 = 173.2\,[kVA]$

39 직류 발전기를 구성하는 부분 중 정류자란?
① 전기자와 쇄교하는 자속을 만들어주는 부분
② 자속을 끊어서 기전력을 유기하는 부분
③ 전기자 권선에서 생긴 교류를 직류로 바꾸어 주는 부분
④ 계자 권선과 외부 회로를 연결시켜 주는 부분

해설
[정류자]
전기자 권선에서 만들어진 교류를 직류로 변환하는 부분

40 비정현파를 구성하는 것이 아닌 것은?
① 고조파   ② 직류분
③ 기본파   ④ 정류파

해설
[비정현파]
직류분 + 기본파 + 고조파

정답 36 ③ 37 ④ 38 ③ 39 ③ 40 ④

41 조명설계 시 고려해야 할 사항 중 틀린 것은?

① 균등한 광속 발산도 분포일 것
② 휘도 대비가 높을 것
③ 균등한 광속 발산도 분포일 것
④ 적당한 그림자가 있을 것

해설
[우수한 조명의 조건]
휘도가 높으면 눈부심의 정도가 높아지므로 휘도는 낮아야 한다.

42 고압전동기 철심의 강판 홈의 모양은?

① 반폐형   ② 개방형
③ 밀폐형   ④ 반구형

해설
[고압전동기]
저압 - 반폐형, 고압 - 개방형

43 고압 가공인입선이 일반적인 도로 횡단 시 설치 높이는?

① 3 [m] 이상
② 2.5 [m] 이상
③ 5 [m] 이상
④ 6 [m] 이상

해설
[가공인입선 설치 높이]
저압 - 5 [m], 고압 - 6 [m]

44 간선에 접속하는 전동기의 정격전류의 합계가 60 [A] 이하인 경우에는 그 정격전류 합계의 몇 배에 견디는 전선을 선정하여야 하는가?

① 0.8   ② 1.1
③ 1.25 ④ 3

해설
[전동기 부하의 간선의 굵기 산정]

전동기 정격전류	허용전류 계산
50 [A] 이하	정격전류 합계의 1.25배
50 [A] 초과	정격전류 합계의 1.1배

45 일반용 단심 비닐 절연전선의 약호는?

① VV   ② NR
③ DV   ④ NF

해설
[절연전선 약호]
- NR - 단심 비닐 절연전선
- VV - 비닐 절연 비닐 시스케이블
- DV - 인입용 비닐 절연전선
- NF - 450/750 [V] 일반용 유연성 비닐 절연전선

정답 41 ② 42 ② 43 ④ 44 ② 45 ②

46 옥내배선공사에서 절연전선의 피복을 벗길 때 사용하는 공구는?

① 와이어 게이지
② 와이어 스트리퍼
③ 오스터
④ 클리퍼

해설
[공구]
사선상태에서 전선의 피복을 벗기는 공구는 와이어 스트리퍼이다(활선상태에서는 전선 피박기).

47 조명용 전등을 숙박시설에 설치할 경우 최대 몇 분 이내 소등되는 타임 스위치를 시설해야 하는가?

① 0.5분
② 1분
③ 3분
④ 5분

해설
[타임 스위치]
타임 스위치 : 호텔(여관, 객실) - 1분
일반가정(일반주택, 아파트) - 3분

48 배전반 및 분전반과 연결된 배관을 변경하거나 이미 설치되어 있는 캐비닛에 구멍을 뚫을 때 필요한 공구는?

① 오스터
② 클리퍼
③ 토치램프
④ 녹아웃펀치

해설
[공구]
녹아웃 펀치에 대한 설명이다.

49 합성수지관 상호 및 관과 박스는 접속 시에 삽입하는 길이를 관 바깥지름의 몇 배로 해야 하는가? (단, 접착제를 사용하지 않은 경우이다)

① 0.5
② 0.8
③ 1.0
④ 1.2

해설
[합성수지관의 관 상호 접속방법]
• 접착제 미사용 시 : 1.2배 이상
• 접착제 사용 시 : 0.8배 이상

50 합성수지관의 호칭의 조건으로 옳은 것은?

① 안지름 크기에 가까운 짝수
② 안지름 크기에 가까운 홀수
③ 바깥지름 크기에 가까운 짝수
④ 바깥지름 크기에 가까운 홀수

해설
[합성수지관 관의 굵기]
합성수지관은 안지름 크기에 가까운 짝수로 표시한다.

정답 46 ② 47 ② 48 ④ 49 ④ 50 ①

51 절연전선을 동일 금속 덕트 내에 넣을 경우 금속 덕트의 크기는 전선의 피복절연을 포함한 단면적의 총 합계가 금속 덕트 내 단면적의 몇 [%] 이하가 되도록 선정하여야 하는가? (단, 제어회로 등의 배선에 사용하는 전선만 넣은 경우이다)

① 20　　② 40
③ 50　　④ 80

해설
[금속 덕트시공]
일반적인 경우 20 [%], 제어회로 등의 배선일 경우에는 50 [%] 이하로 한다.

52 금속 몰드의 지지점 간의 거리는?

① 1.0 [m] 이하
② 1.5 [m] 이하
③ 2.0 [m] 이하
④ 2.5 [m] 이하

해설
[금속 몰드의 지지점 간 거리]
금속 몰드의 지지점 간 거리 : 1.5 [m]

53 누전차단기의 설치조건 중 물기가 없는 저압 전로에서의 정격감도전류는 몇 [mA] 이하여야 하는가?

① 15　　② 20
③ 30　　④ 35

해설
[누전차단기 설치조건]
• 물기가 없는 장소 : 정격감도전류 30 [mA] 이하, 동작시간 0.03초 이하
• 물기가 있는 장소 : 정격감도전류 15 [mA] 이하

54 건조한 콘크리트 또는 신더 콘크리트 플로어 내에 전화선이나 콘센트 전원을 내고자 할 때 사용하는 공사는?

① 플로어 덕트공사
② 라이팅 덕트공사
③ 버스 덕트공사
④ 금속 덕트공사

해설
[플로어 덕트]
사무실, 상가 등에서 전선을 바닥으로부터 인출하여 전화선이나 콘센트 전원을 내고자 할 때 사용하는 공사이다.

55 공장이나 빌딩에서 주로 사용되며 점유면적이 적어 운전, 보수 시 안전한 배전반은 무엇인가?

① 큐비클형
② 라이브 프런트식
③ 데드 프런트식
④ 텀블러식

정답 51 ③　52 ②　53 ③　54 ①　55 ①

해설

[폐쇄식 배전반]
캐비넷처럼 생긴 배전반을 큐비클형 또는 폐쇄식 배전반이라고 한다.

56 다음 중 인입 개폐기가 아닌 것은?
① ASS ② LBS
③ UPS ④ LS

해설

[개폐기]
① ASS : 고장구간 자동 개폐기
② LBS : 부하 개폐기
③ UPS : 무정전 전원장치
④ LS : 라인 스위치(선로 개폐기)

57 전선을 접속하는 경우 전선의 강도는 몇 [%] 이상 감소시키지 않아야 하는가?
① 10 ② 20
③ 40 ④ 80

해설

[전선의 기계적 강도]
전선의 기계적 강도는 20 [%] 이상 감소시키지 않아야 한다. 즉, 80 [%] 이상 유지하여야 한다.

58 금속전선관의 재료가 아닌 것은?
① 엔트런스 캡
② 유니온 커플링
③ 링 리듀셔
④ 앵글 박스 커넥터

해설

[앵글 박스 커넥터]
앵글 박스 커넥터는 가요전선관과 박스와의 접속에서 사용하는 부품이다.

59 화약류의 분말이 전기설비가 발화원이 되어 폭발할 우려가 있는 곳에 시설하는 저압 옥내배선의 공사방법으로 옳지 않은 것은?
① 케이블공사
② 합성수지관공사
③ 금속관공사
④ 애자사용공사

해설

[폭연성 분진이 있는 곳의 공사]
폭연성 분진, 화약류 분말이 존재하는 곳, 가연성 가스 또는 인화성 물질의 증기가 새거나 체류하는 곳의 전기공작물은 금속관공사, 케이블공사에 의한다.

정답 ● 56 ③ 57 ② 58 ④ 59 ④

60 금속관공사에서 금속관을 콘크리트에 매설하는 경우 관의 두께는 몇 [mm] 이상의 것이어야 하는가?

① 0.8　　② 1.0
③ 1.2　　④ 1.5

해설

[금속전선관의 시공]
- 콘크리트에 매설하는 경우 – 1.2 [mm] 이상
- 기타 – 1 [mm] 이상

정답　60 ③

2024 제3회

01 병렬회로에서 30 [A]의 총 전류가 흐를 때, 각 I_1과 I_2에서 흐르는 전류는 몇 [A]인가? (단, R_1 = 10 [Ω], R_2 = 15 [Ω]이다)

① I_1 = 18 [A], I_2 = 12 [A]
② I_1 = 12 [A], I_2 = 18 [A]
③ I_1 = 20 [A], I_2 = 18 [A]
④ I_1 = 18 [A], I_2 = 20 [A]

해설

[전류분배법칙]

$I_1 = \dfrac{R_2}{R_1 + R_2} \times I = \dfrac{15}{10+15} \times 30 = 18 \ [A]$

$I_2 = \dfrac{R_1}{R_1 + R_2} \times I = \dfrac{10}{10+15} \times 30 = 12 \ [A]$

02 정현파 교류의 파형률을 나타낸 것은?

① $\dfrac{실횻값}{평균값}$ ② $\dfrac{평균값}{실횻값}$
③ $\dfrac{실횻값}{최댓값}$ ④ $\dfrac{최댓값}{실횻값}$

해설

[정현파의 파고율과 파형률]

파형률 = $\dfrac{실횻값}{평균값}$

03 임피던스 Z = 6 + j8 [Ω]과 전압 V = 200 [V]를 가할 때 이 회로에 흐르는 전류 [A]는?

① 15   ② 20
③ 25   ④ 30

해설

[교류의 전류]

전류 $I = \dfrac{V}{Z} = \dfrac{200}{\sqrt{6^2 + 8^2}} = 20 \ [A]$

04 100 [kVA]의 단상 변압기 2대를 이용하여 V-V결선으로 하고 3상전압을 얻으려고 한다. 이때 여기에 접속할 수 있는 3상 부하는 몇 [kVA]인가?

① 100   ② 90
③ $100\sqrt{3}$ ④ $\dfrac{100}{\sqrt{3}}$

해설

[V결선]

V결선 $P_V = \sqrt{3} \, P_1 = 100\sqrt{3} \ [kVA]$

정답 01 ① 02 ① 03 ② 04 ③

05 다음 중에서 자기력선의 성질로 옳지 않은 것은?

① 자력선은 N극에서 나와 S극으로 향한다.
② 자력선은 서로 교차하지 않는다.
③ 진공 중에서 나오는 자력선의 수는 m개다.
④ 자석이 고온이 되면 자력이 감소한다.

해설
[가우스의 정리]
가우스의 정리에서 폐회로를 통해 나오는 자력선의 수는 $\dfrac{m}{\mu}$개이며, 진공 중에서 나오는 자력선의 수는 $\dfrac{m}{\mu_0}$개다.

06 콘덴서의 정전용량의 설명으로 옳은 것은?

① 전압에 비례한다.
② 이동 전하량에 반비례한다.
③ 이동 전하량에 비례한다.
④ 전압의 제곱에 반비례한다.

해설
[정전용량]
정전용량 $C = \dfrac{Q}{V}$

07 "폐회로에서 발생하는 전압 강하의 합은 전체 기전력의 합과 같다"라고 정의되는 법칙은?

① 렌츠의 법칙
② 패러데이의 법칙
③ 키르히호프의 법칙
④ 앙페르의 오른나사법칙

해설
[키르히호프의 법칙]
- 제1법칙(KCL) : 임의의 한 점에서 흘러들어오는 전류의 합과 나가는 전류의 합은 같다.
- 제2법칙(KVL) : 폐회로에서 발생하는 전압 강하의 합은 전체전압과 같다.

08 3상 교류를 Y결선하였을 때 선간전압과 상전압, 선전류와 상전류의 관계를 바르게 나타낸 것은?

① 상전압 = $\sqrt{3}$ 선간전압
② 선간전압 = $\sqrt{3}$ 상전압
③ 선전류 = $\sqrt{3}$ 상전류
④ 상전류 = $\sqrt{3}$ 선전류

해설
[Y결선]
Y결선 $V_l = \sqrt{3}\, V_P$, $I_l = I_P$

정답 05 ③ 06 ③ 07 ③ 08 ②

09 그림과 같이 공기 중에 놓인 2×10^{-8} [C]의 전하에서 1 [m]떨어진 점 P와 2 [m] 떨어진 점 Q와의 전위차는 몇 [V]인가?

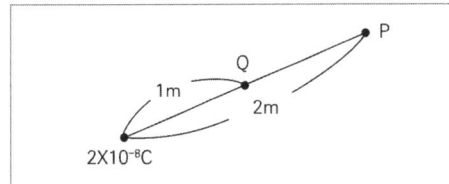

① 45 [V] ② 90 [V]
③ 125 [V] ④ 150 [V]

해설
[전위차]
- $V_1 = 9 \times 10^9 \dfrac{2 \times 10^{-8}}{1} = 180 [V]$
- $V_2 = 9 \times 10^9 \dfrac{2 \times 10^{-8}}{2} = 90 [V]$
- 전위차 $V_1 - V_2 = 180 - 90 = 90 [V]$

10 진공 중에 10 [μC]과 20 [μC]의 점전하를 1 [m]의 거리로 놓았을 때, 작용하는 힘 [N]은?

① 18×10^{-1}
② 9.8×10^{-9}
③ 2×10^{-2}
④ 98×10^{-9}

해설
[쿨롱의 법칙]

쿨롱의 법칙 $F = 9 \times 10^9 \dfrac{Q_1 Q_2}{r^2} [N]$

$F = 9 \times 10^9 \dfrac{10 \times 10^{-6} \times 20 \times 10^{-6}}{1^2}$

$= 18 \times 10^{-1} [N]$

11 전기분해를 하면 석출되는 물질의 양은 통과한 전기량에 관계가 있다. 이것을 나타낸 법칙은?

① 옴의 법칙
② 쿨롱의 법칙
③ 앙페르의 법칙
④ 패러데이의 법칙

해설
[패러데이의 법칙]
$W = KIt [q]$

12 자장 중에서 도선에 발생되는 유기 기전력의 방향은 어떤 법칙에 의하여 설명되는가?

① 패러데이의 법칙
② 앙페르의 오른나사법칙
③ 렌츠의 법칙
④ 가우스의 법칙

정답 ● 09 ② 10 ① 11 ④ 12 ③

해설

[유기기전력에 의한 법칙]
유기기전력의 방향 - 렌츠의 법칙
유기기전력의 크기 - 패러데이의 법칙

---

13 평형조건을 이용하여 미지의 저항을 측정하는 장치이며, 검류계의 지시값이 "0"을 가리키는 것은 무엇인가?

① 맥스웰 브리지
② 휘스톤 브리지
③ 패러데이의 법칙
④ 키르히호프의 법칙

해설

[휘스톤 브리지]
휘스톤 브리지에 대한 설명이다.

---

14 어떤 콘덴서에 V의 전압을 가해서 Q의 전하를 충전할 때 저장되는 에너지[J]는?

① $W = \dfrac{1}{2}QV^2$
② $W = \dfrac{1}{2}Q^2V$
③ $W = \dfrac{1}{2}CV^2$
④ $W = \dfrac{1}{2}C^2V$

해설

[콘덴서에 축적되는 에너지]
$W = \dfrac{1}{2}QV = \dfrac{1}{2}CV^2 [J]$

---

15 권선수 200회 감은 코일에 5 [A]의 전류가 흘렀을 때 50×10^{-3} [Wb]의 자속이 코일에 쇄교되었다면 자기 인덕턴스는 몇 [H]인가?

① 1.0 ② 2.0
③ 3.0 ④ 4.0

해설

[자체 인덕턴스]
$LI = N\phi$에서 자기 인덕턴스 $L = \dfrac{N\phi}{I} [H]$
$L = \dfrac{200 \times 50 \times 10^{-3}}{5} = 2 [H]$

---

16 공심 솔레노이드의 내부 자장의 세기가 800 [AT/m]일 때, 자속밀도 [Wb/m^2]는?

① 1×10^{-3} ② 1×10^{-4}
③ 1×10^{-5} ④ 1×10^{-6}

해설

[자속밀도]
자속밀도 $B = \mu H [Wb/m^2]$
공심 솔레노이드
$B = \mu_0 H = \mu_0 \times 800 = 1 \times 10^{-3}$

정답 13 ② 14 ③ 15 ② 16 ①

17 자기 인덕턴스가 같은 L_1, L_2인 두 원통 코일이 서로 직교하고 있다. 두 코일 간의 상호 인덕턴스는 어떻게 되는가?

① 0 ② $\sqrt{L_1 L_2}$
③ $L_1 + L_2$ ④ $L_1 L_2$

해설

[상호 인덕턴스]
코일이 서로 직교하고 있을 때 결합계수는 k=0이 된다. 상호인덕턴스 $M = k\sqrt{L_1 L_2}$에서 k가 0이므로 상호 인덕턴스는 0이 된다.

18 저항 3 [Ω], 유도리액턴스 4 [Ω]의 직렬회로에 교류 100 [V]를 가할 때, 흐르는 전류와 위상각은 얼마인가?

① 14.3 [A], 37°
② 14.3 [A], 53°
③ 20 [A], 37°
④ 20 [A], 53°

해설

[교류의 전류와 위상각]
전류 $I = \dfrac{V}{Z} = \dfrac{100}{\sqrt{3^2 + 4^2}} = 20\,[A]$

위상각 $\theta = \tan^{-1}\dfrac{X_L}{R} = \tan^{-1}\dfrac{4}{3} = 53°$

19 자유전자과 과잉된 상태란?

① 중성상태 ② 대전상태
③ 정전차폐 ④ 발열상태

해설

[대전]
자유전자 과잉 상태는 (-)대전상태이다.

20 코일에 그림과 같은 방향으로 전류가 흘렀을 때 A부분의 자극 극성은?

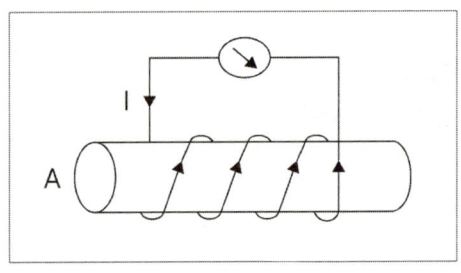

① S ② N
③ (+) ④ (-)

해설

[코일의 자기장의 방향]
앙페르 오른나사의 법칙에 의해 코일에서 엄지는 자기장 나머지는 전류라고 볼 수 있다. 자기력선은 N극에서 나와 S극으로 흐르므로 A부분에서 발생하는 자장은 N극이 된다.

정답 17 ① 18 ④ 19 ② 20 ②

21 변압기 내부 고장 시 발생하는 기름의 흐름변화를 검출하는 부흐홀츠 계전기의 설치 위치로 알맞은 것은?

① 변압기 본체
② 변압기의 고압 측 부싱
③ 콘서베이터 내부
④ 변압기 본체와 콘서베이터 사이

해설

[부흐홀츠 계전기 설치 위치]
변압기 외함과 콘서베이터 사이

22 동기 발전기에서 전기자전류가 기전력보다 90°만큼 위상이 뒤질 때의 전기자 반작용은?

① 교차자화작용
② 감자작용
③ 편자작용
④ 증자작용

해설

[감자작용]
전류가 기전력보다 90°만큼 위상이 뒤진다.

23 전기기계의 효율 중 전동기의 규약효율은?

① $\dfrac{출력}{입력} \times 100$ [%]
② 출력 × 입력 × 100 [%]
③ $\dfrac{입력 - 손실}{입력} \times 100$ [%]
④ $\dfrac{출력}{출력 + 손실} \times 100$ [%]

해설

[전동기 규약 효율]
전동기 규약 효율 $\eta = \dfrac{입력 - 손실}{입력} \times 100$ [%]

24 변압기의 1차 권회수가 80회, 2차 권회수가 320회일 때, 2차 측의 전압이 100 [V]이면 1차 전압은?

① 15   ② 25
③ 50   ④ 100

해설

[권수비]
권수비 $a = \dfrac{N_1}{N_2} = \dfrac{V_1}{V_2}$ 이므로 $\dfrac{80}{320} = \dfrac{V_1}{100}$

1차 전압 $V_1 = \dfrac{80 \times 100}{320} = 25$

25 전력제어의 소자가 아닌 것은?

① GTO   ② LED
③ TRIAC ④ DIAC

정답 21 ④ 22 ② 23 ③ 24 ② 25 ②

해설

[LED(발광다이오드)]
반도체, 다이오드의 특성을 가지고 있으며, 전류를 흐르게 하면 붉은색, 녹색, 노란색으로 빛을 발한다.

26 동기속도 3,600 [rpm], 주파수 60 [Hz]의 동기 발전기의 극수는?

① 2극　　② 4극
③ 6극　　④ 8극

해설

[동기속도]
$N_s = \dfrac{120f}{P}$ 에서 $3600 = \dfrac{120 \times 60}{P}$

$P = \dfrac{120 \times 60}{3600} = 2$

27 변압기에서 승압용의 결선으로 옳은 것은?

① $\Delta - Y$　　② $Y - Y$
③ $\Delta - \Delta$　　④ $Y - \Delta$

해설

[$\Delta - Y$결선]
변압기 승압용 $\Delta - Y$, 강압용 $Y - \Delta$

28 유도 전동기에서 슬립이 0이란 것은 어느 상태와 같은가?

① 유도 전동기가 동기속도로 회전한다.
② 유도 전동기가 정지 상태이다.
③ 유도 전동기가 전부하 운전상태이다.
④ 유도 제동기의 역할을 한다.

해설

[유도 전동기 슬립]
유도 전동기에서 슬립 s = 1은 기동 시
s = 0은 동기속도로 회전 시, 무부하 시이다.

29 분권 전동기의 특징으로 옳지 않은 것은?

① 정속도 특성을 가지고 있다.
② 토크는 전기자전류에 반비례한다.
③ 계자와 전기자가 병렬로 연결되어 있다.
④ 극성을 바꾸어도 회전방향에는 변화가 없다.

해설

[분권 전동기의 토크]
분권 전동기 $T = K\phi I_a$ 이므로 토크는 전기자전류에 비례한다.

30 계자에서 발생한 자속을 전기자에 골고루 분포시켜주기 위한 것은?

① 공극   ② 브러시
③ 콘덴서   ④ 저항

해설
[공극]
공극은 계자철심의 자극편과 전기자 철심 표면 사이의 부분으로 계자에서 발생한 자속을 전기자에 골고루 분포시킨다.

31 동기기를 병렬운전할 때 기전력 차가 발생하면 흐르는 것은?

① 유효순환전류   ② 리액턴스
③ 무효순환전류   ④ 임피던스

해설
[동기기의 병렬운전 조건]
기전력(크기) 다를 때 - 무효순환전류 발생
위상차 다를 때 - 유효순환전류 발생
주파수 다를 때 - 난조 발생
파형이 다를 때 - 고조파 순환전류 발생

32 단상 반파 정류회로의 전원전압 200 [V], 부하저항이 10 [Ω]이면 부하전류는 약 몇 [A]인가?

① 4   ② 9
③ 13   ④ 18

해설
[정류회로]
단상 반파 = 0.45E
전류 $I = \dfrac{0.45 \times 200}{10} = 9\,[A]$

33 2차 효율로 옳지 않은 것은?

① $\dfrac{P_0}{P_2}$ ② $(1-s)$

③ $\dfrac{P_0}{P_C}$ ④ $\dfrac{N}{N_S}$

해설
[2차 효율]
$\eta_2 = \dfrac{P_0}{P_2} = \dfrac{(1-s)P_2}{P_2} = (1-s) = \dfrac{N}{N_s}$

34 3상 유도 전동기의 원선도를 그리는 데 필요하지 않은 것은?

① 무부하 시험   ② 구속 시험
③ 저항시험   ④ 슬립시험

해설
[원선도 - 무구저]
무부하시험, 구속시험, 저항시험

정답 30 ① 31 ③ 32 ② 33 ③ 34 ④

35 다음 중 기동 토크가 가장 큰 전동기는?

① 분상 기동형
② 콘덴서 모터형
③ 셰이딩 코일형
④ 반발 기동형

해설

[기동토크가 큰 순서]
반발 기동형 > 반발 유도형 > 콘덴서 기동형 > 분상 기동형 > 셰이딩 코일형

36 전기자저항 0.1 [Ω], 전기자전류 104 [A], 유도기전력 110.4 [V]인 직류 분권 발전기의 단자전압 [V]은?

① 110
② 106
③ 102
④ 100

해설

[분권 발전기의 단자전압]
$V = E - I_a r_a = 110.4 - 104 \times 0.1 = 100 \; [V]$

37 변압기유의 구비조건이 아닌 것은?

① 절연내력이 클 것
② 인화점이 낮을 것
③ 냉각효과가 클 것
④ 산화현상이 없을 것

해설

[변압기유 구비조건]
변압기유는 인화점이 높고 응고점이 낮아야 한다.

38 2단자 사이리스터가 아닌 것은?

① Diode
② SSS
③ DIAC
④ TRIAC

해설

[TRIAC]
쌍방향성 3단자 사이리스터. SCR 2개를 역병렬 결합한 것으로 양방향으로 전류가 흐를 수 있기 때문에 교류 스위치로 사용한다.

39 단락비가 1.3이고 부하전류가 500 [A]일 때 단락전류 [A]는?

① 500
② 550
③ 600
④ 650

해설

[단락전류]

단락비 $K_S = \dfrac{I_s}{I_n}$ 에서 $1.3 = \dfrac{I_s}{500}$ 일 때

단락전류 $I_s = 1.3 \times 500 = 650 \; [A]$

정답 ● 35 ④ 36 ④ 37 ② 38 ④ 39 ④

40 다음 중 유도 전동기에서 비례추이를 할 수 있는 것은?

① 출력   ② 역률
③ 2차동손   ④ 효율

해설

[비례추이 가능한 것]
1차 전류, 2차 전류, 역률, 토크, 1차 입력

41 일반적으로 분기회로의 개폐기 및 과전류 차단기는 저압옥내간선과의 분기점에서 전선의 길이가 몇 [m] 이하인 곳에 시설해야 하는가?

① 3   ② 4
③ 5   ④ 8

해설

[간선의 보호장치 설치방법]
분기회로의 과전류차단기는 원칙적으로 3 [m] 이하의 곳에 설치한다.

42 가공전선로의 지지물에 시설하는 지선의 안전율은 몇으로 해야 하는가?

① 1.0   ② 1.5
③ 2.5   ④ 2.0

해설

[지선의 시공]
지선의 설치에 있어서 안전율(여유율)은 2.5로 한다.

43 한국전기설비기준에 의한 고압 가공전선로 철탑의 경간은 몇 [m] 이하로 제한하고 있는가?

① 150   ② 250
③ 500   ④ 600

해설

[고압 가공전선로 경간의 제한 범위]
• 목주, A종 철주, A종 철근 콘크리트주
  : 150 [m]
• B종 철주 또는 B종 철근 콘크리트주 : 250 [m]
• 철탑 : 600 [m]

44 공장이나 빌딩에서 주로 사용되며 점유면적이 적어 운전, 보수 시 안전한 배전반은 무엇인가?

① 데드 프런트식
② 라이브 프런트식
③ 폐쇄식 배전반
④ 텀블러식

해설

[폐쇄식 배전반]
캐비넷처럼 생긴 배전반을 큐비클형 또는 폐쇄식 배전반이라고 한다.

정답 40 ② 41 ① 42 ③ 43 ④ 44 ③

45 사람이 접촉될 우려가 있는 곳에 시설하는 경우 접지극은 지하 몇 [cm] 이상의 깊이에 매설하여야 하는가?

① 30　　② 45
③ 50　　④ 75

해설

[접지선의 시설기준]
접지극은 지하 75 [cm] 이상 매설한다.

46 조인트 박스 내에서 쥐꼬리 접속을 할 때 심선각도는 몇 도 [°]여야 하는가?

① 45　　② 90
③ 120　　④ 180

해설

[쥐꼬리접속 심선각도]
쥐꼬리접속 시 심선각도 90°

47 폭연성 분진 또는 화약류의 분말이 전기설비가 발화원이 되어 폭발할 우려가 있는 곳의 저압 옥내 전기 설비는 어느 공사에 의하는가?

① 금속관공사
② 합성수지관공사
③ 애자사용공사
④ 캡타이어 케이블공사

해설

[폭연성 분진이 있는 곳의 공사]
폭연성 분진, 화약류 분말이 존재하는 곳, 가연성 가스 또는 인화성 물질의 증기가 새거나 체류하는 곳의 전기공작물은 금속관공사, 케이블공사에 의한다.

48 금속전선관에서 박강전선관의 호수로 옳지 않은 것은?

① 19　　② 25
③ 31　　④ 37

해설

[박강전선관 규격 [mm]]
15, 19, 25, 31, 39, 51, 63, 75

49 활선 상태에서 전선의 피복을 벗기는 공구는?

① 클리퍼
② 와이어 스트리퍼
③ 전선 피박기
④ 버니어캘리퍼스

해설

[공구]
활선 상태에서 전선의 피복을 벗기는 공구는 전선 피박기다(사선상태 - 와이어 스트리퍼).

정답 45 ④ 46 ② 47 ① 48 ④ 49 ③

50 가요전선관을 상호접속할 때 사용하는 것은?

① 콤비네이션 커플링
② 앵글 박스 커넥터
③ 스플릿 커플링
④ 더블 박스 커넥터

해설

[가요전선관 부품]
- 가요전선관 상호 접속 시 - 스플릿 커플링
- 가요전선관과 금속관 접속 시 - 콤비네이션 커플링

51 점착성은 없으나 절연성, 내온성, 내유성이 우수하여 연피 케이블에 접속에 사용하는 테이프는?

① 고무테이프　② 리노테이프
③ 비닐테이프　④ 자기융착테이프

해설

[리노테이프]
리노테이프에 대한 설명이다.

52 배선설계를 위한 전동 및 소형 전기기계 기구의 부하용량 산정 시 건축물의 종류에 대응한 표준부하에서 원칙적으로 표준부하를 30 [VA/m²]으로 적용하여야 하는 건축물은?

① 교회, 극장　② 학교, 음식점
③ 은행, 상점　④ 아파트, 미용원

해설

[부하의 산정]

건축물	표준부하 [VA/m²]
공장, 교회, 극장, 영화관, 연회장	10
기숙사, 여관, 호텔, 병원 학교, 음식점	20
사무실, 은행, 상점, 이발소, 미장원	30
주택, 아파트	40

53 래크배선전선로에 사용해야 하는 것은?

① 고압 가공전선로
② 저압 가공전선로
③ 고압 지중전선로
④ 저압 지중전선로

해설

[래크배선]
래크는 저압 배전선로에서 전선을 수직으로 지지하는데 사용한다.

54 전선 접속방법 중 트위스트 직선 접속의 설명으로 옳은 것은?

① 6 [mm²] 이하의 가는 단선인 경우에 적용된다.
② 6 [mm²] 이상의 굵은 단선인 경우에 적용된다.
③ 연선의 직선 접속에 적용된다.
④ 연선의 분기 접속에 적용된다.

정답　50 ③　51 ②　52 ③　53 ②　54 ①

해설

[전선의 접속]
- 트위스트 접속 : 6 [mm²] 이하의 가는 단선
- 브리타니아 접속 : 3.2 [mm] 이상의 굵은 단선

55 저항이 작고, 부드러우며 구부리기 용이한 배선은 무엇인가?

① 연동선
② 경동선
③ 동합금선
④ 경알루미늄선

해설

[연동선]
부드러운 재질의 구선을 연동선이라 한다.

56 다음 중 CT 설치목적으로 옳은 것은?

① 고전압을 저전압으로 변성
② 임피던스를 개선
③ 대전류를 소전류로 변성
④ 전압을 승압

해설

[계기용 변류기]
계기용 변류기(CT)는 대전류를 소전류로 변성하여 계전기나 측정 계기에 전류를 공급하는 기기이다.

57 전선의 구비조건으로 옳지 않은 것은?

① 경량일 것
② 가요성이 풍부할 것
③ 도전율이 작을 것
④ 기계적 강도가 클 것

해설

[전선의 구비조건]
도전율(전도율)은 커야 하며 고유저항은 작아야 한다.

58 폭발성 분진이 있는 위험장소의 금속관 공사에 있어서 관상호 및 관과 박스 기타의 부속품이나 풀박스 또는 전기기계기구는 몇 턱 이상의 나사 조임으로 시공하여야 하는가?

① 2턱   ② 3턱
③ 4턱   ④ 5턱

해설

[전기기계기구의 나사 조임]
폭연성 분진 또는 화약류 분말이 존재하는 곳의 배선관 상호 및 관과 박스 기타의 부속품이나 풀박스 또는 전기기계기구는 5턱 이상의 나사 조임으로 접속한다.

정답 ● 55 ① 56 ③ 57 ③ 58 ④

59 실내 전체를 균일하게 조명하는 방식으로 광원을 일정한 간격으로 배치하며 공장, 학교, 사무실 등에서 채용되는 조명 방식은?

① 국부조명　② 전반조명
③ 직접조명　④ 간접조명

해설
[전반조명]
전반조명은 조명기구를 일정하게 배치하여 방 전체의 조도를 균일하게 조명하는 방식이다.

60 다음 중 버스 덕트 종류가 아닌 것은?

① 트롤리 버스 덕트
② 플러그인 버스 덕트
③ 피더 버스 덕트
④ 합성 버스 덕트

해설
[버스 덕트의 종류]
피더버스 덕트, 익스펜션 버스 덕트, 탭붙이 버스 덕트, 트랜스포지션 버스 덕트, 플러그인 버스 덕트, 트롤리버스 덕트

정답 ● 59 ② 60 ④

2024 제4회

01 납축전지의 전해액으로 사용되는 것은?

① H_2SO_4
② $2H_2O$
③ PbO_2
④ $PbSO_4$

해설

[전해질 용액]
납축전지 전해액 - 묽은황산 H_2SO_4

02 비투자율이 1인 환상철심 중의 자기장의 세기가 H [AT/m]이었다. 이때 비투자율이 10인 물질로 바꾸면 철심의 자속밀도 [Wb/m²]는?

① $\frac{1}{10}$로 줄어든다.
② 10배 커진다.
③ 50배 커진다.
④ 100배 커진다.

해설

[자속밀도]
자속밀도 $B = \mu H = \mu_0 \mu_s H$ [Wb/m²]에서 비투자율 μ_S가 10인 물질이 되면 자속밀도와 비례하며 자속밀도도 10배가 된다.

03 25 [V]의 전원전압에 의하여 5 [A]의 전류가 흐르는 전기회로의 컨덕턴스 [℧]는?

① 0.25
② 0.4
③ 0.2
④ 4

해설

[컨덕턴스]
저항 $R = \frac{V}{I} = \frac{25}{5} = 5$ [Ω]

합성 컨덕턴스 $G = \frac{1}{R} = \frac{1}{5} = 0.2$

04 패러데이의 전자 유도법칙에서 유도 기전력의 크기는 코일을 지나는 (㉠)의 매초 변화량과 코일의 (㉡)에 비례한다.

① ㉠ 자속, ㉡ 굵기
② ㉠ 자속, ㉡ 권수
③ ㉠ 전류, ㉡ 권수
④ ㉠ 전류, ㉡ 굵기

해설

[패러데이의 법칙]
패러데이의 전자유도법칙에서
유도기전력은 $e = -N\frac{\Delta \phi}{\Delta t}$ [V]이므로 자속과 권수에 비례한다.

정답 01 ① 02 ② 03 ③ 04 ②

05 다음 중 용량을 변화시킬 수 있는 콘덴서는?

① 바리콘
② 전해 콘덴서
③ 마일러 콘덴서
④ 세라믹 콘덴서

해설
[바리콘]
공기를 유전체로 하고, 정전용량을 가감할 수 있도록 되어 있다.

06 최댓값이 200 [V]인 사인파 교류의 평균값은?

① 약 70.7
② 약 100
③ 약 127.3
④ 약 141.4

해설
[최댓값과 평균값]
평균값 $V_{av} = \dfrac{2}{\pi} V_m = \dfrac{2}{\pi} \times 200 = 127.3$

07 전계의 세기 50 [V/m], 전속밀도 100 [C/m²]인 유전체의 단위 체적에 축적되는 에너지는?

① 1,500 [J/m³]
② 2,500 [J/m³]
③ 3,500 [J/m³]
④ 4,500 [J/m³]

해설
[유전체의 단위 체적에 축적되는 에너지]
$w = \dfrac{1}{2} ED = \dfrac{1}{2} 50 \times 100 = 2,500 \ [\text{J/m}^3]$

08 "회로의 접속점에서 볼 때, 접속점에서 흘러 들어오는 전류의 합은 흘러나가는 전류의 합과 같다"라고 정의되는 법칙은?

① 키르히호프 제1법칙
② 키르히호프 제2법칙
③ 플레밍의 오른손법칙
④ 앙페르의 오른나사법칙

해설
[키르히호프의 법칙]
- 제1법칙(KCL) : 임의의 한 점에서 흘러들어오는 전류의 합과 나가는 전류의 합은 같다.
- 제2법칙(KVL) : 폐회로에서 발생하는 전압 강하의 합은 전체전압과 같다.

09 정전기력 100 [N], 전하량 1 [C]일 때 전기장의 세기 [V/m]는?

① 0.1
② 1
③ 10
④ 100

해설
[전계의 세기]
쿨롱의 법칙과 전계의 세기의 F = QE에서
$E = \dfrac{F}{Q} = \dfrac{100}{1} = 100$

정답 05 ① 06 ③ 07 ② 08 ① 09 ④

10 다음 그림에서 A – B 사이의 합성저항은 얼마인가?

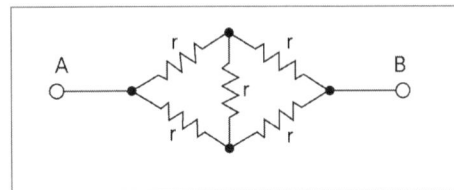

① 0.5r ② r
③ 2r   ④ 3r

해설
[휘스톤 브리지]
대각선의 저항의 곱이 같아서 휘스톤 브리지의 평형 상태이다. r의 저항 2개가 병렬로 있는 형태이므로 합성저항 $R = \dfrac{2r \times 2r}{2r + 2r} = \dfrac{4r^2}{4r} = r$

11 "전류의 방향과 자장의 방향은 각각 나사의 진행방향과 회전방향에 일치한다"와 관계있는 법칙은?

① 플레밍의 왼손법칙
② 플레밍의 오른손법칙
③ 앙페르의 오른나사법칙
④ 키르히호프의 법칙

해설
[전류에 의한 자기장의 방향]
앙페르의 오른나사법칙

12 유효전력을 나타낸 식으로 옳은 것은? (단, E는 전압, I는 전류, θ는 위상각이다)

① $EI\cos\theta$ ② EI
③ $EI\sin\theta$ ④ $EI\tan\theta$

해설
[유효전력]
유효전력 $P = VI\cos\theta\,[W]$

13 저항 R [Ω], 유도 리액턴스 X_L [Ω], 용량 리액턴스 X_C [Ω]가 직렬접속인 경우 합성 임피던스 Z [Ω]는?

① $\sqrt{R^2 + X_L^2 + X_C^2}$
② $\sqrt{R^2 - (X_L - X_C)^2}$
③ $\sqrt{R^2 + X_L^2 - X_C^2}$
④ $\sqrt{R^2 + (X_L - X_C)^2}$

해설
[RLC 직렬회로의 합성 임피던스]
$\sqrt{R^2 + (X_L - X_C)^2}$

14 기전력 1.5 [V], 내부저항 0.1 [Ω]인 전지 5개를 직렬로 접속하여 단락시켰을 때의 전류 [A]는?

① 7.5   ② 15
③ 17.5 ④ 22.5

정답 ● 10 ② 11 ③ 12 ① 13 ④ 14 ②

해설

[전지의 전류]

$I = \dfrac{nE}{nr} = \dfrac{5 \times 1.5}{5 \times 0.1} = 15\,[A]$

15 2 [cm]의 간격을 가진 두 평행도선에 1000 [A]의 전류가 흐를 때 도선 1 [m]마다 작용하는 힘은 몇 [N/m]인가?

① 5
② 10
③ 15
④ 20

해설

[평행도선 사이에 작용하는 힘]

$F = \dfrac{2 I_1 I_2}{r} \times 10^{-7} = \dfrac{2 \times 1000^2}{2 \times 10^{-2}} \times 10^{-7} = 10$

16 다음 중 자극의 세기 m [Wb]과 길이 l [m]인 자석에서 자기모멘트 M을 나타낸 올바른 식은?

① $M = \dfrac{1}{2}ml$
② $M = \dfrac{m}{l}$
③ $M = \dfrac{l}{m}$
④ $M = ml$

해설

[자기모멘트]

자기모멘트 $M = ml$

17 $v = \sqrt{2}\,V\sin(\omega t - \dfrac{\pi}{4})\,[V]$,

$i = \sqrt{2}\,I\sin(wt - \dfrac{\pi}{2})\,[A]$인 경우 전류는 전압보다 위상이 어떻게 되는가?

① 45°만큼 앞선다.
② 45°만큼 뒤진다.
③ 90°만큼 앞선다.
④ 90°만큼 뒤진다.

해설

[교류의 위상차]

전류가 전압보다 $\dfrac{\pi}{4}(= 45°)$만큼 뒤진다.

18 단위 길이당 권수 100회인 무한장 솔레노이드에 10 [A]의 전류가 흐를 때 솔레노이드 외부의 자장은?

① 0
② 10
③ 100
④ 1,000

해설

[무한장 솔레노이드의 자기장 세기]

무한장 솔레노이드의 외부 자장은 0이다.
내부 자장 $H = NI\,[AT/m]$

정답 15 ② 16 ④ 17 ② 18 ①

19 정전용량이 10 [μF]인 콘덴서 2개를 병렬로 했을 때의 합성 정전용량은 직렬로 했을 때의 합성 정전용량보다 어떻게 되는가?

① 1/4로 줄어든다.
② 1/2로 줄어든다.
③ 2배로 늘어난다.
④ 4배로 늘어난다.

해설
[합성 정전용량]
$C_{병렬}$ = 20 [μF], $C_{직렬}$ = 5 [μF]
병렬접속은 직렬접속보다 4배가 크다.

20 전기와 자기의 요소를 서로 대칭되게 나타내지 않은 것은?

① 전속 - 자속
② 기전력 - 기자력
③ 전도율 - 투자율
④ 전기저항 - 자기저항

해설
[전기회로와 자기회로의 대칭 관계]
자속은 전류와 대칭되는 관계이다.

21 3상 동기기의 제동권선을 사용하는 주목적은?

① 출력이 증가한다.
② 효율이 증가한다.
③ 역률을 개선한다.
④ 난조를 방지한다.

해설
[제동권선 목적]
난조 현상은 제동권선을 설치하여 방지할 수 있다.

22 다음 중 트라이악(TRIAC)의 기호는?

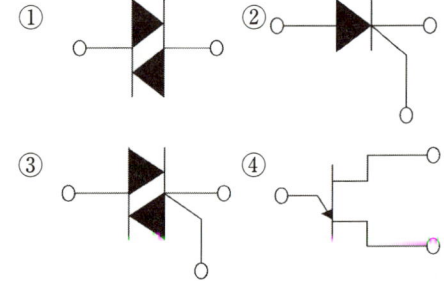

해설
[트라이악(TRIAC)]
트라이악은 3단자 양방향성 소자이다.

23 직류 직권 전동기의 회전수를 1/3로 줄이면 토크는 어떻게 되는가?

① 변화가 없다.
② 1/3배 작아진다.
③ 3배 커진다.
④ 9배 커진다.

정답 ▶ 19 ④ 20 ① 21 ④ 22 ③ 23 ④

해설

[직권 전동기의 회전수와 토크]

직류 직권 전동기의 토크는 $T \propto \dfrac{1}{N^2}$ 이므로 회전수를 $\dfrac{1}{3^2}$ 으로 줄이면 토크는 9배 증가한다.

24 2대의 변압기로 V결선하여 3상 변압하는 경우 변압기의 이용률 [%]은?

① 57.7 ② 66.6
③ 86.6 ④ 100

해설

[V결선]
변압기 이용률 86.6 [%], 출력비 57.7 [%]

25 복권 발전기의 병렬운전을 안전하게 하기 위해서 두 발전기의 전기자와 직권 권선의 접촉점에 연결해야 하는 것은?

① 균압선 ② 집전환
③ 안전저항 ④ 브러시

해설

[발전기의 균압선]
발전기의 전압을 일정하게 하기 위하여 두 발전기의 권선에 균압선을 설치한다.

26 다음 중 변압기의 무부하손에서 대부분을 차지하는 것은 무엇인가?

① 유전체손 ② 철손
③ 동손 ④ 부하손

해설

[변압기의 손실]
변압기의 무부하손의 대부분은 철에서 생기는 손실인 철손이다. 철손은 히스테리시스손과 와류손으로 이루어진다.

27 반도체 내에서 정공은 어떻게 생성되는가?

① 결합전자의 이탈
② 자유전자의 이동
③ 접합불량
④ 확산용량

해설

[정공]
공유결합이 파괴되어 전자가 이탈하고 나면 원래 전자가 있던 공유 결합 위치에는 전자가 빈자리가 남게 되는데 이를 정공이라 한다.

정답 ● 24 ③ 25 ① 26 ② 27 ①

28 다음 그림은 직류 발전기의 분류 중 어느 것에 해당되는가?

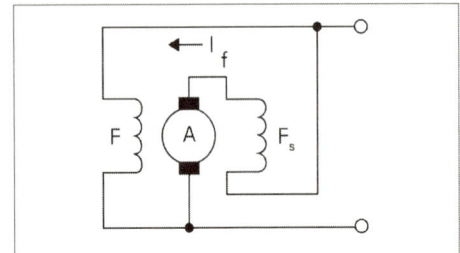

① 분권 발전기　② 직권 발전기
③ 자석 발전기　④ 복권 발전기

해설

[복권 발전기]
계자와 전기자가 병렬로 혼합 접속되어 있는 구조는 복권 발전기이다.

29 6극 60 [Hz] 3상 유도 전동기의 동기속도는 몇 [rpm]인가?

① 200　② 750
③ 1200　④ 1800

해설

[동기속도]
동기속도 $N_S = \dfrac{120f}{P}$ [rpm]

30 3상 유도 전동기의 운전 중 급속정지가 필요할 때 사용하는 제동방식은?

① 단상제동　② 회생제동
③ 발전제동　④ 역상제동

해설

[역상제동]
유도 전동기 급제동 시 사용하는 제동방식은 역상제동(플러깅제동, 역전제동)이다.

31 동기 발전기의 전기자 반작용 중에서 전기자전류에 의한 자기장의 축이 항상 주자속의 축과 수직이 되면서 자극편 왼쪽에 있는 주자속은 증가시키고, 오른쪽에 있는 주자속은 감소시켜 편자작용을 하는 전기자 반작용은?

① 증자작용　② 감자작용
③ 교차자화작용　④ 직축반작용

해설

[교차자화작용]
교차자화작용에 대한 설명이다.

32 다음 그림은 동기기의 위상특성 곡선을 나타낸 것이다. 전기자전류가 가장 작게 흐를 때의 역률은?

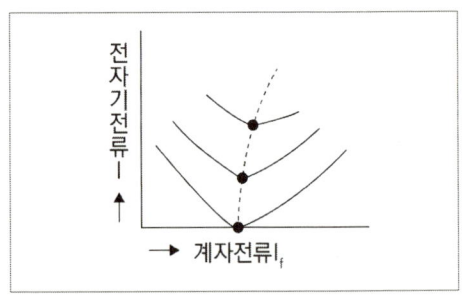

① 1　② 0.9(진상)
③ 0.9(지상)　④ 0

해설

[위상특성 곡선]
전기자전류가 가장 작을 때의 역률은 1이다.
($\cos\theta = 1$)

33 E종 절연물의 최고 허용온도는 몇 [℃]인가?

① 40 ② 60
③ 120 ④ 125

해설

[변압기 절연물의 최고 허용온도]
E종 절연물의 최고 허용온도는 120 [℃]이다.

34 동기 발전기의 병렬운전 조건이 아닌 것은?

① 유도 기전력의 크기가 같을 것
② 동기 발전기의 용량이 같을 것
③ 유도 기전력의 위상이 같을 것
④ 유도 기전력의 주파수가 같을 것

해설

[동기 발전기의 병렬운전 조건 – 크위주파]
크기, 위상차, 주파수, 파형이 같아야 하며 용량은 같지 않아도 된다.

35 기전력에 고조파를 포함하고 중성점이 접지되어 있을 때에는 선로에 제3고조파를 주로 포함하는 충전전류가 흐르고 변압기에서 제3고조파의 영향으로 통신 장해를 일으키는 3상 결선법은?

① $\Delta-\Delta$ 결선 ② $Y-Y$ 결선
③ $Y-\Delta$ 결선 ④ $\Delta-Y$ 결선

해설

[Y – Y결선의 특징]
- 중성점을 접지할 수 있으므로 이상전압으로부터 변압기를 보호
- 상전압이 선간전압의 $\frac{1}{\sqrt{3}}$배 이므로 절연이 용이하여 고전압에 유리
- 제3고조파가 흐르므로 통신선에 유도 장해가 발생

36 3상 380 [V], 60 [Hz], 4 [P], 슬립 5 [%]인 55 [kW] 유도 전동기가 있다. 회전자속도는 몇 [rpm]인가?

① 1200 ② 1526
③ 1710 ④ 2280

해설

[회전자속도]
- $N = (1-s)N_S = (1-s)\dfrac{120f}{p}$ [rpm]
- $N = (1-0.05)\dfrac{120 \times 60}{4} = 1710$ [rpm]

정답 ● 33 ③ 34 ② 35 ② 36 ③

37 3상 전파정류회로에서 교류 입력이 100 [V]이면 직류 출력은 약 몇 [V]인가?

① 45   ② 67.5
③ 90   ④ 135

해설
[정류회로]
3상 전파정류 : 1.35E

38 단락비가 1.2인 동기 발전기의 %동기임피던스는 약 몇 [%]인가?

① 68   ② 83
③ 100   ④ 120

해설
[단락비]
단락비 $K_s = \dfrac{100}{\%Z}$ 에서

$1.3 = \dfrac{100}{\%Z}$ 이므로, $\%Z = 83$ [%]

39 회전자입력 15 [kW], 주파수 60 [Hz], 4극의 3상 유도 전동기가 있다. 전부하가 걸렸을 때의 슬립이 4 [%]라면 이때의 2차(회전자) 측 동손은 약 몇 [kW]인가?

① 1.2   ② 1.0
③ 0.8   ④ 0.6

해설
[유도 전동기 비례식]
$P_C = sP_2$ 이므로 $0.04 \times 15 = 0.6$

40 직류 직권 전동기의 속도제어방법이 아닌 것은?

① 저항제어
② 계자제어
③ 전압제어
④ 주파수제어

해설
[직권 전동기의 속도제어]
직권 전동기의 속도제어 - 저항제어, 계자제어, 전압제어

41 옥외용 비닐 절연전선의 약호(기호)는?

① VV   ② DV
③ OW   ④ NR

해설
[절연전선 약호]
VV : 비닐절연 비닐시스 케이블
DV : 인입용 비닐절연전선
OW : 옥외용 비닐절연전선
NR : 450/750 [V] 일반용 단심 비닐 절연전선

정답 37 ④ 38 ② 39 ④ 40 ④ 41 ③

42 가공전선로의 지지물에 시설하는 지선으로 연선을 사용할 경우에는 소선이 최소 몇 가닥 이상이어야 하는가?

① 3가닥　　② 4가닥
③ 5가닥　　④ 6가닥

> 해설

[지선시공]
지선은 소선 3가닥 이상의 연선으로 시설하여야 한다.

43 소맥분, 전분 기타 가연성의 분진이 존재하는 곳의 저압 옥내배선공사방법에 해당되는 것으로 짝지어진 것은?

① 케이블공사, 애자사용공사
② 금속관공사, 콤바인 덕트관, 애자사용공사
③ 케이블공사, 금속관공사, 애자사용공사
④ 케이블공사, 금속관공사, 합성수지관공사

> 해설

[가연성 분진이 존재하는 곳의 공사]
가연성분진물과 위험물 - 합성수지관, 금속관, 케이블

44 서로 다른 굵기의 절연전선을 동일 관내에 넣는 경우 금속관의 굵기는 전선의 피복절연물을 포함한 단면적의 총 합계가 관의 내 단면적의 몇 [%] 이하가 되도록 선정하여야 하는가?

① 32　　② 38
③ 45　　④ 48

> 해설

[절연전선 약호]
서로 다른 굵기 - 32 [%]
제어회로(통신선) - 48 [%]

45 펜치로 절단하기 힘든 굵은 전선을 절단할 때 사용하는 공구는?

① 스패너
② 프레셔 툴
③ 파이프 바이스
④ 클리퍼

> 해설

[공구]
클리퍼는 굵은 전선을 절단할 때 사용한다.

정답　42 ①　43 ④　44 ①　45 ④

46 합성수지관 상호 및 관과 박스는 접속 시에 삽입하는 깊이를 관 바깥지름의 몇 배 이상으로 하여야 하는가? (단, 접착제를 사용하지 않는 경우이다)

① 0.6배 ② 0.8배
③ 1.2배 ④ 1.6배

해설

[합성수지관의 관 상호 접속방법]
- 접착제 미사용 시 : 1.2배 이상
- 접착제 사용 시 : 0.8배 이상

47 금속전선관 종류에서 후강전선관 규격이 아닌 것은?

① 16 ② 24
③ 28 ④ 36

해설

[후강전선관 규격]
후강전선관의 규격(mm) : 16, 22, 28, 36, 42, 54, 70, 82, 92, 104

48 교통신호등회로의 사용전압은 몇 [V]를 넘는 경우에 전로에 지락이 생겼을 때 자동적으로 전로를 차단하는 장치를 시설하여야 하는가?

① 100 ② 150
③ 200 ④ 300

해설

[교통신호등]
교통신호등회로는 150 [V]를 초과하는 경우에 지락 발생 시 자동적으로 전로를 차단한다.

49 배선설계를 위한 전등 및 소형 전기기계기구의 부하 용량 산정 시 건축물의 종류에 대응한 표준부하에서 원칙적으로 표준부하를 10 [VA/m^2]으로 적용하여야 하는 건축물은?

① 극장, 영화관   ② 호텔, 병원
③ 은행, 상점   ④ 주택, 아파트

해설

[부하의 산정]
표준부하는 아래와 같다.

건축물	표준부하 [VA/m^2]
공장, 교회, 극장, 영화관, 연회장	10
기숙사, 여관, 호텔, 병원, 학교, 음식점	20
사무실, 은행, 상점, 이발소, 미장원	30
주택, 아파트	40

50 전선을 접속하는 경우 전선의 강도는 몇 [%] 이상 감소시키지 않아야 하는가?

① 10 ② 20
③ 40 ④ 80

정답 ▶ 46 ③ 47 ② 48 ② 49 ① 50 ②

해설

[전선의 기계적 강도]

전선의 기계적 강도는 20 [%] 이상 감소시키지 않아야 한다. 즉, 80 [%] 이상 유지하여야 한다.

---

51 UPS는 무엇을 의미하는가?

① 구간자동 개폐기
② 단로기
③ 무정전 전원장치
④ 계기용 변성기

해설

[무정전 교류 전원 공급 장치(UPS)]

무정전 교류 전원 공급 장치는 선로에서 정전이나 순시 전압 강하 시 또는 입력 전원의 이상 상태 발생 시 부하에 대한 교류 입력 전원의 연속성을 확보할 수 있는 무정전 교류 전원 공급 장치이다.

---

52 애자사용공사에 의한 저압 옥내배선에서 일반적으로 전선 상호 간의 간격은 몇 [cm] 이상이어야 하는가?

① 2.5 ② 6
③ 25   ④ 60

해설

[애자사용공사 이격거리]

거리 사용전압	400 [V] 미만인 경우	400 [V] 이상인 경우
전선 상호간의 거리	6 [cm] 이상	6 [cm] 이상
전선과 조영재와의 거리	2.5 [cm] 이상	4.5 [cm] 이상 (습기가 있는 경우)

---

53 변압기의 내부 고장 보호에 쓰이는 계전기는?

① 차동 계전기
② OCR
③ 역상계전기
④ 접지계전기

해설

[변압기 보호 계전기]

변압기나 동기기의 층간 단락의 전기적 내부고장에 차동 계전기가 사용된다.

정답 ● 51 ③ 52 ② 53 ①

54 다음 중 비상용 콘센트의 그림 기호는?

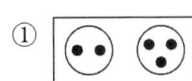

해설
[콘센트]
① 바닥붙이 콘센트
② 비상용 콘센트
③ 접지극붙이 콘센트
④ 빠짐 방지형 콘센트

55 다음 중 450/700 일반용 단심 비닐절연전선의 약호로 알맞은 것은?
① NR   ② CV
③ MI   ④ OC

해설
[절연전선 약호]
① 450/700 일단용 단심 비닐절연전선
② 가교폴리에틸렌 절연 비닐 시스 케이블
③ 미네랄 인슐레이션 케이블
④ 옥외용 가교 폴리에틸렌 절연전선

56 금속 덕트를 취급자 이외에는 출입할 수 없는 곳에서 수직으로 설치하는 경우 지지점 간의 거리는 최대 몇 [m] 이하로 하여야 하는가?
① 1.5   ② 2.0
③ 3.0   ④ 6.0

해설
[금속 덕트시공]
금속 덕트의 지지점 간의 거리 : 3 [m]
단, 취급자 이외에는 출입할 수 없는 곳에서 수직으로 설치하는 경우 지지점 간의 거리 : 6 [m]

57 고압 또는 특별고압 가공전선로에서 공급을 받는 수용장소의 인입구 또는 이와 근접한 곳에는 무엇을 시설하여야 하는가?
① 계기용 변성기
② 과전류 계전기
③ 접지 계전기
④ 피뢰기

해설
[피뢰기]
피뢰기는 고압 또는 특별고압 가공전선로에서 공급을 받는 수용장소의 인입구, 변전소의 인입구, 가공선로와 지중선로가 만나는 곳에서 선로보호와 기기보호를 위해서 사용한다.

정답 54 ② 55 ① 56 ④ 57 ④

58 셀룰로이드, 성냥, 석유류 등 기타 가연성 위험물질을 제조 또는 저장하는 장소의 공사로 잘못된 것은?

① 금속관공사
② 가요전선관공사
③ 합성수지관공사(두께 2 [mm] 이상)
④ 케이블공사

해설

[위험물이 있는 곳의 공사]
셀룰로이드, 성냥, 석유류 등 기타 가연성 위험물질을 제조 또는 저장하는 장소의 배선 - 금속관배선, 합성수지관배선(두께 2 [mm] 이상), 케이블배선

59 변전소의 전력기기를 시험하기 위하여 회로를 분리하거나 계통의 접속을 바꾸기 위해 사용되는 것은?

① 나이프 스위치
② 차단기
③ 퓨즈
④ 단로기

해설

[단로기]
단로기는 계통의 접속을 바꾸거나 무부하회로를 분리하는 데 쓰이게 된다.

60 고압 가공인입선이 일반적인 도로 횡단 시 설치 높이는?

① 3 [m] 이상
② 3.5 [m] 이상
③ 5 [m] 이상
④ 6 [m] 이상

해설

[고압 가공인입선전선의 높이]
가공인입선 도로횡단 시 저압 5 [m], 고압 6 [m]

정답 58 ② 59 ④ 60 ④

2023 제1회

01 10 [eV]는 몇 [J]인가?
① 1×10^{-3} ② 1×10^{-10}
③ 1.602×10^{-18} ④ 1.82×10^{-18}

해설
[1 [eV](전자볼트)]
에너지의 단위로, 전자 하나가 1 [V]의 전위를 거슬러 올라갈 때 드는 일
$1 [eV] = 1.602 \times 10^{-19} [J]$
$10 [eV] = 1.602 \times 10^{-18} [J]$

02 전자 1개의 질량은 몇 [kg]인가?
① 8.855×10^{-12}
② 9.109×10^{-31}
③ 9×10^9
④ 1.602×10^{-19}

해설
[전자의 질량과 전하량]
전자의 질량 9.109×10^{-31} [kg]
전자의 전하량 1.602×10^{-19} [C]

03 2개의 저항 R_1, R_2를 병렬접속하면 합성저항은?
① $\dfrac{1}{R_1 + R_2}$ ② $\dfrac{R_1}{R_1 + R_2}$
③ $\dfrac{R_1 R_2}{R_1 + R_2}$ ④ $\dfrac{R_2}{R_1 + R_2}$

해설
[합성저항]
병렬로 접속된 두 저항의 합성저항은 더한 것 분의 곱한 것으로 나타낼 수 있다.

04 회로의 저항값이 $R_1 > R_2 > R_3 > R_4$일 때 전류가 최소로 흐르는 저항은?

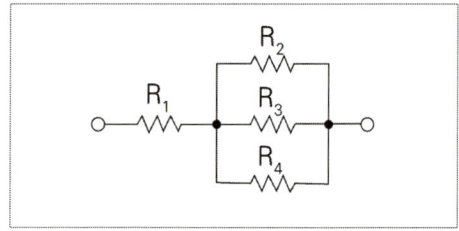

① R_1 ② R_2
③ R_3 ④ R_4

정답: 01 ③ 02 ② 03 ③ 04 ②

해설

[합성저항]

위 회로는 직·병렬회로이다. 전류는 저항에 반비례 하므로 병렬 구간에 있는 R_2, R_3, R_4의 저항 중 R_2의 저항값이 가장 크므로 R_2에 전류가 가장 적게 흐른다. R_1은 직렬 구간의 저항이므로 전체 전류가 흐르게 되며, 저항값에 관계없이 가장 많은 전류가 흐르게 된다.

05 100 [V]의 전압계가 있다. 이 전압계를 써서 200 [V]의 전압을 측정하려면 최소 몇 Ω의 저항을 외부에 접속해야 하는가? (단, 전압계의 내부저항은 5000 [Ω]이다)

① 10,000 ② 5000
③ 2500   ④ 1000

해설

[배율기 저항]

전압계의 측정범위를 2배로 하려면 외부에 1배 저항의 배율기를 직렬로 연결한다.

06 정격전압에서 1 [kW]의 전력을 소비하는 저항에 정격의 80 [%]의 전압을 가했을 때, 전력은 몇 [W]가 되는가?

① 640 ② 780
③ 810 ④ 900

해설

[전력]

$P = \dfrac{V^2}{R}$ 에서 소비전력은 전압의 제곱에 비례함을 알 수 있다. 따라서 전압이 80 [%] 수준으로 감소하였다면, 소비전력은 $0.8^2 = 0.64$배가 되므로 $1000 \times 0.64 = 640$ [W]이다.

07 다음 중 극성이 있는 콘덴서는?

① 바리콘   ② 탄탈 콘덴서
③ 마일러 콘덴서 ④ 세라믹 콘덴서

해설

[탄탈 콘덴서]

탄탈 콘덴서의 구조는 탄탈 소자의 양 끝에 리드 프레임으로 전극을 구성하여, 몰드수지로 봉입하는 구조로 되어 있으며, 극성이 있다.

08 C [F]의 콘덴서에 W [J]의 에너지를 축적하기 위하여 필요한 충전전압 V [V]은?

① $V = \dfrac{2W}{C}$ ② $V = \sqrt{\dfrac{2C}{W}}$

③ $V = \dfrac{C}{2W}$ ④ $V = \sqrt{\dfrac{2W}{C}}$

해설

[콘덴서에 축적되는 에너지]

콘덴서에 축적되는 에너지 $W = \dfrac{1}{2}CV^2$

전압 $V = \sqrt{\dfrac{2W}{C}}$

정답 ● 05 ② 06 ① 07 ② 08 ④

09 공심 솔레노이드의 내부 자장의 세기가 800 [AT/m]일 때 자속밀도 B [Wb/m²]는?

① 1×10^{-3}　② 1×10^{-4}
③ 1×10^{-5}　④ 1×10^{-6}

해설

[자속밀도]
자속밀도 $B = \mu H = \mu_0 \mu_s H$
공심 $\mu_s = 1$, $B = \mu_0 H$
$B = \mu_0 H = 4\pi \times 10^{-7} \times 800$
$= 1 \times 10^{-3}$ [Wb/m²]

10 다음 그림과 같이 절연물 위에 +로 대전된 대전체를 놓았을 때 도체의 음전기와 양전기가 분리되는 것은 어떤 현상 때문인가?

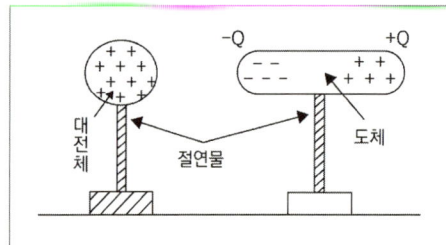

① 정전유도　② 정전차폐
③ 자기유도　④ 대전

해설

[정전유도]
같은 전하끼리는 밀어내고, 다른 전하끼리는 당기는 현상

11 두 콘덴서 C_1, C_2를 직렬접속하고 양단에 [V]의 전압을 가할 때 C_1에 걸리는 전압은?

① $\dfrac{C_1}{C_1 + C_2} V$ [V]

② $\dfrac{C_2}{C_1 + C_2} V$ [V]

③ $\dfrac{C_1 + C_2}{C_1} V$ [V]

④ $\dfrac{C_1 + C_2}{C_2} V$ [V]

해설

[콘덴서에서의 전압 분배법칙]
$V_1 = \dfrac{C_2}{C_1 + C_2} V$ [V]

$V_2 = \dfrac{C_1}{C_1 + C_2} V$ [V]

12 다음 중 자기력선(Line of Magnetic Force)에 대한 설명으로 옳지 않은 것은?

① 자석의 N극에서 시작하여 S극에서 끝난다.
② 자기장의 방향은 그 점을 통과하는 자기력선의 방향으로 표시한다.
③ 자기력선은 상호 간에 교차한다.
④ 자기장의 크기는 그 점에서의 자기력선의 밀도를 나타낸다.

해설

[자기력선의 성질]
자기력선은 상호 간에 교차하지 않는다.

정답 ● 09 ① 10 ① 11 ① 12 ③

13 반지름 10 [cm] 권수 20회인 원형 코일에 30 [A]의 전류가 흐르면 코일 중심의 자장의 세기는 몇 [AT/m]인가?

① 2500　　② 2700
③ 3000　　④ 3400

해설

[원형코일 중심의 자기장의 세기]
$$H = \frac{NI}{2r} = \frac{20 \times 30}{2 \times 0.1} = 3000$$

14 다음 중 패러데이 관(Faraday Tube)의 단위 전위차당 보유에너지는 몇 [J]인가?

① 2　　② 1
③ 4　　④ 1/2

해설

[페러데이 관의 단위 전위차 당 보유에너지]
패러데이 관의 단위 전위차당 보유에너지는 1/2 [J]이다.

15 다음 중 플레밍의 오른손법칙에 의하여 동작하는 것은?

① 선풍기
② 세탁기
③ 자전거 발전기
④ 전동기

해설

[발전기의 원리]
플레밍의 오른손법칙은 발전기와 관련된 법칙이다.

16 자체인덕턴스가 L_1, L_2인 두 코일을 직렬 가극성으로 접속한 것과 감극성으로 접속한 것의 차는 얼마인가?

① M/2　　② M
③ 2M　　④ 4M

해설

[인덕턴스 접속]
$L_{가동} = L_1 + L_2 + 2M$
$L_{차동} = L_1 + L_2 - 2M$
$L_{가동} - L_{차동} = 4M$

17 $i = 10\sin\left(314t - \frac{\pi}{6}\right) [A]$의 전류가 흐른다. 이를 복소수로 표시하면?

① 6.12 - j3.5　　② 17.32 - j5
③ 3.54 - j6.12　　④ 5 - j17.32

해설

[복소수]
$$i = 10\sin\left(314t - \frac{\pi}{6}\right) = \frac{10}{\sqrt{2}} \angle -\frac{\pi}{6}$$
$I(\cos\theta + j\sin\theta)$에 의해서
$$\frac{10}{\sqrt{2}}\left[\cos\left(-\frac{\pi}{6}\right) + j\sin\left(-\frac{\pi}{6}\right)\right] = 6.12 - j3.5$$

정답　13 ③　14 ④　15 ③　16 ④　17 ①

18 RLC 직렬공진회로에서 최대가 되는 것은?

① 전류
② 임피던스
③ 리액턴스
④ 저항

해설

[RLC 직렬공진회로]
직렬공진회로에서는 유도 리액턴스와 용량 리액턴스가 같으므로 리액턴스는 0이 된다. 따라서 $Z = \sqrt{R^2 + X^2}$ 인데 리액턴스 성분 X가 0이므로 $Z = \sqrt{R^2}$ 이 되고, $Z = R$이 되어 임피던스 성분은 최소가 되고 전류는 최대가 된다.

19 최댓값이 200 [V]인 사인파 교류의 평균값은?

① 약 70.7 [V]
② 약 100 [V]
③ 약 127.3 [V]
④ 약 141.4 [V]

해설

[평균값과 최댓값]
평균값 = 최댓값 $\times \dfrac{2}{\pi} = 200 \times \dfrac{2}{\pi} = 127.3 [V]$

20 어떤 사무실에 30 [W], 220 [V], 60 [Hz]의 형광등이 있다. 형광등 전원의 평균값은?

① 105.5 [V]
② 198.2 [V]
③ 244.2 [V]
④ 280.3 [V]

해설

[평균값]
$\dfrac{실횻값}{평균값} = 1.11$에서 평균값 $= \dfrac{실횻값}{1.11}$
주어진 220 [V]는 실횻값이므로
$\dfrac{220}{1.11} = 198.2 [V]$

21 직류 발전기에서 브러시와 접촉하여 전기자 권선에 유도되는 교류기전력을 정류해서 직류로 만드는 부분은?

① 계자
② 정류자
③ 슬립링
④ 전기자

해설

[정류자]
전기자 권선에서 만들어진 교류를 직류로 변환하는 부분

정답 ● 18 ① 19 ③ 20 ② 21 ②

22 직류 분권 발전기가 있다. 전기자 총 도체 수 440, 매극의 자속 수 0.01 [Wb], 극수 6, 회전수 1500 [rpm]일 때 유기기전력은 몇 [V]인가? (단, 전기자 권선은 중권이다)

① 37 ② 55
③ 110 ④ 220

해설

[유기기전력]
$$E = \frac{PZphiN}{60a}$$
$$= \frac{6 \times 440 \times 0.01 \times 1500}{60 \times 6} = 110[V]$$

23 다음 중 분권 전동기의 토크와 회전수 관계를 올바르게 표시한 것은?

① $T \propto \frac{1}{N}$ ② $T \propto \frac{1}{N^2}$
③ $T \propto N$ ④ $T \propto N^2$

해설

[분권 전동기의 회전수와 토크]
분권 전동기의 토크는 속도에 반비례, 직권 전동기의 토크는 속도의 제곱에 반비례한다.

24 자극 사이에 있는 도체에 전류가 흐를 때 힘이 작용하는 것은 무엇인가?

① 발전기 ② 전동기
③ 정류기 ④ 변압기

해설

[플레밍의 왼손법칙]
플레밍의 왼손법칙에 의해서 자극 사이에 있는 도체에 전류가 흐르면 도체에 힘이 작용한다.

25 다음 중 직류 전동기의 속도제어방법으로만 구성된 것은?

① 저항제어, 전압제어, 계자제어
② 계자제어, 주파수제어, 저항제어
③ 주파수제어, 전압제어, 저항제어
④ 전압제어, 위상제어, 저항제어

해설

[직류 전동기의 속도제어]
주파수제어는 유도 전동기의 제어방법이며, 직류 전동기는 저항제어, 전압제어, 계자제어를 사용한다.

26 3300/110 [V]인 변압기의 2차가 100 [V]라면 1차 전압[V]은?

① 850 ② 1500
③ 3000 ④ 4500

해설

[권수비]
권수비 $a = \frac{V_1}{V_2} = \frac{3300}{110} = 30$
$V_2 = \frac{V_1}{a}$, $V_1 = aV_2 = 30 \times 100 = 3000$

정답 22 ③ 23 ① 24 ② 25 ① 26 ③

27 변압기에서 퍼센트 저항강하 3 [%], 리액턴스 강하 4 [%]일 때 역률 0.8(지상)에서의 전압변동률은?

① 2.4 [%] ② 3.6 [%]
③ 4.8 [%] ④ 6.0 [%]

해설
[전압변동률]
$\epsilon = p\cos\theta + q\sin\theta$
$= 3 \times 0.8 + 4 \times 0.6 = 4.8$ [%]

28 변압기유의 열화방지와 관계가 가장 먼 것은?

① 브리더
② 콘서베이터
③ 불활성 질소
④ 부싱

해설
[부싱]
부싱은 변압기로부터 전원을 연결할 때 사용한다.

29 3상 유도 전동기에서 2차 측 저항을 2배로 하면 그 최대 토크는 어떻게 되는가?

① 변하지 않는다.
② 2배로 된다.
③ $\sqrt{2}$ 배로 된다.
④ 1/2 배로 된다.

해설
[비례추이]
비례추이에 의해서 2차 측 저항을 변화시키면 토크의 지점을 변경할 수 있지만, 최대 토크의 크기를 변화시킬 수는 없다.

30 다음은 3상 유도 전동기 고정자 권선의 결선도를 나타낸 것이다. 맞는 사항을 고르시오.

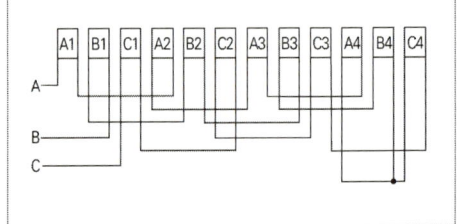

① 3상 2극, Y결선
② 3상 4극, Y결선
③ 3상 2극, △결선
④ 3상 4극, △결선

해설
[3상 유도 전동기]
A1 ~ A4까지 1개의 권선당 4번의 코일로 감겨 있으므로 4극이며, A4, B4, C4에서 한 점으로 만나므로 Y결선이 된다.

31 슬립이 0.05이고 전원주파수가 60 [Hz]인 유도 전동기의 회전자회로의 주파수[Hz]는?

① 1 ② 2
③ 3 ④ 4

해설

[회전자회로 주파수]
$f_2 = sf_1 = 0.05 \times 60 = 3$ [Hz]

32 유도 전동기에서 회전자 속도가 0이라면 슬립값은?

① 0   ② 0.5
③ 1   ④ 2

해설

[유도 전동기 슬립]
$s = \dfrac{N_s - N}{N_s}$ 이므로 전동기 속도 N = 0일 때 슬립값은 1이 된다.

33 단상 유도 전동기 중 고정자 자극의 한 쪽 끝에 홈을 파서 돌출극을 만들고 이 돌출극에 구리 단락 고리를 끼워 회전 자계를 만들어 기동하는 단상 유도 전동기를 무엇이라고 하는가?

① 콘덴서 기동형
② 영구 콘덴서형
③ 셰이딩 코일형
④ 반발 기동형

해설

[셰이딩 코일형]
자극의 한 쪽 끝에 홈을 파서 돌출극을 만들고 이 돌출극에 셰이딩 코일(Shading Coil)이라 부르는 구리 단락 고리를 끼운다. 이는 구조가 간단하고 견고하지만 회전방향을 변경할 수 없다.

34 동기 발전기의 돌발 단락전류를 주로 제한하는 것은?

① 누설리액턴스
② 역상리액턴스
③ 동기리액턴스
④ 권선저항

해설

[돌발 단락전류]
누설리액턴스가 동기 발전기의 단락전류를 주로 제한한다.

35 동기 발전기는 무엇에 의하여 회전수가 결정되는가?

① 역률과 극수
② 주파수와 역률
③ 주파수와 극수
④ 정격전압과 극수

정답 ● 32 ③   33 ③   34 ①   35 ③

해설

[동기속도]

$$N_s = \frac{120f}{p}$$

따라서 동기 발전기의 속도는 극수와 주파수에 의해서 결정된다.

36 단락비가 1.25인 발전기의 %동기임피던스[%]는 얼마인가?

① 70 ② 80
③ 90 ④ 100

해설

[동기 임피던스]

$$\%Z = \frac{1}{단락비} = \frac{1}{1.25} = 0.8$$

37 3상 동기기의 제동 권선의 역할은?

① 난조방지 ② 효율증가
③ 출력증가 ④ 역률개선

해설

[제동권선 목적]
- 제동권선 : 난조 방지
- 보상권선 : 전기자반작용 방지

38 다음 중 인버터(Inverter)의 설명으로 바르게 나타낸 것은?

① 직류를 교류로 변환
② 교류를 교류로 변환
③ 직류를 직류로 변환
④ 교류를 직류로 변환

해설

[인버터(Inverter)]
직류전력을 교류전력으로 변환하는 장치(역변환 장치)

39 다음 중 단상 반파 정류회로의 출력식으로 올바른 것은?

① $E_d = 0.45 \times V$
② $E_d = 0.9 \times V$
③ $E_d = 1.17 \times V$
④ $E_d = 1.35 \times V$

해설

[정류회로]
단상 반파의 출력 $E_d = 0.45E$

정답 36 ② 37 ① 38 ① 39 ①

40 SCR 2개를 역병렬로 접속한 그림과 같은 기호의 명칭은?

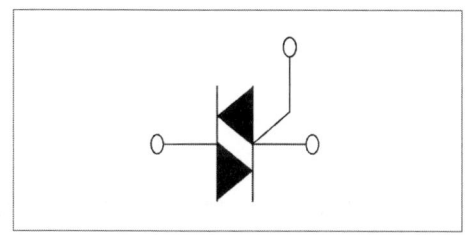

① SCR ② TRIAC
③ GTO ④ UJT

해설
[트라이악(TRIAC)]
트라이악은 3단자 양방향성 소자이다.

41 옥외용 비닐 절연전선의 약호(기호)는?

① VV ② DV
③ OW ④ NR

해설
[절연전선 약호]
OW(Outdoor Wire, 옥외용전선)

42 다음 중 내열성 PVC전선의 최고 허용온도는?

① 60 [℃] ② 70 [℃]
③ 80 [℃] ④ 90 [℃]

해설
[전선의 최고 허용온도]
450/750 [V] 내열성 PVC전선 : 90 [℃]

43 전선을 접속하는 경우 전선의 강도는 몇 [%] 이상 감소시키지 않아야 하는가?

① 10 ② 20
③ 40 ④ 80

해설
[전선의 기계적 강도]
기계적 강도는 20 [%] 이상 감소시키지 않아야 한다. 즉, 80 [%] 이상 유지하여야 한다.

44 기구 단자에 전선 접속 시 진동 등으로 헐거워지는 염려가 있는 곳에 사용되는 것은?

① 스프링 와셔 ② 2중 볼트
③ 삼각볼트   ④ 접속기

해설
[공구]
스프링와셔는 진동으로 인한 볼트풀림을 방지한다.

정답 40 ② 41 ③ 42 ④ 43 ② 44 ①

45 O형 압착터미널의 전선규격(mm²)을 잘못 표기한 것은?

① 1.5 [mm²]   ② 2.5 [mm²]
③ 3.5 [mm²]   ④ 4 [mm²]

해설
[O형 압착터미널 규격(mm²)]
1.5, 2.5, 4, 6, 10, 16, 25, 35, 50 등

46 단로기에 대한 설명으로 옳지 않은 것은?

① 소호장치가 있어서 아크를 소멸시킨다.
② 회로를 분리하거나, 계통의 접속을 바꿀 때 사용한다.
③ 고장전류는 물론 부하전류의 개폐에도 사용할 수 없다.
④ 배전용의 단로기는 보통 디스커넥팅 바로 개폐한다.

해설
[단로기]
단로기는 소호장치가 없어 차단전류를 차단하지 못하며, 충전전류나 시험 등의 미소전류의 차단만이 가능하다.

47 지선의 중간에 넣는 애자는 무엇인가?

① 저압 핀 애자   ② 구형애자
③ 인류애자   ④ 내장애자

해설
[애자의 종류]
지선의 중간에 넣는 애자를 지선애자, 구형애자라고 한다.

48 비교적 장력이 작고 타 종류의 지선을 시설할 수 없는 경우에 적용되는 지선은?

① 공동지선
② 궁지선
③ 수평지선
④ Y지선

해설
[궁지선]
다른 종류의 지선을 설치할 수 없는 협소한 경우 궁지선을 사용한다.

49 금속전선관의 종류에서 후강전선관 규격[mm]이 아닌 것은?

① 16   ② 19
③ 28   ④ 36

해설
[후강전선관의 규격 [mm]]
16, 22, 28, 36, 42, 54, 70, 82, 92, 104

정답 45 ③ 46 ① 47 ② 48 ② 49 ②

50 금속관공사 시 전선 및 케이블의 피복절연물 등을 포함한 단면적의 총 합계는 관의 굵기의 몇 배를 초과하지 말아야 하는가?

① 1/2 ② 1/3
③ 1/4 ④ 1/5

해설
[금속전선관 굵기 산정]
전선 및 케이블의 피복절연물 등을 포함한 단면적의 총 합계는 관의 굵기의 1/3배를 초과하지 않아야 한다.

51 다음 중 셀룰러덕트의 판 두께(mm)로 올바른 것은? (단, 덕트의 최대 폭이 150 [mm] 이하인 경우이다)

① 1.0 [mm] ② 1.2 [mm]
③ 2.5 [mm] ④ 3 [mm]

해설
[셀룰러덕트의 판 두께]

덕트의 최대 폭	덕트의 판 두께
150 [mm] 이하	1.2 [mm]
150 [mm] 초과 200 [mm] 이하	1.4 [mm]
200 [mm] 초과	1.6 [mm]

52 케이블을 구부리는 경우는 피복이 손상되지 않도록 하고 그 굴곡부의 곡률반경은 원칙적으로 케이블이 단심인 경우 완성품 외경의 몇 배 이상이어야 하는가?

① 4   ② 6
③ 8   ④ 10

해설
[케이블 곡률 반지름]
전선관은 6배 이상이고, 케이블은 단심일 때 8배 이상으로 한다.

53 합성수지 몰드배선시공 시 사람의 접촉이 없도록 시설하는 경우가 아닌 일반 규격은?

① 홈의 폭 3.5 [cm] 이하, 두께 2 [mm] 이상
② 홈의 폭 3.5 [cm] 이하, 두께 1 [mm] 이상
③ 홈의 폭 5 [cm] 이하, 두께 2 [mm] 이상
④ 홈의 폭 5 [cm] 이하, 두께 1 [mm] 이상

해설
[합성수지 몰드 시공]
합성수지제 몰드는 홈의 폭 및 깊이가 3.5 [cm] 이하로 두께는 2 [mm] 이상의 것이어야 한다. 다만 사람이 쉽게 접촉할 우려가 없도록 시설하는 경우는 폭이 5 [cm] 이하, 두께 1 [mm] 이상의 것을 사용할 수 있다.

정답 50 ② 51 ② 52 ③ 53 ①

54 화약고 등의 위험장소의 배선공사에서 전로의 대지전압은 몇 [V] 이하로 하도록 되어 있는가?

① 300 ② 400
③ 500 ④ 600

해설
[화약저장소의 대지전압]
화약저장소는 300 [V] 이하의 전압을 사용한다.

55 전기울타리용 전원장치에 공급하는 전로의 사용전압은 최대 몇 [V] 이하이어야 하는가?

① 110 ② 220
③ 250 ④ 380

해설
[전기울타리 시공]
전기울타리용 전원장치에 공급하는 전로의 사용전압은 250 [V] 이하여야 한다.

56 선도체의 단면적이 16 [mm^2]이면, 구리 보호도체의 굵기는?

① 1.5 [mm^2] ② 2.5 [mm^2]
③ 16 [mm^2] ④ 25 [mm^2]

해설
[선도체 단면적]

선도체의 단면적 S (mm^2, 구리)	보호도체의 최소 단면적 (mm^2, 구리), 선도체와 같은 경우
S ≤ 16	S
16 < S ≤ 35	16^a
S > 35	$S^a/2$

a : PEN도체의 최소단면적은 중성선과 동일하게 적용한다.

57 주상 변압기를 철근콘크리트 전주에 설치할 때 사용되는 것은?

① 암 밴드 ② 암타이 밴드
③ 앵커   ④ 행거 밴드

해설
[장주의 밴드]
- 암 밴드 : 철근콘크리트주에 완금을 고정시키기 위한 밴드
- 암타이 밴드 : 암 타이를 고정시키기 위한 밴드
- 행거 밴드 : 철근콘크리트 전주에 변압기를 고정할 때 사용하는 밴드

정답 54 ① 55 ③ 56 ③ 57 ④

58 저압 가공인입선이 횡단 보도교를 지나는 경우 지상으로부터 몇 [m] 이상이어야 하는가?

① 3 [m]   ② 4 [m]
③ 5 [m]   ④ 6 [m]

> **해설**
>
> [저압 가공인입선전선의 높이]
> 횡단보도교 위를 지나는 경우 : 저압 -3 [m], 고압 -3.5 [m], 특고압 -5 [m]

59 전선 약호 중 경동선을 나타내는 것은?

① MI   ② NR
③ OC   ④ H

> **해설**
>
> [절연전선 약호]
> • MI : 미네랄인슐레이션 케이블
> • NR : 비닐절연 네온전선
> • OC : 옥외용 가교 폴리에틸렌 절연전선
> • H : 경동선

60 다음 중 방수용 콘센트의 그림 기호는?

> **해설**
>
> [콘센트]
> ① 바닥붙이 콘센트
> ② 방수용 콘센트
> ③ 접지극붙이 콘센트
> ④ 빠짐 방지형 콘센트

정답 ● 58 ① 59 ④ 60 ②

2023 제2회

01 전압계 및 전류계의 측정 범위를 넓히기 위하여 사용하는 배율기와 분류기의 접속방법은?

① 배율기는 전압계와 병렬접속, 분류기는 전류계와 직렬접속
② 배율기는 전압계와 직렬접속, 분류기는 전류계와 병렬접속
③ 배율기 및 분류기 모두 전압계와 전류계에 직렬접속
④ 배율기 및 분류기 모두 전압계와 전류계에 병렬접속

해설

[분류기와 배율기]
배율기는 전압계의 측정범위를 넓히기 위하여 직렬로 접속하여 전압을 분배하고, 분류기는 전류의 측정범위를 넓히기 위하여 병렬로 접속하여 전류를 분배한다.

02 전원이 6 [V]인 회로에 0.5 [℧]인 컨덕턴스가 접속되어 있다. 이 회로에 흐르는 전류는 몇 [A]인가?

① 0.3 [A]   ② 3 [A]
③ 0.6 [A]   ④ 6 [A]

해설

[컨덕턴스]

컨덕턴스 $G = \dfrac{1}{R}$ 이므로, $R = \dfrac{1}{G}$ 이다.

$I = \dfrac{V}{R} = \dfrac{6}{\dfrac{1}{0.5}} = 3\,[A]$

03 정전용량이 같은 콘덴서 10개가 있다. 이것을 직렬접속할 때의 값은 병렬접속할 때의 값보다 어떻게 되는가?

① $\dfrac{1}{10}$ 로 감소한다.
② $\dfrac{1}{100}$ 로 감소한다.
③ 10배로 증가한다.
④ 100배로 증가한다.

해설

[정전용량]

- 콘덴서 직렬접속 $C_1 = \dfrac{C}{10}$
- 콘덴서 병렬접속 $C_2 = 10C$ 직렬접속할 때의 값은 병렬접속할 때의 값보다 $\dfrac{1}{100}$ 배로 감소한다.

정답 ● 01 ② 02 ② 03 ②

04 기전력 1.5 [V], 내부저항 0.2 [Ω]인 전지 10개를 직렬로 연결하여 이것에 외부저항 4.5 [Ω]을 직렬연결하였을 때 흐르는 전류 [I]는?

① 1.2　　② 1.8
③ 2.3　　④ 4.2

해설
[전지의 전류]
기전력 E [V], 내부저항 r [Ω]인 전지 n개를 부하저항 R [Ω]과 직렬로 접속했을 때 부하전류
$I = \dfrac{nE}{nr+R} = \dfrac{10 \times 15}{10 \times 0.2 + 4.5} = 2.3\,[A]$

05 어느 가정집에서 220 [V], 60 [W] 전등 10개를 20시간 사용했을 때 전력량은 [kWh]은?

① 10.5　　② 12
③ 13.5　　④ 15

해설
[전등의 사용전력량]
전등 : 60 [W] × 10개 × 20시간
　　= 12000 [Wh] = 12 [kWh]

06 1 [cal]는 약 몇 [J]인가?

① 0.24　　② 1.24
③ 0.418　④ 4.18

해설
[단위변환]
1 [cal]는 약 4.18 [J]로 계산한다.

07 전기분해를 통하여 석출된 물질의 양은 통과한 전기량 및 화학당량과 어떤 관계인가?

① 전기량과 화학당량에 비례한다.
② 전기량과 화학당량에 반비례한다.
③ 전기량에 비례하고 화학당량에 반비례한다.
④ 전기량에 반비례하고 화학당량에 비례한다.

해설
[패러데이의 법칙]
$W = KQ = KIt\,[g]$
석출량 W [g]은 전기량 Q [C]에 비례한다.

08 두 금속을 접속하여 여기에 전류를 흘리면, 줄열 외에 그 접점에서 열의 발생 또는 흡수가 일어나는 현상은?

① 줄 효과　　② 홀 효과
③ 제벡 효과　④ 펠티에 효과

해설
[펠티에 효과]
열의 발생 또는 흡수가 일어나는 현상으로서 기전력이 온도 변화로 나타나는 현상이다.

정답 04 ③　05 ②　06 ④　07 ①　08 ④

09 전기력선 밀도를 이용하여 주로 대칭 정전계의 세기를 구하기 위하여 이용되는 법칙은?

① 패러데이의 법칙
② 가우스의 법칙
③ 쿨롱의 법칙
④ 톰슨의 법칙

해설
[가우스의 법칙]
전기력선의 밀도를 이용하여 전계의 세기를 구하는 법칙

10 진공의 유전율 ϵ_0 [F/m]는?

① 6.33×10^4
② 8.855×10^{-12}
③ $4\pi \times 10^{-7}$
④ 9×10^9

해설
[유전율]
- 진공의 유전율 $\epsilon_0 = 8.855 \times 10^{-12}$ [F/m]
- 진공의 투자율 $\mu_0 = 4\pi \times 10^{-7}$ [H/m]

11 비유전율이 큰 산화티탄 등을 유전체로 사용한 것으로 극성이 없으며 가격에 비해 성능이 우수하여 널리 사용되고 있는 콘덴서의 종류는?

① 전해 콘덴서
② 세라믹 콘덴서
③ 마일러 콘덴서
④ 마이카 콘덴서

해설
[세라믹 콘덴서]
세라믹콘덴서는 전극 간의 유전체로서 티탄산바륨과 같은 유전율이 큰 재료를 사용하고 극성은 없다.

12 다음 중 정전차폐와 가장 관계가 깊은 것은?

① 상자성체
② 강자성체
③ 반자성체
④ 비투자율이 1인 자성체

해설
[강자성체]
정전 유도현상을 막기 위해서 강자성체로 정전차폐를 할 수 있다.

13 환상 철심에 감은 코일에 5 [A]의 전류를 흘려 2000 [AT]의 기자력을 발생시키고자 한다면, 코일의 권수는 몇 회로 하면 되는가?

① 100회
② 200회
③ 300회
④ 400회

해설
[기자력]
기자력 $F = NI$에서
$N = \dfrac{F}{I} = \dfrac{2000}{5} = 400$회

정답 09 ② 10 ② 11 ② 12 ② 13 ④

14 평균 반지름이 10 [cm]이고 감은 횟수 10회의 원형 코일에 20 [A]의 전류를 흐르게 하면 코일 중심의 자기장의 세기는?

① 10 [AT/m] ② 20 [AT/m]
③ 1000 [AT/m] ④ 2000 [AT/m]

해설

[원형 코일 중심의 자기장의 세기]
$H = \dfrac{NI}{2r} = \dfrac{10 \times 20}{2 \times 0.1} = 1000 \, [AT/m]$

15 두 코일이 서로 직각으로 교차할 때 상호 인덕턴스는?

① $L_1 + L_2$ ② $L_1 - L_2$
③ $L_1 \times L_2$ ④ 0

해설

[상호 인덕턴스]
직각으로 교차할 때의 상호 인덕턴스는 0이다.

16 RLC 직렬회로의 공진은 어떠한 경우 발생하는가?

① $\omega L = \dfrac{1}{\omega C}$ ② $\omega C = \omega L$
③ $\omega L - \dfrac{1}{\omega C} = 1$ ④ $\omega L + \dfrac{1}{\omega C} = 0$

해설

[RLC 직렬회로]
RLC 직렬회로의 공진조건은 $X_L - X_C = 0$이다.
즉, $\omega L - \dfrac{1}{\omega C} = 0$이므로 $\omega L = \dfrac{1}{\omega C}$ 성립

17 어떤 교류전압원의 주파수가 60 [Hz], 전압의 실횻값이 20 [V]일 때 순싯값은 무엇인가? (단, 위상은 0°로 한다)

① $v = 20\cos\theta(120\pi t)[V]$
② $v = 20\sqrt{2}\cos\theta(120\pi t)[V]$
③ $v = 20\sin\theta(120\pi t)[V]$
④ $v = 20\sqrt{2}\sin\theta(120\pi t)[V]$

해설

[순시값]
$v = V_m \sin(\omega t \pm \theta) = \sqrt{2}\, V \sin(2\pi f t \pm \theta)$ 실횻값이 20 [V], 위상이 0°, 주파수가 60 [Hz]이므로 $v = 20\sqrt{2}\sin\theta(120\pi t)[V]$

정답 ● 14 ③ 15 ④ 16 ① 17 ④

18 전원과 부하가 다같이 Δ결선된 3상 평형회로가 있다. 상전압이 200 [V], 부하 임피던스가 $Z = 6 + j8$인 경우 선전류는 몇 [A]인가?

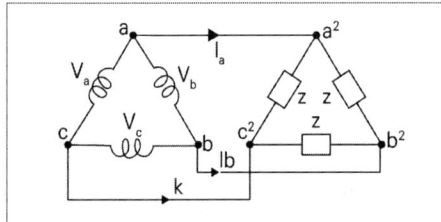

① 20
② $\dfrac{20}{\sqrt{3}}$
③ $20\sqrt{3}$
④ $10\sqrt{3}$

해설

[Δ결선 선전류]

$I_P = \dfrac{V}{Z} = \dfrac{200}{10} = 20[A]$, $I_L = \sqrt{3}\,I_P$이므로

$I_L = \sqrt{3} \times 20 = 20\sqrt{30}\,[A]$

19 주기적인 구형파 신호의 성분은 어떻게 되는가?

① 성분 분석이 불가능하다.
② 직류분만으로 합성된다.
③ 무수히 많은 주파수의 합성이다.
④ 교류 합성을 갖지 않는다.

해설

[구형파 성분]
주기적인 구형파는 기본파 + 직류분 + 고조파의 무수히 많은 주파수의 합성이다.

20 $R = 4\,[\Omega]$, $\omega L = 3\,[\Omega]$의 직렬회로에 $V = 100\sqrt{2}\sin\omega t + 30\sqrt{2}\sin 3\omega t\,[V]$의 전압을 가할 때 전력은 약 몇 [W]인가?

① 1170 [W]   ② 1563 [W]
③ 1637 [W]   ④ 2116 [W]

해설

[비정현파 전력]
기본파 전류

$I = \dfrac{V}{Z} = \dfrac{V}{\sqrt{R^2 + \omega L^2}} = \dfrac{100}{\sqrt{4^2 + 3^2}} = 20$

기본파 전력 $P = I^2 R = 20^2 \times 4 = 1600$
제3고조파 전류

$I = \dfrac{V}{Z} = \dfrac{V}{\sqrt{R^2 + (3\omega L)^2}} = \dfrac{30}{\sqrt{4^2 + (3 \times 3)^2}}$
$= 3.04$

제3고조파 전력 $P = I^2 R = 3.04^2 \times 4 = 36.96$
합성전력 = 기본파전력 + 제3고조파전력
         = 1600 + 37 = 1637 [W]

21 직류기에서 전기자의 역할은 무엇인가?

① 기전력을 유도한다.
② 자속을 만든다.
③ 정류작용을 한다.
④ 정류자면에 접촉한다.

해설

[전기자]
자속을 끊어서 유기기전력을 발생시키는 부분

정답 ▶ 18 ③ 19 ③ 20 ③ 21 ①

22 100 [V], 10 [A], 전기자저항 1 [Ω], 회전수 1800 [rpm]인 전동기의 역기전력은 몇 [V]인가?

① 90
② 100
③ 110
④ 186

해설

[역기전력]
$E = V - (I_a R_a) = 100 - (10 \times 1) = 90 [V]$

23 직류 직권 전동기의 회전수를 1/2로 하면 토크는 기존 토크에 비해 몇 배가 되는가?

① 기존 토크에 비해 0.5배가 된다.
② 기존 토크에 비해 2배가 된다.
③ 기존 토크에 비해 4배가 된다.
④ 기존 토크에 비해 16배가 된다.

해설

[직류 직권 전동기의 토크와 회전수]
- $\tau \propto \dfrac{1}{N^2} \Leftarrow$ N에 $\dfrac{1}{2}$N을 대입,
- $\tau' = \dfrac{1}{(\frac{1}{2}N)^2} = \dfrac{1}{\frac{1}{4}N^2} = 4 \times \dfrac{1}{N^2} = 4\tau$

24 직류 전동기의 규약효율은 어떤 식으로 표현되는가?

① $\dfrac{출력}{입력} \times 100 [\%]$

② $\dfrac{출력}{입력 + 손실} \times 100 [\%]$

③ $\dfrac{출력}{출력 + 손실} \times 100 [\%]$

④ $\dfrac{입력 - 손실}{입력} \times 100 [\%]$

해설

[규약효율]
- 발전기 규약효율 $\dfrac{출력}{출력 + 손실} \times 100 [\%]$
- 전동기 규약효율 $\dfrac{입력 - 손실}{입력} \times 100 [\%]$

25 직류 직권 전동기에서 벨트를 걸고 운전하면 안 되는 이유는?

① 벨트가 벗겨지면 위험속도로 도달하므로
② 손실이 많아지므로
③ 직결하지 않으면 속도제어가 곤란하므로
④ 벨트의 마멸 보수가 곤란하므로

해설

[직권 전동기]
직권 전동기는 무부하 상태가 되면 위험 속도가 된다. 벨트는 벗겨질 우려가 있다. 기어나 체인으로 대신 사용한다.

정답 ● 22 ① 23 ③ 24 ④ 25 ①

26 다음 그림은 직류 발전기의 분류 중 어느 것에 해당되는가?

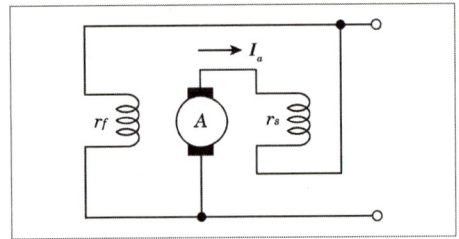

① 분권 발전기 ② 직권 발전기
③ 자석 발전기 ④ 복권 발전기

해설

[복권 발전기]
계자와 전기자가 병렬로 혼합 접속되어 있는 구조는 복권 발전기이다.

27 동기 발전기의 무부하 포화곡선에 대한 설명으로 옳은 것은?

① 정격전류와 단자전압의 관계이다.
② 정격전류와 정격전압의 관계이다.
③ 계자전류와 정격전압의 관계이다.
④ 계자전류와 단자전압의 관계이다.

해설

[무부하 포화곡선]
계자전류를 증가시킴에 따라 단자전압의 변화를 보는 것이 무부하 포화곡선이다.

28 다음 괄호 안에 들어갈 알맞은 말은?

(㉠)는 고압회로의 전압을 이에 비례하는 낮은 전압으로 변성해주는 기기로서, 회로에 (㉡)접속하여 사용된다.

① ㉠ CT, ㉡ 직렬
② ㉠ PT, ㉡ 직렬
③ ㉠ CT, ㉡ 병렬
④ ㉠ PT, ㉡ 병렬

해설

[계기용 변성기]
- 계기용 변압기(PT) - 고전압을 저전압으로 변성하며 병렬연결
- 계기용 변류기(CT) - 대전류를 소전류로 변성하며 직렬연결

29 변압기의 1차 권회수 80회, 2차 권회수 320회일 때, 2차 측의 전압이 100 [V]이면 1차 전압[V]은?

① 15 ② 25
③ 50 ④ 100

해설

[권수비]

권수비 $a = \dfrac{N_1}{N_2} = \dfrac{80}{320} = 0.25$

$V_1 = aV_2 = 0.25 \times 100 = 25$ [V]

정답 ● 26 ④ 27 ④ 28 ④ 29 ②

30 다음 설명의 ㉠, ㉡에 들어갈 내용으로 옳은 것은?

"히스테리시스 곡선에서 종축과 만나는 점은 (㉠)이고, 횡축과 만나는 점은 (㉡)이다."

① ㉠ 보자력, ㉡ 잔류자기
② ㉠ 잔류자기, ㉡ 보자력
③ ㉠ 자속밀도, ㉡ 자기저항
④ ㉠ 자기저항, ㉡ 자속밀도

해설

[히스테리시스 곡선]
- 종축과 만나는 점 - 잔류자기
- 횡축과 만나는 점 - 보자력

31 변압기유의 열화방지와 관계가 가장 먼 것은?

① 브리더
② 콘서베이터
③ 불활성 질소
④ 부싱

해설

[부싱]
부싱은 변압기로부터 전원을 연결할 때 사용한다.

32 3상 유도 전동기의 회전방향을 바꾸기 위한 방법은?

① 3상의 3선 접속을 모두 바꾼다.
② 3상의 3선 중 2선의 접속을 바꾼다.
③ 3상의 3선 중 1선에 리액턴스를 연결한다.
④ 3상의 3선 중 2선에 같은 값의 리액턴스를 연결한다.

해설

[3상 유도 전동기]
3상 유도 전동기의 전원 3선 중 2가닥을 바꾸면 회전자기장이 반대방향이 된다.

33 3상 동기 전동기 자기기동법에 관한 사항 중 틀린 것은?

① 기동토크를 적당한 값으로 유지하기 위하여 변압기 탭에 의해 정격전압의 80 [%] 정도로 저압을 가해 기동을 한다.
② 기동토크는 일반적으로 적고 전 부하 토크의 40 ~ 60 [%] 정도이다.
③ 제동권선에 의한 기동토크를 이용하는 것으로 제동권선은 2차 권선으로서 기동토크를 발생한다.
④ 기동할 때에는 회전자속에 의하여 계자권선 안에는 고압이 유도되어 절연을 파괴할 우려가 있다.

정답 30 ② 31 ④ 32 ② 33 ①

해설

[자기기동법]
정격전압의 30 ~ 50 [%] 정도의 낮은 전압을 인가하면, 제동권선이 농형 유도 전동기의 회전자 권선의 역할을 하여 유도 전동기로서 기동하는 방법

34 12극의 3상 동기 발전기가 있다. 기계각 15°에 대응하는 전기각은?

① 30° ② 45°
③ 60° ④ 90°

해설

[전기각]
전기각 = 기계각 × $\dfrac{P}{2}$ = 15° × $\dfrac{12}{2}$ = 90°

35 동기 전동기의 [V]특성곡선에서 전기자 전류가 가장 작을 때 역률값은 무엇인가?

① 0   ② 1
③ 0.8 ④ 0.6

해설

[위상특성 곡선]
동기 전동기 위상특성 곡선(V곡선)에서 전기자 전류가 가장 작을 때의 값은 역률($\cos\theta$)값이 1일 때이다.

36 동기 발전기의 전기자 반작용 중에서 전기자전류에 의한 자기장의 축이 항상 주자속의 축과 수직이 되면서 자극편 왼쪽에 있는 주자속은 증가시키고, 오른쪽에 있는 주자속은 감소시켜 편자 작용을 하는 전기자 반작용은?

① 증자작용
② 감자작용
③ 교차자화작용
④ 직축반작용

해설

[교차자화작용]
교차자화작용에 대한 설명이다.

37 동기기의 전기자 권선법이 아닌 것은?

① 2층 분포권
② 단절권
③ 중권
④ 전절권

해설

[전기자 권선법]
전기자 권선법은 고조파를 줄이기 위하여 전절권이 아닌 단절권을 사용한다.

38 단상 반파 정류회로의 전원전압 200 [V], 부하저항이 20 [Ω]이면 부하전류는 약 몇 [A]인가?

① 3.0 ② 4.5
③ 6.0 ④ 9.0

해설

[단상 반파 정류회로]
$V_{av} = 0.45 [V] = 0.45 \times 200 = 90 [V]$
$I = \dfrac{V_a}{R} = \dfrac{90}{20} = 4.5 [A]$

39 다음 중 비선형 소자는?

① 저항
② 인덕턴스
③ 다이오드
④ 캐패시턴스

해설

[소자의 종류]
- 선형 소자 : 전압과 전류가 비례하는 회로
- 비선형 소자 : 전압과 전류가 단순한 비례관계로 표시될 수 없는 회로

40 다음 중 자기소호 기능이 가장 좋은 소자는?

① SCR ② GTO
③ TRIAC ④ LASCR

해설

[GTO]
GTO는 자기소호 기능을 가지고 있다.

41 인입용 비닐절연전선을 나타내는 약호는?

① OW ② EV
③ DV ④ NV

해설

[절연전선 약호]
DV : 인입용 비닐절연전선(Drop - Wire)

42 옥내배선공사할 때 연동선을 사용할 경우 전선의 최소 굵기[mm²]는?

① 1.5 ② 2.5
③ 4   ④ 6

해설

[한국전기설비규정 231.31.1]
저압 옥내배선의 전선은 단면적 2.5 [mm²] 이상의 연동선 또는 이와 동등 이상의 강도 및 굵기의 것

정답 38 ② 39 ③ 40 ② 41 ③ 42 ②

43 건조한 장소에 시설하는 진열장 또는 이와 유사한 것의 내부에 사용전압이 400 [V] 이하의 배선을 외부에서 잘 보이는 장소에 시설하는 경우 사용하는 전선의 단면적은?

① 0.1 [mm²] ② 0.25 [mm²]
③ 0.5 [mm²] ④ 0.75 [mm²]

> **해설**
>
> [한국전기설비규정 234.8]
> 건조한 장소에 시설하고 또한 내부를 건조한 상태로 사용하는 진열장 또는 이와 유사한 것의 내부에 사용전압이 400 [V] 이하의 배선을 외부에서 잘 보이는 장소에 한하여 코드 또는 캡타이어 케이블로 직접 조영재에 밀착하여 배선하여야 하며, 단면적은 0.75 [mm²] 이상의 코드 또는 캡타이어 케이블일 것

44 전선을 접속하는 경우 전선의 강도는 몇 [%] 이상 감소시키지 않아야 하는가?

① 10 ② 20
③ 40 ④ 8

> **해설**
>
> [전선의 기계적 강도]
> 기계적 강도는 20 [%] 이상 감소시키지 않아야 한다. 즉, 80 [%] 이상 유지하여야 한다.

45 접지선의 절연전선 색상은 특별한 경우를 제외하고는 어느 색으로 표시를 하여야 하는가?

① 흑색
② 녹색
③ 녹색 - 노란색
④ 녹색 - 적색

> **해설**
>
> [전선의 색 표시]
> 접지선의 절연전선은 특별한 경우를 제외하고 녹색 - 노란색으로 표시하여야 한다.

46 두 개의 전선을 병렬로 사용하는 경우로 옳지 않은 것은?

① 동선을 사용하는 경우 단면적은 50 [mm²], 알루미늄선은 70 [mm²] 이상이어야 한다.
② 전선에는 퓨즈를 설치하여야 한다.
③ 동일 도체, 동일한 굵기, 동일한 길이여야 한다.
④ 같은 극 간 동일한 터미널 러그에 완전히 접속한다.

> **해설**
>
> [전선의 병렬]
> 두 개의 전선을 병렬로 사용하는 경우, 전선에 퓨즈를 설치해서는 안 된다.

정답 43 ④ 44 ② 45 ③ 46 ②

47 배전반 및 분전반과 연결된 배관을 변경하거나 이미 설치되어 있는 캐비닛에 구멍을 뚫을 때 필요한 공구는?

① 오스터 ② 클리퍼
③ 토치램프 ④ 녹아웃펀치

해설
[공구]
녹아웃펀치를 이용하여 철제함을 타공할 수 있다.

48 애자사용공사에 의한 저압 옥내배선에서 일반적으로 전선 상호 간의 간격은 몇 [cm] 이상이어야 하는가?

① 2.5 [cm] ② 6 [cm]
③ 25 [cm] ④ 60 [cm]

해설
[애자사용공사 이격거리]

거리 사용전압	400 [V] 미만인 경우	400 [V] 이상인 경우
전선 상호 간의 거리	6 [cm] 이상	6 [cm] 이상
전선과 조영 재와의 거리	2.5 [cm] 이상	4.5 [cm] 이상 (습기가 있는 경우)

49 금속전선관의 종류에서 후강전선관 규격[mm]이 아닌 것은?

① 20 ② 28
③ 36 ④ 42

해설
[후강전선관의 규격 [mm]]
16, 22, 28, 36, 42, 54, 70, 82, 92, 104

50 금속 몰드공사는 사용전압이 몇 [V] 미만의 배선에 사용되는가?

① 200 [V] ② 400 [V]
③ 600 [V] ④ 800 [V]

해설
[한국전기설비규정 232.22]
금속 몰드의 사용전압이 400 [V] 이하로 옥내의 건조한 장소로 전개된 장소 또는 점검할 수 있는 은폐장소에 한하여 시설할 수 있다.

51 화약류 저장소의 전기설비 내용 중 옳은 것은?

① 전로의 대지전압은 400 [V] 이하로 한다.
② 전기기계 기구는 개방형으로 시설해야 한다.
③ 케이블을 전기기계기구에 인입할 때는 인입구에서 케이블이 손상될 우려가 없도록 시설해야 한다.
④ 백열전등 및 형광등을 포함한 전기시설은 일절 금지된다.

정답 47 ④ 48 ② 49 ① 50 ② 51 ③

해설

[화약류 저장소의 전기설비]
- 원칙상 화약류 저장소 안에는 전기시설을 하지 않으나, 백열전등, 형광등을 위한 전기설비는 가능하다
- 저압옥내배선공사방법은 폭연성 분진 또는 화약류의 분말이 존재하는 곳의 시설방법과 같다.
- 전로의 대지전압 300 [V] 이하이고 전기기계기구는 전폐형으로 시설해야 한다.
- 케이블을 전기기계기구에 인입할 때는 인입구에서 케이블이 손상될 우려가 없도록 시설해야 한다.

52 가공전선로의 지지물에 시설하는 지선으로 연선을 사용할 경우에는 소선이 최소 몇 가닥 이상이어야 하는가?

① 3가닥 ② 4가닥
③ 5가닥 ④ 6가닥

해설

[지선의 시설 기준]
- 소선 3가닥 이상의 연선
- 지선의 안전율이 2.5 이상일 것
- 소선의 지름이 2.6 [mm] 이상의 금속선을 사용할 것

53 가공전선로의 지지물에 지선을 사용해서는 안 되는 곳은?

① 목주
② A종 철근콘크리트주
③ A종 철주
④ 철탑

해설

[고압 가공전선로 지선의 종류]
철탑은 임시가설용인 경우를 제외하고 지선을 사용해서는 안 된다.

54 선로의 도중에 설치하여 회로에 고장전류가 흐르게 되면 자동적으로 고장전류를 감지하여 스스로 차단하는 차단기의 일종으로 단상용과 3상용으로 구분되어 있는 것은?

① 리클로저
② 선로용 퓨즈
③ 섹셔널 라이저
④ 자동구간 개폐기

해설

[리클로저]
자체 탱크 내에 보호계전기와 차단기의 기능을 종합적으로 수행할 수 있는 장치가 있어서 사고의 검출 및 자동차단과 재폐로까지 할 수 있는 보호장치이다.

정답 52 ③ 53 ④ 54 ①

55 가공전선의 지지물에 승탑 또는 승강용으로 사용하는 발판볼트 등은 지표상 몇 [m] 미만에 시설하여서는 안 되는가?

① 1.2 [m] ② 1.5 [m]
③ 1.6 [m] ④ 1.8 [m]

해설
[발판 볼트시공]
사람이 쉽게 오를 수 없도록 1.8 [m]보다 높게 설치하여야 한다.

56 A종 철근 콘크리트주의 전장이 15 [m]인 경우에 땅에 묻히는 깊이는 최소 몇 [m] 이상으로 해야 하는가? (단, 설계하중은 6.8 [kN] 이하이다)

① 2.5 ② 3.0
③ 3.5 ④ 4.0

해설
[전주가 땅에 묻히는 깊이]
• 전주의 길이 15 [m] 이하 : 1/6 이상
• 전주의 길이 15 [m] 초과 : 2.5 [m] 이상
∴ $15 \times \dfrac{1}{6} = 2.5$ [m]

57 다음 중 벽붙이 콘센트를 표시한 올바른 그림기호는?

① 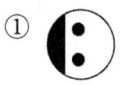   ②

③ 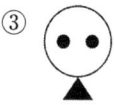   ④

해설
[콘센트]
① 벽붙이
② 천장붙이
③ 바닥붙이
④ 점멸기

58 실내 전반 조명을 하고자 한다. 작업대로부터 광원의 높이가 2.4 [m]인 위치에 조명기구를 배치할 때 벽에서 한 기구 이상 떨어진 기구에서 기구간의 거리는 일반적인 경우 최대 몇 [m]로 배치하여 설치하는가? (단, S ≤ 1.5H를 사용하여 구하도록 한다)

① 1.8 ② 2.4
③ 3.2 ④ 3.6

해설
[기구 간의 거리]
기구 간의 거리 S ≤ 1.5H(H : 광원의 높이)
S ≤ 1.5 × 2.4
S ≤ 3.6

정답 55 ④ 56 ① 57 ① 58 ④

59 가공 케이블 시설 시 조가용선에 금속테이프 등을 사용하여 케이블 외장을 견고하게 붙여 조가하는 경우 나선형으로 금속테이프를 감는 간격은 몇 [cm] 이하를 확보하여 감아야 하는가?

① 50　　② 30
③ 20　　④ 10

해설

[조가용선]
조가용선을 케이블에 접촉시켜 그 위에 쉽게 부식하지 아니하는 금속테이프 등을 나선상으로 감는 경우에는 간격을 20 [cm] 이하로 유지해야 한다.

60 기동 시 발생하는 기동전류에 대해 동작하지 않는 퓨즈의 종류로 옳은 것은?

① 플러그 퓨즈
② 전동기용 퓨즈
③ 온도 퓨즈
④ 텅스텐 퓨즈

해설

[전동기용 퓨즈]
일정값 이상의 과전류(기동전류에는 동작하지 않는다)를 차단하는 퓨즈를 한류형 퓨즈라고 하는데, 한류형 퓨즈의 종류에는 변압기용, 케이블용, 콘덴서용, 전동기용 퓨즈 등이 있다.

정답 59 ③　60 ②

2023 제3회

01 1 [eV]는 몇 [J]인가?

① 1
② 1×10^{-10}
③ 1.16×10^4
④ 1.602×10^{-19}

해설

[1 [eV](전자볼트)]
- 에너지의 단위
- 1 [V]의 전위차에 하나의 전자가 이동하는 것을 일로 표시한 것
- 1 [eV] = 1.602×10^{-19} [J]

02 일반적으로 절연체를 서로 마찰시키면 이들 물체는 전기를 띠게 된다. 이와 같은 현상은?

① 분극(Polarization)
② 대전(Electrification)
③ 정전(Electrostatic)
④ 코로나(Corona)

해설

[대전 현상]
어떤 물체가 전자의 이동으로 전기를 띠게 되는 현상

03 RL 직렬회로에 직류전압 100 [V]를 가했더니 전류가 25 [A] 흘렀다. 여기에 교류전압 100 [V], f = 60 [Hz]을 인가하였더니 전류가 10 [A] 흘렀다. 유도성 리액턴스는 몇 [Ω]인가?

① 5.24
② 7.11
③ 9.17
④ 10.38

해설

[임피던스, 유도성 리액턴스의 계산]
- 저항 : $R = \dfrac{V}{I} = \dfrac{100}{25} = 4$ [Ω]
- 임피던스 : $Z = \dfrac{V}{I} = \dfrac{100}{10} = 10$ [Ω]
- $Z = \sqrt{R^2 + X_L^2}$, $X_L = \sqrt{Z^2 - R^2}$ [Ω]
- 리액턴스 : $X_L = \sqrt{10^2 - 4^2} = 9.17$ [Ω]

04 2 [Ω], 4 [Ω], 6 [Ω]의 세 개의 저항을 병렬로 연결하였을 때, 전 전류가 10 [A]이면, 2 [Ω]에 흐르는 전류는 몇 [A]인가?

① 1.81
② 2.72
③ 5.45
④ 7.64

정답 ● 01 ④ 02 ② 03 ③ 04 ③

해설

[합성저항과 각 저항에 걸리는 전류]
- 합성저항

$$R_0 = \cfrac{1}{\cfrac{1}{2}+\cfrac{1}{4}+\cfrac{1}{6}} = \cfrac{12}{11} = 1.09\,[\Omega]$$

- 저항의 양단에 걸리는 전압
  V = IR = 10 × 1.09 = 10.9 [V]
- 2 [Ω]에 흐르는 전류

$$I = \dfrac{V}{R} = \dfrac{10.9}{2} = 5.45\,[A]$$

- 4 [V]의 전원으로 회로를 계산

$$R_t = 4 + \dfrac{3\times 2}{3+2} = 5.2\,[\Omega],$$

$$I_t = \dfrac{V}{R} = \dfrac{4}{5.2} = 0.77\,[A]$$

$$I_1 = I_t \times \dfrac{2}{3+2} = 0.77 \times \dfrac{2}{5} = 0.308\,[A]$$

∴ 두 회로를 더해서 전류를 산출

$$I_0 = I_1 + I_2 = 0.309 + 0.308 = 0.617\,[A]$$

05 다음과 같은 회로에서 3 [Ω]의 저항에 흐르는 전류는 약 몇 [A]인가?

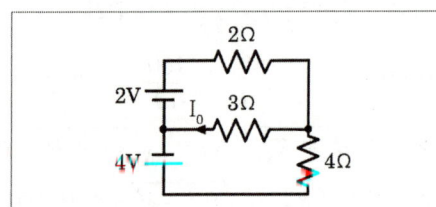

① 0.24 ② 0.57
③ 0.62 ④ 0.96

해설

[직/병렬 합성저항의 계산]
- 2 [V]의 전원으로 회로를 계산

$$R_t = 2 + \dfrac{4\times 3}{4+3} = 3.7\,[\Omega]$$

$$I_t = \dfrac{V}{R} = \dfrac{2}{3.7} = 0.54\,[A]$$

$$I_1 = I_t \times \dfrac{4}{3+4} = 0.54 \times \dfrac{4}{7} = 0.309\,[A]$$

06 다음과 같은 회로에서 양 단자 A, B 사이의 합성저항 R은 무엇인가?

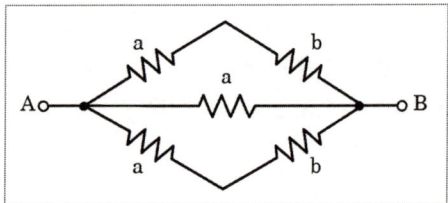

① $\dfrac{1}{\dfrac{1}{ab}+\dfrac{1}{a}+\dfrac{1}{ab}}$

② $\dfrac{1}{\dfrac{1}{a+b}+\dfrac{1}{a}+\dfrac{1}{a+b}}$

③ $(a+b)+a+(a+b)$

④ $ab+a+ab$

해설

[합성저항 계산]

병렬의 합성저항 $\dfrac{1}{\dfrac{1}{a+b}+\dfrac{1}{a}+\dfrac{1}{a+b}}$

정답 ● 05 ③ 06 ②

07 납축전지의 방전 시 양극재료는?

① $2H_2SO_4$ ② Pb
③ $PbSO_4$ ④ PbO_2

해설

[납축전지의 충전과 방전]

	양극	전해액	음극
방전 시	PbO_2 + $2H_2SO_4$ + Pb		
충전 시	PbO_4 + $2H_2O$ + $PbSO_4$		

08 황산구리($CuSO_4$) 전해액에 2개의 구리판을 넣고 전원을 연결하였을 때 음극에서 나타나는 현상으로 옳은 것은?

① 변화가 없다.
② 구리판이 두터워진다.
③ 구리판이 얇아진다.
④ 수소 가스가 발생한다.

해설

[전지의 원리]
- 양극 : 산소 발생
- 음극 : 구리판이 두꺼워짐

09 줄의 법칙에서 발생하는 열량의 계산식이 옳은 것은?

① $H = 0.24RI^2t$ [cal]
② $H = 0.024I^2Rt$ [cal]
③ $H = 0.24RI^2$ [cal]
④ $H = 0.024RI^2$ [cal]

해설

[줄의 법칙]
- 전류가 흐를 때 저항성분의 방해로 인하여 열 발생
- 저항체에서 단위시간당 발생하는 열량과의 관계를 나타낸 법칙
$H = 0.24I^2Rt$ [cal]

10 다음 중 전기력선의 성질로 틀린 것은?

① 전기력선은 양전하에서 나와 음전하에서 끝난다.
② 전기력선의 접선 방향이 그 점의 전장의 방향이다.
③ 전기력선의 밀도는 전기장의 크기를 나타낸다.
④ 전기력선은 서로 교차한다.

해설

[전기력선의 성질]
- 양전하 표면에서 나와 음전하 표면에서 끝난다.
- 접선방향이 그 점에서의 전장의 방향이다.
- 수축하려는 성질이 있으며 같은 전기력선은 반발한다.
- 등전위면과 직교한다.
- 단면적의 전기력선 밀도가 그 곳의 전장의 세기를 나타낸다.
- 도체 표면에 수직으로 출입하며 도체 내부에는 전기력선이 없다.
- 서로 교차하지 않는다.

정답 07 ④ 08 ② 09 ① 10 ④

11 2 [kV]의 전압으로 충전하여 2 [J]의 에너지를 축적하는 콘덴서의 정전용량은?

① 0.5 [μF] ② 1 [μF]
③ 2 [μF]   ④ 4 [μF]

해설

[콘덴서의 저장 용량 계산]

- $W = \dfrac{1}{2}CV^2$
- $C = \dfrac{2W}{V^2} = \dfrac{2 \times 2}{2000^2} = 1 \times 10^{-6} = 1\,[\mu F]$

12 20 [μF]과 30 [μF]의 두 콘덴서를 병렬로 접속하고 100 [V]의 전압을 인가했을 때 전 전하량은 몇 [C]인가?

① 30×10^{-4} ② 50×10^{-4}
③ 3×10^{-4} ④ 5×10^{-4}

해설

[콘덴서의 병렬연결]

- 콘덴서의 합성 정전용량

$C_0 = C_1 + C_2$
$= 20 \times 10^{-6} + 30 \times 10^{-6}$
$= 50 \times 10^{-6}$

$\therefore Q = C_0 V = (50 \times 10^{-6}) \times 100$
$= 50 \times 10^{-4}$

13 전기회로 자기회로의 요소를 대칭관계로 옳게 나타내지 않은 것은?

① 자속 - 전속
② 자기저항 - 전기저항
③ 기자력 - 기전력
④ 자속밀도 - 전류밀도

해설

[전기회로와 자기회로의 대칭관계]
자계의 자속은 전계의 전류에 해당

14 그림과 같이 I [A]의 전류가 흐르고 있는 도체의 미소부분인 △ℓ의 전류에 의해 이 부분으로 부터 r [m] 떨어진 점 P의 자기장 △H [A/m]는 얼마인가?

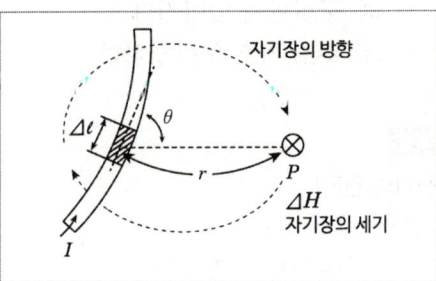

① $\Delta H = \dfrac{I^2 \Delta \ell \sin\theta}{4\pi r^2}$

② $\Delta H = \dfrac{I \Delta \ell^2 \sin\theta}{4\pi r}$

③ $\Delta H = \dfrac{I^2 \Delta \ell \sin\theta}{4\pi r}$

④ $\Delta H = \dfrac{I \Delta \ell \sin\theta}{4\pi r^2}$

정답 ● 11 ② 12 ② 13 ① 14 ④

> 해설

[비오 – 사바르의 법칙]
- $\Delta H = \dfrac{I \Delta \ell \sin\theta}{4\pi r^2}$

> 해설

[합성 인덕턴스]
- 가동접속(같은 방향) $L_1 + L_2 + 2M$
- 차동접속(다른 방향) $L_1 + L_2 - 2M$

15 환상 솔레노이드 내부의 자기장의 세기에 관한 설명으로 옳은 것은?

① 자장의 세기는 권수에 반비례한다.
② 자장의 세기는 권수, 전류, 평균 반지름과는 관계가 없다.
③ 자장의 세기는 평균 반지름에 비례한다.
④ 자장의 세기는 전류에 비례한다.

> 해설

[환상솔레노이드에서 자기장의 세기]
- 내부 : $H = \dfrac{NI}{2\pi r}[\mathrm{AT/m}]$
- 외부 : 자장이 존재하지 않는다.

17 $i = 200\sqrt{2}\sin(\omega t + 30)\,[A]$의 전류가 흐른다. 이를 복소수로 표시하면?

① 6.12 - j3.5   ② 17.32 - j5
③ 173.2 + j100   ④ 173.2 - j100

> 해설

[전류의 순싯값과 복소수 전환]
- 극좌표 형식 → 복소수형식
  $i = I \angle \theta \rightarrow I(\cos\theta + j\sin\theta)$
  $I = 200,\ \theta = 30$
- 극좌표형식 : $i = I \angle \theta = 200 \angle 30$
- 복소수형식 : $i = I(\cos\theta + j\sin\theta)$
  $\therefore I = 200(\cos 30° + \sin 30°)$
  $= 173.2 + j100$

16 자체 인덕턴스가 L_1, L_2인 두 코일을 직렬로 접속하였을 때, 합성 인덕턴스를 나타내는 식은? (단, 두 코일 간의 상호 인덕턴스는 M이라고 한다)

① $L_1 + L_2 + M$
② $L_1 - L_2 + M$
③ $L_1 + L_2 \pm 2M$
④ $L_1 + L_2 \pm M$

18 2전력계법으로 평형 3상 전력을 측정할 때, W_1의 지시값이 P_1, W_2의 지시값이 P_2라고 한다면 3상 유효전력은 어떻게 계산되는가?

① $P_1 + P_2$
② $3(P_1 - P_2)$
③ $P_1 - P_2$
④ $2\sqrt{P_1^2 + P_2^2 - P_1 P_2}$

정답 15 ④   16 ③   17 ③   18 ①

해설
[2전력계법의 측정(3상)]
- 유효전력 : $P_1 + P_2$
- 무효전력 : $\sqrt{3}(P_1 - P_2)$
- 피상전력 : $2\sqrt{P_1^2 + P_2^2 - P_1 P_2}$

19 그림과 같은 평형 3상 △회로를 등가 Y 결선으로 환산하면 각상의 임피던스는 몇 [Ω]이 되는가? (단, Z는 12 [Ω]이다)

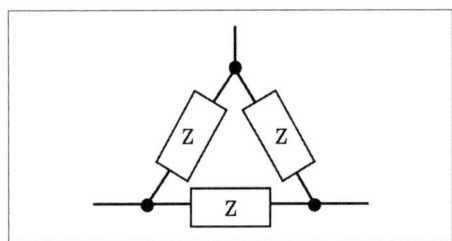

① 48 [Ω] ② 36 [Ω]
③ 4 [Ω]   ④ 3 [Ω]

해설
[△-Y 등가변환]
- △회로의 Y결선 등가 변환 시, 각 상의 저항은 1/3배가 된다.
- $12 \times 1/3 = 4 [Ω]$

20 $i = 100 + 50\sqrt{2}\sin\omega t + 20\sqrt{2}\sin(3\omega t + \frac{\pi}{6})$로 표시되는 비정현파 전류의 실횻값은 약 얼마인가?

① 20 [A]   ② 50 [A]
③ 114 [A] ④ 150 [A]

해설
[비정현파의 실효값]
- $V_s = \sqrt{각\ 파의\ 실효값의\ 제곱의\ 합}$
- $V_s = \sqrt{V_0^2 + V_1^2 + V_2^2 + \ldots\ldots + V_n^2}$

$\sqrt{100^2 + (\frac{50\sqrt{2}}{\sqrt{2}})^2 + (\frac{20\sqrt{2}}{\sqrt{2}})^2} ≒ 114 [A]$

21 직류기에 있어서 불꽃 없는 정류를 얻는 데 가장 유효한 방법은?

① 보극과 탄소브러시
② 탄소브러시와 보상권선
③ 보극과 보상권선
④ 자기포화와 브러시 이동

해설
[정류곡선]
- 전압정류 : 보극설치
- 저항정류 : 탄소브러시 설치

22 전기자저항 0.1 [Ω], 전기자전류 104 [A], 유도기전력 110.4 [V]인 직류 분권발전기의 단자전압[V]은?

① 98 [V]   ② 100 [V]
③ 102 [V] ④ 106 [V]

해설
[분권발전기의 단자전압]
- 유도기전력 $E = V + I_a R_a$
- 단자전압 $V = E - I_a R_a$
∴ $V = 110.4 - (104 \times 0.1) = 100 [V]$

정답 ● 19 ③ 20 ③ 21 ① 22 ②

23 직류 분권 발전기에서 전기자의 총 도체수는 220, 극수는 6, 회전수는 1500 [rpm], 유기기전력이 165 [V]이면, 매 극의 자속은 몇 [Wb]인가? (단, 전기자 권선은 파권이다)

① 0.01   ② 0.02
③ 10   ④ 20

해설

[유기기전력]

$E = PZ\Phi \dfrac{N}{60a} \rightarrow \Phi = \dfrac{E\,60\,a}{PZN}$

$\Phi = \dfrac{165 \times 60 \times 2}{6 \times 220 \times 1500} = 0.01\,[Wb]$

24 복권 발전기의 병렬운전을 안전하게 하기 위해서 두 발전기의 전기자와 직권 권선의 접촉점에 연결해야 하는 것은?

① 균압선   ② 집전환
③ 안전저항 ④ 브러시

해설

[균압선]
- 두 발전기의 전압을 일정하게 하기 위해 권선에 설치
- 평복권과 과복권 직류 발전기에 설치

25 속도를 광범위하게 조절할 수 있어 압연기나 엘리베이터 등에 사용되고 일그너 방식 또는 워드 레오나드방식의 속도제어 장치를 사용하는 경우에 주 전동기로 사용하는 전동기는?

① 타여자 전동기
② 분권 전동기
③ 직권 전동기
④ 가동복권 전동기

해설

[타여자 전동기]
- 광범위한 속도제어 가능
- 압연기나 엘리베이터에 사용됨

26 직류 직권 전동기의 회전수를 1/2로 하면 토크는 기존 토크에 비해 몇 배가 되는가?

① 기존 토크에 비해 0.5배가 된다.
② 기존 토크에 비해 2배가 된다.
③ 기존 토크에 비해 4배가 된다.
④ 기존 토크에 비해 16배가 된다.

해설

[직류 직권 전동기의 토크와 회전수]
- $\tau \propto \dfrac{1}{N^2}$ ⇐ N에 $\dfrac{1}{2}$N을 대입.
- $\tau' = \dfrac{1}{(\frac{1}{2}N)^2} = \dfrac{1}{\frac{1}{4}N^2} = 4 \times \dfrac{1}{N^2} = 4\tau'$

정답 ● 23 ① 24 ① 25 ① 26 ③

27 6극 중권의 직류 전동기에서 자속이 0.04 [Wb]이고, 전기자도체수 284, 부하전류 60 [A], 토크 108.48 [N·m], 회전수 800[rpm]일 때 출력 [W]은?

① 8543.55 [W]
② 9010.48 [W]
③ 9087.33 [W]
④ 9824.23 [W]

해설

[전동기 출력]

- $\tau = 9.55 \dfrac{P}{N} [N \cdot m]$

- $P = \dfrac{\tau \times N}{9.55}$
  $= \dfrac{108.48 \times 800}{9.55} = 9087.33 [N.m]$

28 변압기의 성층철심 강판 재료의 규소 함유량은 대략 몇 [%]인가?

① 8   ② 6
③ 4   ④ 2

해설

[규소강판]
- 철에 규소를 4 ~ 4.5 [%] 함유한 강판
- 탄소와 기타 불순물이 매우 적고
- 전자기 특성이 양호하며, 철손이 적음
- 회전기, 변압기 등 철심에 적층해 사용

29 6600/220 [V]인 변압기의 1차에 2850 [V]를 가하면 2차 전압 [V]은?

① 90   ② 95
③ 120   ④ 105

해설

[변압기의 권수비]

- $a = \dfrac{V_1}{V_2} = \dfrac{N_1}{N_2} = \dfrac{I_2}{I_1}, \quad a = \dfrac{6600}{220} = 30,$

- $V_2 = \dfrac{V_1}{a} = \dfrac{2850}{30} = 95 [V]$

30 일정전압 및 일정파형에서 주파수가 상승하면 변압기의 철손은 어떻게 변하는가?

① 증가한다.
② 감소한다.
③ 불변한다.
④ 일정 기간 동안 증가한다.

해설

[변압기의 손실]
- 히스테리시스손
  $P_h \propto \eta f B_m^{1.6 \sim 2} [W/m^3]$
- 와류손
  $P_e \propto (tfB_m)^2 [W/m^3]$ 로 비례라고 착각할 수 있지만
∴ 전압이 일정할 때,
  주파수 증가 → 히스테리시스손 감소
            → 철손 감소

정답 27 ③ 28 ③ 29 ② 30 ②

2차 측 동손 $P_{c2} = \dfrac{s}{1-s}P_0$

$P_{c2} = \dfrac{0.04}{1-0.04} \times 15$
$= 0.625 \,[\text{kW}] = 625 \,[\text{W}]$

31 단권변압기의 특징을 잘못 설명한 것은?

① 권선이 하나인 변압기로써 동량을 줄일 수 있다.
② 동손이 감소하여 효율이 좋다
③ 승압용 변압기로만 사용이 가능하다.
④ 누설리액턴스가 적어 단락 사고 시 단락전류가 크다.

해설

[단권변압기의 특징]
1, 2차 양 회로에 공통된 권선 부분을 가진 변압기
(1) 장점
 • 여자전류가 적다.
 • 싸고, 소형이다.
 • 효율이 좋고 전압 변동률이 적다.
(2) 단점
 • 1, 2차 회로가 전기적으로 완전히 절연되지 않는다.
 • 1, 2차가 직접 계통이어야 한다.
 • 단락전류가 크므로 열적, 기계적 강도가 커야 한다.

32 4극 24홈 표준 농형 3상 유도 전동기의 매극 매상당의 홈 수는?

① 6   ② 3
③ 2   ④ 1

해설

[매극 매상당 홈 수]
• $q = \dfrac{\text{총슬롯수}}{\text{상수} \times \text{극수}} = \dfrac{24}{3 \times 4} = 2$

33 유도 전동기에서 슬립이 0이란 것은 어느 것과 같은가?

① 유도 전동기가 동기 속도로 회전한다.
② 유도 전동기가 정지 상태이다.
③ 유도 전동기가 전부하 운전 상태이다.
④ 유도 제동기의 역할을 한다.

해설

[유도 전동기에서의 슬립]
• 슬립 : $s = \dfrac{\text{동기속도} - \text{회전자속도}}{\text{동기속도}}$
• 슬립이 0일 때는 회전자 속도와 동기속도가 같음

정답 31 ③ 32 ③ 33 ①

34 교류 전동기를 기동할 때 그림과 같은 기동 특성을 가지는 전동기는? (단, 곡선 (1) ~ (5)는 기동 단계에 대한 토크 특성 곡선이다)

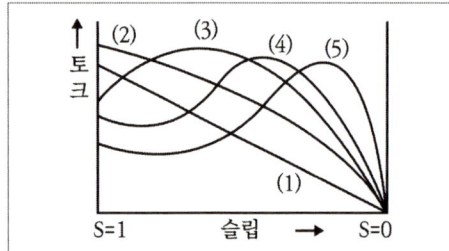

① 반발 유도 전동기
② 2중 농형 유도 전동기
③ 3상 분권 정류자 전동기
④ 3상 권선형 유도 전동기

> **해설**
> [비례추이곡선]
> 회전속도와 토크와의 관계를 나타낸 곡선으로 권선형 유도 전동기에서만 비례추이가 가능하다.

35 3상 유도 전동기의 특성에서 비례추이 하지 않는 것은?

① 출력   ② 1차 전류
③ 역률   ④ 2차 전류

> **해설**
> [3상 유도 전동기의 비례추이]
> • 비례추이가능
> 1차 전류, 2차 전류, 역률, 동기와트
> • 비례추이불가능
> 출력, 2차 동손, 효율

36 동기 발전기의 돌발 단락전류를 주로 제한하는 것은?

① 누설리액턴스
② 동기임피던스
③ 권선저항
④ 동기리액턴스

> **해설**
> [동기 발전기]
> • 돌발 단락전류 제한 : 누설 리액턴스
> • 영구 단락전류 제한 : 동기 리액턴스

37 다음 중 단락비가 큰 동기 발전기를 설명하는 것으로 옳은 것은?

① 동기 임피던스가 작다.
② 단락전류가 작다.
③ 전기자 반작용이 크다.
④ 전압변동률이 크다.

> **해설**
> [동기 발전기의 단락비]
> • $K = \dfrac{100}{\%Z}$ 이므로, 단락비가 커지면
> 동기임피던스 : 감소, 단락전류 : 증가

정답 34 ④ 35 ① 36 ① 37 ①

38 그림은 동기기의 위상특성 곡선을 나타낸 것이다. 전기자전류가 가장 작게 흐를 때의 역률은?

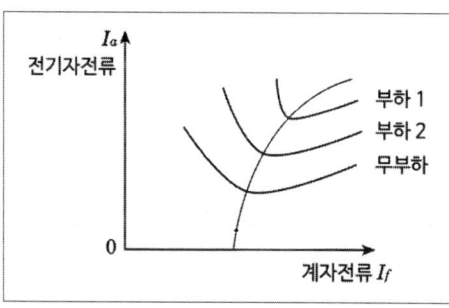

① 1　　　　② 0.9 (진상)
③ 0.9 (지상)　④ 0

해설

[위상특성 곡선]
동기 전동기는 위상특성 곡선(V곡선)에 따라 전기자전류가 최소일 때는 역률이 1이 된다.

39 전파정류회로의 브리지 다이오드회로를 나타낸 것은?

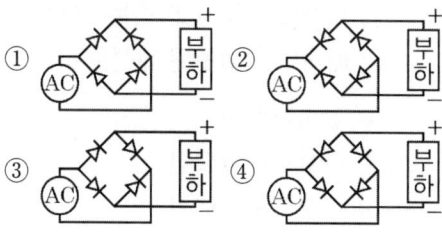

해설

[단상전파 정류회로]
교류를 직류로 변환하는 회로로, 부하에 전류가 한 방향으로 흐르게 하는 다이오드의 결선을 해야 한다.

40 반도체 내에서 정공은 어떻게 생성되는가?

① 결합전자의 이탈
② 자유전자의 이동
③ 접합 불량
④ 확산 용량

해설

[반도체의 정공]
전자의 공유결합(레디칼)이 파괴되어 전자가 이탈하면 이 전자가 있었던 위치는 빈자리로 남게 되는데 이를 정공(Hole)이라 한다.

41 전력 케이블 중 CV 케이블은 무엇인가?

① 비닐절연 비닐시스 케이블
② 고무절연 클로로프렌 시스 케이블
③ 가교폴리에틸렌절연비닐시스 케이블
④ 미네랄 인슈레이션 케이블

해설

[케이블 명칭]
- 비닐절연 비닐시스 케이블 : VV
- 고무절연클로로프렌시스 케이블 : RN
- 미네랄 인슈레이션 케이블 : MI

정답　38 ①　39 ①　40 ①　41 ③

42 옥내배선의 접속함이나 박스 내에서 접속할 때 주로 사용하는 접속법은?

① 슬리브 접속
② 쥐꼬리 접속
③ 트위스트 접속
④ 브리타니아접속

해설

[전선의 접속 (쥐꼬리 접속)]
접속함이나 박스 안에서는 쥐꼬리 접속을 사용

43 전선 6 [mm^2] 이하의 가는 단선을 직선 접속할 때 어느 방법으로 하여야 하는가?

① 브리타니아접속
② 트위스트접속
③ 슬리브접속
④ 우산형 접속

해설

[단선의 접속법]
- 트위스트접속 : 6 [mm^2] 이하
- 브리타니아접속 : 10 [mm^2] 이하

44 금속관을 가공할 때 절단된 내부를 매끈하게 하려고 사용하는 공구의 명칭은?

① 리머　　② 프레셔 툴
③ 오스터　④ 녹아웃 펀치

해설

[공구]
- 프레셔툴 : 터미널이나 튜브를 눌러 고정할 때
- 오스터 : 금속관의 나사를 낼 때 사용
- 녹아웃펀치 : 구멍을 뚫을 때 사용

45 가요전선관공사에서 가요전선관 상호 접속 시 사용하는 것은?

① 유니온 커플링
② 2호 커플링
③ 콤비넹션커플링
④ 스플릿 커플링

해설

[가요전선관 부품]
- 스플릿 커플링 : 가요전선관 상호
- 콤비네이션 커플링 : 가요전선관과 금속관

46 셀룰로이드, 성냥, 석유류 등 기타 가연성 위험물질을 제조 또는 저장하는 장소의 배선으로 잘못된 배선은?

① 금속관배선
② 가요전선관배선
③ 합성수지관배선
④ 케이블배선

정답　42 ②　43 ②　44 ①　45 ④　46 ②

해설

[위험물 저장소의 배선]
- 합성수지관, 금속관, 케이블

47 금속 덕트의 크기는 전선의 피복절연물을 포함한 단면적의 총 합계가 금속 덕트 내 단면적의 몇 [%] 이하가 되도록 선정하여야 하는가?

① 20 [%]   ② 30 [%]
③ 40 [%]   ④ 50 [%]

해설

[금속 덕트시공]
- 일반적인 경우 : 20 [%]
- 광사인장치, 출퇴근 표시등, 및 제어회로 등의 배선에 사용되는 전선만을 사용하는 경우 : 50 [%]

48 캡타이어 케이블을 조영재에 시설하는 경우로서 새들, 스테이플 등으로 지지하는 경우 그 지지점의 거리는 얼마로 하여야 하는가?

① 1 [m] 이하   ② 1.5 [m] 이하
③ 2.0 [m] 이하   ④ 2.5 [m] 이하

해설

[케이블의 지지점의 거리]
- 케이블 : 2 [m]
- 캡타이어 케이블 : 1 [m]

49 400 [V] 이하의 저압 옥내배선을 할 때 점검할 수 없는 은폐 장소에 할 수 없는 배선공사는?

① 금속관공사
② 합성수지관공사
③ 금속 몰드공사
④ 플로어 덕트공사

해설

[금속 몰드공사]
- 전선은 절연전선(옥외용 비닐절연전선을 제외)일 것
- 사용전압은 400 [V] 이하에 사용할 것
- 접속점을 쉽게 점검할 수 있도록 시설
- 1종 금속 몰드에 넣는 전선 수 : 10본 이하
- 지지점 간 거리 : 1.5 [m]

50 설치 면적과 설치비용이 많이 들지만 가장 이상적이고 효과적인 진상용 콘덴서 설치방법은?

① 수전단 모선에 설치
② 수전단 모선과 부하 측에 분산하여 설치
③ 부하 측에 분산하여 설치
④ 가장 큰 부하 측에만 설치

해설

[진상용 콘덴서의 설치]
각 부하마다 진산용 콘덴서 설치 : 이상적이지만 설치비용이 많이 듦

정답 ● 47 ①   48 ①   49 ③   50 ③

51 다음 중 옥내에 시설하는 저압 전로와 대지 사이의 절연 저항 측정에 사용되는 계기는?

① 콜라우시 브리지
② 메거
③ 어스테스터
④ 마그넷벨

해설

[측정계기]
- 콜라우시 브리지 : 저저항 측정용 계기로 접지저항, 전해액의 저항측정에 사용
- 어스테스터 : 접지저항을 측정
- 마그넷벨 : 도통시험에 사용

52 고압배전선로의 주상 변압기의 2차 측에 실시하는 변압기 중성점 접지공사의 접지저항값을 계산하는 식으로 옳은 것은? (단, I_g는 지락전류이며, 고압 배전선로에는 고저압 전로의 혼촉 시 2초 이내 1초를 초과하여 자동적으로 전로를 차단하는 장치가 포함되어 있다)

① $\dfrac{150}{I_g}$ ② $\dfrac{300}{I_g}$
③ $\dfrac{600}{I_g}$ ④ $\dfrac{900}{I_g}$

해설

[변압기 중성점 접지저항값]

구분	중성점 접지저항값
일반적 저항 값	$R = \dfrac{150}{I_g}$
1초 초과 2초 이내, 자동차단장치 설치	$R = \dfrac{300}{I_g}$
1초 이내, 자동차단장치	$R = \dfrac{600}{I_g}$

53 접지극공사방법이 아닌 것은?

① 동판 면적은 900 [cm^2] 이상의 것이어야 한다.
② 동피복강봉은 지름 6 [mm] 이상의 것이어야 한다.
③ 접지선과 접지극은 은납땜 기타 확실한 방법에 의해 접속한다.
④ 사람이 접촉할 우려가 있는 곳에 설치할 경우, 손상을 방지하도록 방호장치를 시설할 것

정답 ● 51 ② 52 ② 53 ②

해설

[접지극공사의 원칙]
- 동판을 사용하는 경우는 두께 0.7 [mm] 이상, 연적 900 [cm^2] 편면(片面) 이상의 것을 사용한다.
- 동봉, 동피복강봉을 사용하는 경우는 지름 8 [mm] 이상, 길이 0.9 [m] 이상일 것
- 철관을 사용하는 경우는 외경 25 [mm] 이상, 길이 0.9 [m] 이상의 아연도금가 스철관 또는 후강전선관을 사용할 것
- 철봉을 사용하는 경우는 지름 12 [mm] 이상, 길이 0.9 [m] 이상의 아연도금을 한 것을 사용할 것
- 동복강판을 사용하는 경우 두께 1.6 [mm] 이상, 길이 0.9 [m] 이상, 면적 250 [cm^2] 이상일 것
- 탄소피복강봉을 사용하는 경우는 지름 8 [mm] 이상의 강심이어야 하고 길이는 0.9 [m] 이상일 것

54 가공전선로의 지지물에 하중이 가하여지는 경우에 그 하중을 받는 지지물의 기초의 안전율은 일반적으로 얼마 이상이어야 하는가?

① 1.5 ② 2.0
③ 2.5 ④ 4.0

해설

[전기설비 안전율]

안전율	내용
1.33	이상 시 상정하중
1.5	안테나, 케이블트레이
2.0	지지물의 기초
2.2	경동선, 내열동합금선
2.5	지선, ACSR, 기타전선

55 주상 변압기 설치 시 사용하는 것은?

① 완금 밴드 ② 행거 밴드
③ 지선 밴드 ④ 암타이 밴드

해설

[행거 밴드(Hanger Band)]
전주에서 주상 변압기를 잡아 주는 부분

56 다음 중 분전반 및 분전반을 넣은 함에 대한 설명으로 잘못된 것은?

① 반(盤)의 뒤쪽은 배선 및 기구를 배치할 것
② 절연저항 측정 및 전선접속단자의 점검이 용이한 구조일 것
③ 난연성 합성수지로 된 것은 두께 1.5 [mm] 이상으로 내(耐) 아크성인 것이어야 한다.
④ 강판제의 것은 두께 1.2 [mm] 이상이어야 한다.

정답 54 ② 55 ② 56 ①

> **해설**
>
> [분전반의 설치규정]
> - 반(盤)의 뒤쪽은 배선 및 기구를 배치하지 말 것
> - 반의 옆쪽 또는 뒤쪽에 설치하는 분배 전반의 소형 덕트는 강판제로서 전선을 구부리거나 눌리지 않을 정도의 충분히 큰 것이어야 함
> - 난연성 합성수지로 된 것은 두께 1.5 [mm] 이상으로 내(耐)아크성 이어야 함
> - 강판제의 것은 두께 1.2 [mm] 이상이어야 함. 단, 가로 또는 세로의 길이가 30 [cm] 이하인 것은 두께 1.0 [mm] 이상으로 할 수 있음
> - 절연저항 측정 및 전선접속단자의 점검이 용이한 구조일 것

57 저압 가공인입선이 횡단 보도교를 지나는 경우 지상으로부터 몇 [m] 이상이어야 하는가?

① 3 ② 4
③ 5 ④ 6

> **해설**
>
> [저압 가공인입선의 시설]
>
> | 구분 | 전선의 높이 | |
> |---|---|---|
> | 철도 또는 궤도를 횡단 | 6.5 [m] 이상 | |
> | 도로 횡단 | 노면상 5 [m] 이상 | |
> | | 교통에 지장 없을 때 | 3 [m] 이상 |
> | 이 외 | 지표상 4 [m] | |
> | | 교통에 지장 없을 때 | 2.5 [m] 이상 |
> | 횡단보도교 위 | 노면상 3 [m] 이상 | |

58 가로 20 [m], 세로 18 [m], 천장의 높이 3.85 [m], 작업면의 높이 0.85 [m], 간접조명 방식인 호텔연회장의 실지수는 약 얼마인가?

① 1.16 ② 2.16
③ 3.16 ④ 4.16

> **해설**
>
> [조명의 실지수]
>
> $$실지수 = \frac{XY}{H(X+Y)} = \frac{20 \times 18}{3 \times (20+18)} = 3.16$$

59 최소 동작전류값 이상이면 일정한 시간에 동작하는 한시 특성을 갖는 계전기는?

① 정한시 계전기
② 반한시 계전기
③ 순한시 계전기
④ 반한시성 정한시 계전기

> **해설**
>
> [계전기의 종류]
> - 반한시 계전기 : 동작전류가 작을수록 동작시간이 길어지며 동작전류가 커질수록 동작시간은 짧아진다.
> - 정한시 계전기 : 최소 동작전류가 흐를 시 일정한 시간이 지난 후 동작된다.
> - 순한시 계전기 : 고장 즉시 동작된다.

정답 57 ③ 58 ③ 59 ①

60 한 개의 전등을 두 곳에서 점멸할 수 있는 배선으로 옳은 것은?

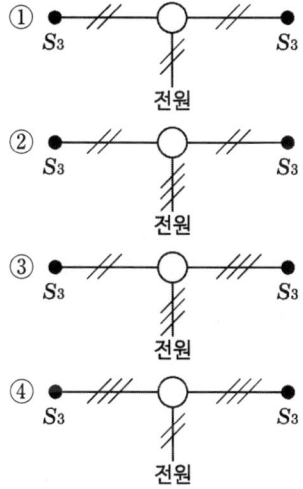

해설

[3로 스위치]
전원은 2가닥이며 각 3로 스위치에 2개소 점멸을 하기 위해 3가닥의 선이 인입되어야 한다.

2023 제4회

01 어떤 코일에 3 [A]의 전류는 0.5초 동안 6 [A]로 변화시켰을 때 60 [V]의 전압이 발생하였다. 이 코일의 자체 인덕턴스는 몇 [H]인가?

① 3　　② 6
③ 8　　④ 10

해설
[패러데이의 법칙]
$e = -L\dfrac{di}{dt}[\text{V}]$

∴ 인덕턴스 $L = -e\dfrac{dt}{di}$

$= 60 \times \dfrac{0.5}{6-3} = 10[H]$

02 RL직렬회로에 교류전압을 가했을 때 회로의 위상각 θ를 나타낸 것은?

① $\theta = \tan^{-1}\dfrac{L}{R}$

② $\theta = \tan^{-1}\dfrac{\omega L}{R}$

③ $\theta = \tan^{-1}\dfrac{R}{\omega L}$

④ $\theta = \tan^{-1}\dfrac{1}{\omega RL}$

해설
[RL 직렬회로의 위상각]

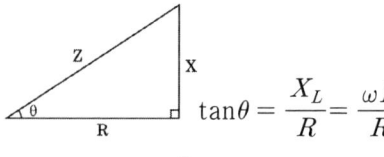

$\tan\theta = \dfrac{X_L}{R} = \dfrac{\omega L}{R}$

∴ $\theta = \tan^{-1}\dfrac{\omega L}{R}$

03 권수 200회의 코일에 5 [A]의 전류가 흘러서 0.025 [Wb]의 자속이 코일을 지난다고 하면 이 코일의 자체 인덕턴스 [H]는?

① 2 [H]　　② 1 [H]
③ 0.5 [H]　　④ 0.1 [H]

해설
[자체 인덕턴스]
$L = \dfrac{N\phi}{I} = \dfrac{200 \times 0.025}{5} = 1\,[\text{H}]$

04 10 [μF]의 콘덴서에 10 [kV]의 전압을 가할 때 콘덴서에 저장되는 에너지는 몇 [J]인가?

① 200　　② 400
③ 500　　④ 800

정답　01 ④　02 ②　03 ②　04 ③

해설

[콘덴서에 축적되는 에너지]

$$W = \frac{1}{2}CV^2$$
$$= \frac{1}{2} \times 10 \times 10^{-6} \times 10^8 = 500 \text{ [J]}$$

05 C_1과 C_2의 콘덴서를 병렬로 접속하고 전압 [V]를 가했을 때 C_2에 걸리는 단자 전압은?

① $\dfrac{C_2}{C_1+C_2}V$ ② $\dfrac{C_1}{C_1+C_2}V$

③ $(C_1+C_2)V$ ④ V

해설

[정전용량]

· 직렬연결

$$V_1 = \frac{C_2}{C_1+C_2}V, \ V_2 = \frac{C_1}{C_1+C_2}V$$

· 병렬연결 $V_1 = V_2 = V$

06 $Z = a + jb$의 크기와 편각 θ는?

① $|Z| = a^2 + b^2, \ \theta = \tan^{-1}\dfrac{b}{a}$

② $|Z| = \sqrt{a^2+b^2}, \ \theta = \tan^{-1}\dfrac{b}{a}$

③ $|Z| = a^2 - b^2, \ \theta = \tan^{-1}\dfrac{a}{b}$

④ $|Z| = \sqrt{a^2-b^2}, \ \theta = \tan^{-1}\dfrac{a}{b}$

해설

[복소수의 표현]

· 피타고라스 정리에 의해서

$|Z| = \sqrt{a^2+b^2}$

· 삼각비에 의해

$\tan\theta = \dfrac{b}{a}$

$\therefore \ \theta = \tan^{-1}\dfrac{b}{a}$

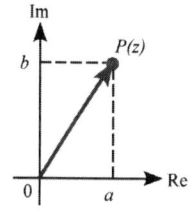

07 전기분해에서 석출된 물질의 양은 전류와 시간의 크기에 비례한다. 이 같은 사실을 설명해주는 법칙은?

① 앙페르 오른나사법칙
② 플레밍의 왼손법칙
③ 패러데이의 법칙
④ 렌츠의 법칙

해설

[패러데이의 법칙]

$W = kQ = kIt \ [g]$

총 전기량이 같으면 물질의 석출량은 그 물질의 화학당량, 시간, 전류에 비례한다.

08 공심 솔레노이드의 내부 자장의 세기가 4000 [AT/m]일 때, 자속밀도[Wb/m²]는?

① $1.6\pi \times 10^{-4}$ ② $16\pi \times 10^{-4}$

③ $3.2\pi \times 10^{-4}$ ④ $32\pi \times 10^{-4}$

정답   05 ④   06 ②   07 ③   08 ②

해설

[자속밀도]

$B = \mu_0 H$
$= 4\pi \times 10^{-7} \times 4000$
$= 16\pi \times 10^{-4} \, [\text{Wb/m}^2]$

09 그림과 같이 I [A]의 전류가 흐르고 있는 도체의 미소부분인 △ℓ의 전류에 의해 이 부분으로 부터 r [m] 떨어진 점 P의 자기장 △H [A/m]는 얼마인가?

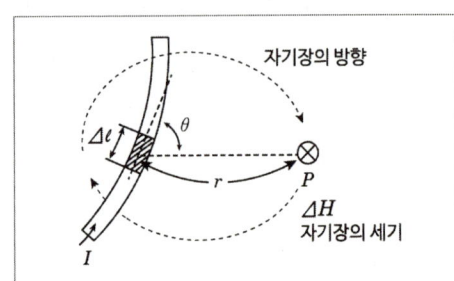

① $\Delta H = \dfrac{I^2 \Delta \ell \sin\theta}{4\pi r^2}$

② $\Delta H = \dfrac{I \Delta \ell^2 \sin\theta}{4\pi r}$

③ $\Delta H = \dfrac{I^2 \Delta \ell \sin\theta}{4\pi r}$

④ $\Delta H = \dfrac{I \Delta \ell \sin\theta}{4\pi r^2}$

해설

[비오 – 사바르의 법칙]

• $\Delta H = \dfrac{I \Delta \ell \sin\theta}{4\pi r^2}$

10 같은 전구를 직렬로 연결했을 때와 병렬로 연결했을 때 어느 쪽이 더 밝은가?

① 직렬 쪽이 더 밝다.
② 병렬 쪽이 더 밝다.
③ 밝기는 동일하다.
④ 직렬 쪽이 2배로 밝다.

해설

[전력으로 보는 전구의 밝기]
전구의 밝기는 저항의 크기에 비례한다.

직렬연결 시 $P = I_1^2 R_1$

병렬연결 시 $P = I_2^2 R_2 = \left(\dfrac{1}{2} I_1\right)^2 \times 4R_1$

전구의 내부저항은 병렬일 때가 직렬일 때보다 4배 크다.

∴ 병렬인 쪽이 더 밝다

11 C = 5 [μF]인 평행판 콘덴서에 5 [V]인 전압을 걸어줄 때 콘덴서에 축적되는 에너지는 몇 [J]인가?

① 1.25 × 10⁻³
② 1.25 × 10⁻⁵
③ 6.25 × 10⁻³
④ 6.25 × 10⁻⁵

해설

[콘덴서에 축적되는 에너지]

$W = \dfrac{1}{2} CV^2 = \dfrac{5 \times 10^{-6} \times 5^2}{2}$
$= 6.25 \times 10^{-5} \, [J]$

정답 09 ④ 10 ② 11 ④

12 권선수 50인 코일에 5 [A]의 전류가 흘렀을 때 10^{-3} [Wb]의 자속이 코일 전체를 쇄교하였다면 이 코일의 자체 인덕턴스는 몇 [mH]인가?

① 40　　② 20
③ 10　　④ 30

해설

[자체 인덕턴스]

$LI = N\phi$에 의하여 $L = \dfrac{N\phi}{I}$ 이므로

$L = \dfrac{50 \times 10^{-3}}{5} = 10 \times 10^{-3}$ [H] = 10 [mH]

13 전압 5 [V], 전류 2 [A], 역률 0.6인 전동기 사용 시 유효전력은?

① 6[W]　　② 10[W]
③ 12[W]　　④ 20[W]

해설

[교류전력]
- 피상전력 $P_a = VI$
- 유효전력 $P = VI\cos\theta$
- 무효전력 $P_r = VI\sin\theta$

14 10 [Ω]의 저항 5개를 이용하여 가장 작은 합성저항을 얻을 경우는 몇 [Ω]인가?

① 1　　② 10
③ 2　　④ 50

해설

[합성저항]

저항은 병렬로 연결할 때 가장 작은 합성저항을 얻을 수 있다.

∴ 합성저항 $R = \dfrac{r}{n} = \dfrac{10}{5} = 2$ [Ω]

15 두 코일의 자체 인덕턴스를 L_1 [H], L_2 [H]라 하고 상호 인덕턴스를 M이라 할 때 두 코일을 자속이 동일한 방향과 역방향이 되도록 하여 직렬로 각각 연결하였을 경우 합성 인덕턴스의 큰 쪽과 작은 쪽의 차는?

① M　　② 2M
③ 4M　　④ 8M

해설

[인덕턴스접속]
- 가동접속(동방향): $L_1 + L_2 + 2M$ [H]
- 차동접속(역방향): $L_1 + L_2 - 2M$ [H]
- $L_{가동 - 차동}$
  $= L_1 + L_2 + 2M - (L_1 + L_2 - 2M)$
  $= 4M$ [H]

16 전기회로와 자기회로의 대응관계를 나타낸 것이다. 틀린 것은?

① 전계 - 자속밀도
② 기전력 - 기자력
③ 전류 - 자속
④ 투자율 - 도전율

정답　12 ③　13 ①　14 ③　15 ③　16 ①

> **해설**

[전기회로와 자기회로의 대응관계]
- 전류 I [A] ↔ 자속 ϕ [Wb]
- 전압(기전력) V [V] ↔ 기자력 F [AT]
- 전계 E [V/m] ↔ 자계 H [AT/m]
- 전류밀도 J [A/m²] ↔ 자속밀도 [Wb/m²]
- 저항 R [Ω] ↔ 자기저항 R_m [AT/Wb]
- 투자율 μ [H/m] ↔ 도전율 σ [℧/m]

17 세 변의 저항 $R_a = R_b = R_c = 15$ [Ω]인 Y결선회로가 있다. 이것과 등가인 ⊿결선회로의 각 변의 저항은 몇 [Ω]인가?

① 5 ② 10
③ 25 ④ 45

> **해설**

[△ - Y 등가변환]
$R_\Delta = 3R_Y = 3 \times 15 = 45$ [Ω]

18 ⊿결선으로 운전 중 하나의 부하가 고장 나면 소비전력은 몇 배가 되는가?

① 1/2배 ② 2/3배
③ 3/2배 ④ 1/3배

> **해설**

[⊿결선]
⊿결선에서 한 상의 부하가 고장이 나면 선간전압과 상전압이 같아지고 두 개의 부하만 운전이 된다. 따라서 소비전력은 부하 하나의 전력을 뺀 값이 된다.

19 다음과 같은 회로에서 I_1, I_2, I_3에 흐르는 전류는 각각 몇 [A]인가?

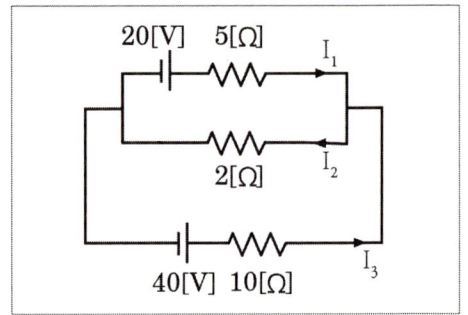

① $I_1 = 3$ [A], $I_2 = 2$ [A], $I_3 = 5$ [A]
② $I_1 = 2$ [A], $I_2 = 5$ [A], $I_3 = 3$ [A]
③ $I_1 = 5$ [A], $I_2 = 3$ [A], $I_3 = 2$ [A]
④ $I_1 = 2$ [A], $I_2 = 3$ [A], $I_3 = 5$ [A]

> **해설**

[전류분배법칙]
⑴ 20 [V]의 전원으로 회로를 계산

$R_t = 5 + \dfrac{10 \times 2}{10 + 2} = \dfrac{20}{3}$ [Ω],

$I_t = \dfrac{V}{R} = \dfrac{20}{\frac{20}{3}} = 3$ [A]

전류분배법칙에 의해서
- I_2 방향으로 흐르는 전류는
 $= I_t \times \dfrac{10}{2+10} = 3 \times \dfrac{5}{6} = 2.5$ [A]
- I_3 방향으로 흐르는 전류는
 $= I_t \times \dfrac{2}{2+10} = 3 \times \dfrac{1}{6} = 0.5$ [A]

정답 17 ④ 18 ② 19 ②

(2) 40 [V]의 전원으로 회로를 계산

$$R_t = 10 + \frac{5 \times 2}{5 + 2} = \frac{80}{7} [\Omega],$$

$$I_t = \frac{V}{R} = \frac{40}{\frac{80}{7}} = 3.5 [A]$$

전류분배법칙에 의해서

- I_2 방향으로 흐르는 전류는

  $= I_t \times \frac{5}{2+5} = 3.5 \times \frac{5}{7} = 2.5 [A]$

- I_1 방향으로 흐르는 전류는

  $= I_t \times \frac{2}{2+5} = 3.5 \times \frac{2}{7} = 1 [A]$

∴ 두 회로의 계산에 의해

  $I_1 = 3 - 1 = 2 [A]$
  $I_2 = 2.5 + 2.5 = 5 [A]$
  $I_3 = 3.5 - 0.5 = 3 [A]$

20 도체의 전기저항 값에 대한 설명으로 옳지 않은 것은?

① 도체의 단면적에 반비례한다.
② 도체의 길이에 비례한다.
③ 도체의 지름에 반비례한다.
④ 도체의 모양과는 관련 없다.

해설

[전기저항]

$$R = \rho \frac{\ell}{A}, \quad A = \pi r^2$$

도체 반지름의 제곱에 반비례한다.

21 1차 측 전압이 3300 [V]이고 2차 측 전압이 330 [V]일 때, 전압비는?

① 1/10 ② 10
③ 1/100 ④ 100

해설

[권수비]

$$a = \frac{N_1}{N_2} = \frac{V_1}{V_2} = \frac{I_2}{I_1} = \sqrt{\frac{R_1}{R_2}} = \frac{3300}{330} = 10$$

22 역률이 가장 좋은 단상 유도 전동기는?

① 콘덴서 구동형
② 콘덴서 기동형
③ 세이딩 코일형
④ 분산 기동형

해설

[콘덴서 기동형]

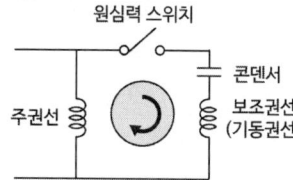

- 보조권선에 직렬로 콘덴서를 삽입한다.
- 보조권선과 주권선에 흐르는 전류 사이에 위상차 발생하여 운전한다.
- 기동전류가 작고, 기동토크가 크다.

정답 20 ③ 21 ② 22 ②

23 발전기가 무부하전압 103 [V], 전부하전압 100 [V]로 운전할 때, 이 발전기의 전압변동률[%]은?

① 10 ② 6
③ 5   ④ 3

> 해설

[전압변동률]
전압변동률
$= \dfrac{\text{무부하전압} - \text{정격전압}}{\text{정격전압}} \times 100 \, [\%]$
$= \dfrac{103 - 100}{100} \times 100 \, [\%] = 3 \, [\%]$

24 3상 반파정류회로에서 출력전압의 평균 전압값의 몇 배인가?

① 0.45배 ② 0.9배
③ 1.17배 ④ 1.35배

> 해설

[정류회로]
- 단상 반파 : 0.45E
- 단상 전파 : 0.9E
- 3상 반파 : 1.17E
- 3상 전파 : 1.35V

25 어떤 변압기에서 임피던스 강하가 5 [%]인 변압기가 운전 중 단락되었을 때 그 단락전류는 정격전류의 몇 배인가?

① 5   ② 20
③ 50   ④ 200

> 해설

[단락전류]
단락비 $k_s = \dfrac{I_s}{I_n} = \dfrac{100}{\%Z} = \dfrac{100}{5} = 20$
단락전류 $I_s = 20I_n$으로 정격전류의 20배
$\eta_2 = \dfrac{N}{N_s} = \dfrac{1{,}320}{1{,}500} \times 100 = 88 \, [\%]$

26 3상 농형 유도 전동기의 전전압기동 시 기동전류는 Y-△ 기동 시 기동전류의 몇 배인가?

① $\sqrt{3}$ 배   ② $\dfrac{1}{\sqrt{3}}$ 배
③ $\dfrac{1}{3}$ 배   ④ 3배

> 해설

[Y-△ 기동]
Y-△ 기동은 기동전류를 전전압기동보다 1/3로 낮추기 위해 사용한다.

27 직류 발전기에서 전류가 기전력보다 90° 앞서면 어떤 현상이 일어나는가?

① 증자작용
② 감자작용
③ 편자작용
④ 교차자화작용

정답 ● 23 ④ 24 ③ 25 ② 26 ④ 27 ①

해설
[증자작용]

해설
[부흐홀츠 계전기]

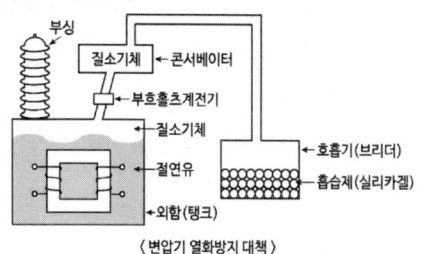

- 변압기 내부 고장으로 인한 절연유의 온도 상승 시 발생하는 유증기 검출하여 경보 및 차단하는 계전기
- 설치위치 : 변압기 탱크와 콘서베이터 사이에 설치

28 동기 발전기의 전기가 권선을 단절권으로 하면?

① 역률이 좋아진다.
② 고조파를 제거한다.
③ 절연이 잘 된다.
④ 기전력을 높인다.

해설
[단절권의 특징]
- 코일(= 동량경감) 감소
- 고조파 제거(= 파형개선)
- 전절권에 비해 기전력 감소

30 PN 접합 다이오드의 대표적인 작용으로 옳은 것은?

① 증폭작용
② 발진작용
③ 정류작용
④ 변조작용

해설
[PN 접합 다이오드]

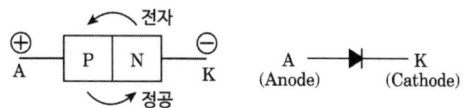

- Anode에 (+), Cathode에 (-)을 가할 때 도통된다.
- 도통 상태를 OFF하려면 Anode에 (-), Cathode에 (+)을 가하면 역방향 바이어스가 되어 OFF 된다.
- 교류를 직류로 만들어주는 정류작용을 한다.

29 부흐홀츠 계전기로 보호되는 기기는?

① 변압기
② 동기 발전기
③ 직류기
④ 유도 전동기

정답 28 ② 29 ① 30 ③

31 변압기를 Δ-Y 결선한 경우 틀린 것은?

① 1차 변전소의 승압용으로 사용된다.
② 제3고조파에 의한 장해가 적다.
③ Y결선의 중성점을 접지할 수 있다.
④ 1차 선간전압 및 2차 선간전압의 위상차는 60°이다.

해설
[Δ-Y결선]
위상차는 30°이다.

32 일정한 주파수의 전원에서 운전하는 3상 유도 전동기의 전원 전압이 90 [%]가 되었다면 토크는 약 몇 [%]가 되는가? (단, 회전수는 변하지 않는 상태로 한다)

① 90　　② 81
③ 70　　④ 64

해설
[유도 전동기 토크]
$T \propto V^2$
전압이 0.9배로 감소하면 토크는 0.9^2배로 줄어든다.

33 다음 회로에서 전기자전류가 100 [A], 계자전류가 6 [A]일 때, 부하전류는 얼마인가?

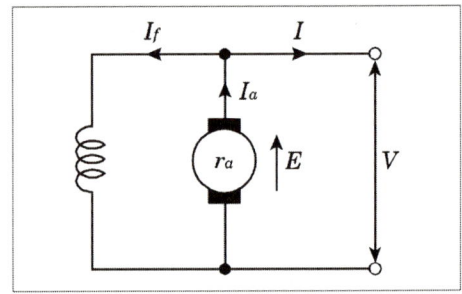

① 4　　② 106
③ 96　　④ 94

해설
[분권 발전기의 부하전류]
$I_a = I + I_f$
$\therefore I = I_a - I_f = 100 - 6 = 94 [A]$

34 전압 200 [V], C_1은 10 [μF], C_2는 5 [μF]인 두 콘덴서가 병렬로 연결되었을 때, C_2에 저장되는 전하량은 몇 [μC]인가?

① 2000　　② 1000
③ 200　　④ 100

해설
[전하분배법칙]
콘덴서가 병렬로 연결되어 있으므로 합성커패시턴스 $C = C_1 + C_2 = 15 [\mu F]$
전체 전하량 $Q = CV = 15 \times 200 = 3000 [\mu C]$
$Q_2 = \dfrac{C_1}{C_1 + C_2} \times Q = \dfrac{5}{15} \times 3000 = 1000 [\mu C]$

정답 ● 31 ④　32 ②　33 ④　34 ②

35 타여자 직류 전동기에서 워드 레오나드 방식이 사용되는 속도제어는?

① 전압제어 ② 주파수제어
③ 저항제어 ④ 계자제어

해설

[전압제어의 종류]
- 워드 레오나드방식
- 일그너 방식
- 직·병렬제어법
- 초퍼제어법

36 유도 전동기의 계산방법 중 틀린 것은?

① 효율 = $\dfrac{입력-손실}{입력} \times 100$

② 2차효율 = $\dfrac{출력}{1차입력} \times 100$

③ 2차출력 = (1 - s) × 2차입력

④ 효율 = $\dfrac{출력}{입력} \times 100$

해설

[효율]

규약효율 = $\dfrac{입력-손실}{입력} \times 100$

2차효율 = $\dfrac{출력}{2차입력} \times 100$

37 시험용으로 사용되는 발전기는?

① 타여자 발전기
② 직류 직권 발전기
③ 직류 분권 발전기
④ 직류 가동복권 발전기

해설

[발전기 종류]
자여자 발전기는 잔류자속이 있어야 기전력이 발생된다. 타여자는 잔류자기가 없어도 발전이 가능해서 시험용이나 특수한 용도에 사용된다.

38 직류 전동기에서 자속이 줄어들면 회전수는?

① 감소한다. ② 정지 한다.
③ 증가한다. ④ 변화 없다.

해설

[직류 전동기 회전수]

$N = K\dfrac{V - I_a R_a}{\phi}[\text{rpm}]$

계자전류를 약하게 하면 자속이 감소해 회전수는 증가한다.

정답 35 ① 36 ② 37 ① 38 ③

39 정속도 전동기로 공작기계 등에 주로 사용되는 전동기는?

① 직류 직권 전동기
② 직류 분권 전동기
③ 직류 차동복권 전동기
④ 직류 가동복권 전동기

해설

[정속도 전동기]
직류 분권 전동기, 타여자전동기

40 직류 전동기의 속도제어법이 아닌 것은?

① 전압제어법
② 위상제어법
③ 계자제어법
④ 저항제어법

해설

[직류 전동기의 속도제어]
$$N = k\frac{V - I_a R_a}{\phi}$$

41 접지극의 매설 깊이는 지표면에서 몇 [m] 이상이어야 하는가?

① 0.6 ② 0.65
③ 0.7 ④ 0.75

해설

[접지극의 매설]

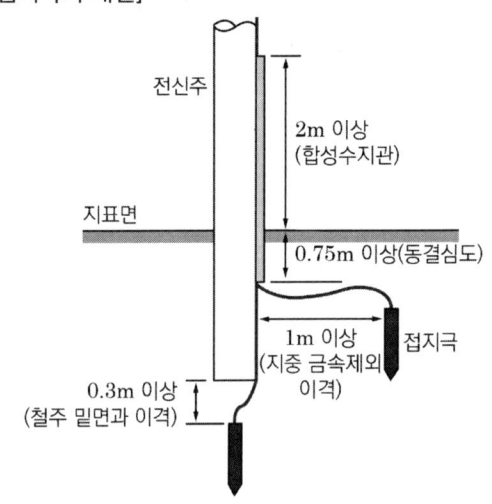

42 애자사용공사에서 전선 상호 간의 거리는 몇 [m] 이상이어야 하는가?

① 0.02 ② 0.04
③ 0.06 ④ 0.08

해설

[애자사용공사 시설 조건]

구분	400 [V] 이하	400 [V] 초과
전선 상호간 거리	6 [cm] 이상	6 [cm] 이상
전선과 조영재의 거리	2.5 [cm] 이상	4.5 [m] 이상 (건조한 곳은 2.5 [cm] 이상)

정답 ● 39 ② 40 ② 41 ④ 42 ③

43 큰 고장전류가 흐르지 않을 때 접지도체의 최소단면적은 몇 [mm²]인가? (단, 접지도체의 성분은 구리이다)

① 2.5 ② 16
③ 8   ④ 6

해설

[접지도체의 단면적]

구분	큰 고장전류 흐르지 않는 경우	접지도체에 피뢰시스템이 접속
구리	6 [mm²] 이상	16 [mm²] 이상
철제	50 [mm²] 이상	

44 SCR 2개를 역병렬로 접속한 그림과 같은 기호의 명칭은?

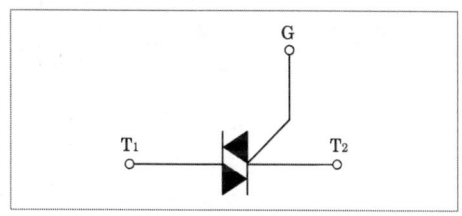

① SCR   ② TRIAC
③ UJT   ④ GTO

해설

[트라이악(TRIAC)]
트라이악은 3단자 양방향성 소자이다.

45 전등 한 개를 3개소에서 점멸하고자 할 때 필요한 스위치의 개수는?

① 3로 스위치 1개, 4로 스위치 1개
② 3로 스위치 2개, 4로 스위치 2개
③ 3로 스위치 1개, 4로 스위치 2개
④ 3로 스위치 2개, 4로 스위치 1개

해설

• 2개소에서 점멸 : 3로 스위치 2개
• 3개소에서 점멸 : 3로 스위치 2개, 4로 스위치 1개
• 4개소에서 점멸 : 3로 스위치 2개, 4로 스위치 2개

46 금속관공사의 특징으로 틀린 것은?

① 합성수지관보다 내식성이 좋다.
② 위험물이 있는 공사에 시설가능하다.
③ 화재의 우려가 적다.
④ 기계적으로 보호된다.

해설

[금속관공사의 특징]
• 전선이 기계적으로 완전히 보호된다.
• 단락사고, 접지사고 등에 있어서 화재 우려가 적다.
• 접지공사를 완전히 하면 감전의 우려가 없다.
• 방습 장치가 가능해, 전선을 내수적으로 시설할 수 있다.
• 전선의 노후화나 배선방법 변경 시 전선 교환이 쉽다.

정답 43 ④ 44 ② 45 ④ 46 ①

47 피시 테이프의 용도는 무엇인가?

① 전선관의 끝마무리를 위하여
② 합성수지관을 구부릴 때
③ 전선을 테이핑하기 위하여
④ 배관에 전선을 넣을 때

해설
[피시 테이프]
전선관에 전선을 넣을 때 사용하는 평각 강철선.

48 다음 그림의 접속법을 옳게 짝지은 것을 고르시오.

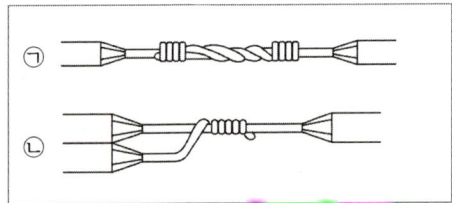

① ㉮ : 종단접속 ㉯ : 분기접속
② ㉮ : 직선접속 ㉯ : 종단접속
③ ㉮ : 분기접속 ㉯ : 직접접속
④ ㉮ : 직선접속 ㉯ : 분기접속

해설
[트위스트 접속]
㉮ : 트위스트 직선접속
㉯ : 트위스트 분기접속

49 저압 연접인입선의 시설기준에서 틀린 것은?

① 횡단보도교의 위에 시설하는 경우 시설 높이는 노면상 3.5 [m] 이상이어야 한다.
② 인입선에서 분기하는 점으로부터 100 [m]를 초과하는 지역에 미치지 않아야 한다.
③ 폭 5 [m]를 초과하는 도로를 횡단하지 않아야 한다.
④ 옥내를 통과하지 않아야 한다.

해설
[저압인입선]

구분	전선의 높이	
철도 또는 궤도를 횡단	6.5 [m] 이상	
도로 횡단	노면상 5 [m] 이상	
	교통에 지장 없을 때	3 [m] 이상
이 외	지표상 4 [m]	
	교통에 지장 없을 때	2.5 [m] 이상
횡단보도교 위	노면상 3 [m] 이상	

50 직류 저압의 기준은 몇 [V] 이하인가?

① 500   ② 1000
③ 1500 ④ 2000

정답 ● 47 ④ 48 ④ 49 ① 50 ③

해설
[전압의 구분]

구분	교류	직류
저압	1 [kV] 이하	1.5 [kV] 이하
고압	저압 초과 7 [kV] 이하	
특고압	7 [kV] 초과	

51 화약류 저장소에서 전기를 공급하기 위한 전기설비를 시설하는 경우 틀린 것은?

① 애자사용공사를 한다.
② 전로의 대지전압은 300 [V] 이하이다.
③ 전기 기계 기구는 전폐형을 사용한다.
④ 화약류 저장소의 인입구까지는 케이블을 사용하여 지중 선로로 한다.

해설
[화약류 저장소 전기설비]
- 전기배관공사 : 금속전선관공사 또는 케이블공사
- 전로의 대지 전압 : 300 [V] 이하
- 전기 기계 기구 : 전폐형일 것
- 전용 개폐기 또는 과전류 차단기에서 화약류 저장소의 인입구까지는 케이블을 사용하여 지중 선로로 한다.

52 무대, 오케스트라 박스, 영사실 등의 전로의 사용전압은 몇 [V] 이하인가?

① 600   ② 400
③ 300   ④ 150

해설
[전시회, 쇼 및 공연장의 설비]
공연장의 경우 사용전압은 400 [V] 이하이다.

53 전기울타리에 사용되는 전선의 단면적은 몇 [mm] 이상이어야 하는가?

① 1   ② 2
③ 2.5   ④ 6

해설
[전기울타리]
- 사용전압 : 250 [V] 이하
- 전기울타리는 사람이 쉽게 출입하지 아니하는 곳에 시설할 것
- 전선은 인장강도 1.38 [kN] 이상의 것 또는 지름 2 [mm] 이상의 경동선일 것
- 전선과 이를 지지하는 기둥 사이의 이격거리는 25 [mm] 이상일 것
- 전선과 다른 시설물(가공전선을 제외) 또는 수목과의 이격거리는 0.3 [m] 이상일 것

54 특고압, 고압의 접지도체로 고장 시 흐르는 전류가 안전하게 통할 수 있도록 시설하는 연동선의 단면적은 몇 [mm²] 이상으로 하여야 하는가?

① 1.5   ② 6
③ 10   ④ 16

정답   51 ①   52 ②   53 ②   54 ④

> 해설

[전로의 중성선 접지도체]
- 특고압 고압 : 16 [mm²] 이상의 연동선
- 저압 : 6 [mm²] 이상의 연동선

55 접지도체를 철주 기타의 금속체를 따라서 시설하는 경우, 철주 밑면과의 이격거리는 몇 [m] 이상이어야 하는가? (단, 접지극을 지중에서 철주로부터 1 [m] 이상 떼어 매설하는 경우가 아니다)

① 0.3   ② 0.6
③ 1.0   ④ 0.75

> 해설

[접지극의 매설]

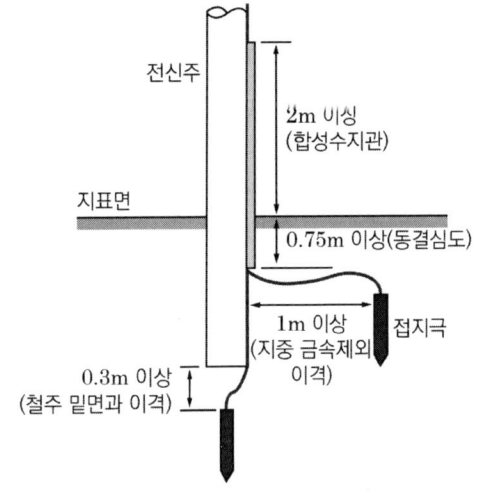

56 변전소의 역할로 틀린 것은?

① 전력 생산
② 변압기의 전압과 전류를 측정
③ 전압의 변성
④ 전력의 전송

> 해설

[변전소]
- 전송받은 전기를 변성하거나 조정한다.
- 변성된 전력을 다른 변전소나 수용장소로 보내는 역할을 한다.
- 주요 변압기의 전압 및 전류 또는 전력을 계측
- 특고압용 변압기의 온도를 계측

57 TN-C-S 접지 시스템에서 중성선 겸용 보호도체인 PEN의 단면적은 몇 [mm²] 이상이어야 하는가? (단, PEN이 알루미늄인 경우이다)

① 6   ② 10
③ 16   ④ 8

> 해설

[PEN(중성선 겸용 보호도체)의 단면적]
- 구리 : 10 [mm²] 이상
- 알루미늄 : 16 [mm²] 이상

정답 55 ① 56 ① 57 ③

58 금속관공사에 절연 부싱을 쓰는 목적은?

① 관의 끝이 터지는 것을 방지
② 관의 단구에서의 전선 손상을 방지
③ 박스 내에서 전선의 접속을 방지
④ 관의 단구에서 조영재의 접속을 방지

해설

[부싱]
관의 끝부분에 전선의 피복손상을 방지하기 위하여 적당한 구조의 부싱을 사용

59 지선의 중간에 넣는 애자는?

① 핀애자   ② 가지애자
③ 구형애자   ④ 지지애자

해설

[애자의 종류]
• 저압핀애자 : 인입선에 사용
• 구형애자 : 지선 중간에 넣는 것
• 인류애자 : 선로의 말단에 인류하는 곳에 사용
• 내장애자 : 내장 개소에 사용되는 애자

60 금속관공사에서 노크아웃의 지름이 금속관의 지름보다 큰 경우에 사용되는 재료는?

① 부싱
② 로크너트
③ 스프링와셔
④ 링 리듀서

해설

[링리듀서]
박스의 노크아웃 지름이 관 지름보다 클 때 관을 박스에 고정시키기 위하여 사용한다.

정답 58 ② 59 ③ 60 ④

2022 제1회

01 1 [eV]는 몇 [J]인가?

① 1　　　　② 1×10^{-10}
③ 1.16×10^4　　④ 1.602×10^{-19}

해설

[1 [eV](전자볼트)]
에너지의 단위로, 전자 하나가 1 [V]의 전위를 거슬러 올라갈 때 드는 일
1 [eV] = 1.602×10^{-19} [J]

02 아래와 같은 회로에서 회로에 흐르는 전류는?

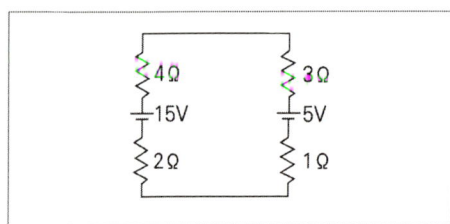

① 0.5 [A]　　② 1 [A]
③ 1.5 [A]　　④ 2 [A]

해설

[직렬회로]
합성저항 R = 4 + 3 + 2 + 1 = 10
합성기전력 E = 15 - 5 = 10
전류 $I = \dfrac{V}{R} = \dfrac{10}{10} = 1$ [A]

03 다음 회로에서 10 [Ω]에 걸리는 전압은 몇 [V]인가?

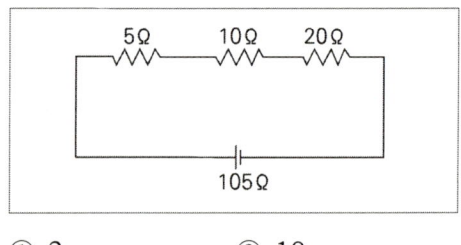

① 2　　　② 10
③ 20　　　④ 30

해설

[전압분배법칙]
각 저항에 걸리는 전압은 저항의 크기에 비례한다.
10 [Ω]에 걸리는 전압
$$V = \dfrac{10}{5 + 10 + 20} \times 105 = 30$$

04 중첩의 원리를 이용하여 회로를 해석할 때 전류원과 전압원은 각각 어떻게 하여야 하는가?

① 전압원 - 개방, 전류원 - 개방
② 전압원 - 단락, 전류원 - 개방
③ 전압원 - 개방, 전류원 - 단락
④ 전압원 - 단락, 전류원 - 단락

정답　01 ④　02 ②　03 ④　04 ②

해설
[중첩의 원리]
회로를 해석할 때 전류원은 개방, 전압원은 단락하여야 한다.

05 5 [Wh]는 몇 [J]인가?
① 3600　　② 18000
③ 12000　　④ 6000

해설
[전력량]
$W = P \times t \cdot \sec$
W : 일[J], P : 전력[W], t : 시간 [sec]
따라서
5 [Wh] = 5 [W] × 1 [시간] × 60 [분] × 60 [초]
　　　= 18,000 [J]

06 100 [V]의 교류 전원에 선풍기를 접속하고 입력과 전류를 측정하였더니 500 [W], 7 [A]였다. 이 선풍기의 역률은?
① 0.61　　② 0.71
③ 0.81　　④ 0.91

해설
[유효전력]
$P = VI\cos\theta [W]$
$\cos\theta = \dfrac{P}{VI} = \dfrac{500}{100 \times 7} = 0.71$

07 정격전압에서 1 [kW]의 전력을 소비하는 저항에 정격의 90 [%]의 전압을 가했을 때, 전력은 몇 [W]가 되는가?
① 630　　② 780
③ 810　　④ 900

해설
[전력]
$P = \dfrac{V^2}{R}$ 에서 소비전력은 전압의 제곱에 비례함을 알 수 있다. 따라서 전압이 90 [%] 수준으로 감소하였다면, 소비전력은 $0.9^2 = 0.81$배가 되므로 $1000 \times 0.81 = 810$이다.

08 같은 저항 4개를 그림과 같이 연결하여 a-b 간에 일정 전압을 가했을 때 소비전력이 가장 큰 것은 어느 것인가?

①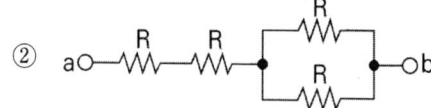

②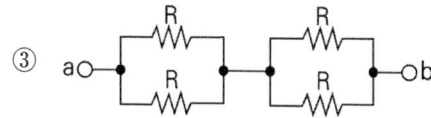

③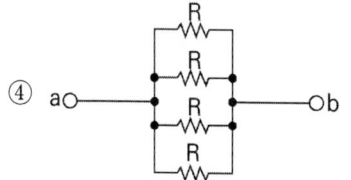

④

정답 ● 05 ② 06 ② 07 ③ 08 ④

2022년 제1회

해설

[소비전력]

소비전력을 구하는 공식은 $P = I^2R$이다. 여기서 전압이 일정하고 전류가 저항에 반비례할 때는 전류가 큰 회로가 소비전력이 크다.

09 묽은 황산(H_2SO_4) 용액에 구리(Cu)와 아연(Zn)판을 넣으면 전지가 된다. 이때 양극(+)에 대한 설명으로 옳은 것은?

① 구리판이며 수소 기체가 발생한다.
② 구리판이며 산소 기체가 발생한다.
③ 아연판이며 산소 기체가 발생한다.
④ 아연판이며 수소 기체가 발생한다.

해설

[전지의 원리]

아연판은 (-)극으로, 전자를 내는 산화 반응을 일으킨다. 구리판은 (+)극으로, 전자를 얻는 환원 반응을 일으키며 아연판에서 출발하여 도선을 따라 구리판에 온 전자들은 황산수용액에 있던 수소이온과 결합하여 수소기체가 된다.

10 다음 그림과 같이 박검전기의 원판 위에 금속철망을 씌우고 양(+)의 대전체를 가까이 했을 경우에는 알루미늄박은 움직이지 않는데 그 작용은 금속철망의 어떤 현상 때문인가?

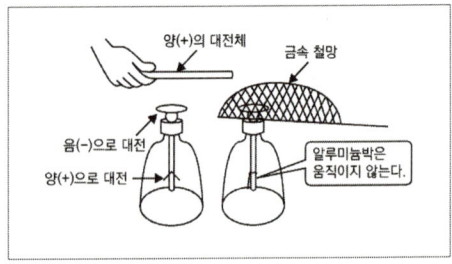

① 정전유도 ② 정전차폐
③ 자기유도 ④ 대전

해설

[정전차폐]

금속철망이 정전유도 현상을 막아주는 정전차폐 작용을 한다.

11 다음 중 쿨롱의 법칙을 나타내는 공식으로 옳은 것은?

① $F = K \times \dfrac{m_1 m_2}{r^2}$

② $F = K \times \dfrac{m_1 m_2}{r}$

③ $F = K \times \dfrac{r}{m_1 m_2}$

④ $F = K \times \dfrac{r^2}{m_1 m_2}$

해설

[쿨롱의 법칙]
쿨롱의 법칙은 두 자극 사이에 작용하는 힘을 말하며, 이때 힘은 양 자극의 세기의 곱에 비례하고 자극 간 거리의 제곱에 반비례한다.

12 1 [C]의 전하에 100의 전압을 가했을 때, 두 점 사이를 이동할 때 한 일의 양은 몇 [J]인가?

① 1
② 10
③ 100
④ 1000

해설

[일, 에너지]
두 점 사이를 이동하여서 한 일의 양
$W = QV[J]$ 이므로 $W = 1 \times 100 = 100[J]$

13 유전율의 단위는?

① [F/m]
② [V/m]
③ [C/m²]
④ [H/m]

해설

[전기의 단위]
유전율 [F/m], 전기장의 세기 [V/m], 전속밀도 [C/m²], 투자율 [H/m]

14 정전용량이 10 [μF]인 콘덴서 2개를 병렬로 했을 때의 합성 정전용량은 직렬로 했을 때의 합성 정전용량보다 어떻게 되는가?

① 1/4로 줄어든다.
② 1/2로 줄어든다.
③ 2배로 늘어난다.
④ 4배로 늘어난다.

해설

[합성 정전용량]
병렬로 접속했을 때의 합성정전용량 = 20 [μF], 직렬로 접속했을 때의 합성정전용량은 5 [μF]이다. 따라서 병렬로 접속했을 때의 합성 정전용량은 직렬로 접속했을 때보다 4배가 크다.

15 자기회로의 길이 ℓ [m], 단면적 A [m²], 투자율 μ [H/m]일 때 자기저항 R [AT/Wb]을 나타낸 것은?

① $R = \dfrac{\mu \ell}{A}[AT/Wb]$

② $R = \dfrac{A}{\mu \ell}[AT/Wb]$

③ $R = \dfrac{\mu A}{\ell}[AT/Wb]$

④ $R = \dfrac{\ell}{\mu A}[AT/Wb]$

해설

[자기저항]
$R = \dfrac{\ell}{\mu A}[AT/Wb]$

정답 12 ③ 13 ① 14 ④ 15 ④

16 다음 중 자극의 세기 m [Wb]과 길이 l [m]인 자석에서 자기모멘트 M을 나타낸 올바른 식은?

① $M = \dfrac{1}{2}ml$ ② $M = \dfrac{m}{l}$
③ $M = \dfrac{l}{m}$ ④ $M = ml$

해설

[자기모멘트]
$M = ml$

17 환상솔레노이드에 감겨진 코일에 권 회수를 3배로 늘리면 자체 인덕턴스는 몇 배로 되는가?

① 3 ② 9
③ $\dfrac{1}{3}$ ④ $\dfrac{1}{9}$

해설

[환상 솔레노이드의 자체 인덕턴스]
자체인덕턴스 $L = \dfrac{\mu A N^2}{l}$ 므로, 권수가 3배로 늘면 인덕턴스는 9배가 된다.

18 어느 코일에서 0.1초 동안에 1A의 전류가 변화할 때 코일에 유도되는 기전력이 20 [V]이면, 이 코일의 자체인덕턴스는 몇 [H]인가?

① 1 ② 2
③ 3 ④ 4

해설

[자체 인덕턴스]
유도기전력 $e = -L \times \dfrac{\Delta I}{\Delta t}$ 에서

자체인덕턴스 $L = e \times \dfrac{\Delta t}{\Delta I}$

$L = 20 \times \dfrac{0.1}{1} = 2 [H]$

19 단상 100 [V]에서 1 [kW]의 전력을 소비하는 전열기의 저항이 10 [%] 감소하면 소비전력은 몇 [kW]인가?

① 1.11 ② 2.5
③ 3 ④ 4

해설

[전열기 저항]
$P = \dfrac{V^2}{R}$ 에서 소비전력은 저항에 반비례한다.

따라서 $P = \dfrac{V^2}{0.9R} = 1.11$ [kW]

20 저항 3 [Ω], 유도리액턴스 4 [Ω]의 직렬회로에 교류 100 [V]를 가할 때, 흐르는 전류와 위상각은 얼마인가?

① 14.3 [A], 37° ② 14.3 [A], 53°
③ 20 [A], 37° ④ 20 [A], 53°

정답 ● 16 ④ 17 ② 18 ② 19 ① 20 ④

해설

[교류의 전류와 위상각]

전류 $I = \dfrac{V}{Z} = \dfrac{100}{\sqrt{3^2+4^2}} = 20[A]$

위상각 $\theta = \tan^{-1}\dfrac{X_L}{R} = \tan^{-1}\dfrac{4}{3} = 53°$

21 직류기의 전기자 권선을 중권으로 하였을 때 다음 중 틀린 것은?

① 전기자 권선의 병렬회로 수는 극수와 같다.
② 브러시 수는 항상 2개이다.
③ 전압이 낮고, 비교적 전류가 큰 기기에 적합하다.
④ 균압선 접속을 할 필요가 있다.

해설

[중권]
중권은 극수와 브러시 수가 극수와 같다.

22 다음 중 분권 전동기의 토크와 회전수 관계를 올바르게 표시한 것은?

① $T \propto \dfrac{1}{N}$ ② $T \propto \dfrac{1}{N^2}$
③ $T \propto N$ ④ $T \propto N^2$

해설

[분권 전동기의 회전수와 토크]
분권 전동기의 토크는 속도에 반비례, 직권 전동기의 토크는 속도의 제곱에 반비례한다.

23 전기자저항 0.1 [Ω], 전기자전류 104 [A], 유도기전력 110.4 [V]인 직류 분권 발전기의 단자전압 [V]은?

① 98 ② 100
③ 102 ④ 106

해설

[분권 발전기의 단자전압]
발전된 전압에서 중간의 전압강하를 빼면 나머지가 단자전압이 된다.
따라서 유도기전력 - 전압강하 = 단자전압,
110.4 - 0.1 × 104 = 100 [V]이다.

24 다음 그림과 같은 분권 발전기에서 계자전류가 6 [A], 전기자전류가 100 [A]라면 부하전류는 몇 [A]인가?

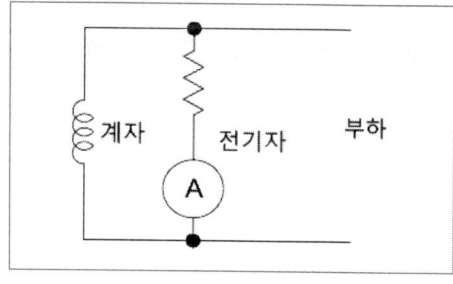

① 1.96 ② 100
③ 94 ④ 106

해설

[분권 발전기의 부하전류]
부하전류 = 전기자전류 - 계자전류
= 100 - 6 = 94 [A]

정답 21 ② 22 ① 23 ② 24 ③

25 다음 그림에서 직류 분권 전동기의 속도 특성곡선은?

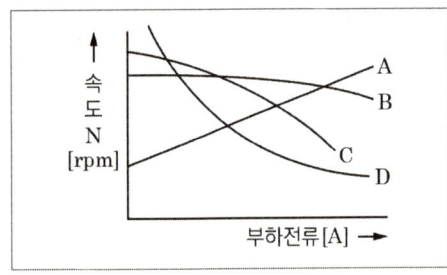

① A   ② B
③ C   ④ D

해설

[분권 전동기]
분권 전동기는 정속도 특성을 가지고 있다.

26 직류 전동기의 전부하 속도가 1200 [rpm]이고 속도변동률이 2 [%]일 때, 무부하 회전 속도는 몇 [rpm]인가?

① 1224   ② 1236
③ 1176   ④ 1164

해설

[속도변동률]

$$\epsilon = \frac{무부하속도 - 정격속도}{정격속도} = \frac{N_0 - N_n}{N_n}$$

$$\epsilon = \frac{N_0 - 1200}{1200} \times 100 \, [\%] = 2 \, [\%]$$

따라서 $N_0 = 1224$ [rpm]이다.

27 직류 분권 전동기의 회전 방향을 바꾸기 위해 일반적으로 무엇의 방향을 바꾸어야 하는가?

① 전원
② 주파수
③ 계자저항
④ 전기자전류

해설

[직류 전동기]
직류 전동기는 전원의 극성을 바꾸지 말고 계자나 전기자의 극성을 바꿔야지 회전 방향이 반대로 된다.

28 변압기의 콘서베이터의 사용 목적은?

① 일정한 유압의 유지
② 과부하로부터의 변압기 보호
③ 냉각 장치의 효과를 높임
④ 변압 기름의 열화 방지

해설

[콘서베이터]
변압기의 기름에 공기 중의 수분이 침투하여 절연 내력이 떨어지고 침전물이 생기며 고유의 성질에 변화가 생기는 것을 열화된다고 한다. 콘서베이터는 이 수분의 침투를 막는다.

정답 25 ② 26 ① 27 ④ 28 ④

29 수·변전 설비의 고압회로에 걸리는 전압을 표시하기 위해 전압계를 시설할 때 고압회로와 전압계 사이에 시설하는 것은?

① 수전용 변압기
② 계기용 변류기
③ 계기용 변압기
④ 권선형 변류기

해설
[계기용 변성기]
고압회로의 전압을 계기용에 적합하기 낮추기 위해 계기용 변압기(VT, PT)를 사용한다.

30 6600/220 [V]인 변압기의 1차에 2850 [V]를 가하면 2차 전압 [V]은?

① 90 ② 95
③ 120 ④ 105

해설
[권수비]
권수비 $a = \dfrac{V_1}{V_2} = \dfrac{6600}{220} = 30$

$V_2 = \dfrac{V_1}{a} = \dfrac{2850}{30} = 95$ [V]

31 절연유를 충만시킨 외함 내에 변압기를 수용하고, 오일의 대류작용에 의하여 철심 및 권선에 발생한 열을 외함에 전달하며, 외함의 방산이나 대류에 의하여 열을 대기로 방산시키는 변압기의 냉각방식은?

① 유입 송유식   ② 유입 수냉식
③ 유입 풍냉식   ④ 유입 자냉식

해설
[유입자냉식]
변압기유를 주입하고 자연방산을 이용한 냉각방식은 유입자냉식이다.

32 유도 전동기의 슬립을 측정하는 방법으로 옳은 것은?

① 전압계법   ② 전류계법
③ 평형 브리지법   ④ 스트로보법

해설
[유도 전동기의 슬립측정]
회전계법, 직류 밀리볼트계법, 수화기법, 스트로보법

33 단상 유도 전동기의 정회전 슬립이 s이면 역회전 슬립은?

① 1 - s   ② 1 + s
③ 2 - s   ④ 2 + s

정답 29 ③ 30 ② 31 ④ 32 ④ 33 ③

해설

[역회전 슬립]

$$s = \frac{N_s - (-N)}{N_s} = \frac{N_s + N}{N_s} = \frac{N_s + (1-s)N_s}{N_s}$$

$$= \frac{N_s}{N_s} + \frac{(1-s)N_s}{N_s} = 1 + (1-s) = 2-s$$

34 역률과 효율이 좋아서 가정용 선풍기, 전기세탁기, 냉장고등에 주로 사용되는 것은?

① 분상 기동형 전동기
② 콘덴서 기동형 전동기
③ 반발 기동형 전동기
④ 셰이딩 코일형 전동기

해설

[트위스트 접속]
단선의 분기접속에 있어서 가정용에는 콘덴서 기동형 또는 영구 콘덴서 전동기를 분기선의 굵기가 6 [mm²] 이하의 가는 전선을 접속하는 방법이다.

35 60 [Hz]의 동기 전동기가 2극일 때 동기 속도는 몇 [rpm]인가?

① 7200   ② 4800
③ 3600   ④ 2400

해설

[동기속도]

$$N_s = \frac{120f}{p} = \frac{120 \times 60}{2} = 3600$$

36 동기조상기를 부족여자로 운전하면 어떻게 되는가?

① 콘덴서로 작용   ② 뒤진역률 보상
③ 리액터로 작용   ④ 저항손의 보상

해설

[동기조상기]
동기조상기(동기 전동기)를 부족여자로 운전하면 동기 전동기가 리액터로 작용하여 뒤진(지상) 전기자 전류가 흐른다.

37 그림은 동기기의 위상특성 곡선을 나타낸 것이다. 전기자전류가 가장 작게 흐를 때의 역률은?

① 1
② 0.9[진상]
③ 0.9[지상]
④ 0

해설

[위상특성 곡선]
전기자전류가 가장 작게 흐를 때의 역률은 1이다.

38 SCR에서 Gate 단자의 반도체는 어떤 형태인가?

① N형   ② P형
③ NP형   ④ PN형

정답 ● 34 ② 35 ③ 36 ③ 37 ① 38 ②

> 해설

[SCR의 구조]
Anode - P형, Gate - P형, Cathode - N형

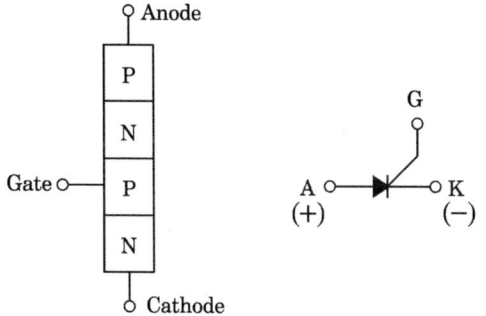

39 단상 전파정류회로에서 교류 입력이 100 [V]이면 직류 출력은 약 몇 [V]인가?

① 45 ② 67.5
③ 90 ④ 135

> 해설

[정류회로]
$E_d = 0.9E = 0.9 \times 100 = 90$ [V]

40 반도체 소자 중 사이리스터가 아닌 것은?

① GTO ② SCR
③ LED ④ TRIAC

> 해설

[LED(발광다이오드)]
반도체, 다이오드의 특성을 가지고 있으며, 전류를 흐르게 하면 붉은색, 녹색, 노란색으로 빛을 발한다.

41 다음 중 단선의 브리타니아 직선 접속에 사용되는 것은?

① 조인트선 ② 파라핀선
③ 바인드선 ④ 에나멜선

> 해설

[브리타니아 접속]
단선의 브리타니아 직선 접속 시 두 선을 포개고 그 위를 조인트 선을 이용하여 감는다.

42 건조한 장소에 시설하는 진열장 또는 이와 유사한 것의 내부에 사용전압이 400 [V] 이하의 배선을 외부에서 잘 보이는 장소에 시설하는 경우 사용하는 전선의 단면적은?

① 0.1 [mm^2]
② 0.25 [mm^2]
③ 0.5 [mm^2]
④ 0.75 [mm^2]

정답 ● 39 ③ 40 ③ 41 ① 42 ④

> **해설**

[한국전기설비규정 234.8]
건조한 장소에 시설하고 또한 내부를 건조한 상태로 사용하는 진열장 또는 이와 유사한 것의 내부에 사용전압이 400 [V] 이하의 배선을 외부에서 잘 보이는 장소에 한하여 코드 또는 캡타이어 케이블로 직접 조영재에 밀착하여 배선하여야 하며, 단면적은 0.75 [mm^2] 이상의 코드 또는 캡타이어 케이블일 것

43 다음 괄호 안에 들어갈 알맞은 말은?

> "전선의 접속에서 트위스트 접속은 (㉠) [mm^2] 이하의 가는 전선, 브리타니어 접속은 (㉡) [mm^2] 이상의 굵은 단선을 접속할 때 적합하다."

① ㉠ 4 ㉡ 10   ② ㉠ 6 ㉡ 10
③ ㉠ 8 ㉡ 12   ④ ㉠ 10 ㉡ 14

> **해설**

[브리타니아 접속]
두 선을 포개고 조인트 선을 감는 방법으로 10 [mm^2] 이상의 굵은 단선에 적합하다.

44 나전선 등의 금속선에 속하지 않는 것은?

① 경동선(지름 12 [mm] 이하의 것)
② 연동선
③ 동합금선(단면적 35 [mm^2] 이하의 것)
④ 경알루미늄선(단면적 35 [mm^2] 이하의 것)

> **해설**

[나전선의 종류]
① 경동선(지름 12 [mm] 이하의 것에 한한다)
② 연동선
③ 동합금선(단면적 25 [mm^2] 이하의 것에 한한다)
④ 경알루미늄선(단면적 35 [mm^2] 이하의 것에 한한다)
⑤ 알루미늄합금선(단면적 35 [mm^2] 이하의 것에 한한다)
⑥ 아연도강선
⑦ 알루미늄복강선(지름 5.0 [mm] 이하의 것에 한한다)
⑧ 아연도철선(기타 방청도금을 한 철선을 포함한다)

45 기구 단자에 전선 접속 시 진동 등으로 헐거워지는 염려가 있는 곳에 사용되는 것은?

① 스프링 와셔   ② 2중 볼트
③ 삼각볼트   ④ 접속기

> **해설**

[공구]
스프링와셔는 진동으로 인한 볼트 풀림을 방지한다.

46 다음 중 금속전선관의 종류에서 박강전선관의 규격이 아닌 것은?

① 19   ② 25
③ 31   ④ 35

정답 43 ② 44 ③ 45 ① 46 ④

해설

[박강전선관의 규격 [mm]]
19, 25, 31, 39, 51, 63, 75

47 마그네슘 분말이 존재하는 장소에서 전기설비가 발화원이 되어 폭발할 우려가 있는 곳에서의 저압 옥내 전기설비공사로 옳지 않은 것은?

① 케이블공사 ② 합성수지관공사
③ 애자사용공사 ④ 금속관공사

해설

[가연성 분진이 있는 곳의 공사]
폭연성 분진(마그네슘, 알루미늄, 티탄, 지르코늄 등의 먼지로 쌓여진 상태에서 착화)으로 인해 폭발할 우려가 있는 곳에서의 저압 옥내 전기설비공사로는 합성수지관공사, 금속관공사, 케이블공사(캡타이어 케이블 제외)가 있다.

48 다음 보기 안에 들어갈 말로 알맞은 것은?

> 후강전선관의 호칭은 (㉠) 크기로 정하여 (㉡)로 표시하는데, (㉠)과 (㉡)에 들어갈 내용으로 옳은 것은?

① ㉠ 안지름, ㉡ 짝수
② ㉠ 안지름, ㉡ 홀수
③ ㉠ 바깥지름, ㉡ 짝수
④ ㉠ 바깥지름, ㉡ 홀수

해설

[후강전선관]
금속전선관에서 후강전선관의 호칭은 안지름 크기에 가까운 짝수로 나타낸다.

49 600 [V] 이하의 저압회로에 사용하는 비닐절연 비닐시스 케이블의 약칭으로 맞는 것은?

① DV ② OW
③ VV ④ NEV

해설

[절연전선 약호]
• VV : 비닐절연 비닐시스 케이블
• DV : 인입용 비닐절연전선
• OW : 옥외용 비닐절연전선
• NEV : 폴리에틸렌절연 비닐 시스 네온전선

50 전선 약호 중 MI가 나타내는 것은?

① 미네랄 인슐레이션 케이블
② 비닐절연 네온전선
③ 옥외용 가교 폴리에틸렌전선
④ 경동선

해설

[절연전선 약호]
• MI : 미네랄 인슐레이션 케이블
• NR : 비닐절연 네온전선
• OC : 옥외용 가교 폴리에틸렌 절연전선
• H : 경동선

정답 47 ③ 48 ① 49 ③ 50 ①

51 화약고 등의 위험장소의 배선공사에서 전로의 대지 전압은 몇 [V] 이하로 하도록 되어 있는가?

① 300 ② 400
③ 500 ④ 600

해설

[화약저장소의 대지전압]
화약저장소는 300 [V] 이하의 전압을 사용한다.

52 전기울타리의 시설에 관한 내용 중 틀린 것은?

① 수목과의 이격거리는 30 [cm] 이상일 것
② 전선은 지름이 2 [mm] 이상의 경동선일 것
③ 전선과 이를 지지하는 기둥 사이의 이격거리는 2 [cm] 이상일 것
④ 전기 울타리용 전원장치에 전기를 공급하는 전로의 사용 전압은 250 [V] 이하일 것

해설

[전기울타리의 시설 〈한국전기설비규정 241.1.3〉]
- 전기울타리는 사람이 쉽게 출입하지 아니하는 곳에 시설할 것
- 전기울타리를 시설한 곳에는 사람이 보기 쉽도록 적당한 간격으로 위험표시를 할 것
- 전선은 인장강도 1.38 [kN] 이상의 것 또는 지름 2 [mm] 이상의 경동선일 것
- 전선과 이를 지지하는 기둥 사이의 이격거리는 2.5 [cm] 이상일 것
- 전선과 다른 시설물(가공전선을 제외한다) 또는 수목 사이의 이격거리는 30 [cm] 이상일 것

53 부식성 가스 등이 있는 장소에 전기설비를 시설하는 방법으로 적합하지 않은 것은?

① 애자사용배선 시 부식성 가스의 종류에 따라 절연전선인 DV전선을 사용한다.
② 애자사용배선에 의한 경우에는 사람이 쉽게 접촉될 우려가 없는 노출 장소에 한 한다.
③ 애자사용배선 시 부득이 나전선을 사용하는 경우에는 전선과 조영재와의 거리를 4.5 [cm] 이상으로 한다.
④ 애자사용배선 시 전선의 절연물이 상해를 받는 장소는 나전선을 사용할 수 있으며, 이 경우는 바닥 위 2.5 [m] 이상 높이에 시설한다.

해설

[부식성 가스가 있는 곳의 공사]
부식성 가스 등이 있는 장소에 DV(인입용전선)는 사용할 수 없다.

정답 51 ① 52 ③ 53 ①

54 접지극공사방법이 아닌 것은?

① 동판 면적은 900 [cm²] 이상의 것이어야 한다.
② 동피복강봉은 지름 6 [mm] 이상의 것이어야 한다.
③ 접지선과 접지극은 은납땜 기타 확실한 방법에 의해 접속한다.
④ 사람이 접촉할 우려가 있는 곳에 설치할 경우, 손상을 방지하도록 방호장치를 시설할 것

해설

[접지극의 원칙]
① 동판을 사용하는 경우는 두께 0.7 [mm] 이상, 연적900 [cm²] 편면(片面) 이상의 것
② 동봉, 동피복강봉을 사용하는 경우는 지름 8 [mm] 이상, 길이 0.9 [m] 이상의 것
③ 철관을 사용하는 경우는 외경 25 [mm] 이상, 길이 0.9 [m] 이상의 아연도금가스철관 또는 후강전선관일 것
④ 철봉을 사용하는 경우는 지름 12 [mm] 이상, 길이0.9 [m] 이상의 아연도금을 한 것
⑤ 동복강판을 사용하는 경우는 두께 1.6 [mm] 이상, 길이 0.9 [m] 이상, 면적 250 [cm²] 이상의 것
⑥ 탄소피복강봉을 사용하는 경우는 지름 8 [mm] 이상의 강심이고 길이 0.9 [m] 이상의 것

55 지중에 매설되어 있는 금속제 수도관로는 접지공사의 접지극으로 사용할 수 있다. 이때 건축물·구조물의 철골 기타의 금속제를 금속제 외함의 접지공사 또는 기계기구의 철대의 접지극으로 사용하려면 대지와의 사이에 전기저항 값이 몇 [Ω] 이하여야 하는가?

① 1 [Ω]
② 2 [Ω]
③ 3 [Ω]
④ 4 [Ω]

해설

[한국전기설비규정 142.2 - 7]
수도관 등을 접지극으로 사용하는 경우는 다음에 의한다.
가. 지중에 매설되어 있고 대지와의 전기저항값이 3 [Ω] 이하의 값을 유지하고 있는 금속제 수도관로가 다음에 따르는 경우 접지극으로 사용할 수 있다.

56 고압배전선로의 주상 변압기의 2차 측에 실시하는 변압기 중성점 접지공사의 접지저항값을 계산하는 식으로 옳은 것은? (단, Ig는 지락전류이며, 고압 배전선로에는 고저압 전로의 혼촉 시 2초 이내 1초를 초과하여 자동적으로 전로를 차단하는 장치가 포함되어 있다)

① $\dfrac{150}{I_g}$
② $\dfrac{300}{I_g}$
③ $\dfrac{600}{I_g}$
④ $\dfrac{900}{I_g}$

정답 ● 54 ② 55 ③ 56 ②

해설

[전기설비기술기준]
1초 초과 2초 이내 전로를 자동적으로 차단하는 장치가 있을 경우, 접지저항값은 $\frac{300}{I_g}$으로 구한다. 1초 이내 전로를 자동적으로 차단하는 장치가 있을 경우, 접지저항값은 $\frac{600}{I_g}$으로 구한다.

57 피뢰설비공사에 대한 설명으로 옳지 않은 것은?

① 돌침부는 건축법에서 규정한 풍하중에 견딜 수 있는 것이어야 한다.
② 피뢰도선에서 동선의 단면적은 20 [mm²] 이상의 것이어야 한다.
③ 피뢰접지극은 지표면에서 0.75 [m] 이상의 깊이로 매설해야 한다.
④ 뇌서지전류를 대지로 방류시키기 위한 접지를 시설하여야 한다.

해설

[피뢰도선 단면적]
동선의 단면적은 30 [mm²] 이상의 것, 알루미늄선의 단면적은 50 [mm²] 이상의 것이어야 한다.

58 가공전선로의 지지물에 하중이 가하여지는 경우에 그 하중을 받는 지지물의 기초의 안전율은 일반적으로 얼마 이상이어야 하는가?

① 1.5
② 2.0
③ 2.0
④ 4.0

해설

[지선의 기초 안전율]
지지물의 기초안전율은 2 이상이어야 한다.

59 다음 중 터널 안 전선로의 시설방법으로 옳지 않은 것은?

① 저압전선은 지름 2.6 [mm]의 경동선의 절연전선을 사용하였다.
② 고압전선을 절연전선을 사용하여 애자사용배선으로 시설하였다.
③ 저압배선을 애자사용공사에 의하여 시설하고 이를 레일면상 또는 노면상 2.2 [m] 높이에 시설하였다.
④ 고압전선을 금속관공사로 시설하고 이를 레일면상 또는 노면상 3 [m] 높이로 시설하였다.

정답 57 ② 58 ② 59 ③

해설
[한국전기설비규정 335.1 터널 안 전선로의 시설]
- 저압전선은 지름 2.6 [mm]의 경동선의 절연전선을 사용하여야 한다.
- 고압전선을 절연전선을 사용하여 애자사용배선에 의해 시설하여야 한다.
- 저압배선을 애자사용배선에 의해 시설하고 이를 레일면상 또는 노면상 2.5 [m] 이상의 높이로 시설하여야 한다.
- 고압배선을 애자사용배선에 의해 시설하고 이를 레일면상 또는 노면상 3 [m] 이상의 높이로 시설하여야 한다.

60 형광등용 안정기의 약호로 옳은 것은?

① F
② N
③ M
④ H

해설
[형광등 약호]
형광등용 안정기는 F를 방기한다.

정답 60 ①

2022 제2회

01 기전력 1.5 [V], 내부저항 0.2 [Ω]인 전지 10개를 직렬로 연결하여 이것에 외부저항 4.5 [Ω]을 직렬연결하였을 때 흐르는 전류 I [A]는?

① 1.2
② 1.8
③ 2.3
④ 4.2

해설
[전지의 전류]
기전력 E [V], 내부저항 r [Ω]인 전지 n개를 부하저항R [Ω]과 직렬로 접속했을 때

부하전류 $I = \dfrac{nE}{nr+R} = \dfrac{10 \times 1.5}{10 \times 0.2 + 4.5} = 2.3$

02 가장 일반적인 저항기로 세라믹 봉에 탄소계의 저항체를 구워 붙이고, 여기에 나선형으로 홈을 파서 원하는 저항값을 만든 저항기는?

① 금속 피막 저항기
② 탄소 피막 저항기
③ 가변 저항기
④ 어레이 저항기

해설
[탄소 피막 저항기]
탄소 피막 저항기는 탄소 피막을 저항체로써 사용하는 것으로 피막을 나선형으로 홈을 파서 저항값을 높이며, 동시에 원하는 값으로 조정이 가능하다. 나선형의 띠의 색깔로 저항값을 읽을 수 있다.

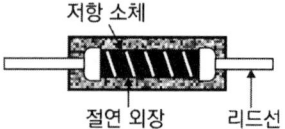

03 10 [Ω]의 저항 3개, 5 [Ω]의 저항 4개, 100 [Ω]의 저항 1개가 있다. 이들을 모두 직렬로 접속할 때의 합성저항[Ω]은?

① 75
② 100
③ 125
④ 150

해설
[합성저항]
(10 [Ω] × 3개) + (5 [Ω] × 4개) + (100 [Ω] × 1개) = 30 [Ω] + 20 [Ω] + 100 [Ω] = 150 [Ω]

정답 01 ③ 02 ② 03 ④

04
24 [V]의 전원 전압에 의하여 6 [A]의 전류가 흐르는 전기회로의 컨덕턴스 [℧]는?

① 0.25 ② 0.4
③ 2.5   ④ 4

해설

[컨덕턴스]

$I = \dfrac{V}{R} = GV$ 에서 $G = \dfrac{I}{V} = \dfrac{6}{24} = 0.25$

05
정전용량이 같은 콘덴서 10개가 있다. 이것을 직렬접속할 때의 값은 병렬접속할 때의 값보다 어떻게 되는가?

① 1/10로 감소한다.
② 1/100로 감소한다.
③ 10배로 증가한다.
④ 100배로 증가한다.

해설

[합성 정전용량]

- 직렬로 접속 시 합성 정전용량 $C_S = \dfrac{C}{10}$
- 병렬로 접속 시 합성 정전용량 $C_P = 10C$

$\dfrac{C_S}{C_P} = \dfrac{\frac{C}{10}}{10C} = \dfrac{1}{100}$, $C_S = \dfrac{1}{100} P_C$

06
어느 가정집에서 220 [V], 60 [W] 전등 10개를 20시간 사용했을 때 전력량 [kWh]은?

① 10.5 ② 12
③ 13.5 ④ 15

해설

[전등의 사용전력량]

W = P × N × t (P : 소비전력, N : 전등 개수, t : 시간)

60 [W] × 10개 × 20시간
= 12,000 [Wh] = 12 [kWh]

07
다음 중 1차 전지가 아닌 것은?

① 망간 건전지   ② 공기 전지
③ 알칼리 축전지 ④ 수은 전지

해설

[전지의 종류]
알칼리 축전지와 연축전지는 2차 전지에 해당한다.

08
열전대를 구성하는 두 금속의 한쪽 접점은 서로 접해있고, 반대편 접점은 제3의 금속과 연결되어 있을 때 두 접점이 같은 온도라면 기전력이 발생하지 않는다는 법칙은 무엇인가?

① 펠티에 법칙   ② 제3의 금속법칙
③ 톰슨 효과   ④ 제벡 효과

정답 04 ① 05 ② 06 ② 07 ③ 08 ②

해설

[제3의 금속법칙]
열전대를 구성하는 두 금속의 한쪽 접점은 서로 접해있고, 반대편 접점은 제3의 금속과 연결되어 있을 때이다. 제3의 금속법칙이라고도 한다.

09 100 [V]의 교류전원에 선풍기를 접속하고 입력과 전류를 측정하였더니 500 [W], 7 [A]였다. 이 선풍기의 역률은?

① 0.61 ② 0.71
③ 0.81 ④ 0.91

해설

[유효전력]
$P = VI\cos\theta \, [W]$
$\cos\theta = \dfrac{P}{VI} = \dfrac{500}{100 \times 7} = 0.71$

10 황산구리 용액에 10A의 전류를 60분간 흘린 경우 석출되는 구리의 양은? (단, 구리의 전기 화학당량은 0.3293 × 10⁻³ [g/c])

① 약 1.97 [g] ② 약 5.93 [g]
③ 약 7.82 [g] ④ 약 11.85 [g]

해설

[패러데이의 법칙]
$W = KIt = 0.3294 \times 10^{-3} \times 10 \times 60 \times 60$
$\quad = 11.8584$

11 정전 흡인력은 인가한 전압의 몇 제곱에 비례하는가?

① 2 ② $\dfrac{1}{4}$
③ $\dfrac{1}{2}$ ④

해설

[정전 흡인력]
$F = \dfrac{1}{2}\epsilon_0 E^2$

12 그림과 같은 자극 사이에 있는 도체에 전류 I가 흐를 때 힘은 어느 방향으로 작용하는가?

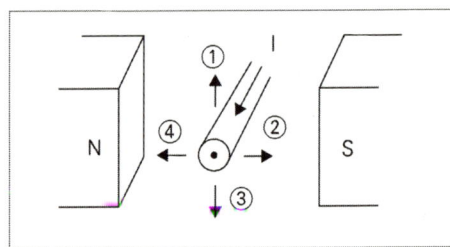

① 1번 방향 ② 1번 방향
③ 3번 방향 ④ 4번 방향

해설

[플레밍의 왼손 법칙]
플레밍의 왼손(전동기)법칙에 의해 자장 사이에 도체에 전류가 흐르면 힘이 발생한다.
검지로 자속의 방향, 중지로 전류의 방향을 가리키면 힘은 1번 방향으로 향하게 된다.

정답 09 ② 10 ④ 11 ① 12 ①

13 비유전율 9인 유전체의 유전율은 약 몇 [F/m]인가?

① 8.965×10^{-11}
② 80.965×10^{-11}
③ 7.965×10^{-11}
④ 70.965×10^{-11}

해설

[유전율]
유전율 $\varepsilon = \varepsilon_0 \times \varepsilon_s = 8.85 \times 10^{-12} \times 9$
$= 7.965 \times 10^{-11} [\text{F/m}]$

14 다음 중 비유전율이 가장 작은 것은?

① 절연유 ② 염화비닐
③ 운모   ④ 산화티탄 자기

해설

[비유전율의 크기]
운모 : 5 ~ 9
염화비닐 : 5 ~ 9
산화티탄 : 60 ~ 100
절연유 : 2.2 ~ 2.4

15 공심솔레노이드의 내부 자계의 세기가 500 [AT/m]일 때, 자속밀도는 약 얼마인가?

① 6.28×10^{-3} ② 6.28×10^{-4}
③ 6.28×10^{-5} ④ 6.28×10^{-6}

해설

[자속밀도]
$B = \mu_0 H$
$= 4\pi \times 10^{-7} \times 500 = 6.28 \times 10^{-4} [AT/m^2]$

16 자체 인덕턴스가 L_1, L_2인 두 코일을 직렬로 접속하였을 때 합성 인덕턴스를 나타내는 식은? (단, 두 코일 간의 상호인덕턴스는 0이라고 한다)

① $L_1 + L_2$
② $L_1 - L_2$
③ $2L_1 + 2L_2$
④ $L_1 - L_2 \pm 2L_1 L_2$

해설

[합성 인덕턴스]
두 코일이 직렬로 접속되었을 때, 합성 인덕턴스 $L = L_1 + L_2 \pm 2M$에서 상호인덕턴스 M이 0이므로 $L = L_1 + L_2$

17 인덕턴스 0.5 [H]에 주파수가 60 [Hz]이고 전압이 220 [V]인 교류전압이 가해질 때 흐르는 전류는 약 몇 [A]인가?

① 0.59   ② 0.87
③ 0.97   ④ 1.17

정답 13 ③ 14 ① 15 ② 16 ① 17 ④

해설

[교류의 전류]

$$I = \frac{V}{X_L} = \frac{V}{\omega L} = \frac{V}{2\pi f L}$$

$$= \frac{220}{2\pi \times 60 \times 0.5} = 1.17[A]$$

18 RLC 직렬회로에서 임피던스 Z의 크기를 나타내는 식은?

① $R^2 + X_L^2 - X_C^2$
② $R^2 + X_L^2 + X_C^2$
③ $\sqrt{R^2 + (X_L - X_C)^2}$
④ $\sqrt{R^2 + (X_L + X_C)^2}$

해설

[RLC 직렬회로 임피던스]

$$Z = \sqrt{R^2 + (X_L - X_C)^2}$$

19 교류에서 무효전력 Pr [VAR]은?

① VI
② VIcosθ
③ VIsinθ
④ VItanθ

해설

[교류전력]
① 피상전력, ② 유효전력, ③ 무효전력

20 평균값은 최댓값에 몇을 곱해야 하는가?

① 0.707   ② 0.637
③ 1.121   ④ 1.414

해설

• 평균값은 최댓값의 약 63.7 [%]이다.
• 실횻값은 최댓값의 약 70.7 [%]이다.

21 직류기에서 브러시의 역할은?

① 기전력 유도
② 자속 생성
③ 정류작용
④ 전기자 권선과 외부회로 접속

해설

[브러시]
브러시는 전기자 권선과 외부회로와의 전기적인 접속통로이다.

22 부하의 저항을 어느 정도 감소시켜도 전류는 일정하게 되는 수하특성을 이용하여 정전류를 만드는 곳이나 아크용접 등에 사용되는 직류 발전기는?

① 직권 발전기
② 분권 발전기
③ 가동복권 발전기
④ 차동복권 발전기

정답 ● 18 ③ 19 ③ 20 ② 21 ④ 22 ④

> **해설**
>
> [차동 복권 발전기]
> 차동 복권기는 수하특성을 가지고 있으므로 용접기용 발전기로 적당하다.

23 급정지하는 데 가장 좋은 제동법은?

① 발전제동
② 회생제동
③ 단상제동
④ 역전제동

> **해설**
>
> [역상제동]
> 반대 방향의 토크를 발생시켜 제동하는 방법을 역상제동(역전제동), 또는 플러깅이라고 한다.

24 계기용 변압기의 2차 측 단자에 접속하여야 할 것은?

① O.C.R
② 전압계
③ 전류계
④ 전열부하

> **해설**
>
> [전압계]
> 계기용 변압기를 단 이유는 전압을 측정하기 위해서이다. 그렇다면 2차 측에는 전압계를 단다.

25 다음 중 변압기의 원리와 관계있는 것은?

① 전기자 반작용
② 전자유도작용
③ 플레밍의 오른손법칙
④ 플레밍의 왼손법칙

> **해설**
>
> [전자유도작용]
> 1차에서 2차로 유도되는 작용

26 일종의 전류 계전기로 보호 대상 설비에 유입되는 전류와 유출되는 전류의 차에 의해 동작하는 계전기는?

① 차동 계전기
② 전류 계전기
③ 주파수 계전기
④ 재폐로 계전기

> **해설**
>
> [차동 계전기]
> 유입된 전류와 유출된 차이로 동작하는 계전기

27 1대의 출력이 20 [kVA]인 단상 변압기 2대로 V결선하여 3상 전력을 공급하려고 한다. 이때 최대 전력은 몇 [kVA]인가?

① 52.3 [kVA]   ② 34.6 [kVA]
③ 20.4 [kVA]   ④ 12.5 [kVA]

정답 23 ④ 24 ② 25 ② 26 ① 27 ②

해설

[V결선]
3상 공급전력 = $\sqrt{3}\,P = \sqrt{3} \times 20 = 34.6$

해설

[토크]
토크 T의 단위는 [N·m] 또는 [kg·m]를 사용한다.

28 역회전을 할 수 없는 단상 유도 전동기는?
① 분상 기동형　② 셰이딩 코일형
③ 반발 기동형　④ 콘덴서 기동형

해설

[셰이딩 코일형]
셰이딩 코일형은 구조적으로 역회전이 불가능하다.

31 농형 회전자에 비뚤어진 홈을 쓰는 이유는?
① 출력을 높인다.
② 회전수를 증가시킨다.
③ 소음을 줄인다.
④ 미관상 좋다.

해설

[사구슬롯]
소음을 줄이기 위해서 사용

29 8극 60[Hz] 3상 유도 전동기의 동기속도는 몇 [rpm]인가?
① 750　② 900
③ 1200　④ 1800

해설

[동기속도]
$N_s = \dfrac{120f}{p} = \dfrac{120 \times 60}{8} = 900$

32 동기 발전기를 계통에 병렬로 접속시킬 때 관계없는 것은?
① 주파수　② 위상
③ 전압　④ 전류

해설

[동기발전기 병렬운전 조건]
용량은 같지 않아도 된다. 전압은 같아야 하므로 이 말은 곧 전류는 관계가 없다는 것과 같다.

30 다음 중 토크(회전력)의 단위는?
① [rpm]　② [W]
③ [N·m]　④ [N]

정답　28 ②　29 ②　30 ③　31 ③　32 ④

33 그림은 동기기의 위상특성 곡선을 나타낸 것이다. 전기자전류가 가장 작게 흐를 때의 역률은?

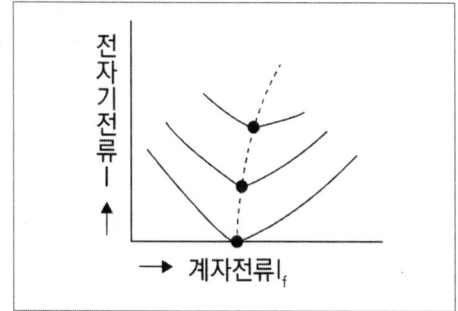

① 1
② 0.9[진상]
③ 0.9[지상]
④ 0

해설

[위상특성 곡선]
전기자전류가 가장 작을 때의 역률은 1이다.

34 3상 동기기의 제동권선을 사용하는 주 목적은?

① 출력이 증가한다.
② 효율이 증가한다.
③ 역률을 개선한다.
④ 난조를 방지한다.

해설

[제동권선 목적]
난조 현상은 제동권선을 설치하여 방지할 수 있다.

35 단락비가 1.25인 발전기의 %동기임피던스 [%]는 얼마인가?

① 70
② 80
③ 90
④ 100

해설

[동기임피던스]
$$\%Z = \frac{1}{단락비} = \frac{1}{1.25} = 0.8$$

36 다이오드를 사용한 정류회로에서 다이오드를 여러 개 직렬로 연결하면?

① 고조파 전류를 감소시킬 수 있다.
② 출력 전압의 맥동률을 감소시킬 수 있다.
③ 입력전압을 증가시킬 수 있다.
④ 부하전류를 증가시킬 수 있다.

해설

[다이오드]
다이오드 한 개마다 약 0.7 [V]의 전압강하가 일어나기 때문에 다이오드를 여러 개 직렬로 연결하면, 과전압으로부터 보호 할 수 있기 때문에 입력 전압을 증가시킬 수 있다.

37 P형 반도체의 전기 전도의 주된 역할을 하는 반송자는?

① 전자
② 정공
③ 가전자
④ 5가 불순물

정답 33 ① 34 ④ 35 ② 36 ③ 37 ②

> 해설
>
> [불순물 반도체]
> N형 반도체의 반송자는 전자이며, P형 반도체의 반송자는 정공이다.

38 다음 중 인버터(Inverter)의 설명으로 바르게 나타낸 것은?

① 직류를 교류로 변환
② 교류를 교류로 변환
③ 직류를 직류로 변환
④ 교류를 직류로 변환

> 해설
>
> [인버터(Inverter)]
> 직류전력을 교류전력으로 변환하는 장치(역변환 장치)

39 트라이액(TRIAC)의 기호는?

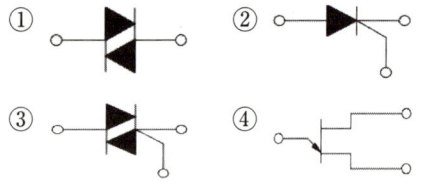

> 해설
>
> [트라이악(TRIAC)]
> 트라이악은 3단자 양방향성 소자이다.

40 3상 전파 정류회로에서 출력전압의 평균 전압값은? (단, [V]는 선간전압의 실횻값)

① 0.45V [V]   ② 0.9V [V]
③ 1.17V [V]   ④ 1.35V [V]

> 해설
>
> [정류회로]
> 3상 반파정류회로의 출력값 = 입력 × 1.35

41 S형 슬리브에 의한 직선 접속 시 몇 번 이상 꼬아야 하는가?

① 2번   ② 3번
③ 4번   ④ 5번

> 해설
>
> [쥐꼬리접속]
> 2번 이상 꼬아야 한다.

42 전선에 일정량 이상의 전류가 흘러서 온도가 높아지면 절연물을 열화하여 절연성을 극도로 악화시킨다. 그러므로 도체에는 안전하게 흘릴 수 있는 최대전류가 있다. 이 전류를 무엇이라 하는가?

① 줄전류   ② 불평형 전류
③ 평형전류   ④ 허용전류

정답 38 ① 39 ③ 40 ④ 41 ① 42 ④

해설
[허용전류]
전선의 단면적에 대응하여 안전하게 흘릴 수 있는 전류의 한도

43 옥내배선공사할 때 연동선을 사용할 경우 전선의 최소 굵기 [mm²]는?

① 1.5 ② 2.5
③ 4   ④ 6

해설
[연동선의 굵기]
연동선의 최소굵기는 2.5 [mm²]을 이용한다.

44 배전반 및 분전반과 연결된 배관을 변경하거나 이미 설치되어 있는 캐비닛에 구멍을 뚫을 때 필요한 공구는?

① 오스터   ② 클리퍼
③ 토치램프 ④ 녹아웃펀치

해설
[공구]
녹아웃펀치를 이용하여 철제함을 타공할 수 있다.

45 다음 중 버스 덕트가 아닌 것은?

① 플로어 버스 덕트
② 피더 버스 덕트
③ 트롤리 버스 덕트
④ 플러그인 버스 덕트

해설
[버스 덕트의 종류]
플로어 덕트는 바닥에 설치하는 덕트공사이다.

46 금속 덕트의 크기는 전선의 피복절연물을 포함한 단면적의 총 합계가 금속 덕트 내 단면적의 몇 [%] 이하가 되도록 선정하여야 하는가?

① 20 [%] ② 30 [%]
③ 40 [%] ④ 50 [%]

해설
[금속 덕트시공]
덕트 내 전선의 단면적은 일반적인 경우 20 [%], 제어회로등의 배선일 경우에는 50 [%] 이하로 한다.

47 고압 가공인입선이 케이블 이외의 것으로서 그 아래에 위험표시를 하였다면 전선의 지표상 높이는 몇 [m]까지로 감할 수 있는가?

① 2.5 ② 3.5
③ 4.5 ④ 5.5

해설
[고압 가공인입선공사]
고압 가공인입선이 케이블 이외의 것으로서 그 아래에 위험표시를 하였다면, 전선의 지표상 높이를 3.5 [m]까지로 감할 수 있다

정답 ● 43 ② 44 ④ 45 ① 46 ① 47 ②

48 캡타이어 케이블을 조영재에 따라 시설하는 경우 케이블 상호, 케이블과 박스, 기구와의 접속 개소와 지지점 간의 거리는 접속 개소에서 0.15 [m] 이하로 하는 것이 바람직하지만 조영재에 따라 시설하는 경우에는 그 지지점 간의 거리가 몇 [m] 이내이어야 하는가?

① 1
② 1.5
③ 2
④ 3

> 해설

[캡타이어 케이블 시공]
캡타이어 케이블을 조영재에 따라 시설하는 경우는 그 지지점 간의 거리는 1 [m] 이하로 하여야 한다.

49 건물의 바닥에 간단히 전선을 인출하여 사용할 수 있도록 하는 배선공사방법을 무엇이라고 하는가?

① 버스 덕트공사
② 플로어 덕트공사
③ 금속 덕트공사
④ 트레이공사

> 해설

[플로어 덕트]
플로어 덕트는 사무실, 상가 등에서 전선을 바닥으로부터 인출하여 사용할 수 있는 공사방법이다. 일반적으로 수요자의 요구가 수시로 변하는 곳에서 사용할 수 있다.

50 저압 가공인입선이 횡단 보도교를 지나는 경우 지상으로부터 몇 [m] 이상이어야 하는가?

① 3 [m]
② 4 [m]
③ 5 [m]
④ 6 [m]

> 해설

[가공인입선공사]
저압 가공인입선의 높이는 다음에 의할 것

구분	저압인입선 [m]
철도 궤도 횡단	6.5
도로횡단	5
기타	4
횡단보도교	3

51 조명용 백열전등을 여관 및 숙박업소에 설치할 때 현관 등은 최대 몇 분 이내에 소등되는 타임 스위치를 시설하여야 하는가?

① 1
② 2
③ 3
④ 4

> 해설

[타임 스위치]
• 호텔이나 숙박시설 : 1분
• 일반주택 및 아파트 : 3분

정답 48 ① 49 ② 50 ① 51 ①

52 지선의 중간에 넣는 애자는?

① 저압 핀 애자 ② 구형애자
③ 인류애자 ④ 내장애자

해설

[애자의 종류]
지선의 중간에 넣는 애자를 지선애자, 구형애자라고 한다.

53 UPS는 무엇을 의미하는가?

① 구간자동 개폐기
② 단로기
③ 무정전 전원장치
④ 계기용 변성기

해설

[무정전 교류 전원 공급 장치(UPS)]
무정전 교류 전원 공급 장치는 선로에서 정전이나 순시 전압 강하 시 또는 입력 전원의 이상 상태 발생 시 부하에 대한 교류 입력 전원의 연속성을 확보할 수 있는 무정전 교류 전원 공급 장치이다.

54 고압 가공전선로의 지지물로 철탑을 사용하는 경우 최대 경간은 몇 [m]인가?

① 150 ② 200
③ 250 ④ 600

해설

[고압 가공전선로 경간의 제한 범위]
- 목주, A종 철주, A종 철근 콘크리트주 : 150 [m]
- B종 철주 또는 B종 철근 콘크리트주 : 250 [m]
- 철탑 : 600 [m]

55 전선 약호 중 경동선을 나타내는 것은?

① MI ② NR
③ OC ④ H

해설

[절연전선 약호]
MI : 미네랄인슐레이션 케이블
NR : 비닐절연 네온전선
OC : 옥외용 가교 폴리에틸렌 절연전선
H : 경동선

56 점유 면적이 좁고 운전 보수에 안전하며 공장, 빌딩 등의 전기실에 많이 사용되는 배전반은 어떤 것인가?

① 데드 프런트형
② 수직형
③ 큐비클형
④ 라이브 프런트형

해설

[폐쇄식 배전반]
캐비넷처럼 생긴 배전반을 큐비클형 또는 폐쇄식 배전반이라고 한다.

정답 52 ② 53 ③ 54 ④ 55 ④ 56 ③

57 전압 22.9 [kV – Y] 이하의 배전선로에서 수전하는 설비의 피뢰기 정격전압은 몇 [kV]인가?

① 18
② 72
③ 144
④ 288

해설

[피뢰기 정격전압]
전압 22.9 [kV - Y] 이하의 배전선로에서 수전하는 설비의 피뢰기 정격전압은 18 [kV]이다. 한편, 변전소용은 21 [kV]이다.

58 사람의 전기감전을 방지하기 위하여 설치하는 주택용 누전차단기는 정격감도전류와 동작시간이 얼마 이하여야 하는가?

① 3 [mA], 0.03초
② 30 [mA], 0.03초
③ 300 [mA], 0.3초
④ 300 [mA], 0.03초

해설

[누전차단기 설치조건]
사람의 전기감전을 방지하기 위하여 주택용 누전차단기는 정격감도전류 30 [mA], 0.03초 이내에 동작하여야 한다.

59 작업면상의 필요한 장소로서 어떤 특별한 면을 부분조명 하는 방식을 무엇이라 하는가?

① 국부조명
② 전반조명
③ 직접조명
④ 간접조명

해설

[국부조명]
필요한 곳만을 강하게 조명하는 방법으로서 정밀한 작업이나 높은 조도를 필요로 할 때 사용된다.

60 조명에서 칸델라 [cd]는 무엇의 단위인가?

① 휘도
② 조도
③ 광도
④ 광속발산도

해설

[광도]
광도 I $[cd]$

정답 57 ① 58 ② 59 ① 60 ③

2022 제3회

01 키르히호프의 법칙을 이용하여 방정식을 세우는 방법이 잘못된 것은?

① 키르히호프의 제1법칙을 회로망의 임의의 한 점에 적용한다.
② 각 폐회로에서 키르히호프의 제2법칙을 적용한다.
③ 계산된 전류가 (+)로 표시된 것은 처음에 정한 방향과 반대방향임을 나타낸다.
④ 각 회로의 전류를 문자로 나타내고 방향을 가정한다.

해설

[키르히호프 법칙]
키르히호프법칙의 계산에서 처음에 정한 전류의 방향이 같을 때는 플러스(+), 다를 때는 마이너스(-) 기호를 사용한다.

02 그림에서 a-b 간의 합성저항은 몇 [Ω]인가? (단, r = 2 [Ω]이다)

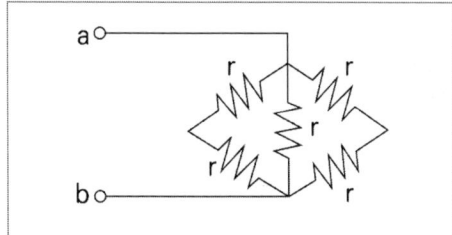

① 1
② 2
③ 3
④ 4

해설

[저항의 병렬 합성저항]
a-b간의 합성저항
$$r = \frac{1}{\frac{1}{2r}+\frac{1}{r}+\frac{1}{2r}} = \frac{1}{\frac{4}{2r}} = \frac{r}{2} = \frac{2}{2} = 1$$

03 전원 100 [V]에 가전제품 100 [W] 5개, 60 [W] 5개, 20 [W] 10개, 1 [kW] 전열기 1개를 동시에 병렬로 접속하면 전체 전류를 몇 [A]인가?

① 15
② 20
③ 25
④ 35

해설

[전력]
전력의 총합은
$P = (100 \times 5) + (60 \times 5) + (20 \times 10) = 1000$
$I = \frac{P}{V} = \frac{2000}{100} = 20\,[A]$

04 500 [Ω]의 저항에 1 [A]의 전류가 1분 동안 흐를 때 발생하는 열량은 몇 [cal]인가?

① 3600
② 5000
③ 6200
④ 7200

정답 01 ③ 02 ① 03 ② 04 ④

해설

[열량]
H = 0.24I²Rt = 0.24 × 1² × 500 × 1 × 60
   = 7200

05 두 금속을 접속하여 여기에 전류를 흘리면, 줄열 외에 그 접점에서 열의 발생 또는 흡수가 일어나는 현상은?

① 줄 효과
② 홀 효과
③ 제벡 효과
④ 펠티에 효과

해설

[펠티에 효과]
열의 발생 또는 흡수가 일어나는 현상으로서 기전력이 온도변화로 나타나는 현상이다.

06 다음 보기에서 정전기가 발생하는 대전의 종류가 아닌 것은?

① 분출대전
② 박리대전
③ 반응대전
④ 마찰대전

해설

[대전의 종류]
마찰, 유동, 분출, 박리, 충돌, 파괴, 유도, 교반, 침강, 동결

07 아래 그림과 같은 회로에서 합성정전용량은 몇 μF인가? (단, C = 4 [μF]이다)

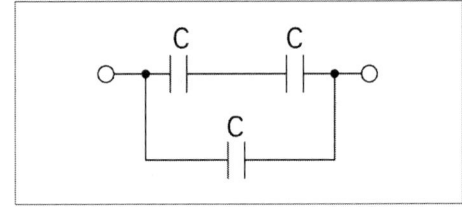

① 4
② 6
③ 8
④ 12

해설

[합성 정전용량]
직렬인 두 콘덴서를 먼저 계산하고, 여기에 병렬인 콘덴서를 더한다.

$$C_0 = \frac{C \times C}{C + C} + C = \frac{4 \times 4}{4 + 4} + 4 = 6 \, [\mu F]$$

08 자기저항은 자기회로의 길이에 (㉠)하고 자로의 단면적과 투자율의 곱에 (㉡)한다. ( )에 들어갈 말은?

① ㉠ - 비례   ㉡ - 반비례
② ㉠ - 반비례 ㉡ - 비례
③ ㉠ - 비례   ㉡ - 비례
④ ㉠ - 반비례 ㉡ - 반비례

해설

[자기저항]
자기저항 $R = \dfrac{l}{\mu A}$ 이므로
자기저항은 자기회로의 길이에 비례하고, 단면적과 투자율곱에 반비례한다.

정답 05 ④ 06 ③ 07 ② 08 ①

09 다음 중 자석의 일반적인 성질에 대한 설명으로 틀린 것은?

① 자력이 강할수록 자기력선의 수가 많다.
② 자기력선은 잡아당긴 고무줄과 같이 자신이 줄어들려고 하는 장력이 있다.
③ 자석은 고온이 되면 자력이 증가한다.
④ 자석은 언제나 N, S의 두 극이 존재한다.

해설

[자석의 성질]
자석은 고온이 되면 자력이 감소하고, 저온이 되면 자력이 증가한다.

10 자속밀도가 2 [Wb/m²]인 평등 자기장에 자기장과 30°의 방향으로 길이 0.5 [m]인 도체에 8 [A]의 전류가 흐르는 경우 전자력(N)은?

① 8 ② 4
③ 2 ④ 1

해설

[전자력의 크기]
$F = BIl\sin\theta = 2 \times 8 \times 0.5 \times \sin 30 = 4[N]$

11 다음 그림과 같이 평행한 두 도체에 같은 방향의 전류가 흘렀을 때 두 도체 사이에 작용하는 힘은 어떻게 되는가?

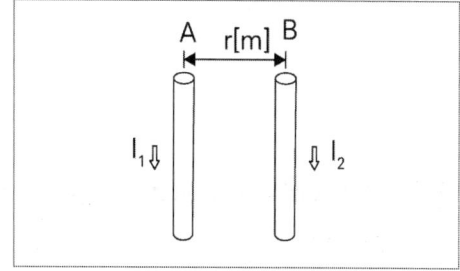

① 반발력이 작용한다.
② 힘은 0 이다.
③ 흡인력이 작용한다.
④ $\dfrac{1}{2\pi r}$ 의 힘이 작용한다.

해설

[평행도체 사이에 작용하는 힘]
두 도체에 같은 방향의 전류가 흐르면 같은 방향으로 전자력이 작용하므로 흡인력이 작용한다.

12 플레밍의 왼손법칙에서 엄지손가락이 뜻하는 것은?

① 자기력선속의 방향
② 힘의 방향
③ 기전력의 방향
④ 전류의 방향

해설

[플레밍의 왼손법칙]
플레밍의 왼손법칙은 전동기에 관한 법칙이며 엄지는 힘의 방향, 검지는 자속의 방향, 중지는 전류의 방향을 나타낸다.

13 환상 솔레노이드 외부 자기장의 세기 H는 얼마인가?

① $H = \dfrac{NI}{2\pi r}$ ② $H = \dfrac{NI}{2r}$

③ $H = \dfrac{I}{2\pi r}$ ④ 0

해설

[환상솔레노이드 외부 자기장의 세기]
환상솔레노이드 내부 자기장의 세기는
$H = \dfrac{NI}{2\pi r}[AT/m]$이며, 외부 자기장의 세기는 0이다.

14 자체 인덕턴스가 0.01 [H]인 코일에 100 [V], 60 [Hz]의 사인파전압을 가할 때 유도 리액턴스는 약 몇 [Ω]인가?

① 3.77   ② 6.28
③ 12.28   ④ 37.68

해설

[유도 리액턴스]
$X_L = 2\pi f L = 2 \times \pi \times 60 \times 0.01 = 3.77$

15 $v = 100\sqrt{2}\sin\left(120\pi t + \dfrac{\pi}{6}\right)[V]$

$i = 100\sin\left(120\pi t + \dfrac{\pi}{3}\right)[A]$인 경우

전류는 전압보다 위상이 어떻게 되는가?

① 30°만큼 앞선다.
② 30°만큼 뒤진다.
③ 60°만큼 앞선다.
④ 60°만큼 뒤진다.

해설

[교류의 위상차]
위상차 0°를 기준으로 했을 경우 전압은 30° 앞서고 있으며, 전류는 60° 앞서므로 전류는 전압보다 30°만큼 앞서게 된다.

16 그림의 회로에서 전압 100 [V]의 교류 전압을 가했을 때 전력은?

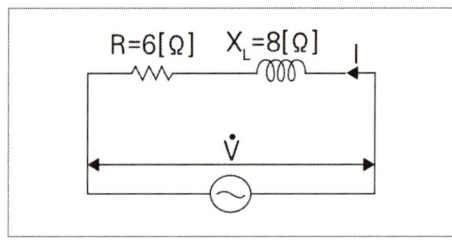

① 10 [W]
② 60 [W]
③ 100 [W]
④ 600 [W]

정답 ● 13 ④ 14 ① 15 ① 16 ④

해설

[교류전력]
보기가 W로 주어졌으므로, 유효전력으로 계산하면

$P = I^2 R = \left(\dfrac{V}{Z}\right)^2 \times R = \left(\dfrac{100}{10}\right)^2 \times 6 = 600$

해설

[Δ결선의 선전류]
$I_P = \dfrac{V}{Z} = \dfrac{200}{10} = 20[A]$, $I_L = \sqrt{3}\,I_P$ 이므로
$I_L = \sqrt{3} \times 20 = 20\sqrt{30}\,[A]$

17 다음 중 무효전력의 단위는 어느 것인가?
① [W] ② [Var]
③ [kW] ④ [VA]

해설

[교류전력]
피상전력 [VA], 유효전력 [W], 무효전력 [Var]

18 전원과 부하가 다같이 Δ결선된 3상 평형회로가 있다. 상전압이 200 [V], 부하 임피던스가 $Z = 6 + j8$ 인 경우 선전류는 몇 A인가?

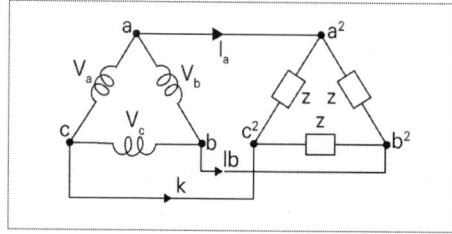

① 20 ② $\dfrac{20}{\sqrt{3}}$
③ $20\sqrt{3}$ ④ $10\sqrt{3}$

19 비정현파를 여러 개의 정현파의 합으로 표시하는 방법은?
① 키르히호프의 법칙
② 노튼의 법칙
③ 푸리에 분석
④ 테일러의 분석

해설

[푸리에 분석]
푸리에 분석은 비정현파를 직류분, 고조파, 기본파로 나누는 수학적인 계산법이다.

20 교류의 파형률이란?
① $\dfrac{최댓값}{실횻값}$ ② $\dfrac{실횻값}{평균값}$
③ $\dfrac{평균값}{실횻값}$ ④ $\dfrac{실횻값}{최댓값}$

해설

[정현파의 파고율과 파형률]
파형률 = $\dfrac{실횻값}{평균값}$

정답 17 ② 18 ③ 19 ③ 20 ②

21 다음 중 직류기의 브러시 종류가 아닌 것은?

① 탄소 브러시
② 전기 흑연 브러시
③ 실리콘 브러시
④ 금속 흑연 브러시

해설
[직류기 브러시의 종류]
- 탄소 브러시 : 접촉저항이 크다. 소형직류기
- 전기흑연 브러시 : 정류능력이 좋아 널리 사용. 일반 직류기
- 금속흑연 브러시 : 접촉저항이 작고, 전류용량이 크다. 저전압 대전류기

22 다음 중 직류 발전기의 무부하 특성 곡선의 설명으로 옳은 것은?

① 부하전류와 무부하 단자전압과의 관계이다.
② 계자전류와 부하전류와의 관계이다.
③ 계자전류와 무부하 단자전압과의 관계이다.
④ 계자전류와 회전력과의 관계이다.

해설
[무부하 특성곡선]
무부하 특성곡선은 계자전류와 단자전압과의 관계를 나타낸 그래프이다.

23 정격전압 100 [V], 전기자전류 10 [A], 전기자저항 1 [Ω], 회전수 1500 [rpm]인 분권 전동기의 역기전력은 몇 [V]인가?

① 90   ② 100
③ 110 ④ 186

해설
[분권 전동기의 역기전력]
$E = V - (I_a r_a) = 100 - (10 \times 1) = 90[V]$

24 다음 직류 전동기 중에서 속도변동률이 가장 작은 것은?

① 직권 전동기
② 가동복권 전동기
③ 분권 전동기
④ 차동복권 전동기

해설
[속도변동률]
직류 전동기의 속도변동률 순서는 직권 > 가동복권 > 분권 > 차동복권 순이다.

25 3,300/220 [V] 변압기의 1차에 20 [A]의 전류가 흐르면 2차 전류는 몇 [A]인가?

① 1/30 ② 1/3
③ 30   ④ 300

정답 ● 21 ③ 22 ③ 23 ① 24 ④ 25 ④

해설

[권수비]

권수비 $a = \dfrac{V_1}{V_2} = \dfrac{I_2}{I_1}$

$I_2 = I_1 \times \dfrac{V_1}{V_2} = 20 \times \dfrac{3300}{220} = 300\,[A]$

26 변압기의 성층철심 강판 재료의 규소 함유량은 대략 몇 [%]인가?

① 8   ② 6
③ 4   ④ 2

해설

[규소강판]
규소강판은 철에 규소를 4 ~ 4.5 [%] 함유한 강판으로서, 탄소 기타의 불순물이 매우 적고, 전자기 특성이 양호하며 철손도 적다. 회전기, 변압기 등의 철심을 구성하기 위하여 적층하여 사용한다.

27 다음 중 변압기의 무부하손에서 대부분을 차지하는 것은 무엇인가?

① 유전체손   ② 철손
③ 동손   ④ 부하손

해설

[변압기의 손실]
변압기의 무부하손의 대부분은 철에서 생기는 손실인 철손이다. 철손은 히스테리시스손과 와류손으로 이루어진다.

28 변압기유가 구비해야 할 조건 중 맞는 것은?

① 절연 내력이 작고 산화하지 않을 것
② 비열이 작아서 냉각 효과가 클 것
③ 인화점이 높고 응고점이 낮을 것
④ 절연재료나 금속에 접촉할 때 화학 작용을 일으킬 것

해설

[절연유 구비조건]
변압기유는 절연내력이 크고, 인화점이 높으며, 응고점이 낮고, 비열이 커야 한다.

29 낮은 전압을 높은 전압으로 승압할 때 일반적으로 사용되는 변압기의 3상 결선방식은?

① $\varDelta$ - $\varDelta$ ② $\varDelta$ - Y
③ Y - Y   ④ Y - $\varDelta$

해설

[3상 결선방식]
- $\varDelta$ - Y결선 : 승압기
- Y - $\varDelta$결선 : 강압기

30 수·변전 설비의 고압회로에 걸리는 전압을 표시하기 위해 전압계를 시설할 때 고압회로와 전압계 사이에 시설하는 것은?

① 수전용 변압기   ② 계기용 변류기
③ 계기용 변압기   ④ 권선형 변류기

정답 26 ③   27 ②   28 ③   29 ②   30 ③

해설

[계기용 변성기]
고압회로의 전압을 계기용에 적합하기 낮추기 위해 계기용 변압기(PT, VT)를 사용한다.

31 유도 전동기에서 슬립이 가장 큰 상태는?

① 무부하 운전 시
② 경부하 운전 시
③ 정격부하 운전 시
④ 기동 시

해설

[유도 전동기 슬립]
$s = \dfrac{N_s - N}{N_s}$ 이므로 슬립이 가장 큰 상태는 N = 0일 때이다. 즉, 기동 또는 정지 상태일 때 슬립이 가장 크다.

32 유도 전동기의 슬립을 측정하려고 한다. 다음 중 슬립측정법이 아닌 것은?

① 수화기법
② 직류밀리볼트계법
③ 스트로보스코프법
④ 프로니브레이크법

해설

[유도 전동기의 슬립측정]
회전계법, 직류 밀리볼트계법, 수화기법, 스트로보법

33 200 [V], 50 [Hz], 4극, 15 [kW]의 3상 유도 전동기가 있다. 전부하일 때의 회전수가 1320 [rpm]이면 2차 효율 [%]은?

① 78 ② 88
③ 96 ④ 98

해설

[전동기의 2차 효율]
$\eta_2 = \dfrac{P_0}{P_2} = 1 - s = \dfrac{N}{N_s}$ 이고

$N_s = \dfrac{120f}{p} = \dfrac{120 \times 50}{4} = 1,500$, $N = 1,320$

$\eta_2 = \dfrac{N}{N_s} = \dfrac{1,320}{1,500} \times 100 = 88$ [%]

34 동기 발전기의 무부하 포화곡선에 대한 설명으로 옳은 것은?

① 정격전류와 단자전압의 관계이다.
② 정격전류와 정격전압의 관계이다.
③ 계자전류와 정격전압의 관계이다.
④ 계자전류와 단자전압의 관계이다.

해설

[무부하 포화곡선]
계자전류를 증가시킴에 따라 단자전압의 변화를 보는 것이 무부하 포화곡선이다.

정답 ● 31 ④ 32 ④ 33 ② 34 ④

35 단락비가 큰 동기 발전기를 설명하는 일 중 틀린 것은?

① 동기임피던스가 작다.
② 단락전류가 크다.
③ 전기자 반작용이 크다.
④ 공극이 크고 전압 변동률이 작다.

해설
[동기기 특징]
단락비가 크면 전기적으로 유리하다. 전기자반작용은 작아야 좋다.

36 2대의 동기 발전기 A, B가 병렬운전하고 있을 때 A기의 여자전류를 증가시키면 어떻게 되는가?

① A기의 역률은 낮아지고 B기의 역률은 높아진다.
② A기의 역률은 높아지고 B기의 역률은 낮아진다.
③ A, B 양 발전기의 역률이 높아진다.
④ A, B 양 발전기의 역률이 낮아진다.

해설
[발전기의 병렬운전]
계자전류가 증대된 발전기의 역률은 저하되고, 다른 발전기의 역률은 증가한다.

37 단락비가 1.2인 동기 발전기의 [%]동기 임피던스는 약 몇 [%]인가?

① 68   ② 83
③ 100 ④ 120

해설
[단락비]
$$K_s = \frac{100}{\%Z}, \%Z = \frac{100}{K_s} = \frac{100}{1.2} = 83.3[\%]$$

38 PN접합 다이오드의 대표적인 작용으로 옳은 것은?

① 정류작용   ② 변조작용
③ 증폭작용   ④ 발진작용

해설
[정류작용]
PN접합 다이오드는 대표적으로 정류작용을 위해 사용한다.

39 다음 중 트라이악(TRIAC)의 기호는?

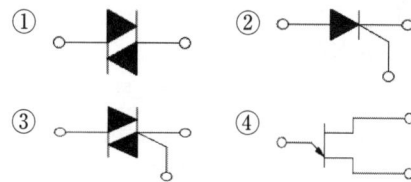

정답 35 ③ 36 ① 37 ② 38 ① 39 ③

> **해설**

[트라이악(TRIAC)]
트라이악은 3단자 양방향성 소자이다.

40 단상 반파 정류회로의 전원 전압 200 [V], 부하저항이 10 [Ω]이면, 부하전류는 약 몇 [A]인가?

① 4 ② 9
③ 13 ④ 18

> **해설**

[단상 반파의 출력]
$E_d = 0.45E = 0.45 \times 200 = 90\,[V]$
부하에 흐르는 전류 $I = \dfrac{V}{R} = \dfrac{90}{10} = 9\,[A]$

41 전선의 접속방법 중 트위스트 접속의 용도는?

① 2.6 [mm] 이하 단선의 직선 접속
② 3.2 [mm] 이상 단선의 직선 접속
③ 3.5 [mm²] 이상 연선의 직선 접속
④ 5.5 [mm²] 이상 연선의 분기 접속

> **해설**

[트위스트 접속]
서로를 꼬아 접속하는 트위스트 접속은 두께가 얇은 단선에 사용되며 2.6 [mm](6 [mm²]) 이하의 단선 직선 접속에 사용된다.

42 전선과 기구 단자 접속 시 나사를 덜 죄었을 경우 발생할 수 있는 위험과 거리가 먼 것은?

① 누전   ② 화재 위험
③ 과열 발생 ④ 저항 감소

> **해설**

[전선접속]
나사를 덜 죄면 접촉이 불량하여 저항이 증가한다.

43 전선 2가닥의 쥐꼬리 접속 시 두 개의 선은 약 몇도 각도로 벌려야 하는가?

① 30°   ② 60°
③ 90°   ④ 180°

> **해설**

[쥐꼬리접속 심선각도]
두 개의 선은 90°로 벌린 후에 일정하게 꼬아준다.

44 다음 중 지중전선로의 매설방법이 아닌 것은?

① 관로식   ② 암거식
③ 직접 매설식 ④ 트레이

> **해설**

[지중전선로 매설방법]
지중전선로 매설방법에는 관로식, 암거식, 직접 매설식 방법이 있다.

정답 40 ② 41 ① 42 ④ 43 ③ 44 ④

45 다음 중 금속관공사의 설명으로 잘못된 것은?

① 교류회로는 1회로의 전선 전부를 동일관 내에 넣는 것을 원칙으로 한다.
② 교류회로에서 왕복 도선은 반드시 같은 관에 넣을 필요는 없다.
③ 금속관 내에서는 절대로 전선 접속점을 만들지 않아야 한다.
④ 관의 두께는 콘크리트에 매입하는 경우 1.2 [mm] 이상이어야 한다.

해설
[금속관 공사]
교류회로에서 왕복도선은 전자적 평형을 위해 반드시 같은 관에 넣어야 한다.

46 금속 덕트의 크기는 전선의 피복절연물을 포함한 단면적의 총 합계가 금속 덕트 내 단면적의 몇 [%] 이하가 되도록 선정하여야 하는가?

① 20   ② 30
③ 40   ④ 50

해설
[금속 덕트시공]
덕트 내 전선의 단면적은 일반적인 경우 20 [%], 제어회로 등의 배선일 경우에는 50 [%] 이하로 한다.

47 금속 덕트는 두께가 몇 [mm] 이상의 철판으로 해야 하는가?

① 0.8 [mm]   ② 1.0 [mm]
③ 1.2 [mm]   ④ 2.0 [mm]

해설
[한국전기설비규정 232.31.2]
폭이 40 [mm] 이상, 두께가 1.2 [mm] 이상인 철판 또는 동등 이상의 기계적 강도를 가지는 금속제의 것으로 견고하게 제작한 것이어야 한다.

48 접지선의 절연전선 색상은 특별한 경우를 제외하고는 어느 색으로 표시를 하여야 하는가?

① 흑색
② 녹색
③ 녹색 – 노란색
④ 녹색 – 적색

해설
[전선의 색 표시]
접지선의 절연전선은 특별한 경우를 제외하고 녹색 – 노란색으로 표시하여야 한다.

정답 ● 45 ② 46 ① 47 ③ 48 ③

49 소맥분, 전분 기타 가연성의 분진이 존재하는 곳의 저압 옥내배선 공사방법에 해당되는 것으로 짝지어진 것은?

① 케이블공사, 애자사용공사
② 금속관공사, 콤바인 덕트관, 애자사용공사
③ 케이블공사, 금속관공사, 애자사용공사
④ 케이블공사, 금속관공사, 합성수지관공사

해설
[위험물이 있는 곳의 공사]
가연성 분진과 위험물 : 합(합성수지관), 금(금속관), 케(케이블)

50 화약고 등 위험장소의 배선공사에서 전로의 대지전압은 몇 [V] 이하로 하도록 되어 있는가?

① 300   ② 400
③ 500   ④ 600

해설
[화약저장소의 대지전압]
화약저장소는 300 [V] 이하의 전압을 사용한다.

51 일반적으로 분기회로의 개폐기 및 과전류 차단기는 저압 옥내 간선과의 분기점에서 전선의 길이가 몇 [m] 이하의 곳에 시설하여야 하는가?

① 3 [m]   ② 4 [m]
③ 5 [m]   ④ 8 [m]

해설
[간선의 보호장치 설치방법]
분기회로의 과전류차단기는 원칙적으로 3 [m] 이하의 곳에 설치한다.

52 지중에 매설되어 있는 금속제 수도관로는 접지공사의 접지극으로 사용할 수 있다. 이때 수도관로는 대지와의 접지 저항치가 얼마 이하여야 하는가?

① 1 [Ω]   ② 2 [Ω]
③ 3 [Ω]   ④ 4 [Ω]

해설
[한국전기설비규정 142.2]
지중에 매설되어 있는 수도관로는 대지와의 접지저항이 3 [Ω] 이하이면 접지극으로 사용할 수 있다.

정답 ◆ 49 ④ 50 ① 51 ① 52 ③

53 다음 중 접지공사를 반드시 하지 않아도 되는 것은?

① 사용전압이 직류 400 [V] 또는 교류 대지전압 150 [V] 이하의 회로에 사용되는 기기를 건조한 장소에 시설하는 경우
② 저압용의 기계기구를 건조한 목재의 마루 기타 이와 유사한 절연성 물건 위에서 취급하도록 시설하지 않는 경우
③ 저압용 기계기구에 전기를 공급하는 전로 또는 개별기계기구에 전기용품 안전 관리법의 적용을 받는 인체감전 보호용 누전차단기(정격감도전류 30 [mA] 이하, 동작시간 0.03초 이내의 전류동작형에 한한다)를 시설하는 경우
④ 외함을 충전하여 사용하는 기계기구에 사람이 접촉할 우려가 있는 경우

해설
[누전차단기의 접지공사]
저압용 기계기구에 전기를 공급하는 전로 또는 개별 기계기구에 전기용품안전 관리법의 적용을 받는 인체감전보호용 누전차단기의 정격감도전류는 30 [mA] 이하이어야 한다.

54 과전류차단기로 저압전로에 사용하는 퓨즈의 정격전류가 70 [A]이면 몇 분 이내에 용단되어야 하는가?

① 30   ② 60
③ 120   ④ 180

해설
[한국전기설비규정]
과전류트립 동작시간(주택용 배선용 차단기)

정격전류의 구분	시간	정격전류의 배수	
		부동작전류	동작전류
63 [A] 이하	60분	1.13배	1.45배
63 [A] 초과	120분	1.13배	1.45배

55 고압 가공인입선이 일반적인 도로 횡단 시 설치 높이는?

① 3 [m] 이상   ② 3.5 [m] 이상
③ 5 [m] 이상   ④ 6 [m] 이상

해설
[고압 가공인입선전선의 높이]
인입인 경우 저압 5 [m], 고압은 6 [m]

56 A종 철근 콘크리트주의 전장이 15 [m]인 경우에 땅에 묻히는 깊이는 최소 몇 [m] 이상으로 해야 하는가? (단, 설계하중은 6.8 [kN] 이하이다)

① 2.5   ② 3.0
③ 3.5   ④ 4.0

해설
[전주가 땅에 묻히는 깊이]
• 전주의 길이 15 [m] 이하 : 1/6 이상
• 전주의 길이 15 [m] 초과 : 2.5 [m] 이상

$\therefore 15 \times \dfrac{1}{6} = 2.5$ [m]

정답 53 ③ 54 ③ 55 ④ 56 ①

57 실링 직접부착등을 시설하고자 한다. 배선도에 표기할 그림기호로 옳은 것은?

   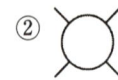

해설

[조명기구 심벌]

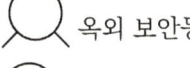

58 점유 면적이 좁고 운전 보수에 안전하며 공장, 빌딩 등의 전기실에 많이 사용되는 배전반은 어떤 것인가?

① 데드 프런트형
② 수직형
③ 큐비클형
④ 라이브 프런트형

해설

[폐쇄식 배전반]
캐비넷처럼 생긴 배전반을 큐비클형 또는 폐쇄식 배전반이라고 한다.

59 다음 중 자연 공기 내에서 개방할 때 접촉자가 떨어지면서 자연소호에 의한 소호방식을 가지는 차단기는?

① 기중 차단기
② 자기 차단기
③ 가스 차단기
④ 진공 차단기

해설

[기중차단기(ACB : Air Circuit Breaker)]
자연 공기 내에서 개방할 때 접촉자가 떨어지면서 자연소호에 의한 소호방식을 가진다. 배선차단기가 이에 해당한다.

60 전등 1개를 2개소에서 점멸하고자 할 때 3로 스위치는 최소 몇 개 필요한가?

① 4개   ② 3개
③ 2개   ④ 1개

해설

[3로 스위치]
2개소 제어 : 3로 2개

2022 제4회

01 1 [eV]는 몇 [J]인가?

① 1
② 1×10^{-10}
③ 1.16×10^4
④ 1.602×10^{-19}

해설

[1 [eV](전자볼트)]
에너지의 단위로, 전자 하나가 1 [V]의 전위를 거슬러 올라갈 때 드는 일
1 [eV] = 1.602×10^{-19} [J]

02 일반적으로 절연체를 서로 마찰시키면 이들 물체는 전기를 띠게 된다. 이와 같은 현상은?

① 분극(Polarization)
② 대전(Electrification)
③ 정전(Electrostatic)
④ 코로나(Corona)

해설

[대전]
중성인 물질이 전기적 성질을 갖게 되는 것을 '대전되었다'라고 한다.

03 4 [Ω]의 저항과 6 [Ω]의 저항을 직렬로 접속할 때 합성 컨덕턴스는 몇 [Ω]인가?

① 0.1
② 0.2
③ 10
④ 20

해설

[컨덕턴스]
직렬로 접속할 때 합성저항은 10 [Ω]이며, 이를 컨덕턴스로 환산하면
$G = \dfrac{1}{R} = \dfrac{1}{10} = 0.1$이다.

04 금속도체의 전기저항에 대한 설명으로 옳은 것은?

① 도체의 저항은 고유저항과 길이에 반비례한다.
② 도체의 저항은 길이와 단면적에 반비례한다.
③ 도체의 저항은 단면적에 비례하고 길이에 반비례한다.
④ 도체의 저항은 고유저항에 비례하고 단면적에 반비례한다.

정답 01 ④ 02 ② 03 ① 04 ④

해설

[전기저항]
도체의 저항은 고유저항과 길이에는 비례하고, 단면적에는 반비례한다.

$R = \rho \dfrac{l}{A}$

05 다음과 같은 회로에서 3 [Ω]의 저항에 흐르는 전류는 몇 [A]인가?

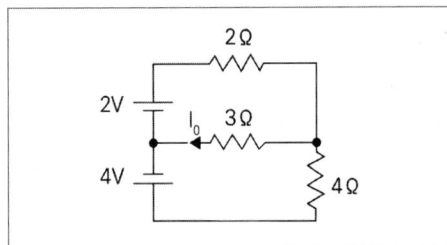

① 0.21　　② 0.57
③ 0.62　　④ 0.96

해설

[전류분배법칙]
2 [V]의 전원에서 회로를 해석하면

$R = 2 + \dfrac{4 \times 3}{4+3} = 3.7\,[\Omega]$

$I = \dfrac{V}{R} = \dfrac{2}{3.7} = 0.54\,[A]$

$I_1 = \dfrac{4}{3+4} \times 0.54 = 0.31\,[A]$

4 [V]의 전원에서 회로를 해석하면

$R = 4 + \dfrac{3 \times 2}{3+2} = 5.2\,[\Omega]$

$I = \dfrac{V}{R} = \dfrac{4}{5.2} = 0.77\,[A]$

$I_2 = \dfrac{2}{3+2} \times 0.77 = 0.308\,[A]$

두 회로해석의 전류를 더하면
$I_0 = I_1 + I_2 = 0.31 + 0.308 = 0.618\,[A]$

06 전원 100 [V]에 가전제품 50 [W] 10개, 25 [W] 10개, 30 [W] 5개, 1 [kW] 전열기 1개를 동시에 병렬로 접속하면 전체 전류를 몇 [A]인가?

① 17　　② 19
③ 23　　④ 27

해설

[전력]
전력의 총합은
$P = (50 \times 10) + (25 \times 10) + (30 \times 5) + 1000)$
$\quad = 1900\,[W]$

전류 $I = \dfrac{P}{V} = \dfrac{1900}{100} = 19\,[A]$

07 다음 중 1 [W·sec]와 같은 것은?

① 1 [J]　　② 1 [F]
③ 1 [kcal]　　④ 860 [kWh]

해설

[전력량]
1[J]은 1[W]의 전력으로 1 [sec] 동안에 한 일을 나타낸다. W = P × sec [J]

정답 05 ③　06 ②　07 ①

08
니켈의 원자가는 2.0이고 원자량은 58.70이다. 이때 화학당량의 값은?

① 117.4   ② 60.70
③ 56.70   ④ 29.35

해설

[화학당량]

화학당량 = $\dfrac{원자량}{원자가} = \dfrac{58.70}{2.0} = 29.35$

09
기전력 1.5 [V], 용량 20 [Ah]인 축전지 5개를 직렬로 연결하여 사용할 때의 기전력은 7.5 [V]가 된다. 이때 용량 [Ah]은?

① 15   ② 20
③ 75   ④ 100

해설

[전지의 전류(용량)]

축전지를 직렬로 연결할 때 용량은 변하지 않는다.

10
4×10^{-5} [C]과 6×10^{-5} [C]이 자유 공간에 2 [m] 거리에 있을 때 그 사이에 작용하는 힘은?

① 5.4 [N], 흡인력이 작용한다.
② 5.4 [N], 반발력이 작용한다.
③ $\dfrac{7}{9}$ [N], 흡인력이 작용한다.
④ $\dfrac{7}{9}$ [N], 반발력이 작용한다.

해설

[쿨롱의 법칙]

$F = \dfrac{1}{4\pi\epsilon_0} \times \dfrac{Q_1 Q_2}{r^2} [N]$

$= 9 \times 10^9 \times \dfrac{4 \times 10^{-5} \times 6 \times 10^{-5}}{2^2} = 5.4$

극성이 서로 같으므로 반발력이 작용한다.

11
전장의 세기에 대한 단위로 맞는 것은?

① [m/V]   ② [V/m²]
③ [V/m]   ④ [m²/V]

해설

[전장의 세기]

전장의 세기 $E = \dfrac{V}{r}$ [V/m]

12
비유전율이 큰 산화티탄 등을 유전체로 사용한 것으로 극성이 없으며 가격에 비해 성능이 우수하여 널리 사용되고 있는 콘덴서의 종류는?

① 전해 콘덴서
② 세라믹 콘덴서
③ 마일러 콘덴서
④ 마이카 콘덴서

해설

[세라믹 콘덴서]

세라믹콘덴서는 전극 간의 유전체로서 티탄산바륨과 같은 유전율이 큰 재료를 사용하고 극성은 없다.

정답 08 ④ 09 ② 10 ② 11 ③ 12 ②

2022년 제4회

13 A-B 사이 콘덴서의 합성 정전용량은 얼마인가?

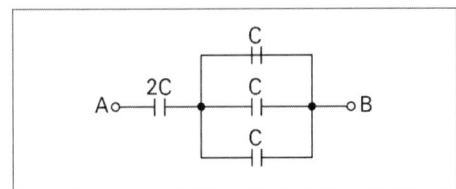

① 1 ② 1.2
③ 2 ④ 2.4

해설

[합성 정전용량]
콘덴서는 병렬은 더하고 직렬은 '곱/합'이므로 C가 3개 더해져서 3[C]가 되고, 2[C]와 3[C]가 직렬로 연결되므로 합성정전용량은 다음과 같다.
$C = \dfrac{2[C] \times 3[C]}{2[C] + 3[C]} = 1.2[C]$

14 0.04 [μF]의 콘덴서에 20 [μC]의 전하를 공급하면 몇 [V]의 전위차를 나타내는가?

① 200 ② 300
③ 400 ④ 500

해설

[정전용량]
$Q = CV$
$V = \dfrac{Q}{C} = \dfrac{20 \times 10^{-6}}{0.04 \times 10^{-6}} = 500 [V]$

15 자기력선의 설명 중 맞는 것은?

① 자기력선은 자석의 S극에서 시작하여 N극에서 끝난다.
② 자기력선은 상호 간에 교차하지 않는다.
③ 자기력선은 자석의 N극에서 시작하여 N극에서 끝난다.
④ 자기력선은 가시적으로 보인다.

해설

[자기력선 성질]
자기력선 상호 간에 반발력이 작용하여 교차하지 않는다.

16 자장 내에 있는 도체에 전류를 흘리면 힘(전자력)이 작용하는데, 이 힘의 방향은 어떤 법칙으로 정하는가?

① 플레밍의 오른손법칙
② 플레밍의 왼손법칙
③ 렌츠의 법칙
④ 앙페르의 오른나사법칙

해설

[플레밍의 왼손법칙]
자장 내의 도선에 전류가 흐를 때 도선이 받는 힘의 방향을 나타내는 법칙은 플레밍의 왼손법칙이다.

정답 ▶ 13 ② 14 ④ 15 ② 16 ②

17 다음 중 비오사바르의 법칙을 올바르게 설명한 것은?

① 미소 자기장의 크기는 전류의 크기에 비례하고, 도선까지의 거리의 제곱에 반비례한다.
② 미소 자기장의 크기는 전류의 크기에 반비례하고, 도선까지의 거리의 제곱에 반비례한다.
③ 미소 자기장의 크기는 전류의 크기에 비례하고, 도선까지의 거리의 제곱에 비례한다.
④ 미소 자기장의 크기는 전류의 크기에 반비례하고, 도선까지의 거리의 제곱에 반비례한다.

해설
[비오-사바르의 법칙]
비오사바르의 법칙에 따르면 자기장의 크기는 전류의 크기에 비례하고, 거리의 제곱에는 반비례한다.

18 그림과 같은 평형 3상 △회로를 등가 Y 결선으로 환산하면 각상의 임피던스는 몇 [Ω]이 되는가? (단, Z는 12 [Ω]이다)

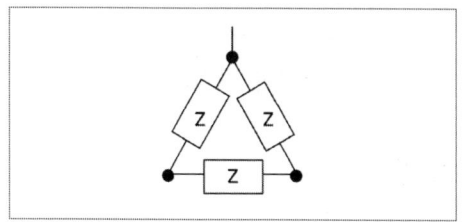

① 48 [Ω]　　② 36 [Ω]
③ 4 [Ω]　　　④ 3 [Ω]

해설
[△-Y 등가 변환]
△결선에서 Y결선으로 등가 변환 시 각 상의 저항은 1/3배가 된다. 따라서 12/3 = 4 [Ω]

19 1 [kWh]는 몇 [J]인가?
① 3.6×10^6　　② 860
③ 10^3　　　　　　④ 10^6

해설
[전력량]
1 [kWh] = $1 \times 10^3 \times 1$시간 $\times 60$분 $\times 60$초
= $3,600,000 = 3.6 \times 10^6$ [J]

20 전류 $i = 30\sin\omega t + 40\sin(3\omega t + 45°)[A]$의 실횻값은 몇 [A]인가?
① 25　　　　② $25\sqrt{2}$
③ 50　　　　④ $50\sqrt{2}$

해설
[비정현파의 실효값]
$I = \sqrt{\left(\dfrac{30}{\sqrt{2}}\right)^2 + \left(\dfrac{40}{\sqrt{2}}\right)^2} = 25\sqrt{2}\,[A]$

21 정류자와 접촉하여 전기자 권선과 외부 회로를 연결하는 역할을 하는 것은?
① 계자　　　② 전기자
③ 브러시　　④ 계자철심

정답　17 ①　18 ③　19 ①　20 ②　21 ③

해설

[브러시]
브러시는 정류자면에 접촉하여 전기자 권선과 외부회로를 연결하는 것으로서, 접촉저항이 적당하고 정류자면을 손상시키지 않도록 마모성이 적고 기계적으로 튼튼하여야 한다.

22 전기기계의 효율 중 발전기의 규약효율 η_G는?

① $\eta_G = \dfrac{입력 - 손실}{입력} \times 100\, [\%]$

② $\eta_G = \dfrac{입력 - 손실}{입력 + 손실} \times 100\, [\%]$

③ $\eta_G = \dfrac{출력}{입력} \times 100\, [\%]$

④ $\eta_G = \dfrac{출력}{출력 + 손실} \times 100\, [\%]$

해설

[발전기의 규약효율]
$\eta_G = \dfrac{출력}{출력 + 손실} \times 100\, [\%]$

23 직류 직권 전동기의 회전수(N)와 토크(τ)의 관계는?

① $\tau \propto \dfrac{1}{N}$ ② $\tau \propto \dfrac{1}{N^2}$

③ $\tau \propto N$ ④ $\tau \propto N^{\frac{3}{2}}$

해설

[직권 전동기의 회전수와 토크]
직권 전동기의 토크는 회전수의 제곱에 반비례한다. $\tau \propto \dfrac{1}{N^2}$

24 9.8 [kW], 600 [rpm]인 전동기의 토크는 약 몇 [kg·m]인가?

① 7.4 [kg·m]
② 12.7 [kg·m]
③ 15.9 [kg·m]
④ 18.5 [kg·m]

해설

[전동기의 토크]
$T = 0.975 \dfrac{P}{N} = 0.975 \times \dfrac{9800}{600} = 15.9$

25 직류복권 전동기를 분권 전동기로 사용하려면 어떻게 하여야 하는가?

① 분권계자를 단락시킨다.
② 부하단자를 단락시킨다.
③ 직권계자를 단락시킨다.
④ 전기자를 단락시킨다.

해설

[직류 전동기]
직권 + 분권 = 복권. 직권계자를 단락시키면 직권계자가 없어지므로 분권 전동기가 된다.

정답 22 ④ 23 ② 24 ③ 25 ③

26 1차 전압 6300 [V], 2차 전압 210 [V], 주파수 60 [Hz]의 변압기가 있다. 이 변압기의 권수비는?

① 30　　② 40
③ 50　　④ 60

해설
[권수비]
전압비 $a = \dfrac{N_1}{N_2} = \dfrac{6300}{210} = 30$

27 히스테리시스 곡선의 ㉠가로축(횡축) ㉡세로축(종축)은 무엇을 나타내는가?

① ㉠ 자속밀도　　㉡ 투자율
② ㉠ 자기장의 세기　㉡ 자속밀도
③ ㉠ 자화의 세기　　㉡ 자기장의 세기
④ ㉠ 자기장의 세기　㉡ 투자율

해설
[히스테리시스 곡선]
히스테리시스 곡선의 가로축은 자기장의 세기, 세로축은 자속밀도를 나타낸다.

28 변압기의 내부고장 발생 시 고저압 측에 설치한 CT 2차 측의 억제 코일에 흐르는 전류 차가 일정비율 이상이 되었을 때 동작하는 보호계전기는?

① 과전류 계전기
② 비율 차동 계전기
③ 방향단락계전기
④ 거리계전기

해설
[비율 차동 계전기]
비율 차동 계전기는 내부고장 발생 시 고저압 측에 설치한 CT 2차 측의 억제 코일에 흐르는 전류 차가 일정비율 이상이 되었을 때 계전기가 동작하는 방식이다.

29 2대의 변압기로 V결선하여 3상 변압하는 경우 변압기 이용률 [%]은?

① 57.8　　② 66.6
③ 86.6　　④ 100

해설
[V결선]
이용률 = 86.6 [%] / 출력비 = 57.7 [%]

30 계기용 변압기의 2차 측 단자에 접속하여야 할 것은?

① O.C.R　　② 전압계
③ 전류계　　④ 전열부하

정답　26 ①　27 ②　28 ②　29 ③　30 ②

해설

[전압계]
계기용 변압기를 설치하는 이유는 전압을 측정하기 위해서이다. 2차 측에는 전압계를 연결한다.

31 다음 중 농형 유도 전동기의 장점이 아닌 것은?

① 구조가 간단하다.
② 가격이 저렴하다.
③ 보수 및 점검이 용이하다.
④ 기동토크가 크다.

해설

[농형 유도 전동기]
농형 유도 전동기는 구조가 간단하고, 가격이 저렴하며 보수 및 점검이 용이하다는 장점이 있지만, 기동토크가 작고 속도제어가 곤란하다는 단점도 있다.

32 유도 전동기에서 슬립이 0이라는 것은 어느 것과 같은가?

① 유도 전동기가 동기 속도로 회전한다.
② 유도 전동기가 정지 상태이다.
③ 유도 전동기가 전부하 운전 상태이다.
④ 유도 제동기의 역할을 한다.

해설

[유도 전동기 슬립]

슬립 $s = \dfrac{\text{동기속도} - \text{회전자속도}}{\text{동기속도}}$

즉, 슬립이 0이라는 것은 회전자속도가 동기속도와 같다는 것이다.

33 60 [Hz]의 동기 전동기가 2극일 때 동기 속도는 몇 [rpm]인가?

① 7200
② 4800
③ 3600
④ 2400

해설

[동기속도]

$N_s = \dfrac{120f}{p} = \dfrac{120 \times 60}{2} = 3600$

34 4극 60 [Hz], 슬립 5 [%]인 유도 전동기의 회전수는 몇 [rpm]인가?

① 1836
② 1710
③ 1540
④ 1200

해설

[회전자 속도]

$N = (1-s)\dfrac{120f}{p}$

$= (1-0.05) \times \dfrac{120 \times 60}{40} = 1710$

정답 ● 31 ④ 32 ① 33 ③ 34 ②

35 단상 유도 전동기의 기동 토크가 큰 순서로 되어 있는 것은?

① 반발기동, 분상기동, 콘덴서 기동
② 분상기동, 반발기동, 콘덴서 기동
③ 반발기동, 콘덴서 기동, 분상기동
④ 콘덴서 기동, 분상기동, 반발기동

해설

[단상 유도 전동기에서 기동 토크가 큰 순서]
반발기동 > 콘덴서 기동 > 분상기동 > 셰이딩 코일형

36 3상 동기 발전기에 무부하 전압보다 90도 뒤진 전기자전류가 흐를 때 전기자 반작용은?

① 감자작용을 한다.
② 증자작용을 한다.
③ 교차자화작용을 한다.
④ 자기여자작용을 한다.

해설

[전기자 반작용]
유도성 부하에는 감자작용(직축반작용)이 발생한다.

37 3상 전파정류회로의 저항 부하의 전압이 100 [V] 이면 전원전압은 몇 [V]인가?

① 135   ② 120
③ 98   ④ 74

해설

[정류회로]
3상 전파정류의 출력전압 = 1.35 × 입력
입력 = 100/1.35 = 74.07 [V]

38 디지털 디스플레이 시계나 계산기와 같이 숫자나 문자를 표기하기 위해서 사용하는 전류를 흘려 빛을 발산하는 반도체 소자는 무엇인가?

① 제너다이오드
② 쇼트키다이오드
③ 발광다이오드
④ 브리지다이오드

해설

[LED(발광다이오드)]
반도체, 다이오드의 특성을 가지고 있으며, 전류를 흐르게 하면 붉은색, 녹색, 노란색으로 빛을 발한다.

정답 35 ③ 36 ① 37 ④ 38 ③

39 다음 중 정류소자가 아닌 것은?

① LED ② SCR
③ GTO ④ IGBT

해설
[LED(발광다이오드)]
반도체, 다이오드의 특성을 가지고 있으며, 전류를 흐르게 하면 붉은색, 녹색, 노란색으로 빛을 발한다.

40 마이크로 프로세서와 연결된 수정(Crys-tal)이 하는 역할은 무엇인가?

① 증폭작용 ② 정류작용
③ 발진작용 ④ 변조작용

해설
[발진작용]
마이크로 프로세서와 연결된 수정은 주파수 발진 작용을 위해서 필요하다.

41 일반적인 연동선의 고유저항은 몇 [Ω·mm²/m]인가?

① $\frac{1}{58}$ ② $\frac{1}{55}$
③ $\frac{1}{35}$ ④ $\frac{1}{25}$

해설
[연동선의 고유저항]
연동선 : $\frac{1}{58}$, 경동선 : $\frac{1}{55}$, 알루미늄선 : $\frac{1}{35}$

42 450/750 [V] 일반용 단심 비닐 절연전선의 약호는?

① NRI ② NF
③ NFI ④ NR

해설
[절연전선 약호]
RI : 기기배선용
NF : 일반용 유연성
NFI : 기기배선용 유연성

43 금속을 아웃트렛 박스의 로크아웃에 취부할 때 로크아웃의 구멍이 관의 구멍보다 클 때 보조적으로 사용되는 것은?

① 링 리듀서 ② 엔트런스 캡
③ 부싱 ④ 엘도

해설
[링 리듀서]
로크아웃의 구멍이 관의 지름보다 커서 로크너트 만으로는 고정할 수 없을 때 사용

정답 39 ① 40 ③ 41 ① 42 ④ 43 ①

44 다음 중 애자사용공사에 사용되는 애자의 구비조건과 거리가 먼 것은?

① 난연성 ② 절연성
③ 내수성 ④ 내유성

> 해설
> [애자의 구비조건]
> 절연성, 난연성, 내수성

45 금속관을 구부릴 때 금속관의 단면이 심하게 변형되지 아니하도록 구부려야 하며, 그 안쪽의 반지름은 관 안지름의 몇 배 이상이 되어야 하는가?

① 6 ② 8
③ 10 ④ 12

> 해설
> [금속관공사]
> 곡률반지름 : 6배

46 화약류의 분말이 전기설비가 발화원이 되어 폭발할 우려가 있는 곳에 시설하는 저압 옥내배선의 공사방법으로 가장 알맞은 것은?

① 금속관공사
② 애자사용공사
③ 버스 덕트공사
④ 합성수지몰드공사

> 해설
> [폭연성 분진이 있는 곳의 공사]
> 폭연성 분진, 화약류 분말이 존재하는 곳, 가연성 가스 또는 인화성 물질의 증기가 새거나 체류하는 곳의 전기공작물은 금속관공사, 케이블공사에 의한다.

47 금속 덕트의 크기는 전선의 피복절연물을 포함한 단면적의 총 합계가 금속 덕트 내 단면적의 얼마 이하가 되도록 선정하여야 하는가?

① 1/5 ② 2/5
③ 1/2 ④ 1/3

> 해설
> [금속 덕트시공]
> 금속 덕트에 넣은 전선의 단면적(절연피복의 단면적으로 포함한다)의 합계는 덕트의 내부 단면적의 20 [%](전광표시장치 기타 이와 유사한 장치 또는 제어회로 등의 배선만을 넣는 경우에는 50 [%]) 이하일 것

48 최대 사용전압이 70 [kV]인 중성점 직접 접지식 전로의 절연내력 시험전압은 몇 [V]인가?

① 35000 ② 42000
③ 44800 ④ 50400

정답 ● 44 ④ 45 ① 46 ① 47 ① 48 ④

해설

[전로의 시험전압 (중성점 접지식)]

최대 사용전압	시험전압
7 [kV] 이하	1.5
7 [kV] 초과 25 [kV] 이하	0.92
25 [kV] 초과 60 [kV] 이하	1.25
60 [kV] 초과 170 [kV] 이하	0.72

사용전압 70,000 × 시험전압 0.72
= 50,400 [V]

49 사람이 상시 통행하는 터널 내 배선의 사용전압이 저압일 때 배선방법으로 틀린 것은?

① 금속관배선
② 금속 덕트배선
③ 합성수지관배선
④ 금속제 가요전선관배선

해설

[사람이 상시 통행하는 터널]
• 저압 : 애자, 합성수지관, 금속관, 금속제 가요전선관, 케이블
• 고압 : 케이블

50 화약고 등의 위험장소의 배선공사에서 전로의 대지전압은 몇 [V] 이하로 하도록 되어 있는가?

① 300
② 400
③ 500
④ 600

해설

[화약저장소의 대지전압]
화약저장소는 300 [V] 이하의 전압을 사용한다.

51 사람의 전기감전을 방지하기 위하여 설치하는 주택용 누전차단기는 정격감도전류와 동작시간이 얼마 이하이어야 하는가?

① 3 [mA], 0.03초
② 30 [mA], 0.03초
③ 300 [mA], 0.3초
④ 300 [mA], 0.03초

해설

[누전차단기 설치조건]
사람의 전기감전을 방지하기 위하여 주택용 누전차단기는 정격감도전류 30 [mA], 0.03초 이내에 동작하여야 한다.

정답 49 ② 50 ① 51 ②

52 접지전극의 매설 깊이는 몇 [m] 이상인가?

① 0.6
② 0.65
③ 0.7
④ 0.75

해설

[접지극 매설 깊이]
매설깊이 : 0.75 [m] 이상

53 고압 및 특고압의 전로에 시설하는 피뢰기의 접지저항은 몇 [Ω] 이하여야 하는가?

① 10
② 20
③ 50
④ 100

해설

[한국전기설비규정(KEC) 341.14]
피뢰기의 접지 : 고압 및 특고압의 전로에 시설하는 피뢰기 접지저항 값은 10 [Ω] 이하여야 한다.

54 가공전선로의 지지물에 시설하는 지선의 안전율은 얼마 이상이어야 하는가?

① 2
② 2.5
③ 3
④ 3.5

해설

[지선시공]
지선의 설치에 있어서 안전율(여유율)은 2.5로 한다.
지지물의 기초안전율은 2 이상이다.

55 일반적으로 분기회로의 개폐기 및 과전류 차단기는 저압옥내 간선과의 분기점에서 전선의 길이가 몇 [m] 이하의 곳에 시설하여야 하는가?

① 3 [m]
② 4 [m]
③ 5 [m]
④ 8 [m]

해설

[간선의 보호장치 설치방법]
분기회로의 과전류차단기는 원칙적으로 3 [m] 이하의 곳에 설치한다.

56 저압 가공전선과 고압 가공전선을 동일 지지물에 시설하는 경우 상호 이격거리는 몇 [cm] 이상이어야 하는가?

① 20 [cm]
② 30 [cm]
③ 40 [cm]
④ 50 [cm]

해설

[가공전선공사]
저압 가공전선과 고압 가공전선을 병가하는 경우에는 50 [cm] 이상 이격하여야 하며, 고압에 케이블을 사용하는 경우는 30 [cm] 이상 이격하여야 한다.

정답 52 ④ 53 ① 54 ② 55 ① 56 ④

57 피뢰기의 약호는?

① LA ② PF
③ SA ④ COS

해설

[피뢰기]
Lightning Arrester

58 설치 면적과 설치비용이 많이 들지만 가장 이상적이고 효과적인 진상용 콘덴서 설치방법은?

① 수전단 모선에 설치
② 수전단 모선과 부하 측에 분산하여 설치
③ 부하 측에 분산하여 설치
④ 가장 큰 부하 측에만 설치

해설

[진상용 콘덴서]
각 부하마다 진상용 콘덴서를 설치하는 것은 이상적이기는 하지만 설치비용이 비싼 단점이 있다.

59 조명기구를 일정한 높이 및 간격으로 배치하여 방 전체의 조도를 균일하게 조명하는 방식으로 공장, 사무실, 백화점 등에 널리 쓰이는 조명방식은 무엇인가?

① 직접조명 ② 간접조명
③ 전반조명 ④ 국부조명

해설

[전반조명]
전반조명은 조명기구를 일정하게 배치하여 방 전체의 조도를 균일하게 조명하는 방식이다.

60 작업면상의 필요한 장소로서 어떤 특별한 면을 부분조명하는 방식을 무엇이라 하는가?

① 국부조명
② 전반조명
③ 직접조명
④ 간접조명

해설

[국부조명]
필요한 곳만을 강하게 조명하는 방법으로서 정밀한 작업이나 높은 조도를 필요로 할 때 사용된다.

정답 57 ① 58 ③ 59 ③ 60 ①

2021 제1회

01 인덕턴스 0.5 [H]에 주파수가 60 [Hz] 이고 전압이 220 [V]인 교류전압이 가해질 때 흐르는 전류는 약 몇 [A]인가?

① 0.59 [A] ② 0.87 [A]
③ 0.97 [A] ④ 1.17 [A]

해설

[교류의 전류]
유도성 리액턴스 $X_L = \omega L = 2\pi f L = 60\pi$
전류 $I = \dfrac{E}{X_L} = \dfrac{220}{60\pi} = 1.17\,[A]$

02 쿨롱의 법칙에서 2개의 점전하 사이에 작용하는 정전력의 크기는?

① 두 전하의 곱에 비례하고 거리에 반비례한다.
② 두 전하의 곱에 반비례하고 거리에 비례한다.
③ 두 전하의 곱에 비례하고 거리의 제곱에 비례한다.
④ 두 전하의 곱에 비례하고 거리의 제곱에 반비례한다.

해설

[쿨롱의 법칙]
$F = \dfrac{1}{4\pi\varepsilon} \times \dfrac{Q_1 Q_2}{r^2}\,[N]$

03 권수가 150인 코일에서 2초간에 1 [Wb]의 자속이 변화한다면, 코일에 발생되는 유도기전력의 크기는 몇 [V]인가?

① 50 [V] ② 75 [V]
③ 10 [V] ④ 150 [V]

해설

[유기기전력 크기]
$e = -N\dfrac{\Delta\phi}{\Delta t} = -150 \times \dfrac{1}{2} = -75\,[V]$

04 △-△ 평형회로에서 E = 200 [V], 임피던스가 $Z = 3 + j4$ [Ω]일 때 상전류 [A]는 얼마인가?

① 30 [A] ② 40 [A]
③ 50 [A] ④ 66.7 [A]

해설

[△ 결선의 상전류]
$I_l = I_p = \dfrac{200}{\sqrt{3^2 + 4^2}} = 40$

정답 01 ④ 02 ④ 03 ② 04 ②

05 물질에 따라서 자석에 자화되어 끌리는 물체는?

① 반자성체　　② 강자성체
③ 비자성체　　④ 가역성체

해설

[자성체의 종류]

강자 성체	철(Fe), 니켈(Ni), 코발트(Co), 망간(Mn) 자기 유도에 의해 강하게 자화되어 쉽게 자석이 되는 물질
상자 성체	알루미늄(Al), 산소(O), 백금(Pt), 텅스텐(W) 강자성체와 같은 방향으로 약하게 자화되는 물질
반자 성체	구리(Cu), 아연(Zn), 비스무트(Bi), 납(Pb) 강자성체와는 반대로 자화되는 물질

06 교류회로에서 유효전력의 단위는?

① [W]　　② [VA]
③ [Var]　　④ [Wh]

해설

[교류전력]
유효전력 단위 : [W]
피상전력 단위 : [VA]
무효전력 단위 : [Var]

07 전장 중에 단위 전하를 놓았을 때 그것에 작용하는 힘과 같은 것은?

① 전하　　② 전장의 세기
③ 전위　　④ 전속

해설

[전기장의 세기]
전장의 세기는 단위 정전하에 작용하는 힘이다.

08 같은 전지 n개를 직렬로 연결했을 때 최대 전력을 얻고자 한다면 부하저항이 전지 1개의 내부저항보다 어떻게 하면 되는가?

① n^2배로 한다.　　② $\frac{1}{n^2}$로 한다.

③ $\frac{1}{n}$로 한다.　　④ n배로 한다.

해설

[전지의 저항]
저항을 직렬로 n개 접속하면 nr이 된다.

09 공기 중에서 자속밀도 10 [Wb/m²]의 평등 자계 내에 5 [A]의 전류로 흐르고 있는 길이 60 [cm]의 직선 도체를 자계의 방향에 대하여 30도의 각을 이루도록 놓았을 때 이 도체에 작용 하는 힘은?

① 15 [N]　　② $15\sqrt{3}$ [N]
③ 30 [N]　　④ $30\sqrt{3}$ [N]

해설

[전자력의 크기]

$F = BI\ell \sin\theta = 10 \times 5 \times 6 \times 10^{-1} \times \sin30°$
$= 15 \text{ [N]}$

10 그림의 브리지회로에서 평형이 되었을 때의 C_x는?

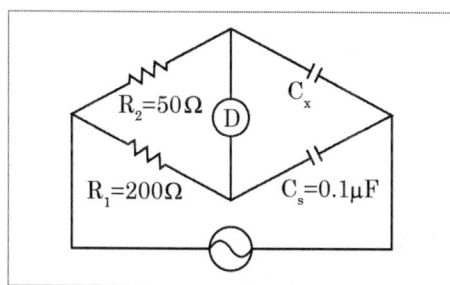

① 0.1 [μF] ② 0.2 [μF]
③ 0.3 [μF] ④ 0.4 [μF]

해설

[맥스웰 브리지]

평형조건은 $R_2 \times \dfrac{1}{\omega C_s} = R_1 \times \dfrac{1}{\omega C_x}$ 이므로

$C_x = \dfrac{R_1}{R_2} \times C_s = \dfrac{200}{50} \times 0.1 = 0.4 \text{ [μF]}$

사소한 Tip : 저항과 커패시턴스의 브리지 평형
$R_2 C_x = R_1 C_s$

11 $i = I_m \sin\omega t \text{ [A]}$인 사인파 교류에서 ωt가 몇 도일 때 순시값과 실횻값이 같게 되는가?

① 30° ② 45°
③ 60° ④ 90°

해설

[순시값과 실횻값]

순시값 = 실횻값이므로, $I_m \sin\omega t = \dfrac{I_m}{\sqrt{2}}$

$\sin\omega t = \dfrac{1}{\sqrt{2}}$ (따라서 ωt = 45°이다)

12 220 [V], 60 [W] 전등 10개를 20시간 동안 사용했을 때 전력량은 몇 [kWh]인가?

① 10 [kWh]
② 12 [kWh]
③ 24 [kWh]
④ 16 [kWh]

해설

[전력량]

한 등당 전력량 $W = P \cdot t \text{ [W·h]}$ 이므로 60등의 전력량은

60 × 10 × 20 = 12,000 [Wh] = 12 [kWh]

정답 ● 10 ④ 11 ② 12 ②

13 30 [μF]과 40 [μF]의 콘덴서를 병렬로 접속한 후 100 [V]의 전압을 가했을 때 전 전하량은 몇 [C]인가?

① 1.7×10^{-4} ② 17×10^{-4}
③ 7×10^{-4} ④ 70×10^{-4}

해설
[정전용량]
$Q = CV$ 이므로
C(병렬) $= (30 + 40) \times 10^{-6}$ [F]
V = 100 [V]
$Q = 70 \times 10^{-6} \times 100 = 70 \times 10^{-4}$ [C]

14 2전력계법으로 3상 전력을 측정할 때 지시값이 P_1 = 200 [W], P_2 = 200 [W]일 때 부하전력 [W]은?

① 200   ② 400
③ 600   ④ 800

해설
[2전력계법]
$P = W_1 + W_2 = 200 + 200 = 400$ [W]

15 5 [Ω], 10 [Ω], 15 [Ω]의 저항을 직렬로 접속하고 전압을 가하였더니 10 [Ω]의 저항 양단에 30 [V]의 전압이 측정되었다. 이 회로에 공급되는 전전압은 몇 [V]인가?

① 30 [V]   ② 60 [V]
③ 90 [V]   ④ 120 [V]

해설
[옴의 법칙]
10[Ω]에 흐르는 전류를 구하면 $I = \dfrac{30}{10} = 3$ [A]
직렬접속회로에 합성저항
$R_0 = R_1 + R_2 + R_3 = 5 + 10 + 15 = 30$ [Ω]
$V = IR = 3 \times 30 = 90$ [V]

16 정현파 교류의 파고율을 나타낸 것은?

① $\dfrac{실횻값}{평균값}$ ② $\dfrac{평균값}{실횻값}$
③ $\dfrac{실횻값}{최댓값}$ ④ $\dfrac{최댓값}{실횻값}$

해설
[정현파의 파고율과 파형률]
파고율 $= \dfrac{최댓값}{실횻값}$, 파형률 $= \dfrac{실횻값}{평균값}$

17 전력량 1 [Wh]와 그 의미가 같은 것은?

① 1 [C]
② 1 [J]
③ 3,600 [C]
④ 3,600 [J]

해설
[전력량]
전력량 1[W·s]은 1 [J]의 일에 해당하는 전력량
1 [Wh] = $1 \times 60 \times 60$ [W·s] = 3,600 [J]

정답 ▶ 13 ④   14 ②   15 ③   16 ④   17 ④

18 서로 다른 종류의 안티몬과 비스무트의 두 금속을 접속하여 여기에 전류를 통하면 그 접점에서 열의 발생 또는 흡수가 일어난다. 줄열과 달리 전류의 방향에 따라 열의 흡수와 발생이 다르게 나타나는 이 현상은?

① 펠티에 효과
② 제벡 효과
③ 제3금속의 법칙
④ 열전 효과

해설

[펠티에 효과]
서로 다른 금속에 전류를 흘리면 열의 발생 또는 흡수가 일어나는 현상이다.

19 자기회로의 길이 ℓ [m], 단면적 A [m²], 투자율 μ [H/m]일 때 자기저항 R [AT/Wb]을 나타낸 것은?

① $R = \dfrac{\mu \ell}{A} [AT/Wb]$
② $R = \dfrac{A}{\mu \ell} [AT/Wb]$
③ $R = \dfrac{\mu A}{\ell} [AT/Wb]$
④ $R = \dfrac{\ell}{\mu A} [AT/Wb]$

해설

[자기저항]
$R = \dfrac{l}{\mu A} [AT/Wb]$

20 동일한 크기의 저항 4개를 접속하여 얻어지는 경우 중에서 전체 전류가 가장 많이 흐르는 것은?

① 모두 직렬로 접속
② 모두 병렬로 접속
③ 2개는 직렬, 2개는 병렬로 접속
④ 1개는 직렬 3개는 병렬로 접속

해설

[합성저항]
합성저항은 모든 저항을 병렬로 연결할 때 가장 낮아진다.

21 전압변동률이 적고 자여자이므로 다른 전원이 필요 없으며, 계자저항기를 사용한 전압조정이 가능하므로 전기 화학용, 전지의 충전용 발전기로 가장 적합한 것은?

① 타여자 발전기
② 직류 복권 발전기
③ 직류 분권 발전기
④ 직류 직권 발전기

해설

[분권 발전기]
자여자 발전기 중 분권 발전기는 타여자 발전기와 같이 부하 변화에 전압변동률 적다.

정답 18 ① 19 ④ 20 ② 21 ③

22 발전기를 정격전압 220 [V]로 전부하 운전하다가 무부하로 운전하였더니 단자전압이 242 [V]가 되었다. 이 발전기의 전압변동률 [%]은?

① 10 ② 14
③ 20 ④ 25

해설
[전압변동률]
전압변동률 $\varepsilon = \dfrac{V_o - V_n}{V_n} \times 100 [\%]$

$\varepsilon = \dfrac{242 - 220}{220} \times 100 [\%] = 10 [\%]$

23 다음 그림에서 직류 분권 전동기의 속도 특성곡선은?

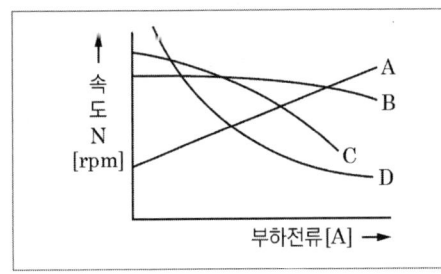

① A ② B
③ C ④ D

해설
[분권 전동기]
분권 전동기는 정속도 특성을 가지고 있다.

24 다음 제동방법 중 급정지하는 데 가장 좋은 제동방법은?

① 발전제동
② 회생제동
③ 역상제동
④ 단상제동

해설
[역상제동(역전제동, 플러깅제동)]
전동기를 급정지시키기 위해 제동 시 전동기를 역회전으로 접속하여 제동하는 방법이다.

25 200 [V], 50 [Hz], 4극, 15 [kW]의 3상 유도 전동기가 있다. 전부하일 때의 회전수가 1320 [rpm] 이면 2차 효율 [%]은?

① 78 ② 88
③ 96 ④ 98

해설
[전동기의 2차 효율]
$\eta_2 = \dfrac{P_0}{P_2} = 1 - s = \dfrac{N}{N_s}$ 이고

$N_s = \dfrac{120f}{p} = \dfrac{120 \times 50}{4} = 1{,}500,\ N = 1{,}320$

$\eta_2 = \dfrac{N}{N_s} = \dfrac{1{,}320}{1{,}500} \times 100 = 88 [\%]$

26 전기기기의 철심 재료로 규소 강판을 많이 사용하는 이유로 가장 적당한 것은?

① 와류손을 줄이기 위해
② 구리손을 줄이기 위해
③ 맴돌이전류를 없애기 위해
④ 히스테리시스손을 줄이기 위해

해설

[기기의 손실]
- 규소강판 사용 : 히스테리시스손 감소
- 성층철심 사용 : 와전류손(맴돌이전류손) 감소

27 변압기의 자속에 관한 설명으로 옳은 것은?

① 전압과 주파수에 비례한다.
② 전압과 주파수에 반비례한다.
③ 전압과 반비례하고 주파수에 비례한다.
④ 전압에 비례하고 주파수에 반비례한다.

해설

[유도기전력]
- $E = 4.44 \cdot f \cdot \phi \cdot N\,[\text{V}]$
- $\phi \propto E,\ \phi \propto \dfrac{1}{f}$

28 직권 발전기의 설명 중 틀린 것은?

① 계자권선과 전기자권선이 직렬로 접속되어 있다.
② 승압기로 사용되며 수전전압을 일정하게 유지하고자 할 때 사용된다.
③ 단자전압을 V, 유기 기전력을 E, 부하전류를 I, 전기자 저항 및 직권 계자저항을 각각 r_a, r_s라 할 때 $V = E + I(r_a + r_s)$ [V]이다.
④ 부하전류에 의해 여자되므로 무부하 시 자기여자에 의한 전압확립은 일어나지 않는다.

해설

[직권 발전기의 단자전압]
$V = E - I(r_a + r_s)\,[\text{V}]$

29 동기조상기의 계자를 부족여자로 하여 운전하면?

① 콘덴서로 작용
② 뒤진역률 보상
③ 리액터로 작용
④ 저항손의 보상

해설

[동기조상기]
- 과여자 : 콘덴서 작용(진상)
- 부족여자 : 리액터 작용(지상)

정답 26 ④ 27 ④ 28 ③ 29 ③

30 15 [kW], 60 [Hz], 4극의 3상 유도 전동기가 있다. 전부하가 걸렸을 때의 슬립이 4 [%]라면 이때의 2차(회전자) 측 동손은 약 [kW]인가?

① 1.2 ② 1.0
③ 0.8 ④ 0.6

해설

[유도 전동기 비례식]

출력 $P_0 = 15\,[\text{kW}]$, 슬립 $s = 0.04$

2차 측 동손 $P_{c2} = \dfrac{s}{1-s}P_0$

$P_{c2} = \dfrac{0.04}{1-0.04} \times 15$
$= 0.625\,[\text{kW}] = 625\,[\text{W}]$

31 수전단 발전소용 변압기 결선에 주로 사용하고 있으며 한쪽은 중성점을 접지할 수 있고 다른 한쪽은 제3고조파에 의한 영향을 없애는 장점을 가지고 있는 3상 결선방식은?

① Y – Y ② △ – △
③ Y – △ ④ V

해설

[Y결선 특징]
• 중성점 접지가 가능하여 절연이 용이하다.
• 제3고조파에 의해 통신유도장애를 일으킨다.
• 단상과 3상의 전원을 얻을 수 있다.

[△ 결선 특징]
• 제3고조파를 제거한다.
• 한 상 고장 시에도 3상 전력 공급이 가능하다.

32 PN접합 다이오드의 대표적인 작용으로 옳은 것은?

① 정류작용 ② 변조작용
③ 증폭작용 ④ 발진작용

해설

[정류작용]
PN 접합 반도체는 한쪽 방향만 전류가 흐르게 하는 정류작용을 한다.

33 3상 동기 발전기에서 전기자전류가 무부하 유도기전력보다 π/2 [rad] 앞선 경우(X_C만의 부하)의 전기자 반작용은?

① 증자작용 ② 횡축반작용
③ 감자작용 ④ 편자작용

해설

[동기 발전기의 전기자 반작용]
• 앞선 전기자전류 : 증자작용
• 뒤진 전기자전류 : 감자작용
• 전압, 전류가 동상 : 교차자화작용

34 3상 유도 전동기의 회전방향을 바꾸려면?

① 전원의 극수를 바꾼다.
② 전원의 주파수를 바꾼다.
③ 계자전류나 전기자전류 둘 중 하나의 접속을 바꾼다.
④ 3상 전원 3선 중 두 선의 접속을 바꾼다.

정답 30 ④ 31 ③ 32 ① 33 ① 34 ④

해설

[역전제동]
3상 유도 전동기의 회전방향을 바꾸려면 3상의 3선 중 2선의 접속을 바꾼다.

35 3상 농형 유도 전동기의 Y-△ 기동 시의 기동전류를 전전압 기동 시와 비교하면?

① 전전압 기동전류의 1/3로 된다.
② 전전압 기동전류의 $\sqrt{3}$ 배로 된다.
③ 전전압 기동전류의 3배로 된다.
④ 전전압 기동전류의 9배로 된다.

해설

[Y-△ 기동]
Y-△ 기동은 기동전류를 1/3로 낮추기 위해 사용한다.

36 전압제어에 의한 속도제어가 아닌 것은?

① 워드 레오나드방식
② 일그너방식
③ 직병렬제어
④ 계자저항제어

해설

[전압제어의 종류]
- 워드 레오나드방식
- 일그너방식
- 직·병렬제어법
- 쵸퍼제어법

37 3상 유도 전동기의 원선도를 그리려면 등가회로의 정수를 구할 때 몇 가지 시험이 필요하다. 작성 시 필요하지 않은 시험은?

① 무부하시험
② 고정자 권선의 저항 측정
③ 회전 수 측정
④ 구속시험

해설

[원선도 작성에 필요한 시험]
① 무부하시험 : 철손(P_i), 여자전류(무부하전류)를 구함
② 구속시험 : 동손(P_c)을 구함
③ 권선저항 측정시험(1, 2차 저항 측정)

38 교류회로에서 양방향 점호(ON)를 이용하며, 위상제어를 할 수 있는 소자는?

① TRIAC ② GTO
③ SCR   ④ IGBT

해설

[TRIAC]
쌍방향성 3단자 사이리스터. SCR 2개를 역병렬 결합한 것으로 양방향으로 전류가 흐를 수 있기 때문에 교류 스위치로 사용한다.

정답 ● 35 ① 36 ④ 37 ③ 38 ①

39 동기기의 전기자 권선법이 아닌 것은?

① 2층권/단절권
② 단층권/분포권
③ 2층권/분포권
④ 단층권/전절권

> 해설

[동기기 전기자 권선법]
동기기는 주로 분포권, 단절권, 2층권, 중권이 쓰이고 결선은 Y결선으로 한다.

40 변압기유가 구비해야 할 조건으로 옳은 것은?

① 절연내력이 작고 산화하지 않을 것
② 비열이 작아서 냉각 효과가 클 것
③ 인화점이 높고 응고점이 낮을 것
④ 절연재료나 금속에 접촉할 때 화학작용이 반응할 것

> 해설

[변압기유 구비조건]
- 절연내력이 클 것
- 비열이 커서 냉각 효과가 클 것
- 인화점이 높고, 응고점이 낮을 것
- 고온에서도 산화하지 않을 것
- 절연 재료와 화학 작용을 일으키지 않을 것
- 점성도가 작고 유동성이 풍부할 것

41 접지극을 동봉으로 사용하는 경우 길이는 최소 몇 [m] 이상이어야 하는가?

① 0.6 [m]   ② 1.2 [m]
③ 0.9 [m]   ④ 0.75 [m]

> 해설

[접지극을 동봉으로 사용할 경우]
지름은 8 [mm] 이상, 길이는 0.9 [m] 이상

42 쥐꼬리접속 시 심선의 각도는 몇 도인가?

① 30°   ② 45°
③ 90°   ④ 60°

> 해설

[쥐꼬리접속 심선각도]
쥐꼬리접속 시 심선의 각도는 90°를 유지해야 된다.

43 전지의 관한 사항이다. 감극제는 어떤 작용을 막기 위해 사용하는가?

① 분극작용   ② 방전
③ 순환전류   ④ 전기분해

> 해설

[감극제]
분극작용으로 인해 연기전력이 발생하여 단자전압이 저하될 수 있으며, 이것을 방지하기 위해 사용되는 산화제를 감극제라고 한다.

정답 ▶ 39 ④ 40 ③ 41 ③ 42 ③ 43 ①

44 접지저항 측정방법으로 가장 적당한 것은?

① 절연저항계
② 전력계
③ 콜라우시 브리지
④ 메거

해설
[콜라우시 브리지]
저저항 측정용 계기로 접지저항, 전해액의 저항 측정에 사용된다.

45 폭연성 분진이 존재하는 곳의 저압 옥내배선공사 시 공사방법으로 짝지어진 것은?

① 금속관공사, MI 케이블공사, 개장된 케이블공사
② CD 케이블공사, MI 케이블공사, 금속관공사
③ CD 케이블공사, MI 케이블공사, 제1종 캡타이어 케이블공사
④ 개장된 케이블공사, CD 케이블공사, 제1종 캡타이어 케이블공사

해설
[폭연성 분진이 존재하는 곳의 배선]
- 금속관공사
- 케이블공사(캡타이어 케이블 제외)
- 케이블은 개장 케이블 또는 MI 케이블 사용

46 폭발성 분진이 존재하는 위험 장소에 금속관공사에 있어서 관 상호 및 관과 박스의 접속은 몇 턱 이상의 나사 조임으로 시공하여야 하는가?

① 6턱   ② 3턱
③ 4턱   ④ 5턱

해설
[전기기계기구의 나사 조임]
폭연성 분진 또는 화약류 분말이 존재하는 곳의 배선관 상호 및 관과 박스 기타의 부속품이나 풀 박스 또는 전기기계기구는 5턱 이상의 나사 조임으로 접속한다.

47 가스 절연 개폐기나 가스 차단기에 사용되는 가스인 SF6의 성질이 아닌 것은?

① 같은 압력에서 공기의 2.5 ~ 3.5배의 절연 내력이 있다.
② 무색, 무취, 무해 가스이다.
③ 가스압력 3 ~ 4 [kgf/cm^2]에서는 절연 내력은 절연유 이상이다.
④ 소호능력은 공기보다 2.5배 정도 낮다.

해설
[SF_6 가스]
육불화황은 공기보다 소호능력이 100배 높다.

정답 44 ③ 45 ① 46 ④ 47 ④

48 다음 중 저압배전선로를 전주에 수직배열하기 위해 사용하는 것은?
① 지주   ② 지선
③ 래크   ④ 완철

해설
[래크배선]
전주에 수직배열하기 위해 사용한다.

49 금속 몰드의 지지점 간의 거리는 몇 [m] 이하로 하는 것이 가장 바람직한가?
① 1 [m]   ② 3 [m]
③ 2 [m]   ④ 1.5 [m]

해설
[금속 몰드의 지지점 간의 거리]
1.5 [m] 이하

50 전선의 굵기가 6 [mm^2] 이하인 전선을 직선 접속할 때 주로 사용하는 접속법은?
① 트위스트 접속
② 브리타니아 접속
③ 쥐꼬리 접속
④ T형 커넥터 접속

해설
[전선의 접속]
• 트위스트 접속 : 6 [mm^2] 이하의 가는 단선
• 브리타니아 접속 : 지름 3.2 [mm] 이상의 굵은 단선

51 완전 확산면은 어느 방향에서 보아도 무엇이 동일한가?
① 광속   ② 광도
③ 휘도   ④ 조도

해설
[완전 확산면]
완전 확산면은 모든 방향으로 동일한 휘도를 말한다.

52 접지를 하는 목적으로 틀린 것은?
① 감전방지
② 대지전압 상승 방지
③ 전기 설비 용량 감소
④ 화재와 폭발사고 방지

해설
[접지의 목적]
• 누설전류로 인한 감전 방지
• 뇌해로부터 전기설비 보호
• 화재와 폭발사고 방지
• 지락사고 발생 시 보호계전기 신뢰도 향상
• 이상전압 발생 시 대지전압 억제(절연강도를 낮추기 위함)

정답 48 ③ 49 ④ 50 ① 51 ③ 52 ③

53 다음 중 가연성 분진에 전기설비가 발화원이 되어 폭발할 우려가 있는 곳에 시공할 수 있는 저압 옥내배선공사는?

① 버스 덕트공사
② 라이팅 덕트공사
③ 가요전선관공사
④ 금속관공사

해설

[가연성 분진이 존재하는 곳의 저압 옥내배선]
- 합성수지관배선
- 금속전선관배선
- 케이블배선

54 한국전기설비규정에서 전동기에 공급하는 간선은 그 간선에 접속하는 전동기의 정격전류의 합계가 50 [A] 이하일 경우 그 정격전류 합계의 몇 배 이상의 허용전류를 갖는 전선을 사용하여야 하는가?

① 2배   ② 1.5배
③ 1.25배   ④ 1.1배

해설

[전동기 부하의 간선의 굵기 산정]

전동기 정격전류	허용전류 계산
50 [A] 이하	정격전류 합계의 1.25배
50 [A] 초과	정격전류 합계의 1.1배

55 저압으로 수전하는 3상 4선식에서는 단상 접속 부하로 계산하여 설비 불평형률을 몇 [%] 이하로 하는 것을 원칙으로 하는가?

① 10   ② 20
③ 30   ④ 40

해설

[설비 불평형률]
- 단상 3선식 : 40 [%]
- 3상 3선식, 3상 4선식 : 30 [%]

56 수·변전 설비의 고압회로에 걸리는 전압을 표시하기 위해 전압계를 시설할 때 고압회로와 전압계 사이에 시설하는 것은?

① 수전용 변압기
② 계기용 변류기
③ 계기용 변압기
④ 권선형 변류기

해설

[계기용 변성기]
- 계기용 변압기(PT) : 계측을 하기 위해 고압을 저압으로 변성한다.
- 계기용 변류기(CT) : 계측을 하기 위해 대전류를 소전류로 변성한다.

정답 ● 53 ④ 54 ③ 55 ③ 56 ③

57 한국전기설비규정에서 저압 가공인입선은 지름 몇 [mm] 이상의 인입을 비닐절연전선을 사용하는가? (단, 경간이 15 [m] 초과인 경우다)

① 2.0　　② 2.6
③ 3.0　　④ 1.6

해설

[저압 가공인입선공사]
저압 가공인입선의 전선은 케이블인 경우 이외에는 지름 2.6 [mm]의 경동선 또는 이와 동등 이상의 세기 및 굵기의 것일 것. 다만 경간이 15 [m] 이하인 경우에 한하여 지름 2 [mm]의 경동선 또는 이와 동등 이상의 세기 및 굵기의 것을 사용할 수 있다.

58 큰 건물의 공사에서 콘크리트에 구멍을 뚫어 드라이브 핀을 경제적으로 고정하는 공구는?

① 스패너　　② 드라이브이트 툴
③ 오스터　　④ 녹 아웃 펀치

해설

[드라이브이트]
화약의 폭발력을 이용하여 철근 콘크리트 등의 단단한 조영물에 드라이브이트 핀을 박을 때 사용하는 공구이다.

59 대표적인 플라스틱 전력 케이블로서, 저압에서 특고압에 이르기까지 널리 사용되며, 약칭으로 CV 케이블이라고 불리는 것의 명칭은?

① 0.6/1 [kV] 내열전선
② 0.6/1 [kV] 가교폴리에틸렌 절연 비닐 외장 케이블
③ 0.6/1 [kV] 폴리에틸렌 절연 비닐 외장 케이블
④ 0.6/1 [kV] 비닐 절연 비닐 외장 케이블

해설

[CV 케이블]
가교폴리에틸렌 절연 비닐 외장 케이블

정답　57 ②　58 ②　59 ②

60 다음 그림의 접속법을 옳게 짝지은 것을 고르시오.

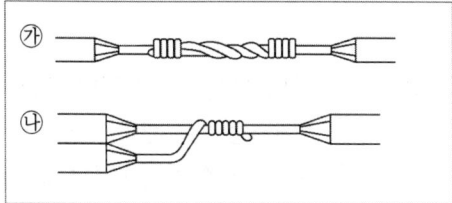

① ㉮ : 브리타니아 직선접속
　㉯ : 쥐꼬리 접속
② ㉮ : 브리타니아 직선접속
　㉯ : 브리타니아 분기접속
③ ㉮ : 트위스트 직선접속
　㉯ : 쥐꼬리 접속
④ ㉮ : 트위스트 직선접속
　㉯ : 트위스트 분기접속

해설

[트위스트 접속]
㉮ : 트위스트 직선접속
㉯ : 트위스트 분기접속

정답 60 ④

2021 제2회

01 220 [V]용 50 [W] 전구와 30 [W] 전구를 직렬로 연결하여 220 [V]의 전원에 연결하면?

① 두 전구의 밝기가 같다.
② 30 [W]의 전구가 더 밝다.
③ 50 [W]의 전구가 더 밝다.
④ 두 전구 모두 안 켜진다.

해설

[전력으로 보는 전구의 밝기]
30 [W] 전구의 저항
$$R = \frac{V^2}{P} = \frac{220^2}{30} = 1613 \, [\Omega]$$
소비전력은
$$P = \frac{V^2}{R} = \frac{137^2}{1613} = 11.63 \, [W]$$
50 [W] 전구의 저항
$$R = \frac{V^2}{P} = \frac{220^2}{50} = 968 \, [\Omega]$$
소비전력은
$$P = \frac{V^2}{R} = \frac{82^2}{968} = 6.94 \, [W]$$
따라서 30 [W]의 전구가 소비전력이 더 크므로 더 밝다.

02 도체에 대전체를 접근시키면 대전체에 가까운 쪽에서는 대전체와 다른 전하가 나타나며 그 반대쪽에는 대전체와 같은 종류의 전하가 나타나는 현상이 일어난다. 이와 같은 현상을 무엇이라고 하는가?

① 정전차폐 ② 자기유도
③ 대전   ④ 정전유도

해설

[정전유도]
도체에 대전체를 접근시키면 대전체에 가까운 쪽에는 대전체와 다른 전하가 나타나며 그 반대쪽에는 대전체와 같은 종류의 전하가 나타나는 현상

03 그림과 같이 공기 중에 놓인 4 × 10⁻⁸ [C]의 전하에서 4 [m] 떨어진 점 P와 2 [m] 떨어진 점 Q와의 전위차는 몇 [V]인가?

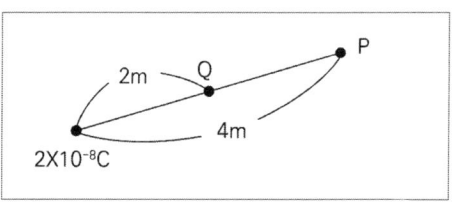

① 80   ② 90
③ 100 ④ 110

해설

[전위차]

- P점의 전위

$$V_P = 9 \times 10^9 \frac{Q}{r} = 9 \times 10^9 \times \frac{4 \times 10^{-8}}{4}$$
$$= 90 [V]$$

- Q점의 전위

$$V_Q = 9 \times 10^9 \frac{Q}{r} = 9 \times 10^9 \times \frac{4 \times 10^{-8}}{2}$$
$$= 180 [V]$$

두 점의 전위차는 90 [V]이다.

04 길이가 31.4 [cm], 단면적 0.25 [m²], 비투자율 100인 철심을 이용하여 자기회로를 구성하면 자기저항은 몇 [AT/Wb]인가? (단, 진공의 투자율은 $4\pi \times 10^{-7}$ [H/m]로 계산한다)

① 2648.24
② 6784.58
③ 8741.49
④ 9994.93

해설

[자기저항]

$$R_m = \frac{l}{\mu A} = \frac{l}{\mu_0 \mu_s A}$$
$$= \frac{0.314}{4\pi \times 10^{-7} \times 100 \times 0.25}$$
$$= 9994.93 [AT/wb]$$

05 자계의 영향을 받지 않아 자화가 되지 않는 물질로, 강자성체 이외의 자성이 약한 물질이나 전혀 자성을 갖지 않는 물질을 무엇이라 하는가?

① 상자성체
② 반자성체
③ 비자성체
④ 페리자성체

해설

[비자성체]

자화가 되지 않는 물질로 상자성 물질과 반자성 물질을 포함하며 비투자율은 1에 가깝다.

06 자장 중에서 도선에 발생되는 유기 기전력의 방향은 어떤 법칙에 의하여 설명되는가?

① 패러데이의 법칙
② 앙페르의 오른나사법칙
③ 렌츠의 법칙
④ 가우스의 법칙

해설

[자기의 법칙]

- 유기 기전력의 방향 : 렌츠의 법칙
- 유기 기전력의 크기 : 패러데이의 법칙
- 전류에 의한 자장의 방향 : 앙페르의 오른나사법칙
- 전기력선의 밀도에 의한 전계의 세기를 구하는 법칙 : 가우스의 법칙

정답 04 ④ 05 ③ 06 ③

07 공기 중에 1 [m] 떨어져 평행으로 놓인 두 개의 무한히 긴 도선에 왕복전류가 흐를 때, 단위 길이 당 18×10^{-7} [N]의 힘이 작용한다면 이때 흐르는 전류는 약 몇 [A]인가?

① 3　　② 9
③ 27　　④ 34

해설
[평행도체 사이에 작용하는 힘]
$F = \dfrac{2I_1 I_2}{r} \times 10^{-7}$ 이므로
$I = \sqrt{\dfrac{F \times r}{2} \times 10^7} = \sqrt{\dfrac{18 \times 10^{-7}}{2} \times 10^7}$
$= 3$ [A]

08 두 코일이 서로 직각으로 교차할 때 상호인덕턴스는?

① $L_1 + L_2$　　② $L_1 - L_2$
③ $L_1 \times L_2$　　④ 0

해설
[상호 인덕턴스]
직각으로 교차할 때의 상호 인덕턴스는 0이다.

09 어느 코일에서 0.1초 동안에 전류가 0.3 [A]에서 0.2 [A]로 변화할 때 코일에 유도되는 기전력이 2×10^{-4} [V]이면, 이 코일의 자체인덕턴스는 몇 [mH]인가?

① 0.1　　② 0.2
③ 0.3　　④ 0.4

해설
[자체 인덕턴스]
유도기전력 $e = -L \times \dfrac{\Delta I}{\Delta t}$ 에서
자체인덕턴스 $L = e \times \dfrac{\Delta t}{\Delta I}$
$L = 2 \times 10^{-4} \times \dfrac{0.1}{0.3 - 0.2}$
$= 2 \times 10^{-4}$ [H] $= 0.2$ [mH]

10 주파수 10 [Hz]의 주기는 몇 초인가?

① 0.05　　② 0.02
③ 0.01　　④ 0.1

해설
[주파수와 주기]
주파수와 주기는 역수의 관계이다.
$T = \dfrac{1}{f} = \dfrac{1}{10} = 0.1$

정답　07 ①　08 ④　09 ②　10 ④

11 R = 8 [Ω], L = 19.1 [mH]의 직렬회로에 5 [A]가 흐르고 있을 때 인덕턴스에 걸리는 단자전압의 크기는 몇 [V]인가? (단, 주파수는 60 [Hz]이다)

① 12 ② 25
③ 29 ④ 36

해설

[인덕턴스에 걸리는 단자전압]
- $X_L = 2\pi f L$
  $= 2 \times 3.14 \times 60 \times 19.1 \times 10^{-3} = 7.2 [\Omega]$
- $V_L = I \times X_L = 5 \times 7.2 = 3.6$

12 저항 4 [Ω], 유도 리액턴스 8 [Ω], 용량 리액턴스 5 [Ω]이 직렬로 된 회로에서의 역률은 얼마인가?

① 0.8 ② 0.7
③ 0.6 ④ 0.5

해설

[역률]

역률 $\cos\theta = \dfrac{R}{Z}$

RLC 직렬회로의 임피던스
$Z = \sqrt{R^2 + (X_L - X_C)^2}$ 이므로
$Z = \sqrt{4^2 + (8-5)^2} = 5$가 된다.

역률 $\cos\theta = \dfrac{4}{5} = 0.8$

13 그림과 같은 RC 병렬회로에서 합성 임피던스 식은?

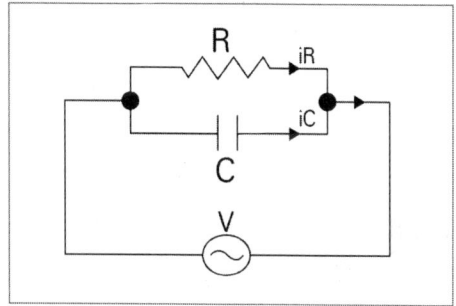

① $Z = \sqrt{(R)^2 + (\omega C)^2}$

② $Z = \sqrt{\left(\dfrac{1}{R}\right)^2 + (\omega C)^2}$

③ $Z = \dfrac{1}{\sqrt{\left(\dfrac{1}{R}\right)^2 + (\omega C)^2}}$

④ $Z = \dfrac{1}{\sqrt{\left(\dfrac{1}{R}\right)^2 + \left(\dfrac{1}{\omega C}\right)^2}}$

해설

[RC 병렬회로에서 합성 임피던스]

$Z = \dfrac{1}{\sqrt{\left(\dfrac{1}{R}\right)^2 + \left(\dfrac{1}{X_C}\right)^2}}$

$Z = \dfrac{1}{\sqrt{\left(\dfrac{1}{R}\right)^2 + (\omega C)^2}}$

정답 ● 11 ④ 12 ① 13 ③

14 L만의 회로에서 유도리액턴스는 주파수가 1 [kHz]일 때 50 [Ω]이었다. 주파수를 500 [Hz]로 바꾸면 유도리액턴스는 몇 [Ω]인가?

① 12.5 ② 25
③ 50   ④ 100

해설

[유도 리액턴스]
$X_L = \omega L = 2\pi f L$ 이므로 인덕턴스는
$L = \dfrac{X_L}{2\pi f} = \dfrac{50}{2\pi \times 1000} = 7.96 \times 10^{-3} [H]$
이때 500 [Hz]를 가할 때 유도 리액턴스는
$X_L = 2\pi \times 500 \times 7.96 \times 10^{-3} = 25$

15 RLC 직렬공진회로에서 최대가 되는 것은?

① 전류   ② 임피던스
③ 리액턴스 ④ 저항

해설

[RLC 직렬공진회로]
직렬공진회로에서는 유도 리액턴스와 용량 리액턴스가 같으므로 리액턴스는 0이 된다. 따라서 $Z = \sqrt{R^2 + X^2}$ 인데 리액턴스 성분 X가 0이므로 $Z = \sqrt{R^2}$ 이 되고, $Z = R$이 되어 임피던스 성분은 최소가 되고 전류는 최대가 된다.

16 다음 중 유효전력의 단위는 어느 것인가?

① [W]   ② [Var]
③ [kVA] ④ [VA]

해설

[교류전력]
피상전력 [VA], 유효전력 [W], 무효전력 [Var]

17 전압 200 [V], 저항 8 [Ω], 유도 리액턴스 6 [Ω]이 직렬로 연결된 회로에 흐르는 전류와 역률은 얼마인가?

① 20A, 0.8 ② 20A, 0.7
③ 10A, 0.6 ④ 10A, 0.5

해설

[RL 직렬회로의 임피던스와 역률]
RL 직렬회로의 임피던스
$Z = \sqrt{R^2 + X_L^2} = \sqrt{8^2 + 6^2} = 10$ 이므로
역률은 $\cos\theta = \dfrac{R}{Z} = \dfrac{8}{10} = 0.8$이 된다.
이때 전류 $I = \dfrac{V}{Z} = \dfrac{200}{10} = 20 [A]$

18 평형 3상 회로에서 1상의 소비전력이 P라면 3상 회로의 전체 소비전력은?

① P   ② 2P
③ 3P   ④ $\sqrt{3}\,P$

정답 ● 14 ② 15 ① 16 ① 17 ① 18 ③

해설
[3상 소비전력]
3상 회로의 소비전력은 1상의 소비전력의 3배를 한 것과 같다.

19 비정현파가 발생하는 원인과 거리가 먼 것은?

① 자기포화
② 옴의 법칙
③ 히스테리시스
④ 전기자 반작용

해설
[비정현파]
비정현파는 전기회로의 불안정한 원인으로 발생한다.

20 세 변의 저항 $R_a = R_b = R_c = 15\ [\Omega]$인 Y결선회로가 있다. 이것과 등가인 △결선 회로의 각 변의 저항은 약 몇 [Ω]인가?

① 5
② 10
③ 25
④ 45

해설
[△-Y 등가 변환]
△결선에서도 Y결선의 합성저항을 동일하게 하려면 △결선의 각 상의 저항이 Y결선의 3배가 되어야 한다.

21 영구자석 또는 전자석 끝부분에 설치한 자성 재료편으로서, 전기자에 대응하여 계자 자속을 공극 부분에 적당히 분포시키는 역할을 하는 것은 무엇인가?

① 자극편
② 정류자
③ 공극
④ 브러시

해설
[자극편]
자극편은 전기자에 대응하여 계자 자속을 공극 부분에 적당히 분포시키는 역할을 한다.

22 발전기의 전압변동률을 표시하는 식은? (단, V_0 : 무부하전압, V_n : 정격전압)

① $\varepsilon = \left(\dfrac{V_0}{V_n} - 1\right) \times 100\%$

② $\varepsilon = \left(1 - \dfrac{V_0}{V_n}\right) \times 100\%$

③ $\varepsilon = \left(\dfrac{V_n}{V_0} - 1\right) \times 100\%$

④ $\varepsilon = \left(1 - \dfrac{V_n}{V_0}\right) \times 100\%$

해설
[전압변동률]
전압변동률 $\varepsilon = \dfrac{V_o - V_n}{V_n} \times 100\ [\%]$

$\varepsilon = \left(\dfrac{V_0}{V_n} - 1\right) \times 100\ [\%]$

정답 19 ② 20 ④ 21 ① 22 ①

23 13200/220 변압기에서 1차 전압 6000 [V]를 가했을 때, 2차 전압은 몇 [V]인가?

① 1000 ② 10
③ 100   ④ 1

해설

[권수비]

권수비 $a = \dfrac{13200}{220} = 60$이므로

$V_2 = \dfrac{V_1}{a} = \dfrac{6000}{60} = 100$이 된다.

24 변압기의 규약효율은?

① $\dfrac{출력}{입력} \times 100\,[\%]$

② $\dfrac{출력}{출력 + 손실} \times 100\,[\%]$

③ $\dfrac{출력}{입력 - 손실} \times 100\,[\%]$

④ $\dfrac{입력 + 손실}{입력} \times 100\,[\%]$

해설

[변압기 규약효율]
변압기의 규약효율은 발전기의 규약효율과 같다.

25 일반적으로 사용하는 주상 변압기의 냉각방식은?

① 유입 송유식
② 유입 수냉식
③ 유입 풍냉식
④ 유입 자냉식

해설

[유입 자냉식]
절연유를 충만시킨 외함 내에 변압기를 수용하고, 오일의 대류작용에 의하여 철심 및 권선에 발생한 열을 외함에 전달하며, 외함의 방산이나 대류에 의하여 열을 대기로 방산시키는 변압기의 냉각방식

26 여러 변압기를 1개의 조로 묶어 전력을 변성하는 단위를 말하는 용어는 무엇인가?

① 케스케이딩
② 뱅크
③ 병렬운전
④ 역률개선

해설

[변압기 뱅크(Transformer Bank)]
어떤 상수의 전력을 변성하는 1조의 변압기를 말한다.

정답 ● 23 ③ 24 ② 25 ④ 26 ②

27 변압기의 결선방식에서 낮은 전압을 높은 전압으로 올릴 때 사용하는 결선방식은?

① Y-Y
② △-△
③ △-Y
④ Y-△

> **해설**
>
> [△-Y결선]
> △-Y결선은 낮은 전압을 높은 전압으로 올릴 때 사용한다.

28 고장 시 불평형 차전류가 평형전류의 어떤 비율 이상으로 되었을 때 동작하는 계전기는?

① 과전압 계전기
② 과전류 계전기
③ 전압 차동 계전기
④ 비율 차동 계전기

> **해설**
>
> [비율 차동 계전기]
> 비율 차동 계전기는 내부고장 발생 시 고저압 측에 설치한 CT 2차 측의 억제 코일에 흐르는 전류 차가 일정비율 이상이 되었을 때 계전기가 동작하는 방식이다.

29 동기속도 3600 [rpm], 주파수 60 [Hz]의 유도 전동기의 극수는?

① 2
② 4
③ 6
④ 8

> **해설**
>
> [동기속도]
> $N_s = \dfrac{120f}{P}$ 에서 $3600 = \dfrac{120 \times 60}{P}$
> $P = \dfrac{120 \times 60}{3600} = 2$

30 다음은 3상 유도 전동기 고정자 권선의 결선도를 나타낸 것이다. 맞는 사항을 고르시오.

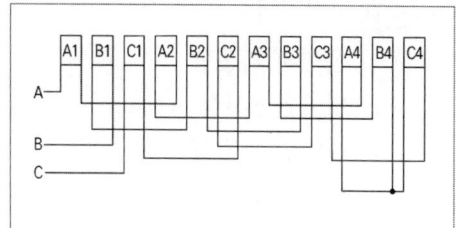

① 3상 2극, Y결선
② 3상 4극, Y결선
③ 3상 2극, △결선
④ 3상 4극, △결선

> **해설**
>
> [3상 유도 전동기]
> A1 ~ A4까지 1개의 권선당 4번의 코일로 감겨 있으므로 4극이며, A4, B4, C4에서 한 점으로 만나므로 Y결선이 된다.

정답 ● 27 ③ 28 ④ 29 ① 30 ②

31 정지상태에 있는 3상 유도 전동기의 슬립 값은?

① 0　　② 1
③ 2　　④ 3

해설
[유도 전동기 슬립]
슬립 $S = \dfrac{동기속도 - 회전자속도}{동기속도}$ 에서 회전자속도가 0이므로 슬립은 1이 된다.

32 단상유도 전동기 중 고정자 자극의 한 쪽 끝에 홈을 파서 돌출극을 만들고 이 돌출극에 구리 단락 고리를 끼워 회전자계를 만들어 기동하는 단상 유도 전동기를 무엇이라고 하는가?

① 콘덴서 기동형
② 영구콘덴서형
③ 셰이딩 코일형
④ 반발기동형

해설
[셰이딩 코일형]
자극의 한 쪽 끝에 홈을 파서 돌출극을 만들고 이 돌출극에 셰이딩코일(Shading Coil)이라 부르는 구리 단락 고리를 끼운다. 이는 구조가 간단하고 견고하지만 회전방향을 변경할 수 없다.

33 정격전압이 380 [V]인 3상 유도 전동기의 1차 입력이 50 [kW]이고, 1차 전류가 135 [A]가 흐를 때 이 전동기의 역률은?

① 0.52　　② 0.56
③ 0.59　　④ 0.64

해설
[전동기 역률]
1차 입력 $P_1 = \sqrt{3}\, VI\cos\theta$

역률 $\cos\theta = \dfrac{P}{\sqrt{3}\, VI} = \dfrac{50 \times 10^3}{\sqrt{3} \times 380 \times 135}$
$\qquad\qquad = 0.56$

34 동기기의 전기자 권선법이 아닌 것은?

① 2층 분포권
② 단절권
③ 중권
④ 전절권

해설
[동기기 전기자 권선법]
전기자 권선법은 고조파를 줄이기 위하여 전절권이 아닌 단절권을 사용한다.

정답　31 ②　32 ③　33 ②　34 ④

35 동기 발전기의 병렬운전 중에 기전력의 위상차가 생기면?

① 위상이 일치하는 경우보다 출력이 감소한다.
② 부하 분담이 변한다.
③ 무효 순환전류가 흘러 전기자 권선이 과열된다.
④ 동기화력이 생겨 두 기전력의 위상이 동상이 되도록 작용한다.

해설
[동기 발전기 병렬운전 조건]
- 전압차 : 무효순환전류(무효횡류)
- 위상차 : 유효순환전류(유효횡류)

36 동기 발전기에서 전기자전류가 기전력보다 90°만큼 위상이 앞설 때의 전기자 반작용은?

① 교차자화작용
② 감자작용
③ 편자작용
④ 증자작용

해설
[위상특성 곡선]
발전기에서 전류가 앞설 때 증자작용이 일어난다.

37 진성반도체를 P형 반도체로 만들기 위하여 첨가하는 것은?

① 인   ② 인듐
③ 비소   ④ 안티몬

해설
[불순물 반도체]
- P형 반도체 첨가 원소 : 붕소(B), 갈륨(Ga), 인듐(In)
- N형 반도체 첨가 원소 : 인(P), 비소(As), 안티몬(Sb)

38 단상 전파 정류회로에서 전원이 220 [V]이면 부하에 나타나는 전압의 평균값은 약 몇 [V]인가?

① 99   ② 198
③ 257.4   ④ 297

해설
[정류회로]
입력 × 0.9 = 220 × 0.9 = 198 [V]

정답 35 ④ 36 ④ 37 ② 38 ②

39 그림과 같은 전동기제어회로에서 전동기 M의 전류 방향으로 올바른 것은? (단, 전동기의 역률은 100 [%]이고, 사이리스터의 점호각은 0°라고 본다)

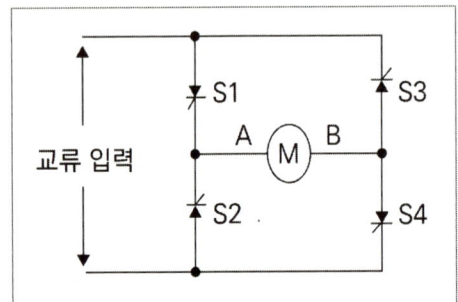

① 항상 "A"에서 "B"의 방향
② 항상 "B"에서 "A"의 방향
③ 입력의 반주기마다 "A"에서 "B"의 방향, "B"에서 "A"의 방향
④ S1과 S4, S2와 S3의 동작 상태에 따라 "A"에서 "B"의 방향, "B"에서 "A"의 방향

▶해설
[교류 공급 시 전류의 방향]
교류를 공급할 때 위가 (+)인 경우 S1과 S4를 통해서 A-B로 전류가 흐르고, 아래가 (+)인 경우 S2와 S3을 통해서 A-B로 전류가 흐른다.

40 SCR 2개를 역병렬로 접속한 그림과 같은 기호의 명칭은?

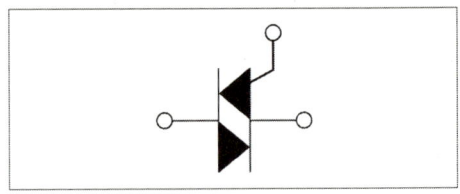

① SCR ② TRIAC
③ GTO ④ UJT

▶해설
[트라이악(TRIAC)]
트라이악은 3단자 양방향성 소자이다.

41 전선 및 케이블의 구비조건으로 맞지 않는 것은?

① 도전율이 크고 고유저항이 작을 것
② 기계적 강도 및 가요성이 풍부할 것
③ 내구성이 크고 비중이 클 것
④ 시공 및 접속이 쉬울 것

▶해설
[전선 재료의 구비요건]
• 도전율이 클 것
• 기계적 강도가 클 것
• 가요성 및 내식성이 클 것
• 내구성이 크고 비중이 작을 것

정답 39 ① 40 ② 41 ③

42 저압 가공전선에 대한 설명으로 옳지 않은 것은?

① 저압 가공전선은 나전선, 절연전선, 다심형 전선 또는 케이블을 사용하여야 한다.
② 사용전압이 400 [V] 이하인 경우 케이블을 사용할 수 없다.
③ 사용전압이 400 [V]를 초과하고 시가지에 시설하는 경우 지름 5 [mm] 이상의 경동선이어야 한다.
④ 사용전압이 400 [Vf]를 초과하는 경우 인입용 비닐 절연전선을 사용할 수 없다.

해설

[한국전기설비규정 222.5 저압 가공전선의 굵기 및 종류]
사용전압이 400 [V] 초과인 저압 가공전선에는 인입용 비닐 절연전선을 사용하여서는 안 된다.

43 다음 중 금속전선관의 종류에서 박강전선관의 규격이 아닌 것은?

① 19　　② 25
③ 31　　④ 35

해설

[박강전선관의 규격 [mm]]
19, 25, 31, 39, 51, 63, 75

44 다음 중 버스 덕트의 종류가 아닌 것은?

① 플로어 버스 덕트
② 피더 버스 덕트
③ 탭붙이 버스 덕트
④ 플러그인 버스 덕트

해설

[버스 덕트의 종류]
피더버스 덕트, 익스펜션 버스 덕트, 탭붙이 버스 덕트, 트랜스포지션 버스 덕트, 플러그인 버스 덕트, 트롤리버스 덕트

45 교통신호등회로의 사용전압은 몇 [V]를 넘는 경우에 전로에 지락이 생겼을 때 자동적으로 전로를 차단하는 장치를 시설하여야 하는가?

① 100　　② 150
③ 200　　④ 300

해설

[한국전기설비규정 234.15.6]
교통신호등회로의 사용전압이 150 [V]를 넘는 경우는 전로에 지락이 생겼을 경우 자동적으로 전로를 차단하는 누전차단기를 시설할 것

정답　42 ④　43 ④　44 ①　45 ②

46 접지선의 절연전선 색상은 특별한 경우를 제외하고는 어느 색으로 표시를 하여야 하는가?

① 흑색　　② 녹색
③ 녹색 - 노란색　　④ 녹색 - 적색

> 해설

[전선의 색 표시]
접지선의 절연전선은 특별한 경우를 제외하고 녹색 - 노란색으로 표시하여야 한다.

47 보조 접지극 2개를 이용하여 계기판의 눈금이 0을 가리키는 순간의 저항 다이얼의 값을 읽어 접지저항을 측정하는 방법은?

① 캘빈더블 브리지
② 휘트스톤 브리지
③ 콜라우시 브리지
④ 접지저항계

> 해설

[접지저항계]
피측정 접지 전극으로부터 10 [m] 떨어진 곳에 전위 보조 전극을 대지에 박고, 동일 선상에 10 [m] 더 떨어진 곳에 전류 보조 전극을 박은 후에 각각 E, P, C 단자에 연결하여 검류계의 바늘이 0을 가리킬 때의 다이얼의 눈금을 읽어 접지저항을 측정한다.

48 접지공사에서 접지극으로 동판을 사용하는 경우 면적이 몇 [cm^2] 편면 이상이어야 하는가?

① 300　　② 600
③ 900　　④ 1200

> 해설

[접지극의 면적]
동판을 사용하는 경우는 두께 0.7 [mm] 이상, 면적 900 [cm^2] 편면 이상의 것

49 기동 시 발생하는 기동전류에 대해 동작하지 않는 퓨즈의 종류로 옳은 것은?

① 플러그 퓨즈
② 전동기용 퓨즈
③ 온도 퓨즈
④ 텅스텐 퓨즈

> 해설

[전동기용 퓨즈]
일정값 이상의 과전류(즉, 기동전류에는 동작하지 않는다)를 차단하는 퓨즈를 한류형 퓨즈라고 하는데, 한류형 퓨즈의 종류에는 변압기용, 케이블용, 콘덴서용, 전동기용 퓨즈 등이 있다.

정답　46 ③　47 ④　48 ③　49 ②

50 사람의 감전을 방지하기 위하여 설치하는 주택용 누전차단기의 정격감도전류와 동작 시간이 얼마 이하여야 하는가?

① 30 [mA], 0.03초
② 3 [mA], 0.03초
③ 300 [mA], 0.3초
④ 30 [mA], 0.3초

해설
[누전차단기 설치조건]
인체 감전 방지를 위해 주택용 누전차단기는 정격감도전류 30 [mA], 0.03초 이내에 동작하여야 한다.

51 정격전류가 60 [A]일 때, 주택용 배선차단기의 동작 시간은 얼마 이내인가?

① 15분   ② 30분
③ 60분   ④ 120분

해설
[한국전기설비규정]
과전류 트립 동작 시간(주택용 배선용차단기)

정격전류의 구분	시간
63 [A] 이하	60분
63 [A] 초과	120분

52 철근 콘크리트주로써 전장이 15 [m]이고, 설계 하중이 7.8 [kN]이다. 이 지지물을 논, 기타 지반이 약한 곳 이외에 기초안전율의 고려 없이 시설하는 경우에 그 묻히는 깊이는 기준보다 몇 [cm]를 가산하여 시설하여야 하는가?

① 10   ② 30
③ 50   ④ 70

해설
[전주가 땅에 묻히는 깊이]
15 [m] 이하 : 전장 × $\frac{1}{6}$ 이상
15 [m] 초과 : 2.5 [m] 이상

53 전선로의 직선 부분을 지지하는 애자는?

① 핀애자   ② 지지애자
③ 가지애자   ④ 구형애자

해설
[핀애자]
완금 등에 수직으로 시설하여 전선을 지지

54 다음 중 래크를 사용하는 장소는?

① 저압가공전선로
② 저압지중전선로
③ 고압가공전선로
④ 고압지중전선로

정답 50 ① 51 ③ 52 ② 53 ① 54 ①

> **해설**
>
> [래크배선]
> 래크는 저압 배전선로에서 전선을 수직으로 지지하는 데 사용한다.

55 인류하는 곳이나 분기하는 곳에 사용하는 애자는?

① 구형애자
② 가지애자
③ 새클애자
④ 현수애자

> **해설**
>
> [현수애자]
> 현수애자는 가공선을 지지하기 위하여 설치한다.

56 가공전선로의 지지물에 시설하는 지선의 안전율은 얼마 이상이어야 하는가?

① 2
② 2.5
③ 3
④ 3.5

> **해설**
>
> [지선시공]
> 지선의 설치에 있어서 안전율(여유율)은 2.5로 한다.

57 배선설계를 위한 전등 및 소형 전기기계기구의 부하 용량산정 시 건축물의 종류에 대응한 표준부하에서 원칙적으로 표준부하를 20 [VA/m^2]으로 적용하여야 하는 건축물은?

① 교회, 극장
② 호텔, 병원
③ 은행, 상점
④ 아파트, 미용원

> **해설**
>
> [부하의 산정]
> - 10 [VA/m^2] : 공장, 공화당, 사원, 교회, 극장, 영화관, 연회장
> - 20 [VA/m^2] : 기숙사, 여관, 호텔, 병원, 학교, 음식점, 다방, 공중목욕탕
> - 30 [VA/m^2] : 사무실, 은행, 상점, 이발소, 미용원
> - 40 [VA/m^2] : 주택, 아파트

58 다음 중 배선차단기의 기호로 옳은 것은?

① MCCB
② ELB
③ ACB
④ DS

> **해설**
>
> [배선용 차단기]
> 배선용 차단기의 약호는 MCCB이다.

정답 55 ④ 56 ② 57 ② 58 ①

59 수변전설비 구성기기의 계기용 변압기 설명으로 맞는 것은?

① 높은 전압을 낮은 전압으로 변성하는 기기이다.
② 높은 전류를 낮은 전류로 변성하는 기기이다.
③ 회로에 병렬로 접속하여 사용하는 기기이다.
④ 부족전압트립코일의 전원으로 사용된다.

해설

[계기용 변압기]
계기용 변압기는 전압측정을 위하여 고전압을 저전압으로 변성한다.

60 옥 측 또는 옥외에 시설하는 배전반 및 분전반을 시설하는 경우에 사용하는 케이블로 옳은 것은?

① 난연성 케이블
② 광섬유 케이블
③ 차폐 케이블
④ 수밀형 케이블

해설

[내선규정 1455 – 2]
배전반 및 분전반(캐비닛을 포함한다)을 옥 측 또는 옥외에 시설하는 경우는 방수형의 것을 사용하여야 한다.

정답 59 ① 60 ④

2021 제3회

01 1 [m]에 저항이 20 [Ω]인 전선의 길이를 2배로 늘리면 저항은 몇 [Ω]이 되는가? (단, 동선의 체적은 일정하다)

① 10 ② 20
③ 40 ④ 80

해설

[전기저항]
$R = \rho \dfrac{l}{A}$ 이므로 체적이 일정하다면 길이가 2배가 될 때, 면적이 1/2배가 되므로 전체 저항은 4배가 된다.

02 다음 중 전류를 흘렸을 때 열이 발생하는 원리를 이용한 것이 아닌 것은?

① 헤어드라이기 ② 백열전구
③ 적외선 히터   ④ 전기도금

해설

[전기도금]
전기도금은 전기의 화학작용을 이용한 것이다.

03 2 [Ω], 4 [Ω], 6 [Ω]의 세 개의 저항을 병렬로 연결하였을 때 전전류가 5 [A]이면, 2 [Ω]에 흐르는 전류는 몇 [A]인가?

① 1.81 ② 2.72
③ 5.45 ④ 7.64

해설

[병렬회로에서의 전류]

합성저항 $R = \dfrac{1}{\dfrac{1}{2} + \dfrac{1}{4} + \dfrac{1}{6}} = 1.09$

전체 전압 $V = IR = 5 \times 1.09 = 5.45 [V]$

∴ 2 [Ω]에 흐르는 전류

$I = \dfrac{V}{R} = \dfrac{5.45}{2} = 2.725 A$

04 기전력이 1.5 [V], 내부저항 0.1 [Ω]의 전지 5개를 직렬로 접속한 전원에 저항 7 [Ω]의 전구를 접속하면 전구에 흐르는 전류는 몇 [A]가 되는가?

① 0.25 ② 1.0
③ 1.5   ④ 1.7

해설

[전지의 전류]

$I = \dfrac{nE}{nr + R} = \dfrac{1.5 \times 5}{(0.1 \times 5) + 7} = 1.0 [A]$

정답 ● 01 ④ 02 ④ 03 ② 04 ②

05 그림과 같이 R_1, R_2, R_3의 저항 3개가 직·병렬로 연결되었을 때 합성저항은?

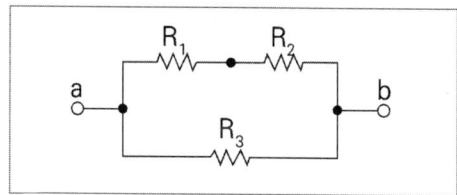

① $R = \dfrac{(R_1 + R_2)R_3}{R_1 + R_2 + R_3}$

② $R = \dfrac{(R_2 + R_3)R_1}{R_1 + R_2 + R_3}$

③ $R = \dfrac{(R_1 + R_3)R_2}{R_1 + R_2 + R_3}$

④ $R = \dfrac{R_1 R_2 R_3}{R_1 + R_2 + R_3}$

해설

[합성저항]
R_1, R_2는 직렬로 연결되어 있고 R_3는 병렬로 연결되어 있으므로
$R = \dfrac{(R_1 + R_2)R_3}{R_1 + R_2 + R_3}$

06 다음 중 작은 크기의 저항 3개를 연결한 것 중 소비전력이 가장 작은 연결법은?

① 모두 직렬로 연결할 때
② 모두 병렬로 연결할 때
③ 직렬 1개와 병렬 2개로 연결할 때
④ 상관없다

해설

[소비전력]
모두 직렬로 연결할 때 흐르는 전류는
$I = \dfrac{V}{3R}$로 가장 작다. 각 저항의 소비전력은
$P = I^2 R$로 계산하므로 모두 직렬일 때가 가장 소비전력이 작다.

07 내부저항이 r인 전지를 2개 직렬로 연결한 전원에 외부저항은 몇 [Ω]을 연결하여 전력을 최대로 전달할 수 있는가?

① r/2 ② r
③ 2r   ④ r^2

해설

[전지의 저항]
최대 전력은 내부저항과 외부저항이 같을 때 일어난다. 내부저항이 2r이므로 외부저항도 2r이 되어야 한다.

08 10 [A]의 전류로 6시간을 방전할 수 있는 축전지의 용량은 몇 [Ah]인가?

① 6   ② 10
③ 30 ④ 60

해설

[축전지 용량]
$Q = I \times t = 10 \times 6 = 60$

09 두 개의 서로 다른 금속의 접속점에 온도 차를 주면 열기전력이 생기는 현상은?

① 홀 효과　　② 줄 효과
③ 압전기 효과　④ 제벡 효과

해설
[제벡 효과]
서로 다른 금속을 접속하고, 접속점을 서로 다른 온도로 유지하면 기전력이 생겨 일정한 방향으로 전류가 흐르는 현상

10 양전하 15×10^{-6} [C]과 음전하 10×10^{-6} [C]이 자유 공간에 1 [m] 거리에 있을 때 그 사이에 작용하는 힘은?

① 1.35 [N], 흡인력이 작용한다.
② 1.35 [N], 반발력이 작용한다.
③ 1.5 [N], 흡인력이 작용한다.
④ 1.5 [N], 반발력이 작용한다.

해설
[쿨롱의 법칙]
$$F = \frac{1}{4\pi\epsilon_0} \times \frac{Q_1 Q_2}{r^2} [N]$$
$$= 9 \times 10^9 \times \frac{15 \times 10^{-6} \times 10 \times 10^{-6}}{1^2} = 1.35$$
극성이 서로 다르므로 흡인력이 작용한다.

11 다음 중 가우스정리를 이용하여 구하는 것은?

① 두 전하 사이에 작용하는 힘
② 전계의 세기
③ 전기력의 방향
④ 전류의 크기

해설
[가우스의 법칙]
전기력선의 밀도를 이용하여 전계의 세기를 구하는 법칙

12 다음 중 평행판 콘덴서의 정전용량을 늘리는 방법으로 옳은 것은?

① 극판 간격을 크게 한다.
② 극판 면적을 크게 한다.
③ 비유전율이 작은 유전체를 사용한다.
④ 극판 면적을 작게 한다.

해설
[평행판 콘덴서의 정전용량]
$C = \epsilon \frac{A}{l}$ [F]이므로 비유전율이 클수록, 면적이 클수록, 간격이 좁을수록 정전용량은 커진다.

정답　09 ④　10 ①　11 ②　12 ②

13 자극 가까이에 물체를 두었을 때 자화되는 물체와 자석이 그림과 같은 방향으로 자화되는 자성체는?

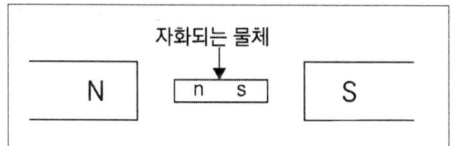

① 상자성체 ② 반자성체
③ 강자성체 ④ 비자성체

해설
[반자성체]
자기장의 방향과는 반대로 자화되므로 반자성체이다.

14 전기와 자기의 요소를 서로 대칭되게 나타내지 않은 것은?

① 유전율 - 투자율
② 전계 - 자계
③ 전류 - 자속
④ 전류밀도 - 자속밀도

해설
[전기회로와 자기회로의 대칭관계]
전기에서 도전율의 대응관계는 자기에서 투자율이다.

15 공심솔레노이드의 내부 자계의 세기가 500 [AT/m]일 때, 자속밀도는 약 얼마인가?

① 6.28×10^{-3} ② 6.28×10^{-4}
③ 6.28×10^{-5} ④ 6.28×10^{-6}

해설
[자속밀도]
$B = \mu_0 H$
$= 4\pi \times 10^{-7} \times 500 = 6.28 \times 10^{-4} [AT/m^2]$

16 자속밀도 2 [Wb/m²]의 평등 자장 안에 길이 20 [cm]의 도선을 자장과 60°의 각도로 놓고 5 [A]의 전류를 흘리면 도선에 작용하는 힘은 몇 [N]인가?

① 0.1 ② 0.75
③ 1.732 ④ 3.46

해설
[전자력의 크기]
$F = BlI\sin\theta = 2 \times 5 \times 0.2 \times \sin 60$
$= 1.732 [N]$

17 자체인덕턴스가 L_1, L_2인 두 코일을 직렬 가극성으로 접속한 것과 감극성으로 접속한 것의 차는 얼마인가?

① M/2 ② M
③ 2M ④ 4M

정답 13 ② 14 ① 15 ② 16 ③ 17 ④

해설

[인덕턴스 접속]
가동접속과 차동접속을 연립방정식으로 풀면,
$L_1 + L_2 + 2M$에서 $L_1 + L_2 - 2M$을 뺀다.
두 식의 차는 $4M$이 된다.

18 200 [V], 60 [Hz] RC직렬회로에서 시정수 τ는 0.01 [s]이고, 전류가 10 [A]일 때 저항은 1 [Ω]이다. 용량리액턴스의 값으로 옳은 것은?

① 0.27 [Ω] ② 0.05 [Ω]
③ 0.53 [Ω] ④ 2.65 [Ω]

해설

[용량성 리액턴스]
RC직렬회로에서 시정수 $\tau = RC$이므로 $C = 0.01F$이 된다. 따라서 용량성 리액턴스 X_C는 $1/2\pi, fC = 0.265 ≒ 0.27$

19 R = 6 [Ω]인 RL직렬회로에 60 [Hz], 100 [V]의 전압을 가하니 10 [A]의 전류가 흘렀다면 유도 리액턴스[Ω]는?

① 4 ② 6
③ 8 ④ 10

해설

[유도성 리액턴스]
$Z = \dfrac{V}{I} = \dfrac{100}{10} = 10[\Omega]$
$X_L = \sqrt{Z^2 - R^2} = \sqrt{10^2 - 6^2} = 8[\Omega]$

20 저항과 코일이 직렬로 접속된 회로에 교류전압 200 [V]를 가했을 때 20 [A]의 전류가 흐른다. 이때 코일의 리액턴스는 몇 [Ω]인가? (단, 저항은 8 [Ω]이다)

① 4 ② 6
③ 8 ④ 10

해설

[유도 리액턴스]
$Z = \dfrac{V}{I} = \dfrac{200}{20} = 10[\Omega]$
$X_L = \sqrt{Z^2 - R^2} = \sqrt{10^2 - 8^2} = 6[\Omega]$

21 직류 발전기에서 브러시와 접촉하여 전기자 권선에 유도되는 교류기전력을 정류해서 직류로 만드는 부분은?

① 계자 ② 정류자
③ 슬립링 ④ 전기자

해설

[정류자]
전기자 권선에서 만들어진 교류를 직류로 변환하는 부분

22 아크 용접용 발전기로 가장 적당한 것은?

① 타여자기 ② 분권기
③ 차동 복권기 ④ 화동복권기

정답 18 ① 19 ③ 20 ② 21 ② 22 ③

해설

[차동 복권기]
차동 복권기는 수하특성을 가지고 있으므로 용접기용 발전기로 적당하다.

해설

[규약효율]
- 발전기 규약효율 $\dfrac{출력}{출력+손실} \times 100\,[\%]$
- 전동기 규약효율 $\dfrac{입력-손실}{입력} \times 100\,[\%]$

23 전기자 권선법 중 중권의 특징으로 옳은 것은?

① 병렬회로수가 극수와 같다.
② 병렬회로수가 2이다.
③ 고압 저전류 발전에 사용된다.
④ 직렬권이라고도 한다.

해설

[중권]
전기자권선법에서 중권은 병렬회로수가 극수와 같고 저압 고전류 발전에 적합하며, 병렬권이라고도 불린다.
②, ③, ④ 보기는 파권에 대한 설명이다.

24 직류 전동기의 규약효율은 어떤 식으로 표현되는가?

① $\dfrac{출력}{입력} \times 100\,[\%]$
② $\dfrac{출력}{입력+손실} \times 100\,[\%]$
③ $\dfrac{출력}{출력+손실} \times 100\,[\%]$
④ $\dfrac{입력-손실}{입력} \times 100\,[\%]$

25 1차 권수 3000, 2차 권수 100인 변압기에서 이 변압기의 전압비는 얼마인가?

① 20 ② 30
③ 40 ④ 50

해설

[권수비]
전압비 $a = \dfrac{N_1}{N_2} = \dfrac{3000}{100} = 30$

26 일정전압 및 일정 파형에서 주파수가 상승하면 변압기 철손은 어떻게 변하는가?

① 증가한다.
② 감소한다.
③ 불변이다.
④ 어떤 기간 동안 증가한다.

정답 23 ① 24 ④ 25 ② 26 ②

해설

[변압기의 손실]
$P_i = P_h + P_e$ 에서

$P_h = K_h f B_m^{1.6} = K_h \dfrac{V^2}{f}$

$P_e = K_e (tfB_m)^2 = KV^2$ 이 $P_h \propto \dfrac{1}{f}$ 로 인해 주파수가 증가하면 철손은 감소한다.

27 단상 변압기에 있어서 부하역률 80 [%]의 지상역률에서 전압변동률 4 [%]이고, 부하역률 100 [%]에서 전압변동률 3 [%]라고 한다. 이 변압기의 퍼센트 리액턴스는 약 몇 [%]인가?

① 2.7　② 3.0
③ 3.3　④ 3.6

해설

[전압변동률]
$\epsilon = p\cos\theta + q\sin\theta = 3 \times 0.8 + q \times 0.6 = 4\%$
에서 $q = 2.7\%$

28 변압기유가 구비해야 할 조건은?

① 절연내력이 클 것
② 인화점이 낮을 것
③ 응고점이 높을 것
④ 비열이 작을 것

해설

[절연유 구비조건]
변압기유는 절연내력이 크고, 인화점이 높으며, 응고점이 낮고, 비열이 커야 한다.

29 2대의 변압기로 V결선하여 3상 변압하는 경우 변압기이용률 [%]은?

① 57.8　② 66.6
③ 86.6　④ 100

해설

[V결선]
- 이용률 86.6 [%]
- 출력비 57.7 [%]

30 3상 100 [kVA], 13200/200 [V] 변압기의 저압 측 선전류의 유효분은 약 몇 A인가? (단, 역률은 80 [%]이다)

① 100　② 173
③ 230　④ 260

해설

[유효분 전류]
저압 측 선전류 $I = \dfrac{100 \times 10^3}{\sqrt{3} \times 200} = 288.66$

이때 유효분 전류는 역률을 고려해줘야 하므로
288.66 × 0.8 = 230.94 [A]

정답　27 ①　28 ①　29 ③　30 ③

31 변류기 개방 시 2차 측을 단락하는 이유는?

① 2차 측 절연보호
② 2차 측 과전류 보호
③ 측정오차 감소
④ 변류비 유지

해설

[2차 측을 단락하는 이유]
2차 쪽을 개방한 채로 1차 쪽에 큰 전류가 흐르면 1차 전류 모두가 여자전류가 되어 변류기의 2차 쪽 단자에 대단히 높은 2차 기전력이 유도되어 절연이 파괴되고, 변류기가 소손될 우려가 있다.

32 다음 중 농형 유도 전동기의 장점이 아닌 것은?

① 구조가 간단하다.
② 가격이 저렴하다.
③ 보수 및 점검이 용이하다.
④ 기동토크가 크다.

해설

[농형 유도 전동기]
농형 유도 전동기는 구조가 간단하고, 가격이 저렴하며 보수 및 점검이 용이하다는 장점이 있지만, 기동토크가 작고 속도제어가 곤란하다는 단점도 있다.

33 4극의 3상 유도 전동기가 60 [Hz]의 전원에 연결되어 4 [%]의 슬립으로 회전할 때 회전수는 몇 [rpm]인가?

① 1656   ② 1700
③ 1728   ④ 1880

해설

[회전자 속도]
$$N = (1-s)N_S = (1-s)\frac{120f}{p}$$
$$= (1-0.04)\frac{120 \times 60}{4} = 1728$$

34 슬립이 2 [%]이고 전원주파수가 1 [kHz]인 유도 전동기의 회전자회로의 주파수 [Hz]는?

① 10   ② 15
③ 20   ④ 25

해설

[회전자회로 주파수]
$f_2 = sf_1 = 0.02 \times 1000 = 20$ [Hz]

정답 31 ① 32 ④ 33 ③ 34 ③

35 동기 발전기의 전기자 권선법 중 분포권의 특징이 아닌 것은?

① 슬롯 간격은 상수에 반비례한다.
② 집중권에 비해 합성 유기 기전력이 크다.
③ 집중권에 비해 기전력의 고조파가 감소한다.
④ 집중권에 비해 권선의 리액턴스가 감소한다.

해설

[분포권]
분포권으로 하면 기전력의 파형이 좋아지고 권선의 누설 리액턴스가 감소되며, 전기자에 발생되는 열을 골고루 분포시켜 과열을 방지하는 이점이 있다. 하지만, 기전력의 크기는 감소한다.

36 동기 발전기 2대를 병렬운전하고자 할 때 필요로 하는 조건이 아닌 것은?

① 발생전압의 주파수가 서로 같아야 한다.
② 각 발전기에서 유도되는 기전력의 크기가 같아야 한다.
③ 발전기에서 유도된 기전력의 위상이 일치해야 한다.
④ 발전기의 용량이 같아야 한다.

해설

[동기 발전기 병렬운전 조건]
발전기의 용량 혹은 전류는 같지 않아도 된다.

37 다음 중 단락비가 큰 동기 발전기를 설명하는 것으로 옳은 것은?

① 동기 임피던스가 작다.
② 단락전류가 작다.
③ 전기자 반작용이 크다.
④ 전압변동률이 크다.

해설

[단락비가 큰 동기 발전기]
단락비 $K = \dfrac{100}{\%Z}$ 이므로 단락비가 크면 동기 임피던스는 작아진다.

38 VVVF(Variable Voltage Variable Frequency)는 어떤 전동기의 속도제어에 사용되는가?

① 동기 전동기
② 유도 전동기
③ 직류 복권 전동기
④ 직류 타여자 전동기

해설

[VVVF(Variable Voltage Variable Frequency)]
VVVF은 가변전압 가변주파수 전원공급장치로, 전압제어, 주파수제어에 의하여 속도를 제어하는 유도 전동기에 적합하다.

정답 ● 35 ② 36 ④ 37 ① 38 ②

39 3상 전파정류회로에서 교류 입력이 100 [V]이면 직류 출력은 약 몇 [V]인가?

① 45   ② 67.5
③ 90   ④ 135

해설

[정류회로]
$E_d = 1.35\,V = 1.35 \times 100 = 135\,V$

40 어떤 변압기에서 임피던스 강하가 5 [%]인 변압기가 운전 중 단락되었을 때 그 단락전류는 정격전류의 몇 배인가?

① 5   ② 20
③ 50   ④ 200

해설

[단락비]
단락비 $K = \dfrac{I_s}{I_n} = \dfrac{100}{\%Z} = \dfrac{100}{5} = 20$ 이므로 단락되었을 때는 정격전류의 20배가 흐른다.

41 다음 중 옥 측 또는 옥외에 사용하는 케이블로 옳은 것은?

① 나전선
② 수밀형 케이블
③ 광 케이블
④ 비닐시스 케이블

해설

[수밀형 케이블]
옥 측 또는 옥외에 사용하는 케이블은 수밀형 케이블, 즉 물에 견딜 수 있는 방수형 재질이어야 한다.

42 터미널러그를 이용한 접속방법에서 전기기계기구의 금속제 외함, 배관 등과 접지선과의 접속 시 몇 [mm²] 단면적을 초과해야 터미널러그를 사용하는가?

① 6   ② 8
③ 10   ④ 16

해설

[접지선시공]
동접지선의 굵기가 6 [mm²]를 초과할 경우는 터미널러그 또는 단자금구를 부착하는 것이 좋다.

43 굵기가 같은 두 단선의 박스 내에서 쥐꼬리 접속을 할 때 사용하는 것은?

① 덕트
② 와이어 커넥터
③ 슬리브
④ 새들

해설

[쥐꼬리 접속]
굵기가 같은 두 단선의 쥐꼬리 접속에서는 심선을 2~3회 꼰 후 끝을 잘라내고 와이어 커넥터를 사용한다.

정답 39 ④ 40 ② 41 ② 42 ① 43 ②

44 두 개의 전선을 병렬로 사용하는 경우로 옳지 않은 것은?

① 동선을 사용하는 경우 단면적은 50 [mm^2] 알루미늄선은 70 [mm^2] 이상이어야 한다.
② 동일 도체, 동일한 굵기, 동일한 길이여야 한다.
③ 병렬로 사용하는 전선에는 각각 퓨즈를 설치하여야 한다.
④ 같은 극 간 동일한 터미널 러그에 완전히 접속한다.

해설
[전선시공]
두 개의 전선을 병렬로 사용하는 경우, 전선에는 각각 퓨즈를 설치해서는 안 된다.

45 배관의 이음에서 유니온 등을 끼울 때나 그 외 배관 접속 시 사용하는 공구는?

① 파이프렌치
② 히키
③ 오스터
④ 클리퍼

해설
[공구]
배관 접속 시 파이프를 조일 때 사용하는 공구는 파이프렌치이다.

46 큰 건물의 공사에서 콘크리트 조영재에 구멍을 뚫어 볼트를 시설할 때 사용하는 공구는?

① 파이프렌치   ② 클리퍼
③ 녹아웃 펀치   ④ 드라이브이트

해설
[드라이브이트]
콘크리트 조영재에 볼트를 시설할 때 필요한 공구는 드라이브이트이다.

47 굵은 전선을 절단할 때 사용하는 공구는?

① 녹아웃 펀치   ② 파이프 커터
③ 프레셔 툴   ④ 오스터

해설
[공구]
굵은 전선을 절단할 때 사용하는 공구는 클리퍼다.

48 박강전선관의 표준 굵기가 아닌 것은?

① 15   ② 16
③ 25   ④ 39

해설
[박강전선관의 규격]
19, 25, 31, 39, 51, 63, 75 [mm]로 홀수이다.

정답 44 ③ 45 ① 46 ④ 47 ④ 48 ②

49 교류 전등공사에서 금속관 내에 전선을 넣어 연결한 방법 중 옳은 것은?

①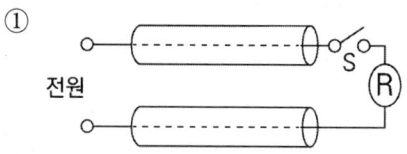

②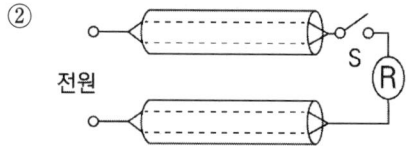

③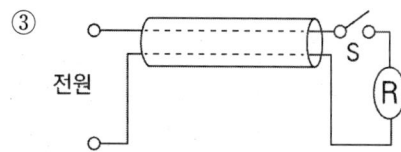

④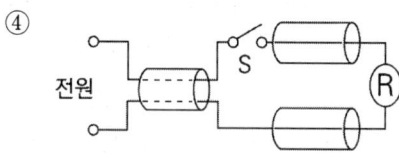

해설

[금속관공사]
교류 금속관공사는 전자적 불평형에 의한 전선관의 과열을 막기 위해 반드시 왕복선을 금속관에 같이 넣는다.

50 금속 덕트는 두께가 몇 [mm] 이상의 철판으로 해야 하는가?

① 0.8 ② 1.0
③ 1.2 ④ 2.0

해설

[한국전기설비규정]
폭이 40 [mm] 이상, 두께가 1.2 [mm] 이상인 철판 또는 동등 이상의 기계적 강도를 가지는 금속제의 것으로 견고하게 제작한 것이어야 한다.

51 캡타이어 케이블을 조영재에 시설하는 경우 그 지지점의 거리는 얼마로 하여야 하는가?

① 1.0 [m] 이하 ② 1.5 [m] 이하
③ 2.0 [m] 이하 ④ 2.5 [m] 이하

해설

[케이블공사]
2 [m] 이하, 캡타이어 케이블 : 1 [m] 이하

52 저압 접촉전선을 애자공사에 의해 옥 측 또는 옥외에 은폐된 장소에 시설할 수 있는 경우로 옳은 것은?

① 점검할 수 없는 은폐된 장소
② 점검할 수 없고 습한 장소
③ 점검할 수 있고 습한 장소
④ 점검할 수 있고 물이 고이지 않는 장소

해설

[저압 접촉전선 시설 조건]
저압 접촉전선을 애자공사에 의해 옥 측 또는 옥외에 시설할 때 은폐된 장소에 시설하는 때에는 점검할 수 있고 또한 물이 고이지 않도록 시설해야 한다.

정답 49 ③ 50 ③ 51 ① 52 ④

53 가연성 가스가 존재하는 장소의 저압시설 공사방법으로 옳은 것은?

① 가요전선관공사
② 합성수지관공사
③ 금속관공사
④ 금속 몰드공사

해설
[금속관공사]
금속관공사는 거의 모든 장소에 사용할 수 있다.

54 다음 중 과전류 차단기를 설치하는 곳은?

① 간선의 전원 측 전선
② 접지공사의 접지선
③ 접지공사를 한 저압 가공전선의 접지 측 전선
④ 다선식 전로의 중성선

해설
[과전류 차단기 설치 금지 장소]
접지선과 중성선에는 과전류 차단기 및 퓨즈를 시설할 수 없다.

55 최대 사용전압이 70 [kV]인 중성점 직접 접지식 전로의 절연내력 시험전압은 몇 [V]인가?

① 35000   ② 42000
③ 44800   ④ 50400

해설
[전로의 시험전압(중성점 접지식)]

최대 사용전압	시험전압
7 [kV] 이하	1.5
7 [kV] 초과 25 [kV] 이하	0.92
25 [kV] 초과 60 [kV] 이하	1.25
60 [kV] 초과 170 [kV] 이하	0.72

사용전압 70,000 × 시험전압 0.72
= 50,400 [V]

56 가공 케이블 시설 시 조가용선에 금속 테이프 등을 사용하여 케이블 외장을 견고하게 붙여 조가하는 경우 나선형으로 금속 테이프를 감는 간격은 몇 [cm] 이하를 확보하여 감아야 하는가?

① 50   ② 30
③ 20   ④ 10

해설
[조가용선공사]
• 조가용선에 50 [cm] 이하마다 행거에 의해 시설할 것
• 조가용선에 접촉시키고 그 위에 금속 테이프 등을 20 [cm] 이하 간격으로 감아 붙일 것

57 저·고압 가공전선에서 케이블을 시설하는 경우 단면적 몇 [mm²] 이상 조가용선에 행거로 시설하여야 하는가?

① 16 ② 18
③ 20 ④ 22

해설

[조가용선공사]
저·고압 가공전선에서 케이블을 사용하는 경우 케이블은 조가용선에 행거로 시설해야 하고, 조가용선은 인장강도 5.93 [kN] 이상의 것 또는 단면적 22 [mm²] 이상의 아연도강연선이어야 한다.

58 단로기에 대한 설명으로 옳지 않은 것은?

① 소호장치가 있어서 아크를 소멸시킨다.
② 회로를 분리하거나, 계통의 접속을 바꿀 때 사용한다.
③ 고장전류는 물론 부하전류의 개폐에도 사용할 수 없다.
④ 배전용의 단로기는 보통 접속을 끊은 후 바로 개폐한다.

해설

[단로기]
단로기는 소호장치가 없어 차단전류를 차단하지 못하며, 단, 충전전류나 시험 등의 미소전류의 차단만이 가능

59 전기설비를 보호하는 계전기 중 전류 계전기의 설명으로 틀린 것은?

① 부족전류 계전기는 전류가 정정값 이상으로 되었을 때 동작하는 계전기다.
② 과전류 계전기는 전류가 정정값 이상으로 되었을 때 동작하는 계전기다.
③ 비율 차동 계전기는 전류의 차를 감지하여 일정 비율 이상이 되었을 때 동작하는 계전기다.
④ 지락과전류 계전기는 지락전류를 검출하여 차단기를 개방시켜 선로를 차단한다.

해설

[부족전류 계전기]
부족전류 계전기는 전류가 정정값과 같거나 그 아래로 내려갔을 때 동작하는 계전기다.

60 다음 중 광원에서 나오는 빛의 90 ~ 100 [%]를 비춰 높은 조도를 얻을 수 있는 조명방식은?

① 부분간접조명 ② 간접조명
③ 반직접조명   ④ 직접조명

해설

[직접조명]
광원에서 나오는 빛의 90 [%] 이상을 비춰 높은 조도를 얻을 수 있는 조명방식

정답 57 ④ 58 ① 59 ① 60 ④

2021 제4회

01 그림과 같은 회로에서 합성저항은 몇 [Ω]인가?

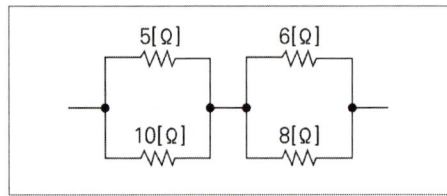

① 2.45
② 3.62
③ 6.76
④ 7.48

해설

[합성저항]
두 개의 저항의 병렬접속 시 합성저항은 합 분의 곱으로 구한다.
$$\frac{5 \times 10}{5 + 10} + \frac{6 \times 8}{6 + 8} = 6.76[\Omega]$$

02 같은 크기의 저항 4개를 접속하여 얻어지는 경우 중에서 소비전력이 가장 큰 것은?

① 직렬과 병렬은 관계없다.
② 둘 다 같다.
③ 모두 병렬로 접속한다.
④ 모두 직렬로 접속한다.

해설

[소비전력]
한 개의 저항을 r, 합성저항을 R이라고 하면 전력은 다음과 같다.

직렬인 경우 $P = \dfrac{V^2}{R} = \dfrac{V^2}{4r}[W]$

병렬인 경우 $P = \dfrac{V^2}{R} = \dfrac{V^2}{\frac{r}{4}} = \dfrac{4V^2}{r}[W]$

따라서 모두 병렬접속했을 때가 직렬접속했을 때보다 소비전력이 16배 크다.

03 서로 다른 세 개의 저항 R_1, R_2, R_3를 병렬연결하였을 때 합성저항은?

① $\dfrac{R_1 R_2 R_3}{R_1 R_2 + R_1 R_3 + R_2 R_3}$

② $\dfrac{R_1 R_2 + R_1 R_3 + R_2 R_3}{R_1 R_2 R_3}$

③ $\dfrac{R_1 R_2 R_3}{R_1 + R_2 + R_3}$

④ $\dfrac{R_1 + R_2 + R_3}{R_1 R_2 R_3}$

정답 01 ③ 02 ③ 03 ①

해설

[합성저항]

합성저항 $R = \dfrac{1}{\dfrac{1}{R_1}+\dfrac{1}{R_2}+\dfrac{1}{R_3}}$

$= \dfrac{1}{\dfrac{R_1R_2+R_1R_3+R_2R_3}{R_1R_2R_3}}$

$= \dfrac{R_1R_2R_3}{R_1R_2+R_1R_3+R_2R_3}$

04 2 [kW]의 전열기를 정격 상태에서 20분간 사용할 때의 발열량은 몇 [kcal]인가?

① 9.6 ② 576
③ 864 ④ 1730

해설

[열량]
H = 0.24I²Rt = 0.24 × 2 × 20 × 60 = 576

05 1차 전지로 가장 많이 사용되는 것은?

① 니켈 - 카드뮴전지
② 연료전지
③ 망간건전지
④ 납축전지

해설

[1차 전지]
망간건전지가 1차 전지의 대표적이다.

06 다음에서 나타내는 법칙은?

> 유도기전력은 자신이 발생 원인이 되는 자속의 변화를 방해하려는 방향으로 발생한다.

① 줄의 법칙
② 렌츠의 법칙
③ 플레밍의 법칙
④ 패러데이의 법칙

해설

[렌츠의 법칙]
자속의 변화를 방해하려는 방향으로 유도기전력이 작용하는 법칙이다.

07 그림과 같이 공기 중에 놓인 4 × 10⁻⁸ [C]의 전하에서 4 [m] 떨어진 점 P와 2 [m] 떨어진 점 Q와의 전위차는 몇 [V]인가?

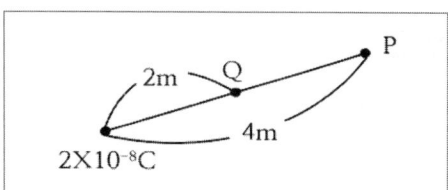

① 80   ② 90
③ 100 ④ 110

해설

[전위차]
- P점의 전위

$$V_P = 9 \times 10^9 \frac{Q}{r}$$

$$= 9 \times 10^9 \times \frac{4 \times 10^{-8}}{4} = 90\,[V]$$

- Q점의 전위

$$V_Q = 9 \times 10^9 \frac{Q}{r}$$

$$= 9 \times 10^9 \times \frac{4 \times 10^{-8}}{2} = 180\,[V]$$

두 점의 전위차는 90 [V]이다.

08 비유전율이 2.5일 때 유전체의 유전율 [F/m]은?

① 2.21×10^{-11}
② 2.5×10^{-11}
③ 3.77×10^{-11}
④ 2.21×10^{-12}

해설

[유전율]

$\epsilon = \epsilon_0 \epsilon_s = 8.855 \times 10^{-12} \times 2.5$

$= 2.21 \times 10^{-11}\,[F/m]$

09 A–B 사이 콘덴서의 합성 정전용량은 얼마인가?

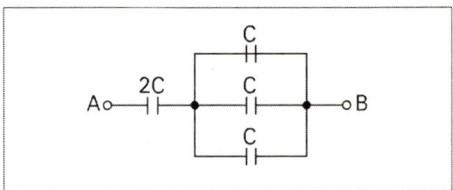

① 1   ② 1.2
③ 2   ④ 2.4

해설

[합성 정전용량]
콘덴서는 병렬은 더하고 직렬은 '곱/합'이므로 C가 3개 더해져서 3C가 되고, 2C와 3C가 직렬로 연결되므로 합성정전용량은 다음과 같다.

$$C = \frac{2C \times 3C}{2C + 3C} = 1.2C$$

10 두 콘덴서 C_1, C_2를 직렬접속하고 양단에 [V]의 전압을 가할 때 C_1에 걸리는 전압은?

① $\dfrac{C_1}{C_1 + C_2} V[V]$ ② $\dfrac{C_2}{C_1 + C_2} V[V]$

③ $\dfrac{C_1 + C_2}{C_1} V[V]$ ④ $\dfrac{C_1 + C_2}{C_2} V[V]$

해설

[콘덴서에서의 전압 분배법칙]

$$V_1 = \frac{C_2}{C_1 + C_2} V[V]$$

$$V_2 = \frac{C_1}{C_1 + C_2} V[V]$$

정답 ● 08 ① 09 ② 10 ②

11 10^{-7} [F]의 콘덴서에 100 [V]의 전압을 가할 때 충전되는 전하는 몇 C인가?

① 0.1 ② 1
③ 1.5 ④ 2

> 해설
>
> [정전용량]
> 충전되는 전하 Q = CV [C]
> $10^{-2} \times 100 = 1$ [C]

12 규격이 같은 축전지 2개를 병렬로 연결하였다. 다음 설명 중 옳은 것은?

① 용량과 전압이 모두 2배가 된다.
② 용량과 전압이 모두 1/2배가 된다.
③ 용량은 불변이고 전압은 2배가 된다.
④ 용량은 2배가 되고 전압은 불변이다.

> 해설
>
> [전지의 용량]
> 축전지 2개를 병렬로 연결하면 전압은 변하지 않고, 용량만 2배가 된다.

13 권수 200회의 코일에 5 [A]의 전류가 흘러서 0.025 [Wb]의 자속이 코일을 지난다고 하면, 이 코일의 자체 인덕턴스는 몇 [H]인가?

① 2 ② 1
③ 0.5 ④ 0.1

> 해설
>
> [자체 인덕턴스]
> $L = \dfrac{N\phi}{I} = \dfrac{200 \times 0.025}{5} = 1$ [H]

14 자체 인덕턴스 20 [mH]의 코일에 20 [A]의 전류를 흘릴 때 저장 에너지는 몇 [J]인가?

① 2 ② 4
③ 6 ④ 8

> 해설
>
> [코일에 저장되는 에너지]
> $W = \dfrac{1}{2}LI^2 = \dfrac{1}{2} \times 0.02 \times 20^2 = 4$ [J]

15 자기회로의 자기저항이 5000 [AT/Wb]이고 기자력이 50,000 [AT]이라면 자속은?

① 5 ② 10
③ 15 ④ 20

> 해설
>
> [기자력]
> 기자력 $F = \dfrac{\phi}{R_m}$ [AT]
> 자속 $\phi = \dfrac{F}{R_m} = \dfrac{50000}{5000} = 10$ [Wb]

정답 ● 11 ② 12 ④ 13 ② 14 ② 15 ②

2021년 제4회

16 단면적 A [m²], 자로의 길이 l [m], 투자율 μ, 권수 N회의 환상 철심 자체 인덕턴스는?

① $\dfrac{\mu A N^2}{l}$ ② $\dfrac{A l N^2}{4\pi \mu}$

③ $\dfrac{4\pi A N^2}{l}$ ④ $\dfrac{\mu l N^2}{A}$

해설

[환상 솔레노이드 자체 인덕턴스]

$L = \dfrac{\mu A N^2}{l} [H]$

17 선간전압 210 [V], 선전류 10 [A]의 Y－Y회로가 있다. 상전압과 상전류는 각각 얼마인가?

① 약 121 [V], 5.77 [A]
② 약 121 [V], 10 [A]
③ 약 210 [V], 5.77 [A]
④ 약 210 [V], 10 [A]

해설

[Y－Y결선]
Y－Y결선에서 선전류와 상전류는 같다.
또한 선간전압 = $\sqrt{3}$ 상전압이다.

18 평형 3상 교류회로에서 △결선할 때 선전류 I_l과 상전류 I_p와의 관계 중 옳은 것은?

① $I_l = 3 I_p$ ② $I_l = 2 I_p$
③ $I_l = \sqrt{3} I_p$ ④ $I_l = I_p$

해설

[△결선]
델타결선에서 선전류는 상전류의 $\sqrt{3}$ 배이다.
단, 선간전압 = 상전압이다.

19 비정현파의 일그러짐의 정도를 표시하는 양으로서 왜형률이란?

① $\dfrac{평균값}{실횻값}$

② $\dfrac{실횻값}{최댓값}$

③ $\dfrac{고조파만의 실횻값}{기본파의 실횻값}$

④ $\dfrac{기본파의 실횻값}{고조파만의 실횻값}$

해설

[왜형률]

왜형률 = $\dfrac{고조파만의 실횻값}{기본파의 실횻값}$

정답 16 ① 17 ② 18 ③ 19 ③

20 R-L 직렬회로의 시정수 T [sec]는 어떻게 되는가?

① $\dfrac{R}{L}$ ② $\dfrac{L}{R}$

③ RL ④ $\dfrac{1}{RL}$

해설

[R-L 직렬회로의 시정수]

RL 직렬회로의 시정수 $T = \dfrac{L}{R}$ [sec]이다.

21 전류가 흐르는 도체를 자기장 속에 놓았을 때 움직이는 힘이 발생하는 원리를 이용한 기기는?

① 발전기   ② 변압기
③ 전동기   ④ 정류기

해설

[전동기의 원리]

전동기는 자기장 속에 전류가 흐르는 도선의 움직이는 힘을 이용한 기기이다.

22 다음 중 공극이 큰 동기기를 잘못 설명한 것은?

① 동기임피던스가 작다.
② 전기자 반작용이 크다.
③ 무겁고 비싸다.
④ 전압변동률이 작다.

해설

[단락비가 큰 기계]

동기임피던스가 작고, 전기자 반작용이 작다. 공극이 크고, 무겁고 비싸다. 전압변동률이 작다.

23 직류 분권 발전기가 있다. 전기자 총 도체수 220, 매극의 자속수 0.01 [Wb], 극수 6, 회전수 1500 [rpm]일 때 유기기 전력은 몇 [V]인가? (단, 전기자 권선은 파권이다)

① 60   ② 120
③ 165   ④ 240

해설

[유기기전력]

$$E = \dfrac{PZ\phi N}{60a} = \dfrac{6 \times 220 \times 0.01 \times 1500}{60 \times 2}$$
$$= 165 \, [V]$$

24 정격속도로 회전하고 있는 무부하의 분권 발전기가 있다. 계자저항 40 [Ω], 계자전류 3 [A], 전기자 저항이 2 [Ω] 일 때 유기기전력 [V]는?

① 126   ② 132
③ 156   ④ 185

해설

[분권 발전기의 유기기전력]

단자전압 $V = I_f r_f = 3 \times 40 = 120 \, [V]$

유기기전력
$E = V + I_a r_a = 120 + 3 \times 2 = 126$

정답 20 ② 21 ③ 22 ② 23 ③ 24 ①

25 단중중권의 극수가 P인 직류기에서 전기자 병렬회로수 a는 어떻게 되는가?

① 극수 P와 무관하게 항상 2가 된다.
② 극수 P와 같게 된다.
③ 극수 P의 2배가 된다.
④ 극수 P의 3배가 된다.

해설

[전기자 권선법]
파권은 병렬회로 수 a = 2
중권은 병렬회로 수 a = P이다.

26 출력 15 [kW], 1500 [rpm]으로 회전하는 전동기의 토크는 약 몇 [kg·m]인가?

① 6.54
② 9.75
③ 47.78
④ 95.55

해설

[전동기의 토크]
$T = 0.975 \dfrac{P}{N} = 0.975 \times \dfrac{15000}{1500} = 9.75$ [kg·m]

27 발전제동의 설명으로 잘못된 것은?

① 직류 전동기는 전기자회로를 전원에서 끊고 저항을 접속한다.
② 유도 전동기는 1차 권선에 직류를 통하고 2차 쪽(회전자)은 단락한다.
③ 전동기를 발전기로 운전하여 회전부분의 운동에너지를 전기회로 중의 저항에서 열로 소비시키면서 제동하는 방법이다.
④ 전동기의 유도 기전력을 전원전압보다 높게 한다.

해설

[전기적 제동법]
④는 회생 제동에 대한 설명이다.

28 다음 중 분권 전동기의 토크와 회전수 관계를 올바르게 표시한 것은?

① $T \propto \dfrac{1}{N}$ ② $T \propto \dfrac{1}{N^2}$
③ $T \propto N$ ④ $T \propto N^2$

해설

[분권 전동기의 토크와 회전수]
분권 전동기의 토크는 속도에 반비례한다.

29 권수비 30의 변압기의 1차에 6600 [V]를 가할 때 2차 전압은 몇 [V]인가?

① 220   ② 380
③ 420   ④ 660

해설

[권수비]

$$V_2 = \frac{V_1}{a} = \frac{6600}{30} = 220\,V$$

30 권수비가 100의 변압기에 있어 2차 쪽의 전류가 1000 [A]일 때, 이것을 1차 쪽으로 환산하면 얼마인가?

① 16   ② 10
③ 9   ④ 6

해설

[권수비]

권수비가 100이면 2차 측 전압은 $\frac{1}{100}$배가 되고, 전류는 100배가 된다.

31 다음 중 변압기의 온도상승시험법으로 가장 널리 사용되는 것은?

① 무부하시험법   ② 절연내력시험법
③ 단락시험법   ④ 실 부하법

해설

[온도상승시험법]
단락시험법을 변압기의 온도 상승 시험법으로 널리 사용한다.

32 단상 변압기의 병렬운전 조건에 대한 설명 중 잘못된 것은?

① 각 변압기의 극성이 일치할 것
② 각 변압기의 권수비가 같고 1차 및 2차 정격전압이 같을 것
③ 각 변압기의 백분율 임피던스 강하가 같을 것
④ 각 변압기의 저항과 임피던스의 비는 $\frac{x}{r}$일 것

해설

[단상 변압기의 병렬운전 조건]
각 변압기의 저항과 리액턴스 비가 같을 것

33 높은 전압을 낮은 전압으로 강압할 때 일반적으로 사용되는 변압기의 3상 결선방식은?

① △ – △   ② △ – Y
③ Y – Y   ④ Y – △

해설

[3상 결선방식]
• △ - Y결선 : 승압기
• Y - △결선 : 강압기

정답 29 ① 30 ② 31 ③ 32 ④ 33 ④

34 다음은 3상 유도 전동기 고정자 권선의 결선도를 나타낸 것이다. 맞는 사항을 고르시오.

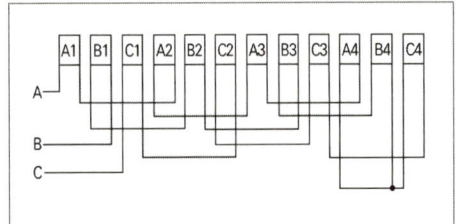

① 3상 2극, Y결선
② 3상 4극, Y결선
③ 3상 2극, Δ결선
④ 3상 4극, Δ결선

해설

[3상 유도 전동기]
A1 ~ A4까지 1개의 권선당 4번의 코일로 감겨 있으므로 4극이며, A4, B4, C4에서 한 점으로 만나므로 Y결선이 된다.

35 동기 속도 3600 [rpm], 주파수 60 [Hz]의 유도 전동기의 극수는?

① 2
② 4
③ 6
④ 8

해설

[동기속도]
$N_s = \dfrac{120f}{P}$ 에서 $3600 = \dfrac{120 \times 60}{P}$

$P = \dfrac{120 \times 60}{3600} = 2$

36 역률과 효율이 좋아서 가정용 선풍기, 전기세탁기, 냉장고 등에 주로 사용되는 것은?

① 분상 기동형 전동기
② 콘덴서 기동형 전동기
③ 반발기 기동형 전동기
④ 셰이딩 코일형 전동기

해설

[콘덴서 기동형]
가정용에는 콘덴서 기동형 또는 영구 콘덴서 전동기를 사용한다.

37 동기 발전기의 병렬운전 중에 기전력의 위상차가 생기면?

① 위상이 일치하는 경우보다 출력이 감소한다.
② 부하 분담이 변한다.
③ 무효 순환전류가 흘러 전기자 권선이 과열된다.
④ 동기화력이 생겨 두 기전력의 위상이 동상이 되도록 작용한다.

해설

[동기 발전기의 병렬운전 조건]
• 전압차 : 무효순환전류(무효횡류)
• 위상차 : 유효순환전류(유효횡류)

38 다음 중 정류소자가 아닌 것은?

① LED　　② SCR
③ GTO　　④ IGBT

해설

[LED(발광다이오드)]
반도체, 다이오드의 특성을 가지고 있으며, 전류를 흐르게 하면 붉은색, 녹색, 노란색으로 빛을 발한다.

39 직류전압을 직접 제어하는 것은?

① 단상 인버터
② 3상 인버터
③ 초퍼형 인버터
④ 브리지형 인버터

해설

[초퍼회로]
단상 인버터와 3상 인버터는 직류를 교류로 바꾸는 장치이다. 직류전원을 받아 다른 직류형태로 바꾸는 것을 초퍼회로라고 한다.

40 3상 전파정류회로에서 교류 입력이 100 [V]이면 직류 출력은 약 몇 [V]인가?

① 45　　② 67.5
③ 90　　④ 135

해설

[정류회로]
$E_d = 1.35\,V = 1.35 \times 100 = 135\,V$

41 전선의 재료로서 구비해야 할 조건이 아닌 것은?

① 기계적 강도가 클 것
② 가요성이 풍부할 것
③ 고유저항이 작을 것
④ 비중이 클 것

해설

[전선의 구비조건]
도전율이 크고, 기계적 강도가 클 것. 신장률이 크고, 내구성이 있을 것. 비중(밀도)이 작고, 가선이 용이할 것. 가격이 저렴하고, 구입이 쉬울 것

42 다음 그림과 같이 단선의 쥐꼬리 접속에서 주로 사용하는 접속기구의 명칭은?

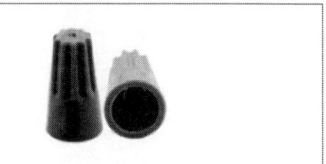

① 슬리브형 접속기
② 와이어 커넥터
③ 압착형 접속기
④ 분기접속기

정답　38 ①　39 ③　40 ④　41 ④　42 ②

> **해설**

[와이어 커넥터]
단선의 쥐꼬리 접속 후 와이어 커넥터를 이용하여 종단을 처리한다.

43 합성수지관공사에 대한 설명 중 옳지 않은 것은?

① 습기가 많은 장소 또는 물기가 있는 장소에 시설하는 경우에는 방습 장치를 한다.
② 관 상호 간 및 박스와는 관을 삽입하는 깊이를 관의 바깥지름의 1.2배 이상으로 한다.
③ 관의 지지점 간의 거리는 3 [m] 이상으로 한다.
④ 합성수지관 안에는 전선에 접속점이 없도록 한다.

> **해설**

[합성수지관공사]
합성수지관은 지지점 간의 간격이 1.5 [m] 이하가 되게 한다.

44 금속관공사에 대한 설명으로 틀린 것은?

① 전선이 금속관 속에 보호되어 안정적이다.
② 단락사고, 접지사고 등에 있어서 화재의 우려가 적다.
③ 방습장치를 할 수 있으므로 전선을 내수적으로 시설할 수 있다.
④ 접지공사를 하지 않아도 감전의 우려가 없다.

> **해설**

[금속간공사]
금속관공사는 관 자체가 전로가 될 수도 있으므로 접지공사를 하여야 한다.

45 가요전선관공사에서 가요전선관의 상호 접속에 사용하는 것은?

① 유니언 커플링
② 2호 커플링
③ 콤비네이션 커플링
④ 스플릿 커플링

> **해설**

[가요전선관 부품]
가요전선관 상호는 스플릿 커플링, 가요전선관과 금속관은 콤비네이션 커플링

정답 43 ③ 44 ④ 45 ④

46 캡타이어 케이블을 조영재에 따라 시설하는 경우 케이블 상호, 케이블과 박스, 기구와의 접속개소와 지지점 간의 거리는 접속개소에서 몇 [m] 이하로 하는 것이 바람직한가?

① 0.1 ② 0.15
③ 0.3 ④ 0.5

해설

[케이블공사]
- 캡타이어 케이블 접속개소 : 0.15 [m] 이하
- 지지점 간의 거리 : 1 [m] 이하

47 전선로의 직선 부분을 지지하는 애자는?

① 핀애자 ② 지지애자
③ 가지애자 ④ 구형애자

해설

[핀애자]
완금 등에 수직으로 시설하여 전선을 지지하는 애자

48 목장의 전기울타리에 사용하는 경동선의 지름은 최소 몇 [mm^2] 이상이어야 하는가?

① 1.5 ② 4
③ 6 ④ 10

해설

[전기울타리공사]
전기울타리에 사용하는 전선은 인장강도 1.38 [kN] 이상의 것 또는 지름 2 [mm] 이상의 경동선이어야 한다. 지름 2 [mm]를 면적 [mm^2]로 나타내면 4 [mm^2]을 사용하여야 한다.

49 전기 울타리의 시설에 관한 내용 중 틀린 것은?

① 수목과의 이격거리는 30 [cm] 이상일 것
② 전선은 지름이 2 [mm] 이상의 경동선일 것
③ 전선과 이를 지지하는 기둥 사이의 이격거리는 2 [cm] 이상일 것
④ 전기 울타리용 전원장치에 전기를 공급하는 전로의 사용전압은 250 [V] 이하일 것

해설

[전기울타리의 시설]
- 전기울타리는 사람이 쉽게 출입하지 아니하는 곳에 시설할 것
- 전기울타리를 시설한 곳에는 사람이 보기 쉽도록 적당한 간격으로 위험표시를 할 것
- 전선은 인장강도 1.38 [kN] 이상의 것 또는 지름 2 [mm] 이상의 경동선일 것
- 전선과 이를 지지하는 기둥 사이의 이격거리는 2.5 [cm] 이상일 것
- 전선과 다른 시설물(가공전선을 제외한다) 또는 수목 사이의 이격거리는 30 [cm] 이상일 것

정답 ● 46 ② 47 ① 48 ② 49 ③

50 지중에 매설되어 있는 금속제 수도관로는 접지공사의 접지극으로 사용할 수 있다. 이때 수도관로는 대지와의 접지저항치가 얼마 이하여야 하는가?

① 1
② 2
③ 3
④ 4

해설

[접지 전극의 시설]
지중에 매설되어 있는 수도관로는 대지와의 접지저항이 3 [Ω] 이하이면 접지극으로 사용할 수 있다.

51 최대 사용전압이 70 [kV]인 중성점 직접 접지식 전로의 절연내력 시험전압은 몇 [V]인가?

① 35000
② 42000
③ 44800
④ 50400

해설

[전로의 시험전압(중성점 접지식)]

최대 사용전압	시험전압
7 [kV] 이하	1.5
7 [kV] 초과 25 [kV] 이하	0.92
25 [kV] 초과 60 [kV] 이하	1.25
60 [kV] 초과 170 [kV] 이하	0.72

사용전압 70,000 × 시험전압 0.72
= 50,400 [V]

52 가공전선로의 지지물에 하중이 가하여지는 경우에 그 하중을 받는 지지물의 기초의 안전율은 일반적으로 얼마 이상이어야 하는가?

① 1.5
② 2.0
③ 2.5
④ 4.0

해설

[지지물의 기초 안전율]
지지물의 기초 안전율은 2 이상이어야 한다.

53 가공 케이블 시설 시 조가용선에 행거를 사용하는 경우 간격은 몇 [cm] 이하이어야 하는가?

① 50
② 30
③ 20
④ 10

해설

[조가용선공사]
• 조가용선에 50 [cm] 이하마다 행거에 의해 시설할 것
• 조가용선에 접촉시키고 그 위에 금속 테이프 등을 20 [cm] 이하 간격으로 감아 붙일 것

54 주상 변압기에 시설하는 캐치홀더는 어느 부분에 직렬로 삽입하는가?

① 1차 측 양 선
② 1차 측 1선
③ 2차 측 비접지측 선
④ 2차 측 접지측 선

정답: 50 ③ 51 ④ 52 ② 53 ① 54 ③

> 해설

[변압기 보호]
- 주상 변압기 1차 비접지측 선 : COS, 애자형 개폐기
- 주상 변압기 2차 비접지측 선 : 캐치 홀더

55 A종 철근 콘크리트주의 길이가 7 [m]이고 설계 하중이 6.8 [kN]인 경우, 땅에 묻히는 깊이는 최소 몇 [m] 이상이어야 하는가?

① 1.17
② 1.5
③ 1.8
④ 2.0

> 해설

[전주가 땅에 묻히는 깊이]
- 전주의 길이 15 [m] 이하 : 1/6 이상
- 전주의 길이 15 [m] 초과 : 2.5 [m] 이상

$$\therefore 7 \times \frac{1}{6} = 1.2 \ [m]$$

56 가공전선로의 지지물에 시설하는 지선으로 연선을 사용 할 경우에는 소선이 최소 몇 가닥 이상이어야 하는가?

① 3가닥
② 4가닥
③ 5가닥
④ 6가닥

> 해설

[지선의 시설 기준]
- 소선 3가닥 이상의 연선
- 지선의 안전율이 2.5 이상일 것
- 소선의 지름이 2.6 [mm] 이상의 금속선을 사용할 것

57 교통신호등의 전구에 접속하는 인하선의 높이가 2.5 [m]일 때, 전선의 규격 [mm²]은?

① 2.5
② 4
③ 10
④ 16

> 해설

[교통신호등 시설]
교통신호등의 전구에 접속하는 인하선은 지표상 2.5 [m] 이상, 케이블인 경우를 제외하고 공칭단면적 2.5 [mm²] 연동선과 동등 이상의 세기 및 굵기의 450/750 [V] 일반용단심 비닐절연전선 또는 내열성에틸렌아세테이트 고무절연전선이어야 한다.

정답 ● 55 ① 56 ① 57 ①

58 전등 한 개를 2개소에서 점멸하고자 할 때 옳은 배선은?

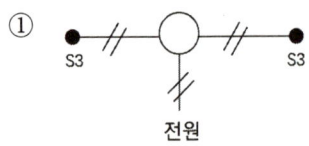

해설

[3로 스위치]
전원은 2가닥이며 각 3로 스위치에 2개소 점멸을 하기 위해 3가닥의 선이 인입되어야 한다.

59 저압 배전반에서 앞면 또는 조작·계측면의 최소 유지거리는 몇 [m]인가?
① 0.6 [m]   ② 1 [m]
③ 1.5 [m]   ④ 1.7 [m]

해설

[배전반공사 이격거리]
수변전설비는 보수점검에 필요한 공간 및 방화상 유효한 공간을 유지하기 위하여 아래와 같이 최소 거리를 두어야 한다.
• 저압배전반 : 앞면 또는 조작·계측면 - 1.5 [m], 뒷면 또는 점검면 - 0.6 [m], 열상호 간 - 1.2 [m]

60 변전소의 전력기기를 시험하기 위하여 회로를 분리하거나 계통의 접속을 바꾸거나 하는 경우에 사용되는 것은?
① 나이프 스위치
② 차단기
③ 퓨즈
④ 단로기

해설

[단로기]
단로기는 계통의 접속을 바꾸거나 무부하회로를 분리하는 데 쓰이게 된다.

정답 58 ④ 59 ③ 60 ④

2020 제1회

01 전기력선의 성질 중 옳지 않은 것은?
① 전기력선은 양(+)전하에서 나와 음(-)전하에서 끝난다.
② 전기력선의 접선방향이 전장의 방향이다.
③ 전기력선은 도중에 만나거나 끊어지지 않는다.
④ 전기력선은 등전위면과 교차하지 않는다.

해설

[전기력선 성질]
전기력선은 등전위면과 수직으로 교차한다.

02 평형 3상 Y결선에서 상전류 I_p와 선전류 I_ℓ과의 관계는?
① $I_\ell = 3I_p$
② $I_\ell = \sqrt{3}\,I_p$
③ $I_\ell = I_p$
④ $I_\ell = \frac{1}{3}I_p$

해설

[Y결선과 △결선]
Y결선 : $V_\ell = \sqrt{3}\,V_p$, $I_\ell = I_p$
△결선 : $V_\ell = V_p$, $I_\ell = \sqrt{3}\,I_p$

03 다음 중 비유전율이 가장 큰 것은?
① 종이
② 염화비닐
③ 운모
④ 산화티탄 자기

해설

[비유전율의 크기]
산화티탄 자기의 비유전율(88~183)이 다른 재료들의 비유전율보다 월등히 높다.

04 무효전력에 대한 설명으로 틀린 것은?
① $P = VI\cos\theta$로 계산된다.
② 부하에서 소모되지 않는다.
③ 단위로는 Var를 사용한다.
④ 전원과 부하 사이를 왕복하기만 하고 부하에 유효하게 사용되지 않는 에너지이다.

해설

[무효전력]
무효전력 $P_r = VI\sin\theta$ [Var]

05 단상 100 [V], 800 [W], 역률 80 [%]인 회로의 리액턴스는 몇 [Ω]인가?
① 10
② 8
③ 6
④ 2

정답 01 ④ 02 ③ 03 ④ 04 ① 05 ③

해설

[리액턴스]
$P = VI\cos\theta \text{ [W]}$
$I = \dfrac{P}{V\cos\theta} = \dfrac{800}{100 \times 0.8} = 10 \text{ [A]}$
$Z = \dfrac{V}{I} = \dfrac{100}{10} = 10 \text{ [Ω]}$
$\cos\theta = \dfrac{R}{Z}$ 에서
$R = Z\cos\theta = 10 \times 0.8 = 8 \text{ [Ω]}$
$|Z| = \sqrt{R^2 + X^2} \text{ [Ω]}, X = 6 \text{ [Ω]}$

06 비오 – 사바르(Biot – Savart)의 법칙과 가장 관계가 깊은 것은?

① 전류가 만드는 자장의 세기
② 전류와 전압의 관계
③ 기전력과 자계의 세기
④ 기전력과 자속의 변화

해설

[비오 – 사바르의 법칙]
전류가 흐를 때의 자장의 세기
$\triangle H = \dfrac{I \triangle \ell \sin\theta}{4\pi r^2} \text{ [AT/m]}$

07 1차 전압 6,300 [V], 2차 전압 210 [V], 주파수 60 [Hz]의 변압기가 있다. 이 변압기의 권수비는?

① 30   ② 40
③ 50   ④ 60

해설

[권수비]
권수비 $a = \dfrac{N_1}{N_2} = \dfrac{V_1}{V_2} = \dfrac{I_2}{I_1} = \sqrt{\dfrac{r_1}{r_2}}$
$a = \dfrac{V_1}{V_2} = \dfrac{6,300}{210} = 30$

08 $C_1 = 5 \text{ [μF]}$, $C_2 = 10 \text{ [μF]}$의 콘덴서를 직렬로 접속하고 직류 30 [V]를 가했을 때 C_1의 양단의 전압 [V]은?

① 5   ② 10
③ 20   ④ 30

해설

[콘덴서의 전압분배법칙]
$C_0 = \dfrac{C_1 C_2}{C_1 + C_2}, Q = C_0 V = \dfrac{C_1 C_2}{C_1 + C_2} V$
$V_1 = \dfrac{Q}{C_1} = \dfrac{1}{C_1} \dfrac{C_1 C_2}{C_1 + C_2} V$
$= \dfrac{C_2}{C_1 + C_2} V = \dfrac{10}{5 + 10} \times 30 = 20 \text{ [V]}$

09 200 [V], 2 [kW]의 전열선 2개를 같은 전압에서 직렬로 접속한 경우의 전력은 병렬로 접속한 경우의 전력보다 어떻게 되는가?

① $\dfrac{1}{2}$로 줄어든다.   ② $\dfrac{1}{4}$로 줄어든다.
③ 2배로 증가된다.   ④ 4배로 증가된다.

해설

[전력으로 보는 전구의 밝기]

- 전열선의 저항 $R = \dfrac{V^2}{P} = \dfrac{(200)^2}{2,000} = 20\,[\Omega]$
- 직렬접속일 때 전력
$P = \dfrac{V^2}{R} = \dfrac{(200)^2}{40} = 1,000\,[\text{W}]$
- 병렬접속일 때 전력
$P = \dfrac{V^2}{R} = \dfrac{(200)^2}{10} = 4,000\,[\text{W}]$

$\dfrac{1,000}{4,000} = \dfrac{1}{4}$ 배

10 도면과 같이 공기 중에 놓인 $2 \times 10^{-8}\,[\text{C}]$의 전하에서 2[m] 떨어진 점 P와 1[m] 떨어진 점 Q와의 전위차는 몇 [V]인가?

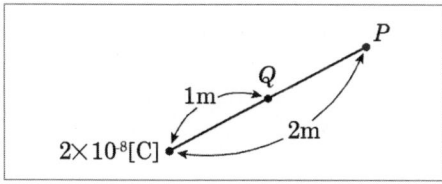

① 80 [V] ② 90 [V]
③ 100 [V] ④ 110 [V]

해설

[전위차]

전위 $V = Er = \dfrac{1}{4\pi\varepsilon_0} \times \dfrac{Q}{r} = 9 \times 10^9 \times \dfrac{Q}{r}$

- $V_Q = 9 \times 10^9 \times \dfrac{2 \times 10^{-8}}{1} = 180\,[\text{V}]$
- $V_P = 9 \times 10^9 \times \dfrac{2 \times 10^{-8}}{2} = 90\,[\text{V}]$

전위차 $V_{PQ} = V_Q - V_P = 180 - 90 = 90\,[\text{V}]$

11 전기분해를 하면 석출되는 물질의 양은 통과한 전기량에 관계가 있다. 이것을 나타낸 법칙은?

① 옴의 법칙
② 쿨롱의 법칙
③ 앙페르의 법칙
④ 패러데이의 법칙

해설

[패러데이의 법칙]
석출되는 물질의 양은 전기량에 비례한다.
$w = kQ = kIt\,[\text{g}]$ k(화학당량): $\dfrac{\text{원자량}}{\text{원자가}}$

12 3상 교류회로의 선간전압이 13,200 [V], 선전류 800 [A], 역률 80 [%] 부하의 소비전력은 약 몇 [MW]인가?

① 4.88 ② 8.45
③ 14.63 ④ 25.34

해설

[3상 소비전력]
$P = \sqrt{3}\,V_\ell I_\ell \cos\theta$
$= \sqrt{3} \times 13,200 \times 800 \times 0.8$
$= 14,632,365\,[\text{W}] = 14.63\,[\text{MW}]$

정답 10 ② 11 ④ 12 ③

13 어떤 물질이 정상 상태보다 전자 수가 많아져 전기를 띠는 현상을 무엇이라 하는가?

① 충전 ② 방전
③ 대전 ④ 분극

해설

[대전]
중성상태인 물질이 전자의 이동으로 인하여 양전기나 음전기를 띠게 되는 현상이다.

14 자속밀도 B [Wb/m²] 되는 균등한 자계 내에 길이 ℓ [m]의 도선을 자계에 수직인 방향으로 운동시킬 때 도선에 e [V]의 기전력이 발생한다면 이 도선의 속도 [m/s]는?

① $B\ell e \sin\theta$ ② $B\ell e \cos\theta$
③ $\dfrac{B\ell \sin\theta}{e}$ ④ $\dfrac{e}{B\ell \sin\theta}$

해설

[유기기전력]
$e = B\ell v \sin\theta$ [V]에서
속도 $v = \dfrac{e}{B\ell \sin\theta}$ [m/s]

15 4×10^{-5}[C], 6×10^{-5}[C]의 두 전하가 자유공간에 2 [m]의 거리에 있을 때 그 사이에 작용하는 힘은?

① 5.4 [N], 흡인력이 작용한다.
② 5.4 [N], 반발력이 작용한다.
③ $\dfrac{7}{9}$ [N], 흡인력이 작용한다.
④ $\dfrac{7}{9}$ [N], 반발력이 작용한다.

해설

[쿨롱의 법칙]
$$F = \dfrac{1}{4\pi\varepsilon} \times \dfrac{Q_1 Q_2}{r^2} = 9 \times 10^9 \times \dfrac{Q_1 Q_2}{r^2}$$
$$\varepsilon_0 = 9 \times 10^9 \times \dfrac{(4 \times 10^{-5}) \times (6 \times 10^{-5})}{2^2}$$
$$= 5.4 [N]$$
같은 극성이므로, 반발력이 작용한다.

16 기전력 1.5 [V], 내부저항 0.2 [Ω]인 전지 5개를 직렬로 연결하고 이를 단락하였을 때의 단락전류[A]는?

① 1.5 ② 4.5
③ 7.5 ④ 15

해설

[전지의 전류]
• 전체전압 : $V = 1.5 \times 5 = 7.5$ [V]
• 합성저항 : $R_0 = 0.2 \times 5 = 1$ [Ω]
• 단락전류 : $I_s = \dfrac{V}{R_0} = \dfrac{7.5}{1} = 7.5$ [A]

정답 ● 13 ③ 14 ④ 15 ② 16 ③

17 단면적 A [m²], 자로의 길이 ℓ [m], 투자율(μ), 권수 N회인 환상 철심의 자체 인덕턴스 [H]는?

① $\dfrac{\mu A N^2}{\ell}$ ② $\dfrac{A \ell N^2}{4\pi\mu}$

③ $\dfrac{4\pi A N^2}{\ell}$ ④ $\dfrac{\mu \ell N^2}{A}$

해설
[자체 인덕턴스]
$L = \dfrac{\mu A N^2}{\ell}$ [H]

18 정격전압에서 1 [kW]의 전력을 소비하는 저항에 정격의 90 [%] 전압을 가했을 때 전력은 몇 [W]가 되는가?

① 630 [W] ② 780 [W]
③ 810 [W] ④ 900 [W]

해설
[전력]
$P = \dfrac{V^2}{R} = 1,000$ [W]
$P' = \dfrac{(0.9\,V)^2}{R} = 0.81 \dfrac{V^2}{R} = 0.81 \times 1,000$
$= 810$ [W]

19 4 [Ω]의 저항에 200 [V]의 전압을 인가할 때 소비되는 전력은?

① 20 [W] ② 400 [W]
③ 2.5 [kW] ④ 10 [kW]

해설
[전력]
$P = \dfrac{V^2}{R} = \dfrac{200^2}{4} = 10,000$ [W] $= 10$ [kW]

20 코일의 자체 인덕턴스[L]와 권수[N]의 관계로 옳은 것은?

① $L \propto N$ ② $L \propto N^2$
③ $L \propto N^3$ ④ $L \propto \dfrac{1}{N}$

해설
[자체 인덕턴스]
$L = \dfrac{\mu A N^2}{l}$, 즉 $L \propto N^2$

21 부흐홀츠 계전기의 설치 위치는?

① 변압기 주 탱크 내부
② 콘서베이터 내부
③ 변압기의 고압 측 부싱
④ 변압기 본체와 콘서베이터 사이

정답 17 ① 18 ③ 19 ④ 20 ② 21 ④

> **해설**

[부흐홀츠 계전기 설치 위치]
변압기의 주탱크와 콘서베이터의 사이에 설치한다.

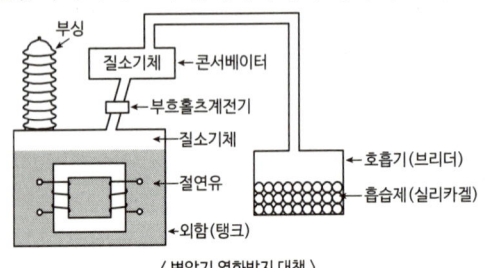

〈 변압기 열화방지 대책 〉

22 다음 중 턴오프(소호)가 가능한 소자는?
  ① GTO   ② TRIAC
  ③ SCR   ④ LASCR

> **해설**

[GTO]
게이트 신호가 양(+)이면 도통되고, 음(-)이면 자기소호하는 사이리스터

23 동기 발전기의 전기자 반작용 중에서 전기자전류에 의한 자기장의 축이 항상 주자속의 축과 수직이 되면서 자극편 왼쪽에 있는 주자속은 증가시키고, 오른쪽에 있는 주자속은 감소시켜 편자작용을 하는 전기자 반작용은?
  ① 감자작용   ② 증자작용
  ③ 직축반작용 ④ 교차자화작용

> **해설**

[교차자화작용]
교차자화작용에 대한 내용이다.

24 동기기의 전기자 권선법이 아닌 것은?
  ① 분포권   ② 중권
  ③ 2층권   ④ 지층권

> **해설**

[동기기 전기자 권선법]
동기기는 주포 분포권, 단절권, 2층권, 중권이 쓰이고 결선은 Y결선으로 한다.

25 인버터(Inverter)란?
  ① 교류를 직류로 변환
  ② 직류를 교류로 변환
  ③ 교류를 교류로 변환
  ④ 직류를 직류로 변환

> **해설**

[전력변환기기]
• 인버터 : DC → AC
• 컨버터 : AC → DC
• 초퍼 : DC → DC

정답 ● 22 ① 23 ④ 24 ④ 25 ②

26 수전단 발전소용 변압기 결선에 주로 사용하고 있으며 한쪽은 중성점을 접지할 수 있고 다른 한쪽은 제3고조파에 의한 영향을 없애주는 장점을 가지고 있는 3상 결선방식은?

① Y–Y
② △–△
③ Y–△
④ V

해설

[Y결선 특징]
- 중성점 접지가 가능하여 절연이 용이하다.
- 제3고조파에 의해 통신유도장애를 일으킨다.
- 단상과 3상의 전원을 얻을 수 있다.

[△ 결선 특징]
- 제3고조파를 제거한다.
- 한 상 고장시에도 3상 전력 공급이 가능하다.

27 정류자와 접촉하여 전기자 권선과 외부 회로를 연결하는 역할을 하는 것은?

① 계자
② 전기자
③ 브러시
④ 계자철심

해설

[브러시]
정류자면에 접촉하여 전기자 권선과 외부회로로 연결한다.

28 직류 전동기 중 정출력제어를 하는 것은?

① 위상제어법
② 저항제어법
③ 전압제어법
④ 계자제어법

해설

[직류 전동기의 속도제어법]
- 전압제어 : 정토크제어
- 계자제어 : 정출력제어
- 저항제어 : 전력손실이 크며, 속도제어의 범위가 좁다.

29 동기기의 손실에서 고정손에 해당되는 것은?

① 계자철심의 철손
② 브러시의 전기손
③ 계자 권선의 저항손
④ 전기자 권선의 저항손

해설

[동기기 손실]
- 동손 : 부하손
- 철손 : 무부하손, 고정손

30 어떤 변압기에서 임피던스 강하가 5[%]인 변압기가 운전 중 단락되었을 때 그 단락전류는 정격전류의 몇 배인가?

① 5
② 20
③ 50
④ 200

해설

[단락비]

단락비 $k_s = \dfrac{I_s}{I_n} = \dfrac{100}{\%Z} = \dfrac{100}{5} = 20$

단락전류 $I_s = 20 I_n$ 으로 정격전류의 20배

정답 26 ③ 27 ③ 28 ④ 29 ① 30 ②

31 3권선 변압기에 대한 설명으로 옳은 것은?

① 한 개의 전기회로에 3개의 자기회로로 구성되어 있다.
② 3차권선에 조상기를 접속하여 송전선의 전압조정과 역률 개선에 사용된다.
③ 3차권선에 단권 변압기를 접속하여 송전선의 전압조정에 사용된다.
④ 고압배전선의 전압을 10 [%] 정도 올리는 승압용이다.

해설

[3권선 변압기 용도]
- 전력용 콘덴서(조상기)를 접속하여 1차 측 역률을 개선하는 선로조상기로 사용할 수 있다.
- 3차 권선으로부터 발전소나 변전소에 구내전력을 공급할 수 있다.
- 두 개의 권선을 1차로 하여 서로 다른 계통의 전력을 받아 나머지 권선을 2차로 하여 신전력을 공급할 수도 있다.

32 15 [kW], 60 [Hz], 4극의 3상 유도 전동기가 있다. 전부하가 걸렸을 때의 슬립이 4 [%]라면 이때의 2차(회전자) 측 동손은 약 [kW]인가?

① 1.2　② 1.0
③ 0.8　④ 0.6

해설

[유도 전동기 비례식]
$P_2 : P_{2c} : P_0 = 1 : s : (1-s)$
$P_{2c} = \dfrac{s}{(1-s)} \times P_0 = \dfrac{0.04}{(1-0.04)} \times 15$
$= 0.6 \, [\text{kW}]$

33 직류 발전기의 병렬운전 중 한쪽 발전기의 여자를 늘리면 그 발전기는?

① 부하전류는 불변, 전압은 증가
② 부하전류는 줄고, 전압은 증가
③ 부하전류는 늘고, 전압은 증가
④ 부하전류는 늘고, 전압은 불변

해설

[발전기의 병렬운전]
병렬운전 중 한쪽 발전기의 여자전류를 늘리면 자속의 증가로 전압이 증가하며, 부하전류가 늘게 된다.

34 60 [Hz], 4극 유도 전동기가 1700 [rpm]으로 회전하고 있다. 이 전동기의 슬립은 약 얼마인가?

① 3.42 [%]　② 4.56 [%]
③ 5.56 [%]　④ 6.64 [%]

해설

[동기속도]
$$N_s = \frac{120f}{p} = \frac{120 \times 60}{4} = 1,800 \,[\text{rpm}]$$

[슬립]
$$s = \frac{N_s - N}{N_s} = \frac{1,800 - 1,700}{1800} \times 100 = 5.56\,[\%]$$

35 1차 전압 6,300 [V], 2차 전압 210 [V], 주파수 60 [Hz]의 변압기가 있다. 이 변압기의 권수비는?

① 30 ② 40
③ 50 ④ 60

해설

[권수비]
권수비 $a = \dfrac{N_1}{N_2} = \dfrac{V_1}{V_2} = \dfrac{I_2}{I_1} = \sqrt{\dfrac{r_1}{r_2}}$ 에서,

$a = \dfrac{N_1}{N_2} = \dfrac{6,300}{210} = 30$

36 동기 발전기를 회전계자형으로 하는 이유가 아닌 것은?

① 고전압에 견딜 수 있게 전기자 권선을 절연하기가 쉽다.
② 전기자 단자에 발생한 고전압을 슬립링 없이 간단하게 외부회로에 인가할 수 있다.
③ 기계적으로 튼튼하게 만드는 데 용이하다.
④ 전기자가 고정되어 있지 않아 제작비용이 저렴하다.

해설

[회전계자형]
• 전기자를 고정해두고 계자를 회전시키는 형태
• 중·대형기기에 일반적으로 채용된다.

37 비유전율이 큰 산화티탄 등을 유전체로 사용한 것으로 극성이 없으며, 가격에 비해 성능이 우수하여 널리 사용되고 있는 콘덴서의 종류는?

① 전해 콘덴서   ② 세라믹 콘덴서
③ 마일러 콘덴서 ④ 마이카 콘덴서

해설

[세라믹 콘덴서]
가격대비 성능이 우수하고, 가장 많이 사용하며, 고주파 특성이 우수하다.

정답 35 ① 36 ④ 37 ②

38 직권 발전기의 설명 중 틀린 것은?

① 계자권선과 전기자권선이 직렬로 접속되어 있다.
② 승압기로 사용되며 수전전압을 일정하게 유지하고자 할 때 사용된다.
③ 단자전압을 V, 유기 기전력을 E, 부하전류를 I, 전기자 저항 및 직권 계자저항을 각각 r_a, r_s라 할 때 $V = E + I(r_a + r_s)$ [V]이다.
④ 부하전류에 의해 여자되므로 무부하 시 자기여자에 의한 전압확립은 일어나지 않는다.

[해설]
[직권 발전기의 단자전압]
$V = E - I(r_a + r_s)$ [V]

39 그림과 같은 전동기제어회로에서 전동기 M의전류 방향으로 올바른 것은? (단, 전동기의 역률은 100 [%]이고, 사이리스터의 점호각은 0°라고 본다)

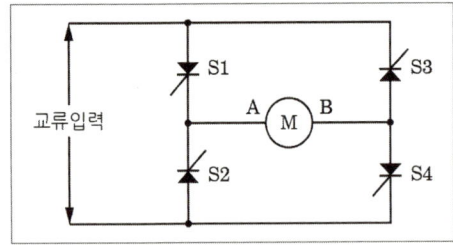

① 항상 "A"에서 "B"의 방향
② 항상 "B"에서 "A"의 방향
③ 입력의 반주기마다 "A"에서 "B"의 방향, "B"에서 "A"의 방향
④ S1과 S4, S2와 S3의 동작 상태에 따라 "A"에서 "B"의 방향, "B"에서 "A"의 방향

[해설]
[교류 공급 시 전류의 방향]
교류입력에 대하여 사이리스터가 동작하여 전류가 A에서 B방향으로만 흐르게 된다.

40 발전기 권선의 층간단락보호에 가장 적합한 계전기는?

① 차동 계전기 ② 방향 계전기
③ 온도 계전기 ④ 접지 계전기

[해설]
[차동 계전기]
고장에 의하여 생긴 불평형의 전류차가 기준치 이상으로 되었을 때 동작하는 계전기이다. 변압기 내부고장 검출용으로 주로 사용된다.

41 활선 상태에서 전선의 피복을 벗기는 공구는?

① 케이블 커터 ② 전선 피박기
③ 스트리퍼   ④ 와이어 통

[해설]
[공구]
전선 피박기에 대한 내용이다. 와이어스트리퍼는 사선 상태에서 사용한다.

정답 ● 38 ③ 39 ① 40 ① 41 ②

42 1 [eV]는 몇 [J]인가?

① 1
② 1×10^{-10}
③ 1.16×10^4
④ 1.602×10^{-19}

해설

[전력량]
전력량 W [W·sec]= [J], $W = QV$
1 [eV]=1.602×10^{-19} [J]

43 배전반, 분전반 등의 배관을 변경하거나 이미 설치된 캐비닛에 구멍을 뚫을 때 필요한 공구는?

① 오스터
② 파이프 커터
③ 녹아웃 펀치
④ 클리퍼

해설

[녹아웃펀치]
캐비닛에 구멍을 뚫을 때 필요한 공구이다.

44 금속관 절단부의 다듬기에 쓰이는 공구는?

① 리머
② 홀소
③ 프레셔 툴
④ 파이프 렌치

해설

[리머]
금속관을 쇠톱이나 커터로 끊은 다음, 관 안의 날카로운 부분을 다듬는 공구이다.

45 접착제를 사용하여 합성수지관을 삽입해 접속할 경우 관의 깊이는 합성수지관 외경의 최소 몇 배인가?

① 0.8배
② 1.2배
③ 1.5배
④ 1.8배

해설

[합성수지관의 관 상호 접속방법]
- 접착제 미사용 시 : 1.2배 이상
- 접착제를 사용 시 : 0.8배 이상

46 동기 전동기의 자기 기동법에서 계자권선을 단락하는 이유는?

① 기동이 쉽다.
② 기동권선으로 이용한다.
③ 고전압 유도에 의한 절연파괴 위험을 방지한다.
④ 전기자 반작용을 방지한다.

해설

[계자권선 단락 이유]
고전압 유도로 계자권선의 절연파괴 위험이 감소한다.

정답 ● 42 ④ 43 ③ 44 ① 45 ① 46 ③

47 옥내배전반 회로에서 중성선 측 전선의 색깔로 옳은 것은?

① 갈색　　② 청색
③ 흑색　　④ 회색

해설

[전선의 상 표시]
L_1상 : 갈색, L_2상 : 흑색, L_3상 : 회색, N상 : 청색

48 다음 보기 중 금속관, 애자, 합성수지 및 케이블공사가 모두 가능한 특수 장소를 옳게 나열한 것은?

ㄱ 화약고 등의 위험 장소
ㄴ 부식성 가스가 있는 장소
ㄷ 위험물 등이 존재하는 장소
ㄹ 불연성 먼지가 많은 장소
ㅁ 습기가 많은 장소

① ㄱ, ㄴ, ㄷ　　② ㄴ, ㄹ, ㅁ
③ ㄴ, ㄹ, ㅁ　　④ ㄱ, ㄹ, ㅁ

해설

[특수 장소의 공사]
- 화약고 등의 위험 장소
  금속관, 케이블공사 가능
- 부식성 가스가 있는 장소
  금속관, 케이블, 합성수지, 애자사용공사 가능
- 위험물 등이 존재하는 장소
  금속관, 케이블, 합성수지관공사 가능
- 불연성 먼지가 많은 장소
  금속관, 케이블, 합성수지, 애자사용공사 가능
- 습기가 많은 장소
  금속관, 케이블, 합성수지관, 애자사용공사(은폐장소 제외) 가능

49 경질비닐전선관의 규격이 아닌 것은?

① 14　　② 16
③ 28　　④ 32

해설

[경질비닐전선관의 호칭]
- 관의 굵기를 안지름의 크기에 가까운 짝수로 표시
- 지름 14~100 [mm]으로 10종(14, 16, 22, 28, 36, 42, 54, 70, 82, 100 [mm])

50 설계하중 6.8 [kN] 이하인 철근 콘크리트 전주의 길이가 7 [m]인 지지물을 건주하는 경우 땅에 묻히는 깊이로 가장 옳은 것은?

① 1.2 [m]　　② 1.0 [m]
③ 0.8 [m]　　④ 0.6 [m]

해설

[전주가 땅에 묻히는 깊이]
- 전주의 길이 15 [m] 이하 : 1/6 이상
- 전주의 길이 15 [m] 초과 : 2.5 [m] 이상

$\therefore 7 \times \dfrac{1}{6} = 1.2$ [m]

정답　47 ②　48 ③　49 ④　50 ①

51 저압 가공인입선이 도로 위에 시설되는 경우 노면상 몇 [m] 이상의 높이에 설치되어야 하는가?

① 3 ② 4
③ 5 ④ 6

해설

[저압 가공인입선공사]
저압 가공인입선의 높이는 다음에 의할 것

구분	저압인입선 [m]
철도 궤도 횡단	6.5
도로횡단	5
기타	4
횡단보도교	3

52 무대, 오케스트라박스 등 흥행장의 저압 옥내배선공사의 사용전압은 몇 [V] 미만인가?

① 200 ② 300
③ 400 ④ 600

해설

[전시회, 쇼 및 공연장의 설비]
흥행장소의 경우 사용전압이 400 [V] 미만이어야 한다.

53 저압 연접인입선의 시설과 관련된 설명으로 틀린 것은?

① 옥내를 통과하지 아니할 것
② 전선의 굵기는 1.5 [mm²] 이하일 것
③ 폭 5 [m]를 넘는 도로를 횡단하지 아니할 것
④ 인입선에서 분기하는 점으로부터 100 [m]를 넘는 지역에 미치지 아니할 것

해설

[연접인입선 시설 제한 규정]
전선의 굵기는 2.6 [mm] 이하일 것

54 라이팅덕트를 조영재에 따라 부착할 경우 지지점 간의 거리는 몇 [m] 이하로 하여야 하는가?

① 1.0 ② 1.2
③ 1.5 ④ 2.0

해설

[라이팅덕트공사]
건축구조물에 부착할 경우 지지점은 매 덕트마다 2개소 이상 및 거리는 2 [m] 이하로 한다.

정답 ● 51 ③ 52 ③ 53 ② 54 ④

55 위험물 등이 있는 곳에서의 저압 옥내배선공사방법이 아닌 것은?

① 케이블공사
② 합성수지관공사
③ 금속관공사
④ 애자사용공사

해설

[위험물이 있는 곳의 공사]
금속관공사, 케이블공사 및 합성수지관공사는 모든 장소에서 시설이 가능하다. 단, 합성수지관공사는 열에 약한 특성으로 폭발성 먼지, 가연성 가스, 화약류 보관 장소의 배선을 할 수 없다.

56 파고율이 1.732인 파형은?

① 사인파
② 고조파
③ 구형파
④ 삼각파

해설

[파고율과 파형률]

파형	파고율	파형률
구형파(직사각형파)	1	1
정현파	1.414	1.11
삼각파	1.732	1.155

57 금속전선관공사에서 사용되는 후강전선관의 규격이 아닌 것은?

① 16
② 28
③ 36
④ 50

해설

[후강전선관 규격]
16, 22, 28, 36, 42, 54, 70, 82, 92, 104(10종류)

58 논이나 기타 지반이 약한 곳에 건주공사 시 전주의 넘어짐을 방지하기 위해 견고한 무엇을 시설해야 하는가?

① 근가
② 밴드
③ 완금
④ 지선

해설

[근가]
논이나 기타 지반이 약한 곳에 건주공사 시 전주의 넘어짐을 방지하기 위해 견고한 무엇을 시설하는 것은 근가이다.

정답 55 ④ 56 ④ 57 ④ 58 ①

59 보호를 요하는 회로의 전류가 어떤 일정한 값(적정값) 이상으로 흘렀을 때 동작하는 계전기는?

① 비율 차동 계전기
② 차동 계전기
③ 과전류 계전기
④ 과전압 계전기

해설

[과전류 계전기]
과전류 계전기(OCR : Over Current Relay)

60 전주 외등 설치 시 백열전등 및 형광등의 조명기구를 전주에 부착하는 경우 부착한 점으로부터 돌출되는 수평거리는 몇 [m] 이내로 하여야 하는가?

① 0.5 ② 0.8
③ 0.6 ④ 1.0

해설

[전주 외등 설치]
- 기구의 부착높이는 지표상 4.5 [m] 이상(교통에 지장 없는 경우 3 [m] 이상)
- 백열전등 및 형광등의 기구를 전주에 부착한 점으로부터 돌출되는 수평거리 1 [m] 이내

정답 59 ③ 60 ④

2020 제2회

01 전류가 흐를 때 생기는 자기장의 세기와 관계가 있는 법칙은?

① 플레밍의 왼손법칙
② 앙페르의 오른나사법칙
③ 플레밍의 오른손법칙
④ 비오 - 사바르의 법칙

해설

[전기이론의 법칙]
- 줄의 법칙 : 전류의 발열작용
- 플레밍의 왼손법칙 : 전동기의 회전방향 결정
- 비오 - 사바르의 법칙 : 전류가 흐를 때 자장세기
- 앙페르의 오른나사법칙 : 전류가 흐를 때 자장의 방향

02 L_1, L_2 두 코일이 접속되어 있을 때 누설 자속이 없는 이상적인 코일 간의 상호 인덕턴스는?

① $M = \sqrt{L_1 + L_2}$
② $M = \sqrt{L_1 - L_2}$
③ $M = \sqrt{L_1 L_2}$
④ $M = \sqrt{\dfrac{L_1}{L_2}}$

해설

[결합계수 $k=1$]
상호인덕턴스 $M = k\sqrt{L_1 \times L_2}$

03 대칭 3상 △결선에서 선전류와 상전류와의 위상 관계는?

① 상전류가 $\pi/3$(rad) 앞선다.
② 상전류가 $\pi/3$(rad) 뒤진다.
③ 상전류가 $\pi/6$(rad) 앞선다.
④ 상전류가 $\pi/6$(rad) 뒤진다.

해설

[Y결선과 △결선]
- Y결선 : 선간전압이 상전압보다 $\dfrac{\pi}{6}$ 만큼 앞선다.
- △결선 : 선전류가 상전류보다 $\dfrac{\pi}{6}$ 만큼 뒤진다.

04 비유전율이 큰 산화티탄 등을 유전체로 사용한 것으로 극성이 없으며, 가격에 비해 성능이 우수하여 널리 사용되고 있는 콘덴서의 종류는?

① 전해 콘덴서
② 세라믹 콘덴서
③ 마일러 콘덴서
④ 마이카 콘덴서

해설

[세라믹 콘덴서]
가격대비 성능이 우수하고, 가장 많이 사용하며, 고주파 특성이 우수하다.

정답 01 ④ 02 ③ 03 ③ 04 ②

05 RLC 병렬공진회로에서 공진주파수는?

① $\dfrac{1}{\pi\sqrt{LC}}$ ② $\dfrac{1}{\sqrt{LC}}$

③ $\dfrac{2\pi}{\sqrt{LC}}$ ④ $\dfrac{1}{2\pi\sqrt{LC}}$

해설
[공진주파수]
$$f_o = \dfrac{1}{2\pi\sqrt{LC}}\ [\text{Hz}]$$
직렬공진과 병렬공진의 공진주파수는 같다.

06 Y결선에서 선간전압 V_l과 상전압 V_p의 관계는?

① $V_l = V_p$ ② $V_l = \dfrac{1}{3}V_p$

③ $V_l = \sqrt{3}\,V_p$ ④ $V_l = 3V_p$

해설
[Y결선과 △결선]
- Y결선
$V_\ell = \sqrt{3}\,V_p,\ I_\ell = I_p$
- △결선
$V_\ell = V_p,\ I_\ell = \sqrt{3}\,I_p$

07 2 [μF], 3 [μF], 5 [μF]인 3개의 콘덴서가 병렬로 접속되었을 때의 합성 정전용량 [μF]은?

① 0.97 ② 3
③ 5   ④ 10

해설
[콘덴서의 병렬 합성 정전용량]
단순히 더하면 되므로,
$C_0 = 2 + 3 + 5 = 10\ [\text{F}]$

08 어떤 3상 회로에서 선간전압이 200 [V], 선전류 25 [A], 3상 전력이 7 [kW]이었다. 이때의 역률은 약 얼마인가?

① 0.65 ② 0.73
③ 0.81 ④ 0.97

해설
[3상 전력]
3상 전력 $P = \sqrt{3}\,V_\ell I_\ell \cos\theta$
역률 $\cos\theta = \dfrac{P}{\sqrt{3}\,V_\ell I_\ell}$
$= \dfrac{7\times 10^3}{\sqrt{3}\times 200\times 25} = 0.81$

09 평균 반지름이 10 [cm]이고, 감은 횟수 10회의 원형 코일에 5 [A]의 전류를 흐르게 하면 코일 중심의 자장의 세기 [AT/m]는?

① 250   ② 500
③ 750   ④ 1,000

해설
[원형 코일 중심의 자기장의 세기]
$H = \dfrac{NI}{2r} = \dfrac{10\times 5}{2\times 0.1} = 250\ [\text{AT/m}]$

정답 05 ④ 06 ③ 07 ④ 08 ③ 09 ①

10 R = 8 [Ω], L = 19.1 [mH]의 직렬회로에 5 [A]가 흐르고 있을 때 인덕턴스[L]에 걸리는 단자전압의 크기는 약 몇 [V]인가? (단, 주파수는 60 [Hz]이다)

① 12　　② 25
③ 29　　④ 36

해설

[인덕턴스에 걸리는 단자전압]
$X_L = \omega L = 2\pi f L$
$\quad = 2\pi \times 60 \times 19.1 \times 10^{-3} = 7.2 \ [\Omega]$
인덕턴스에 걸리는 전압강하
$V = IX_L = 5 \times 7.2 = 36 \ [V]$

11 PN접합 다이오드의 대표적인 작용으로 옳은 것은?

① 정류작용　　② 변조작용
③ 증폭작용　　④ 발진작용

해설

[정류작용]
PN 접합 반도체는 한쪽 방향만 전류가 흐르게 하는 정류작용을 한다.

12 $e = 100\sin(314t - \frac{\pi}{6})$ [V]인 파형의 주파수는 약 몇 [Hz]인가?

① 40　　② 50
③ 60　　④ 80

해설

[주파수]
순싯값 $e = V_m \sin\omega t$, $\omega = 2\pi f$ [rad/s]
주파수 $f = \dfrac{314}{2\pi} = 50$ [Hz]

13 2분간 876,000 [J]의 일을 하였다. 그 전력은 얼마인가?

① 7.3 [kW]　　② 29.2 [kW]
③ 73 [kW]　　④ 438 [kW]

해설

[전력]
$P = \dfrac{W}{t} = \dfrac{876,000}{60 \times 2} = 7,300 = 7.3$ [kW]

14 사인파 교류전압을 표시한 것으로 틀린 것은? (단, θ는 회전각이며, ω는 각속도이다)

① $v = V_m \sin\theta$
② $v = V_m \sin\omega t$
③ $v = V_m \sin 2\pi t$
④ $v = V_m \sin\dfrac{2\pi}{T}t$

해설

[교류전압 순싯값]
- 순싯값 $v = V_m \sin\omega t$ [V]
- 각속도 $\omega = \dfrac{\theta}{t} = 2\pi f = \dfrac{2\pi}{T}$ [rad/s]

정답 10 ④　11 ①　12 ②　13 ①　14 ③

15 히스테리시스손은 최대 자속밀도 및 주파수의 각각 몇 승에 비례하는가?

① 최대자속밀도 : 1.6, 주파수 : 1.0
② 최대자속밀도 : 1.0, 주파수 : 1.6
③ 최대자속밀도 : 1.0, 주파수 : 1.0
④ 최대자속밀도 : 1.6, 주파수 : 1.6

해설

[히스테리시스손실]
$P_h = K_h f B_m^{1.6}$이므로, 최대 자속밀도의 1.6승에 비례하고, 주파수에 비례한다.

16 기전력이 V_0 [V], 내부저항이 r [Ω]인 n개의 전지를 직렬연결하였다. 전체 내부저항을 옳게 나타낸 것은?

① $\frac{r}{n}$ ② nr
③ $\frac{r}{n^2}$ ④ nr^2

해설

[전지의 접속]
n개를 직렬접속 시 내부저항(r)은 n배이다.

17 어떤 콘덴서에 V [V]의 전압을 가해서 Q [C]의 전하를 충전할 때 저장되는 에너지 [J]는?

① $2QV$ ② $2QV^2$
③ $\frac{1}{2}QV$ ④ $\frac{1}{2}QV^2$

해설

[콘덴서에 축적되는 에너지]

$W = \frac{1}{2}CV^2 = \frac{1}{2}QV = \frac{1}{2}\frac{Q^2}{C}$ ($\because Q = CV$)

18 그림의 브리지회로에서 평형이 되었을 때의 C_x는?

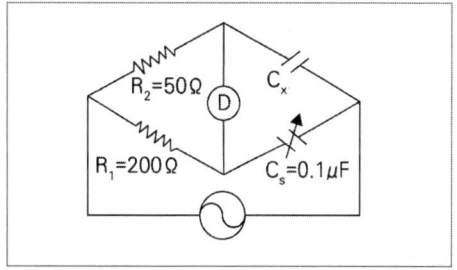

① 0.1 [μF] ② 0.2 [μF]
③ 0.3 [μF] ④ 0.4 [μF]

해설

[브리지회로]
평형조건은 $R_2 \times \frac{1}{\omega C_s} = R_1 \times \frac{1}{\omega C_x}$ 이므로

$C_x = \frac{R_1}{R_2} \times C_s = \frac{200}{50} \times 0.1 = 0.4$ [μF]

19 반지름 r [m], 권수 N회의 환상 솔레노이드에 I [A]의 전류가 흐를 때 그 내부의 자장의 세기 H [AT/m]는 얼마인가?

① $\frac{NI}{r^2}$ ② $\frac{NI}{2\pi}$
③ $\frac{NI}{4\pi r^2}$ ④ $\frac{NI}{2\pi r}$

정답 ● 15 ① 16 ② 17 ③ 18 ④ 19 ④

> **해설**

[환상솔레노이드 내부의 자장의 세기]
$\dfrac{NI}{2\pi r}$ [AT/m]

20 정전용량이 같은 콘덴서 10개가 있다. 이것을 직렬접속할 때의 값은 병렬접속 할 때의 값보다 어떻게 되는가?

① 1/10로 감소한다.
② 1/100로 감소한다.
③ 10배로 증가한다.
④ 100배로 증가한다.

> **해설**

[합성 정전용량]
- 직렬로 접속 시 합성 정전용량 $C_S = \dfrac{C}{10}$
- 병렬로 접속 시 합성 정전용량 $C_P = 10C$

$\dfrac{C_S}{C_P} = \dfrac{\frac{C}{10}}{10C} = \dfrac{1}{100}$, $C_S = \dfrac{1}{100} P_C$

21 다음 제동방법 중 급정지하는 데 가장 좋은 제동방법은?

① 발전제동   ② 회생제동
③ 역상제동   ④ 단상제동

> **해설**

[역상제동(역전제동, 플러깅)]
전동기를 급정지시키기 위해 제동 시 전동기를 역회전으로 접속하여 제동하는 방법이다.

22 부흐홀츠 계전기의 설치 위치는?

① 콘서베이터 내부
② 변압기 주탱크 내부
③ 변압기의 고압 측 부싱
④ 변압기 본체와 콘서베이터 사이

> **해설**

[부흐홀츠 계전기]
변압기 내부의 기계적 고장에 대하여 보호한다.

23 농형 유도 전동기의 기동법이 아닌 것은?

① 2차 저항기법
② Y-△ 기동법
③ 전전압 기동법
④ 기동보상기에 의한 기동

> **해설**

[농형 유도 전동기의 기동법]
- 전전압 기동법
- 리액터 기동법
- Y-△ 기동법
- 기동 보상기법

24 반도체 사이리스터에 의한 전동기의 속도제어 중 주파수제어는?

① 초퍼제어
② 인버터제어
③ 컨버터제어
④ 브리지 정류제어

정답 20 ② 21 ③ 22 ④ 23 ① 24 ②

> 해설

[전력변환기기]
- 인버터 : 직류를 교류로 바꾸는 장치
- 컨버터 : 교류를 직류로 바꾸는 장치
- 사이클로 컨버터 : 교류를 교류로 바꾸는 장치
- 초퍼 : 직류를 다른 전압의 직류로 바꾸는 장치
인버터는 주파수제어가 가능하다.

25 변압기의 자속에 관한 설명으로 옳은 것은?

① 전압과 주파수에 비례한다.
② 전압과 주파수에 반비례한다.
③ 전압과 반비례하고 주파수에 비례한다.
④ 전압에 비례하고 주파수에 반비례한다.

> 해설

[유도 기전력]
- $E = 4.44 \cdot f \cdot \phi \cdot N \, [\text{V}]$
- $\phi \propto E$, $\phi \propto \dfrac{1}{f}$

26 3상 유도 전동기의 회전방향을 바꾸기 위한 방법으로 옳은 것은?

① 전원의 전압과 주파수를 바꾸어 준다.
② Δ - Y 결선으로 결선법을 바꾸어 준다.
③ 기동보상기를 사용하여 권선을 바꾸어 준다.
④ 전동기의 1차 권선에 있는 3개의 단자 중 어느 2개의 단자를 서로 바꾸어 준다.

> 해설

[역전제동]
3상 유도 전동기의 회전방향을 바꾸려면 3상의 3선 중 2선의 접속을 바꾼다.

27 동기조상기의 계자를 부족여자로 하여 운전하면?

① 콘덴서로 작용   ② 뒤진역률 보상
③ 리액터로 작용   ④ 저항손의 보상

> 해설

[동기조상기]
- 과여자 : 콘덴서 작용(진상)
- 부족여자 : 리액터 작용(지상)

정답 25 ④ 26 ④ 27 ③

28 전기기기의 철심 재료로 규소 강판을 많이 사용하는 이유로 가장 적당한 것은?

① 와류손을 줄이기 위해
② 구리손을 줄이기 위해
③ 맴돌이전류를 없애기 위해
④ 히스테리시스손을 줄이기 위해

해설

[기기의 손실]
- 규소강판 사용 : 히스테리시스손 감소
- 성층철심 사용 : 와전류손(맴돌이전류손) 감소

29 변압기유의 구비조건으로 틀린 것은?

① 냉각효과가 클 것
② 응고점이 높을 것
③ 절연내력이 클 것
④ 고온에서 화학반응이 없을 것

해설

[변압기유 구비조건]
- 절연내력이 클 것
- 비열이 커서 냉각 효과가 클 것
- 인화점이 높고, 응고점이 낮을 것
- 고온에서도 산화하지 않을 것
- 절연 재료와 화학 작용을 일으키지 않을 것
- 점성도가 작고 유동성이 풍부할 것

30 변압기의 결선에서 제3고조파를 발생시켜 통신선에 유도장애를 일으키는 3상 결선은?

① Y - Y
② Δ - Δ
③ Y - Δ
④ Δ - Y

해설

[Y결선 특징]
- 중성점 접지가 가능하여 절연이 용이하다.
- 제3고조파에 의해 통신유도장애를 일으킨다.
- 단상과 3상의 전원을 얻을 수 있다.

[Δ 결선 특징]
- 제3고조파를 제거한다.
- 한 상 고장 시에도 3상 전력 공급이 가능하다. (V결선)

31 발전기를 정격전압 220 [V]로 전부하 운전하다가 무부하로 운전하였더니 단자전압이 242 [V]가 되었다. 이 발전기의 전압변동률 [%]은?

① 10
② 14
③ 20
④ 25

해설

[전압변동률]

전압변동률 $\varepsilon = \dfrac{V_o - V_n}{V_n} \times 100\ [\%]$

$\varepsilon = \dfrac{242 - 220}{220} \times 100 = 10\ [\%]$

정답 28 ④ 29 ② 30 ① 31 ①

32 선풍기, 가정용 펌프, 헤어드라이기 등에 주로 사용되는 전동기는?

① 단상 유도 전동기
② 권선형 유도 전동기
③ 동기 전동기
④ 직류 직권 전동기

해설
[단상 유도 전동기]
단상 유도 전동기는 간단하게 사용될 수 있는 편리한 점이 있어 가정용, 소공업용, 농사용 등으로 많이 사용된다.

33 슬립이 4 [%]인 유도 전동기에서 동기 속도가 1200 [rpm]일 때 전동기의 회전속도 [rpm]은?

① 697   ② 1,051
③ 1,152   ④ 1,321

해설
[회전자 속도]
$s = \dfrac{N_s - N}{N_s}$ 이므로 $0.04 = \dfrac{1,200 - N}{1,200}$ 에서
$N = 1,152$ [rpm] 이다.

34 동기기에 제동권선을 설치하는 이유로 옳은 것은?

① 역률 개선   ② 출력 증가
③ 전압 조정   ④ 난조 방지

해설
[제동권선 목적]
• 발전기 : 난조 방지
• 전동기 : 기동작용

35 전압변동률이 적고 자여자이므로 다른 전원이 필요 없으며, 계자저항기를 사용한 전압조정이 가능하므로 전기 화학용, 전지의 충전용 발전기로 가장 적합한 것은?

① 타여자 발전기
② 직류 복권 발전기
③ 직류 분권 발전기
④ 직류 직권 발전기

해설
[분권 발전기]
자여자 발전기 중 분권 발전기는 타여자 발전기와 같이 부하 변화에 전압변동률이 적다.

정답 ▶ 32 ①   33 ③   34 ④   35 ③

36 슬립이 0.05이고, 전원 주파수가 60 [Hz]인 유도 전동기의 회전자회로의 주파수[Hz]는?

① 0   ② 1
③ 2   ④ 3

해설
[회전자 주파수]
$f_2 = s f_1 = 0.05 \times 60 = 3 \, [\text{Hz}]$

37 변압기의 규약효율은?

① 출력/입력
② 출력/(입력 - 손실)
③ 출력/(출력 + 손실)
④ (입력 + 손실)/입력

해설
[변압기, 발전기 규약효율]
$\dfrac{\text{출력}}{\text{출력} + \text{손실}} \times 100 \, [\%]$

38 다음 사이리스터 중 3단자 형식이 아닌 것은?

① SCR   ② GTO
③ DIAC ④ TRIAC

해설
[소자의 종류]
- 3단자 소자 : SCR, GTO, TRIAC 등
- 2단자 소자 : DIAC, SSS, Diode 등

39 직류 발전기에서 자속을 만드는 부분은 어느 것인가?

① 계자철심   ② 정류자
③ 브러시   ④ 공극

해설
[직류 발전기 3대 요소]
- 계자 : 주자속을 만들어주는 부분
- 정류자 : 교류를 직류로 변환하는 부분
- 전기자 : 기전력을 유도하는 부분

40 3상 유도 전동기의 1차 입력 60 [kW], 1차 손실 1 [kW], 슬립 3 [%]일 때 기계적 출력은 약 몇 [kW]인가?

① 57   ② 75
③ 95   ④ 100

해설
[유도 전동기의 2차 출력]
$P_2 : P_{2c} : P_o = 1 : s : (1 - s)$
P_2 = 1차입력 - 1차손실 = 60 - 1 = 59 [kW]
$P_o = (1 - s)P_2 = (1 - 0.03) \times 59 = 57$ [kW]

정답 36 ④ 37 ③ 38 ③ 39 ① 40 ①

41 전선의 굵기를 측정할 때 사용되는 것은?

① 와이어게이지   ② 와이어스트리퍼
③ 녹아웃펀치   ④ 파이프커터

해설
[와이어게이지]
전선의 굵기를 측정할 때 사용한다.

42 성냥을 제조하는 공장의 공사방법으로 적당하지 않은 것은?

① 금속관공사
② 케이블공사
③ 합성수지관공사
④ 금속 몰드공사

해설
[위험물이 있는 곳의 공사]
- 금속관공사
- 케이블공사
- 합성수지관공사

43 굵은 전선을 자를 때 사용되는 것은?

① 파이프커터   ② 오스터
③ 파이프렌치   ④ 클리퍼

해설
[공구]
클리퍼 : 굵은 전선을 절단할 때 사용
녹아웃 펀치 : 구멍을 낼 때 사용
파이프 커터 : 금속관 절단 시 사용

44 주상 변압기의 1차 측 보호 장치로 사용하는 것은?

① 컷아웃 스위치
② 자동구분 개폐기
③ 캐치홀더
④ 리클로저

해설
[컷아웃 스위치(COS)]
변압기의 1차 측에 시설하여 변압기의 단락을 보호한다.

45 소맥분, 전분 기타 가연성의 분진이 존재하는 곳의 저압 옥내배선공사방법에 해당되는 것으로 짝지어진 것은?

① 케이블공사, 애자사용공사
② 케이블공사, 금속관공사, 합성수지관공사
③ 케이블공사, 금속관공사, 애자사용공사
④ 금속관공사, 콤바인 덕트관, 애자사용공사

해설
[가연성 분진이 있는 곳의 공사]
가연성 분진이 존재하는 곳의 저압 옥내배선은 합성수지관배선, 금속전선관배선, 케이블배선에 의하여 시설한다.

정답 41 ① 42 ④ 43 ④ 44 ① 45 ②

46 수·변전 설비의 고압회로에 걸리는 전압을 표시하기 위해 전압계를 시설할 때 고압회로와 전압계 사이에 시설하는 것은?

① 수전용 변압기
② 계기용 변압기
③ 계기용 변류기
④ 권선형 변류기

해설
[계기용 변성기]
- 계기용 변압기(PT) : 계측을 하기 위해 고압을 저압으로 변성한다.
- 변류기(CT) : 계측을 하기 위해 대전류를 소전류로 변성한다.

47 저압 옥내전로에서 전동기 정격전류가 60 [A]일 때 전선의 허용전류는 몇 [A] 이상인가?

① 66　② 75
③ 78　④ 90

해설
[전동기 부하의 간선의 굵기 산정]

전동기 정격전류	허용전류 계산
50 [A] 이하	정격전류 합계의 1.25배
50 [A] 초과	정격전류 합계의 1.1배

48 전선 접속방법 중 트위스트 직선 접속의 설명으로 옳은 것은?

① 연선의 직선 접속에 적용된다.
② 연선의 분기 접속에 적용된다.
③ 6 [mm²] 이하의 가는 단선인 경우에 적용된다.
④ 6 [mm²] 초과의 굵은 단선인 경우에 적용된다.

해설
[전선의 접속]
- 트위스트 접속 : 6 [mm²] 이하의 가는 단선
- 브리타니아 접속 : 3.2 [mm] 이상의 굵은 단선

49 한 개의 전등을 두 곳에서 점멸할 수 있는 배선으로 옳는 것은?

①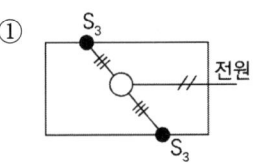

②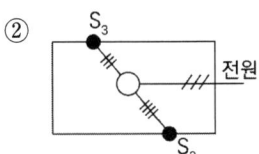

③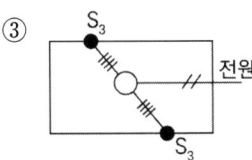

④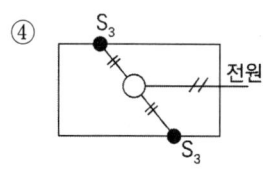

해설
[3로 스위치]
전등 한 개를 2개소에서 점멸하고자 할 때 3로 스위치 2개를 사용한다.

50 서로 다른 굵기의 절연전선을 동일 관내에 넣는 경우 금속관의 굵기는 전선의 피복절연물을 포함한 단면적의 총합계가 관의 내 단면적의 몇 [%] 이하가 되도록 선정하여야 하는가?

① 32 ② 38
③ 45 ④ 48

해설
[전선과 금속 전선관의 단면적 관계]
- 동일 굵기 : 48 [%]
- 다른 굵기 : 32 [%]

51 다음 중 저압배전선로를 전주에 수직배열하기 위해 사용하는 것은?

① 지주 ② 지선
③ 래크 ④ 완철

해설
[래크배선]
전주에 수직배열하기 위해 사용한다.

52 과전류차단기로 저압전로에 사용되는 퓨즈에 있어서 정격전류가 10 [A]인 회로에 19 [A]인 전류가 흘렀을 때 몇 분 이내에 자동적으로 동작하여야 하는가?

① 1분 ② 2분
③ 60분 ④ 120분

해설
[퓨즈의 용단특성]

정격전류	시간	정격전류의 배수	
		불용단전류	용단 전류
4 [A] 이하	60분	1.5배	2.1배
4 [A] 초과 16 [A] 미만			1.9배
16 [A] 초과 63 [A] 미만		1.25배	1.6배

53 지중전선로 시설방식이 아닌 것은?

① 직접 매설식 ② 관로식
③ 트라이식 ④ 암거식

해설
[지중전선로의 시설방식]
직접 매설식, 관로식, 암거식

정답 50 ① 51 ③ 52 ③ 53 ③

54 인입용 비닐절연전선을 나타내는 약호는?

① OW ② EV
③ DV ④ NV

> **해설**
>
> [절연전선의 약호]
> - N : 네온
> - R : 고무
> - E : 폴리에틸렌
> - V : 비닐
> - C : 클로로프렌
> - DV : 인입용 비닐절연전선
> - OW : 옥외용 비닐절연전선
> - EV : 폴리에틸렌 절연 비닐시스 케이블
> - EE : 폴리에틸렌 절연 폴리에틸렌시스 케이블

55 위험물 등이 있는 곳에서의 저압 옥내배선공사방법이 아닌 것은?

① 케이블공사
② 합성수지관공사
③ 금속관공사
④ 애자사용공사

> **해설**
>
> [위험물이 있는 곳의 공사]
> 금속관공사, 케이블공사 및 합성수지관공사

56 금속 몰드의 지지점 간의 거리는 몇 [m] 이하로 하는 것이 가장 바람직한가?

① 1   ② 1.5
③ 2   ④ 3

> **해설**
>
> [금속 몰드의 지지점 간의 거리]
> 1.5 [m] 이하

57 제1종 가요전선관을 구부를 경우의 곡률 반지름은 관 안지름의 몇 배 이상으로 하여야 하는가?

① 3배   ② 4배
③ 6배   ④ 8배

> **해설**
>
> [금속관공사]
> 금속관을 구부릴 때의 곡률 반경은 안지름의 6배 이상으로 구부린다.

58 가공 케이블 시설 시 조가용선에 금속테이프 등을 사용하여 케이블 외장을 견고하게 붙여 조가하는 경우 나선형으로 금속테이프를 감는 간격은 몇 [cm] 이하를 확보하여 감아야 하는가?

① 50   ② 30
③ 20   ④ 10

정답 54 ③ 55 ④ 56 ② 57 ③ 58 ③

해설

[조가용선공사]
조가용선을 케이블에 접촉시켜 그 위에 쉽게 부식하지 아니하는 금속테이프 등을 나선상으로 감는 경우에는 간격을 20 [cm] 이하로 유지해야 한다.

59 조명설계 시 고려해야 할 사항 중 틀린 것은?

① 적당한 조도일 것
② 휘도 대비가 높을 것
③ 균등한 광속 발산도 분포일 것
④ 적당한 그림자가 있을 것

해설

[우수한 조명의 조건]
- 조도가 적당할 것
- 시야 내의 조도차가 없을 것
- 눈부심(휘도의 대비)이 일어나지 않도록 할 것
- 적당한 그림자가 있을 것
- 광색이 적당할 것
- 일조조건, 조명기구의 위치나 디자인, 효율이나 보수성을 고려할 것

60 흥행장의 저압 옥내배선, 전구선 또는 이동전선의 사용전압은 최대 몇 [V] 미만인가?

① 400
② 440
③ 450
④ 750

해설

[전시회, 쇼 및 공연장의 설비]
흥행장소의 경우 사용전압이 400 [V] 미만이어야 한다.

정답 ● 59 ② 60 ①

2020 제3회

01 애자사용공사를 건조한 장소에 시설하고자 한다. 사용전압이 400 [V] 미만인 경우 전선과 조영재 사이의 이격거리는 최소 몇 [cm] 이상이어야 하는가?

① 2.5 [cm] 이상
② 4.5 [cm] 이상
③ 6 [cm] 이상
④ 12 [cm] 이상

해설

[애자의 공사]

구분	400 [V] 미만	400 [V] 이상
전선 상호 간	6 [cm] 이상	6 [cm] 이상
전선 조영재 간	2.5 [cm] 이상	4.5 [cm] 이상 (건조한 곳은 2.5 [cm] 이상)

02 전자 1개의 질량은 몇 [kg]인가?

① 8.855×10^{-12}
② 9.109×10^{-31}
③ 9×10^9
④ 1.602×10^{-19}

해설

[전자의 질량과 전하량]
전자의 질량 : 9.109×10^{-31} [kg]
전자의 전하량 : 1.602×10^{-19} [C]

03 전동기에 과전류가 흘렀을 때 이를 차단하여 전동기가 손상되는 것을 방지하는 기기는?

① MC
② ELB
③ EOCR
④ MCCB

해설

[과전류 계전기]
EOCR : 전자식 과전류 계전기

04 다음과 같은 회로에서 흐르는 전류 I는 몇 [A]인가?

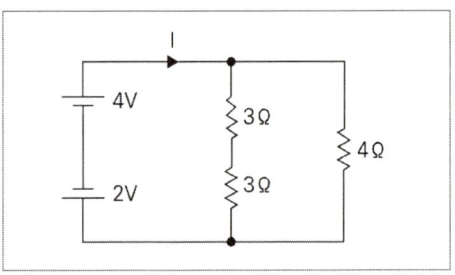

① 0.24
② 0.83
③ 1.25
④ 2.42

정답 01 ① 02 ② 03 ③ 04 ②

> **해설**

[전류]
- 전체전압 4 [V] - 2 [V] = 2 [V]
- 전체저항 $\dfrac{(3+3) \times 4}{(3+3)+4} = \dfrac{24}{10} = 2.4\ [\Omega]$
- 전류 $I = \dfrac{V}{R} = \dfrac{2}{2.4} = 0.83\ [A]$

05 합성수지관이 금속관과 비교하여 장점으로 볼 수 없는 것은?

① 누전의 우려가 없다.
② 온도변화에 따른 신축 작용이 크다.
③ 내식성이 있어 부식성 가스 등을 사용하는 사업장에 적당하다.
④ 관 자체를 접지할 필요가 없고, 무게가 가벼우며 시공하기 쉽다.

> **해설**

[합성수지관공사]
온도변화에 의한 신축작용은 합성수지관의 단점이다.

06 동일한 크기의 저항 4개를 접속하여 얻어지는 경우 중에서 전체 전류가 가장 많이 흐르는 것은?

① 모두 직렬로 접속
② 모두 병렬로 접속
③ 2개는 직렬, 2개는 병렬로 접속
④ 1개는 직렬 3개는 병렬로 접속

> **해설**

[합성저항]
합성저항은 모든 저항을 병렬로 연결할 때 가장 낮아진다.

07 다음 그림에서 A – B 사이의 합성저항은 얼마인가?

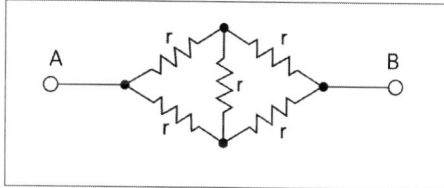

① 0.5r ② r
③ 2r   ④ 3r

> **해설**

[휘스톤 브리지]
휘스톤 브리지의 평형상태이다.
합성저항 $R = \dfrac{2r \times 2r}{2r + 2r} = \dfrac{4r^2}{4r} = r$

08 전기울타리용 전원장치에 공급하는 전로의 사용전압은 최대 몇 [V] 미만이어야 하는가?

① 110 ② 220
③ 250 ④ 380

정답 05 ② 06 ② 07 ② 08 ③

해설

[전가울타리공사]
전기울타리용 전원장치에 공급하는 전로의 사용 전압은 250 [V] 미만이어야 한다.

09 60 [cd]의 점 광원으로부터 2 [m]의 거리에서 그 방향과 직각인 면과 30° 기울어진 평면위의 조도 [lx]는?

① 11　　② 13
③ 15　　④ 1

해설

[수평면 조도]
$$E = \frac{I}{r^2}\cos\theta = \frac{60}{2^2}\cos 30°$$
$$= 13[lx]$$

10 반도체 내에서 정공은 어떻게 생성되는가?

① 결합전자의 이탈
② 자유전자의 이동
③ 접합불량
④ 확산용량

해설

[정공]
공유 결합이 파괴되어 전자가 이탈하고 나면, 원래 전자가 있던 공유 결합 위치에는 전자가 빈자리가 남게 되는데, 이를 정공(Hole)이라 한다.

11 비유전율 2.5의 유전체 내부의 전속밀도가 2×10^{-6} [C/m²]되는 점의 전기장의 세기는?

① 18×10^4 [V/m]
② 9×10^4 [V/m]
③ 6×10^4 [V/m]
④ 3.6×10^4 [V/m]

해설

[전속밀도]
$$D = \epsilon E, \ E = \frac{2 \times 10^{-6}}{8.855 \times 10^{-12} \times 2.5}$$
$$= 9 \times 10^4 \ [V/m]$$

12 1 [μF]의 콘덴서에 100 [V]의 전압을 가할 때 충전 전하량은 몇 [C]인가?

① 1×10^{-4}　　② 1×10^{-5}
③ 1×10^{-8}　　④ 1×10^{-10}

해설

[충전 전하량]
$$Q = CV = 10^{-6} \times 100 = 10^{-4} \ [C]$$

13 직류 발전기에서 자기저항이 가장 큰 곳은?

① 브러시　　② 계자철심
③ 전기자철심　　④ 공극

정답 09 ②　10 ①　11 ②　12 ①　13 ④

해설

[공극]

자기저항 $R_m = \dfrac{\ell}{\mu A}$, 공기 중에서 $\mu_s = 1$이므로 공극에서 가장 크다.

14 정전용량이 10 [μF]인 콘덴서 2개를 병렬로 했을 때의 합성정전용량은 직렬로 했을 때의 합성 정전용량보다 어떻게 되는가?

① 1/4로 줄어든다.
② 1/2로 줄어든다.
③ 2배로 늘어난다.
④ 4배로 늘어난다.

해설

[합성 정전용량]

$C_{병렬}$ = 20 [μF], $C_{직렬}$ = 5 [μF]
병렬접속은 직렬접속보다 4배가 크다.

15 자기회로에 기자력을 주면 자로에 자속이 흐른다. 그러나 기자력에 의해 발생되는 자속 전부가 자기회로 내를 통과하는 것이 아니라 자로 이외의 부분을 통과하는 자속도 있다. 이와 같이 자기회로 이외 부분을 통과하는 자속을 무엇이라 하는가?

① 종속자속   ② 누설자속
③ 주자속   ④ 반사자속

해설

[누설자속]

성체의 표면에서 누설되어 자로 이외의 곳을 통과하는 자속

16 자기회로의 길이 ℓ [m], 단면적 A [m²], 투자율 μ [H/m]일 때 자기저항 R [AT/Wb]을 나타낸 것은?

① $R = \dfrac{\mu\ell}{A}$ [AT/Wb]

② $R = \dfrac{A}{\mu\ell}$ [AT/Wb]

③ $R = \dfrac{\mu A}{\ell}$ [AT/Wb]

④ $R = \dfrac{\ell}{\mu A}$ [AT/Wb]

해설

[자기저항]

$R = \dfrac{\ell}{\mu A}$ [AT/Wb]

17 서로 다른 종류의 안티몬과 비스무트의 두 금속을 접속하여 여기에 전류를 통하면 그 접점에서 열의 발생 또는 흡수가 일어난다. 줄열과 달리 전류의 방향에 따라 열의 흡수와 발생이 다르게 나타나는 이 현상은?

① 펠티에 효과
② 제벡 효과
③ 제3금속의 법칙
④ 열전 효과

정답 ● 14 ④ 15 ② 16 ④ 17 ①

해설
[펠티에 효과]
서로 다른 금속에 전류를 흘리면 열의 발생 또는 흡수가 일어나는 현상이다.

18 어드미턴스 Y_1과 Y_2를 병렬로 연결하면 합성 어드미턴스는?

① $Y_1 + Y_2$ ② $\dfrac{1}{Y_1} + \dfrac{1}{Y_2}$
③ $\dfrac{1}{Y_1 + Y_2}$ ④ $\dfrac{Y_1 Y_2}{Y_1 + Y_2}$

해설
[합성 어드미턴스]
병렬회로의 합성 어드미턴스 : $Y = Y_1 + Y_2$

19 $Z = 2 + j11 [\Omega]$, $Z' = 4 - j3 [\Omega]$의 직렬회로에 교류전압 100 [V]를 가할 때 합성 임피던스는?

① 6 [Ω] ② 8 [Ω]
③ 10 [Ω] ④ 14 [Ω]

해설
[합성임피던스]
$(2 + j11) + (4 - j3) = 6 + j8 = 10$

20 선간전압이 380 [V]인 전원에 $Z = 8 + j6 [\Omega]$의 부하를 Y 결선으로 접속했을 때 선전류는 약 몇 A인가?

① 12 ② 22
③ 28 ④ 38

해설
[Y결선의 선전류]
$$선전류 = \frac{상전압}{Z} = \frac{\frac{380}{\sqrt{3}}}{\sqrt{8^2 + 6^2}} = 22 [A]$$

21 다음 그림은 직류 발전기의 분류 중 어느 것에 해당하는가?

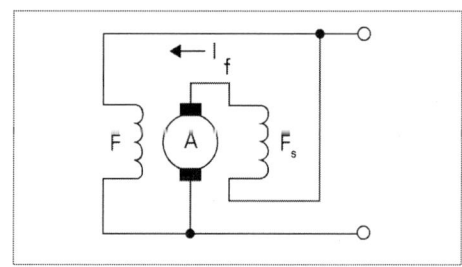

① 분권 발전기 ② 직권 발전기
③ 자석 발전기 ④ 복권 발전기

해설
[복권 발전기]
계자와 전기자가 직·병렬로 혼합 접속되어 있는 구조는 복권 발전기이다.

정답 ● 18 ① 19 ③ 20 ② 21 ④

22 직류 분권 발전기가 있다. 전기자 총 도체 수 220, 극수 6, 회전수 1,500 [rpm]일 때의 유기기전력이 165 [V]이면 매극의 자속 수는 몇 [Wb]인가? (단, 전기자 권선은 파권이다)

① 0.01 ② 0.02
③ 10   ④ 20

해설

[유기기전력]
$E = \dfrac{PZ\phi N}{60a}$
$\phi = \dfrac{E(60a)}{PZN} = \dfrac{165 \times 60 \times 2}{6 \times 220 \times 1500} = 0.01\,[Wb]$

23 정격속도로 회전하고 있는 무부하의 분권 발전기가 있다. 계자저항 40 [Ω], 계자전류 3A, 전기자 저항이 2 [Ω]일 때 유기기전력 [V]는?

① 126 ② 132
③ 156 ④ 185

해설

[분권 발전기의 유기기전력]
$V = I_f R_f = 3 \times 40 = 120\,[V]$
$E = V + I_a R_a = 120 + 3 \times 2 = 126\,[V]$

24 100 [V], 10A, 전기자저항 1 [Ω], 회전수 1800 [rpm]인 전동기의 역기전력은 몇 [V]인가?

① 90   ② 100
③ 110 ④ 186

해설

[역기전력]
$E = V - (I_a R_a) = 100 - (10 \times 1) = 90\,[V]$

25 권수비 2, 2차 전압 100, 2차 전류 5 [A], 2차 임피던스 20 [Ω]인 변압기의 ㉠ 1차 환산전압 및 ㉡ 1차 환산 임피던스는?

① ㉠ 200 [V], ㉡ 80 [Ω]
② ㉠ 200 [V], ㉡ 40 [Ω]
③ ㉠ 50 [V], ㉡ 10 [Ω]
④ ㉠ 50 [V], ㉡ 5 [Ω]

해설

[권수비]
권수비 $a = \dfrac{V_1}{V_2} = \dfrac{N_1}{N_2} = \dfrac{I_2}{I_1}$
$V_1 = aV_2 = 2 \times 100 = 200\,[V]$
$a = \sqrt{\dfrac{R_1}{R_2}}$, $R_1 = a^2 R_2 = 2^2 \times 20 = 80\,[\Omega]$

정답 22 ① 23 ① 24 ① 25 ①

26 60 [Hz]의 변압기에 50 [Hz]의 동일전압을 가했을 때의 자속밀도는 60 [Hz] 때와 비교하였을 경우 어떻게 되는가?

① $\frac{5}{6}$로 감소
② $\frac{6}{5}$으로 증가
③ $\left(\frac{5}{6}\right)^{1.6}$로 감소
④ $\left(\frac{6}{5}\right)^{2}$으로 증가

해설

[변압기의 유기기전력]
- 유기 기전력 $E = 4.44fN\phi_m$
- 동일전압에서 자속밀도와 주파수는 반비례 관계
 $f \to \frac{5}{6}$배, $\phi \to \frac{6}{5}$배

27 부흐홀츠계전기의 설치 위치로 가장 적당한 것은?

① 변압기 주 탱크 내부
② 콘서베이터 내부
③ 변압기 고압 측 부싱
④ 변압기 주 탱크와 콘서베이터 연결 파이프 사이

해설

[부흐홀츠 계전기 설치 위치]
부흐홀츠계전기는 변압기의 주 탱크와 콘서베이터를 연결하는 파이프 사이에 설치한다.

28 몰드 변압기의 냉각방식으로서 변압기 본체가 공기에 의하여 자연적으로 냉각이 되도록 한 방식이며, 작은 용량에 사용하는 것은?

① AN - 건식 자냉식
② AF - 건식 풍냉식
③ ANAN - 건식 밀폐 자냉식
④ ANAF - 건식 밀폐 풍냉식

해설

[변압기 냉각방식]
① AN(건식 자냉식)
② AF(건식 풍냉식)
③ ANAN(건식 밀폐 자냉식)
④ ANAF(건식 밀폐 풍냉식)

29 변압기 결선방식 중 3상에서 6상으로 변환할 수 없는 것은?

① 환상 결선
② 2중 3각 결선
③ 포크 결선
④ 우드브리지 결선

해설

[변압기 결선방식]
- 3상 → 2상 : 스콧, 메이어, 우드브리지 결선
- 3상 → 6상 : 포크, 환상, 대각 결선

정답 ● 26 ② 27 ④ 28 ① 29 ④

30 코일 주위에 전기적 특성이 큰 에폭시 수지를 고진공으로 침투시키고, 다시 그 주위를 기계적 강도가 큰 에폭시 수지로 몰딩한 변압기는?

① 건식 변압기
② 유입 변압기
③ 몰드 변압기
④ 타이 변압기

해설

[몰드 변압기]
종래의 유입식 및 건식 변압기의 문제점을 해결하기 위해 코일을 에폭시 수지로 몰드한 고체절연방식의 변압기

31 농형 회전자에 비뚤어진 홈을 쓰는 이유는?

① 출력을 높인다.
② 회전수를 증가시킨다.
③ 소음을 줄인다.
④ 미관상 좋다.

해설

[사구슬롯]
소음을 줄이기 위해서 사용

32 동기속도 1800 [rpm], 주파수 60 [Hz]인 동기 발전기의 극수는 몇 극인가?

① 2 ② 4
③ 8 ④ 10

해설

[동기속도]
$$N_s = \frac{120f}{P},\ P = \frac{120f}{N_s} = \frac{120 \times 60}{1800} = 4$$

33 두 콘덴서 C_1, C_2가 병렬로 접속되어 있을 때의 합성 정전용량은?

① $C_1 + C_2$ ② $\frac{1}{C_1} + \frac{1}{C_2}$
③ $\frac{C_1 C_2}{C_1 + C_2}$ ④ $\frac{C_1 + C_2}{C_1 C_2}$

해설

[합성 정전용량]
두 콘덴서가 병렬로 접속되어 있을 때는 더해주면 된다.

34 주파수가 60 [Hz]인 3상 4극의 유도 전동기가 있다. 슬립이 10 [%]일 때 이 전동기의 회전수는 몇 [rpm]인가?

① 1200 ② 1620
③ 1746 ④ 1800

정답: 30 ③ 31 ③ 32 ② 33 ① 34 ②

해설

[회전속도]

$$N = (1-s)N_s = (1-0.1)\frac{120 \times 60}{4}$$
$$= 0.9 \times 1800 = 1620 \, [rpm]$$

35 동기 발전기의 병렬운전에서 같지 않아도 되는 것은?

① 위상 ② 주파수
③ 용량 ④ 전압

해설

[병렬운전 조건]
- 기전력의 크기가 같을 것
- 기전력의 위상이 같을 것
- 기전력의 주파수가 같을 것
- 기전력의 파형이 같을 것

36 동기 발전기의 병렬운전 중에 기전력의 위상차가 생기면?

① 위상이 일치하는 경우보다 출력이 감소한다.
② 부하 분담이 변한다.
③ 무효 순환전류가 흘러 전기자 권선이 과열된다.
④ 동기화력이 생겨 두 기전력의 위상이 동상이 되도록 작용한다.

해설

[동기 발전기의 병렬운전 조건]
전압차 - 무효순환전류
위상차 - 동기화전류(유효순환전류)

37 단락비가 1.25인 발전기의 %동기임피던스 [%]는 얼마인가?

① 70 ② 80
③ 90 ④ 100

해설

[동기임피던스]

$$\%Z = \frac{1}{단락비} = \frac{1}{1.25} = 0.8$$

38 동기 전동기의 용도가 아닌 것은?

① 압연기 ② 분쇄기
③ 송풍기 ④ 크레인

해설

[동기 전동기의 용도]
동기 전동기 중에서 대용량은 주로 분쇄기, 압연기, 송풍기 등으로 사용한다. 크레인이나 압축기 등은 3상 유도 전동기가 주로 사용된다.

정답 ● 35 ③ 36 ④ 37 ② 38 ④

39 전기력선에 대한 설명으로 틀린 것은?

① 전기력선의 밀도는 전기장의 크기를 나타낸다.
② 전기력선은 양전하에서 나와 음전하에서 끝난다.
③ 같은 전기력선은 흡인한다.
④ 전기력선은 양전하의 표면에서 나와서 음전하의 표면에서 끝난다.

해설
[전기력선의 성질]
같은 전기력선은 서로 반발하므로 전기력선은 여러 가닥으로 나타난다.

40 반파 정류회로에서 변압기 2차 전압의 실효치를 E[V]라 하면 직류전류 평균치는? (단, 정류기의 전압강하는 무시한다)

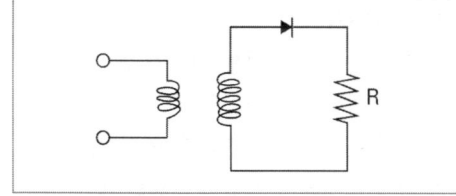

① $\dfrac{E}{R}$
② $\dfrac{1}{2} \cdot \dfrac{E}{R}$
③ $\dfrac{2\sqrt{2}}{\pi} \cdot \dfrac{E}{R}$
④ $\dfrac{\sqrt{2}}{\pi} \cdot \dfrac{E}{R}$

해설
[정류회로]
반파 정류회로 $\dfrac{\sqrt{2}}{\pi} \dfrac{E}{R} = 0.45 \dfrac{E}{R}$

41 전선 2가닥의 쥐꼬리접속 시 두 개의 선은 약 몇 도로 벌려야 하는가?

① 30° ② 60°
③ 90° ④ 180°

해설
[쥐꼬리접속 심선각도]
쥐꼬리접속 시 심선의 각도는 90°를 유지해야 된다.

42 다음 설명 중 배선공사에 대하여 잘못 설명한 것은?

① 배선과 기구선과의 접속은 장력이 걸리지 않고 기구 기타에 의해 눌림을 받지 않도록 하여야 한다.
② 기구의 용량이 전선의 허용전류보다도 적어 부득이 소선을 감선할 경우에는 기구의 용량 이하로 감선해서는 안 된다.
③ 전선을 1본밖에 접속할 수 없는 구조의 단자에 2본 이상의 전선을 접속해서는 안 된다.
④ 전선을 나사로 고정할 경우로서 접속이 풀릴 우려가 있는 경우는 2층 너트 또는 스프링와셔를 사용하지 않아도 된다.

해설
[배선공사의 조건]
전선을 나사로 고정할 경우로서 접속이 풀릴 우려가 있는 경우는 2층 너트 또는 스프링와셔를 사용하여야 한다.

정답 ● 39 ③ 40 ④ 41 ③ 42 ④

43 고압과 저압의 서로 다른 가공전선을 동일 지지물에 가설하는 방식을 무엇이라고 하는가?

① 공가   ② 연가
③ 병가   ④ 조가선

해설

[전기설비의 공사]
① 공가 : 강전선로와 약전선로를 같은 전주에 시공하는 것
② 연가 : 유도장해를 방지하고 선로정수의 균형을 위하여 각 도체의 배치를 적절히 변경하는 것
③ 병가 : 서로 다른 가공전선(고압과 저압)을 동일 지지물에 가설하는 것
④ 조가선 : 인장강도가 낮은 통신선이나 전압전선 등을 가공으로 시설할 때 이를 지지하기 위한 선

44 전로에 지락이 생겼을 경우에 부하기기, 금속제 외함 등에 발생하는 고장전압 또는 지락전류를 검출하는 부분과 차단기 부분을 조합하여 자동적으로 전로를 차단하는 장치는?

① 누전차단장치
② 과전류차단기
③ 누전경보장치
④ 배선용차단기

해설

[누전차단기의 시설]
금속제 외함을 가지는 사용전압이 50 [V]를 초과하는 저압의 기계 기구로서 사람이 쉽게 접촉할 우려가 있는 곳에 시설하는 것에 전기를 공급하는 전로이다.

45 다음 중 아래 설명과 관련이 없는 대전 현상은?

- 비닐포장지를 뗄 때 발생
- 서로 다른 물체가 접촉하였을 때 발생
- 두 물체를 비벼서 발생

① 마찰대전   ② 박리대전
③ 유동대전   ④ 접촉대전

해설

[대전의 종류]
- 마찰대전 : 두 물체를 비벼서 발생
- 박리대전 : 테이프를 뗄 때 발생
- 유동대전 : 액체가 유동할 때 발생
- 접촉대전 : 물체가 접촉하였을 때 발생

정답 ● 43 ③ 44 ① 45 ③

46 교류 전등공사에서 금속관 내에 전선을 넣어 연결한 방법 중 옳은 것은?

①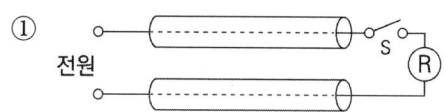

②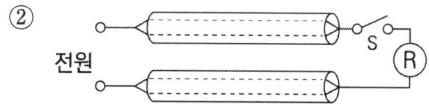

③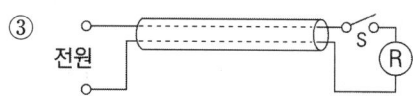

④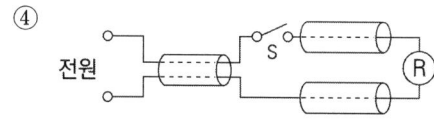

> 해설
>
> [금속관공사]
> 교류 금속관공사는 왕복선을 같이 금속관에 넣는다.

47 다음 중 금속관공사의 공구사용에 대하여 잘못 설명한 것은?

① 쇠톱을 이용하여 금속관을 절단하였다.
② 리머를 이용하여 금속관의 절단면 안쪽을 다듬었다.
③ 녹아웃 펀치를 이용하여 나사산을 내었다.
④ 파이프밴더를 이용하여 관을 구부렸다.

> 해설
>
> [금속관공사]
> 나사산은 오스터를 이용하여 만든다.

48 다음과 같은 회로에서 R_2에 걸리는 전압은 몇 [V]인가?

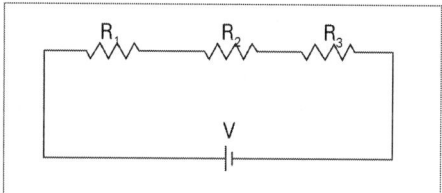

① $\left(\dfrac{R_1 R_3}{R_1 + R_2 + R_3}\right) \times V$

② $\left(\dfrac{R_1 + R_2 + R_3}{R_1 + R_3}\right) \times V$

③ $\left(\dfrac{R_2}{R_1 + R_2 + R_3}\right) \times V$

④ $\left(\dfrac{R_1 R_2}{R_1 + R_2 + R_3}\right) \times V$

> 해설
>
> [전압 분배법칙]
> - 저항 $R = R_1 + R_2 + R_3$
> - 전류 $I = \left(\dfrac{V}{R_1 + R_2 + R_3}\right)$
> - R_2의 전압 $V = IR_2 = \left(\dfrac{V}{R_1 + R_2 + R_3}\right)R_2$
> $= \left(\dfrac{R_2}{R_1 + R_2 + R_3}\right)V$

정답 ● 46 ③ 47 ③ 48 ③

49 철근 콘크리트주에 완금을 고정시키려면 어떤 밴드를 사용하는가?

① 암 밴드
② 지선 밴드
③ 래크 밴드
④ 행거 밴드

해설

[암 타이 밴드]
완금이 상하로 움직이는 것을 반지하기 위하여 암 타이(Arm Tie)를 사용한다. 암 타이를 고정시키려면 암 타이 밴드(Arm Tie Band)를 사용한다.

50 터널·갱도 기타 이와 유사한 장소에서 사람이 상시 통행하는 터널 내의 배선방법으로 적절하지 않은 것은? (단, 사용전압은 저압이다)

① 라이팅덕트배선
② 금속제 가요전선관배선
③ 합성수지관배선
④ 애자사용배선

해설

[사람이 상시 통행하는 터널 내의 배선]
애자사용배선, 금속관배선, 합성수지관배선, 금속제 가요전선관배선, 케이블배선

51 2 [Ω]의 저항에 3 [A]의 전류가 1분간 흐를 때 이 저항에서 발생하는 열량은?

① 약 4 [cal]
② 약 86 [cal]
③ 약 259 [cal]
④ 약 1080 [cal]

해설

[열량]
$$H = 0.24I^2Rt = 0.24 \times 3^2 \times 2 \times 1 \times 60 = 259.2 \, [cal]$$

52 간선에 접속하는 전동기가 10 [A], 20 [A], 50 [A]를 사용할 때 간선의 허용전류가 몇 [A]인 전선의 굵기를 선정하여야 하는가?

① 80
② 88
③ 100
④ 1200

해설

[간선의 허용전류]
50 [A] 이하인 경우 1.25배 초과인 경우 1.1배
(50 + 20 + 10) × 1.1 = 88 [A]

53 저압 2조의 전선을 설치할 때 크로스암(완금)의 표준 길이는?

① 900 [mm]
② 1400 [mm]
③ 1800 [mm]
④ 2400 [mm]

정답 49 ① 50 ① 51 ③ 52 ② 53 ①

해설

[완금의 표준길이]

전선 조수	특고압 (7 [kV])	고압 (1 [kV] 초과 7 [kV] 이하)	저압 (1 [kV] 이하)
2	1,800	1,400	900
3	2,400	1,800	1,400

54 전주의 버팀강도를 보강하기 위해 3가닥 이상의 소선을 꼬아 만든 아연도금된 철선을 무엇이라고 하는가?

① 완금 ② 지선
③ 근가 ④ 애자

해설

[지선시공]
지선은 지지물의 강도, 전선로의 불평균 장력이 큰 장소에 보강용으로 시설된다.

55 480 [V] 가공인입선이 철도를 횡단할 때 레일면상의 최저높이는 몇 [m]인가?

① 4 [m] ② 4.5 [m]
③ 5.5 [m] ④ 6.5 [m]

해설

[가공인입선전선의 높이]
철도를 횡단할 때에는 6.5 [m] 이상 유지한다.

56 전등 한 개를 2개소에서 점멸하고자 할 때 옳은 배선은?

①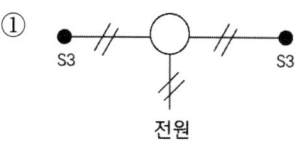

②

③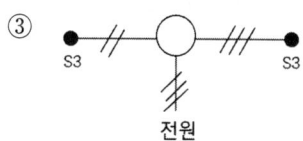

④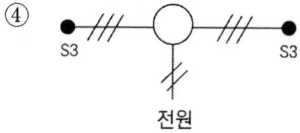

해설

[3로 스위치]
전원선 2가닥과 3로스위치에는 각 3가닥이 필요하다.

57 어느 수용가의 설비용량이 각각 1 [kW], 2 [kW], 3 [kW], 4 [kW]인 부하설비가 있다. 그 수용률이 60 [%]인 경우 그 최대 수용전력은 몇 [kW]인가?

① 3 ② 6
③ 30 ④ 60

해설

[수용률]

$$수용률 = \frac{최대수용전력}{설비용량}$$

최대수용전력 = 설비용량 × 수용률
= 10 × 0.6 = 6

58 저압으로 수전하는 3상 4선식에서는 단상 접속 부하로 계산하여 설비 불평형률을 몇 [%] 이하로 하는 것을 원칙으로 하는가?

① 10　　② 20
③ 30　　④ 40

해설

[설비 불평형률]
- 단상3선식 : 40 [%]
- 3상 3선식, 3상 4선식 : 30 [%]

59 1 [J]은 몇 쿨롱인가?

① 1　　　② 60
③ 3600　　④ 0.24

해설

[전력량과 전하량]
1 [J] = 1 [C]

60 자기회로의 누설계수를 나타낸 식은?

① $\dfrac{누설자속 + 유효자속}{전자속}$

② $\dfrac{누설자속}{전자속}$

③ $\dfrac{누설자속}{유효자속}$

④ $\dfrac{누설자속 + 유효자속}{유효자속}$

해설

[누설계수]
자기회로에서 의도된 경로를 따르지 않는 자속의 계수이다.

정답　58 ③　59 ①　60 ④

2020 제4회

01 지중에 매설되어 있는 금속제 수도관로는 접지공사의 접지극으로 사용할 수 있다. 이때 수도관로는 대지와의 전기저항치가 얼마 이하이어야 하는가?

① 1 [Ω]　　② 2 [Ω]
③ 3 [Ω]　　④ 4 [Ω]

해설

[접지 전극의 시설]
금속제 수도관을 접지극으로 사용할 경우 3 [Ω]

02 전력용 변압기의 내부 고장 보호용 계전방식은?

① 역상 계전기
② 차동 계전기
③ 접지 계전기
④ 과전류 계전기

해설

[차동 계전기]
비율 차동 계전기는 보호구간에 유입하는 전류와 유출하는 전류의 벡터 차와 출입하는 전류의 관계비로 동작하는 것으로 발전기, 변압기 보호에 사용한다.

03 저압 2조의 전선을 설치 시 크로스 완금의 표준길이 [mm]는?

① 900　　② 1,400
③ 1,800　　④ 2,400

해설

[완금의 표준 길이]

전선 조수	특고압 (7 [kV])	고압 (1 [kV] 초과 7 [kV] 이하)	저압 (1 [kV] 이하)
2	1,800	1,400	900
3	2,400	1,800	1,400

04 초산을 질산은($AgNO_3$) 용액에 1 [A]의 전류로 2시간 동안 흘렸다. 이때 은의 석출량 [g]은?

① 5.44　　② 6.08
③ 7.92　　④ 9.84

해설

[패러데이의 법칙]
석출량은 전하량에 비례한다.
$\omega = kQ = kIt$ [g]

[은의 화학당량]
$k = 1.1 \times 10^{-3}$
$\omega = 1.1 \times 10^{-3} \times 1 \times 60 \times 60 \times 2 = 7.92$ [g]

정답 ● 01 ③　02 ②　03 ①　04 ③

05 무한히 긴 2개의 왕복 도선을 진공 중 (또는 공기 중)에 1 [m]의 간격을 유지하여 양 도선에 전류를 흐르게 할 때 양 도선 사이의 흡인력 또는 반발력의 크기가 1 [m] 당 2×10^{-7} [N]이 되게 하는 전류[A]는?

① 1　　　　② 0.1
③ 10　　　④ 100

해설

[평행도선 사이에 작용하는 힘]

$$F = \frac{2 I_1 I_2}{r} \times 10^{-7} \text{ [N/m]}$$

$2 \times 10^{-7} = \frac{2 \times I^2}{1} \times 10^{-7}$ 이므로 $I = 1$ [A]

06 자기저항의 단위는?

① [AT/m]　　② [Wb/AT]
③ [AT/Wb]　④ [Ω/AT]

해설

[자기저항]

$R_m = \frac{NI}{\phi}$ [AT/Wb]

07 합성수지제 가요 전선관의 규격이 아닌 것은?

① 14　　② 22
③ 36　　④ 52

해설

[합성수지제 가요 전선관 규격]
14, 16, 22, 28, 36, 42 [mm]

08 공심 솔레노이드의 내부 자장의 세기가 500 [AT/m]일 때 자속밀도 B [Wb/m²]는?

① $\pi \times 10^{-2}$　　② $\pi \times 10^{-4}$
③ $2\pi \times 10^{-4}$　④ $2\pi \times 10^{-2}$

해설

[자속밀도]
- 자속밀도 $B = \mu H = \mu_0 \mu_s H$
- 공심 $\mu_s = 1$, $B = \mu_0 H$
- $B = \mu_0 H = 4\pi \times 10^{-7} \times 500$
  $= 2\pi \times 10^{-4}$ [Wb/m²]

09 주상 변압기의 보호를 위해 2차 측에 시설하는 것은?

① 컷아웃 스위치
② 리클로저
③ 캐치홀더
④ 자동구분 개폐기

해설

[캐치홀더]
변압기 2차 측에 시설하여 변압기 단락을 보호한다.

10 어드미턴스의 실수부가 나타내는 것은?

① 리액턴스 ② 임피던스
③ 컨덕턴스 ④ 서셉턴스

해설

[어드미턴스의 실수부]
Y(어드미턴스) = G(컨덕턴스) + jB(서셉턴스)

11 길이 1 [m]인 도선의 저항값이 20 [Ω]이었다. 이 도선을 고르게 2 [m]로 늘렸을 때 저항값은?

① 10 [Ω] ② 40 [Ω]
③ 80 [Ω] ④ 140 [Ω]

해설

[전기저항]
$R = \rho \dfrac{l}{A}$, 길이가 2배로 늘어나면 면적은 $\dfrac{1}{2}$로 줄어들고, 저항은 4배로 증가한다.

12 100회 감은 코일에 0.5 [A]의 전류가 0.1초 동안에 0.3 [A]로 감소하였을 때 유도 기전력이 2×10^{-4} [V]였다면 이 코일의 자체 인덕턴스는 몇 [μH]인가?

① 50 ② 100
③ 300 ④ 200

해설

[자체 인덕턴스]
$e = -L \dfrac{di}{dt}$ [V]

$L = -e \dfrac{dt}{di} = -2 \times 10^{-4} \times \dfrac{0.1}{0.5 - 0.3}$

$= 10^{-4}$ [H] $= 100$ [μH]

13 감은 횟수 200회의 코일 P와 300회의 코일 S를 가까이 놓고 P에 1 [A]의 전류를 흘릴 때 S와 쇄교하는 자속이 4×10^{-4} [Wb]이었다면 이들 코일 사이의 상호 인덕턴스는?

① 0.12 [H] ② 0.12 [mH]
③ 0.08 [H] ④ 0.08 [mH]

해설

[상호 인덕턴스]
$M = \dfrac{N_2 \phi}{I_1} = \dfrac{300 \times 4 \times 10^{-4}}{1} = 0.12$ [H]

14 평형 3상 교류회로에서 Y결선할 때 선간전압(V_ℓ)과 상전압(V_p)의 관계는?

① $V_\ell = V_p$ ② $V_\ell = \sqrt{2}\, V_p$
③ $V_\ell = \sqrt{3}\, V_p$ ④ $V_\ell = \dfrac{1}{\sqrt{3}} V_p$

정답 10 ③ 11 ③ 12 ② 13 ② 14 ③

해설

[Y결선과 △결선]

Y결선 : $V_\ell = \sqrt{3}\, V_p$, $I_\ell = I_p$

△결선 : $V_\ell = V_p$, $I_\ell = \sqrt{3}\, I_p$

15 배선설계를 위한 전등 및 소형 전기기계 기구의 부하용량 산정 시 건축물의 종류에 대응한 표준부하에서 원칙적으로 표준부하를 20 [VA/m²]으로 적용하여야 하는 건축물은?

① 교회, 극장
② 호텔, 병원
③ 은행, 상점
④ 아파트, 미용원

해설

[부하의 산정]

표준부하는 아래와 같다.

건축물	표준부하 [VA/m²]
공장, 교회, 극장, 영화관, 연회장	10
기숙사, 여관, 호텔, 병원, 학교, 음식점	20
사무실, 은행, 상점, 이발소, 미장원	30
주택, 아파트	40

16 가공배전선로의 주상에 설치하여 선로 고장이 발생하면 자동으로 차단과 재폐로를 반복하여 순간고장일 경우에는 투입상태를 유지하고 고장일 경우에는 완전 개방하는 차단장치는?

① 섹셔널라이저
② 리클로저
③ 선로용 퓨즈
④ 자동구간 개폐기

해설

[리클로저]
보호계전기와 차단기의 기능을 가지고 있으며, 사고검출 및 자동차단과 재폐로가 가능한 차단기이다.

17 차단기 문자 기호 중 "OCB"는?

① 진공 차단기
② 기중 차단기
③ 자기 차단기
④ 유입 차단기

해설

[차단기의 종류]
① 진공 차단기 : VCB
② 기중 차단기 : ACB
③ 자기 차단기 : MCB
④ 유입 차단기 : OCB

18 전기자 저항 0.1 [Ω], 전기자전류 104 [A], 유도기전력 110.4 [V]인 직류 분권 발전기의 단자전압[V]은?

① 102
② 106
③ 98
④ 100

정답 15 ② 16 ② 17 ④ 18 ④

해설

[분권 발전기의 단자전압]
$V = E - I_a R_a$
$= 110.4 - (104 \times 0.1) = 100 \, [V]$

19 R = 5 [Ω], L = 30 [mH]의 RL 직렬회로에 V = 200 [V], f = 60 [Hz]의 교류전압을 가할 때 전류의 크기는 약 몇 [A]인가?

① 8.67 ② 11.42
③ 16.17 ④ 21.25

해설

[RL직렬회로의 전류]
$X_L = \omega L = 2\pi f L = 2\pi \times 60 \times 30 \times 10^{-3}$
$= 11.3 \, [\Omega]$
$Z = \sqrt{R^2 + X_L^2} = \sqrt{5^2 + 11.3^2} = 12.36 \, [\Omega]$
$I = \dfrac{V}{Z} = \dfrac{200}{12.36} = 16.17 \, [A]$

20 3상 100 [kVA], 13,200/200 [V] 변압기의 저압 측 선전류의 유효분은 약 몇 [A]인가? (단, 역률은 80 [%]이다)

① 173 ② 230
③ 260 ④ 100

해설

[유효분 전류]
유효전류 = 피상전류 × $\cos\theta$
$= \dfrac{P_a}{\sqrt{3}\, V} \times \cos\theta = \dfrac{100 \times 10^3}{200\sqrt{3}} \times 0.8$
$= 230 \, [A]$

21 2전력계법으로 3상 전력을 측정할 때 지시값이 $P_1 = 200 [W]$, $P_2 = 200 [W]$일 때 부하전력 [W]은?

① 200 ② 400
③ 600 ④ 800

해설

[2전력계법]
$P = W_1 + W_2 = 200 + 200 = 400 \, [W]$

22 1차 전압 6,300 [V], 2차 전압 210 [V], 주파수 60 [Hz]의 변압기가 있다. 이 변압기의 권수비는?

① 30 ② 40
③ 50 ④ 60

해설

[권수비]
권수비 $a = \dfrac{N_1}{N_2} = \dfrac{V_1}{V_2} = \dfrac{I_2}{I_1} = \sqrt{\dfrac{r_1}{r_2}}$
$a = \dfrac{V_1}{V_2} = \dfrac{6,300}{210} = 30$

정답 19 ③ 20 ② 21 ② 22 ①

23 기기기의 철심 재료로 규소 강판을 많이 사용하는 이유로 가장 적당한 것은?

① 와류손을 줄이기 위해
② 구리손을 줄이기 위해
③ 맴돌이전류를 없애기 위해
④ 히스테리시스손을 줄이기 위해

해설
[기기의 손실]
• 규소강판 사용 : 히스테리시스손 감소
• 성층철심 사용 : 와전류손(맴돌이전류손) 감소

24 부흐홀츠 계전기의 설치 위치로 가장 적당한 곳은?

① 콘서베이터 내부
② 변압기의 고압 측 부싱
③ 변압기 주 탱크 내부
④ 변압기 주 탱크와 콘서베이터 사이

해설
[부흐홀츠 계전기 설치 위치]
변압기 주탱크와 콘서베이터 사이에 설치한다.

25 역률과 효율이 좋아서 가정용 선풍기, 전기세탁기, 냉장고 등에 주로 사용되는 것은?

① 분상 기동형 전동기
② 반발 기동형 전동기
③ 콘덴서 기동형 전동기
④ 셰이딩 코일형 전동기

해설
[콘덴서 기동형 전동기]
가격이 저렴하고 큰 기동토크를 요구하지 않는 선풍기, 냉장고, 세탁기 등에 널리 사용된다.

26 3상 동기 전동기의 토크에 대한 설명으로 옳은 것은?

① 공급전압 크기에 비례한다.
② 공급전압 크기의 제곱에 비례한다.
③ 부하각 크기에 반비례한다.
④ 부하각 크기의 제곱에 비례한다.

해설
[3상 동기 전동기 토크]
3상 동기 전동기의 기계적 출력 $3P_2 = \omega T$를 $P_2 = \dfrac{EV\sin\delta}{x_s}$에 대입하면 $T = \dfrac{3EV\sin\delta}{x_s \omega}$
따라서 토크는 공급전압과 부하각에 비례한다.

27 6극 36슬롯 3상 동기 발전기의 매극 매상당 슬롯 수는?

① 2 ② 3
③ 4 ④ 5

해설
[매극 매상당 슬롯 수]
매극 매상당 슬롯 수
$= \dfrac{\text{슬롯 수}}{\text{극수} \times \text{상수}} = \dfrac{36}{6 \times 3} = 2$

정답 23 ④ 24 ④ 25 ③ 26 ① 27 ①

28 단상 전파정류회로에서 α = 60°일 때 정류전압은 몇 [V]인가? (단, 전원 측 실횻값전압은 100 [V]이며, 유도성 부하를 가지는 제어정류기이다)

① 22 ② 35
③ 15 ④ 45

해설

[단상 전파정류에서 정류전압]
$V_d = 실횻값 \times 0.9 \times \cos\alpha$
$= 100 \times 0.9 \times \cos 60°$
$= 45 \, [\text{V}]$

29 접착력은 떨어지나 절연성, 내온성, 내유성이 좋아 연피 케이블의 접속에 사용되는 테이프는?

① 고무 테이프
② 리노 테이프
③ 비닐 테이프
④ 자기 융착 테이프

해설

[리노 테이프]
접착성은 없으나 절연성, 내온성, 내유성이 있어서 연피 케이블 접속 시 사용한다.

30 애자사용공사의 저압옥내배선에서 전선 상호 간의 간격은 얼마 이상으로 하여야 하는가?

① 2 [cm] ② 4 [cm]
③ 6 [cm] ④ 8 [cm]

해설

[애자 시공]

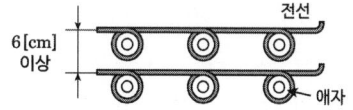

31 금속관공사에서 사용되는 후강전선관의 규격이 아닌 것은?

① 16 ② 50
③ 28 ④ 36

해설

[금속관공사전선관 규격]
• 후강전선관 규격
  16, 22, 28, 36, 42, 54, 70, 82, 92, 104
• 박강전선관 규격
  19, 25, 31, 39, 51, 63, 75

정답 28 ④ 29 ② 30 ③ 31 ②

32 과전류 차단기를 설치하면 차단기 동작 시에 접지보호가 되지 않기 때문에 차단기 설치를 금지하고 있는 장소로 틀린 것은?

① 분기선의 전원 측 전선
② 다선식 전로의 중성선
③ 저압 가공전선로의 접지 측 전선
④ 접지공사의 접지선

해설
[차단기 설치를 금지하고 있는 장소]
• 접지공사의 접지선
• 다선식 전로의 중성선
• 전로의 일부에 접지공사를 한 저압 가공전선로의 접지 측 전선

33 "회로에 흐르는 전류의 크기는 저항에 (㉠)하고, 가해진 전압에 (㉡)한다." ( )에 알맞은 내용을 바르게 나열한 것은?

① ㉠ 비례, ㉡ 비례
② ㉠ 비례, ㉡ 반비례
③ ㉠ 반비례, ㉡ 비례
④ ㉠ 반비례, ㉡ 반비례

해설
[옴의 법칙]
옴의 법칙 $I = \dfrac{V}{R}$

34 C_1, C_2를 직렬로 접속한 회로에 C_3를 병렬로 접속하였다. 이 회로의 합성 정전용량 [F]은?

① $C_3 + \dfrac{1}{\dfrac{1}{C_1} + \dfrac{1}{C_2}}$

② $C_1 + \dfrac{1}{\dfrac{1}{C_2} + \dfrac{1}{C_3}}$

③ $\dfrac{C_1 + C_2}{C_3}$

④ $C_1 + C_2 + \dfrac{1}{C_3}$

해설
[합성 정전용량]

C_1, C_2의 직렬합성 정전용량 $\dfrac{1}{\dfrac{1}{C_1} + \dfrac{1}{C_2}}$

여기에 C_3를 병렬접속하면 합성 정전용량은

$C_3 + \dfrac{1}{\dfrac{1}{C_1} + \dfrac{1}{C_2}}$

35 동기 전동기의 특징과 용도에 대한 설명으로 틀린 것은?

① 진상, 지상의 역률이 조정이 된다.
② 속도제어가 원활하다.
③ 시멘트 공장의 분쇄기 등에 사용된다.
④ 난조가 발생하기 쉽다.

정답 ▶ 32 ① 33 ③ 34 ① 35 ②

해설

[동기 전동기의 특징]
- 속도가 불변이다.
- 역률을 조정할 수 있다.(동기조상기)
- 공극이 넓으므로 기계적으로 견고하다.
- 공급전압의 변화에 대한 토크 변화가 작다.
- 전 부하 시에 효율이 양호하다.
- 직류 전원 장치가 필요하고, 가격이 비싸다.
- 난조가 발생하기 쉽다(제동권선 설치).

해설

[전지의 전류]
전지 20개를 직렬로 연결했으므로
- 기전력 $E = 1.5 \times 20 = 30 \,[\text{V}]$
- 내부저항 $r = 0.5 \times 20 = 10 \,[\Omega]$
 여기에 5[Ω]을 직렬로 연결했으므로
 합성저항 $R = 10 + 5 = 15 \,[\Omega]$,
 $I = \dfrac{V}{R} = \dfrac{30}{15} = 2 \,[\text{A}]$

36 단락비가 큰 동기기에 대한 설명으로 옳은 것은?

① 전압변동률이 크다.
② 기계가 소형이다.
③ 안정도가 높다.
④ 전기자 반작용이 크다.

해설

[단락비가 큰 동기기의 특징]
- 전기자 반작용, 전압 변동률이 작다.
- 공극과 과부하 내량이 크다.
- 기계의 중량이 무겁고 효율이 낮다.
- 안정도가 높다.

37 기전력이 1.5 [V], 내부 저항이 0.5 [Ω]인 전지 20개를 직렬로 접속하고 5 [Ω]의 부하를 연결한 경우 전류는 몇 [A]인가?

① 2.5 ② 1.5
③ 1.0 ④ 2.0

38 4극의 3상 유도 전동기가 60 [Hz]의 전원에 접속되어 4 [%]의 슬립으로 회전할 때 회전수 [rpm]는?

① 1800 ② 1828
③ 1728 ④ 1900

해설

[동기속도]
$N_s = \dfrac{120f}{p} = \dfrac{120 \times 60}{4} = 1800 \,[\text{rpm}]$

[회전자속도]
$N = (1-s)N_s = (1-0.04) \times 1800$
$= 1728 \,[\text{rpm}]$

39 큰 건물의 공사에서 콘크리트에 구멍을 뚫어 드라이브 핀을 경제적으로 고정하는 공구는?

① 스패너
② 드라이브이트 툴
③ 오스터
④ 녹 아웃 펀치

정답 ● 36 ③ 37 ④ 38 ③ 39 ②

해설

[드라이브이트]

화약의 폭발력을 이용하여 철근 콘크리트 등의 단단한 조영물에 드라이브이트 핀을 박을 때 사용하는 공구이다.

해설

[전부하전류]

$$I_n = \frac{P}{\sqrt{3}\,V_n \cos\theta\,\eta}$$

$$= \frac{10 \times 10^3}{\sqrt{3} \times 200 \times 0.85 \times 0.85} = 40\,[A]$$

40 한국전기설비규정에서 화약류 저장소 안에는 백열전등이나 형광등 또는 이에 전기를 공급하기 위한 공작물에 한하여 전로의 대지전압은 약 몇 [V] 이하의 것을 사용하는가?

① 300 ② 400
③ 100 ④ 200

해설

[화약고에 시설하는 전기설비]

- 전로의 대지 전압은 300 [V] 이하일 것
- 전기 기계 기구는 전폐형의 것일 것
- 케이블을 전기 기계 기구에 인입할 때에는 인입구에서 케이블이 손상될 우려가 없도록 시설할 것

42 200 [V], 50 [Hz], 8극, 15 [kW] 3상 유도 전동기에서 전부하 회전수가 720 [rpm]이라면 이 전동기의 2차 효율 [%]은?

① 96   ② 100
③ 98   ④ 86

해설

[전동기의 2차 효율]

$$\eta_2 = \frac{P_0}{P_2} = 1 - s = \frac{N}{N_s} \text{이고}$$

$$N_s = \frac{120f}{p} = \frac{120 \times 50}{8} = 750,\; N = 720$$

$$\eta_2 = \frac{N}{N_s} = \frac{720}{750} \times 100 = 96\,[\%]$$

41 200 [V], 10 [kW] 3상 유도 전동기의 전부하전류는 약 몇 [A]인가? (단, 효율과 역률은 각각 85 [%]이다)

① 50   ② 60
③ 30   ④ 40

43 한국전기설비규정에서 저압 가공인입선은 지름 몇 [mm] 이상의 인입용 비닐절연전선을 사용하는가? (단, 경간이 15 [m] 초과인 경우다)

① 2.0 ② 2.6
③ 3.0 ④ 1.6

정답 ● 40 ① 41 ④ 42 ① 43 ②

해설

[저압 가공인입선]
저압 가공인입선의 전선은 케이블인 경우 이외에는 지름 2.6 [mm]의 경동선 또는 이와 동등 이상의 세기 및 굵기의 것일 것. 다만 경간이 15 [m] 이하인 경우에 한하여 지름 2 [mm]의 경동선 또는 이와 동등 이상의 세기 및 굵기의 것을 사용할 수 있다.

44 5 [Ω], 10 [Ω], 15 [Ω]의 저항을 직렬로 접속하고 전압을 가하였더니 10 [Ω]의 저항 양단에 30 [V]의 전압이 측정되었다. 이 회로에 공급되는 전전압은 몇 [V]인가?

① 30 [V]   ② 60 [V]
③ 90 [V]   ④ 120 [V]

해설

[직렬회로의 전전압]
10 [Ω]에 흐르는 전류를 구하면
$I = \dfrac{30}{10} = 3$ [A]
직렬접속회로에 합성저항
$R_0 = R_1 + R_2 + R_3 = 5 + 10 + 15 = 30$ [Ω]
$V = IR = 3 \times 30 = 90$ [V]

45 저압크레인 또는 호이스트 등의 트롤리선을 애자사용공사에 의하여 옥내의 노출장소에 시설하는 경우 트롤리선의 바닥에서의 최소 높이는 몇 [m] 이상으로 설치하는가?

① 2   ② 2.5
③ 3   ④ 3.5

해설

[애자시공]
저압 접촉전선을 애자사용공사에 의하여 옥내의 전개된 장소에 시설하는 경우에는 전선의 바닥에서의 높이는 3.5 [m] 이상으로 하고, 사람이 접촉할 우려가 없도록 시설하여야 한다.

46 정현파 교류의 파고율을 나타낸 것은?

① $\dfrac{실횻값}{평균값}$ ② $\dfrac{평균값}{실횻값}$
③ $\dfrac{실횻값}{최댓값}$ ④ $\dfrac{최댓값}{실횻값}$

해설

[정현파의 파고율과 파형률]
파고율 = $\dfrac{최댓값}{실횻값}$, 파형률 = $\dfrac{실횻값}{평균값}$

47 변압기 온도상승시험을 하는 데 가장 좋은 방법은?

① 충격전압시험   ② 단락시험
③ 반환 부하법   ④ 무부하시험

정답 44 ③ 45 ④ 46 ④ 47 ③

해설

[온도시험법]
실부하법, 반환부하법

48 전력량 1 [Wh]와 그 의미가 같은 것은?

① 1 [C]   ② 1 [J]
③ 3,600 [C]   ④ 3,600 [J]

해설

[전력량]
전력량 $1[W \cdot s]$은 $1[J]$의 일에 해당하는 전력량
$1[Wh] = 1 \times 60 \times 60 [W \cdot s] = 3,600 [J]$

49 전기 울타리용 전원장치에 전기를 공급하는 전로의 사용전압은 얼마 [V] 이하이어야 하는가?

① 1 [V]   ② 100 [V]
③ 250 [V]   ④ 300 [V]

해설

[전기울타리공사]
전기울타리용 전원장치에 공급하는 전로의 사용전압은 250 [V] 미만이어야 한다.

50 60 [Hz], 12극, 회전자의 외경 2 [m]인 동기 발전기에 있어서 회전자의 주변속도는 약 몇 [m/s]인가?

① 43   ② 62.8
③ 120   ④ 132

해설

[회전자의 주변속도]

$$v = \pi D \frac{N_s}{60} \ [m/s]$$

$$v = \pi \times 2 \times \frac{\frac{120 \times 60}{12}}{60} = 62.8 \ [m/s]$$

51 10극인 직류 발전기의 전기자도체수가 600, 단중 파권이고 매극의 자속수가 0.01 [wb], 600 [rpm]일 때의 유도기전력 [V]은?

① 150   ② 200
③ 250   ④ 300

해설

[유도기전력]

$$E = \frac{PZ}{a} \phi \frac{N}{60} \ [V]$$

$$E = \frac{10 \times 600}{2} \times 0.01 \times \frac{600}{60} = 300 \ [V]$$

정답 48 ④ 49 ③ 50 ② 51 ④

52 대표적인 플라스틱 전력 케이블로서 저압에서 특고압에 이르기까지 널리 사용되며 약칭으로 CV 케이블이라고 하는 것의 명칭은?

① 0.6/1 [kV] 내열전선
② 0.6/1 [kV] 가교폴리에틸렌 절연 비닐 외장 케이블
③ 0.6/1 [kV] 폴리에틸렌 절연 비닐 외장 케이블
④ 0.6/1 [kV] 비닐 절연 비닐 외장 케이블

해설
[CV 케이블]
가교폴리에틸렌 절연 비닐 외장 케이블

53 실링 직접부착등을 시설하고자 한다. 배선도에 표기할 그림기호로 옳은 것은?

①  ②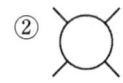
③ Ⓒⓛ   ④ Ⓡ

해설
[조명기구 심벌]

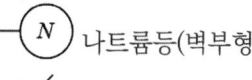 나트륨등(벽부형)

◯ 옥외 보안등

Ⓡ 리셉터클

54 2대의 변압기로 V결선하여 3상 변압하는 경우 변압기 이용률 [%]은?

① 50   ② 57.73
③ 75   ④ 86.6

해설
[V결선 이용률]
$$\frac{\sqrt{3}\,P}{2P} = 0.866 = 86.6\,[\%]$$

55 비례추이와 관계가 있는 전동기는?

① 3상 권선형 유도 전동기
② 동기 전동기
③ 단상 유도 전동기
④ 정류자 전동기

해설
[권선형 유도 전동기 2차 저항법]
비례추이 원리로 큰 기동토크를 얻고 기동전류도 억제하여 기동시키는 방법이다.

정답 52 ② 53 ③ 54 ④ 55 ①

56 자석의 성질로 옳은 것은?
① 자석은 고온이 되면 자력선이 증가한다.
② 자기력선에는 고무줄과 같은 장력이 존재한다.
③ 자력선은 자석 내부에서도 N극에서 S극으로 이동한다.
④ 자력선은 자성체는 투과하고, 비자성체는 투과하지 못한다.

해설
[자석의 성질]
자기력선은 고무줄과 같이 그 자신이 수축하려고 하는 성질이 있다.

57 비유전율이 큰 산화티탄 등을 유전체로 사용한 것으로 극성이 없으며 가격에 비해 성능이 우수하여 널리 사용되고 있는 콘덴서의 종류는?
① 전해 콘덴서
② 세라믹 콘덴서
③ 마일러 콘덴서
④ 마이카 콘덴서

해설
[세라믹 콘덴서]
비유전율이 큰 티탄산바륨 등이 유전체, 가격대비 성능이 우수하고 가장 많이 사용하고 있다.

58 동기 발전기의 전기자 권선을 단절권으로 하면?
① 고조파를 제거한다.
② 역률이 좋아진다.
③ 기전력을 높인다.
④ 절연이 잘 된다.

해설
[단절권의 권선 특징]
• 고조파를 제거하여 기전력의 파형이 좋아진다.
• 코일 단부가 단축되어 동량이 적게 든다.
• 단절계수만큼 합성 유도 기전력이 감소한다.

59 전선의 재료로서 구비해야 할 조건이 아닌 것은?
① 기계적 강도가 클 것
② 가요성이 풍부할 것
③ 고유저항이 클 것
④ 가격이 저렴하고, 구입이 쉬울 것

해설
[전선의 구비조건]
• 경량일 것
• 기계적 강도가 클 것
• 도전율이 클 것
• 비중이 작을 것
• 가요성이 풍부할 것
• 부식성이 작을 것
• 내구성이 클 것

정답 56 ② 57 ② 58 ① 59 ③

60 직류 발전기에서 브러시와 접촉하여 전기자 권선에 유도되는 교류기전력을 정류해서 직류로 만드는 부분은?

① 계자
② 정류자
③ 슬립링
④ 전기자

해설

[직류 발전기 3대 요소]
- 계자 : 주자속을 만들어주는 부분
- 정류자 : 교류를 직류로 변환하는 부분
- 전기자 : 기전력을 유도하는 부분

정답 60 ②

2019 제1회

01 코일에 I [A]전류를 공급했을 때 축적되는 에너지를 W라고 한다면 코일의 자체 인덕턴스는 얼마가 되어야 하는가?

① $\sqrt{\dfrac{2W}{I}}$ ② $\dfrac{2W}{I}$

③ $\dfrac{2W}{I^2}$ ④ $\sqrt{\dfrac{I}{2W}}$

해설

[코일에 축적되는 에너지]

코일에 축적되는 에너지 $W = \dfrac{1}{2}LI^2$

L에 대해서 식을 정리하면 $L = \dfrac{2W}{I^2}[H]$

02 그림과 같이 도체에 흐르는 전류에 의한 작용은?

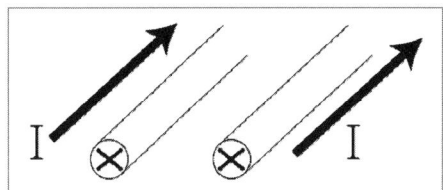

① 흡인력 ② 반발력
③ 작용력이 없다. ④ 회전력

해설

- 전류가 같은 방향으로 흐름 : 흡인력
- 전류가 같은 방향으로 흐름 : 흡인력

03 60 [W] 형광등 20개를 1시간 동안 점등했다고 할 때, 이때의 전력량은 몇 [kWh]인가?

① 2.4 ② 1.2
③ 4.8 ④ 3.6

해설

[전력량]
60 [W]의 형광등 20개의 전력
$P = 60 \times 20 = 1200[W]$
1시간 동안 점등하였으므로 전력량은
$W = P \times t = 1200[W] \times 1[h] = 1200[Wh]$
$= 1.2\,[kWh]$

04 $v = 100\sqrt{2}\sin\omega t$, $Z = 10[\Omega]$인 회로에서 알 수 있는 전류의 실횻값은?

① $10\sqrt{2}$ ② 100
③ 10 ④ $100\sqrt{2}$

해설

[실횻값]
$v = 100\sqrt{2}\sin\omega t$, 전압의 실횻값은 100
$I = \dfrac{V}{Z} = \dfrac{100}{10} = 10[A]$

정답 01 ③ 02 ① 03 ② 04 ③

05 정전용량 C [F]의 값을 갖는 콘덴서에 W [J]의 에너지가 축적되려면 얼마의 전압을 가해줘야 하는가?

① $\sqrt{\dfrac{2W}{C}}$ ② $\sqrt{\dfrac{C}{2W}}$

③ $\dfrac{W^2}{2C}$ ④ $\dfrac{W}{2C^2}$

해설

[콘덴서에 축적되는 에너지]

콘덴서에 축적되는 에너지 $W = \dfrac{1}{2}CV^2$

$V^2 = \dfrac{2W}{C},\ V = \sqrt{\dfrac{2W}{C}}\ [V]$

06 자기저항 R_m = 5,000 [AT/Wb], 기자력 F = 2,000 [AT]인 자로에서 나오는 자속 [Wb]은?

① 1 ② 0.8
③ 0.6 ④ 0.4

해설

[자기저항]

자기저항 $R_m = \dfrac{F}{\phi}$

자속 $\phi = \dfrac{F}{R_m} = \dfrac{2,000}{5,000} = 0.4\ [Wb]$

07 복소수 3 + j4의 절댓값은 얼마인가?

① 2 ② 4
③ 5 ④ 7

해설

[복소수]

복소수의 절댓값은 실수와 허수의 제곱의 합의 제곱근이다.

$\sqrt{3^2 + 4^2} = 5$

08 다음 설명 중 틀린 것은?

① 앙페르의 오른나사법칙 : 전류의 방향을 오른나사가 진행하는 방향으로 하면 이때 발생되는 자기장의 방향은 오른나사의 회전 방향이 된다.
② 렌츠의 법칙 : 유도 기전력은 자신의 발생원인이 되는 자속의 변화를 방해하려는 방향으로 발생한다.
③ 패러데이의 전자 유도법칙 : 유도 기전력의 크기는 코일을 지나는 자속의 매초 변화량과 코일의 권수에 비례한다.
④ 쿨롱의 법칙 : 두 자극 사이에 작용하는 자력의 크기는 양 자극의 세기의 곱에 비례하며, 자극 간의 거리의 제곱에 비례한다.

해설

[쿨롱의 법칙]

쿨롱의 법칙에서 두 자극 간 작용하는 자기력은 자극 간 거리의 제곱에 반비례한다.

정답 05 ① 06 ④ 07 ③ 08 ④

09 반지름 10 [cm], 권수 100회인 원형 코일에 15 [A]의 전류가 흐르면 코일 중심의 자장의 세기는 몇 [AT/m]인가?

① 3,000　　② 5,000
③ 7,500　　④ 750

해설
[원형코일 중심에 생기는 자기장의 크기]
$$H = \frac{NI}{2r} [AT/m]$$
$$H = \frac{NI}{2r} = \frac{100 \times 15}{2 \times 0.1} = 7,500 \,[AT/m]$$

10 무한히 긴 2개의 왕복 도선을 진공 중(또는 공기 중)에 1 [m]의 간격을 유지하여 양 도선에 전류를 흐르게 할 때 양 도선 사이의 흡인력, 또는 반발력의 크기가 1 [m]당 2×10^{-7} [N]이 되게 하는 전류[A]는?

① 1　　② 0.1
③ 10　　④ 100

해설
[평행한 두 도선 사이에 작용하는 힘]
$$F = 2 \times 10^{-7} \times \frac{I_1 I_2}{r} \,[N/m]$$
왕복전류이므로 I_1, I_2의 크기는 같다.
$$F = 2 \times 10^{-7} \times \frac{I_1 I_2}{r} = 2 \times 10^{-7} \times \frac{I^2}{1}$$
$$= 2 \times 10^{-7} [N/m]$$
$I^2 = 1, I = 1 [A]$

11 전기력선의 성질 중 옳지 않은 것은?

① 전기력선은 양(+)전하에서 나와 음(-)전하에서 끝난다.
② 전기력선의 접선방향이 전장의 방향이다.
③ 전기력선은 도중에 만나거나 끊어지지 않는다.
④ 전기력선은 등전위면과 교차하지 않는다.

해설
[전기력선의 성질]
전기력선은 등전위면과 수직으로 교차한다.

12 다음 중 도선의 저항을 표현한 공식으로 알맞은 것은?

① $R = \rho \dfrac{l}{\pi r^2}$　　② $R = \sigma \dfrac{l}{\pi r^2}$
③ $R = \rho \dfrac{l}{2\pi r}$　　④ $R = \sigma \dfrac{l}{2\pi r}$

해설
[전기저항]
도선의 저항값을 표현하는 공식 $R = \rho \dfrac{l}{A}$
A : 도선의 단면적, 원의 단면적 : πr^2
$$R = \rho \frac{l}{A} = \rho \frac{l}{\pi r^2}$$

정답　09 ③　10 ①　11 ④　12 ①

13 일반적인 경우 교류를 사용하는 전기난로의 전압과 전류의 위상에 대한 설명으로 옳은 것은?

① 전압과 전류는 동상이다.
② 전압이 전류보다 90도 앞선다.
③ 전류가 전압보다 90도 앞선다.
④ 전류가 전압보다 60도 앞선다.

해설

[교류에서의 위상차]
전기난로에 사용되는 저항은 위상에 영향을 주지 않는 전기 소자이다. 따라서 전압과 전류는 동상이다.

14 환상솔레노이드의 내부 자기장의 세기와 이를 표현하는 각 성분과의 관계를 옳게 나타낸 것은?

① $H \propto I^2$ ② $H \propto I$
③ $H \propto r$ ④ $H \propto r^2$

해설

[환상솔레노이드 내부 자기장의 세기]
$H = \dfrac{NI}{2\pi r}[AT/m]$
자기장의 세기 H는 전류의 세기 I와 비례

15 평행한 왕복전류 100 [A]가 거리 20 [cm]를 간격으로 나란히 있다고 할 때 두 전류 사이에 작용하는 힘 [N/m]은?

① 0.01   ② 10
③ 100   ④ 0.1

해설

[평행한 두 도선 사이에 작용하는 힘]
$F = 2 \times 10^{-7} \times \dfrac{I_1 I_2}{r}$
$= 2 \times 10^{-7} \times \dfrac{100 \times 100}{0.2} = 0.01\,[N/m]$

16 투자율이 10배가 될 때 자속밀도의 값은 어떻게 변하는가?

① 10배로 증가한다.
② 20배로 증가한다.
③ 0.1배로 감소한다.
④ 변화하지 않는다.

해설

[자속밀도]
자속밀도 $B = \mu H$에서 자속밀도와 투자율은 비례관계이므로, 자속밀도는 10배가 된다.

17 [Wb]는 무엇을 나타내는 단위인가?

① 전계의 세기   ② 투자율
③ 전하량   ④ 자속

정답 ● 13 ① 14 ② 15 ① 16 ① 17 ④

> 해설

[전기의 단위]
$[Wb]$는 자하량, 자극의 세기, 자속의 단위이다.
전계의 세기 - E [V/m]
투자율 - μ [H/m]
전하량 - Q [C]

18 정전용량 C [μF]의 콘덴서에 충전된 전하가 $q = \sqrt{2}Q\sin\omega t(C)$와 같이 변화도록 하였다면 이때 콘덴서에 흘러들어가는 전류 [A]는?

① $i = \sqrt{2}\,wQ\sin\omega t$
② $i = \sqrt{2}\,wQ\cos\omega t$
③ $i = \sqrt{2}\,wQ\cos(\omega t - 60°)$
④ $i = \sqrt{2}\,wQ\sin(\omega t - 60°)$

> 해설

[전류]
$i = \dfrac{\Delta q}{\Delta t} = \dfrac{\Delta(\sqrt{2}Q\sin\omega t)}{\Delta t}$
$= \sqrt{2}\,\omega Q\cos\omega t$

19 C_1, C_2의 콘덴서 2개가 병렬로 연결되어 있을 시, 합성 커패시턴스는?

① $\dfrac{C_1 C_2}{C_1 + C_2}$ ② $C_1 + C_2$
③ $\dfrac{C_1 + C_2}{C_1 C_2}$ ④ $C_1 C_2$

> 해설

[합성 정전용량]
콘덴서의 병렬 합성값을 구하는 방법은 저항의 직렬 합성값을 구하는 방법과 같으므로, C_1, C_2 콘덴서를 그냥 더한 값이 합성값이 된다.

20 3상 회로의 선간전압이 380 [V], 선전류가 8 [A], 부하전력이 5.2 [kW]라고 할 때 무효율 [%]은?

① 98.8 ② 65.2
③ 31.8 ④ 15.4

> 해설

[무효율]
3상에서 유효전력 $P = \sqrt{3}\,V_l I_l \cos\theta$
$\cos\theta = \dfrac{P}{\sqrt{3}\,V_l I_l} = \dfrac{5.2 \times 10^3}{\sqrt{3} \times 380 \times 8} = 0.988$
$\cos^2\theta + \sin^2\theta = 1$이므로
$\sin\theta = \sqrt{1-\cos^2\theta} = \sqrt{1-0.988^2} = 0.154$
무효율은 15.4[%]

21 전기기계의 철심을 규소강판으로 성층하는 이유는?

① 동손 감소 ② 기계손 감소
③ 철손 감소 ④ 제작이 용이

> 해설

[규소강판]
규소강판을 성층한 철심을 이용함으로써 철손을 감소시킬 수 있다.

정답 18 ② 19 ② 20 ④ 21 ③

22 동기 발전기의 병렬운전 중 기전력의 위상차가 생기면 어떤 현상이 나타나는가?

① 무효순환전류가 흐른다.
② 고조파순환전류가 흐른다.
③ 유효순환전류가 흐른다.
④ 난조가 발생한다.

해설

[동기 발전기의 병렬운전 조건]
기전력의 위상이 차이가 생기게 되면 유효순환전류(동기화전류)가 흐르게 된다.

23 1차 전압 13,200 [V], 2차 전압 220 [V]인 단상 변압기의 1차에 6,000 [V]의 전압을 가하면 2차 전압은 몇 [V]인가?

① 200
② 50
③ 25
④ 100

해설

[권수비]

권수비 $a = \dfrac{N_1}{N_2} = \dfrac{V_1}{V_2} = \dfrac{I_2}{I_1} = \sqrt{\dfrac{R_1}{R_2}}$

V_1, V_2는 서로 비례관계이다.
$V_1 : V_2 = V_1' : V_2'$
$13,200 : 220 = 6,000 : V_2'$
$V_2' = \dfrac{220 \times 6,000}{13,200} = 100\ [V]$

24 다음 사이리스터 중 3단자 형식이 아닌 것은?

① SCR
② GTO
③ DIAC
④ TRIAC

해설

[DIAC]
DIAC은 2단자 소자이다.

25 직류를 교류로 변환하는 기기는?

① 변류기
② 정류기
③ 초퍼
④ 인버터

해설

[인버터]
직류를 교류로 변환하는 기기는 인버터이다.

26 교류 배전반에서 전류가 많이 흘러 전류계를 직접 주 회로에 연결할 수 없을 때 사용하는 기기는?

① 전류 제한기
② 계기용 변압기
③ 계기용 변류기
④ 전류계용 절환 개폐기

해설

[계기용 변류기]
전류를 대전류에서 소전류로 변환해주는 계기용 변류기에 대한 내용이다.

정답 22 ③ 23 ④ 24 ③ 25 ④ 26 ③

27 직류 직권 전동기의 회전수(N)와 토크(τ)의 관계는?

① $\tau \propto \dfrac{1}{N}$ ② $\tau \propto \dfrac{1}{N^2}$

③ $\tau \propto N$ ④ $\tau \propto N^{\frac{3}{2}}$

해설
[직류 직권 전동기]
$\tau \propto I_a^2 \propto \dfrac{1}{N^2}$

28 전력계통에 접속되어 있는 변압기나 장거리 송전 시 정전용량으로 인한 충전특성을 보상하기 위한 기기는?

① 유도 전동기 ② 동기 발전기
③ 유도 발전기 ④ 동기 조상기

해설
[동기 조상기]
동기 조상기에 대한 설명이다.

29 동기 전동기의 전기자전류가 최소일 때 역률은?

① 0.5   ② 0.707
③ 0.866 ④ 1.0

해설
[위상특성 곡선]
동기 전동기는 위상특성 곡선(V곡선)에 따라 전기자전류가 최소일 때는 역률이 1.0이 된다.

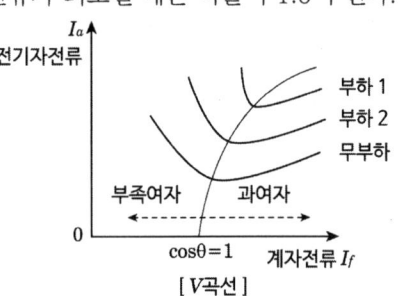

[V곡선]

30 비투자율 1,000인 철심의 자속밀도 1 [Wb/m²]이라고 한다. 이 철심에 저장되는 에너지밀도는 약 몇 [J/m³]인가?

① 500   ② 600
③ 300   ④ 400

해설
[단위부피에 축적되는 에너지]
$w = \dfrac{1}{2}HB = \dfrac{1}{2}\dfrac{B^2}{\mu}$
$= \dfrac{1}{2} \times \dfrac{1^2}{4\pi \times 10^{-7} \times 1,000} = 400\,[J/m^2]$

31 2극 3상 동기 발전기의 자극 간격은 전기각으로 몇 [rad]인가?

① 2π ② $\pi/2$
③ π ④ 기하각과 같음

정답 27 ② 28 ④ 29 ④ 30 ④ 31 ④

해설

[전기각]

전기각 = 기하각 × $\frac{p}{2}$ = 기하각 × $\frac{2}{2}$ = 기하각

32 변압기 무부하손은 대부분 무엇이 차지하는가?

① 유전체손　② 철손
③ 표유무부하손　④ 구리손

해설

[변압기의 손실]
무부하손은 철손 및 기계손으로 이루어져 있으며 대부분 철손이 이를 구성한다.

33 전동기 2차 손실이 300[W], 슬립이 3[%]라 할 때 2차 입력[kW]은?

① 10　② 20
③ 30　④ 40

해설

[유도 전동기의 입력, 손실에 대한 비례식]
$P_2 : P_{c2} : P_o = 1 : s : 1-s$
→ $P_{c2} = sP_2$
$P_2 = \frac{P_{c2}}{s} = \frac{300}{0.03} = 10,000\ [W] = 10\ [kW]$

34 동기 발전기의 난조를 방지하기 위하여 자극면에 유도 전동기의 농형권선과 같은 건선을 설치하는데 이 권선의 명칭은?

① 제동권선
② 계자권선
③ 보상권선
④ 전기자권선

해설

[제동권선 목적]
• 발전기 : 난조 방지
• 전동기 : 기동작용

35 직류 직권 전동기에서 회전속도가 $\frac{1}{3}$로 감소 시 토크는?

① 3배 증가
② 3배 감소
③ 9배 증가
④ 9배 감소

해설

[직권 전동기의 회전수와 토크]
직류 직권 전동기의 회전속도와 토크의 관계는 $\tau \propto \frac{1}{N^2}$이므로 회전속도가 $\frac{1}{3}$로 감소하면 토크는 9배 증가하게 된다.

정답 ● 32 ② 33 ① 34 ① 35 ③

36 인화갈륨(GaP)을 재료로 하며, 디지털 탁상시계에 사용되는 다이오드의 종류는 무엇인가?

① 제너다이오드
② 발광다이오드
③ 바리스터 다이오드
④ 포토 다이오드

해설

[LED(발광다이오드)]
반도체, 다이오드의 특성을 가지고 있으며, 전류를 흐르게 하면 붉은색, 녹색, 노란색으로 빛을 발한다.

37 변류기 2차 측을 단락하는 이유는?

① 변류비 유지
② 2차 측 과전류 보호
③ 2차 측 절연보호
④ 측정오차 감소

해설

[CT(계기용 변류기)]
변류기 2차 측을 개방하면 2차 측 말단에 고전압이 유기되면서 절연이 파괴될 위험이 있다. 그러므로 변류기 2차 측은 단락해야 한다.

38 변압기의 원리에 해당되는 것은?

① 전자유도작용
② 정전유도작용
③ 발열작용
④ 전기화학작용

해설

[변압기의 원리]
변압기의 원리는 패러데이의 전자유도법칙이다.
$(e = -L\dfrac{di}{dt} = -N\dfrac{d\phi}{dt})$

39 무부하 분권 발전기의 계자저항이 50 [Ω], 전기자저항이 5 [Ω], 계자전류가 2 [A]일 때 유도기전력은 약 몇 [V]인가?

① 100   ② 110
③ 130   ④ 140

해설

[무부하 분권 발전기 유기기전력]
무부하 직류분권 발전기의 부하전류 I는 0이므로
$I_a = I_f,\ V = I_f r_f$
$E = V + I_a r_a = I_f r_f + I_a r_a = I_f(r_f + r_a)$
$\quad = 2(5 + 50) = 110[V]$

정답 36 ② 37 ③ 38 ① 39 ②

40 다음 그림은 무슨 발전기를 나타내는가?

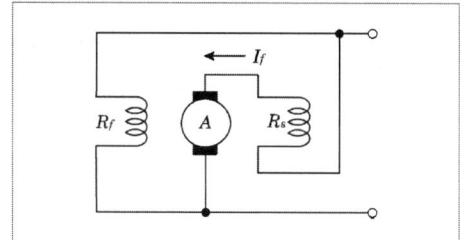

① 분권 발전기
② 직권 발전기
③ 내분권 복권 발전기
④ 외분권 복권 발전기

해설

[외분권 복권 발전기]
외분권 복권 발전기를 나타내는 그림이다.

41 수전전력 500 [kW] 이상인 고압 수전 설비의 인입구에 낙뢰나 혼촉 사고에 의한 이상전압으로부터 선로와 기기를 보호할 목적으로 시설하는 것은?

① 피뢰기(LA)
② 배선용 차단기(MCCB)
③ 단로기(DS)
④ 누전 차단기(ELB)

해설

[피뢰기]
피뢰기는 이상전압을 대지로 방전시키고 속류를 차단하여 이상전압으로부터 선로와 기기를 보호할 목적으로 시설한다.

42 가공배전선로의 주상에 설치하여 선로 고장이 발생하면 자동으로 차단과 재폐로를 반복하여 순간고장일 경우에는 투입상태를 유지하고 고장일 경우에는 완전 개방하는 차단장치는?

① 섹셔널라이저
② 리클로저
③ 선로용 퓨즈
④ 자동구간 개폐기

해설

[리클로져]
보호계전기와 차단기의 기능을 가지고 있으며 사고검출 및 자동차단과 재폐로가 가능한 차단기이다.

43 하나의 콘센트에 둘 또는 세 가지의 기계 기구를 끼워서 사용할 때 사용되는 것은?

① 노출형 콘센트   ② 키이리스 소켓
③ 멀티 탭   ④ 아이언 플러그

해설

[멀티탭]
멀티탭에 대한 설명이다.

44 옥외용 비닐절연전선의 약호는?

① OW   ② DV
③ NR   ④ FTC

정답 40 ④ 41 ① 42 ② 43 ③ 44 ①

해설

[절연전선 약호]
OW : 옥외용 비닐절연전선
DV : 인입용 비닐절연전선
NR : 450/750 [V] 일반용 단심 비닐 절연전선
FTC : 300/300 [V] 평형 급사 코드

해설

[과전류트립 동작시간(주택용 배선용 차단기)]

정격전류의 구분	시간	정격전류의 배수	
		부동작전류	동작전류
63 [A] 이하	60분	1.13배	1.45배
63 [A] 초과	120분	1.13배	1.45배

45 케이블공사 시 단심 비닐 외장 케이블의 굴곡 반경은 외경의 최소 몇 배 이상이 되어야 하는가?

① 5 ② 10
③ 8 ④ 12

해설

[연피가 없는 케이블]
곡률반지름은 케이블 바깥지름의 6배(단심은 8배)
※ 통상적으로 문제에 연피에 대한 언급이 없으면 연피가 없는 케이블이다.

47 자연 공기 내에서 개방할 때 접촉자가 떨어지면서 자연 소호되는 방식을 가진 차단기로 저압의 교류 또는 직류차단기로 많이 사용되는 것은?

① 유입차단기 ② 자기차단기
③ 가스차단기 ④ 기중차단기

해설

[차단기의 종류]
기중차단기에 대한 설명이다.
① 유입차단기 : 전로를 차단할 때 발생한 아크를 절연유를 이용하여 소멸시키는 차단기이다.
② 자기차단기 : 아크와 직각으로 자계를 줘 아크를 소호실로 흡입해 아크전압을 증대시킨 후 냉각해 소호하는 구조이다.
③ 가스차단기 : 절연내력이 높고, 불활성인 6불화황 가스를 고압으로 압축하여 소호매질로 사용한다.

46 주택용 배선용 차단기에서 정격전류 65 [A]인 과전류차단기를 저압 전로에 사용할 때 120분 안에 몇 배의 전류에 동작하면 안 되는가?

① 1.13 ② 1.45
③ 1.6   ④ 2

정답 45 ③ 46 ① 47 ④

48 최대사용전압이 70 [kV]인 중성점 직접접지식 전로의 절연내력 시험전압은 몇 [V]인가?

① 50,400 ② 44,800
③ 42,000 ④ 35,000

해설

[절연내력 시험전압]
60 [kV] 초과 170 [kV] 이하의 중성점 직접접지식 전로의 절연내력 시험전압은 최대사용전압의 0.72배이므로 $70 \times 10^3 \times 0.72 = 50,400$ [V]가 된다.

	구분	배율	최저전압[V]
중성점 직접 접지식 ×	7,000 [V] 이하	1.5	500
	7 [kV] 초과 (비접지식)	1.25	10,500
	60 [kV] 초과 (중성점 접지식)	1.1	75,000
중성점 직접 접지식 ○	7 [kV] 초과 ~ 25 [kV] 이하 (중성접 다중접지식)	0.92	500
	60 [kV] 초과 ~ 170 [kV] 이하	0.72	
	170 [kV] 초과	0.64	

49 활선 상태에서 전선의 피복을 벗기는 공구는?

① 케이블 커터 ② 전선 피박기
③ 스트리퍼   ④ 와이어 통

해설

[공구]
전선 피박기에 대한 내용이다. 와이어스트리퍼는 사선 상태에서 사용한다.

50 480 [V] 가공인입선이 철도를 횡단할 때 레일면상의 최저 높이는 몇 [m]인가?

① 4 [m]   ② 4.5 [m]
③ 5.5 [m] ④ 6.5 [m]

해설

[가공인입선]
가공인입선이 철도궤도를 횡단할 경우 레일면상 최저 6.5 [m] 이상 높이에 시설해야 한다.

51 비교적 장력이 적고 다른 종류의 지선을 시설할 수 없는 경우에 적용하며 지선용 근가를 지지물 근원 가까이 매설해 시설하는 지선은?

① Y지선   ② 궁지선
③ 공동지선 ④ 수평지선

해설

[궁지선]
장력이 적고 타 종류의 지선을 시설할 수 없는 경우에 설치한다.

정답 48 ① 49 ② 50 ④ 51 ②

52 소세력회로의 시설에서 소세력회로의 전선을 조영재에 붙여 시설할 경우로 틀린 것은?

① 전선이 손상을 받을 우려가 있는 곳에 시설하는 경우 방호장치를 할 것
② 전선은 금속제의 수관, 가스관 또는 이와 유사한 것과 접촉하지 아니하도록 시설할 것
③ 전선은 코드·캡타이어 케이블 또는 케이블일 것
④ 전선은 케이블인 경우 이외에는 공칭단면적 2.5 [mm^2] 이상의 연동선 또는 이와 동등 이상의 세기 및 굵기의 것일 것

해설

[소세력회로 시공]
전선이 케이블이 아닐 경우엔 공칭단면적 1.0 [mm^2] 이상의 연동선 또는 이와 동등 이상의 세기 및 굵기의 것이어야 한다.

53 일반적으로 과전류차단기를 설치하여야 할 곳은?

① 접지공사의 접지선
② 저압 옥내간선의 전원 측 전로
③ 다선식 전로의 중성선
④ 전로의 일부에 접지공사를 한 저압 가공전선로의 접지 측 전선

해설

[차단기 설치를 금지하고 있는 장소]
• 접지공사의 접지선
• 다선식 전로의 중성선
• 전로의 일부에 접지공사를 한 저압 가공 전로의 접지 측 전선

54 COS 완철은 최하단 전력선을 완철에서 몇 [m] 하부에 설치하여야 하는가?

① 0.80
② 0.90
③ 0.75
④ 0.95

해설

[컷아웃 스위치 완철]
COS 완철(= 경완철, 경완금)은 최하단 전력선을 완철에서 0.75 [m] 하부에 설치하여야 한다.

55 450/750 [V] 일반용 단심 비닐절연전선의 약호는?

① NRI
② NF
③ NFI
④ NR

해설

[절연전선 약호]
• NRI : 300/500 [V] 기기배선용 단심비닐절연전선
• NF : 450/750 [V] 일반용 유연성 단심 비닐절연전선
• NFI : 300/500 [V] 기기배선용 유연성 단심 비닐절연전선
• NR : 450/750 [V] 일반용 단심 비닐절연전선

정답 52 ④ 53 ② 54 ③ 55 ④

56 다음 그림의 접속법을 옳게 짝지은 것을 고르시오.

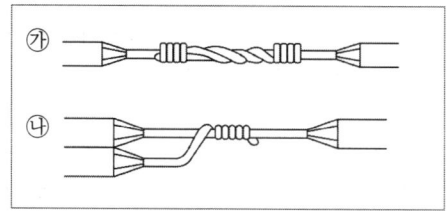

① ㉮ : 브리타니아 직선접속
　㉯ : 쥐꼬리 접속
② ㉮ : 브리타니아 직선접속
　㉯ : 브리타니아 분기접속
③ ㉮ : 트위스트 직선접속
　㉯ : 쥐꼬리 접속
④ ㉮ : 트위스트 직선접속
　㉯ : 트위스트 분기접속

해설
[트위스트 접속]
㉮ : 트위스트 직선접속
㉯ : 트위스트 분기접속

57 50 [Hz]용의 철심 단면적은 60 [Hz]에 비하여 몇 배나 되는가? (단, 기타사항은 무시한다)

① 0.6배　② 1.1배
③ 1.2배　④ 0.8배

해설
[변압기의 유도기전력의 크기]
$E = 4.44Nf\phi_m$

자속밀도 $B = \dfrac{\phi}{A}$, $\phi = BA$

$E = 4.44Nf\phi_m = 4.44NfBA$에서 주파수와 철심의 단면적은 반비례함을 알 수 있다.

$f_{50} : \dfrac{1}{A_{50}} = f_{60} : \dfrac{1}{A_{60}}$

$A_{50} = A_{60} \times \dfrac{f_{60}}{f_{50}} = 1.2 A_{60}$

50 [Hz]용의 철심 단면적은 60 [Hz]의 철심단면적에 비하여 1.2배가 된다.

58 전압의 구분에서 저압 직류전압은 몇 [V] 이하인가?

① 400　② 750
③ 1,500　④ 7,000

해설
[전압의 종류]

구분	교류전압 [V]	직류전압 [V]
저압	1,000 이하	1,500 이하
고압	1,000 ~ 7,000	1,500 ~ 7,000
특별 고압	7,000 초과	

정답 56 ④ 57 ③ 58 ③

59 가공전선로의 지지물에 시설하는 지선의 안전율은 2.5 이상이어야 하며, 이 경우 허용 인장하중의 최저는 몇 [kN]으로 해야 하는가?

① 4.01
② 5.26
③ 3.41
④ 4.31

해설
[지선시공]
지선의 시공 시 안전율은 2.5 이상 허용인장하중의 최저는 4.31 [kN]으로 한다.

해설
[특수 장소의 공사]
- 화약고 등의 위험 장소 : 금속관, 케이블공사 가능
- 부식성 가스가 있는 장소 : 금속관, 케이블, 합성수지, 애자사용공사 가능
- 위험물 등이 존재하는 장소 : 금속관, 케이블, 합성수지관공사 가능
- 불연성 먼지가 많은 장소 : 금속관, 케이블, 합성수지, 애자사용공사 가능
- 습기가 많은 장소 : 금속관, 케이블, 합성수지관, 애자사용공사(은폐장소 제외) 가능

60 다음 [보기] 중 금속관, 애자, 합성수지관 및 케이블공사가 모두 가능한 특수 장소를 옳게 나열한 것은?

[보기]
㉠ 화약고 등의 위험 장소
㉡ 부식성 가스 등이 있는 장소
㉢ 위험물 등이 존재하는 장소
㉣ 불연성 먼지가 많은 장소
㉤ 습기가 많은 장소

① ㉠, ㉣, ㉤
② ㉡, ㉢, ㉣
③ ㉠, ㉡, ㉢
④ ㉠, ㉣, ㉤

정답 59 ④ 60 ①

2019 제2회

01 변압기를 △-Y결선한 경우에 대한 설명으로 옳지 않은 것은?

① 1차 선간전압 및 2차 선간전압의 위상차는 60°이다.
② 제3고조파에 의한 장해가 적다.
③ 1차변전소의 승압용으로 사용된다.
④ Y결선의 중성점을 접지할 수 있다.

해설

[Y결선 특징]
- 중성점 접지가 가능하여 절연이 용이하다.
- 제3고조파에 의해 통신유도장해를 일으킨다.
- 단상과 3상의 전원을 얻을 수 있다.

02 금속관공사에서 금속관을 콘크리트에 매설할 경우 관의 두께는 몇 [mm] 이상의 것이어야 하는가?

① 0.8 [mm] ② 1.0 [mm]
③ 1.2 [mm] ④ 1.5 [mm]

해설

[금속관의 두께와 공사]
- 콘크리트에 매설하는 경우 : 1.2 [mm] 이상
- 기타의 경우 : 1.0 [mm] 이상

03 3 [Ω]의 저항과, 4 [Ω]의 유도성 리액턴스의 병렬회로가 있다. 이 병렬회로의 임피던스는 몇 [Ω]인가?

① 1.7 ② 2.4
③ 3.2 ④ 5

해설

[RL병렬회로 어드미턴스]

$$Y = \frac{1}{Z} = \sqrt{\left(\frac{1}{R}\right)^2 + \left(\frac{1}{X_L}\right)^2}$$

$$= \sqrt{\left(\frac{1}{3}\right)^2 + \left(\frac{1}{4}\right)^2} = \frac{5}{12}[℧]$$

$Z = 2.4\ [\Omega]$
(Y : 어드미턴스, Z : 임피던스)

04 단락비가 1.2인 동기 발전기의 %동기 임피던스는 약 몇 [%]인가?

① 68 ② 83
③ 100 ④ 120

해설

[단락비]

$$K_s = \frac{100}{\%Z},\ \%Z = \frac{100}{K_s} = \frac{100}{1.2} = 83.3[\%]$$

정답 01 ③ 02 ③ 03 ② 04 ②

05 공기 중에서 자속밀도가 10 [Wb/m²]의 평등 자계 내에 5 [A]의 전류가 흐르고 있는 길이 60 [cm]의 직선도체를 자계의 방향에 대하여 30°의 각을 이루도록 놓았을 때 이 도체에 작용하는 힘은?

① 15 [N]　　② $15\sqrt{3}$ [N]
③ 30 [N]　　④ $30\sqrt{3}$ [N]

해설
[전자력의 크기]
$F = BIl\sin\theta = 10 \times 5 \times 0.6 \times \sin 30°$
$= 15 [N]$

06 전류에 의해 만들어지는 자기장의 자기력선 방향을 간단하게 알아내는 방법은?

① 플레밍의 왼손법칙
② 렌츠의 자기유도법칙
③ 앙페르의 오른나사법칙
④ 패러데이의 전자유도법칙

해설
[앙페르의 오른나사법칙]
전류에 의하여 생기는 자기장의 방향을 결정한다.

07 금속전선관공사에서 금속관과 접속함을 접속하는 경우 녹아웃 구멍이 금속관보다 클 때 사용하는 부품은?

① 로크너트　　② 부싱
③ 새들　　　　④ 링 리듀서

해설
[금속관공사의 부품]
금속관공사 시 녹아웃 구멍이 금속관보다 클 때 링 리듀서를 사용한다.

08 회전자 입력 10 [kW], 슬립 4 [%]인 3상 유도 전동기의 2차 동손은 몇 [kW]인가?

① 0.4 [kW]　　② 1.8 [kW]
③ 4.0 [kW]　　④ 9.6 [kW]

해설
[유도 전동기의 비례식]
2차 동손 : 2차 출력 : 2차 입력
$= s : (1-s) : 1$에서
$P_2 : P_{c2} : P_o = 1 : s : (1-s)$
$P_2 : P_{c2} = 1 : s$에서 P_{c2}로 정리
$P_{c2} = s \times P_2 = 0.04 \times 10 = 0.4 [kW]$

09 관을 시설하고 제거하는 것이 자유롭고 점검 가능한 은폐장소에서 가요전선관을 구부리는 경우 곡률 반지름은 2종 가요전선관 안지름의 몇 배 이상으로 하여야 하는가?

① 10　　② 9
③ 6　　　④ 3

해설
[가요전선관 곡률 반지름]
• 자유로운 경우 : 전선관 안지름의 3배 이상
• 부자유로운 경우 : 전선관 안지름의 6배 이상

정답　05 ①　06 ③　07 ④　08 ①　09 ④

10 정전기 발생 방지책으로 틀린 것은?

① 대전 방지제의 사용
② 접지 및 보호구의 착용
③ 배관 내 액체의 흐름 속도 제한
④ 대기의 습도를 30 [%] 이하로 하여 건조함을 유지

해설

[정전지 방지대책]
정전기 방지대책으로 대기의 습도를 높인다.

11 전력용 콘덴서를 회로로부터 개방하였을 때 전하가 잔류함으로써 일어나는 위험의 방지와 재투입할 때 콘덴서에 걸리는 과전압 방지를 위하여 무엇을 설치하는가?

① 직렬 리액터
② 전력용 콘덴서
③ 방전코일
④ 피뢰기

해설

[방전코일]
잔류전하를 방전시키기 위해 방전코일을 사용한다.

12 3상 전원에서 2상 전원을 얻기 위한 변압기의 결선방법은?

① 대각결선
② 포크결선
③ 2차 2중 Y결선
④ 스코트결선

해설

[변압기 결선방식]
단상 변압기 2대를 이용하여 3상에서 2상으로 변환하는 방법은 스코트 결선이며, T 결선이라고도 한다. 이외에 메이어 결선, 우드브리지 결선이 있다.

13 직류 전동기의 속도제어방법 중 속도제어가 원활하고 정토크제어가 되며 운전 효율이 좋은 것은?

① 계자제어   ② 병렬저항제어
③ 직렬저항제어 ④ 전압제어

해설

[직류 전동기 속도제어방법]
직류 전동기의 속도제어법에는 계자제어법, 직렬저항제어법, 전압제어법 등이 있다.
- 계자제어 : 정출력제어 특성을 가진다.
- 저항제어 : 전력손실이 크며, 속도제어의 범위가 좁다.
- 전압제어 : 정토크제어이며, 대표적인 방식으로 워드레오나드방식과 일그너방식이 있다.

정답 ● 10 ④ 11 ③ 12 ④ 13 ④

14 (㉠), (㉡)에 들어갈 내용으로 알맞은 것은?

> 2차 전지의 대표적인 것으로 납축전지가 있다. 전해액으로 비중 약 (㉠) 정도의 (㉡)을 사용한다.

① ㉠ 1.15 ~ 1.21 ㉡ 묽은 황산
② ㉠ 1.25 ~ 1.36 ㉡ 질산
③ ㉠ 1.01 ~ 1.15 ㉡ 질산
④ ㉠ 1.23 ~ 1.26 ㉡ 묽은 황산

해설
[납축전지]
납축전지의 비중은 약 1.23 ~ 1.36이고 묽은 황산을 전해액으로 사용한다.

15 대전류 고전압의 전기량을 제어할 수 있는 자기 소호형 소자는?

① MOSFET
② Diode
③ TRIAC
④ IGBT

해설
[IGBT]
컬렉터(C), 에미터(E), 게이트(G)를 가진 3단자 대전류 고전압의 전기량을 제어할 수 있는 자기 소호형 소자로서 파워 MOSFET의 고속성과 파워 트랜지스터의 저 저항성을 겸비한 노이즈에 강한 파워 소자로서, 고속 인버터, 고속 초퍼제어 소자로 활용된다.

16 기전력 4 [V], 내부저항 0.2 [Ω]의 전지 10개를 직렬로 접속하고 두 극 사이에 부하저항을 접속하였더니 4 [A]의 전류가 흘렀다면 이때 외부저항은 몇 [Ω]이 되겠는가?

① 6   ② 7
③ 8   ④ 9

해설
[전지의 외부저항]
총 기전력 $V = 4 \times 10 = 40$ [V]
합성저항 $R = 0.2 \times 10 + R_{외부저항}$
$I = \dfrac{40}{0.2 \times 10 + R_{외부저항}} = 4$
$40 = 4(2 + R_{외부저항})$
∴ $R_{외부저항} = 10 - 2 = 8$ [Ω]

17 자석에 접근시킬 때 반대극이 생겨 서로 당기는 물체를 무엇이라 하는가?

① 비자성체
② 상자성체
③ 반자성체
④ 가역성체

정답 ▶ 14 ④ 15 ④ 16 ③ 17 ②

해설

[자성체의 종류]
- 강자성체($\mu_s \gg 1$)
  - 니켈, 코발트, 철, 망간 등이 있다
  - 자화될 때 자극이 반대 방향으로 된다.
- 상자성체($\mu_s > 1$)
  - 알루미늄, 산소, 백금, 텅스텐 등이 있다.
  - 강자성체처럼 자화될 때 자극이 반대 방향으로 된다.
- 반자성체($\mu_s < 1$)
  - 비스무트, 구리, 아연, 납 등이 있다.
  - 자화될 때 자극이 외부 자석의 자극과 같은 방향으로 자회되는 물체이다.

18 비유전율 5의 유전체 내부의 전속밀도가 5×10^{-6} [C/m²] 되는 점의 전기장의 세기는?

① 0.79×10^5 [V/m]
② 1.11×10^5 [V/m]
③ 1.13×10^5 [V/m]
④ 1.58×10^5 [V/m]

해설

[전속밀도]
$$D = \epsilon_0 \epsilon_s E$$
$$= 8.855 \times 10^{-12} \times 5 \times E$$
$$= 5 \times 10^{-6} [C/m^2]$$
$$\therefore E = \frac{5 \times 10^{-6}}{8.855 \times 10^{-12} \times 5}$$
$$= 1.13 \times 10^5 [V/m]$$

19 피시 테이프(Fish Tape)의 용도로 옳은 것은?

① 전선을 테이핑하기 위하여 사용된다.
② 전선관의 끝마무리를 위해서 사용된다.
③ 배관에 전선을 넣을 때 사용된다.
④ 합성수지관을 구부릴 때 사용된다.

해설

[피시 테이프(Fish Tape)]
전선관(배관)에 전선을 넣거나 당길 때 사용되는 플라스틱 예비선이다.

20 단위 길이당 권수 100회인 무한장 솔레노이드에 10 [A]의 전류가 흐를 때 솔레노이드 내부 자장 [AT/m]은?

① 0
② 10
③ 100
④ 1,000

해설

[무한장 솔레노이드의 자기장 세기]
$H = \ni = 100 \times 10 = 1,000$ [AT/m]

21 동기 발전기의 병렬운전에서 기전력의 크기가 다를 경우 나타나는 현상은?

① 동기화전류가 흐른다.
② 무효 순환전류가 흐른다.
③ 고조파 무효 순환전류가 흐른다.
④ 전기자 반작용이 발생한다.

정답 18 ③ 19 ③ 20 ④ 21 ②

해설

[동기 발전기의 병렬운전 조건]
- 기전력의 크기가 다른 경우
    → 무효순환전류
- 기전력의 위상이 다른 경우
    → 순환전류(동기화전류)
- 기전력의 파형이 다른 경우
    → 고조파순환전류

22 유도 전동기의 슬립을 측정하는 방법으로 옳은 것은?

① 전압계법
② 전류계법
③ 평형 브리지법
④ 스트로보 스코프법

해설

[슬립 측정법]
슬립 측정법에는 스트로보스코프법, 수화기법, 직류밀리볼트계법 등이 있다.

23 주파수 10 [Hz]일 때 주기는?

① 0.1 [sec] ② 0.6 [sec]
③ 1 [sec]   ④ 6 [sec]

해설

[주파수와 주기]
주파수와 주기는 역수의 관계이다.
$T = \dfrac{1}{f} = \dfrac{1}{10} = 0.1[\sec]$

24 $Z_1 = 2 + j11\,[\Omega]$, $Z_2 = 4 - j3\,[\Omega]$의 직렬회로에 교류전압 100 [V]를 가할 때 합성 임피던스는?

① 6 [Ω]   ② 8 [Ω]
③ 10 [Ω] ④ 14 [Ω]

해설

[합성 임피던스]
$Z = Z_1 + Z_2 = 2 + j11 + 4 - j3 = 6 + j8$
합성 임피던스 크기
$|Z| = \sqrt{6^2 + 8^2} = 10[\Omega]$

25 저압 구내 가공인입선으로 DV전선 사용 시 전선의 길이가 15 [m] 이하인 경우 사용할 수 있는 최소 굵기는 몇 [mm] 이상인가?

① 1.5   ② 2.0
③ 2.6   ④ 4.0

해설

[저압 가공인입선공사]
가공인입선으로 DV전선을 사용하여 인입하는 경우 그 최소 굵기는 2.6 [mm] 이상이지만, 경간이 15 [m] 이하인 경우 2.0 [mm] 이상도 가능하다.

정답 22 ④ 23 ① 24 ③ 25 ②

26 직류 복권 발전기를 병렬운전할 때 반드시 필요한 것은?

① 과부하 계전기
② 균압선
③ 용량이 같을 것
④ 외부특성 곡선이 일치할 것

해설

[직류 발전기의 병렬운전 조건]
- 극성이 같을 것
- 단자전압이 같을 것

27 최댓값이 V_m [V]인 사인파 교류에서 평균값 V_a [V]의 값은?

① $0.577 V_m$
② $0.637 V_m$
③ $0.707 V_m$
④ $0.866 V_m$

해설

[최댓값과 평균값]

$V_a = \dfrac{2}{\pi} V_m$

파형의 종류에 따른 각종 수치 표현

종류	모양	실횻값	평균값	파고율	파형률
정현파		$\dfrac{V_m}{\sqrt{2}}$	$\dfrac{2}{\pi} V_m$	$\sqrt{2}$	1.11
구형파		V_m	V_m	1	1
톱니파 (삼각파)		$\dfrac{V_m}{\sqrt{3}}$	$\dfrac{V_m}{2}$	$\sqrt{3}$	$\dfrac{2}{\sqrt{3}}$

28 보호 계전기 시험을 하기 위한 유의사항으로 틀린 것은?

① 계전기 위치를 파악한다.
② 임피던스 계전기는 미리 예열하지 않도록 주의한다.
③ 계전기 시험회로 결선 시 교류, 직류를 파악한다.
④ 계전기 시험 장비의 허용 오차, 지시 범위를 확인한다.

해설

[보호 계전기 시험 시 유의사항]
- 보호 계전기의 배치된 상태를 확인
- 임피던스 계전기는 미리 예열이 필요한지 확인
- 시험회로 결선 시 교류와 직류를 확인해야 하며 직류인 경우 극성을 확인
- 시험용 전원의 용량 계전기가 요구하는 정격전압이 유지할 수 있도록 확인
- 계전기 시험 장비의 지시 범위의 적합성, 오차, 영점의 정확성 확인

29 일반적으로 과전류 차단기를 설치하여야 할 곳으로 틀린 것은?

① 접지 측 전선
② 보호용, 인입선 등 분기선을 보고하는 곳
③ 송배전선의 보호용, 인입선 등 분기선을 보호하는 곳
④ 간선의 전원 측 전선

정답 26 ② 27 ② 28 ② 29 ①

> **해설**
>
> [과전류 차단기 설치 제한 장소]
> • 접지 측 전선
> • 다선식 전로의 중성선
> • 저압 가공전선로의 접지 측 전선

30 단상 유도 전동기의 기동법 중에서 기동 토크가 가장 작은 것은?

① 반발 유도형
② 반발 기동형
③ 콘덴서 기동형
④ 분상 기동형

> **해설**
>
> [단상 유도 전동기의 기동법 중에서 기동 토크가 큰 순서]
> 반발 기동형 > 반발 유도형 > 콘덴서 기동형 > 영구 콘덴서형 > 분상 기동형 > 셰이딩 코일형

31 변압기 2대를 V결선했을 때의 이용률은 몇 [%]인가?

① 57.7   ② 70.7
③ 86.6   ④ 100

> **해설**
>
> [V결선한 변압기 1개당의 이용률]
> $$\frac{\sqrt{3}\,V_{2n}I_{2n}}{2\,V_{2n}I_{2n}} = \frac{\sqrt{3}}{2} \fallingdotseq 0.866\ (\therefore 86.6\,[\%])$$

32 전선의 굵기가 6 [mm²] 이하의 가는 단선의 전선 접속은 어떤 접속을 하여야 하는가?

① 브리타니아 접속
② 쥐꼬리 접속
③ 트위스트 접속
④ 슬리브 접속

> **해설**
>
> [단선의 직선 접속]
> • 단면적 6 [mm²] 이하 : 트위스트 접속
> • 단면적 10 [mm²] 이상 : 브리타니아 접속

33 권선형에서 비례추이를 이용한 기동법은?

① 리액터 기동법
② 기동 보상기법
③ 2차 저항기동법
④ Y-△ 기동법

> **해설**
>
> [권선형 유도 전동기 기동법]
> 2차 저항기동법 (비례추이 이용)

34 2 [C]의 전기량이 두 점 사이를 이동하여 48 [J]의 일을 하였다면 이 두 점 사이의 전위차는 몇 [V]인가?

① 12 [V]   ② 24 [V]
③ 48 [V]   ④ 96 [V]

정답 30 ④ 31 ③ 32 ③ 33 ③ 34 ②

해설

[전위차]

$$V = \frac{W}{Q} = \frac{48}{2} = 24 \text{ [V]}$$

35 분기회로 설계에서 표준부하를 20 [VA/m²]으로 하여야 하는 건물은?

① 교회 ② 학교
③ 은행 ④ 아파트

해설

[부하의 산정]
표준부하는 아래와 같다.

건축물	표준부하 [VA/m²]
공장, 교회, 극장, 영화관, 연회장	10
기숙사, 여관, 호텔, 병원 학교, 음식점	20
사무실, 은행, 상점, 이발소, 미장원	30
주택, 아파트	40

36 어떤 정현파 교류의 평균값이 242 [V]인 전압의 최댓값은 약 몇 [V]인가?

① 220 [V] ② 276 [V]
③ 342 [V] ④ 380 [V]

해설

[평균값과 최댓값]
정현파의 평균값과 최댓값의 관계에서

평균값 $V_a = \frac{2}{\pi} V_m$

$$V_m = \frac{\pi V_a}{2} = \frac{3.14 \times 242}{2} ≒ 380 \text{ [V]}$$

37 다음 중 금속전선관을 박스에 고정시킬 때 사용되는 것은 어느 것인가?

① 새들 ② 부싱
③ 로크 너트 ④ 클램프

해설

[금속관공사]
금속관을 박스에 고정시킬 때 로크 너트 2개를 사용한다.

38 환상 솔레노이드 내부의 자기장의 세기에 관한 설명으로 틀린 것은?

① 자장의 세기는 권수에 비례한다.
② 자장의 세기는 전류에 비례한다.
③ 자장의 세기는 자로의 길이에 비례한다.
④ 자장의 세기는 권수, 전류, 평균 반지름과는 관계가 있다.

정답 35 ② 36 ④ 37 ③ 38 ③

해설

[환상 솔레노이드 자기장의 세기]

솔레노이드 내부 자계 $H = \dfrac{NI}{2\pi r}$

(N : 코일수, I : 전류,

 r : 솔레노이드 반지름, $2\pi r$: 자로 길이)

∴ 자기장의 세기는 자로에 반비례한다.

39 표면 전하밀도 σ [C/m²]로 대전된 도체 내부의 전속밀도는 몇 [C/m²]인가?

① $\varepsilon_0 E$ ② 0

③ σ ④ $\dfrac{e}{\varepsilon}$

해설

[전기력선의 성질]

전하는 도체 표면에만 존재하고 도체 내부에는 존재하지 않는다.

40 금속 덕트배선에 사용하는 금속 덕트의 철판 두께는 몇 [mm] 이상이어야 하는가?

① 0.8 ② 1.2

③ 1.5 ④ 1.8

해설

[금속 덕트]

폭 5 [cm]를 넘고 두께 1.2 [mm] 이상인 강판 또는 동등 이상의 세기를 가지는 금속재로 제작한다. 사용하는 전선은 산화 방지를 위해 아연 도금을 하거나 에나멜 등으로 피복하여 사용한다.

41 박강전선관의 표준 굵기가 아닌 것은?

① 15 [mm] ② 17 [mm]
③ 25 [mm] ④ 39 [mm]

해설

[박강전선관]
- 바깥 지름의 크기에 가까운 홀수로 호칭
- 15, 19, 25, 31, 39, 51, 63, 75 [mm](8종류)

42 심벌 ⒺⓆ는 무엇을 의미하는가?

① 지진 감지기
② 과전류 차단기
③ 변압기
④ 누전 경보기

해설

[전자빔 가열]
지진 감지기(Earthquake Detector)은 영문 약자를 따서 EQ로 표시한다.

43 60 [Hz] 3상 반파 정류회로의 맥동 주파수는?

① 60 [Hz] ② 120 [Hz]
③ 180 [Hz] ④ 360 [Hz]

해설

[맥동 주파수]
3상 반파 정류의 맥동 주파수는
3 × 60 = 180 [Hz]이다.

구분	직류 출력	맥동 주파수	효율 (정류)	맥동률
단상 반파	$E_d = 0.45E$	f	40.6 [%]	121 [%]
단상 전파	$E_d = 0.9E$	$2f$	81.2 [%]	48 [%]
3상 반파	$E_d = 1.17E$	$3f$	96.7 [%]	17 [%]
3상 전파	$E_d = 1.35E$	$6f$	99.8 [%]	4 [%]

44 낙뢰, 수목 접촉, 일시적인 섬락 등 순간적인 사고로 계통에서 분리된 구간을 신속하게 계통에 투입시킴으로써 계통의 안정도를 향상시키고 정전 시간을 단축시키기 위해 사용되는 계전기는?

① 차동 계전기
② 과전류 계전기
③ 거리 계전기
④ 재폐로 계전기

해설

[재폐로 계전기]
계통을 안정시키기 위해서 재폐로 차단기와 조합하여 사용하며 송전 선로에 고장이 발생하면 고장을 일으킨 구간을 신속히 고속 차단하여 제거한 후 재투입시켜서 정전 구간을 단축시키는 계전기이다.

45 유도 전동기에서 슬립이 1이면 전동기의 속도 N은?

① 동기속도보다 빠르다.
② 정지한다.
③ 불변이다.
④ 동기속도와 같다.

해설

[유도 전동기 슬립]
슬립 s = 1이면 N = 0으로 전동기는 정지 상태이며, s = 0이면 N = N_s가 되어 전동기는 동기속도로 회전하게 되는데, 이 경우는 이상적인 무부하 상태이다.

46 단위 길이당 권수 1,000회인 무한장 솔레노이드에 10 [A]의 전류가 흐를 때 솔레노이드 외부의 자장 [AT/m]은?

① 0
② 100
③ 1,000
④ 10,000

해설

[무한장 솔레노이드의 자기장 세기]
무한장 솔레노이드 외부 자계 $H = 0$

정답 44 ④ 45 ② 46 ①

47 자극 가까이에 물체를 두었을 때 자화되는 물체와 자석이 그림과 같은 방향으로 자화되는 자성체는?

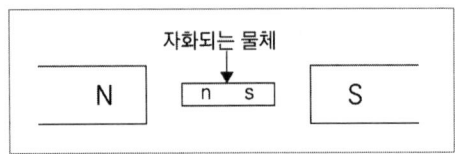

① 구리　　② 철
③ 알루미늄　④ 백금

해설

[자성체의 종류]
- 강자성체($\mu_s \gg 1$)
  - 니켈, 코발트, 철, 망간 등이 있다
  - 자화될 때 자극이 반대 방향으로 된다.
- 상자성체($\mu_s > 1$)
  - 알루미늄, 산소, 백금, 텅스텐 등이 있다.
  - 강자성체처럼 자화될 때 자극이 반대 방향으로 된다.
- 반자성체($\mu_s < 1$)
  - 비스무트, 구리, 아연, 납 등이 있다.
  - 자회될 때 자극이 외부 자석의 자극과 같은 방향으로 자회되는 물체이다.

48 동기 발전기의 돌발 단락전류를 주로 제한하는 것은?

① 누설 리액턴스
② 동기 임피던스
③ 권선 저항
④ 동기 리액턴스

해설

[돌발 단락전류]
갑작스런 단락에 의해 생기는 큰 전류로, 누설리액턴스(X_s)에 의해 어느 정도 제한이 되며, 수 Hz 후에 지속 단락전류로 바뀌게 된다.

49 변압기의 표유부하손을 설명한 것으로 가장 옳은 것은?

① 동손, 철손
② 부하전류 중 누전에 의한 손실
③ 권선 이외 부분의 누설자속에 의한 손실
④ 무부하시 여자전류에 의한 동손

해설

[표유부하손]
기타 부하전류에 의한 누설자속에 관계되는 권선 외의 손실

50 파고율, 파형률이 모두 1인 파형은?

① 사인파　　② 고조파
③ 구형파　　④ 삼각파

해설

[파고율과 파형률]

파형	파고율	파형률
구형파(직사각형파)	1	1
정현파	1.414	1.11
삼각파	1.732	1.155

정답　47 ①　48 ①　49 ③　50 ③

51 UPS란 무엇인가?

① 정전 시 무정전 직류 전원 장치
② 상시 교류 전원 장치
③ 무정전 교류 전원 공급 장치
④ 상시 직류 전원 장치

해설

[무정전 교류 전원 공급 장치(UPS)]
무정전 교류 전원 공급 장치는 선로에서 정전이나 순시전압 강하 시 또는 입력 전원의 이상 상태 발생 시 부하에 대한 교류 입력 전원의 연속성을 확보할 수 있는 무정전 교류 전원 공급 장치이다.

52 접지를 하는 목적으로 설명이 틀린 것은?

① 감전 방지
② 대지전압 상승 방지
③ 전기 설비 용량 감소
④ 화재와 폭발 사고 방지

해설

[접지의 목적]
- 전선의 대지전압의 저하
- 보호 계전기의 동작 확보
- 감전의 방지

53 경질 비닐관의 호칭으로 옳은 것은?

① 홀수에 관 바깥지름으로 표기한다.
② 짝수에 관 바깥지름으로 표기한다.
③ 홀수에 관 안지름으로 표기한다.
④ 짝수에 관 안지름으로 표기한다.

해설

[경질 비닐관]
- 경질 비닐관(합성수지관)의 호칭 : 짝수
- 안지름(내경)으로 표기(규격 : 14, 16, 22, 28, 36, 42, 54, 70, 82, 104 [mm])

54 직류를 교류로 변환하는 기기는?

① 변류기
② 초퍼
③ 인버터
④ 정류기

해설

[전력변환기기]
- 인버터 : 직류를 교류로 바꾸는 장치
- 컨버터 : 교류를 직류로 바꾸는 장치
- 싸이클로 컨버터 : 교류를 교류로 바꾸는 장치
- 초퍼 : 직류를 다른 전압의 직류로 바꾸는 장치

정답 51 ③ 52 ③ 53 ④ 54 ③

55 전기자를 고정시키고 자극 N, S를 회전시키는 동기 발전기는?

① 회전 계자형
② 직렬 저항형
③ 회전 전기자형
④ 회전 정류자형

해설

[회전 계자형]
- 전기자 권선은 전압이 높고 결선이 복잡하여 인출선도 많다.
- 계자회로는 직류 저전압회로이므로 소요 전력도 적으며 인출선은 2개만 있으면 된다.
- 전기자보다 계자를 회전자로 하는 것이 기계적으로 튼튼하다.

56 전기설비기술기준 및 판단기준에 의하면 옥외 백열전등의 인하선으로서 지표상의 높이 2.5 [m] 미만인 부분은 전선에 공칭 단면적 몇 [mm²] 이상의 연동선과 동등 이상의 세기 및 굵기의 절연 전선(옥외용 비닐 절연전선을 제외)을 사용하는가?

① 0.75
② 1.5
③ 2.5
④ 2.0

해설

[옥외 백열전등의 인하선 시설]
옥외 백열전등의 인하선으로 지표상의 높이 2.5 [m] 미만의 부분은 공칭 단면적 2.5 [mm²] 이상의 연동선과 동등 이상의 세기 및 굵기의 절연전선을 사용한다(단, OW 제외).

57 다음 중 변압기의 1차 측이란?

① 고압 측
② 저압 측
③ 전원 측
④ 부하 측

해설

[변압기]
1차 측을 전원 측, 2차 측을 부하 측이라 한다.

58 전선 접속 시 사용되는 슬리브(Sleeve)의 종류가 아닌 것은?

① D형
② S형
③ E형
④ P형

해설

[슬리브의 종류]
- 직선접속용 슬리브 : S형
- 종단 겹침용 슬리브 : E형, P형

59 전선의 약호 중 "H"가 의미하는 것은?

① 전열용 절연전선
② 네온전선
③ 내열용 절연전선
④ 경동선

해설

[절연전선 약호]
경동선의 약호는 "H"이다. 거칠게 빼낸 동선을 황에 담궈 표면의 산화동을 씻어 낸 다음 정상 온도에서 다이스를 통하여 늘린 전선이다. 송전선에서 주로 사용한다.

60 다음은 어떤 법칙을 설명한 것인가?

> 전류가 흐르려고 하면 코일은 전류의 흐름을 방해한다. 또한 전류가 감소하면 이를 계속 유지하려고 하는 성질이 있다.

① 쿨롱의 법칙
② 렌츠의 법칙
③ 패러데이의 법칙
④ 플레밍의 왼손법칙

해설

[렌츠의 법칙]
유도기전력의 방향은 주자속 변화를 방해하려는 방향으로 발생한다.

정답 59 ④ 60 ②

2019 제3회

01 전기 전도도가 좋은 순서대로 도체를 나열한 것은?

① 은 → 구리 → 금 → 알루미늄
② 구리 → 금 → 은 → 알루미늄
③ 금 → 구리 → 알루미늄 → 은
④ 알루미늄 → 금 → 은 → 구리

해설

[도체의 전도율]
은 : 109 [%]
구리 : 100 [%]
금 : 72 [%]
알루미늄 : 63 [%]

02 그림과 같은 비사인파의 제3고조파 주파수는? (단, V = 20 [V], T = 10 [ms] 이다)

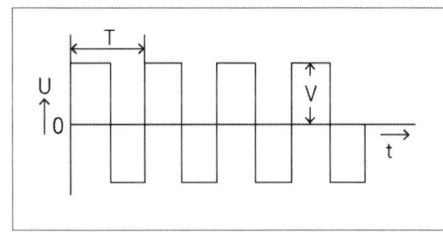

① 100 [Hz] ② 200 [Hz]
③ 300 [Hz] ④ 400 [Hz]

해설

[제3고조파 주파수]
제3고조파는 기본파에 주파수가 3배이므로
$$f_3 = 3f_1 = \frac{3}{T} = \frac{3}{10 \times 10^{-3}} = 300[Hz]$$

03 묽은 황산(H_2SO_4)용액에 구리(Cu)와 아연(Zn)판을 넣으면 전지가 된다. 이때 양극(+)에 대한 설명으로 옳은 것은?

① 구리판이며 수소 기체가 발생한다.
② 구리판이며 산소 기체가 발생한다.
③ 아연판이며 산소 기체가 발생한다.
④ 아연판이며 수소 기체가 발생한다.

해설

[전지의 원리]
볼타전지에서 양극은 구리판, 음극은 아연판이며, 분극작용에 의해 양극에 수소기체가 발생한다.

04 형권 변압기 용도 중 옳은 것은?

① 소형 변압기   ② 중형 변압기
③ 중대형 변압기 ④ 대형 변압기

정답 ● 01 ①   02 ③   03 ①   04 ③

해설

[형권 변압기]
목재 권형 또는 절연통 위에 감은 코일을 절연 처리를 한 다음 조립한 것으로 주로 중대형 변압기에 많이 사용된다.

05 슬립이 일정한 경우 유도 전동기의 공급 전압이 $\frac{1}{2}$로 감소되면 토크는 처음에 비해 어떻게 되는가?

① 2배가 된다. ② 1배가 된다.
③ $\frac{1}{2}$로 줄어든다. ④ $\frac{1}{4}$로 줄어든다.

해설

[3상 유도 전동기 토크]
3상 유도 전동기의 토크 $T \propto V^2$

06 금속전선관공사에서 금속관과 접속함을 접속하는 경우 녹아웃 구멍이 금속관보다 클 때 사용하는 부품은?

① 로크너트 ② 부싱
③ 새들 ④ 링 리듀서

해설

[금속관공사의 부품]
금속관공사 시 녹아웃 구멍이 금속관보다 클 때 링 리듀서를 사용한다.

07 접착력은 떨어지나 절연성, 내온성, 내유성이 좋아 연피 케이블의 접속에 사용되는 테이프는?

① 고무 테이프
② 리노 테이프
③ 비닐 테이프
④ 자기 융착 테이프

해설

[리노 테이프]
접착성은 없으나 절연성, 내온성, 내유성이 있어서 연피 케이블 접속 시 사용한다.

08 엘리베이터 장치를 시설할 때 승강기 내에서 사용하는 전등 및 전기기계 기구에 사용할 수 있는 최대전압은?

① 110 [V] 이하 ② 220 [V] 이하
③ 400 [V] 이하 ④ 440 [V] 이하

해설

[승강기의 사용전압]
엘리베이터 및 덤웨이터 등의 승강로 안의 저압 옥내배선 등의 시설은 사용전압 400 [V] 이하로 시설하여야 한다.

정답 05 ④ 06 ④ 07 ② 08 ③

09 비투자율이 1인 환상 철심 중의 자장 세기가 H[AT/m]이었다. 이때 비투자율이 10인 물질로 바꾸면 철심의 자속밀도 [Wb/m²]은?

① $\frac{1}{10}$로 줄어든다
② 10배 커진다.
③ 50배 커진다.
④ 100배 커진다.

해설
[자속밀도]
자속밀도 $B = \mu_0\mu_s H[\text{Wb/m}^2]$에서 비투자율이 10배 증가하면, 자속밀도는 10배 커진다.

10 6[Ω]의 저항과, 8[Ω]의 용량성 리액턴스의 병렬회로가 있다. 이 병렬회로의 임피던스는 몇 [Ω]인가?

① 1.5   ② 2.6
③ 3.8   ④ 4.8

해설
[RC병렬회로의 어드미턴스]
어드미턴스 $Y = \frac{1}{Z} = \sqrt{\frac{1}{R^2} + \frac{1}{X_c^2}}$

$Y = \sqrt{\frac{1}{6^2} + \frac{1}{8^2}} = \frac{5}{24}$

$Z = 4.8[\Omega]$

11 변압기에서 1차 권선과 2차 권선이 독립되어 있지 않고 권선의 일부를 공통회로로 하고 있는 변압기는?

① 단권 변압기
② 누설 변압기
③ 3권선 변압기
④ 1권선 변압기

해설
[단권 변압기]
1개의 권선으로 만들어진 변압기이다.

12 관을 시설하고 제거하는 것이 자유롭고 점검 가능한 은폐장소에서 가요전선관을 구부리는 경우 곡률 반지름은 2종 가요전선관 안지름의 몇 배 이상으로 하여야 하는가?

① 10   ② 9
③ 6   ④ 3

해설
[가요전선관 곡률 반지름]
• 자유로운 경우 : 전선관 안지름의 3배 이상
• 부자유로운 경우 : 전선관 안지름의 6배 이상

정답 09 ② 10 ④ 11 ① 12 ④

13 절연전선을 동일 금속 덕트 내에 넣을 경우 금속 덕트의 크기는 전선의 피복절연물을 포함한 단면적의 총합계가 금속 덕트 내 단면적의 몇 [%] 이하가 되도록 선정하여야 하는가? (단, 제어회로 등의 배선에 사용하는 전선만을 넣는 경우이다)

① 30　　② 40
③ 50　　④ 60

해설

[금속 덕트시공]
- 금속 덕트에 수용하는 전선은 절연물을 포함하는 단면적의 총합이 금속 덕트 내 단면적의 20[%] 이하가 되도록 한다.
- 전광사인 장치, 출퇴 표시등, 기타 이와 유사한 장치 또는 제어회로 등의 배선에 사용하는 전선만을 넣는 경우에는 50[%] 이하로 할 수 있다.

14 어떤 회로에 50[V]의 전압을 가하니 $8+j6$[A]의 전류가 흘렀다면 이 회로의 임피던스[Ω]는?

① $3-j4$　　② $3+j4$
③ $4-j3$　　④ $4+j3$

해설

[임피던스]
$$Z = \frac{V}{I} = \frac{50}{8+j6} = \frac{50(8-j6)}{(8+j6)(8-j6)}$$
$$= 4-j3[\Omega]$$

15 전압제어에 의한 속도제어가 아닌 것은?

① 정지형 레너드식
② 일그너식
③ 직병렬제어
④ 회생제어

해설

[라인 포스트애자]
전압제어는 워드레오나드방식(M-G-M법), 일그너방식, 초퍼제어방식, 직병렬제어방식이 있다.

16 동기 전동기의 전기자전류가 최소일 때 역률은?

① 0.5　　② 0.707
③ 0.866　　④ 1.0

해설

[위상특성 곡선]
동기 전동기는 위상특성 곡선(V곡선)에 따라 전기자전류가 최소일 때는 역률이 1.0이 된다.

17 부하의 저항을 어느 정도 감소시켜도 전류는 일정하게 되는 수하특성을 이용하여 정전류를 만드는 곳이나 아크용접 등에 사용되는 직류 발전기는?

① 직권 발전기
② 분권 발전기
③ 가동복권 발전기
④ 차동복권 발전기

정답 ● 13 ③　14 ③　15 ④　16 ④　17 ④

해설
[차동복권 발전기]
차동복권 발전기는 수하특성을 가지므로 용접기용 전원으로 적합하다.

해설
[폐쇄식 배전반]
폐쇄식 배전반을 일반적으로 큐비클형이라고 한다. 점유 면적이 좁고 운전·보수에 안전하므로 공장·빌딩 등의 전기실에 많이 사용된다.

18 저압 옥내배선 시설 시 캡타이어 케이블을 조영재의 아랫면 또는 옆면에 따라 붙이는 경우 전선의 지지점 간의 거리는 몇 [m] 이하로 하여야 하는가?

① 1　　② 1.5
③ 2　　④ 2.5

해설
[케이블공사]
전선을 조영재의 아랫면 또는 옆면에 따라 붙이는 경우에는 전선의 지지점 간의 거리를 케이블은 2 [m] 이하(사람이 접촉할 우려가 없는 곳에서 수직으로 붙이는 경우는 6 [m] 이하)로 하여야 한다. 단, 캡타이어 케이블은 1 [m]로 한다.

19 점유면적이 좁고 운전, 보수에 안전하므로 공장, 빌딩 등의 전기실에 많이 사용되는 배전반은 어떤 것인가?

① 데드 프런트형
② 수직형
③ 큐비클형
④ 라이브 프런트형

20 다음 중 저저항 측정에 사용되는 브리지는?

① 휘트스톤 브리지
② 빈 브리지
③ 맥스웰 브리지
④ 켈빈 더블 브리지

해설
[저항 측정에 사용되는 브리지]
• 저저항 측정 : 켈빈 더블 브리지
• 중저항 측정 : 휘트스톤 브리지

21 34극 60 [MVA], 역률 0.8, 60 [Hz], 22.9 [kV] 수차발전기의 전부하 손실이 1,600 [kW]이면 전부하 효율[%]은?

① 90　　② 95
③ 97　　④ 99

해설
[효율]

효율 $\eta = \dfrac{출력}{입력} \times 100 = \dfrac{출력}{출력+손실} \times 100$

$= \dfrac{60 \times 0.8}{60 \times 0.8 + 1.6} \times 100 ≒ 97\,[\%]$

22 동기조상기가 전력용 콘덴서보다 우수한 점은?

① 손실이 적다.
② 보수가 쉽다.
③ 지상 역률을 얻는다.
④ 가격이 싸다.

해설

[동기 조상기와 전력용 콘덴서]
• 동기 조상기 : 진상, 지상 역률을 얻을 수 있다.
• 전력용 콘덴서 : 진상 역률만을 얻을 수 있다.

23 출력 10 [kW], 슬립 4 [%]로 운전되는 3상 유도 전동기의 2차 동손은 약 몇 [W]인가?

① 250   ② 315
③ 417   ④ 620

해설

[유도 전동기의 비례식]
$P_2 : P_{2c} : P_o = 1 : s : (1-s)$
$P_{2c} : P_o = s : (1-s)$, P_{2c}로 정리하면,
$P_{2c} = \dfrac{s \times P_2}{(1-s)} = \dfrac{0.04 \times 10 \times 10^3}{(1-0.04)} = 417 [\text{W}]$

24 저압 옥내간선 시설 시 전동기의 정격전류가 20 [A]이다. 전동기 전용 분기회로에 있어서 허용전류는 몇 [A] 이상으로 하여야 하는가?

① 20   ② 25
③ 30   ④ 60

해설

[전동기 부하의 간선의 굵기 산정]

전동기 정격전류	허용전류 계산
50 [A] 이하	정격전류 합계의 1.25배
50 [A] 초과	정격전류 합계의 1.1배

25 유효전력의 식으로 옳은 것은? (단, E는 전압, I는 전류, θ는 위상각이다)

① $EI\cos\theta$ ② $EI\sin\theta$
③ $EI\tan\theta$ ④ EI

해설

[유효전력]
유효전력 = $VI\cos\theta$ [W]
전압[V] 대신에 기전력(E)으로 표시해도 된다.

26 단상회로에서 유효전력 4.2 [kW], 전압 220 [V], 전류 24 [A], 역률 80 [%]일 때 무효율은?

① 20 [%]   ② 40 [%]
③ 60 [%]   ④ 80 [%]

정답 22 ③ 23 ③ 24 ② 25 ① 26 ③

해설

[무효율]
$\sin\theta = \sqrt{1-\cos\theta^2} = \sqrt{1-0.8^2} = 0.6$

27 직류 분권 전동기에서 운전 중 계자권선의 저항을 증가하면 회전속도의 값은?

① 감소한다.　② 증가한다.
③ 일정하다.　④ 관계없다.

해설

[분권 전동기의 회전속도]
$N = K_1 \dfrac{V-I_aR_a}{\phi}$ [rpm], 계자저항을 증가시키면 계자전류가 감소하여 자속이 감소하므로 회전수는 증가한다.

28 동기 전동기를 자기동법으로 기동시킬 때 계자회로는 어떻게 하여야 하는가?

① 직류를 공급한다.
② 개방시킨다.
③ 단락시킨다.
④ 단상교류를 공급한다.

해설

[자기기동법]
계자권선 단락 이유는 개방 시 고전압이 유도되어 계자권선의 절연파괴 위험을 없애기 위함이다.

29 단상 유도 전동기의 기동법 중에서 기동 토크가 가장 작은 것은?

① 분상 기동형　② 반발 기동형
③ 콘덴서 기동형　④ 반발 유도형

해설

[기동 토크가 큰 순서]
반발기동형 > 콘덴서기동형 > 분상기동형 > 셰이딩코일형

30 변압기에서 철손은 부하전류와 어떤 관계인가?

① 부하전류에 비례한다.
② 부하전류의 자승에 비례한다.
③ 부하전류에 반비례한다.
④ 부하전류와 관계없다.

해설

[변압기의 손실]
철손 = 히스테리시스손 + 와류손
$\propto f \cdot B_m^{1.6} + (t \cdot f \cdot B_m)^2$ 이다.
즉, 부하전류와는 관계가 없다.

31 수변전 설비 중에서 동력설비회로의 역률을 개선할 목적으로 사용되는 것은?

① 전력 퓨즈　② MOF
③ 지락 계전기　④ 진상용 콘덴서

정답　27 ②　28 ③　29 ①　30 ④　31 ④

> 해설

[진상용 콘덴서]
진상용 콘덴서는 전압과 전류의 위상차를 감소시켜 역률을 개선한다.

32 분기회로 구성 시 주의사항이 아닌 것은?

① 전등과 콘센트는 전용의 분기회로로 구분하는 것을 원칙으로 한다.
② 복도나 계단은 가능하면 구분하여 별도의 회로로 한다.
③ 습기가 있는 장소의 전등 수구는 별도의 회로로 한다.
④ 분기회로의 길이는 건물 내에서 제한을 두지 않는다.

> 해설

[분기회로]
분기회로의 길이는 전압 강하와 시공을 고려하여 약 30 [m] 이하로 한다.

33 무효전력에 대한 설명으로 틀린 것은?

① $P = VI\cos\theta$로 계산된다.
② 부하에서 소모되지 않는다.
③ 단위로는 Var를 사용한다.
④ 전원과 부하 사이를 왕복하기만 하고 부하에 유효하게 사용되지 않는 에너지이다.

> 해설

[무효전력]
무효전력 $P_r = VI\sin\theta$ [Var]

34 어느 회로의 전류가 다음과 같을 때 이 회로에 대한 전류의 실횻값 [A]은?

$$i = 3 + 10\sqrt{2}\sin(\omega t - \frac{\pi}{6}) + 5\sqrt{2}\sin(3\omega t - \frac{\pi}{3})[A]$$

① 11.6 ② 23.2
③ 32.2 ④ 48.3

> 해설

[비정현파 교류의 실횻값]
$I = \sqrt{I_0^2 + I_1^2 + I_3^2} = \sqrt{3^2 + 10^2 + 5^2}$
$= 11.58 [A]$

35 다음 그림은 직류 발전기의 분류 중 어느 것에 해당하는가?

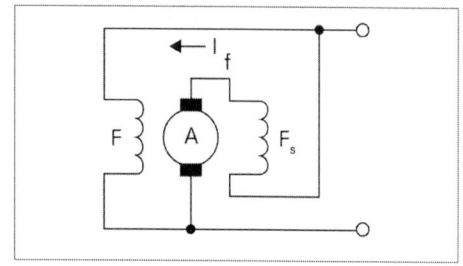

① 분권 발전기   ② 직권 발전기
③ 자석 발전기   ④ 복권 발전기

정답 32 ④ 33 ① 34 ① 35 ④

> 해설

[복권 발전기]
계자와 전기자가 직·병렬로 혼합 접속되어 있는 구조는 복권 발전기이다.

36 조명기구를 배광에 따라 분류하는 경우 특정한 장소만을 고조도로 하기 위한 조명기구는?

① 직접 조명기구
② 전반확산 조명기구
③ 광천장 조명기구
④ 반직접 조명기구

> 해설

[직접 조명기구]
특정 장소만 고조도로 할 때는 직접 조명기구를 사용한다.

37 다음 중 버스 덕트가 아닌 것은?

① 플로어 버스 덕트
② 피더 버스 덕트
③ 트롤리 버스 덕트
④ 플러그인 버스 덕트

> 해설

[버스 덕트의 종류]

명칭	비고
피더 버스 덕트	도중에 부하를 접속하지 않는 것
플러그인 버스 덕트	도중에서 부하를 접속할 수 있도록 꽂음 구멍이 있는 것
트롤리 버스 덕트	도중에서 이동부하를 접속할 수 있도록 트롤리 접속식 구조로 한 것

38 비유전율 9인 유전체의 유전율은 약 몇 [F/m]인가?

① 60×10^{-12}
② 80×10^{-12}
③ 113×10^{-7}
④ 80×10^{-7}

> 해설

[유전율]
유전율 $\varepsilon = \varepsilon_0 \times \varepsilon_s = 8.85 \times 10^{-12} \times 9$
$= 80 \times 10^{-12} [F/m]$

39 $R = 4 [\Omega]$, $X_L = 15 [\Omega]$, $X_C = 12 [\Omega]$의 RLC 직렬회로의 역률은 얼마인가?

① 0.4   ② 0.6
③ 0.7   ④ 0.8

정답 ▶ 36 ① 37 ① 38 ② 39 ④

해설

[RLC 직렬회로의 역률]

RLC 직렬회로의 역률 $\cos\theta = \dfrac{R}{Z}$

$\cos\theta = \dfrac{R}{Z} = \dfrac{R}{\sqrt{R^2+(X_L-X_C)^2}}$

$= \dfrac{4}{\sqrt{4^2+(15-12)^2}} = \dfrac{4}{5} = 0.8$

해설

[SCR 구조]

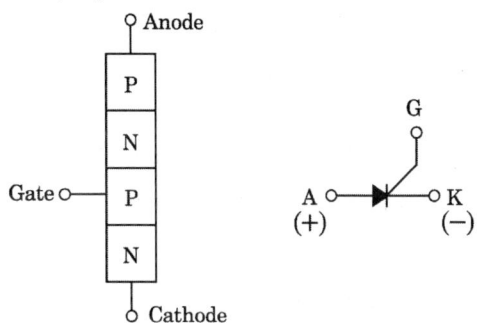

40 가정용 전등전압이 200 [V]이다. 이 교류의 최댓값은 몇 [V]인가?

① 70.7 ② 86.7
③ 141.4 ④ 282.8

해설

[실횻값]
$V = 200[\text{V}]$

[최댓값]
$V_m = \sqrt{2}\cdot V = \sqrt{2}\times 200 = 282.8[\text{V}]$

41 실리콘제어 정류기(SCR)의 게이트(G)는?

① P형 반도체
② N형 반도체
③ PN형 반도체
④ NP형 반도체

42 유도 전동기에서 슬립이 "0"이라는 것은 다음 중 어느 것과 같은가?

① 유도 전동기가 동기속도로 회전한다.
② 유도 전동기가 정지상태이다.
③ 유도 전동기가 전부하 운전상태이다.
④ 유도제동기의 역할을 한다.

해설

[유도 전동기 슬립]
$S = \dfrac{N_s - N}{N_s}$ 이므로, $S = 0$일 때 $N_s = N$이다.
따라서 회전속도가 동기속도와 같을 때이다.

43 SCR 2개를 역병렬로 접속한 그림과 같은 기호의 명칭은?

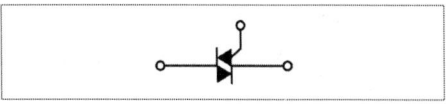

① SCR ② TRIAC
③ GTO ④ UJT

정답 ● 40 ④ 41 ① 42 ① 43 ②

해설

[트라이악(TRIAC)]
트라이악은 3단자 양방향성 소자이다.

44 절연전선의 피복에 "15kV NRV"라고 표기되어 있다. 여기서 "NRV"는 무엇을 나타내는 약호인가?

① 형광등전선
② 고무절연 폴리에틸렌시스 네온전선
③ 고무절연 비닐시스 네온전선
④ 폴리에틸렌 절연비닐시스 네온전선

해설

[절연전선의 약호]
[네온 N, R : 고무, E : 폴리에틸렌, C : 클로로프렌, V : 비닐]
• NRV : 고무절연 비닐시스 네온전선
• NRC : 고무절연 클로로프렌시스 네온전선
• NEV : 폴리에틸렌 절연비닐시스 네온전선

45 다음 중에서 자석의 일반적인 성질에 대한 설명으로 틀린 것은?

① N극과 S극이 있다.
② 자력선은 N극에서 나와 S극으로 향한다.
③ 자력이 강할수록 자기력선의 수가 많다.
④ 자석은 고온이 되면 자력이 증가한다.

해설

[자석의 성질]
자석은 고온이 되면 자력이 감소한다.

46 그림과 같이 C = 2 [μF]의 콘덴서가 연결되어 있다. A점과 B점 사이의 합성 정전용량은 얼마인가?

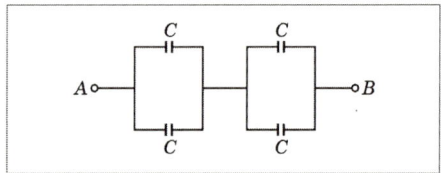

① 1 [μF] ② 2 [μF]
③ 4 [μF] ④ 8 [μF]

해설

[합성 정전용량]
• 병렬접속 : $C + C = 2 + 2 = 4 \, [\mu F]$
• 합성 정전용량 : $C_{AB} = \dfrac{1}{\dfrac{1}{4} + \dfrac{1}{4}} = 2 \, [\mu F]$

47 다음 중 상자성체는 어느 것인가?

① 철   ② 코발트
③ 니켈   ④ 텅스텐

해설

[자성체의 종류]
• 강자성체 : 철, 니켈, 코발트, 망간
• 상자성체 : 알루미늄, 산소, 백금, 텅스텐
• 역자성체 : 은, 구리, 아연, 비스무트, 납

정답 ● 44 ③ 45 ④ 46 ② 47 ④

48 단락비가 큰 동기기에 대한 설명으로 옳은 것은?

① 전압변동률이 크다.
② 기계가 소형이다.
③ 안정도가 높다.
④ 전기자 반작용이 크다.

해설
[단락비가 큰 동기기]

단락비가 큰 동기기의 특징	전기자 반작용, 전압 변동률이 작다.
	공극과 과부하 내량이 크다.
	기계의 중량이 무겁고 효율이 낮다.
	안정도가 높다.

49 전로 이외를 흐르는 전류로서 전로의 절연체 내부 및 표면과 공간을 통하여 선간 또는 대지 사이를 흐르는 전류를 무엇이라 하는가?

① 지락전류   ② 누설전류
③ 정격전류   ④ 영상전류

해설
[전류의 종류]
① 지락전류 : 도체가 절연파괴 등 이상으로 인하여 지면으로 흐르게 되는 고장전류
② 누설전류 : 절연물의 내부 또는 표면을 통해서 흐르는 미소전류
③ 정격전류 : 정격 출력으로 동작하고 있는 기기, 장치가 필요로 하는 전류
④ 영상전류 : 3상 교류회로에서 각 상의 전류 중에 동상으로 포함하고 있는 크기가 같은 전류

50 피시 테이프(Fish Tape)의 용도로 옳은 것은?

① 전선을 테이핑하기 위하여 사용된다.
② 전선관의 끝마무리를 위해서 사용된다.
③ 배관에 전선을 넣을 때 사용된다.
④ 합성수지관을 구부릴 때 사용된다.

해설
[피시 테이프(Fish Tape)]
전선관에 전선을 넣을 때 사용되는 평각강철선이다.

51 위험물 등이 있는 곳에서의 저압 옥내배선공사방법이 아닌 것은?

① 케이블공사
② 합성수지관공사
③ 금속관공사
④ 애자사용공사

해설
[위험물이 있는 곳의 공사]
금속관공사, 케이블공사 및 합성수지관공사는 모든 장소에서 시설이 가능하다. 단, 합성수지관공사는 열에 약한 특성으로 폭발성 먼지, 가연성 가스, 화약류 보관 장소의 배선을 할 수 없다.

정답 48 ③ 49 ② 50 ③ 51 ④

52 고유저항 1.69×10^{-8} [$\Omega \cdot m$], 길이 1,000 [m], 지름 2.6 [mm] 전선의 저항[Ω]은?

① 3.18 ② 0.79
③ 6.5×10^{-3} ④ 2.1×10^{-3}

해설

[전기저항]
$R = \rho \dfrac{\ell}{A} = 1.69 \times 10^{-8} \times \dfrac{1000}{\pi(1.3 \times 10^{-3})^2}$
$= 3.18 [\Omega]$

53 다음 중 비투자율이 가장 큰 물질은?

① 구리 ② 염화니켈
③ 페라이트 ④ 초합금

해설

[비투자율의 크기]
① 구리 : 0.99999
② 염화니켈 : 1.00004
③ 페라이트 : 1,000
④ 초합금 : 1,000,000

54 6극, 1,200 [rpm] 동기 발전기로 병렬운전하는 극수 4의 교류발전기의 회전수는 몇 [rpm]인가?

① 3,600 ② 2,400
③ 1,800 ④ 1,200

해설

[동기발전기의 병렬운전 회전수]
병렬운전 조건 중 주파수가 같아야 하는 조건이 있다.

- $N_s = \dfrac{120f}{P}$ 이므로,
  $f = \dfrac{P \cdot N_s}{120} = \dfrac{6 \times 1,200}{120} = 60$ [Hz]이다.
- 4극 발전기의 회전 수
  $N_s = \dfrac{120 \times 60}{4} = 1,800$ [rpm]

55 접지저항 측정방법으로 가장 적당한 것은?

① 절연저항계
② 전력계
③ 교류의 전압, 전류계
④ 콜라우시 브리지

해설

[콜라우시 브리지]
저저항 측정용 계기로 접지저항, 전해액의 저항 측정에 사용된다.

56 전자접촉기 2개를 이용하여 유도 전동기 1대를 정·역운전하고 있는 시설에서 전자접촉기 2대가 동시에 여자되어 상간 단락되는 것을 방지하기 위하여 구성하는 회로는 무엇인가?

① 자기유지회로 ② 순차제어회로
③ $Y-\Delta$ 기동회로 ④ 인터록회로

해설

[인터록회로]
두 가지 동작이 동시에 될 수 없게 설계한 회로이다.

57 다음 설명의 (㉠), (㉡)에 들어갈 내용으로 알맞은 것은?

> 히스테리시스손 곡선에서 종축과 만나는 점은 (㉠)이고, 횡축과 만나는 점은 (㉡)이다.

① ㉠ 보자력, ㉡ 잔류자기
② ㉠ 잔류자기, ㉡ 보자력
③ ㉠ 자속밀도, ㉡ 자기저항
④ ㉠ 자기저항, ㉡ 자속밀도

해설

[히스테리시스 곡선(Hysteresis Loop)]

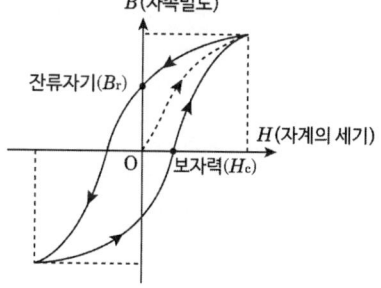

58 토지의 상황이나 기타 사유로 인하여 보통지선을 시설할 수 없을 때 전주와 전주 간 또는 전주와 지주 간에 시설할 수 있는 지선은?

① 보통지선 ② 수평지선
③ Y지선   ④ 궁지선

해설

[수평지선]
토지의 상황이나 기타 사유로 인해 보통지선 시설이 불가할 시 전주와 전주 간, 전주와 지주 간 시설하는 지선

59 전기기계의 철심을 성층하는 가장 적절한 이유는?

① 기계손을 적게 하기 위하여
② 표유 부하손을 적게 하기 위하여
③ 히스테리시스손을 적게 하기 위하여
④ 와류손을 적게 하기 위하여

해설

[기기의 손실]
• 규소강판 사용 : 히스테리시스손 감소
• 성층철심 사용 : 와류손(맴돌이전류손) 감소

정답 57 ② 58 ② 59 ④

60 과전류 차단기를 꼭 설치해야 되는 것은?

① 접지공사의 접지선
② 저압 옥내 간선의 전원 측 선로
③ 다선식 선로의 중성선
④ 전로의 일부에 접지공사를 한 저압 가공 전로의 접지 측 전선

해설

[과전류 차단기의 시설 금지 장소]
- 접지공사의 접지도체
- 다선식 전로의 중성선
- 변압기 중성점 접지공사를 한 저압 가공전선로의 접지 측 전선

정답 ● 60 ②

2019 제4회

01 저항 R_1, R_2가 병렬일 때 전전류를 I라 하면 I_1에 흐르는 전류는?

① $\dfrac{R_1}{R_1+R_2}I$ ② $\dfrac{R_2}{R_1+R_2}I$

③ $\dfrac{R_1+R_2}{R_2}I$ ④ $\dfrac{1}{R_1+R_2}I$

해설

[전류분배법칙]
R_1, R_2가 병렬로 연결된 회로에서 R_1, R_2에 흐르는 전류를 각각 I_1, I_2라 할 때 각 저항에 흐르는 전류 I_1, I_2는 각 저항에 반비례한다(병렬연결 시는 공급전압의 일정).

$I_1 = \dfrac{R_2}{R_1+R_2}$, $I_2 = \dfrac{R_1}{R_1+R_2}I$

02 동기기의 손실에서 고정손에 해당되는 것은?

① 계자철심의 철손
② 브러시의 전기손
③ 계자 권선의 저항손
④ 전기자 권선의 저항손

해설

[동기기의 손실]
- 동손 : 부하손
- 철손 : 무부하손, 고정손

03 다음 단상 유도 전동기 중 역률이 가장 좋은 것은?

① 분상 기동형
② 콘덴서 기동형
③ 세이딩 코일형
④ 반발 기동형

해설

[콘덴서 기동형]
콘덴서 기동형 단상 유도 전동기는 콘덴서가 역률 개선의 역할을 하므로 역률이 좋고 비교적 기동 토크가 크므로 가정용 전동기로 많이 사용된다.

04 공칭 단면적을 설명한 내용 중 옳지 않은 것은?

① 단위를 [mm²]로 나타낸다.
② 전선의 굵기를 표시하는 호칭이다.
③ 전선의 실제 단면적과 반드시 같다.
④ 계산상의 단면적은 따로 있다.

해설

[전선의 단면적]
전선의 단면적은 계산적 단면적과 공칭 단면적은 근사적으로 같다.

정답   01 ②   02 ①   03 ②   04 ③

05 전압 220 [V], 전류 10 [A], 역률 0.8인 3상 전동기 사용 시 소비전력은?

① 약 1.5 [kW]
② 약 3.0 [kW]
③ 약 5.2 [kW]
④ 약 7.1 [kW]

해설

[소비전력]
$P = \sqrt{3}\,VI\cos\theta = \sqrt{3}\times 220\times 10\times 0.8$
$= 3048[\text{W}] \fallingdotseq 3\,[\text{kW}]$

06 그림과 같은 RC 병렬회로의 위상각 θ는?

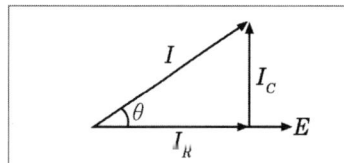

① $\tan^{-1}\dfrac{\omega C}{R}$ ② $\tan^{-1}\omega CR$
③ $\tan^{-1}\dfrac{\omega C}{R}$ ④ $\tan^{-1}\dfrac{\omega C}{R}$

해설

[RC 병렬회로에서 위상각]
$\theta = \tan^{-1}\dfrac{R}{X} = \tan^{-1}\dfrac{R}{\dfrac{1}{\omega C}} = \tan^{-1}\omega CR$

07 일정전압 및 일정 파형에서 주파수가 상승하면 변압기 철손은 어떻게 변하는가?

① 증가한다.
② 감소한다.
③ 일정시간 동안 증가한다.
④ 불변이다.

해설

[변압기의 손실]
$P_i = P_h + P_e$ 에서
$P_h = K_h f B_m^{1.6} = K_h \dfrac{V^2}{f}$
$P_e = K_e(tfB_m)^2 = KV^2$ 이 $P_h \propto \dfrac{1}{f}$ 로 인해 주파수가 증가하면 철손은 감소한다.

08 가스 절연 개폐기나 가스 차단기에 사용되는 가스인 SF₆의 성질이 아닌 것은?

① 같은 압력에서 공기의 2.5 ~ 3.5배의 절연 내력이 있다.
② 무색, 무취, 무해 가스이다.
③ 가스 압력 3 ~ 4 [kgf/cm²]에서는 절연내력은 절연유 이상이다.
④ 소호능력은 공기보다 2.5배 정도 낮다.

해설

[SF₆ 가스]
SF₆ 가스는 무색, 무취, 무해한 가스로 절연내력이 공기의 2 ~ 3배 정도로 높고, 소호능력은 공기의 100 ~ 200배 정도가 된다.

정답 05 ② 06 ② 07 ② 08 ④

09 공기 중에서 m [Wb]의 자극으로부터 나오는 전자속 수는?

① m ② $\mu_0 m$
③ $\dfrac{1}{m}$ ④ $\dfrac{m}{\mu_0}$

해설
[가우스의 정리]
- 자속수 : m
- 자기력선수 : $\dfrac{m}{\mu}$

10 주파수 100 [Hz]인 교류의 주기 [sec]는?

① 0.01   ② 0.02
③ 0.05   ④ 50

해설
[주파수와 주기]
주기는 주파수에 반비례한다.
즉, $T = \dfrac{1}{f}$ 에서 $T = \dfrac{1}{100} = 0.01[\text{sec}]$가 된다.

11 어떤 회로에 100 [V]의 전압을 가했더니 5 [A]의 전류가 흘러 2,400 [cal]의 열량이 발생하였다. 전류가 흐른 시간은 몇 [sec]인가?

① 10   ② 20
③ 30   ④ 40

해설
[줄의 법칙]
줄의 법칙 $H = 0.24\,VIt\,[\text{cal}]$에서
가열시간은 $t = \dfrac{H}{0.24\,VI} = \dfrac{2,400}{0.24 \times 100 \times 5}$
$= 20\,[\text{sec}]$가 된다.

12 동기 와트로 표시되는 것은?

① 1차 입력   ② 2차 효율
③ 토크   ④ 효율

해설
[동기와트]
동기와트란 동기속도로 회전 시 2차 입력을 토크로 표시한 것을 말한다.

13 다음 차단기의 종류 중 자기 차단기의 기호는?

① ACB   ② ABB
③ MBB   ④ OCB

해설
[차단기의 종류]
ACB : 기중 차단기(저압용)
ABB : 공기 차단기
MBB : 자기 차단기
OCB : 유입 차단기
GCB : 가스 차단기
VCB : 진공 차단기

정답 09 ① 10 ① 11 ② 12 ③ 13 ③

14 일정전압을 가하고 있는 평행판 전극에 극판 간격을 1/3로 줄이면 전기장의 세기는 몇 배로 되는가?

① 1/3배 ② $\frac{1}{\sqrt{3}}$배
③ 3배 ④ 9배

해설

[전기장의 세기]

일정전압을 가할 때 전계의 세기 $E \propto \frac{1}{d}$

→ 극판 간격을 $\frac{1}{3}$로 줄이면 전기장의 세기는 3배로 커진다.

15 전기력선의 성질을 설명한 것으로 옳지 않은 것은?

① 전기력선의 방향은 전기상의 방향과 같으며, 전기력선의 밀도는 전기장의 크기와 같다.
② 전기력선은 도체 내부에 존재한다.
③ 전기력선은 등전위면에 수직으로 출입한다.
④ 전기력선은 양전하에서 음전하로 이동한다.

해설

[전기력선의 성질]
① 전기력선은 정전하에서 출발하여 부전하에서 멈추거나 무한원까지 퍼진다.
② 전기력선상의 임의의 한 점에서의 접선 방향은 그 점의 전계의 방향을 나타낸다. 즉, 전기력선의 방향은 전계의 방향과 일치한다.
③ 전기력선 밀도는 전계의 세기와 같다.
④ 전기력선은 서로 교차하지 않으며, 전하가 없는 곳에서는 전기력선의 발생과 소멸이 없고 연속적이다.
⑤ 도체 내부에는 전기력선이 없다.
⑥ 전기력선은 전위가 높은 곳에서 낮은 곳으로 향한다.
⑦ 전기력선은 등전위면과 직교한다.

16 복권 발전기의 병렬운전을 안전하게 하기 위해서 두 발전기의 전기자와 직권 권선의 접촉점에 연결해야 하는 것은?

① 균압선
② 집전환
③ 인장지지
④ 브러시

해설

[균압선]
• 직권 계자가 있는 발전기는 병렬운전을 안정하게 하기 위하여 균압선을 설치하여야 한다.
• 균압선을 설치하는 발전기로는 직권 발전기와 복권 발전기가 있다.

정답 ● 14 ③ 15 ② 16 ①

17 P형 반도체의 전기 전도의 주된 역할을 하는 반송자는?

① 전자 ② 가전자
③ 불순물 ④ 정공

해설

[불순물 반도체]
① N(Negative)형 반도체
  4족 원소(Si, Ge) + 5족 원소(P, As, Sb)
  최외각전자 4개인 Si 원소에 최외각전자 5개인 As을 첨가한 외인성 반도체를 말한다.
  반송자 : 전자
② P(Positive)형 반도체
  4족 원소(Si, Ge) + 3족 원소(B, Ga, In)
  최외각전자 4개인 Si 원소에 최외각전자 3개인 In을 첨가한 외인성 반도체를 말한다.
  반송자 : 정공

18 지선의 중간에 넣는 애자는?

① 저압핀애자 ② 구형애자
③ 인류애자 ④ 내장애자

해설

[애자의 종류]
• 저압핀애자 : 인입선에 사용
• 구형애자 : 지선 중간에 넣는 것
• 인류애자 : 선로의 말단에 인류하는 곳에 사용
• 내장애자 : 내장 개소에 사용되는 애자

19 금속전선관의 종류에서 박강전선관 규격 [mm]이 아닌 것은?

① 16 ② 25
③ 39 ④ 19

해설

[전선관 규격]
박강전선관은 홀수로 표시하며, 후강전선관은 짝수로 표시한다.

20 자연 공기 내에서 개방할 때 접촉자가 떨어지면서 자연 소호되는 방식을 가진 차단기로 저압의 교류 또는 직류차단기로 많이 사용되는 것은?

① 유입차단기 ② 자기차단기
③ 가스차단기 ④ 기중차단기

해설

[차단기 종류]
① 유입차단기 : 전로를 차단할 때 발생한 아크를 절연유를 이용하여 소멸시키는 차단기이다.
② 자기차단기 : 아크와 직각으로 자계를 줘 아크를 소호실로 흡입해 아크전압을 증대시킨 후 냉각해 소호하는 구조이다.
③ 가스차단기 : 절연내력이 높고, 불활성인 6불화황 가스를 고압으로 압축하여 소호매질로 사용한다.

정답 ● 17 ④ 18 ② 19 ① 20 ④

21 금속관 구부리기에 있어서 관의 굴곡이 3개소가 넘거나 관의 길이가 30 [m]를 초과하는 경우 적용하는 것은?

① 커플링
② 풀박스
③ 로크너트
④ 링리듀서

해설

[풀박스]
- 금속제의 캐비닛 형태로 만들며, 전선관에 전선 등을 넣은 작업을 위해 설치한다.
- 전선관의 길이가 30 [m]를 초과하거나 굴곡 개소가 3개소 초과 시 설치하는 것이 바람직하다.

22 도체가 운동하여 자속을 끊었을 때 기전력의 방향을 알아내는 데 편리한 법칙은?

① 렌츠의 법칙
② 패러데이의 법칙
③ 플레밍의 왼손법칙
④ 플레밍의 오른손법칙

해설

[전자력과 전자유도에 의한 법칙]
- 플레밍의 오른손법칙 : 발전기의 기전력의 방향
- 플레밍의 왼손법칙 : 전동기의 회전 방향

23 2전력계법으로 3상 전력을 측정할 때 지시값이 P_1 = 200 [W], P_2 = 200 [W]일 때 부하전력 [W]은?

① 200   ② 400
③ 600   ④ 800

해설

[2전력계법]
$P = W_1 + W_2 = 200 + 200 = 400\,[W]$

24 다음 중 무효전력의 단위는 어느 것인가?

① [W]   ② [Var]
③ [kW]   ④ [VA]

해설

[무효전력]
무효전력 Q는 회로의 X_L, X_C 성분에 의한 에너지 축적효과로 생기는 전력으로서 단지 전원 측과 에너지를 주고받을 뿐 일에는 실제로 관여하지 않으므로 에너지를 소비하지 않는다. 단위는 바(Volt - Ampere Reactive : [Var])가 사용된다.

25 직류 분권 전동기의 계자저항을 운전 중에 증가시키면 회전속도는?

① 증가한다.   ② 감소한다.
③ 변화 없다. ④ 정지한다.

정답 21 ② 22 ④ 23 ② 24 ② 25 ①

해설

[직류 분권 전동기의 회전속도]

$N = K_1 \dfrac{V - I_a R_a}{\phi}$ [rpm], 계자저항을 증가시키면 계자전류가 감소하여 자속이 감소하므로 회전수는 증가한다.

26 지지물의 지선에 연선을 사용하는 경우 소선 몇 가닥 이상의 연선을 사용하는가?

① 1　　② 2
③ 3　　④ 4

해설

[지선의 시공]
지선에 연선을 사용할 경우 소선 3가닥 이상

27 한국전기설비규정에서 화약류 저장소 안에는 백열전등이나 형광등 또는 이에 전기를 공급하기 위한 공작물에 한하여 전로의 대지전압은 약 몇 [V] 이하의 것을 사용하는가?

① 300　　② 400
③ 100　　④ 200

해설

[화약고에 시설하는 전기설비]
- 전로의 대지 전압은 300 [V] 이하일 것
- 전기 기계 기구는 전폐형의 것일 것
- 케이블을 전기 기계 기구에 인입할 때에는 인입구에서 케이블이 손상될 우려가 없도록 시설할 것

28 계단의 전등을 계단의 아래와 위의 두 곳에서 자유로이 점멸하도록 하기 위해 사용하는 스위치는?

① 단극 스위치　　② 코드 스위치
③ 3로 스위치　　④ 점멸 스위치

해설

[3로 스위치]
2개소 이상의 전등을 점멸할 경우 사용되는 스위치는 3로 스위치와 4로 스위치가 사용된다.

29 콘덴서의 정전용량에 대한 설명으로 틀린 것은?

① 전압에 반비례한다.
② 이동 전하량에 비례한다.
③ 극판의 넓이에 비례한다.
④ 극판의 간격에 비례한다.

해설

[평행판도체의 정전 용량]
극판 간격 d, 면적 S인 평행평판도체에서의 정전용량 C는 다음과 같다.

$C = \dfrac{\epsilon_0}{d} S$ [F]

여기서, C : 평행판 전극간의 정전 용량[F]
　　　　S : 전극 면적[m^2]
　　　　d : 전극 간 거리[m]

따라서 정전용량은 극판의 간격에 반비례한다.

정답 ● 26 ③　27 ①　28 ③　29 ④

30 열전 온도계의 원리는?

① 핀치 효과　② 톰슨 효과
③ 제벡 효과　④ 홀 효과

해설
[제벡 효과]
두 금속 접속점 간에 온도차가 있으면 열기전력(전류)이 발생하는 현상으로 열전 온도계 및 열전대에 사용된다.

31 100 [V]의 교류 전원에 선풍기를 접속하고 입력과 전류를 측정하였더니 500 [W], 7 [A]였다. 이 선풍기의 역률은?

① 0.61　② 0.71
③ 0.81　④ 0.91

해설
[유효전력]
유효전력 $P = VI\cos\theta$ [W]에서
$\cos\theta = \dfrac{P}{VI}$ 가 된다.
따라서 $\cos\theta = \dfrac{P}{VI} = \dfrac{500}{100 \times 7} = 0.71$

32 SCR 2개를 역병렬로 접속한 그림과 같은 기호의 명칭은?

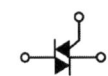

① SCR　② TRIAC
③ GTO　④ UJT

해설
[트라이악(TRIAC)]
트라이악은 3단자 양방향성 소자이다.

33 변압기에서 퍼센트 저항강하 3 [%], 리액턴스 강하 4 [%]일 때 역률 0.8(지상)에서의 전압변동률은?

① 2.4 [%]　② 3.6 [%]
③ 4.8 [%]　④ 6.0 [%]

해설
[전압변동률]
$\epsilon = p\cos\theta + q\sin\theta = 3 \times 0.8 + 4 \times 0.6$
$= 4.8 \, [\%]$

34 교류 발전기를 병렬운전할 때 기전력의 크기가 다르면?

① 무효 순환전류가 흐른다.
② 아무 이상 없다.
③ 고주파 전류가 흐른다.
④ 한 쪽이 전동기가 된다.

해설
[발전기 병렬운전 조건]
두 발전기의 기전력의 크기에 차가 있을 때 무효 순환전류가 흐른다.

정답 30 ③　31 ②　32 ②　33 ③　34 ①

35 ACSR은 다음 중 어떤 것을 말하는가?

① 경동연선
② 중공연선
③ 알루미늄선
④ 강심 알루미늄전선

해설

[ACSR]
ACSR은 합성연선에 대표적인전선으로 강심 알루미늄연선을 나타낸다.

36 히스테리시스 곡선이 횡축과 만나는 점은?

① 보자력   ② 기자력
③ 잔류자기 ④ 포화특성

해설

[히스테리시스 곡선]
히스테리시스 곡선에서 B_r을 잔류자기(Residual Magnetism) H_c를 보자력(Coercive Force)이라 한다.

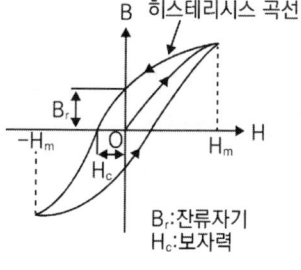

37 1 [cal]는 약 몇 [J]인가?

① 0.24   ② 0.4186
③ 2.4   ④ 4.186

해설

[단위변환]
1 [J]은 0.24 [cal] 관계가 있다.

따라서 $1[\text{cal}] = \dfrac{1}{0.24} = 4.2[J]$이 된다.

38 동기 조상기를 부족 여자로 운전하면 어떻게 되는가?

① 콘덴서로 작용
② 뒤진역률 보상
③ 리액터로 작용
④ 저항손 보상

해설

[위상특성 곡선]
동기조상기를 과여자 운전하면 콘덴서로 작용하며, 부족여자 운전하면 리액터로 작용한다.

39 전기자전압을 전원전압으로 일정히 유지하고, 계자전류를 조정하여 자속 Φ [Wb]를 변화시킴으로써 속도를 제어하는 제어법은?

① 계자제어법
② 전기자전압제어법
③ 저항제어법
④ 전압제어법

정답 35 ④ 36 ① 37 ④ 38 ③ 39 ①

해설

[계자제어]
전동기의 출력 P와 토크 τ, 회전수 N과의 사이에는 $P \propto \tau N$의 관계가 있고, Φ가 변화할 경우 토크 τ는 Φ에 비례하나 회전수 N은 Φ에 반비례하므로 계자제어법은 정출력제어로 된다.

40 변압기 내부 고장 보호에 쓰이는 계전기로서 가장 적당한 것은?

① 차동 계전기　② 접지계전기
③ 과전류 계전기　④ 역상계전기

해설

[변압기 보호 계전기의 종류]
변압기 내부고장을 보호하기 위한 계전기는 부흐홀츠 계전기, 비율 차동 계전기, 차동 계전기 등이 사용된다.

41 다음 변류기의 약호는?

① CB　② CT
③ DS　④ COS

해설

[변류기(Current Transformer : CT)]
고압회로의 대전류를 소전류로 변성하기 위해서 사용하는 것이며, 배전반의 전류계 및 트립코일(TC)의 전원으로 사용된다. 일반 변류기는 2차측은 사용 중 코일에 전류가 흐르는 상태에서 2차 코일을 개방하면 2차 단자 간에 고전압이 발생하여 코일의 손상(2차 측 절연파괴)내지 감전사고를 유발한다.

42 4 [Ω], 6 [Ω], 8 [Ω]의 3개 저항을 병렬접속할 때 합성저항은 약 몇 [Ω]인가?

① 1.8　② 2.5
③ 3.6　④ 4.5

해설

[병렬접속회로의 합성저항]
$R_0 = \dfrac{1}{\dfrac{1}{4}+\dfrac{1}{6}+\dfrac{1}{8}} = 1.8 [\Omega]$ 이 된다.

43 최댓값이 10 [A]인 교류전류의 평균값은 약 몇 [A]인가?

① 0.2　② 0.5
③ 3.14　④ 6.37

해설

[최댓값과 평균값]
평균값 $I_{av} = \dfrac{2I_m}{\pi} [A]$ 에서
$I_{av} = \dfrac{2 \times 10}{\pi} = 6.37 [A]$ 가 된다.

44 4극 60 [Hz], 슬립 5 [%]인 유도 전동기의 회전수는 몇 [rpm]인가?

① 1836　② 1710
③ 1540　④ 1200

정답 40 ①　41 ②　42 ①　43 ④　44 ②

해설

[회전자 속도]

유도 전동기의 동기속도 $N_s = \dfrac{120f}{p}$ 에서

$N_s = \dfrac{120 \times 60}{4} = 1800\,[\text{rpm}]$

슬립이 5 [%]인 경우 회전자 속도는
$N = (1-s)N_s = (1-0.05) \times 1800$
$= 1710\,[\text{rpm}]$이 된다.

45 전압제어에 의한 속도제어가 아닌 것은?

① 정지형 레어너드방식
② 일그너방식
③ 직병렬제어
④ 회생제어

해설

[회생제어]
회생제어는 회생제동의 제어방식이다.

46 배전반 및 분전반의 설치장소로 적합하지 않은 곳은?

① 안정된 장소
② 밀폐된 장소
③ 개폐기를 쉽게 개폐할 수 있는 장소
④ 전기회로를 쉽게 조작할 수 있는 장소

해설

[배전반(분전반) 설치장소]
전기부하의 중심 부근에 위치하면서, 스위치 조작을 안정적으로 할 수 있는 곳에 설치하여야 한다.

47 금속관공사에서 관을 박스 내에 고정시킬 때 사용하는 것은?

① 부싱 ② 로크 너트
③ 새들 ④ 커플링

해설

[금속관공사의 부품]
금속관을 박스에 고정할 때는 로크 너트를 사용하여 고정한다.

48 금속관을 조영재에 따라서 시설하는 경우 새들 또는 행거 등으로 견고하게 지지하고 그 간격을 몇 [m] 이하로 하는 것이 가장 바람직한가?

① 2 ② 3
③ 4 ④ 5

해설

[금속관공사]
금속관을 조영재에 따라서 시설하는 경우 새들 또는 행거 등으로 견고하게 지지하고 그 간격을 2 [m] 이하로 하는 것이 가장 바람직하다.

정답 45 ④ 46 ② 47 ② 48 ①

49 같은 전기량에 의하여 전극에 석출되는 물질의 양은 그 물질의 어느 값에 비례하는가?

① 원자량　　② 분자량
③ 화학 당량　④ 원자가

해설

[패러데이의 법칙]
패러데이의 법칙은 전극에서 석출되는 물질의 양은 통과한 전기량에 비례하며, 전기량이 같을 경우 석출되는 물질의 양은 그 물질의 화학 당량에 비례한다.

50 정지상태에 있는 3상 유도 전동기의 슬립 값은?

① ∞　　② 0
③ 1　　④ -1

해설

[유도 전동기 슬립]
1) 유도 전동기의 슬립 : $0 < s < 1$
　① $s = 1$이면 $N = 0$이고 전동기는 정지상태
　② $s = 0$이면 $N = N_s$가 되어 전동기가 동기 속도로 회전
2) 유도 전동기의 슬립 : $s > 1$
3) 유도 발전기(비동기 발전기) : $s < 0$

51 입력으로 펄스신호를 가해주고 속도를 입력펄스의 주파수에 의해 조절하는 전동기는?

① 전기 동력계
② 서보 전동기
③ 스테핑 전동기
④ 권선형 유도 전동기

해설

[스테핑 모터(전동기)]
• 입력 펄스 신호에 따라 일정한 각도로 회전
• 기동 및 정지 특성이 우수
• 속도, 거리, 방향 등의 정확한 제어가 가능

52 조도는 광원으로부터의 거리와 어떠한 관계가 있는가?

① 거리에 비례한다.
② 거리의 제곱에 비례한다.
③ 거리에 반비례한다.
④ 거리의 제곱에 반비례한다.

해설

[조도]
거리 역제곱의 법칙 ∴ $E = \dfrac{I}{r^2}$ [lx]

즉, 조도는 거리의 제곱에 반비례한다.

정답　49 ③　50 ③　51 ③　52 ④

53 조명용 백열전등을 일반주택 및 아파트 각 호실에 설치할 때 형광등에 최대 몇 분 이내에 소등되는 타임 스위치를 시설하여야 하는가?

① 1 ② 2
③ 3 ④ 4

해설

[점멸기의 시설(KEC 234.6)]
① 관광숙박업 또는 숙박업(여인숙업을 제외한다)에 이용되는 객실의 입구등은 1분 이내에 소등되는 것
② 일반주택 및 아파트 각 호실의 현관등은 3분 이내에 소등되는 것

54 다음 회로의 합성 정전용량 [μF]은?

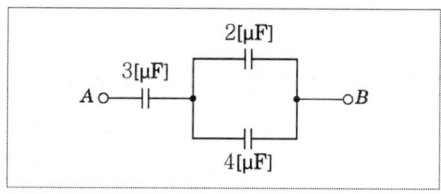

① 5 ② 4
③ 3 ④ 2

해설

[합성 정전용량]
- $2[\mu F]$과 $4[\mu F]$의 병렬합성 정전용량
  $= 6[\mu F]$
- $3[\mu F]$과 $6[\mu F]$의 직렬합성 정전용량
  $= \dfrac{3 \times 6}{3 + 6} = 2[\mu F]$

55 변류기 개방 시 2차 측을 단락하는 이유는?

① 2차 측 절연 보호
② 2차 측 과전류 보호
③ 측정오차 감소
④ 변류비 유지

해설

[CT(계기용 변류기)]
PT(병렬연결)는 개방상태가 무방하지만 CT(직렬연결)는 개방하면 부하전류로 인하여 2차 측이 소손되므로 CT를 점검할 경우에는 반드시 2차 측을 단락한다.

56 3상 유도 전동기의 슬립의 범위는?

① $0 < s < 1$ ② $-1 < s < 0$
③ $1 < s < 2$ ④ $0 < s < 2$

해설

[유도 전동기 슬립의 영역]
① $s = 0$: 동기속도로 회전하는 경우
② $s = 1$: 정지 시
③ $0 < s < 1$: 슬립 s로 회전하는 경우

정답 53 ③ 54 ④ 55 ① 56 ①

57 폴리에틸렌 절연 비닐 시스 케이블의 약호는?

① DV ② EE
③ EV ④ OW

해설

[절연전선 약호]
- DV : 인입용 비닐 절연전선
- EE : 폴리에틸렌 절연 폴리에틸렌 외장 케이블
- EV : 폴리에틸렌 절연 비닐 시스 케이블
- OW : 옥외용 비닐 절연전선

58 가요전선관의 상호접속은 무엇을 사용하는가?

① 컴비네이션 커플링
② 스플릿 커플링
③ 더블 커넥터
④ 앵글 커넥터

해설

[가요전선관 부품]
- 스플릿 커플링 : 가요전선관의 상호 접속
- 컴비네이션 커플링 : 가요전선관과 금속관 접속

59 직류기의 전기자 철심을 규소 강판으로 성충하여 만드는 이유는?

① 가공하기 쉽다.
② 가격이 염가이다.
③ 철손을 줄일 수 있다.
④ 기계손을 줄일 수 있다.

해설

[규소 강판]
- 전기 기계의 전기자 철심은 규소 강판으로 성층하여 만드는데, 규소를 넣는 것은 자기 저항을 크게 하여 와류손과 히스테리시스손을 감소하게 하지만 투자율이 낮아지고, 기계적 강도가 감소되어 부서지기 쉬우며, 가공이 곤란하게 된다. 성층하는 이유는 와류손을 적게 하기 위한 것이다.
- 철손에는 히스테리시스손과 와전류손이 있다.

60 한 수용 장소의 인입선에서 분기하여 지지물을 거치지 아니하고 다른 수용 장소의 인입구에 이르는 부분의 전선을 무엇이라 하는가?

① 가공전선 ② 가공지선
③ 가공인입선 ④ 연접인입선

해설

[연접인입선]
연접인입선에 대한 설명이다.

정답 57 ③ 58 ② 59 ③ 60 ④

모아바 www.moa-ba.com
모아소방전기학원 www.moate.co.kr

모아 전기기능사 필기(핵심이론+과년도 6개년) [개정판]

발행일 2025년 4월 30일 개정판 1쇄
지은이 박너랑
발행인 황모아
발행처 (주)모아교육그룹
주 소 서울특별시 영등포구 영신로 32길 29 세화빌딩 2층
전 화 02-2068-2393(출판, 주문)
등 록 제2015-000006호 (2015.1.16.)
이메일 moagbooks@naver.com
ISBN 979-11-6804-420-3 (13560)

이 책의 가격은 뒤표지에 있습니다.

Copyright ⓒ (주)모아교육그룹 Co., Ltd. All Rights Reserved.

이 책은 저작권법에 의해 보호를 받는 저작물이므로 저자와 출판사의 서면 허락 없이 내용의 전부 또는 일부를 이용하는 것을 금합니다.

전기기능사 합격!
여러분의 합격은 모아의 보람입니다.

끊임없이 변화를
추구하는 교육기업

모아교육그룹

모아를 선택해주신 여러분께 감사드립니다.

✔ 모아는 혁신적인 교육을 통해 인간의 사고(思考)를
  확장 및 변화시킬 수 있다고 믿고 있습니다.
✔ 모아는 미래를 교육으로 변화시킬 수 있다고 믿고 있습니다.
✔ 모아는 청년부터 장년, 중년, 노년까지의
  성인교육에 중점을 두고 사업을 진행하고 있습니다.

초고령화, 불확실성의 시대
모아는 당신의 미래를 함께 하는 혁신적인 교육 플랫폼이 되겠습니다.